"大国三农"系列规划教材

农药制剂学

Pesticide Formulation Science

吴学民　主编

化学工业出版社

·北京·

内容简介

本书系统介绍了农药制剂学的基础知识与前沿进展，详细介绍了农药制剂设计的基本思路和研究方法，农药助剂特别是表面活性剂的作用及分类，主要农药剂型的性能特点、制备方法、制剂要求以及其发展趋势，农药新制剂创制等内容。另外，本书还引入了新的制剂评估方法、剂量传递机制及飞防施药技术等内容，设置了近年来备受关注的纳米制剂和省力化制剂的重点章节。

本书可作为大专院校农药学专业本科生、研究生教学用书，也可作为从事农药制剂研究的科研院所人员和企业技术人员的参考资料。

图书在版编目（CIP）数据

农药制剂学 / 吴学民主编. -- 北京 : 化学工业出版社，2025. 7. --（“大国三农”系列规划教材）.
ISBN 978-7-122-48298-3

Ⅰ. TQ450.6

中国国家版本馆 CIP 数据核字第 2025WW0458 号

责任编辑：刘　军　孙高洁　　文字编辑：李娇娇
责任校对：李雨函　　装帧设计：王晓宇

出版发行：化学工业出版社
（北京市东城区青年湖南街 13 号　邮政编码 100011）
印　　装：三河市双峰印刷装订有限公司
787mm×1092mm　1/16　印张 28¾　字数 729 千字
2025 年 11 月北京第 1 版第 1 次印刷

购书咨询：010-64518888　　售后服务：010-64518899
网　　址：http://www.cip.com.cn
凡购买本书，如有缺损质量问题，本社销售中心负责调换。

定　　价：98.00 元

“大国三农”农药学系列规划教材编写指导委员会

本书编写人员名单

主　　编：**吴学民**

副 主 编：**冯建国　徐　勇**

编写人员：（以姓名汉语拼音为序）

陈维韬　冯建国　郭鑫宇　康占海　李北兴
刘　峰　马　超　钱　坤　王丽颖　吴学民
徐　妍　徐　勇

序言

粮食安全、食品安全和重要农产品有效供给对我国的发展至关重要，是国家稳定和繁荣发展的基石。农药是保障粮食供给与食品安全的重要物资，是有效控制危害农林业及公共卫生方面病、虫、草、鼠等有害生物的重要生产资料和保障物资。农药学是一门理论与实际密切结合的学科，涉及化学、农学、生物学、环境科学、毒理学及化学工程等多门学科。中国农业大学等高校开设了农药学学科及相关专业，为农药科研、教学、行政管理、生产、国内外贸易等行业培养人才，为我国农药事业持续发展做出了重要贡献。基于新时期我国农业实践和农药科学的飞速发展，亟需针对农药及相关专业课程出版一批高质量的专业教材。

中国农业大学从事农药学教学与科研的老师们组织国内同行专家，在总结多年教学经验的基础上结合科研成果，编写了"'大国三农'系列规划教材"中的"'大国三农'农药学系列规划教材"，具有新时代特色，反映了农药学专业的高水平。该系列教材包括:《农药概论》《农药信息学》《农药专业英语》《简明农药分子设计》《农药合成化学》《农药分析化学》《农药生物测定原理与方法》《农药制剂学》和《农药使用机械与施药技术》等。系列教材注重分册之间内容的传承性和协调性，确保教材内容的深度和广度。编委们重视基础理论知识和最新研究成果结合，采用了诸多国内外最新研究案例，以提升学生的理论与实践结合能力。通过普及系统化的专业系列教材，可培养具有先进理念、牢固化学基础知识、良好农业理论与实践技能、广阔国际视野的综合性"知农爱农"人才。

这套丛书传承了诸多农药学老前辈的思想，凝聚了作者、审稿专家和编辑们的辛勤劳动成果。化学工业出版社长期以来大力支持农药学学科教材、专著和参考书的出版。丛书的出版得到了中国农业大学"大国三农"系列规划教材建设立项支持。该农药学系列教材丛书的出版可为我国高等院校植物保护和食品安全等相关学科的本科生、硕士研究生与博士研究生教学提供权威的参考。

"大国三农"农药学系列规划教材编写指导委员会

2021年12月

前言

在现代农业生产中，农药制剂作为农药使用的最终形态，发挥着至关重要的作用。农药制剂不仅影响农药的有效性和稳定性，还直接关系到作物的健康与环境的安全。合理的制剂技术，可以提高农药的生物活性，延长药效持久性，并减少对非靶标生物及环境的负面影响。因此，深入了解农药制剂的原理、设计方法和应用实践，对推进农业可持续发展具有重要意义。

近年来，农药制剂行业经历了迅速的发展和变革。伴随着科学技术的进步，新型制剂技术不断涌现，为农药的高效、低毒、环境友好提供了技术支持。同时，全球对食品安全和环境保护的日益重视，也对农药制剂的研发提出了更高的要求。为了应对这些挑战，行业内正在不断推进制剂的创新与升级，以期在满足农业生产需求的同时，实现绿色环保和可持续发展。

目前，众多高校已开设农药制剂学课程，但尚缺乏统一教材。基于此，编者依托“大国三农”系列教材，结合多年的教学经验与农药制剂的最新发展情况，编写了《农药制剂学》一书。本书特邀西南大学、扬州大学、河北农业大学、沈阳化工大学、山东农业大学、中国农业科学院等大专院校和科研院所的专家共同参与编写，旨在全面展示农药制剂的现状与未来趋势，为读者提供丰富的理论知识。本书力求成为一本全面且实用的教材，助力读者深入了解农药制剂的相关知识。

本书共分为五章，每章从不同的角度深入探讨了农药制剂的各个方面：第一章由徐妍负责编写，介绍了农药制剂加工技术的基本概念、发展历史以及发展方向，为读者提供了关于农药制剂的基础知识和研究背景。第二章由吴学民负责编写，阐述了农药制剂设计的基本思路和研究方法，包括药效发挥与界面性能的关联研究和农药制剂的剂量传递，以及从微观量化层面对农药制剂研究新技术提出见解，旨在帮助读者理解如何科学合理地设计高效的农药制剂。第三章由王丽颖、郭鑫宇负责编写，介绍了助剂在农药制剂中起着重要的辅助作用，详细阐述了助剂的作用及分类，本章聚焦于表面活性剂的相关知识，不仅列举了现代农药制剂中常用的表面活性剂品种，还介绍了新型表面活性剂品种以及在不同应用领域中的表面活性剂种类，旨在丰富和拓展农用表面活性剂的种类与应用范围。第四章由钱坤、康占海、马超、陈维韬、冯建国负责编写，针对不同的农药剂型，如粉剂、可湿性粉剂、乳油等，逐一进行讨论，分析了各剂型的性能特点、制备方法、制剂要求以及其发展趋势。

同时还介绍了农药制剂的国内外检测标准以及异同。第五章由徐勇、李北兴、刘峰负责编写，介绍在新农业生产要求下，农药制剂的创新与发展，包括缓释制剂、省力化制剂以及纳米农药制剂的发展情况。附录提供了农药制剂常用乳化剂的HLB值、常用溶剂的物理常数等实用资料，为读者在实际操作中提供参考。

本书的编写得到了众多专家学者的支持和帮助，在此，我们向所有编者以及前辈同仁表示感谢。此外，感谢化学工业出版社的鼎力相助，在本书的筹备与编写过程中，做出了大量卓有成效的策划与协调工作。希望本书的出版能够为农药制剂的研究和实践提供有益的参考，一些新技术、新理论能够在实践中进一步得到验证，为农药制剂水平的提高与绿色植保的发展作出贡献。

农药制剂学内容广泛，新技术、新理论更新迅速，所述的内容多是作者的理解和体会，不当之处在所难免，恳请读者批评指正。

吴学民

2025年3月

目录

第一章
绪论

第一节　农药剂型加工概述

一、农药剂型加工的目的和意义

农药作为重要的农业生产资料，主要用于防治有害生物，应对突发性病、虫、草、鼠害等，保障农业增产丰收，同时调节作物生长，提高农产品品质，确保粮食安全，对社会稳定起着重要的作用。

（一）农药剂型加工的目的

工厂合成生产且未经过加工的农药有效成分称为原药，固体原药称为原粉，液体原药称为原油。由于原药本身理化性质以及提高生物活性的需要，除少数水中溶解度大或挥发性强的原药可以直接使用外，绝大多数原药都必须加工成各种制剂或适于用户使用的形式才可以使用。在农药原药中加入适当的辅助剂，使其配制成可以使用的形式的工艺过程称为农药加工。具有一定有效成分含量、一定剂型、可按一定方法使用的农药产品称为农药制剂，农药制剂的具体形态称为农药剂型（pesticide formulations）。农药加工主要是应用物理化学原理，根据助剂的作用和性能，采用适当方法将原药制成不同形式的制剂，以利于农药有效成分在不同情况下充分发挥作用。由此可见，剂型加工是农药田间使用的前提，同时也是推动农药工业发展的关键。

（二）农药剂型加工的意义

1．赋予原药以稳定的形态，利于使用

农药剂型加工能够赋予农药原药以特定的稳定形态，以适应不同应用场景对农药分散体系的要求，利于流通和使用。在实际应用场景中，农药的使用形态主要包括 3 种：①液体形态，如溶液、乳状液、悬浮液。②固体形态，如粉状固体、粒状固体。③气体形态，如熏蒸剂。此外，还包括饵剂、膏剂、涂抹剂等特殊形态。

2．稀释原药，减轻药害，降低毒性

农药剂型加工不仅可以使不能直接应用的原药实现方便使用，而且还可以使农药最大限度地发挥药效。随着高效、超高效农药的发展，需要在大面积范围内均匀地使用少量农药，甚至在 1g/亩（1 亩=666.7m^2）的剂量下即可有效防治有害生物。因此，需要借助现代农药加工技术，通过添加溶剂、助剂和载体等辅助成分，使高浓度的原药经过多种方式（如溶解、分散、乳化、吸附等）达到较低浓度，从而能对有害生物具有较好的防治效果，而对作物、蜜蜂、鸟类、鱼类和家蚕等以及自然环境危害较小。

3．提升制剂的性能，优化生物活性

农药剂型加工，一方面可以使原药获得稳定的物理稳定性和化学稳定性，另一方面可使农药获得良好的生物活性。例如，通过提高固液分散体系的悬浮率和分散性，或提高液液分散体系的自发分散性和乳化稳定性等，改善喷雾药液的润湿性能、分散性能、悬浮性能等，提升制剂的润湿、渗透、吸收、传导等性能，最终获得良好的防效。

4．提高原药的稳定性

部分原药化学稳定性差，容易分解而降低甚至失去生物活性，可以选择合适的剂型，添加适宜的稳定剂，配套适合的生产装置，从而显著提高原药的稳定性，发挥应有的药效，以获得良好的“货架寿命”。例如，阿维菌素和甲氨基阿维菌素苯甲酸盐等大环内酯类杀虫剂的原药容易光解，可添加抗氧化剂 2, 6-二叔丁基-4-甲基苯酚（BHT）等提高制剂稳定性。

5．丰富原药的使用方式和用途

原药根据理化性质不同和生物活性需要可以加工成多种不同剂型，以丰富施用方式、扩大防治对象。例如，阿维菌素可以加工成乳油、微乳剂、水乳剂、可湿性粉剂、水分散粒剂等，常规喷雾用于防治农业上的有害生物；可以加工成微囊悬浮剂，延长药剂持效期，常规喷雾用于防治观赏花卉、果树等害虫害螨；可以采用树干打孔注射的方式防治森林、园林有害生物；可加工成颗粒剂或缓释颗粒剂，采用穴施或沟施方式施药，以保证使用者安全；可以加工成浓饵剂，采用诱杀方式防治有害生物。

6．高毒农药低毒化，提高对使用者的安全性

部分原药对人的毒性较高，而对有害生物效果较好。为了避免施药过程中引起施药者中毒，通常严禁喷雾使用。通过剂型加工可以将高毒农药加工成低毒剂型，例如缓释粒剂、颗粒剂、片剂、饵剂等剂型，采用穴施、沟施、诱杀等方式施药，以确保对施药者的安全性。

7．可屏蔽原药气味，减轻刺激性，提高对使用者的安全性

部分农药具有令人不愉快的气味，如有机磷类杀虫剂；还有部分农药对皮肤具有刺激性，如拟除虫菊酯类杀虫剂；通过剂型加工，使原药微胶囊化后，可有效屏蔽原药气味，降低经皮毒性和挥发性，延长农药持效期，提高对施药者和天敌的安全性。

8．控制原药释放速度，延长持效期

将农药加工成控制释放制剂尤其是微胶囊化后，可有效控制光、热、空气、水和微生物对有效成分的分解作用以及无效的流失、挥发，制剂缓慢释放出有效剂量，使持效期延长，减少施药次数，实现农药减量的目的；由于改变了原药的表面性质，可以使不愉快的气味减弱，易燃性、接触毒性和作物药害等显著降低；表面物理性能的改善，使药效稳定，对人畜作物安全，使防治对象扩大；物质之间的分隔，容易实现与其他农药或助剂混合而不发生化学反应，有利于制剂加工；微胶囊化，可以使液体或气体农药变成固态农药，有利于贮存和运输。

9．混合制剂具有兼治、延缓抗性药性发展、提高安全性的作用

将两种或两种以上不同作用机制的农药或将农药与植物营养物质加工成混合制剂，通常称为农药混剂。农药混剂具有扩大防治谱、增效、降低毒性、延缓抗药性、降低防治成本、节省劳动力等作用，尤其是将具有负交互抗性的农药混用，是治理有害生物抗药性的重要技

术措施。近年来，药肥产品发展较快，将农药与肥料按一定比例混合，并通过一定的加工技术稳定于特定的复合体系中，具有杀虫/抑虫、杀菌/抑菌、除草/抑草、调节作物生长中的一种或多种功能，且为农作物提供营养或提高肥料利用率的产品，称为药肥产品。药肥产品可以改善作业方式、省力省工，具有提高药效和肥效的双重作用。

二、农药剂型的命名与分类

早期，主要依据农药剂型的形态而命名，例如粉剂、水剂等。目前，全球农药剂型分类通常按照剂型的物理状态和施用方式来分类。若按农药剂型的物理状态进行分类，可分为固态剂型、半固态剂型和液态剂型。若按照施用方式进行分类，可分为直接施用类型、兑水稀释后施用类型和特殊施用方式类型（配套使用器具）。农药剂型（具有联合国粮农组织标准规范的剂型）分类见表 1-1。

表 1-1　农药剂型分类

加工形态	施用方式		
	直接施用	兑水稀释后施用	特殊施用方式
固态剂型	粉剂、颗粒剂、片剂、烟剂	可湿性粉剂、水分散粒剂、水分散片剂、乳粉剂、乳粒剂、可溶粉剂、可溶粒剂、可溶片剂、种子处理干粉剂	蚊香、电热蚊香片、长效防蚊帐
半固态剂型	胶饵、膏剂	乳胶、浓饵剂、可溶胶剂	
液态剂型	超低容量液剂、展膜油剂、种子处理乳剂、种子处理悬浮剂、种子处理液剂	乳油、油剂、可溶液剂、可分散液剂、水乳剂、微乳剂、悬浮剂、微囊悬浮剂、可分散油悬浮剂、悬乳剂、微囊悬浮-悬浮剂、微囊悬浮-水乳剂、微囊悬浮-悬乳剂、种子处理液剂、种子处理乳剂、种子处理悬浮剂	电热蚊香液、气雾剂

1978 年，国际农药工业协会(GIFAP)首次公布了农药剂型目录与国际代码系统，列出 51 种剂型代码，1984 年第二版中列出 64 种，1989 年修改后列出 71 种。联合国粮农组织(FAO)和世界卫生组织(WHO)于 1998 年公布的农药剂型目录与国际代码系统中，列出 78 种剂型代码，2006 年修改后列出了 91 种剂型代码，2010 年版本只列出了 63 种剂型，2023 年修改后列出了 65 种剂型代码。

2003 年，我国发布的《农药剂型名称及代码》（GB/T 19378—2003）制定了 120 种农药剂型名称和代码，涵盖当时农用和卫生用农药产品剂型。2008 年，《农药登记管理术语 第 2 部分：产品化学》（NY/T 1667.2—2008）共制定了 134 种农药剂型的中英文名称及代码。随着科学技术的发展，农药剂型也需要适应市场和环保形势的要求，增加环境友好型新剂型，对剂型进行合理优化整合，使之更规范和实用。2017 年，我国发布的《农药剂型名称及代码》（GB/T 19378—2017）共制定了 61 种剂型，增加了空间驱避类制剂、防虫网和防虫罩剂型，取消了漂浮粉剂等落后剂型、包装剂型以及无流通产品的剂型。

近年来，国内外农药市场均呈现增长趋势，农药剂型仍是农药发展的重要方向，也取得了较新的进展。选择和确定剂型以安全、高效为导向，尤其是以水为基质，开发出悬浮剂、水分散粒剂、悬浮种衣剂、可溶液剂、悬乳剂、水乳剂等系列环境友好的制剂产品；同时对传统剂型进行改进、优化和创新，开发出以环保型溶剂为基质的乳油和无溶剂乳油等。总之，传统优势剂型不会消失，新型剂型会不断涌现，依据原药的理化性质、作用机制和生物活性，依据制剂的施用方式、市场需求和应用场景，满足使用者施用的要求，创新剂型的技术思路，才能使农药制剂创造更大的价值。

三、农药分散度及其对农药性能的影响

（一）农药分散度

农药被分散的程度称为农药分散度，通常用其分散颗粒的直径大小来表示，粒径越小，分散度越大，也可用颗粒的总体积（V）与总面积（S）之比（S/V）表示，称为比面。比面越大，粒子越小，个数越多，分散度越大。在农药加工和使用过程中，分散度是衡量制剂质量或喷洒质量的主要指标之一。

提高药剂的分散度，通常可采用两种方式。一种方式是剂型加工手段，如将固体药剂粉碎，粉碎的颗粒越细，分散度越大，如固液分散体系，分散性越好，悬浮率越高，分散度越大，如乳状液也是一种良好的液液分散体系。另一种方式是施药手段，液体药剂通过喷雾喷洒使用时，药械的气压越大，喷头的雾化能力越强，分散度越大；也可在药液中添加桶混助剂，提高分散度。

（二）农药分散度对农药性能的影响

农药分散度大小对药剂性能及应用效果会产生重要影响，主要包括以下几个方面：

（1）影响覆盖面积　农药分散度越大，其覆盖面积越大，这对保护性杀菌剂和触杀型除草剂防效的发挥特别重要，因为只有保护性杀菌剂全面覆盖植株，才能有效阻止气传病原菌侵入，如果分散度不够，不能全面覆盖植株，病原菌就会在没有药剂覆盖的地方侵入。触杀型除草剂只有全面覆盖杂草或封闭土层，才能有效防除杂草，所以也要求有很大的分散度。使用触杀性杀虫剂防治体小或活动性差的蚜虫、螨类及蚧类等害虫，也需要药剂具有较高的分散度和覆盖密度。胃毒作用的杀虫剂更需要良好的分散度和较大的覆盖面积，否则害虫会因未取食足够的药剂而影响药效发挥。

（2）影响药剂的附着性　药剂颗粒在处理表面上的附着性受多种因素影响，其中颗粒大小和重量是主要因素。颗粒越大，重量越大，则越容易从处理表面上滚落。适当提高分散度，有利于增加药剂在处理表面的药剂沉积量，从而使药效得以充分发挥。

（3）影响药剂颗粒的运动性能　由于分散度不同，固体制剂或液体制剂被喷洒后形成的颗粒的运动轨迹并不相同。粗颗粒由于重力大而很快向垂直方向沉落，在空间运行距离短，不能到达或接触作物表面，不能附着而滑落。细颗粒由于重力小，可以在空间进行水平方向运动，接触作物表面不坠落且均匀分布。更细的颗粒，尤其是当直径小于 2μm 时，则在空气中形成烟雾，可长时间悬浮在空气中；在空气不流动的静态下，Gloscolw 测定直径 1μm 的雾滴沉降速度为 0.003cm/s，可以向作物枝叶茂密的深处扩散，不但可以沉积到作物枝叶的正面，也可以附着到作物枝叶的背面，有利于提高防治效果。然而，药剂分散度太大时，又易受气流的影响，特别是上升气流对其影响更大，在未沉积前常常被气流带走，沉积量减少，从而

影响药效。因此，药剂分散度要以防治对象和药剂性质而定，又要在合适条件下应用，才能发挥最好的药效。

(4) 影响药剂颗粒的表面能　药剂的表面能包括溶解能力、气化能力、化学反应能力和吸合能力，与分散度呈正相关。其中，提高溶解能力、气化能力和化学反应能力促进药剂进入防治对象体内，有利于速效性的提高，但使持效时间变短，对药剂的贮存，尤其对低浓度粉剂的贮存稳定性不利。吸合能力是指颗粒之间吸引合并的能力，以及颗粒在受药表面上的附着能力。

(5) 影响分散体系的悬浮率和乳化体系的稳定性　可湿性粉剂、水分散粒剂、可分散片剂等可分散固体制剂兑水成悬浮液使用，要求具有较高的悬浮率；悬浮剂、微囊悬浮剂和可分散油悬浮剂等悬浮制剂以及悬乳剂、微囊悬浮-悬浮剂等多相制剂则要求具有较好的悬浮性，兑水使用时才能具有很高的悬浮率；可溶液剂、乳油、微乳剂、水乳剂等液体制剂兑水使用时形成乳状液以及其本身都要求具有较好的乳液稳定性，以利于贮存和使用。提高分散度，药剂粒度变小，有利于提高悬浮液的悬浮率和乳状液的稳定性，从而有利于药效的发挥。

第二节　农药制剂发展历史与发展方向

化学农药，特别是有机合成化学农药的应用是人类社会文明发展的标志之一，极大地保护和发展了人类社会生产力。从农药品种的发展历史来看，一般认为可分为五个历史时期，即经验主义时期（19世纪60年代以前）、无机及天然物利用时期（1860～1945年）、有机农药合成时期（1946～1980年）、有机农药超高效发展时期（1981～2016年）、绿色农药合成时期（2017年至今）。农药剂型加工是农药工业的重要组成部分，伴随着农药的发展而发展，因此，在一定程度上也经历了以上五个发展阶段。纵观农药剂型加工技术的发展历史，也可以分为原始阶段、初级发展阶段、形成阶段、快速发展阶段和提升阶段。

一、原始阶段

为了与各种农业有害生物斗争，降低它们对作物的为害，保证丰收，人类根据直观经验使用一些天然的矿物性物质、有毒的植物或动物性药物，自发对一些有害生物进行防治。我国是民间使用药物防治农作物病虫害很早的国家，古籍中有很多相关记载。公元前1200年使用盐和灰除草；《周礼》中记载使用莽草、牡菊、嘉草撒粉或烟熏驱虫；《神农本草经》中记载了藜芦、牛扁治癣疥和芫花治虫的案例；《齐民要术》中记载松针、艾蒿用于防治仓储害虫；明朝万历年间李时珍的《本草纲目》和明朝崇祯年间宋应星的《天工开物》中，都有砒、汞、铅、铜等防病治虫的记载；清代蒲松龄的《农桑经》有用亚砷酸做毒饵防虫治鼠的详细记载。然而，在长达几千年的历史过程中并未形成农药的概念。从世界范围看，古希腊诗人荷马在著作中曾提到使用硫黄熏蒸驱虫；1669年西方提到使用砷化物杀虫；公元1300年，马可波罗提到使用矿物油防治骆驼癣疥；1705 年，使用二氯化汞做木材防腐剂；1649 年，使用鱼藤粉毒鱼；1800 年前，高加索人使用除虫菊花粉防治虱、蚤。以上所述的硫黄、艾蒿、藜芦、除虫菊粉、毒饵等，可以称之为雏形剂型或雏形制剂。这一历史时期，可以认为是农药剂型加工的原始阶段。

二、初级发展阶段

19 世纪中期, 除虫菊、鱼藤和烟草等三大植物性杀虫剂作为世界性商品开始在市场销售。随后砷酸铅、砷酸钙以及硫酸烟碱的工业化生产，标志着农药不仅已成为商品，而且已迈入化工产品行列。19 世纪末，从石硫合剂的广泛应用到法国科学家米拉德发现波尔多液，表明农药已经开始进入科学发展阶段，之后，农药获得迅猛的发展。然而，直到 20 世纪 40 年代以前，农药品种以天然植物和无机物为主，不仅品种少，且应用范围有限，仅限于蔬菜、果树、棉花等的病虫害防治。农药作为一种特殊的商品，以制剂产品的形态进行流通，无论是制剂的内在质量和外在包装，均需满足一定的要求才能上市直至使用。因此，农药的快速发展及商品化，客观上将农药剂型加工技术的研发推到了重要的地位。与此同时，农药的应用技术和毒理学研究也从不同角度展开，取得相应的进展。这些均有力促进了农药剂型加工技术的发展，主要表现在以下几个方面：

（一）剂型和制剂

据不完全统计，初级发展阶段主要应用的农药剂型有十几种，具体包括粉剂、可湿性粉剂、颗粒剂、乳油、水剂、浓乳剂、熏烟剂、饵剂、糊剂、软膏剂、油剂、可溶粉剂等，其中，粉剂、可湿性粉剂、颗粒剂、乳油应用较多，被称为四大传统剂型，此后的新剂型均是基于这些剂型而研制的。

（1）粉剂（DP） 在大面积范围内均匀使用少量农药的需求导致早期农药制剂的出现，农药使用最早的剂型是粉剂，并以喷粉形式施用于作物上。粉剂是由农药原药和无机填料均匀混合而制成的，使用方法简便，功效高，应用广，特别是在水资源缺乏的山区、林区。粉剂的平均粒径为 10μm，容易飘移，改进方式之一是制备无飘移粉剂(DL)，即不飘移或相对飘移少的粉状制剂，其能很好地附着在植物叶片上。无飘移粉剂载体的平均粒径在 20～30μm 之间，且其易飘移的粒子数量在 20%以下。细颗粒的再聚集主要通过添加石蜡、聚氧化乙烯、烷基或烷基苯基醚磷酸酯等来完成，由于聚集剂的存在，可形成无飘移粉剂。另一种改进方式是发展高浓度粉剂。同时亦可发展混合粉剂和多种规格的粉剂。从粉剂有效成分分布均匀性和药效发挥来看，一般不如兑水喷雾的剂型，且有飘移污染环境的缺点，因此，兑水喷雾使用的制剂如可湿性粉剂得到了广泛应用，配套的生产装置也随之发展。

（2）可湿性粉剂（WP） 可湿性粉剂是加工技术比较成熟、使用方便的基本剂型之一。对于不溶于水的固体原药，加工成可湿性粉剂是不错的选择。可湿性粉剂是由农药活性成分、分散剂、润湿剂和填料混合均匀并粉碎至极细微状态所形成的粉状制剂。该剂型含有许多粒径小于 10μm 的微粒，所有粒子均需通过 45μm 的试验筛，许多杀菌剂、除草剂和部分杀虫剂都加工成这种剂型。因配方中不含有机溶剂，对作物产生的药害比乳油低。可湿性粉剂具有包装和储运成本低、有效成分含量高（可高达 90%）、对作物毒性低等优点。其缺点也十分明显，加工中存在严重的卫生和安全问题，生产中的粉尘会增加操作者吸入风险，并对皮肤和眼睛产生刺激，同时，粉尘与敏感物质接触存在爆炸的风险。此外，可湿性粉剂不仅要求在配方中的润湿性能好，在应用时要求在防治靶标上也要具有良好的润湿性。目前，可湿性粉剂正逐渐被悬浮剂和水分散粒剂替代。

（3）颗粒剂（GR） 颗粒剂是固体制剂中粒径最大的一种，有效成分含量通常在1%～40%之间，颗粒粒径较大，消除了粉剂的飘移现象，主要用于苗前除草剂和土壤杀虫剂，在田间直接撒施使用。颗粒剂具有使高毒农药低毒化、延长有效期、减少药剂飘移、避免杀伤天敌、使用安全和方便等优点。颗粒剂是当时农药品种中使用较多、吨位较大、应用较广的一种剂型，其缺点是生产效率低、附着性差、载体用量大等，而微粒剂(74～297μm)的出现使其更好地附着在植物叶片上。微粒剂具有缓释特性而能延长药效期，同时通过减少对使用者的危害和对植物的药害而增加了药剂的安全性。

（4）乳油（EC） 乳油是由原药、有机溶剂、乳化剂等混溶调制成的均相油状液体制剂，入水后能以极微小的油滴分散在水中，形成均一稳定的乳状液。不溶于水的液体原药可以制成乳油，用水稀释后喷雾使用。乳油是环保剂型水乳剂（EW）和微乳剂（ME）的前身。二次世界大战后，聚氧乙烯类表面活性剂得到广泛应用，使得乳油得到进一步发展。乳油具有宽泛的储存温度，良好的物理稳定性、化学稳定性以及生物活性，制造简单，易计量，使用方便。因此，乳油是农药剂型加工中最基本和最重要的剂型之一，长期以来，一直占据农药市场的首位。除使用挥发性有机溶剂和易产生药害的缺点外，其他性能卓越，因此，乳油不可能完全被替代。

（二）农药助剂

农药助剂又称农药辅助剂，是指在农药制剂加工和应用过程中的辅助物质，能帮助主要药剂成分充分发挥效能的物质。在农药制剂生产中，通常使用的助剂主要包括溶剂、载体和表面活性剂。助剂是农药剂型加工与使用的关键，制剂质量的提高、新剂型的开发与助剂息息相关。农药助剂可以改善制剂的理化稳定性，提升制剂的生物性能，提高农药利用率，还可以延长药效时间，扩大药剂的应用范围。在无机合成农药时期，常用于农药剂型加工的阴离子表面活性剂包括棉籽油皂和鱼油皂。皂素为良好的润湿剂，造纸废液中的磺酸化木质素的钙盐为良好的润湿剂和分散剂，磺化油常作为乳化剂或润湿剂使用。

综上所述，无机合成农药时期，农药剂型加工技术开始进入科学发展阶段，无论在基本理论方面，还是在生产技术方面，均有所突破，为后续农药剂型加工技术的发展奠定了基础，因此，可将这一时期称为农药剂型加工的初级发展阶段。

三、形成阶段

1938 年，瑞士科学家米勒（P.Muller）发现了滴滴涕的杀虫活性和实用价值，有机合成农药迅速发展。1943 年，法国 A.Dupire 和 M.Raucout 发现六六六的杀虫活性。二次世界大战期间，德国的施拉德对有机磷、氟化合物进行了大量研究，开辟了有机磷农药新领域。在化学家和生物学家密切合作下，又不断研制出多种有机氯、氨基甲酸酯杀虫剂；杀菌剂中二硫代氨基甲酸盐等保护剂开始被应用；2,4-滴特殊生理效应的发现，使有机合成农药得到了全面而迅速的发展。由于有机农药品种多、效果好、见效快、成本低和使用方便等突出优点，至 20 世纪 80 年代前，实用的有机合成农药品种已达 400 余种，在防治农林病虫草害中，发挥了极其重要的作用。但是，由于有机合成农药自身的弊端，如有机氯、有机汞等大多数有机合成农药亲脂性较强，性质稳定，在自然界难以分解而危害很大，还有部分农药对人畜高毒或具有潜在毒性，部分杀虫剂也会伤害天敌等，因此，农药在发展过程中出现了急性和慢性毒性，影响生态环境以及抗药性等一些负面影响。随着有机合成农药的广泛使用，这些负面影响越来越突出，受到社会的普遍关注，这也是农药科学需要认真解决的三大主要问题。

为了解决传统农药存在的问题，20 世纪 70～80 年代，各国政府加强了对农药的法治管理，对新农药的注册要求越来越严格。为了延长旧品种的货架寿命，许多公司加强了老品种的技术改造，客观形势促使人们提高了对农药剂型加工重要性的认识，加强了农药剂型加工及应用技术的研发工作，因而取得重大进展。在农药制剂学形成阶段，新剂型蓬勃发展，种类繁多且各具特色。

1．超低容量液剂（UL）

超低容量喷雾技术是农药使用技术的新发展，利用一种特殊机械设备（地面超低量喷雾器或飞机等）喷洒，使药剂的雾滴达到 50～100μm 或更细。超低容量液剂是直接在超低容量喷雾器械上使用的液体制剂，具有浓度高、喷量少、功效高、省力省时、药效高、对作物安全等特点。20 世纪 60 年代，美国首先研制出超低容量液剂后，随后超低容量施药技术开始在世界上许多国家逐渐发展起来。由于该施药技术的效益极为显著，迄今已被数十个国家所采用。尤其是工业化的农业大国，如美国、加拿大、澳大利亚等，应用广泛且面积大，多采用飞机、拖拉机等大型的施药机械进行超低容量喷雾；发展中国家如泰国、巴西以及中国等，主要采用手持式和背负式等小型施药机械，以人力进行小规模喷雾作业。

我国的超低容量液剂研究起源于 20 世纪 70 年代，北京农业大学尚鹤言教授于 1973 年起开展超低容量喷雾技术研究。1974 年与有关单位协作，成功研制地面超低容量喷雾的施药机具——东方红 18 型背负式机动超低容量喷雾机。1975 年与北京农药一厂、二厂协作，研制成功 6 种超低容量油剂，并通过了技术鉴定，对 10 余种作物上的 30 余种病虫害进行了药效试验示范，随后在北京、四川等地区推广应用。1974 年，中国农业科学院植物保护研究所主持，与中国民航局科学研究所、第三机械工业部等协作开展“飞机超低容量喷雾技术在农、林、牧业上的应用”的相关研究。1975 年 4 月进行了第一次飞机超低容量喷雾试验，在防治小麦黏虫方面获得良好效果。至 1980 年，成功研制出 5 种超低容量喷雾剂，之后改进雾化设备，改装了超低容量喷雾飞机 24 架，在国内多地进行了药效试验示范，防治效果良好。

2．悬浮剂（SC）

悬浮剂是指农药有效成分在水中形成的稳定悬浮液制剂，兑水稀释后使用，由有效成分、润湿分散剂、增稠剂、防腐剂、稳定剂、pH 调整剂、防冻剂和消泡剂等组分组成。悬浮剂通常具有药效较高、环境友好、成本低和使用安全方便等优点。英国 ICI 公司于 1948 年首次使用砂磨机成功研制悬浮剂，1966 年美国施多福公司开始销售悬浮剂商品，随后英国、德国、日本等国家积极研制农药悬浮剂，并投入工业化生产。悬浮剂是农药制剂中发展历史较短，并处于不断完善期的新剂型，为难溶于水和有机溶剂的固体农药制剂化生产和应用提供了新的契机。

我国悬浮剂的研究起步较晚，1977 年开始悬浮剂的研制，之后沈阳化工研究院先后研制了多菌灵、莠去津、灭幼脲等悬浮剂，并投入工业化生产。与此同时，吉林市农药化工研究所研制了三嗪类农药悬浮剂，上海、安徽等科研单位和企业相继研制了多种农药悬浮剂并投入生产。迄今为止，对悬浮剂的研究和开发已经做了许多工作，无论在配方开发、加工工艺、制剂品种和数量上都获得了较大的发展，悬浮剂已成为除乳油和可湿性粉剂之外最重要的剂型。

3．可溶粉剂（SP）

可溶粉剂是有效成分能溶于水中形成真溶液，可含有一定量的非水溶性惰性物质的粉状制剂，适合于水溶性固体原药使用的农药剂型。可溶粉剂要求活性成分是水溶性的且在水中稳定，该剂型的优点是不含有机溶剂，不会造成环境污染和产生药害，同时在应用时可以避免可湿性粉剂不易润湿的问题。20 世纪 60 年代，拜耳公司首先研制成功 80%敌百虫可溶粉剂，随后美国、日本、瑞士、中国等国家相继研究成功可溶粉剂，品种迅速增加。

4．微胶囊剂

微胶囊（microcapsule）是利用天然或者合成高分子材料包裹活性物质的微型胶囊。农药微胶囊剂具有控制释放有效成分，延长持效期，提高农药稳定性，降低经皮毒性和挥发性，使用安全以及对环境污染小等优点，是当前农药剂型中技术要求较高且比较理想的剂型。20 世纪 60 年代中期，华盛顿大学林学院化学工程系的研究者提出控制释放的概念和理论，使用高分子载体制备缓释剂，延长农药持效期，并在防治林业蛀食性害虫中获得了成功。1968 年，除草剂 2,4-滴丁酸乙酯等的物理型缓释剂取得了较好的应用效果。1974 年，美国 Pennwalt 公司的 Penncap-M 微胶囊剂研制成功，不仅使毒性高和持效差的甲基对硫磷显著降低了毒性，而且延长了持效期，使微胶囊剂走向实用化和商品化。从 1978 年起，沈阳化工研究院开始对微胶囊剂型进行研制，1982 年 25%对硫磷微胶囊剂研制成功，成为国内首个微胶囊产品。

5．水乳剂（EW）

水乳剂是不溶于水的农药有效成分以水为介质，通过向体系提供能量（如高剪切乳化和高压均化等），在表面活性剂（乳化剂和助剂）作用下，以微小液滴（要求粒径＜2μm）分散于水中，得到动力学上稳定、外观呈乳白色的液体制剂。水乳剂最早出现于 20 世纪 60 年代，一些发达国家为降低有机溶剂引起的药害及减轻环境污染，将对硫磷加工成 40%水乳剂。随后，水乳剂有少数商品化产品进入市场，如 2.5%高效氯氟氰菊酯 EW、6.9%精噁唑禾草灵 EW、10%氰戊菊酯 EW 等。随着环境保护意识的增强和对食品安全的需要，减少乳油中有害溶剂的呼声越来越高。因此，不用或少用有机溶剂的水乳剂受到普遍重视，发展速度加快，专利报道增多，商品化水乳剂品种日益增加。

6．微乳剂（ME）

微乳液通常是由表面活性剂、助表面活性剂（通常为醇类）、油（通常为碳氢化合物）和水在适当比例下自发形成的外观为透明或半透明，粒径在 10～100nm 之间，具有超低界面张力，热力学稳定的乳状液。1943 年，Hoar 和 Schulman 首次报道了水、油、大量表面活性剂和助表面活性剂（中等链长的醇）混合后自发形成透明或半透明的热力学稳定体系。自 Schulman 等首次报道微乳液以来，微乳液的理论和应用研究获得了迅速发展。尤其是 20 世纪 90 年代以来，微乳液应用方面的研究发展得更快。20 世纪 70 年代，微乳液开始应用于农业，美国专利（1974 年）、日本专利（1978 年）记载了微乳液应用于农药制剂加工的报道，但国外公司商品化的微乳剂产品很少，美国科聚亚公司的 4.23%甲霜·种菌唑微乳剂是当时国外公司在中国登记的唯一微乳剂产品，并且使用方式为拌种。

综上所述，20 世纪 80 年代以前，农药剂型加工技术取得了较大的成绩。新剂型种类繁多、各具特色。农药助剂老品种经改造，延长了使用寿命，多功能助剂开发成功。先进的加工工艺和设备以及新型包装材料也得到了推广使用。因此，农药制剂加工已进入成熟阶段，即农药制剂学形成阶段。

四、快速发展阶段

早期的农药制剂学是为了满足人们把基本原料转变为便于实际应用产品的需要，最初注重的是活性成分的简单有效使用及其使用便利性。20 世纪 80 年代以来，传统的经验式研制方法已逐渐被科学的、合理的研制方法所替代，与此同时建立了严谨的制剂设计原则。随着胶体化学、表面化学、反应动力学和微量反应技术等与制剂相关的自然科学和工程学学科的发展，基础的制剂学理论更多地在工业领域和服务领域得到应用，如化妆品、药剂、涂料和农药等。在此过程中，作为研究农药制剂理论与技术的农药制剂学也获得了新的研究进展，主要表现在以下几个方面：传统剂型不断被改进，环保剂型不断涌现，剂型加工精细化，农药登记产品剂型不断优化，新型助剂的开发与有效利用。

（一）传统剂型的改进

目前，粉剂、可湿性粉剂、乳油和颗粒剂仍是发展中国家的主要剂型，仍被广泛应用，这是由于传统的基本剂型使用传统装置即可加工，具有易生产、成本低和高效等特点。然而，这些剂型使用过程中出现的使用者安全、生态安全、食品安全和环境安全问题已引起人们关注，具体包括粉剂使用时的飘移危害问题，可湿性粉剂的接触和呼吸毒性问题，乳油的易燃和芳烃溶剂对皮肤的接触毒性问题等。因此，法规需要制定关于农药安全使用的高标准；不断上升的新农药开发费用迫使需要获得具有最佳生物活性的单位面积农药使用量；关于农药作用方式和靶标认识的提高，导致高效、环境相容、使用安全和施药方便成为农药制剂发展的方向。

乳油加工过程中需要使用有机溶剂，因而存在毒性、易燃易爆和药害问题，运输和储存也受到诸多限制。因此，乳油的发展方向是明确的，既要保持乳油的诸多优点，又要克服二甲苯等有机溶剂带来的缺点。乳油加工的改进方法主要包括：①以水代替有机溶剂，可以降低有效成分对使用者的毒性，也可以降低药害，同时还能节省大量有机溶剂。例如，水乳剂和微乳剂是替代乳油的比较安全的剂型。②选用更安全的有机溶剂，如低芳烃溶剂油、脂肪族溶剂油等，尤其是加氢精制技术处理后的正构烷烃类等特种溶剂油（正己烷、正庚烷），黏度低，芳烃、硫和氮含量低，是适合作为加工乳油的环保溶剂。③选用更环保的有机溶剂，如矿物油、植物油、油酸甲酯等，已有 50%丙环唑·左旋松油醇乳油、生物柴油作为精喹禾灵乳油中二甲苯的替代溶剂、植物精油在环保型乳油中的应用报道。④溶胶状乳油是将乳油改成具有类似于动物胶黏度的产品，具有独特的流动性，被定量包装于水溶性聚乙烯醇小袋中，从而减少使用者接触农药的危险，同时避免乳油包装容器的处理问题。⑤高浓度乳油是重要的发展方向，主要原因是可以显著减少有机溶剂用量，减少库存量，降低生产和贮运成本；同时减少包装物处理问题，缓解环境压力。代表品种包括 70%炔螨特乳油、90%乙草胺乳油等。⑥制备无溶剂乳油，即仅由液体农药和乳化剂组成，由于不含有机溶剂，危险性较小。代表品种有 96%异丙甲草胺乳油等。⑦制备固体乳油，将高浓度乳油吸附在适宜的载体上，入水后形成乳状液的粉状或粒状固体乳油，主要包括可乳化粉剂（EP）

和可乳化粒剂（EG），已有 10%喹草烯可乳化粉剂配方研制和甲氨基阿维菌素苯甲酸盐可乳化粒剂的报道。

可湿性粉剂与粉剂一样，加工过程中也存在粉尘飘移的问题，可以替换为粉尘污染少的悬浮剂，不易燃，药害少，药效高；还可以将可湿性粉剂颗粒化，如制备水分散粒剂（WG），粉尘少，减少使用者吸入与皮肤接触所带来的健康危害，同时易于从包装袋中倒出，残留少，贮存期长，不易结块。另外，为提高制剂的安全性，用水溶性袋来包装可湿性粉剂的技术已受到人们的关注。在配制喷施药液时，可将整个水溶性袋剂置于水中，避免使用者与粉尘接触。

（二）环保剂型不断涌现

(1) 剂型水性化　水基性制剂以载体或表面活性剂为介质，使农药有效成分分散于水中，解决了粉尘飘移问题和有机溶剂污染问题。由于这些剂型以水为基质，故对生态与环境有益，几乎无不愉快气味；不易燃烧，贮藏与运输安全性高；可降低有效成分对使用者的毒性；某些情况下，可降低药害；节省大量有机溶剂；一般具有较好的界面亲和度，药效高于传统剂型。此类剂型目前主要包括：悬浮剂、水乳剂、微乳剂和悬乳剂等。

悬浮剂属于固体微粒悬浮在液体中的分散体系，是具有优良性能的水基性制剂。悬浮剂是国内外农药行业公认的环境友好型剂型，也是联合国粮农组织推荐的 4 种环保型剂型之一，被称为划时代的新剂型，悬浮剂将农药制剂加工技术提高到全新的水平，为许多既不亲水又不亲油农药的生产和应用开创了广阔发展前景。悬浮剂是可加工活性成分最多，加工工艺最为成熟，相对成本较低以及市场前景非常好的新剂型。与其他剂型相比，悬浮剂发展最快，具有药效高、环境友好、安全、经济等优点。

水乳剂是一种水包油乳状液，在热力学上属于不稳定的分散体系。近年来，水乳剂在国外发展很快，已有数十个品种商品化，尤其是英国发展最为迅速。国外农化公司在我国登记的水乳剂品种已超过 10 个，如 6.9%精噁唑禾草灵 EW、25%戊唑醇 EW、60%丁草胺 EW 等。目前，国内研制水乳剂也呈上升趋势，登记的品种已超过 20 个，以拟除虫菊酯类杀虫剂开发较多，而有机磷类杀虫剂因水解问题导致长期贮存稳定性很难过关。制剂含量低，乳化剂用量大，水乳剂稳定性差，也是开发水乳剂急需解决的问题。此外，添置必要的测试设备，如高剪切乳化机、激光粒度分布仪和分散稳定性分析仪等，是研发稳定水乳剂的重要条件之一。

微乳剂是由水相、油相、表面活性剂、助溶剂按适当比例混合，自发形成的各向同性、透明或半透明、热力学和动力学上稳定的分散体系。自 1943 年 Hoar 和 Schulman 报道微乳体系以来，有关微乳剂的理论和应用研究迅速发展。微乳剂以水为连续相，减轻对有益生物和生态环境的污染；对植物和昆虫具有良好的渗透性，药效高；运输和贮藏安全；经皮毒性低、无刺激性。微乳剂是部分取代乳油的环保新剂型之一，但是理化稳定性较差和表面活性剂用量大等问题制约着微乳剂质量的提升。研究结果表明，微乳剂配制过程中，助溶剂和表面活性剂的选择非常关键，否则极易发生转相和结晶析出，无机盐对微乳剂的浊点也有较大的影响。目前，人们对微乳剂的研究已不再局限于宏观的配方开发，反而是进行微观机制探讨，如微乳剂低温稳定性和热力学稳定性微观机制研究。值得关注的是，尚未见国外农化公司在我国登记微乳剂产品，而且国外公司开发的微乳剂主要用于卫生防疫，很少见到产品用于农业。目前，国内微乳剂登记品种有几十个，如 20%阿维菌素·杀虫单微乳剂、24%高效氯氰菊酯·灭多威微乳剂。

悬乳剂（SE）是为了提供较大防治谱的水基性制剂，是至少一种水不溶的固体活性成分和至少一种水不溶的液体活性成分加工成的固液多相体系的液体制剂。由于技术难度大，投资和设备费用均比悬浮剂高，因此，在国内外研发品种不多。我国于20世纪90年代开始研发，固体活性成分主要是三氮苯类除草剂，液体活性成分主要是酰胺类除草剂，在国内开发和登记的悬乳剂品种主要有40%和48%乙·莠SE、40%和48%丁·莠SE、28%嗪草酮·乙草胺SE、40%氰草津·乙草胺SE、42%甲草·乙·莠SE、28%嗪·乙SE、20%螨醇·四螨SE等品种，而商品化程度最高的悬乳剂是乙草胺·莠去津SE。悬乳剂是环保型农药新剂型中成熟度较低的剂型之一。

（2）水可分散固体化　20世纪80年代以前，固体制剂是农药的重要加工剂型。然而，由于有机氯产品使用的限制以及粉剂出现的粉尘、飘移和药效低等诸多问题，固体制剂的用量显著降低。当前，随着水分散粒剂（WG）、可溶粉剂（SP）、泡腾片剂（FB）和水分散片剂（WT）等的使用，固体制剂的用量又出现回升趋势。这些剂型既保持了粉剂使用方便、功效高的优点，又克服了粉剂飘移易污染环境、有效利用率低的缺点。

水分散粒剂（WG）是入水后能迅速崩解并分散成悬浮液的粒状制剂。水分散粒剂是20世纪80年代初在欧美率先发展起来的一种农药剂型，兼具可湿性粉剂和悬浮剂的优点，并避免了二者的不足，主要表现在以下几方面：①与可湿性粉剂和悬浮剂一样，悬浮性、分散性、稳定性好；无有毒溶剂，无粉尘，对作业者和环境安全。②与可湿性粉剂相比，具有良好的流动性，易于量取。③与悬浮剂相比，克服了贮藏期间沉积结块、低温结冻等问题。④与可湿性粉剂和悬浮剂相比，有效成分含量高，产品相对密度大，体积小，包装、贮存和运输方便。不足之处在于成本比可湿性粉剂和悬浮剂高。水分散粒剂在美国已占到整个剂型的20%，超过可湿性粉剂和悬浮剂；在英国，水分散粒剂5年内的增长即超过一倍；由此可见，该剂型已成为国外农药的基本剂型。国外农化公司进入中国市场的水分散粒剂品种有30多个，以高浓度品种为主。目前，对水分散粒剂的研究已深入微观，包括微观粒子形态和黏合剂作用机制的研究。当前，影响水分散粒剂发展的主要因素是分散剂和生产设备。

可乳化粒剂（EG）是将有效成分溶于或稀释于有机溶剂中，再吸附在适宜的载体上制成的水可乳化颗粒剂。使用时，该产品用水稀释后崩解或溶解，形成一种常见的水包油型乳状液。可乳化粒剂是21世纪初开始研究的新剂型，因其具有乳油和水分散粒剂的优点，也是极具潜力的新剂型。目前，国内外尚无商品化品种报道。

可乳化粉剂（EP）是原药与必要的助剂组成的均匀混合物，外观是自由流动的干燥粉状物，无可见的外来物和硬团块，在水中稀释后形成乳状液。可乳化粉剂与可乳化粒剂一样，是21世纪初开始研究的新剂型，因其具有乳油和可溶粉剂（SP）的优点，也是极具潜力的新剂型之一。目前，国内外尚无商品化品种报道。

（3）有效成分控制释放　控制释放技术是当前国际先进的农药制剂技术之一，是提高药剂靶标性、延长持效期、减少环境污染的重要手段。控制释放技术主要包括微胶囊化技术和分子包合技术。微胶囊剂具有延长持效期、减少用药次数、降低用药量和降低药剂的使用毒性等优点。从1974年第一个农药微胶囊剂——甲基对硫磷微胶囊剂问世后，相继有近60个品种商品化，但产量均不大，且以卫生杀虫微胶囊剂居多。由于传统的微胶囊化技术制备的制剂质量不稳定，相对成本较高，生产工艺较复杂，微胶囊剂应用于农药在我国还刚刚起步，成熟商品还较少。目前，我国已登记的微胶囊剂主要有微囊悬浮剂及微囊粒剂。分子包合技术是一种分子被包嵌在另一种分子的空穴结构中而形成包合物（inclusion compound）的技术。

分子包合技术可改善药物理化性质、增加药物的溶解度、提高药物的稳定性、促进药物的吸收、提高药物的生物利用度、降低药物的毒副作用和刺激性，也可以用于液体药物粉末化与防挥发、改善药物制剂的性能等，在医药、食品等领域得到广泛的应用，但在农药领域刚刚起步。在农药领域，分子包合技术具有提高农药水溶性和稳定性、改善农药在防治靶标上的传导性能等优点。

近年来，在微囊悬浮剂的基础上又开发出一些新制剂，主要包括微囊悬浮剂和悬浮剂混合物[(CS+SC)/ZC]、微囊悬浮剂和悬乳剂混合物[(CS+SE)/ZE]、微囊悬浮剂和水乳剂混合物[(CS+EW)/ZW]等，其中，在我国已登记的微囊悬浮剂和悬浮剂混合物主要有22%噻虫·高氯氟 ZC 和 25%氯氟·噻虫胺 ZC。

(4) 可分散油悬浮剂（OD） 可分散油悬浮剂是有效成分以固体微粒分散在非水介质中形成的稳定的悬浮液体制剂，可以包括其他能溶解的有效成分，该剂型适于用水稀释后使用。可分散油悬浮剂具有很强的适应性，是水基化和颗粒化制剂的重要补充，许多对水较敏感的农药通常制成该剂型产品，例如烟嘧磺隆等磺酰脲类除草剂。可分散油悬浮剂具有良好的润湿、展布、黏附和渗透性，有助于药效的发挥；以纯天然植物油或甲基化的植物油、矿物油等环保型溶剂作为介质，环境相容性好；产品粒径小，悬浮率高，分散性好，使用方便，且生产和使用过程中无粉尘，绿色环保。

（三）剂型加工精细化

20 世纪 80 年代以来，各类新颖高效的农药不断问世，迅猛发展，单位面积农药用量比 80 年代前降低了 2 个数量级，由原来的每公顷用量几百甚至几千克，下降至几克至几十克。然而，将极少量的农药均匀分布在一亩地上，且充分发挥药效，剂型加工必须精细化。首先需要开发可以最大限度发挥药剂作用的剂型，尤其是开发附着性强的剂型及配方，提高农药的有效利用率；其次需要采用先进的生产工艺，包括对不同设备的选择与优化，不同工艺参数的考量，不同工艺的探索及优化等，生产高质量的产品；最后采用易降解的包装材料，在制剂质量控制方面需要使用先进的仪器和设备。在此过程中，注重数据的积累、整理、分析、归纳与总结，建立产品精细化加工的数据库。

（四）农药登记产品剂型不断优化

农药登记是全球通行的农药管理手段，是农药产品进入市场的重要关口。截至 2024 年 12 月，我国在登记有效期内的农药产品数量为 48078 个。从用途类别看，杀虫剂占登记产品总数的 40.47%，杀菌剂占 25.63%，除草剂占 28.08%，植物生长调节剂占 3.61%，杀螨剂占 2.37%，杀鼠剂占 0.26%。

截至 2024 年 12 月，从剂型类别看，原药（含母药）产品有 4728 个，占登记产品总数的 9.83%，在 48078 个制剂产品中，悬浮剂类产品位居首位，占 21.27%；乳油次之，占 20.49%；可湿性粉剂第三，占 14.67%；其他依次为水剂（5.48%）、水分散粒剂（5.48%）、可分散油悬浮剂（3.94%）、可溶液剂（3.33%）、微乳剂（2.92%）、水乳剂（2.88%）、颗粒剂（2.55%）、可溶粉剂（1.52%）等。

我国不同剂型产品占比的升降变化，表明我国农药剂型在逐渐优化，研发、生产朝着环保剂型方向发展。另外，空间驱避产品如防蚊网等新剂型在 2016 年首次取得登记，该类产品可能会在国内不断涌现。

（五）新型助剂的开发与有效利用

国内外农化公司为农业应用提供了性能卓越、功效更好、更温和、更经济和更环保的产品。目前，国际上农药助剂研究的热点是以聚乙二醇为原料的“A-B-A”嵌段共聚物，该共聚物属于非离子表面活性剂，能有效改善性能，扩展亲水亲油平衡值（HLB 值）的范围，尤其是能够有效形成空间保护作用，巴斯夫公司（BASF）最早开发此类产品。同时，有机硅和含氟表面活性剂在农业上的逐步应用，极大地提高了农药利用率。

助剂开发一直是我国农药加工中相对较薄弱的环节，现有的助剂品种已不能满足农药新剂型研究的需求。我国农药助剂存在的问题主要包括：①研发投入少，技术水平低。我国从事农药助剂的科研机构少，科研投入少，产品研发速度慢，无配套的产品应用技术，无统一的技术执行标准。②管理不到位。欧美发达国家十分重视农药助剂管理，对农药产品中助剂的使用作出了明确规定，也制订了相应管理措施。而我国暂无相关行业组织，缺少专门的管理条例。③应用不科学。助剂尤其是乳化剂品种多、型号多，因而在使用中存在着搭配不合理、用量不合适等问题。溶剂使用中也存在安全性和环保性关注度不高的问题。同一原药使用不同助剂制备的悬浮剂，不仅理化性质不同，而且药液在防治靶标上的物化性质也不同，助剂对喷雾药液表面张力、动态表面张力和接触角影响的相关研究较少。

国内相关行业应充分利用现有资源，进行农药专用助剂的创新开发，尤其是开发高质量的木质素磺酸盐系列助剂、丙烯酸系高分子系列助剂、新型 Gemini 磺酸盐类系列助剂、蓖麻油系列助剂、松香系列助剂、植物源喷雾助剂，同时做好对国外助剂技术的消化、吸收，在其基础上进行提高，并能正确认识与使用功能性助剂，正确评价助剂对环境的影响，加强助剂管理，关注助剂的安全性问题等。

综上所述，20 世纪 80 年代以后，随着超高效农药合成技术的发展，农药剂型加工技术取得了快速的发展。传统剂型不断被改进，环保型剂型不断涌现，剂型加工日益精细化，农药登记产品剂型不断优化，新型助剂开发与有效利用，这些成绩说明农药制剂加工已进入快速发展阶段，即农药制剂学的快速发展阶段。

五、提升阶段

2017 年以来，我国已经成为全球最大的农药生产国家及出口国家，全球约有 70%原药在中国生产，但我国生产的农药主要以仿制为主，创制农药的品种和数量有限。我国农药制剂水平比较落后，产品质量不稳定，产品性能评价不够完善，新产品开发环节薄弱，只注重理化性能，不关注生物活性，农药有效利用率低；环境恶化、生态安全和食品安全等问题凸显，农药的安全性成为民生关注的热点之一；各国政府密集出台更严厉的农药监管法规，实施负面清单管理，被限用和被禁用的品种越来越多。我国修订的《农药管理条例》于 2017 年 6 月 1 日正式实施，之后相继出台了一系列创新型农药管理政策和法规，旨在引导农药行业健康发展，为保障农业生产、农产品质量和生态环境安全奠定基础。自《农药管理条例》发布实施以来，我国农药风险管理在逐步推进，绿色环保理念不断深入，低风险和生物农药量在生产、销售和使用中稳步提升。由此可见，时代前进的步伐促进了农药制剂的发展，随着原药集中度进一步提高，农药制剂是下一步竞争的风口，其出路在于制剂的创新，尤其是农药剂型的优化及内涵的提升。在该阶段，农药剂型加工技术的提升主要表现在以下几个方面：农药剂型研发思路的转变、生物农药剂型加工与应用、剂型优化趋势显著、农药制剂的评价体系逐渐完善、清洁生产与设备提升以及农药制剂质量新进展。

（一）农药剂型研发思路的转变

时代要求新的农药安全观，它涵盖了作物安全、农产品安全、环境安全、生态安全、人身安全、制造和使用过程安全等全方位的安全要求。正在实施的“农药使用量零增长”行动对农药的功效提出新的要求，因此，加速剂型结构的调整和科技创新，转变农药剂型的研发思路既是突破口，也是适合当前中国农药使用现状的务实举措。

农药剂型的研发思路一方面需要符合时代的要求，另一方面需要向深度与广度拓展。要以农药学、植物保护、植物营养、植物生理生化、分子生物学、物理化学、有机化学、胶体化学等为基础，从多学科多角度综合运用宏观与微观相结合的方法，深入研究农药剂型的理化性质、界面性能、生物活性以及安全使用，使少量活性成分应用最大化，具体表现为：将以分散、润湿、稳定为主线的简单、粗糙和经验式的研发思路，转变为以药剂载药体系的传递行为为主线的微观、量化、精准的研究思路；由侧重研发新剂型转为优选制剂中不同影响因子；与高新技术结合，开展多专业合作，学科交叉研究，将纳米材料、释放技术和自动化技术等进行组合创新；制剂的评价体系更加重要，需要建立快速评价制剂稳定性的新方法，实现数据可调控，最终实现精准高效智能的评价目标。

（二）生物农药剂型加工与应用

生物农药包括生物化学农药、微生物农药和植物源农药，尽管在整个农药产业中占比较低，但生物农药总体势头发展良好，且在减少化学农药使用、保障农产品质量安全和生态环境安全及特色农作物的有害生物防治中发挥了重要的积极作用。生物农药具有如下特点：专一性强，活性高；对非靶标生物相对安全，对环境安全；不易产生抗药性；开发利用途径多；作用机理不同于常规化学农药；种类繁多，研发的选择性大。尽管生物农药有诸多的优点，但也有其自身的缺点：防治效果通常较为缓慢，很难用于应急防控；活性成分比较复杂，提取难度大；产品货架期短，质量稳定性较差；易受环境因素制约和干扰，药效不稳定；界面性能差，防效低。生物农药剂型加工考虑的因素主要包括：活性成分的物理、化学性质；活性成分的生物活性和作用方式；使用的方法；使用的安全性和环保性；加工成本以及市场的选择。与化学农药相比，生物农药的剂型比较单一，生物化学农药的剂型包括可溶液剂、乳油、粉剂、可湿性粉剂、可溶粉剂、悬浮剂、微乳剂、颗粒剂、水分散粒剂等；微生物农药剂型仅包括颗粒剂、可湿性粉剂、水分散片剂、悬浮剂和种子处理悬浮剂；相对而言，植物源农药的剂型更为单一，只有可溶液剂、乳油或微乳剂。与化学农药相比，生物农药的加工更困难，特别是活体微生物农药。微生物活体，与各种助剂的相容性通常比化学农药低，润湿铺展性能差，可加工成悬浮剂或可分散油悬浮剂，尤其是悬浮剂，由菌种悬浮液或发酵液加入助剂直接制备而成，减少干燥脱水过程，生产成本较低。对活性菌种生理代谢特点深入研究，能够为解决悬浮剂保质期短的难题提供理论基础。总之，生物农药制剂产品要根据生物农药自身特点设计剂型，界面性能是提高生物农药生物活性的重要因素，保护性助剂的加入对提高微生物的贮存性能、货架期以及药效的发挥起着重要作用。

自 2017 年，我国把推广和发展生物农药作为绿色发展的重要举措。2020 年 9 月 30 日，农业农村部种植业管理司（农药管理司）发布关于推进实施农药登记审批绿色通道管理措施的通知，涉及范围为生物农药。《“十四五”全国农药产业发展规划》中明确指出，大力发展生物农药。但值得注意的是生物农药不等于绝对安全，仍需进行安全性评价。各国生物农药范围存在差异，共同点是安全性评价都以物质特性为基础，以保障人类健康和环境安全为目标。由于生物农药的特性及工业化生产等技术问题，尚需提高产品质量的稳定性和防效，我国农药仍以化学农药为主，生物农药的替代之路漫长，但发展潜力巨大。

（三）剂型优化趋势显著

近 10 年来，我国登记农药环保型剂型的数量在迅速增加，剂型优化趋势十分显著，进一步降低了对人畜和环境的影响。从登记的主要剂型产品数量看，尽管乳油的登记数量较多，但占比一直呈下滑状态；同样作为传统剂型的可湿性粉剂的占比也在逐年下降；而可分散油悬浮剂、悬浮剂和水分散粒剂的占比一直在上升。其中悬浮剂比例已经超过乳油，占比最高。值得关注的是，各主要剂型登记数量与本年度新增产品登记数量的占比更能反映农药剂型未来发展趋势。每年登记的环保型剂型数量在增加，如悬浮剂、可分散油悬浮剂、种子处理悬浮剂等剂型，随着生物农药的发展，登记数量逐年增加，饵剂和挥散芯等剂型数量也在增加。

（四）农药制剂的评价体系逐渐完善

21 世纪以来，全球经济以前所未有的速度发展，农药的安全性成为关注的热点之一，制剂技术受到始料未及的挑战，农药制剂的评价体系越来越重要。农药制剂评价体系是一项科学复杂的系统工程，需要通过大量基础研究充分证明其安全性、有效性和必要性，并保证其质量的可控性。为此，要建立快速评价制剂体系的新方法，实现数据可调控，最终实现科学精准高效智能的评价目标，同时将风险评估列入常规的安全评价体系。在该阶段，农药制剂的评价体系逐渐完善，主要表现为以下六个方面：①原辅料来源评价体系的构建。农药制剂的安全性首先来自原药及辅料本身。原药基本来自农药生产厂家和贸易商，尽管采购的原药拥有登记证、生产许可证和企业标准，但实际采购化学原药的质量与登记时所用原药的技术指标存在差异，个别产品差异显著。生物农药中的植物源农药成分复杂，杂质毒性高，需要重点关注；真菌、细菌等微生物农药由于没有区分菌株，使人误以为相同类的微生物农药（如苏云金杆菌、绿僵菌、白僵菌、哈茨木霉等）功能相同，实际上不同菌株加工的制剂防治有害生物的效果存在显著差异。了解助剂和填料的性质，尤其是助剂的类型/分子量/pH 值/毒性和辅料的类型/产地/稳定性/适应性。总之，要保证农药原辅料质量稳定性和可追溯性，从源头上保障控制产品的质量。②配方组成评价体系的研究。农药剂型是由符合标准的有效成分、适宜的填料和必要的助剂组成的均匀混合物，应着重考虑配方组成的合理性和精简优化，明晰不同组分，从而提高质量的可控性。③制备工艺评价体系的研究。农药制剂的制备工艺复杂多样，应当具体问题具体分析，但不同剂型制备技术的提高，与制剂新工艺、辅料、包装材质以及仓储条件均存在直接关系。超微粉碎技术、提取技术、分离纯化技术和浓缩干燥技术等新技术新工艺的应用可以大幅度提高农药制剂的质量。同时，根据 ISO 9000 质量管理体系进行生产管理，关键生产设备的原理及主要技术参数应该固定，严格执行生产标准操作规程，并强化物料平衡和偏差管理，减少外来物污染制剂的机会，确保不同批次产品质量的稳定性和均一性。④质量标准评价体系。质量是企业生存与发展的根本所在，是连接企业与客户的纽带。农药制剂产品评价依据就是产品的质量标准，是指农药制剂产品达到预期防治效果所需的质量指标与生产企业能够达到的质量指标的合理规定。坚持质量标准为先，农药制剂市场才有发展。⑤药液性质评价体系。在田间稀释倍数下，液滴反弹、流失、飘移和蒸发等因素会造成损失，同时由于药液往往不能在植物叶片上形成良好的润湿，黏附在指定靶标上的药液较少，且渗透差、吸收或分配少，会造成液药流失严重。因此，控制药液流失、提高农药有效利用率是常规喷雾技术中亟待解决的问题。农药制剂发挥较高效率的关键是药液在靶标物质上的铺展和滞留，要求喷施的药液具有较好的润湿性，而表面张力、动态表面张力和接触角是评价润湿效果的重要指标之一。⑥制剂田间药效评价体系。农药制剂在田间安全使用时，需要严格按照产品标签中的使用范围、使用方法、剂量、使用技术要求和注意事项进行操作；如需扩大使用范围或者与其他农药制剂、肥料以及助剂混合使用，需要在专业技术人员指导下进行混用试验，才可以大面积推广，否则容易产生药效差、无效甚至药害的问题。使用不当是导致药害产生的重要原因之一，加大剂量使用容易产生药害，使用时注意不同区域的水质和水温。农药使用的减量化势在必行，一方面加强研发超高效、安全的新药剂；另一方面，加强对农药安全使用技术和方法的指导和教育，以及进一步开发农药施药器械，这是实现农药零增长的根本点。与此同时，通过提质增效来确保生态环境和食品安全以及农业稳定丰产。

（五）清洁生产与设备提升

农药加工技术的快速发展与高度精密的生产和分析设备的新发展紧密联系，对农药制剂加工而言，工程技术十分重要，而清洁生产是农药制剂走向国际的通行证。利用现代制剂工程技术建设和改造农药制剂企业，进而全面实施清洁生产管理是中国农药制剂未来发展的重中之重。通常试验工厂中同一生产设备被用于生产除草剂、杀菌剂和杀虫剂等不同类型的农药，这样极易产生污染问题。因此，要选择易于清洗和净化的多套设备，预防产生交叉污染。对于乳油、可溶液剂、悬浮剂、水乳剂、微乳剂等生产工艺相对成熟的剂型车间，其车间总体布局设计逐步实施系统化、规范化、智能化。可湿性粉剂和水分散粒剂等固体制剂的清洁化、连续化生产流程应大面积推广，保证粉尘量达标。微囊悬浮剂的生产实现连续化和自动化控制。乳粒剂、小粒种子丸粒化实现连续化生产装置的国产化。开发与生物农药制剂相匹配的专用装备。以智能装备为载体、以数字技术为抓手，实现企业转型升级和创新发展，加速构建智能制剂工厂，具体表现为：加速实现悬浮剂、可湿性粉剂、水分散粒剂、可溶液剂等剂型的智能加工，如无尘投料转料、自动称重模块配料、智能配方管理、智能包装、智能仓储等；构建生产运维数字平台，实现现场管理的整洁化、目视化和持续化。

目前，在制剂质量控制方面常采用先进的设备，如微量水分测定仪、旋转式黏度计、激光粒度分析仪、气相色谱仪、液相色谱仪等。而在基础配方研究中越来越多的现代分析仪器被应用，如接触角测量仪、表面张力仪、动态表面张力仪、流变仪、傅里叶红外光谱仪、X射线光电子能谱仪、乳液稳定分析仪、细胞破碎仪、扫描电子显微镜等。

（六）农药制剂质量新进展

作为我国农药工业的一部分，企业都应该承诺责任关怀，这不仅是一种企业理念，而且是一种自愿行为。国内企业的宗旨是在全球安全地生产、运输和销售自己的产品，并且使用户安全、有效地使用产品，不对人类、动物及环境造成危害。在此过程中，非常值得关注的就是农药制剂产品的质量保证问题，包括良好的产品设计、良好的生产过程及质量监督。农药制剂质量的提高已成为我国农药行业发展的重点，是农药使用与出口的关键因素之一。提高农药制剂质量，首先是使用高质量原药生产制剂，其次开发对环境友好的制剂，同时应提高有效成分含量，高性能表面活性剂和包装材料也十分重要。随着我国出口制剂越来越多，产品质量标准与联合国粮农组织（FAO）、世界卫生组织（WHO）和国际农药分析与协作委员会（CIPAC）标准正在接轨。同时，我国正在积极参与国际农药标准的制订，这是实现我国从农药大国成为农药强国的有效途径，有利于提升中国农药的国际地位，增强市场竞争力；有利于提高农产品质量安全，促进农产品国际贸易；有利于消除农药标准技术壁垒，扩大农药国际贸易；有利于提升中国农药标准制订水平，促进与国际接轨；有利于培养和锻炼人才，增强中国参与有关农药国际事务的能力。

同时，农药制剂质量的提高不仅表现在理化性质上，还应具有良好的生物活性，这就要求剂型加工、使用技术、施药器械紧密结合，同步发展。

综上所述，2017 年以后，农药制剂技术随着时代的前进而持续发展，农药剂型研发思路向着深度和广度方向拓展，注重有效成分的传递系统，注重安全使用农药，注重农药利用率的提高；我国把推广和发展生物农药作为绿色发展的重要举措；环保型剂型优化趋势显著、农药制剂的评价体系逐渐完善、农药制剂清洁生产和剂型加工智能化以及农药制剂质量取得新进展。这些成绩说明农药制剂加工已进入高质量发展阶段，即农药制剂学的提升阶段。

六、现代农药制剂发展方向

当前，世界人口持续增长，可耕地面积逐渐减少，作物产量需要不断增加；农药残留限制越来越严格，农药助剂也开始禁限用；环境保护、生态平衡、农民与消费者安全意识逐渐增强。这些均使得农化行业面临着越来越大的挑战，有效解决办法是发展可持续绿色农业，从而促进人与自然和谐共生。在此背景下，农药也进入绿色高效创新的发展时代，绿色农药剂型的研发对实现农药产业的高质量发展具有十分重要的意义。现代农药剂型正朝着高效化、绿色化、功能化、省力化和无害化的方向发展。

（一）飞防用剂型、制剂与助剂的研究

近年来，国内植保施药技术由地面施药为主向地面与航空施药并进的方向转变，尤其是植保无人机喷雾技术迅速兴起。截至 2021 年，我国植保无人机的拥有量达到 16 万架，防控面积达到了 0.93 亿公顷，其拥有量和防控面积已远超日本和韩国。迄今为止，我国农药登记时开展的药效、残留试验均采用背负式喷雾器，尚未开展植保无人机应用于农药的登记工作，不利于航空植保的发展；同时，发展植保无人机喷雾技术是一项科学、复杂、系统的工程，需要机械、计算机、植保、气象、空管、农药监管等众多专业密切合作，实施组合创新。因此，需要加强与植保无人机匹配的农药剂型、制剂和助剂的研发，应该重点关注以下几个方面：①规避高浓度施药所致的风险。植保无人机施药浓度高，飘移距离远，需要考虑非靶标生物和邻近作物的安全性，具体措施如下：提高药剂分散度，防止施药不均匀引起的药害；规避水基型剂型如水乳剂、悬浮剂、悬乳剂中高挥发性有机物以及施药过程中公共安全问题；助剂的选择和使用，避免使用高浓度下易导致植物药害风险的助剂。②规避药液雾滴飘移所

导致的风险。由于植保无人机喷雾雾滴细，剂型可优先选择易分散且粒径较小的剂型，如可溶液剂、微乳剂、乳油、水乳剂、悬浮剂等，且需要在制剂中添加功能性助剂，保持雾滴尺寸大小，抗飘移，抗蒸发，提高雾滴沉积率，保证防效。当邻近作物安全存在风险时，植保无人机可考虑选择撒施颗粒剂，降低飘移对邻近作物产生的威胁。③剂型、制剂与助剂研究。选择同一有效成分的最佳剂型以及同一剂型的最佳稀释倍数，如常规乳油直接或加少量水进行无人机喷雾，细雾滴溶剂挥发，导致沉积量下降，影响其药效发挥；研究实际应用场景中喷雾药液性质以及沉降路径的变化，建立不同影响因子与结果的数字化模型。④由于不同剂型的农药产品存在制剂分散体系的差异，混用时产品的稳定性、兼容性及界面性能无法保证，因此，植保无人机施药应优先选择混剂产品，尽量减少田间桶混施用的方式。⑤标准体系的建立。目前，正式登记的用于植保无人机的农药产品尚属空白，需要加快植保无人机应用农药产品的农药登记试验技术准则的制订进程。

总之，在未来需要完善我国植保无人机应用农药产品的登记制度，加强专有产品的登记，使与植保无人机相匹配的农药剂型、制剂、功能助剂与防治对象、防治靶标、植保策略发挥协同作用。

（二）控制释放制剂技术

控制释放技术是指在特定系统中，针对特定的靶标，该系统内的活性物质可按照预先设定的浓度和时间持续释放，并达到预期效果。控制释放技术在农药制剂领域的应用，使得农药剂型更加合理，性能趋于完美，真正达到了高效、安全、经济和使用方便的目的。控制释放制剂适用于卫生杀虫、种子处理、仓储害虫和地下害虫等用药，也可用于大田、园林及森林防护实现精准施药和提高药效，是新型绿色农业技术的重要发展方向之一。

控制释放技术是我国农药制剂技术中与国际水平差距较大的领域之一，研发和掌握系列关键技术是今后发展的重要方向。控制释放的关键技术主要包括：①有效控制释放速率。有效控制释放速率是控制释放技术的基础，只有自由调控释放速度的快慢才能实现控制释放。有效成分性质、壁材种类、微胶囊粒度、形状、载药量、添加剂和微囊化技术都是直接影响微胶囊释放速率的重要因素。②建立合适的数学模型表征释放特征。理想的释放模型应该充分描述有效成分逐渐释放的过程以及影响药物释放的关键因素。③高含量、无溶剂、稳定性好的微囊剂型及制剂研发。④适用于不同场景的释放技术的开发。例如，田间快速释放技术开发，通过调整微囊的稳定体系及渗透膜，使药物快速释放；不同酸碱条件下释放技术，对于消化道呈碱性的鳞翅目（如玉米螟、斜纹夜蛾、甜菜夜蛾、棉铃虫等）幼虫，可通过囊材的结构修饰，研发微碱性条件下的释放技术，也可在制剂中添加引诱剂，效果更佳；水中不释放的技术将有利于药效高但对水生生物高毒的农药品种的推广应用。例如，制备智能触控的吡唑醚菌酯微囊悬浮剂在保持有效成分优异杀菌功效的同时，最大限度地降低其对水生生物的毒性。

（三）纳米材料制剂技术

当前纳米技术和纳米材料在农业中的应用已成为发展方向和研究热点，利用纳米技术和材料开发的高效农药制剂产品已经成为国际纳米农药领域关注的焦点。据报道，2019 年国际纯粹与应用化学联合会（IUPAC）成立 100 周年之际，选出了“化学十大新兴技术”，其中“纳米农药”开发居首位，在缓解食品残留与环境污染等方面显示出良好的应用前景。纳米农药的主要优点包括：改善难溶性农药的水基化分散特性，提高生物利用度；改善农药对靶标的作用方式，提高生物活性与防治效果；发挥农药控制释放、缓释作用，延长农药的持效期；加速残留农药的降解过程，改善农药环境行为与生物的安全性。目前，国际上对于纳米农药暂无普遍认可的立法定义。农药纳米制剂产品的颗粒也存在不同的外观形态，如液态、固态和悬浮态，从而表现出纳米农药产品更优的理化性能、稳定性和药效。

纳米农药与传统农药制剂的差别在于：传统农药制剂的载药粒子粗大，一般均在微米级（μm）以上，如可湿性粉剂平均粒径在 10～20μm，悬浮剂平均粒径为 2～5μm 等，存在分散性和稳定性差、农药利用率和生物活性低、降解缓慢等问题。纳米农药颗粒或液滴在纳米（nm）尺度之内，一般在 1 至几百纳米，属于纳米（nm）级产品，为传统农药产品颗粒尺寸的 0.1%～1%。纳米颗粒具有更大的比表面积和体积比，具有更高的化学活性和生物活性。目前，研制的农药纳米制剂主要包括纳米混悬剂、纳米液体制剂（微乳剂和纳米乳剂）和纳米固体制剂（纳米微球、纳米水分散粒剂和纳米微囊剂等）。纳米农药未来的研究重点主要包括：纳米农药对靶标高效，对非靶标低毒的作用机制；环境友好型农药纳米制剂开发，如信息素、植物精油等；实验方法、生物药效和持效性、环境风险等环境行为评估。

（四）多功能种子处理剂

种子健康对作物生产和粮食安全具有极其重要的意义，“种子预防保健、作物安全生产”已成为全球作物生产遵循的理念。与其他施药方式相比，种子处理剂具有高效、经济、安全、持效期长和多功能等优点。高效是指种子处理从农作物生长发育起点出发，着重保护种子本身以及作物幼苗期，这种施药方式和剂型体现了预防为主，能够充分发挥药剂的效果。经济是指种子处理的药力集中、利用率高，与叶面喷施、土壤处理、毒土、毒饵等方法相比，能够省药、省工、省时和省种。种子处理用药量不足沟施的 15%，不及叶面喷施的 1%。安全是指种子处理可以在小范围内进行，便于实行产业化；药剂隐蔽施用，对大气环境、土壤少污染或无污染；不伤天敌，有利于综合防治，且使作物地上部分的农药残留量减少，因而有助于高毒农药实现低毒化。持效期长是指种子处理后，药剂一般不易迅速向周围土壤扩散，而是缓慢释放，又不受日晒雨淋和高温等影响，因而有效成分对病虫害的防治持效期相对延长。多功能是指种子处理以种子为载体包敷多种有效成分，包括杀虫剂、杀菌剂、生长调节剂、肥料和微量元素等，实现从多方面促进作物生长，最终起到增产的作用。

种子处理剂产品通常分为 4 类：种子处理干粉剂（DS）、种子处理可分散粉剂（WS）、种子处理液剂（LS）和种子处理悬浮剂（FS）。与其他种子处理剂相比，种子处理悬浮剂具有药剂可成膜且不易脱落，对种子安全，提高种子附加值，便于贮藏和运输等优势，目前已登记的产品数量约占种子处理剂的 90%。因此，种子处理悬浮剂是农药制剂产品发展的热点之一，也是未来竞争的重点。随着我国农药制剂的技术创新，种子处理悬浮剂技术将会获得很大的发展，集中表现在：生产厂家越来越集中，技术落后的工厂会被淘汰，制剂技术将全面提高；以有机磷或剧毒农药为活性成分的产品会被逐步淘汰，将会涌现以超高效农药为有效成分的新产品；促进种子萌发、保芽和护芽等功能组分的筛选；种衣剂的附着性和优秀的发芽率以及发芽势；配套的种子处理机械将会获得显著改进。

（五）省力化剂型的研发

随着城镇化进程的加快，农业用工难的现象日益凸显，导致劳动成本越来越高。同时，减轻劳动强度一直是农药剂型研发过程中考虑的因素。基于此，省力化农药剂型成为研究热点，重点研究操作人员如何通过各种措施来节约农药施用作业的工时和劳力，即研究如何做到利用最节约的劳动力、最省力的方式将有效成分快速精准施用到农作物目标区域中。省力化既可以通过改善施药机具的途径，也可以通过研制省力化农药剂型的途径，或者将两者结合起来。日本是国际上农药省力化技术发展最快的国家。由于耕地面积小而分散，日本将水稻田省力化施药技术作为研究目标，先后研制出水面展开剂和大粒剂等剂型，有效减少了人工和机械的能量消耗，并取得了较好的社会效益、经济效益和环境效益。

目前，新型水田省力化农药剂型主要包括：可乳化展膜油剂、直接漂浮型漂浮粒剂、先沉后浮型漂浮粒剂等十余种。这些省力化剂型的优点主要包括：具有乳油的优良分散性，贮运方便，扩散性能优越，50g 粒剂 10min 扩散至 100m^2；使用省工、省时，加工容易，施用效率为 3～5min/亩；受天气因子影响小，不会产生飘移，保证准确的施药时间和剂量；不需要清洗和处理药械，安全环保。

展膜油剂是原药直接溶解在油中的一种剂型，是在普通油剂中加入了特殊展着剂而形成的油剂。使用时直接滴入水稻田中散布，然后自行在水面上扩散而发挥效果。目前，在国内登记的产品包括 4%噻呋·嘧菌酯展膜油剂、8%噻嗪酮展膜油剂、1%杀螺胺乙醇胺盐展膜油剂、10%乙氧氟草醚展膜油剂等，以洒滴方式施用，使用方便。漂浮粒剂是一种能够在水中自动分散，并漂浮在水面上的新剂型。主要应用在水稻田中起到杀虫、杀菌和除草的作用。漂浮粒剂包括 2 种类型：一种是直接漂浮型，产品投入水中后直接漂浮在水面上，迅速扩散至整个水面，而后均匀分散到田间，其组分主要包括有效成分、漂浮性载体填料、黏结剂、崩解分散剂等。另一种是先沉后浮型，由有效成分、载体、黏结剂和扩散剂等组成。在水稻田中应用时，粒剂暂时沉入水中，5～10min 后颗粒自动浮起，重新露出水面漂浮，之后，有效成分溶解扩散到水表面的各个方向。新型漂浮粒剂产品只需施用者步行在稻田抛撒即可，施用方法简单，省工省力，深受使用者欢迎。

（六）助剂管理规范化

随着人们对食品安全和环境安全的日益关注，农药制剂产品中的各种助剂（包括桶混助剂）的安全性备受关注。因此，世界各国家和地区对农药制剂中可能引起健康或环境问题的助剂及其他化学品进行监管，加强安全评价，同时根据现有数据对部分已知有害助剂采取禁用或限用措施。

美国是较早对农药助剂安全性进行分类监管的国家。1987 年 4 月 22 日，美国环境保护署（EPA）发布政策声明，为鼓励使用低毒助剂，将助剂分为 4 类，初步确定一类助剂（具有毒理学威胁的助剂）和二类助剂［具有潜在毒性的助剂（需优先测试）］清单，并规定了对于含有一类和二类助剂的已登记产品的处理办法。同时根据助剂研究进展情况，不断更新清单内容。通过对现有助剂的再评价，美国于 2014 年禁用了 72 种助剂。欧盟对农药助剂的管理也有相对完整的理论和立法体系，助剂主要受到农药法规 Regulation 1107/2009 以及 REACH 法规 Regulation(EC)1907/2006 管理。2021 年 3 月 3 日，欧盟委员会发布了农药登记条例（1107/2009）附件Ⅲ，确定了农药制剂中禁用的助剂名单，涵盖植物保护产品或增效剂中的助剂，但不涉及有效成分、安全剂或增效剂。该名单是根据奥地利、比利时、法国、德国、意大利、立陶宛、西班牙和挪威的通告而编制。该名单的列入判定标准是物质的危害特性，例如致癌性、生殖毒性、内分泌干扰特性等。除了助剂对人类健康的潜在危害，也考虑到了其对环境、生态和地下水不可接受的影响。印度尼西亚农业部发布的农药助剂禁限用名单包括 30 种助剂。日本农林水产省食品与农产品检测中心（FAMIC）公布了 11 种农药中不可接受的物质名单，包括有效成分、杂质和助剂，其中 6 项也在 EPA 和欧盟名单中出现。2004 年，加拿大卫生部有害生物管理局（PMRA）制定了农药助剂的管理法规，该法规于 2005 年 1 月 9 日正式实施。2009 年 3 月，澳大利亚农药兽药管理局发布了《澳大利亚农药助剂产品登记管理指南》，对单独使用或销售的农药助剂实施登记管理，该指南指出对助剂产品分 2 类管理：Ⅰ类是促进农药药效，Ⅱ类是改善农药使用性能，前者对登记资料和评估的要求多于后者。这种分类管理模式细化了影响产品性能和药效的因素，由此决定登记要求与管理的差异。此外，中国台湾地区对二甲苯、苯胺、苯、四氯化碳、三氯乙烯等 38 种溶剂进行限量规定，其中农药制剂中二甲苯、环己酮的含量不能超过 10%，DMF 和甲醇不能超过 30%，乙苯不能超过 2%，甲苯、苯、二氯丙烷、异佛尔酮等 33 种溶剂不能超过 1%。

2014 年 3 月，我国开始实施行业标准 HG/T 4576—2013《农药乳油中有害溶剂限量》，限制了 7 种乳油中有害溶剂的使用。2015 年 7 月，农业部农药检定所起草了《农药助剂禁限用名单》（征求意见稿），但是具体名单至今仍未确定。禁用助剂草案中的乙二醇甲醚、乙二醇乙醚、罗丹明 B、孔雀绿、苯酚、壬基酚（NP）、壬基酚聚氧乙烯醚都已经在 EPA 或欧盟禁用名单中出现，这也表明我国逐步关注致癌物、环境激素等类型的溶剂的危害性，并加强监管力度。《中华人民共和国农产品质量安全法》自 2023 年 1 月 1 日起施行。《农产品质量安全法》第二十九条：农产品生产经营者应当依照有关法律、行政法规和国家有关强制性标准、国务院农业农村主管部门的规定，科学合理使用农药、兽药、饲料和饲料添加剂、肥料等农业投入品，严格执行农业投入品使用安全间隔期或者休药期的规定；不得超范围、超剂量使用农业投入品危及农产品质量安全。禁止在农产品生产经营过程中使用国家禁止使用的农业投入品以及其他有毒有害物质。生态环境部等部门联合印发的《重点管控新污染物清单(2023 年版)》已于 2023 年 3 月 1 日起实施，清单明确了 14 类重点管控新污染物及其禁止、限制、限排等环境风险管控措施，其中，禁止使用环境内分泌干扰物壬基酚作为助剂生产农药产品，禁止使用壬基酚生产壬基酚聚氧乙烯醚。

加强农药助剂管理是保障农药产品质量的需要，也对保护农药使用者及农产品消费者的健康，保护环境安全具有重要的意义，发达地区尤其是美国和欧盟等对助剂管理有相对完整的理论和立法体系，在中国实行农药助剂清单管理势在必行。我国正在逐步建立助剂监管体系，但检测与监管如何同步实施等具体措施和手段尚未完善。

历史不断发展，人类文明不断进步，顺应时代发展要求，农药制剂工作者用智慧研制安全、绿色、高效的农药制剂，发展可持续农业。扬长避短、推陈出新、持续创新是农药制剂工业发展的永恒主题。

参考文献

[1] 魏明龙，黄啟良，程雪健，等. 低熔点农药剂型加工研究进展. 现代农药, 2023, 22(03): 52-59.

[2] 冯建国，吴学民. 国内农药剂型加工行业的现状及展望. 农药科学与管理, 2016, 37(01): 26-31.

[3] 冯建国，张小军，于迟，等. 我国农药剂型加工的应用研究概况. 中国农业大学学报，2013，18(02): 220-226.

[4] 凌世海. 农药剂型加工工业现状和发展趋势. 安徽化工, 2006, 32(03): 3-9.

[5] 冷阳，钱虹．农药微囊剂非塑包封技术研发进展．世界农药, 2021, 43(06): 1-9,26.
[6] 金书秦，张哲晰，胡钰，等．中国农业绿色转型的历史逻辑、理论阐释与实践探索．农业经济问题, 2024(03): 4-19.
[7] 刘学．对农药混合使用的认识与思考．农药科学与管理, 2024, 45(09): 1-4.
[8] 王昆，田家顺．我国生物农药登记现状及应用．现代农业科技, 2024(17): 101-103,107.
[9] 欧阳安，王明磊，崔涛，等．粮食作物生产装备应用现状与发展趋势．中国农机化学报，2024, 45(10): 298-304.

第二章
农药制剂设计与研究方法

农药制剂的设计与加工是农药学科的重要分支之一，主要目标是通过合理的配方设计将有效成分加工成制剂并最终应用于农业生产。农药制剂加工的意义在于能赋予原药以特定的形态，优化农药有效成分生物活性，将高浓度的原药稀释至便于使用和贮存的浓度，控制有效成分释放速率，提高农药安全性，减少环境污染等。农药制剂设计是形成农药产品的关键，其设计是一个复杂过程，需要关注的因素非常多。制剂的选择和设计需要综合考量有效成分的理化性质、生物活性、生产加工设备、应用场景、生态环境、成本和市场等因素。农药制剂的发展史就是农药高效利用，实现绿色防控的进步史。因此，要实现农药制剂的合理设计，必须掌握制剂设计与研究方法，全面了解不同农药制剂的优缺点、生产加工过程以及发展进程。

第一节　农药制剂设计思路

制剂是由一般或特殊原料加工成具有一定形态和功能的产品，在化妆品、制药、工业用油、橡胶、油漆、黏合剂和农药等领域具有广泛应用。制剂的设计与加工涉及物理化学、有机化学、材料学、流变学和纳米技术等多学科的交叉应用，相关理论学科的发展以及分析设备和技术的进步极大地推动了制剂的研究。

农药制剂学是农药学学科的重要组成部分，农药制剂加工是通过配方设计并在原药中添加适当的辅助剂，加工成便于使用的形态（农药剂型），一种剂型可以制成不同含量和用途的产品以实现有效成分的均匀分散，扩大有效成分的使用方式和用途，提高生物活性和安全性，使高毒农药低毒化，减少生态环境污染。部分制剂可以控制有效成分的释放，延长持效期；部分农药混剂还可以延缓抗性，扩大防治范围。农药发展的早期阶段，为了实现少量农药在较大范围内的均匀喷洒便出现了制剂的雏形。粉剂是最早应用的农药剂型，由粉末状农药和矿物稀释剂混合组成。随后，兑水喷雾型农药剂型逐渐出现并普及，可湿性粉剂得到发展，并开发了合适的施药设备。水剂也是较早出现的农药剂型之一，由于水剂需要农药有效成分在水中具有较高的溶解性和稳定性，尽管可直接加工成水剂的农药品种有限，如草甘膦、草铵膦等，但是水剂仍具有广泛的应用，目前全球生产与使用最大的除草剂草甘膦的主要剂型就是水剂。对于水不溶性固体，最早开发成可湿性粉剂，是将有效成分、分散剂、润湿剂、载体等混合并粉碎至一定细度的固体农药剂型。

随着表面活性剂的发展，人们开发了兑水稀释后易于乳化的乳油剂型。乳油是将原药溶解在有机溶剂中，再加入一定量乳化剂而制成的均相透明油状液体，兑水稀释后能形成相对稳定的乳状液。自面世以来，乳油因其加工工艺简单、产品稳定性好、使用方便和生物活性高等优点而广受青睐，是最基本和最重要的剂型之一，长期以来占据农药市场的主流。

粉剂、可湿性粉剂和乳油等剂型因其成本低、效果好以及在常规设备上易于制备而被广泛应用，但这些剂型在制备和使用过程中对人身健康、生态环境具有潜在的危害，例如，粉剂应用时的粉尘飘移；可湿性粉剂在混合操作过程中对操作者皮肤和呼吸系统产生风险；传统乳油中的甲苯、二甲苯等芳烃溶剂的环境风险较高，低闪点溶剂导致易燃易爆，在生产和贮运过程中易引发危险。随着时代的发展，人们对农产品质量和环境安全的要求不断提高，农药剂型正向着高效、功能化、省力化、精准化以及对人和环境安全的方向发展，农药剂型的发展历程如图 2-1 所示。

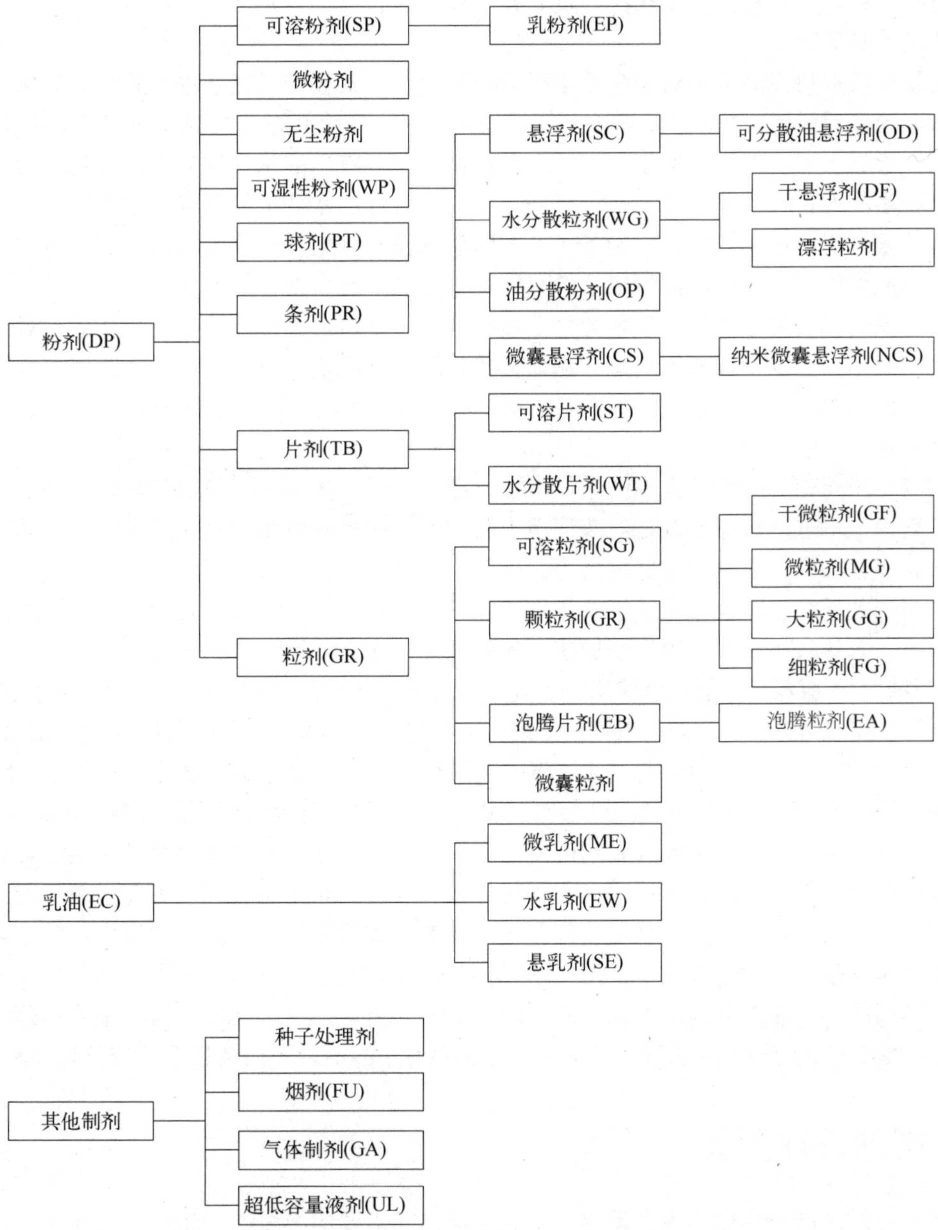

图 2-1　农药剂型的发展历程

粉剂、可湿性粉剂、颗粒剂和乳油被称为四大传统农药剂型。近年来，随着时代的发展和环保意识的提高，粉剂已基本退出市场，传统的颗粒剂、可湿性粉剂的市场和应用前景有限，而传统乳油制剂中使用大量有机溶剂带来的安全和环保问题逐渐引起人们的关注。因此，农药制剂工作者对传统农药剂型在技术层面上进行改造，扬长避短。粉剂逐渐发展为无尘粉剂，因其粒径大而飘移少。同时，研究者利用粉剂的飘移性开发了微粉剂，利用其长时间飘浮的性质，可以杀灭空气中的病原菌，同时具有叶片吸附性能，适合在大棚、温室等密闭空间使用。

农药缓释剂型是目前重要的发展方向之一，例如微胶囊剂使用天然或可生物降解的高分子化合物负载农药，具备缓慢释放、控制释放农药的特性，延长持效期的同时也提高了农药对非靶标生物的安全性。近年来，开发的β-环糊精包合物，特别适用于水溶性差、光不稳定和易挥发的物质。

可湿性粉剂已发展成相对无尘的水分散粒剂。水分散粒剂是在水中崩解且有效成分在水中分散形成悬浮液的粒状制剂，有效克服了粉剂、可湿性粉剂等传统剂型的不足，发展迅速，现已成为市场上主流的农药剂型之一。干悬浮剂是一种特殊的水分散粒剂，其配方组成、加工工艺和生产设备（粉碎设备、造粒设备）等均与常规的水分散粒剂存在较大差异。杜邦公司是农药干悬浮剂技术的先驱，制备了多种磺酰脲类除草剂干悬浮剂。为了进一步改善安全性，将可湿性粉剂包装在水溶性聚乙烯醇袋中，解决了粉尘飘移的问题。

水悬浮剂能够将活性成分均匀地分散在体系中，是可湿性粉剂的安全替代品。对于与水不混溶的液体，可以制备成水乳剂，从而替代乳油。微乳剂是以水为介质，在表面活性剂作用下自发形成的热力学稳定、外观透明的均相液体制剂，其粒径一般在 100nm 以下，能够增强生物活性。

在卫生用药和谷物仓储害虫的防治中，已经开发了许多制剂，包括气雾剂、烟剂、饵剂和熏蒸剂等。不过，这些制剂在农药使用中所占的比例相对较小，常应用于特定的环境和场所，如仓库、温室、森林、家庭院落等，主要用于防治卫生害虫、地下害虫、害鼠等。

农药制剂要求是物理和化学性质稳定的农药组合物，使用者使用它们，能够有效地控制病虫草害。农药产品在不大幅度增加成本的前提下，还应具有较高的安全性。

大多数农药原药都不能直接使用，以液体、油状液体或固体等形式存在，难以实现每公顷几克到几百克均匀分散。即便可以直接使用，许多有效成分的生物活性也有限。例如，许多内吸性杀虫剂、杀菌剂、除草剂和植物生长调节剂必须穿透叶子的外部脂质层才能到达作用位点，以发挥其潜在的生物活性。因此，只有加工成制剂才能促进有效成分在靶标的剂量传递。

制剂配方的合理设计是农药制剂研发的关键。不合理的配方会降低生物活性，影响田间病虫害的防治，从而造成经济损失，还可能导致环境污染和生态破坏等不良问题。因此，在设计特定用途的农药制剂时，需要收集有效成分的基础信息，包括涉及的作物和病虫害、生产设施、储存条件、运输方法、使用技术等相关因素。此外，不同国家出于环保、安全等要求，对不同的剂型和助剂制定了相关的限制性法规。所以，用于全球销售使用的农药制剂产品，还需要根据对应国家的法规政策对配方中的载体、溶剂或表面活性剂等进行调整和设计。

一、制剂设计概要

在最终的制剂产品设计中，需要列出该农药产品需要的必要属性和特点，而这些应当根据农药自身的特殊情况而设计，从而形成配方开发的基础。

当缺少用户对新制剂类型的接受程度等相关信息时可能会给制剂新产品设计带来一定的风险。通常只能根据已有的基本信息来设计，所以必须综合考虑积极的、消极的和限制性的信息，来选择最后可以被市场认可的制剂类型。因此，新制剂的设计在考虑先进性和创新性的前提下，可能会影响其实用性和经济性。

农药本身的物理和化学性质对制剂的设计具有很大影响，例如化合物的挥发性、生物活性、靶标的抗药性、环境安全性以及登记时对配方中特殊成分的特殊要求（如相关杂质等）等。各种要求需要综合考虑和适当取舍，所以配方设计需要掌握多方面的知识和经验。在农药制剂设计中，为了设计出最佳的制剂方案，通常需要化学合成、生物学评价、登记、政策与法规等相关人员的相互配合、紧密合作。

二、制剂设计的影响因素

农药制剂在设计时需要考虑的因素很多，主要包括：有效成分、应用、制造、使用器械与方法、市场以及其他因素。通过这些因素建立设计规范，从而可以确保产品在整个货架期的质量控制。

（一）有效成分因素

有效成分因素包括原药的基本特性，主要指物理、化学和生物学特性，这些特性将限制最终产品的设计。物理性质包括物理状态、溶解度、熔点和沸点、蒸气压和分配系数（辛醇/水）。化学性质包括水解性（酸/碱）、热和光化学稳定性以及氧化和还原性质。此外，还需要相关的溶剂、载体、表面活性剂和其他可能会发生反应的配方成分的信息。如果组分在配制或使用过程中的稳定性受到影响，则还需要建立稳定化合物的方法。根据这些信息，可以初步选择剂型的类型（图 2-2）。

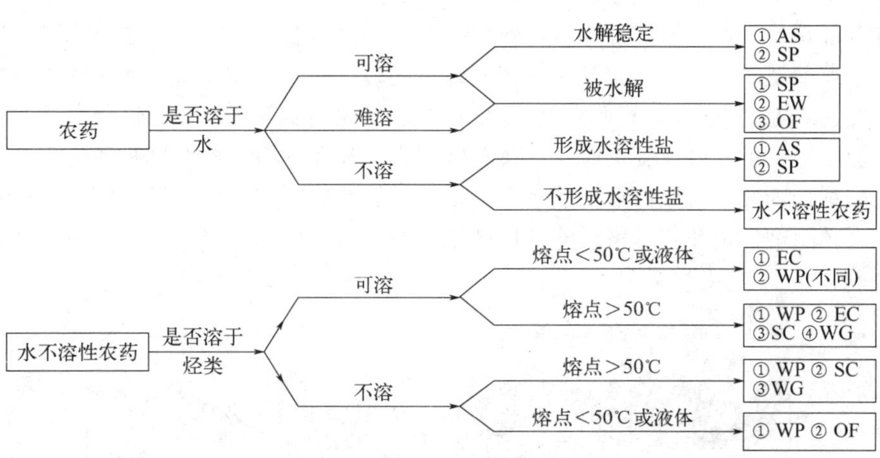

图 2-2　农药理化性质对兑水喷雾制剂配方选择的影响

AS＝ 水溶液, SP＝ 可溶粉剂, OF＝ 油悬浮剂, SC＝ 水悬浮剂, EW＝ 水乳剂, EC＝ 乳油, WP＝ 可湿性粉剂, WG＝ 水分散粒剂

生物学特性也是农药制剂设计需要考虑的，包括作用类型、活性程度、广谱性、选择性、

作用方式以及对非靶标生物的影响。这些特性决定了最终用途、使用有效浓度以及最大程度发挥药效的方法。从毒理学特性考虑，需要提供急性毒性，对眼睛和皮肤的刺激性，组分降解产物的毒性和对鱼类的毒性，对非靶标生物安全风险信息，以及产品使用者需要的保护措施等信息。

农药的物理、化学和生物特性会影响制剂的开发。例如，氯氰菊酯与溴氰菊酯的溶解度和生物活性差异大，决定了乳油制剂的有效成分含量差异大。吡唑醚菌酯用于水稻田中防治稻瘟病时，由于其对水生生物的毒性大，巴斯夫开发了商品名为稻清®的吡唑醚菌酯微胶囊剂，有效减少了吡唑醚菌酯对水生生物的危害。

不同的剂型对有效成分的要求不同。例如，水溶性有效成分适合加工成水剂，脂溶性有效成分可加工成乳油。随着农药创制的发展，出现许多油水不溶的有效成分，这在一定程度上限制了制剂的选择，只能开发成可湿性粉剂、悬浮剂、可分散油悬浮剂等制剂。此外，制剂选择时还应考虑药效，通常情况下液体制剂的药效高于固体制剂，分散度高的制剂高于分散度低的制剂。有效成分稳定性也是选择制剂的因素之一。例如，天然除虫菊素，在水环境中易降解，在有机溶剂环境中相对稳定，因此，此类活性成分一般加工成乳油。近年来，随着微囊化技术的发展，一些易分解、环境毒性高的有效成分可通过微囊化技术来减少分解和降低环境毒性。

（二）应用因素

产品的应用因素，包括防治对象、靶标作物或对公共卫生的要求，此外，还应考虑其他相关因素的影响，例如稀释倍数、气候因素（高温或降雨）以及稀释用水的硬度。这些因素在决定产品的稀释倍数、界面性能、耐雨水冲刷等物理特性时非常重要，必须在制剂设计时考虑，以确保防治效果的高效发挥。例如，使用常规设备将阿维菌素乳油喷洒到棉花叶片上，对红蜘蛛的防治效果并不理想。这是由于液滴沉积在棉花叶片正面，而红蜘蛛主要在叶片背面活动。如果将同种阿维菌素乳油通过静电喷雾设备进行喷施，则液滴都会带电荷，可以沉积到植物下侧和叶片背面，从而提高对红蜘蛛的防治效果。

可分散油悬浮剂具有渗透性好、药效高的特点，尤其在杂草防除中作用明显。但是将杀菌剂加工成此剂型时，需要考虑其对作物的药害问题。此外，部分蔬菜类作物对有机溶剂相当敏感，使用水乳剂（EW）和微乳剂（ME）等水基化的制剂可显著降低药害。

部分卫生杀虫剂在设计制剂时应考虑墙壁因素，多孔的墙壁表面具有催化活性，并使杀虫剂迅速失活。因此，可湿性粉剂或悬浮剂是相对适合的制剂。由于可湿性粉剂和悬浮剂的颗粒性质，杀虫剂保留在昆虫接近的处理区域表面，而使用乳油时，杀虫剂则会被吸收并失活（图 2-3）。

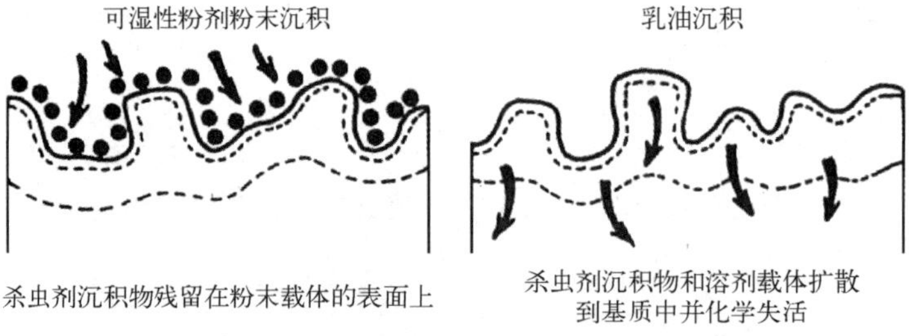

图 2-3　使用两种制剂处理多孔表面的简化横截面

（三）制造因素

制造工艺、生产设备也是选择制剂的关键。例如，早期干悬浮剂的生产设备不成熟，容易出现板结、凝聚等问题，这限制了该类制剂的生产。随着加工技术和生产设备的迅速发展，新型制剂的生产效率和性能指标大幅度提高。因此，制剂生产厂家是否具备对应的生产设备和质量控制设施，以及存在对制剂类型和制造规格的限制，也是制剂设计的主要考虑因素。制剂设计以及配方研究，也需要考虑生产中原药以及助剂的来源和质量。不同原药的有效成分含量、杂质组成、晶型特点、手性因素以及助剂的质量都对制剂含量设计以及制造产生重要影响。

（四）使用器械与方法因素

长期以来我国的农药施药器械以背负式喷雾器为主，需要使用大量的人工，使用传统背负式喷雾器时，要求制剂产品可兑水稀释并具有良好的桶混稳定性。我国农业从业人口的减少，造成劳动力短缺、人工成本提高等问题，而植保无人机作用效率高、操作方便，在国内得到了大规模的推广应用。同时，植保无人机作业方式独特，如低稀释倍数、多药剂混用等，这对制剂的设计和生产，制剂的抗飘移、抗蒸发和界面性能（沉积、润湿、铺展）等提出新的要求。中国农业科学院植物保护研究所袁会珠团队针对玉米钻心虫的为害特点，施用颗粒剂可以使有效成分保持在玉米植株心叶部位并起到持续杀灭作用。同时，为了适应无人机喷洒的特点需要对颗粒剂粒径进行精密设计。此外，使用喷粉机进行林间病虫害防治时，只能选择粉剂。而在水田作业时，展膜油剂和漂浮粒剂等一些省力化制剂可供选择。农药制剂的设计还应该考虑有效成分的速效性和持效期，当用于控制已经暴发的病虫害时，应当选择悬浮剂和乳油等速效性好的剂型；相反，用于病虫害预防或需要保证长持效期可选择微胶囊等。因此，制剂的设计必须根据实际使用的器械与方法才能充分发挥产品药效。

（五）市场及其他因素

农药制剂最终要进入市场，用户对产品属性的要求构成了市场因素，最终决定了农药产品的销售。考虑到用户的便利性，产品吸引力、安全性、耐用性和经济性，产品应根据用户对特定类型配方的偏好进行展示和包装。由于现有劳动力的减少，劳动力成本不断提高，便于使用的水肥一体化、药肥一体化的制剂越来越受到人们的欢迎。

此外，产品还需要符合不同国家的登记要求。例如，某一特定农药制剂的最终用途因毒性而受到限制，可以通过有效成分含量水平和特殊的剂型来实现登记。以亚热带气候下的印度尼西亚的市场因素为例，农户不愿意使用可湿性粉剂，更愿意接受水分散粒剂。

孟山都公司（Monsanto）将丁草胺水乳剂（EW）从印度市场撤出，而推广透明乳油（EC），是因为当地农民更喜欢使用透明均一的乳油制剂。在我国，过去农民习惯使用乳油，而不认可微乳剂（ME），因为微乳剂兑水稀释后无乳化变白的现象。因此，不同地区农户对于制剂的偏好性也是制剂选择的一个重要原则。

三、制剂开发阶段

农药制剂的开发可分为不同的阶段：初步研究、深入研究和最终设计。

（1）初步研究　最初，所有与组分因素和应用因素相关的信息都需要被汇编，并提出可行的配方类型。初步制备制剂并对其物理性质进行简单测试，也可以进行初步的生物活性测试。

（2）深入研究　如果初级制剂表现出成功的可能性，则需要研究影响制剂生物活性和对植物毒害的各种因素，同样，需要研究影响制剂应用的因素。在这一阶段，开发产品分析方法，并确定配方成分的组合，此外，开始测试化合物在制剂中的长期稳定性，进行小规模的田间试验，如果有必要，可以准备替代制剂。

（3）最终设计　候选制剂需要经过全面的生物学测试，此外，还需要检查各种类型应用设备的适用性。成功完成这些测试后，产品的制造过程将最终确定，包括检查所有成分的可用性以及确定其是否符合国家法规。确定该制剂与其他可能在桶混物中使用的农药的物理相容性。同时进行制剂的包装开发工作，积累登记所需的数据。

精心设计的商业配方需要做到以下几点：

① 按建议使用时不会引起不良的副作用；

② 展示时应使活性成分能够以最低的费用产生最大的生物效应；

③ 通过选定的手段提供容易、有效和可靠的分散体系；

④ 可接受的价格，适合大规模生产；

⑤ 在制造、包装、储存和运输过程中保持安全；

⑥ 具有足够的保存期限，通常为 2 年或更长时间；

⑦ 被注册机构和消费者接受。

四、农药混剂

农药混合物指农药的混配制剂，是含有两种或两种以上农药有效成分的制剂。农药混合物是农药制剂的重要部分，可分为桶混药剂和农药混剂。

桶混药剂是指在施药前将两种农药单剂以特定的使用浓度混合而得到的一种水稀释剂。由于两种单剂可能存在不相容性和拮抗作用，施用时会出现分离、絮凝、结块形成（导致喷嘴堵塞）或凝结等问题，严重降低农药有效利用率。农药混剂是由农药厂家提前生产的含有多种农药有效成分的预包装混合物剂型。相较于桶混药剂，农药混剂除含有两种及以上的活性成分外，还针对每一种活性成分选择合适的溶剂和助剂，如乳化剂、分散剂、润湿剂和增稠剂等以匹配物理化学性质。

农药混剂具有的优点：①含有多种农药活性成分且比例经过精确调整，因此可以发挥最佳的生物学效果，同时抵抗多种有害生物；②预混包装代替传统桶混物，一次施用即可防治不同种类的昆虫、植物病原体和杂草，不仅节省了时间、燃料和人工成本，还减少了农作物和土壤对施药设备的磨损；③农药混剂中所有活性成分均相容，更容易进行液体喷雾，可以解决桶混物施用时的一系列问题；④使用农药混剂能扩大防治谱，同时防止长期使用某些特定农药导致有害生物抗药性的增加。

（一）农药混剂配制原理

农药混剂配制的复杂程度远超过农药单剂的混合。首先需要从物理和化学角度解决相容性问题。相容性是指混合物的所有组分彼此稳定，它们之间无不利的相互作用，该相互作用存在时会降低混剂的活性或造成环境危害。

物理不相容性通过形成絮凝物、结晶、乳状液或悬浮液的相分离以及喷雾液的黏度影响农药混剂的效果，从而不能准确或有效地进行喷雾。

化学不相容性是水解和光化学降解以及与配方成分（包括溶剂、表面活性剂、填料和其他类型的混合成分）的相互作用而导致的。如果成分不相容，则熔点和沸点、挥发性、溶解度等物理性质可能会影响混合物的性能。

农药混剂的成分除了需要具备物理和化学相容性外，还需要具备生物活性相容性。混剂中的一种成分能够抑制另一种成分的生物活性，则存在生物不相容性，从而导致混剂活性降低，甚至完全失去活性。生物相容性体现为以下 3 个作用：

（1）协同作用　农药的效力可以通过一种非活性成分或另一种有效成分进行增加，这种现象被称为协同作用。协同作用被美国杂草科学学会更为精确地定义为混合物中两种或多种农药成分的相互作用，从而使联合作用大于根据每种成分的反应得出的预期效果。通常将这种协同作用解释为生物学的总和，而不是单个成分的生物学作用的算术加法。

（2）拮抗作用　拮抗作用是与协同作用相反的现象，被定义为两种或多种农药联合施用的反应，其反应小于预期的反应。

（3）相加作用　相加作用定义为两种生物活性成分的联合作用，其结果等于将每种农药成分的响应（如果单独使用）相加而预测的响应。

图 2-4 中显示了用图形表示的植物对农药混合物的反应类型。通过以不同比例施用两种化合物得出的一系列 ID_{50} 值，实线是在所有剂量比下都具有精确加和性能，在该直线的上方的线表示一定程度的拮抗作用，而在直线的下方表示一定程度的增强作用。从实际的角度来看，协同作用是最理想的状况，因为它增强了农药的活性；而拮抗会降低农药的药效发挥。

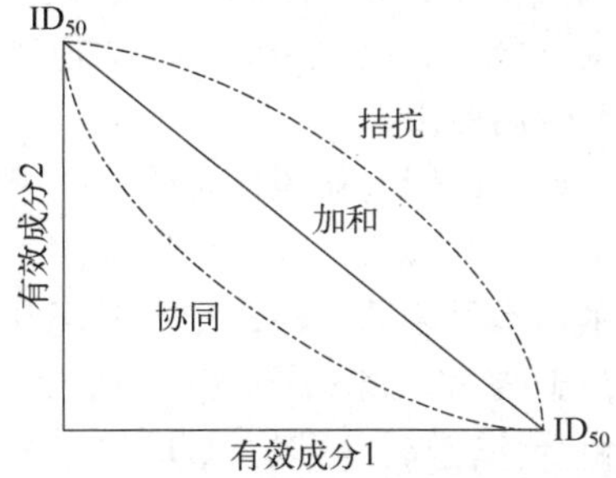

图 2-4　植物对农药混合物的反应类型

另外两种不相容性是植物毒性不相容性和毒理学不相容性。前者用于描述农药混合物对所需植物造成伤害的情况，而后者对温血生物的毒性高于混合物中各个成分的毒性所预期的情况。植物毒性和毒理学上的不相容性可能是由组分的化学或物理不相容性以及生物不相容性引起的。

（二）有效成分比例原则

农药混剂中两个有效成分的混合比例一般遵循如下几个因素：①等毒比；②有较大的共毒系数；③原药价格。

农药混剂通常由一种相对便宜的组分和一种较昂贵的组分混合制备，而不是仅仅使用较昂贵的组分，来实现经济有效地防治有害生物。

（三）农药混剂举例

如果农药成分的作用方式是累加，则农药混剂可以降低有效成分的剂量。此外，当化学混合物表现出协同作用时，可以考虑使用更低剂量的化学药品。

尽管农药混合物具有明显的优势，但必须根据使用者所获得的经济优势来衡量其最终价值。

以下是推荐的农药混剂实例。

（1）杀虫剂　实例 1 为由阿维菌素和螺螨酯两种作用机理完全不同的杀螨剂复配而成的混剂。阿维菌素是放线菌发酵产生的具有杀虫杀螨活性的化合物，能干扰昆虫神经生理活动，具有触杀和胃毒作用。螺螨酯属于季酮酸类杀螨剂，抑制害螨体内脂质合成、阻断能量代谢，其杀卵效果较好。螺螨酯无内吸性，杀螨机制完全不同于现有杀螨剂，故与其他杀螨剂不存在交互抗性问题，对若螨、卵都具有很好的杀灭作用，对成螨效果差。因此，将螺螨酯与阿维菌素混合使用，对害螨的各个阶段都有很好的防治效果，还不易产生抗药性，持效期可达 30 天以上。二者混配增效，对柑橘树红蜘蛛具有较好防效。

实例 2 为由烯啶虫胺和吡蚜酮两种作用机理不同的杀虫剂复配而成的农药混剂。烯啶虫胺主要作用于昆虫神经系统，对害虫的突触受体具有神经阻断作用，结果导致神经的轴突触隔膜电位通道刺激消失，致使害虫麻痹死亡。吡蚜酮属于吡啶类或三嗪酮类杀虫剂，蚜虫或飞虱接触后立即产生口针阻塞效应，停止取食，并最终饥饿致死，该药剂对刺吸式口器害虫表现出优异的防治效果。这两种有效成分单用容易产生抗性，效果相对单一，两者复配之后杀虫机理独特，具有强内吸性和传导性，无交互抗性，可有效防治抗性蚜虫、稻飞虱、褐飞虱、白粉虱等害虫，且具有高选择性，对非靶标生物安全。烯啶虫胺和吡蚜酮的农药混剂登记的主要剂型为水分散粒剂和可湿性粉剂。

（2）杀菌剂　杀菌剂混合物用于拓宽产品的活性范围或最小化诱导抗性菌株形成的选择压力。例如，三唑酮复配多菌灵用于控制谷物中的白粉病、锈蚀病和眼点病，以及甲霜灵复配代森锰锌用于抗马铃薯中的疫霉菌和交链孢菌，均可以扩大防治谱。为了延缓抗药性形成，可将具不同作用方式的杀菌剂混合后使用。

（3）除草剂　在杂草控制策略中，同时使用多种除草剂是常见的做法。例如烟·硝·莠常用于防治玉米、高粱、甘蔗和果树中的杂草，其中烟嘧磺隆属于磺酰脲类选择性除草剂，可用于防除玉米田一年生和多年生禾本科杂草、莎草和某些阔叶杂草，对禾本科杂草活性超过阔叶杂草，且对玉米作物安全；硝磺草酮属于苯甲酰环己二酮类除草剂，对玉米作物具有选择性，易感作物对其代谢快，耐受性较高，可以有效防治玉米田一年生阔叶杂草和部分禾本科杂草；莠去津属于三嗪类除草剂，可防除多种一年生禾本科和阔叶杂草。

当不同组分之间作用累加时，可以降低每种除草剂组分的剂量水平，如常用于控制玉米田杂草的 2,4-滴和麦草畏。降低单个成分的使用剂量可降低应用成本，并提高作物安全性。

第二节　药效发挥与界面性能

每年数百万吨的农药制剂用于防治植物病害、虫害和杂草，然而，农药的过量和不合理使用却严重威胁到生态环境和人类健康。如图 2-5 所示，在施药过程中，由于各种因素的影响，施用到叶片上的有效成分不足 30%，而真正发挥作用的甚至不到 0.1%。除了药剂浪费，还会导致严重的环境问题，例如大气、水和土壤污染，以及对非靶标生物的慢性毒性。

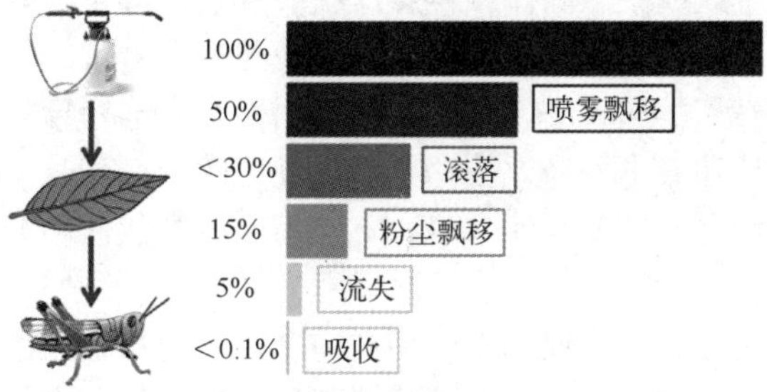

图 2-5 常规农药制剂在施药过程中的去向

有效成分在桶混药液中的均匀分散和桶混药液的稳定性是农药喷施均匀的基础。提高桶混药液的雾化性能和抗飘移、抗蒸发性能是农药喷施均匀的前提。此外，调控雾滴在叶片表面的撞击行为是农药在靶标上有效沉积的基础。农药在植株中的渗透、吸收、传导是农药剂量传递和发挥药效的重要环节。图 2-6 展示了农药从药箱到靶标植物的剂量传递过程。

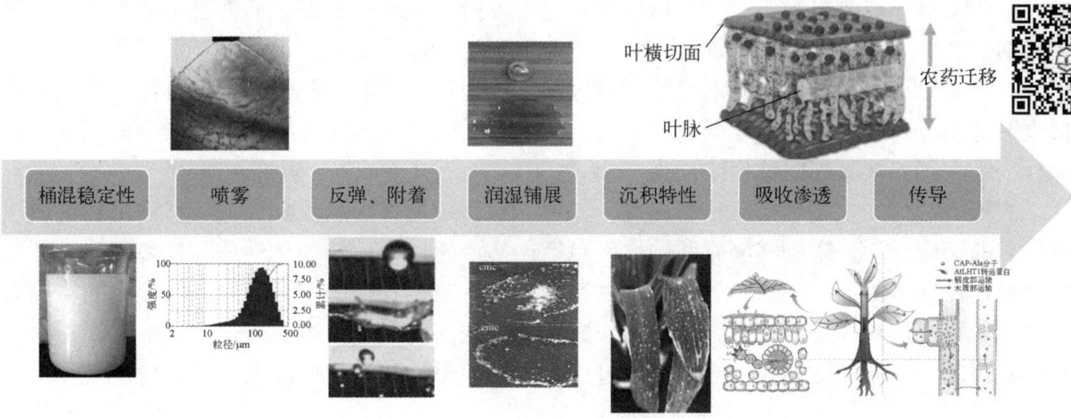

图 2-6 农药剂量传递中的重要环节

一、药液类型及桶混稳定性

一般来说，除部分直接使用的制剂外，大多数农药制剂需要用水稀释成药液才能使用。由于存在配方助剂或喷雾助剂，稀释后农药制剂形成二次分散体系，主要包括：真溶液、乳状液、悬浮液和悬乳液。如果这些分散体系不稳定（产生絮凝和沉淀），将会影响雾化以及药液在靶标植物上的沉积。因此，充分了解桶混药液体系性质以及提高桶混制剂的稳定性十分重要。

（1）药液类型 在常见的农药制剂中，可溶粉剂（SP）、可溶粒剂（SG）和可溶液剂（SL）等稀释后形成真溶液。在真溶液中有效成分以分子或离子状态存在，虽然溶液型药液体系的稳定性最佳，但该类制剂中表面活性剂使用量较少，从而影响药液的对靶剂量传递与沉积性能，一般在使用时需要添加渗透铺展的桶混助剂。

乳油（EC）、水乳剂（EW）和微乳剂（ME）等稀释后形成乳状液。在乳状液中，有效成分以液滴状态存在，农药形成雾滴时的分散度和均匀性受到表面活性剂性能的影响，分散度在微米及亚微米属于较好的分散状态。但多种制剂或者与桶混助剂混合使用时，因不同离子型表面活性剂产生拮抗作用，而增加乳液不稳定的风险。

可湿性粉剂（WP）、悬浮剂（SC）、水分散粒剂（WG）和微囊悬浮剂（CS）等稀释后形成悬浮液。悬浮液中有效成分以固体颗粒悬浮状态存在，雾化时分散状态不会改变，但固体颗粒粒径及分布直接影响到雾滴中农药的分布和载药量。

悬乳剂（SE）、可分散油悬浮剂（OD）、微囊悬浮-水乳剂等稀释后形成悬乳液。悬乳液属于三相混合体系。在悬乳液中，有效成分分别以乳化的液滴和悬浮的固体微粒均匀地分散在水中。由于表面活性剂之间的兼容性有限，不能简单将乳状液和悬浮液混合，否则可能产生絮凝或沉淀等问题。

（2）桶混稳定性　部分农户习惯将不同种类的制剂同时稀释在水中喷雾使用，由于制剂被稀释以及多种助剂间的拮抗作用，混合后药液不稳定性增加。例如，乳液的稀释使得油水界面张力增大，同时稳定性降低。

二、雾化及施药过程

漂浮粉剂（GP）、颗粒剂（GR）和烟剂（FU）等属于预先加工且具有适当细度或粒度的制剂，使用时不需要进一步分散，可以直接进行喷粉、撒粒或发烟。而液态制剂则不同，除了膏剂（PC）、糊剂（PA）和展膜油剂（SO）等通过浇灌、浸渍、涂抹等不需要喷洒的制剂以外，大部分液态制剂需要兑水稀释，通过喷雾过程完成药液的雾化与分散，使之产生一定细度的雾滴，并施用到作物靶标上。然而，在喷雾的过程中，仅有不到40%的有效成分到达靶标，绝大部分雾滴在此过程中损失。

农药雾滴损失主要包括飘移和蒸发。其中，飘移是指雾滴从目标区域迁移到目标区域以外区域的物理运动。影响雾滴飘移的原因包括：雾滴特性、药液理化性质和环境因素。蒸发是指飘浮在空气中小粒径雾滴的水分蒸发和雾滴在下降过程中的水分蒸发。粒径小的雾滴容易发生飘移，雾滴质量小，下降速度慢，到达靶标的时间长，更容易蒸发。减少雾滴损失，提高农药制剂药效，需要明确雾滴雾化过程、雾滴性质、药液性质以及喷雾环境。

（一）雾化过程

将药液通过喷嘴或者高速气流，以雾滴的形式喷射分散到大气中，使之形成雾状分散体系的过程称为雾化。药液雾化的实质是喷雾液体在喷雾机具提供的外力作用下克服自身表面张力，实现比表面的大幅度扩增。在液滴喷射的过程中，液体扩散并进一步破碎、分裂成为更加细小的雾滴。将农药雾化成细小雾滴进行喷雾的方法是实现药效发挥的关键环节。雾滴直径大小、雾滴分布均匀性均会影响农作物病虫草害喷雾防治的效果。

根据药液分散动力的不同，雾化方式可以分为：液力雾化、离心雾化、气力雾化等，其中，比较常见的是液力雾化和离心雾化。液力雾化适用于水溶液的喷洒，而离心雾化容易形成大小均匀的雾滴。

（1）液力雾化　液力雾化是指药液在高压条件下通过特殊结构的喷嘴时，形成高速射流，与相对静止的空气撞击后，破碎分散成雾滴的雾化方式，是液体药剂最常用的雾化方式。液力雾化通常先形成薄膜状，然后再扩散成不稳定的、大小不等的雾滴。影响薄膜形成的因素包括药液压力、药液性质，如药液的表面张力、浓度、黏度和周围的空气条件等。

液力雾化过程中，药液加压后先形成液膜，之后由于液体内部的不稳定性，液膜与空气发生碰撞破裂成为细小雾滴。如图 2-7 所示，液膜破裂成雾滴的方式有 3 种：周缘破裂、穿孔破裂和波浪破裂。穿孔破裂是由于液膜小孔不断扩大，在它们的边缘形成不稳定的液丝，最后断裂成雾滴。周缘破裂是表面张力使液膜边缘收缩形成一个周缘，在低压情况下周缘会产生大雾滴，在高压情况下，周缘产生液丝，液丝在下落过程中断裂成雾滴。波浪破裂发生在整个液膜部分，在液膜到达边缘之前就已经破裂，由于破裂方式不规则，所以形成的雾滴大小不均匀。

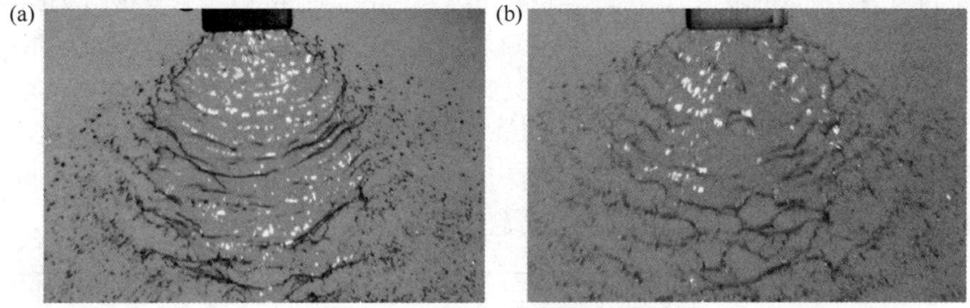

图 2-7　液膜破裂成雾滴的方式

（a）周缘破裂雾化；（b）穿孔破裂雾化

液力雾化是农药喷雾中最常见的方式。液力雾化操作简便，雾滴粒径大，不易发生雾滴飘移，但雾滴覆盖率低且容易在靶标植物叶面发生反弹，从而导致药液流失。

（2）离心雾化　离心雾化是将均匀分布的药液在旋转圆盘的高速转动下，进行离心运动并在离心力作用下飞离雾化装置边缘，然后经空气的摩擦与剪切作用分散成为均匀细小雾滴的过程。离心雾化的雾化效果与流量、圆盘形状、直径和转速等因素有关。离心式雾化装置如图 2-8 所示，这种雾化方法的雾滴细度取决于雾化盘的旋转速率和药液的滴加速度，转速越高，药液滴加速度越慢，雾化越细。离心雾化产生的雾滴细且均匀，易于在作物上附着，便于发挥药效以提高农药利用率。

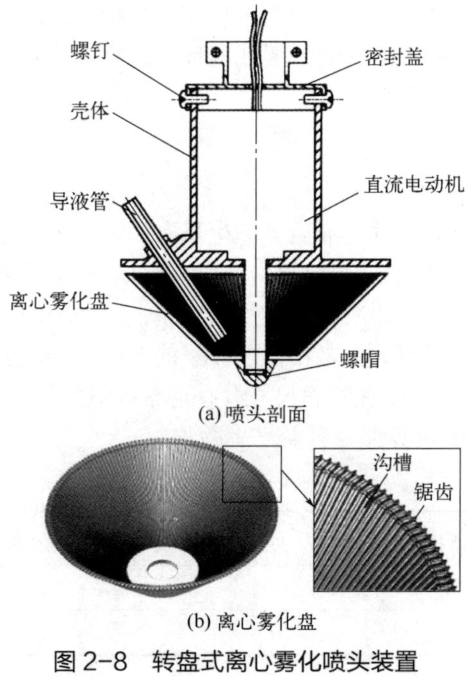

图 2-8　转盘式离心雾化喷头装置

离心雾化形成的雾滴包括滴状分裂、丝状分裂和膜状分裂等 3 种形式。如图 2-9（a）所示，在雾化过程中，供液流量较少时，在离心力作用下，药液在雾化转盘边缘呈半球状隆起，其直径取决于雾化转盘高速旋转产生的离心力以及药液的表面张力和黏度。高速旋转的转盘产生的离心力远大于药液表面张力时，雾化转盘边缘隆起的半球状液滴被分裂雾化并立即被抛出，产生部分大液滴。

如图 2-9（b）所示，当供液流量增大且雾化转盘转速增加时，半球状药液被拉成许多丝状射流。液丝数目随供液流量的增大而增加，但供液量达到一定量后，液丝变大变粗，数量也稳定在一定的范围内。雾化产生的液丝不稳定，在高速旋转的转盘边缘不远处即被分裂雾化，形成小液滴。

如图 2-9（c）所示，当供液流量继续增加，液丝的数量、直径、大小均不再增加，液丝间相互干涉从而产生液膜，并抛出转盘边缘。液丝被分裂成尺寸较大的液滴。将转盘转速继续提高，液膜开始向转盘边缘部位收缩。若药液在转盘表面上的动能减到最小，则液膜可以收缩到转盘最边缘位置，这样可使药液在转盘边缘高速喷出。

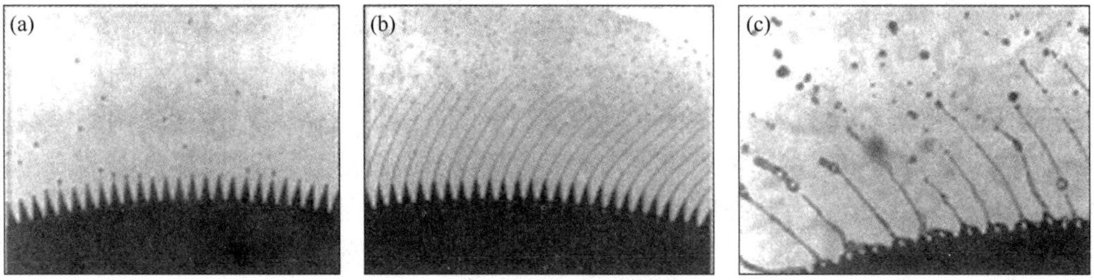

图 2-9　离心雾化形成的雾滴的分裂形式

（a）滴状分裂；（b）丝状分裂；（c）膜状分裂

（3）气力雾化　气力雾化是利用风机产生的高速气流的拉伸作用而使药液分散雾化的方法，因为空气和药液都是流体，因此也称为气液两相流雾化法。这种雾化原理能产生细而均匀的雾滴，设施农业用的常温烟雾机多采用这种雾化原理。许多气液两相流喷头是为环境与工业应用设计的，如特定环境中的降温加湿、粉剂药品和奶粉的喷雾干燥、喷涂油漆等。气液两相流喷头雾化方式可分为内混式和外混式两种，内混式是气体和液体在喷头体内混合，外混式则在喷头体外两相流的混合。

（二）雾滴性质

（1）雾滴粒径　农药药液经过喷嘴后会产生具有一定粒径分布的雾滴群。在实际应用过程中，经常使用体积中径（VMD）或数量中径（NMD）来描述雾滴谱的分布特征。雾滴的体积中径是指雾滴粒径小于该值的所有雾滴体积之和占总体积的 50%。类似的，数量中径是指雾滴粒径小于该值的所有雾滴数量之和占总数量的 50%。据英国科学家 Matthews 提出的雾滴大小分类方法如表 2-1 所示。喷雾液滴尺寸分布通常被认为是对飘移潜力影响最大的因素，通常认为直径小于 100μm 的喷雾部分容易产生飘移。

表 2-1　雾滴大小分类

雾滴的体积中径/μm	雾滴大小分类
≤50	气雾滴
＞50～100	弥雾滴

续表

雾滴的体积中径/μm	雾滴大小分类
>100～200	细雾滴
>200～400	中等雾滴
>400	粗雾滴

（2）雾滴速度　雾滴由喷头到防治靶标表面之间的运动称之为雾滴的运行。不同的靶标对象，喷头与它的距离从十几厘米到几米，雾滴本身具有的能量和速度不同，在空间运行时间也不同。雾滴在空间运行受各种因素（如风速、空气湿度、温度等）的影响。通常情况下，雾滴在离开喷嘴时的初始速度最大，在其向靶标冠层运动过程中，速度逐渐衰减，接近靶标时速度最小。雾滴经过雾化喷头后的初始速度可根据伯努利方程进行计算，如下：

$$V_0 = C\sqrt{2\frac{\Delta P}{\rho_L}}$$

式中，V_0为雾滴的初始速度，m/s；C为流量系数，由喷嘴的内部结构决定；ΔP为液体压强，Pa；ρ_L为药液的密度，kg/m^3。

在静止的空气中，雾滴在下落过程中速度逐渐衰减，通过对雾滴进行受力分析可知，当雾滴所受的空气阻力与自身重力相平衡时，雾滴会匀速降落，此时的速度被称作沉降速度，计算公式如下：

$$V_t = \frac{\rho_L g d^2}{18\eta_a}$$

式中，V_t为雾滴的沉降速度，m/s；ρ_L为雾滴密度，kg/m^3；g为重力加速度，m/s^2；d为雾滴的直径，m；η_a为空气的黏度系数，kg/(m·s)。

雾滴的飘移潜力与雾滴动能密切相关，雾滴动能可通过以下公式计算：

$$E_k = \frac{1}{2}mV_{50}^2$$

$$m = \rho_L \frac{\pi}{6} D_{v50}^3$$

式中，E_k为雾滴的动能，J；m为雾滴平均质量，kg；V_{50}为雾滴的平均速度，m/s，D_{v50}为雾滴的体积中径，μm。

较小的速度和直径会使雾滴的动能降低。小雾滴由于本身质量较小，维持自身初始动能的能力较弱，在下落过程中速度受到空气的阻力作用而逐渐减小，不容易达到靶标区域。

对于大多数喷头，尽管增加喷雾压力可以提高雾滴的初始速度，但与此同时雾滴的粒径也会随之减小，初始速度与粒径之间体现了协同竞争的关系，因此在实际操作过程中，应选取合适的喷雾压力和流量，使得雾滴的初始动能达到最优，保证农药利用率得到最大程度的提高。

（三）药液性质

尽管影响雾化的因素主要是施药器械，但制剂的种类或桶混药液的理化性质同样对雾滴的雾化有着重要影响。药液的理化性质主要包括黏度、表面张力等，这些性质是影响喷雾形成的重要因素。添加喷雾助剂会改变药液雾滴的物理特性，从而影响喷雾液滴的飘移沉积。

(1) 黏度　增大药液的黏度，可使雾滴谱整体移动到大粒径区域，从而产生粒径较大的雾滴以抑制雾滴飘移。液膜破裂的高速摄影照片显示，随着液膜波动的延伸，振幅增大，液膜破裂成液丝，最终雾化形成雾滴。黏性液体可以在液膜破裂之前维持较高的拉伸状态，抑制界面处的扰动和振荡。

大部分农药制剂中添加的增稠剂表现出剪切稀化的性质，因此需要增大剪切黏度以补偿雾化过程中因剪切力而造成的黏度损失。这种补偿只能在高聚合物浓度的条件下实现。聚合物增大了药液的拉伸黏度，因此，添加少量聚合物即可产生大粒径的雾滴。

拉伸黏度使得流体形成了新的界面，聚合物液体浓度的增大可以最有效增大雾滴粒径。影响药液拉伸黏度的因素包括：聚合物链的刚性、分子量和浓度。低分子量的刚性聚合物的拉伸黏度是应变速率函数的常数，对于高分子量的柔性聚合物，由于聚合物链的回弹，拉伸黏度随着应变速率的增大而快速增大。当高于应变速率值时聚合物溶液的黏度开始增大。当聚合物分子量和浓度增大时，该临界速率减小。与水相比，增大聚合物浓度会使得喷雾角和扇面宽度减小。此外，聚合物溶液的黏度也受盐浓度和溶液 pH 的影响。

(2) 表面张力　表面张力对雾滴粒径的影响取决于喷头类型。扇形雾和空心圆锥雾喷头产生的细小雾滴通常是动态表面张力降低导致的。对于不同型号的喷头，雾滴粒径的减小程度不同。当使用气吸式喷头时，添加降低表面张力的助剂会使雾滴粒径大于水。聚合物对喷雾溶液的表面张力几乎没有影响，因此，表面张力主要受表面活性剂影响。

喷雾助剂可明显降低药液的表面张力，不同喷雾助剂对雾滴体积中径改变存在差异。例如，使用喷头进行喷雾，添加一些助剂对体积中径表现为增大作用，而添加另一些助剂表现为降低作用，并且不同助剂降低效果也存在明显差异。喷雾助剂对雾滴谱跨度的影响随药液浓度的变化而变化，当浓度增大以及在较低喷雾压力下，雾滴谱跨度增大，雾滴粒径均匀性下降。

影响雾化过程的因素并非只有动态表面张力。对于纯溶剂，动态表面张力降低与雾滴平均粒径减小之间的相关性小于表面活性剂溶液。与此同时，溶液中添加表面活性剂可减少液膜的振荡并增加液膜长度，而纯溶剂则不存在这样的影响。含有水溶性表面活性剂喷雾药液的液膜大于或等于由水产生的液膜。水作为农业喷雾中的主要溶剂，表面张力随温度升高而降低。

综上所述，添加高分子聚合物的药液体系黏度增大，雾化时更容易产生大雾滴，从而会减少雾滴飘移；添加助剂的药液体系的表面张力会降低，会影响雾滴大小，同时雾滴沉积到靶标叶片上的接触角会减小，更易湿润与铺展。此外，部分固液分散体系的药液，会由活性成分聚集或晶体长大等，导致药液体系不均一，从而使得雾滴变大。

(四) 喷雾环境

雾滴沉积和飘移运动状态受到风速、温度、湿度、大气稳定性等环境参数的影响，其中，最重要的因素是风速。研究风速对植保无人机喷施雾滴沉积与飘移的影响，对调整喷洒参数、减少雾滴飘移和提高喷施药剂的防治效果具有重要意义。

(1) 风速　进行航空喷施作业时，风速越大，雾滴飘移越严重，不易附着在农作物表面。风速过小不利于雾滴沉积，反而会使雾滴悬浮于半空，所以适当的风速可使雾滴更容易附着在农作物上。表 2-2 为植保无人机在不同风速下雾滴沉积的分布信息，采集点的平均覆盖率和雾滴分布受不同风速的影响，如果风速为 0.2～4.1m/s，雾滴平均覆盖率的有效值为 1.5%～2.5%；风速≤3.2m/s 时，雾滴处于较为稳定的飘移距离，平均总覆盖率为 2.35%，覆盖率较大；风速＞3.2m/s 时，平均总覆盖率为 1.6%，覆盖率较小，雾滴飘移距离大幅度增加。

表 2-2　植保无人机在不同风速下的雾滴沉积的分布和飘移信息

架次	风速/（m/s）	平均覆盖率/%	总覆盖率/%	飘移距离/m
1	0.2	1.7	1.6	2
2	2.3	1.5	2.2	3.5
3	2.6	2.5	2.8	4
4	3.2	2.5	2.8	4
5	3.5	1.5	1.5	7.5
6	4.1	1.7	1.7	13.5

基于计算流体力学技术对喷雾机风幕系统下的压力旋流喷嘴雾滴运动进行仿真和分析，对比高度为 2m、流量为 0.05kg/s、喷头压力为 1MPa、风速在 0～3m/s 范围内变化时的雾滴飘移规律。当风速为 0m/s 时，雾滴沉积分布形状为环形，雾滴均匀分布在喷头下方两侧，雾滴沉积图形趋于对称；随着风速增大，雾滴飘移越来越明显（图 2-10）。

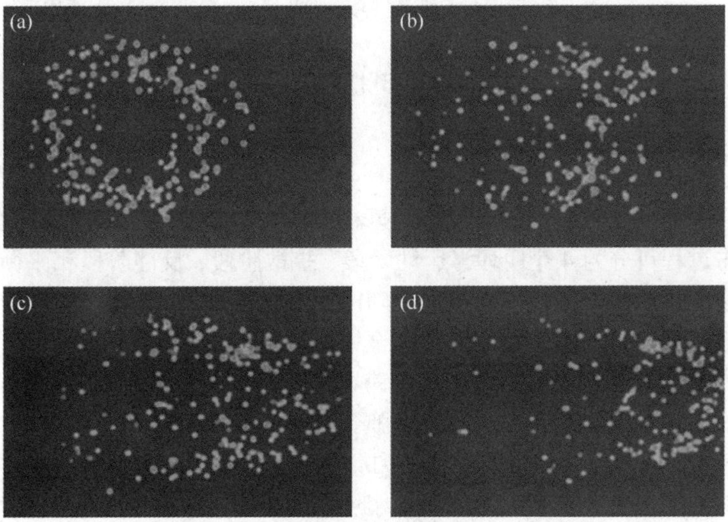

图 2-10　不同风速下雾滴沉积分布图

（a）0m/s；（b）1m/s；（c）2m/s；（d）3m/s

(2) 大气状态　大气稳定度即近地层气团受到扰动后气团在垂直方向上运动的强弱程度。根据温度梯度法，大气状态分为 3 类，包括大气稳定状态、不稳定状态和中性状态，每种大气状态对喷雾雾滴飘移的影响截然不同。大气稳定状态下，空气温度随距地面高度的增加而增加，地表散热速度高于上方空气而导致上层温度高于地面，形成向下的气流。若此时喷雾则利于雾滴沉降，但是雾流中非常细小的雾滴会因重力不足，难以克服近地面的大密度冷空气的浮力，而易随风飘移出靶标区。大气不稳定状态下空气温度随距地面高度的增加而较快递减，地表温度因吸收太阳热能而升高，地面空气密度减小，导致质量轻的热空气向上运动形成上升气流。

三、界面反弹与附着

农药药液经喷雾器雾化形成雾滴并向靶标进行空间剂量传递，雾滴在靶标作物的叶片上会发生撞击行为，雾滴在撞击后通常会出现 3 种不同的结果：反弹、碎裂、沉积（附着）（图 2-11），其中雾滴在叶面的反弹与碎裂是农药损失和环境污染的重要原因。充分认识并调控农药雾滴在不同靶标植物叶面的反弹行为，抑制雾滴的反弹与碎裂是提高农药叶面沉积效率和药效的有效手段，是实现农药减施增效的关键。

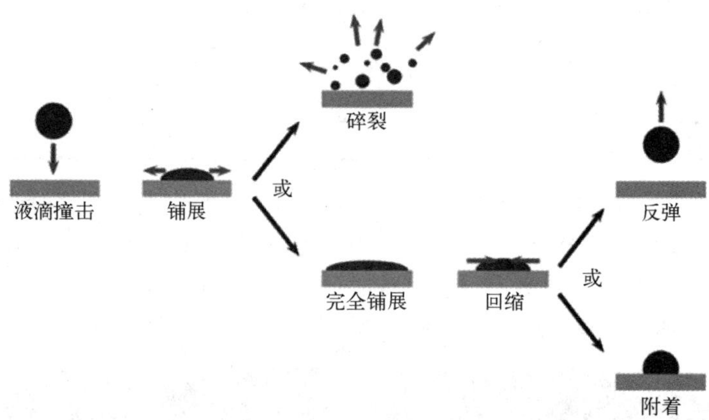

图 2-11　液滴撞击叶片表面后的撞击行为

（一）农药雾滴的反弹行为

雾滴在靶标表面的反弹是快速而短暂的过程，一般发生在 20ms 以内。农药雾滴在靶标植物叶面的撞击过程可分为 4 个阶段：运动阶段、扩散阶段、反冲阶段和平衡阶段。对应地，雾滴在撞击植物叶片后，依据液膜铺展形态随时间变化的规律，雾滴在惯性力的主导下在运动阶段铺展，随后雾滴扩散阶段继续铺展直至铺展至最大直径。若雾滴发生润湿翻转，实现在固体表面的完全润湿，则继续呈“饼状”铺展；若固体表面部分润湿，则雾滴在反冲阶段在毛细管力的作用下发生快速收缩并发生反弹。当液滴撞击速度大于临界值，雾滴会发生碎裂、飞溅。雾滴撞击固体界面时主要受惯性力、黏滞力和毛细管力（表面张力）的综合作用。惯性力由雾滴的动能决定，与雾滴的大小、密度和速度有关；黏滞力与流体的黏度有关，而毛细管力提供了使雾滴形变所需的能量。从能量角度来说，雾滴撞击固体界面的反弹行为是雾滴的能量在动能和势能之间的转换，在雾滴撞击后的运动和扩散阶段，动能转化为势能，雾滴形变越来越大，接触角逐渐减小，直至液滴完全铺展，动能全部转化为势能；在反冲阶段，势能逐渐转化为动能，接触角逐渐增大，当收缩能量足够大时，液滴发生弹跳，直至能量耗散最终达到平衡阶段。

充分认识药液雾滴在靶标植物叶片上的反弹行为对研究有效成分剂量传递具有重要意义。研究表明，剂型和桶混助剂种类和浓度会影响液滴的反弹行为，如图 2-12 所示，在适用于植保无人机用药的低稀释倍数下，悬浮剂［图 2-12（a）］与可分散油悬浮剂［图 2-12（b）］

的50倍稀释液的液滴在疏水花生叶片表面表现出截然不同的反弹行为：悬浮剂液滴撞击叶片后经历运动、扩散、反冲阶段后完全反弹，最终几乎没有沉积、持留；而可分散油悬浮剂液滴在叶片的反弹被抑制，最终完全附着。在悬浮剂50倍稀释液中添加适宜的桶混助剂可以调控液滴的反弹，在桶混助剂0.1%添加浓度下，植物油类助剂对液滴反弹调控作用有限［图2-12（c）］，而非离子聚醚类表面活性剂可以抑制悬浮剂液滴的反弹，显著提高药液在叶片的沉积率。

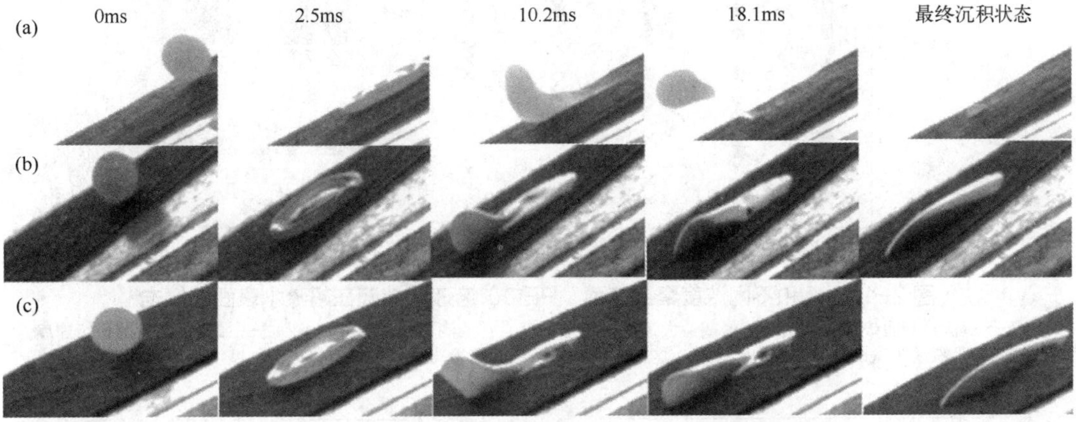

图2-12　农药剂型与桶混助剂影响农药液滴反弹行为

（a）悬浮剂；（b）可分散油悬浮剂；（c）悬浮剂+0.1%桶混助剂

（二）雾滴反弹行为的表征

雾滴撞击植物叶片表面的动力学过程，可使用韦伯数（*We*）、雷诺数（*Re*）、奥内佐格数（*Oh*）、毛细管数（*Ca*）等无量纲参数来描述液滴的性质。

$$We=\frac{\rho v^2 D}{\gamma}$$

$$Re=\frac{\rho v D}{\eta}$$

$$Oh=\frac{\sqrt{We}}{Re}=\frac{\eta}{\sqrt{\rho D\gamma}}$$

$$Ca=\frac{We}{Re}=\frac{\eta v}{\gamma}$$

式中，ρ为液体密度，g/m^3；v为液滴速率，m/s；D为液滴直径，m；γ为液滴表面张力，N/m；η为液体黏度，Pa·s。通常情况下，相同体系的液滴撞击叶面的速度越大，*We*和*Re*值越大，液滴越容易发生反弹、碎裂和飞溅。研究发现，不同浓度的聚乙二醇高分子溶液的液滴，随着*We*增加，液滴在超疏水固体表面经历了从完全沉积、完全反弹（或部分反弹）到碎裂的过程（图2-13）。

通过高速摄像机记录液滴在叶面的撞击行为，对撞击行为的影像进行分帧处理，从图2-14中获取液滴撞击叶面后液膜的铺展直径，计算液滴撞击后的归一化直径D_t/D_0（D_t是t时的液膜铺展直径，D_0是液滴的初始直径）随时间的变化，形象地表征液滴撞击过程的运动阶段、扩散阶段和反冲阶段，同时可根据图 t,D_t/D_0 近似计算液滴的铺展、收缩速率。类似地，通过分析液滴反弹高度随时间的变化来计算液滴反弹的速率。

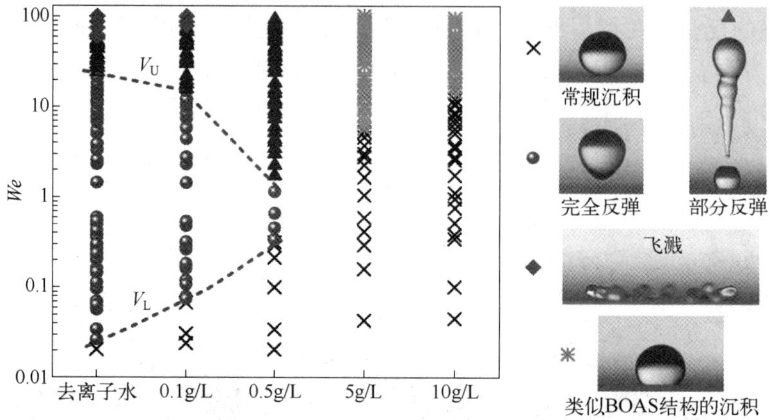

图 2-13　水和不同浓度聚乙二醇（PEO）溶液的液滴在超疏水表面的撞击

V_U：表示液滴在撞击表面时的初始速度或最大速度。这个速度是在液滴自由下落或以某种方式加速后达到的最高速度。
V_L：表示液滴在撞击表面后反弹的速度。这个速度反映了液滴在撞击过程中能量损失的程度以及液滴的反弹能力

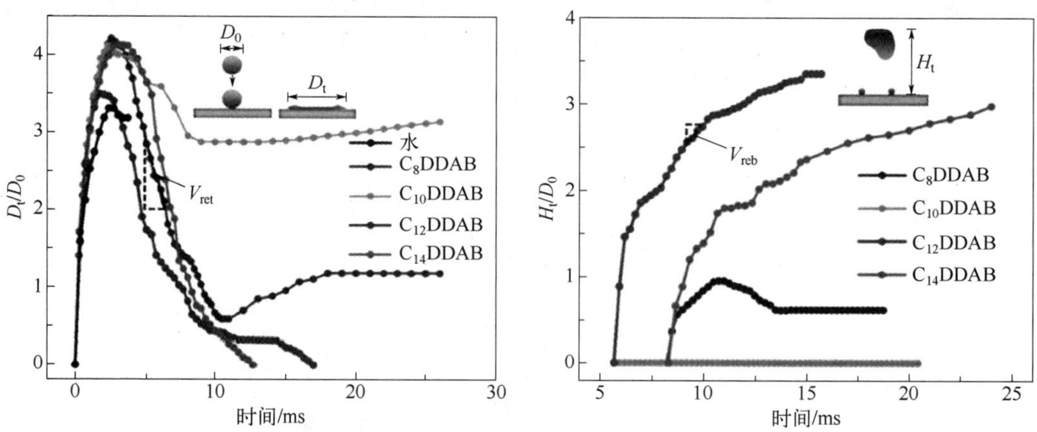

图 2-14　表面活性剂溶液液滴撞击叶面后的 D_t/D_0-t 和 H_t/D_0-t

V_{ret} 是液滴的收缩速率；V_{reb} 是液滴的反弹速率；C_nDDAB 是不同碳链长度的双链烷基二甲基溴化铵，n 为 6～14

（三）雾滴反弹行为的影响因素

农药雾滴在靶标的反弹行为主要与靶标界面特性、雾滴自身性质（理化性质、动力学性质）以及其他环境因素等有关，以上影响因素相互作用，使得农药药液雾滴在靶标植物叶面撞击的界面现象及反弹行为更为复杂。

靶标的界面特性对雾滴动态沉积过程具有重要影响，包括靶标的表面化学组成、表观表面自由能、微观形貌与结构、叶片倾斜角度等，同时环境因子、叶片部位及生长期等因素会影响叶片的界面特性，从而影响雾滴的反弹行为。植物叶片表面通常具有复杂的化学组成，如大部分靶标植物表面化学成分主要由长链烷烃、伯醇、醛、酮、脂肪酸及三萜系类化合物组成，但不同植物叶片的表面化学组成有所差异。部分植物叶片表面具有特殊的微观形貌与结构，如表皮蜡质层、乳突、毛状体、绒毛、条纹和微-纳米结构等，使得不同的叶片具有不

同的界面特性，影响农药雾滴在叶面的反弹与沉积，如具有亲水性绒毛或无定型蜡质的黄瓜和棉花等叶片，其润湿性较好，农药雾滴更易沉积、附着；而部分植物叶片表面存在疏水的表皮蜡质层和复杂的微-纳米复合结构，如荷、水稻、小麦等，其叶片表现出超疏水、低黏附性能，农药雾滴不易润湿叶面从而更易发生反弹、碎裂。水滴在靶标表面的表观接触角（θ）的大小或固体表观表面自由能可以反映靶标的界面结构特性，固体表观表面自由能可通过 Zisman 法、OWRK 法等方法进行计算。

雾滴自身性质主要包括理化性质和动力学性质，理化性质主要包括：雾滴的静态表面张力、动态表面张力、黏度、剪切黏度、密度等；动力学性质主要包括：雾滴粒径大小、运动速度、撞击角度和位置等。通过添加特殊性质、功能或结构的表面活性剂、桶混助剂、聚合物或纳米材料来改变雾滴的性质（如动态表面张力、黏度等），从而调控雾滴在靶标上的反弹行为。这是当前液滴反弹调控研究的重点，并取得了一定的进展。

（四）雾滴反弹行为的调控策略

雾滴能量的“完全耗散”是抑制雾滴弹跳、实现药液有效沉积的关键。近年来，关于雾滴在多种靶标的反弹行为及其调控策略的研究已取得了一定的进展。目前，主要通过以下 4 个策略来调控农药液滴在靶标的反弹行为：①降低动态表面张力；②改变药液黏度；③同时降低表面张力和改变黏度；④不依赖于表面张力与黏度的特殊调控策略。

（1）降低动态表面张力调控液滴反弹　农药雾滴以一定速度撞击靶标表面，体相分子间发生相互作用，表面活性剂分子从体相向固、气、液三相接触线迁移并吸附到新的表/界面，降低表/界面张力，减小雾滴能量。由于雾滴在叶片的撞击一般发生在 20ms 以内，属于快速而短暂的动态过程，考虑到表面活性剂的吸附速率，动态表面张力的快速降低，特别是 20ms 内的变化，对雾滴的反弹行为具有明显的影响，是抑制液滴反弹的关键。现有研究已经证明多种不同类型的表面活性剂均具有快速降低动态表面张力的作用，从而抑制雾滴反弹，提高农药沉积率。

添加少量囊泡状表面活性剂双(2-乙基己基)磺酸盐琥珀酸钠可以减少甚至完全抑制液滴在超疏水表面的弹跳或飞溅行为（图 2-15）。研究发现，对于胶束型表面活性剂，其药液的动态表面张力较高，表面活性剂分子不能补充到新形成的空气/水界面，发生形变的液滴的表面张力不均匀从而导致局部的润湿性转变以及液滴在靶标表面的碎裂。而囊泡状表面活性剂由于动态表面张力低，能够在液滴形变过程中从本体快速扩散到新形成的空气/水界面并完成饱和吸附，在 2ms 以内的惯性扩散阶段，借助润湿性转变限制液体的运动，将收缩速度降低到接近零，从而减少液滴的弹跳和飞溅。

在农药稀释液中添加聚醚改性三硅氧烷表面活性剂，当表面活性剂添加量为 0.01%时即可显著降低表面张力至 22.6mN/m，表面张力在液滴撞击后的回缩阶段占主导作用，不同程度地抑制了稀释液在水稻叶片的反弹，从而增加药液沉积量、提高农药利用率。

使用非离子表面活性剂异辛醇聚氧乙烯聚氧丙烯醚来调控液滴的反弹与润湿行为，研究发现表面活性剂分子可以迅速迁移到新形成的气-液界面并进行密集吸附，实现表面润湿性转变，从而抑制液滴在荷叶和水稻叶片等超疏水叶片的反弹。

（2）改变药液黏度调控液滴反弹　某些聚合物类助剂的溶液具有一定的剪切黏度，可以在液滴撞击过程中消耗液滴的动能，进而抑制液滴的反弹。如聚乙二醇（PEO）溶液具有较大的剪切黏度，在液滴的撞击过程中可以耗散液滴的动能，抑制液滴在反冲阶段的收缩，并进一步抑制液滴的弹跳。此外，某些聚合物分子具有较高的拉伸黏度，在回缩过程中发生伸展形变，降低液滴的动能从而调控液滴的反弹行为。

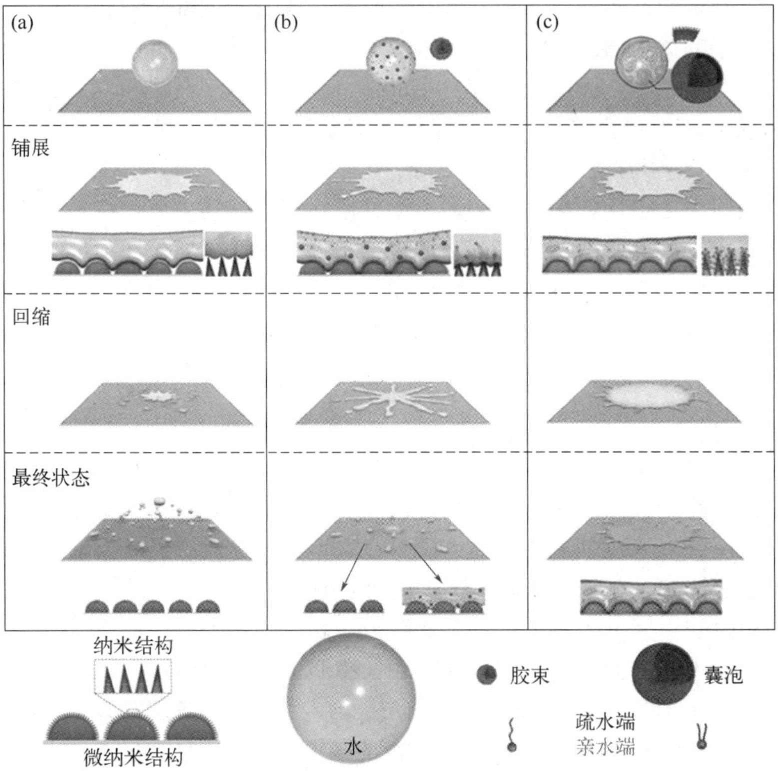

图 2-15　囊泡状表面活性剂对液滴在超疏水表面的飞溅抑制的示意图

对不同液滴大小、不同撞击速度和不同黏弹性“程度”的黏弹性液滴的撞击进行研究后发现，当毛细管力不足以维持液滴的完整性时，弹性力会将附着的小液滴拉回主体，从而抑制液滴的飞溅，证明了在水中添加少量（约 0.01 %）的高分子聚合物（如聚丙烯酰胺、聚丙烯酸）即可抑制液滴的反弹、碎裂。

（3）同时降低动态表面张力和改变药液黏度调控液滴反弹　低聚表面活性剂二乙烯三胺/十二烷基硫酸钠（triamine/SDS）可以快速扩散并形成动态胶束网络，同时可以降低动态表面张力和增加黏度，液滴在超疏水表面以 5.0m/s 的高速撞击仍可实现优异的抑制反弹和促进铺展的效果。

在水溶液中添加分子量较大的柔性长链聚乙二醇和囊泡状表面活性剂，研究液滴在具有线性结构（水稻、花椰菜）和弯曲结构（葱）的超疏水叶片表面以及平坦叶片（甘蓝）表面的弹跳行为。具有高拉伸黏度的聚合物分子在液滴撞击后的扩散阶段发挥作用，从而耗散液滴的动能，抑制液滴的破裂，延长液滴铺展和回缩的时间，同时少量表面活性剂提供的局部钉扎效应使表面活性剂分子有足够的时间迁移至气-液-固界面并润湿表面，从而抑制液滴的弹跳并促进润湿（图 2-16）。

（4）不依赖于表面张力与黏度的特殊调控策略　基于植物叶片表面特性对载药微粒进行界面化学修饰，可以提高其与靶标作物叶面的化学相互作用（疏水相互作用、氢键作用、静电作用等），提高药液在叶面的附着能力，从而提高农药的沉积率。此外，还可以基于植物叶片表面的形貌、结构对载药颗粒进行设计，通过小尺度效应和拓扑匹配效应提高农药在叶面的沉积率。

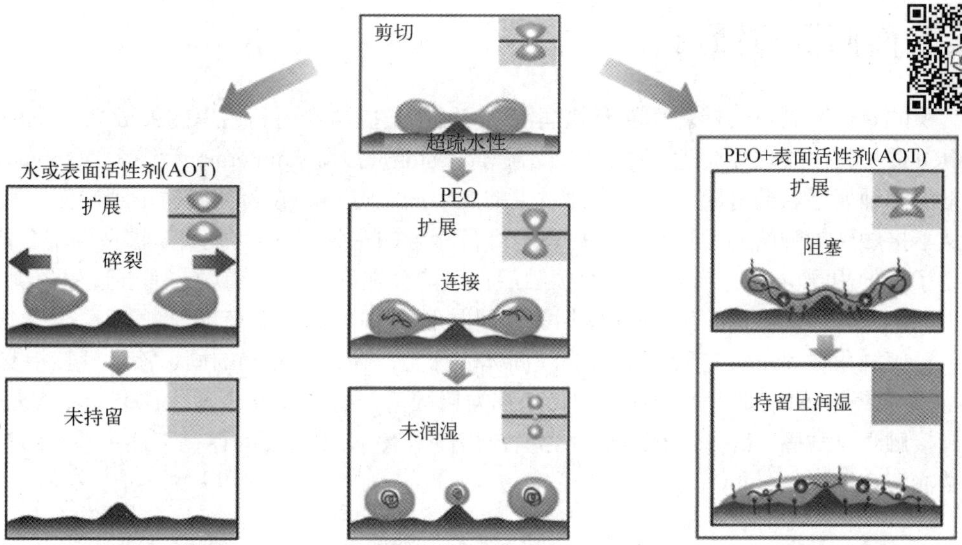

图 2-16　PEO + AOT 提高液滴在超疏水表面非对称撞击的沉积的潜在机制

设计并合成共价三聚表面活性剂，并可自组装形成团聚体，表面活性剂溶液可抑制液滴在超疏水表面的反弹。探究该表面活性剂的调控机制时发现，表面活性剂分子及其团聚体限制了分子从本体溶液到新形成的界面的扩散，所以不能降低超疏水叶片的表面能。同时，黏度也不是抑制液滴反弹的决定因素。研究者推断并证明，液滴的反弹抑制与完全沉积源于团聚体特殊的致密纳米级网络结构以及团聚体与超疏水表面之间牢固的钉扎力，球形微滴牢固地附着在叶片表面的纳米孔上，实现了从 Cassie 态到 Wenzel 态的润湿转变，从而抑制了液滴的反弹，实现完全沉积。

利用天然的、可再生的甘草酸（GL）制备了一维纳米纤维，其液滴在聚四氟乙烯疏水表面和狗尾草叶片上具有良好的抑制反弹和飞溅的作用。不同浓度的 GL 溶液的动态表面张力值在前 50ms 内均高于 70mN/m，这表明两亲性 GL 分子不能快速地从本体相扩散到空气/水界面以降低表面张力。同时，无论是质量分数 0.1%的高黏度 GL 溶液，还是质量分数 0.03%的低黏度 GL 溶液，都能抑制液滴的弹跳和飞溅，其调控机制与黏度无关。研究发现，甘草酸合成的一维纳米纤维在液滴撞击时，可以在粗糙疏水表面有效发生钉扎，并延缓液滴的收缩速度，从而抑制液滴反弹，增加药液在靶标上的沉积量。

与形貌匹配互补的帽形农药 Janus 功能化载体的尺寸恰好与靶标作物叶面乳突相匹配，从而通过“帽子-衣架”拓扑诱导效应来增加靶标叶面的沉积与持留（图 2-17）。通过在农药药液中添加草木灰，利用草木灰颗粒大小与叶片微观结构相匹配，从而嵌入叶片结构空隙，提高农药在叶片上的附着率和耐雨水冲刷能力。

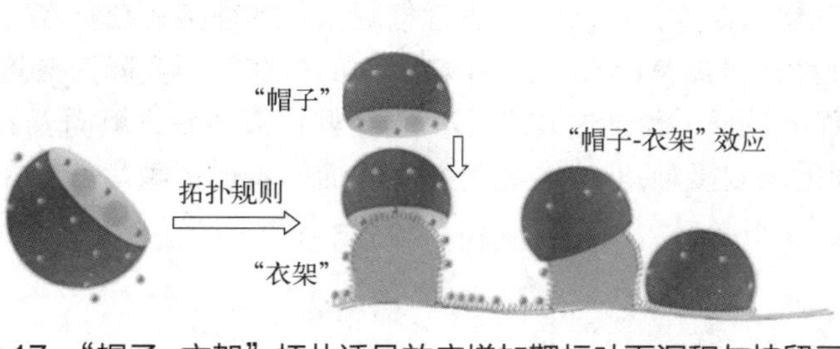

图 2-17　“帽子-衣架”拓扑诱导效应增加靶标叶面沉积与持留示意图

四、表面润湿与铺展

沉积的农药雾滴在靶标表面的有效润湿、铺展也是提高农药利用率的关键之一。Osterhuf和Bartell最早将润湿现象分为3种类型：黏湿（adhesion）、浸湿（immersion）和铺展（spreading），其中黏湿和铺展是农药雾滴在叶片表面发生的主要润湿过程。农药雾滴撞击到叶面，雾滴与叶片从不接触到接触的黏湿过程中，原本与叶片接触的空气（固-气界面）被液滴部分取代，并产生了新的固-液界面。雾滴与叶面接触后，可能会在叶面自动铺展，铺展过程中固-气界面消失的面积与增加的固-液界面面积相等，同时形成了等量的气-液界面。

（1）接触角与 Young 方程　液体滴在固体表面上，在平衡液滴的固、液、气三相交界处自固-液界面经液体内部到气-液界面的夹角称为接触角，通常以 θ 表示。1805 年，Young 提出平衡接触角 θ 与固-气、固-液和液-气界面自由能 γ_{SA}、γ_{SL} 和 γ_{LA} 间存在下述关系，即 Young 方程或润湿方程。

$$\gamma_{SA} - \gamma_{SL} = \gamma_{LA}\cos\theta$$

Young 方程是研究润湿过程最重要的方程，也是界面化学最基本的方程之一。Young 方程的重要意义在于通过易于实验测定的接触角和液体表面张力定量计算润湿过程的黏湿功 W_A（黏附功）和铺展系数 S，如下式所示：

$$W_A = \gamma_{LA}\left(\cos\theta + 1\right)$$

$$S = \gamma_{LA}\left(\cos\theta - 1\right)$$

由上式可知，黏湿与铺展自发进行的条件：$\theta \leqslant 180°$，$W_A \geqslant 0$，黏湿自发进行；$\theta = 0°$ 或不存在平衡接触角，$S \geqslant 0$，铺展自发进行。通常以接触角的大小作为润湿性的判断标准，接触角越小，润湿性越好，并人为地界定 $\theta > 90°$ 为不润湿，$\theta < 90°$ 为润湿，$\theta = 0°$ 或不存在平衡接触角为铺展。

（2）润湿模型　雾滴在靶标表面的接触角是衡量润湿性能的重要参数，随着研究的不断深入，相关的润湿模型也在不断完善，如 Wenzel 模型、Cassie 模型、Wenzel-Cassie 模型、Lotus 和 Gecko 过渡态模型等（图 2-18）。

$$\cos\theta = \frac{\gamma_{SA} - \gamma_{SL}}{\gamma_{LA}}$$

式中，θ 代表 Young's 方程中的本征接触角；γ_{SA}、γ_{SL} 和 γ_{LA} 分别代表固-气、固-液和液-气界面自由能。Young's 模型只适用于理想的刚性、均一、光滑、惰性表面，不适用于实际表面。当表面存在微观粗糙结构时，表面的表观接触角与本征接触角存在一定差值。当固体表面是化学均一的粗糙表面时，Wenzel 认为粗糙表面的存在使得实际固液接触面积大于表观几何接触面积，在几何上增强了疏水性（或亲水性）。假设液体始终填满表面上的粗糙结构（完全润湿），粗糙表面的表观接触角 θ_W 与光滑平坦表面的本征接触角 θ 存在以下关系（Wenzel 模型）：

$$\cos\theta_W = r\cos\theta$$

式中，θ_W 代表 Wenzel 方程中的表观接触角；r 代表粗糙度（粗糙因子），为固-液界面实际接触面积与本征固体接触面积之间的比值，$r \geq 1$，r 越大表面越粗糙。当固体表面为疏水表面（$90° < \theta < 180°$）时，$\cos\theta < 0$，则 $\cos\theta_W < \cos\theta$，这意味着粗糙度会使疏水表面更疏水，即表面润湿性变差；当固体表面为亲水表面（$\theta < 90°$）时，粗糙度可提高亲水表面润湿性。

Cassie 和 Baxter 认为液滴在粗糙表面上的接触是一种复合接触，不均匀表面可用 Cassie-Baxter 方程描述：

$$\cos\theta_C = f_1 \cos\theta_1 + f_2 \cos\theta_2$$

式中，f_1 和 f_2 分别为两种介质（气体和液体）在固体表面所占有的表面分数，$f_1 + f_2 = 1$；θ_1 和 θ_2 分别为两种介质界面间（固-液、气-液界面）的本征接触角；θ_C 为该不均匀复合表面的表观接触角。在疏水表面上的液滴不能填满粗糙表面中的空气，液滴下存有截留空气，表观上的固液接触实际是由固液、固气接触共同组成的。当其中一种介质为空气时，其气液接触角 $\theta_2 = 180°$，再把粗糙度引入 Cassie-Baxter 方程，则方程可简化为：

$$\cos\theta_C = f_S(1 + \cos\theta) - 1$$

式中，f_S 为复合接触面中固体接触面积占总表观接触面积的比值，$f_S < 1$。对于疏水表面，f_S 的值越小，则表观接触角 θ_C 越大。当表面足够疏水或粗糙度足够大时，f_S 趋向于 0，此时表观接触角趋向于 180°。

当液滴处于 Wenzel 和 Cassie-Baxter 过渡态时，液滴在粗糙表面的三维立体结构中浸润一定深度 x，其表观接触角公式为：

$$\cos\theta^* = \left(f_S + \frac{\pi a x}{(a+b)^2}\right)\cos\theta + f_S - 1$$

式中，f_S 为复合接触面中固体接触面积占总表观接触面积的比值；x 为液滴在三维立体结构中的浸润深度；a 为三维立体结构直径；b 为三维立体结构的间距。研究表明，三维立体结构对接触角存在较大影响，随着三维立体结构高度的增加，液滴浸润深度增大，润湿性减小；随着三维立体结构间距的增大，液滴浸润深度先减小后增大。

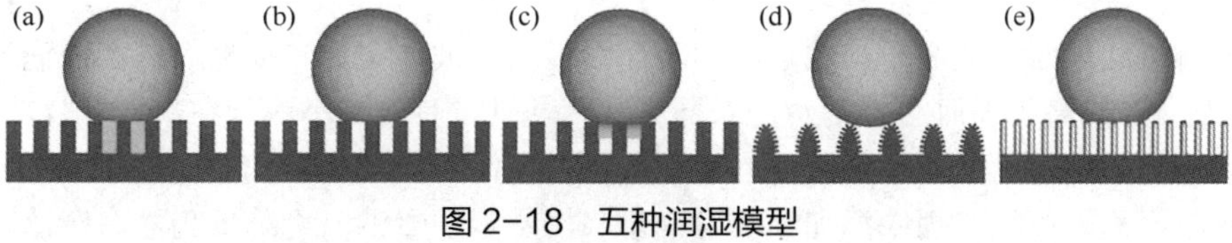

图 2-18　五种润湿模型

（a）Wenzel 状态；（b）Cassie 状态；（c）Wenzel-Cassie 状态；（d）Lotus 状态；（e）Gecko 状态

植物叶片表面存在微纳米结构，是粗糙的固体表面，雾滴在叶面的润湿状态宜采用 Wenzel 模型、Cassie-Baxter 模型及 Wenzel 和 Cassie-Baxter 过渡态模型进行模拟。润湿状态的转变需要突破能量壁垒，靶标表面粗糙度的增加提升了由 Cassie-Baxter 状态向 Wenzel 状态转变的阈值，而能量壁垒的大小由靶标表面化学成分所决定。当雾滴处于 Cassie-Baxter 状态时，钉扎效应的存在阻碍了液滴的润湿和铺展，同时不利于雾滴在叶面的黏附，液滴与叶面摩擦力降低，滚动角变小，易于滚落；当处于 Wenzel 状态时，液滴在叶面的黏附性能提升，与叶片表面摩擦力增加，滚动角变大，易于沉积。因此，若要实现农药药液在植物叶片表面的有效沉积，需保证药液在靶标表面处于完全润湿状态。

(3) 表面活性剂对润湿、铺展的影响　润湿性质的改变主要有两个途径：改变固体表面的性质和改变液体的性质。通常来说，靶标植物叶片的表面性质较难改变，因此，添加表面活性剂来改变药液的性质是提高药液在靶标表面润湿、铺展的主要方式。表面活性剂能改善润湿、铺展的原因是表面活性剂可以降低液体的表面张力和固-液界面张力，表面张力降低有利于液滴取代植物叶片表面三维立体结构内的空气层，突破叶片表面钉扎效应，使液滴从Cassie-Baxter状态向Wenzel状态转变。研究表明，表面活性剂分子通过非共价键相互作用（疏水相互作用、静电相互作用、范德华力等）吸附于气-液和固-液界面，从而改变靶标界面结构性质，实现润湿状态的转变。现有研究已经证明添加适宜的表面活性剂或助剂可以有效改善药液性能，促进药液在靶标植物叶片的润湿、铺展，特别是有机硅表面活性剂在调控药液润湿、铺展性能方面已经得到了广泛的应用。

有机硅表面活性剂是一类以聚硅氧烷为母体，端基或侧链链接一种或多种功能性官能团的表面活性剂，由于有机硅表面活性剂特殊的疏水链（Si-O-Si、Si-C-Si、Si-Si）比传统碳氢疏水链具有更强的疏水性，可以使甲基密集排列在界面上，因此可以有效降低药液表面张力至20mN/m，实现在靶标表面的快速润湿、铺展。Silwet 408是基于烷氧基改性聚三硅氧烷的非离子表面活性剂，质量分数为0.005%的Silwet 408水溶液即可将水的表面张力降至23.1mN/m，使液滴在疏水小麦叶片正面的接触角迅速降低至51.9°；当质量分数为0.1%时，即可实现液滴在小麦叶面的迅速、完全铺展($\theta = 0°$)。在10%吡虫啉WP稀释药液中添加0.1%的Silwet 408，雾滴在小麦叶片表面的铺展面积是未添加的16.5倍，田间采用手持电动低容量喷雾机进行低容量喷雾防治小麦蚜虫的试验时发现，添加Silwet 408可显著提高10%吡虫啉WP低容量喷雾时的防治效果。以聚硅氧烷为疏水主链，通过引入聚醚链、羧基、氨基、烯丙基等进行改性，开发一系列新型、多功能、用途广泛的有机硅表面活性剂，推动有机硅表面活性剂的发展，如利用安全、环保的葡萄糖胺作为亲水性基团，通过“绿色”的合成方法制备新型的葡萄糖氨基三硅氧烷表面活性剂（HAG），该有机硅表面活性剂具有优异的表面性能[最小表面张力（γ_{min}）= 19.04mN/m，临界胶束浓度（CMC）= 0.25mmol/L]、降低动态表面张力的能力和生物可降解性，在低浓度（0.87mmol/L）下即可促进水滴在超疏水石蜡膜上的超铺展，具有广阔的应用前景。此外，部分有机硅表面活性剂还可以促进有效成分的渗透、传导，从而提高农药药效和利用率。

除了有机硅表面活性剂，其他类型的表面活性剂也被证实具有促进农药药液润湿、铺展的性能。例如，非离子表面活性剂聚乙二醇辛基苯基醚可有效减小液滴在小麦叶片的接触角，当表面活性剂浓度超过临界胶束浓度（CMC）时，液滴可实现完全润湿而处于Wenzel状态。在氟磺胺草醚和灭草松水剂中添加喷雾助剂十二烷基苯磺酸钠，可降低药液在杂草叶片表面的接触角，增加铺展面积，有利于药效发挥。聚醚类表面活性剂应用于低稀释倍数下的水稻田植保无人机飞防时，可显著降低药液的动态表面张力，改善药液在水稻叶片的润湿和铺展，显著增加有效成分氯虫苯甲酰胺在水稻叶片的沉积量。

五、渗透与传导

农药在作物内的传输和分布是影响药效的重要因素。农药在作物体内长距离输导将有利于增加农药与有害生物的接触机会，降低光降解率和雨水冲刷量。外源化合物在植物表面的穿透和体内的运输是非常复杂的过程，化合物在细胞之间的短距离输导可以通过胞间连丝实现，而长距离传输则要经过维管组织输导，一般认为由浓度产生的渗透压力是长距离传输的动力。农药经过韧皮部传输可到达茎或根的尖端，木质部主要传递水分和矿质元素，农药可随着蒸腾作用从根部传到叶部。

（一）农药吸收和传导行为

农药在施用时，根据在靶标植物作用的部位可分为叶部施药、茎部施药、根部施药和种子处理 4 种方式。内吸性农药施用于作物各部位后首先发生渗透或内吸行为，但由于各器官生理结构的不同，植物对农药的吸收过程存在差异。

（1）吸收　叶片是农药进入植物体内的关键部位。农药进入植物叶片存在亲水性和亲油性两条途径，而亲水性农药和亲油性农药进入植物叶片可能拥有各自的通道。植物叶片表皮含有角质层，是一种膜状疏水性脂类物质。不同种类植物角质层的结构与厚度存在差异，亲油性农药进入叶片组织受到表面角质层的阻隔，会首先扩散到含水非原生质体，然后通过质膜进一步渗透到共质体中；亲水性农药可能通过叶片表皮的气孔或亲水小孔等进入叶片内部，进而分布在细胞质或细胞间隙内。

树木茎部施药后，药剂首先穿透树皮的死亡组织和茎干的周皮，随后进入木质部和韧皮部中进行传导分布，但由于植株茎部表皮的角质层较厚，特别是多年生双子叶植物在次生发育过程中表皮形成周皮，其外侧的木栓层可能是药剂进入树体内部的屏障。

植物根系也是农药进入植物体内的重要部位。药液首先被植物根毛吸附，进而被吸收后进入植物内部组织。药液进入木质部导管中传导有共质体和质外体两条途径。共质体途径是指药剂进入根表皮细胞后在共质体内传导至导管；质外体途径是指药剂不进入植物活细胞，而在质外体(细胞壁、细胞间隙)内由外向内扩散直至进入导管，或者被内皮层的凯氏带所阻挡后进入内皮层细胞，经胞间连丝在活细胞之间移动，穿过中柱鞘及中柱内薄壁细胞到达导管。农药被植物根系吸收后进入细胞内是一种被动扩散运输的过程。

（2）传导　根据农药在植物体内的传导形式，可将其分为局部传导、向上传导和双向传导 3 种类型（图 2-19）。局部传导的农药一般施用于植物组织表面，药液可以在同一叶片范围内传导，包括从叶尖到叶柄的横向传导和从叶的正面到背面或方向相反的跨层传导，该类型农药不能随着蒸腾流在整个植物组织内运动，如腐霉利、霜脲氰等。向上传导的农药一般于根部施药，药液被根系吸收后随着蒸腾流在植物木质部内向植物顶端传导至叶部，在此过程中茎部仅起着传输桥梁的作用，并不是最终靶标部位，如三环唑、丙环唑和三氟苯嘧啶等。双向传导是农药可以在植物体内同时进行向上和向下传导，如甲霜灵、螺虫乙酯和氟醚菌酰胺等。采用纳米粒子浸没的纸印迹质谱成像技术揭示了载体介导的改性氯虫苯甲酰胺在植物体内的内吸和传导机制，如图 2-19 所示，改性的氯虫苯甲酰胺经叶面施用后在甘蓝植株中具有双向传导能力，且当韧皮部中氯虫苯甲酰胺浓度累积过高时可传导至木质部，进而通过木质部向叶部迁移。

（二）影响农药吸收传导行为的因素

影响农药在作物中吸收与传导的因素很多，包括：农药自身的理化性质、植物种类和环境因素。明确影响农药内吸和传导行为的因素，对于提升药效发挥效率和减轻农药污染具有指导意义。

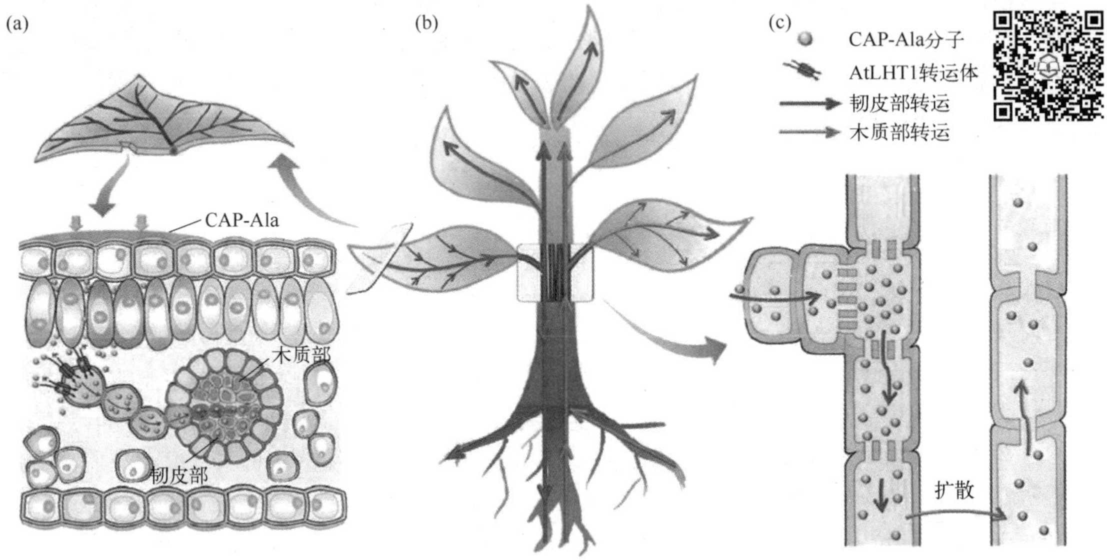

图 2-19 农药在植物体内传导示意

（a）CAP-Ala 从叶片表面通过 ALHT1 转运体向原生韧皮部转运系统的吸收过程；（b）根和叶在内的整个植物系统的传导过程；（c）由木质部和韧皮部系统引起的茎的双向传导过程

（1）农药自身的理化性质　农药自身理化性质的不同是其在植株内吸收传导行为存在差异的主要原因。理化性质主要包括辛醇/水分配系数($\lg K_{ow}$)、水溶性和分子结构。例如，水稻吸收吡虫啉、噻虫嗪和苯醚甲环唑的能力与其 $\lg K_{ow}$ 呈负相关，与离解常数呈正相关。

分子结构也是影响农药内吸传导速率的关键因素之一。主效官能团相同而取代基不同的化合物在植物中的内吸传导各不相同。对芳基吡咯类杀菌剂拌种咯进行弱酸化改造，引入羧酸基团使得原本非内吸性的拌种咯具有韧皮部输导性。同样地，在不具有内吸性的杀菌剂咯菌腈分子中引入羧酸基团显著提升了分子的传导性。手性农药不同异构体间的内吸传导能力具有显著差异，如 2 甲 4 氯丙酸的 2 种异构体在拟南芥植株中的内吸传导行为显著不同，*R* 体的吸收转运速率是 *S* 型的 2.5 倍。(1*R*,8*S*)-环氧虫啶异构体易被青菜根系吸收，(1*R*,8*R*)-环氧虫啶异构体更容易转运到其他部位。不同取代基的有机磷酸酯(OPEs)与根系表面电荷之间的偶极作用也会促进根系对这些化合物的吸附。另外，通过在不具有向下传导能力的农药上偶联一些植物营养物质（如氨基酸或葡萄糖、肽等分子或基团），使其可以通过韧皮部向下传导。例如，将氟虫腈与葡萄糖进行偶联，可使其在蓖麻韧皮部的传导能力显著提高。

（2）植物种类　不同植株生理结构不同，不同植物根部的脂质与蛋白质含量、叶片结构及蒸腾强度等各不相同，导致同一农药在不同种类植物体内的内吸和传导行为存在差异。当农药进入植株茎部后，植物蒸腾强度是影响农药转运的重要因素。在根系，化合物积累量与根蛋白含量呈显著正相关，与根脂含量呈显著负相关。其次，对除草剂表现敏感或抗性的植物在叶片结构上具有一定差异，也会引起植物对药剂的吸收量不同。此外，同种植株在不同生长期对农药在植物体内的内吸和传导行为也有影响。例如，根系发育程度是影响农药内吸传导行为的重要因素，幼龄期根系对农药的吸收能力较弱，成熟期根系吸收能力增强。

（3）环境因素　不同的生长环境也会影响农药在植物体内的内吸和传导。研究不同生长条件对 4 种农药在油菜体内内吸和传导行为的影响，发现农药根系浓度因子（RCF）随温度升高而增大；但温度对蒸腾流浓度因子（TSCF）的影响因农药而异。农药的 RCF 和 TSCF 在短时间内处于高位。

土壤含水量对农药的吸收和转运影响较小或没有影响。植物根系在土壤中只能吸收处于自由溶解态的农药。土壤吸附和土壤微生物可以影响农药在土壤孔隙水中的浓度，也可以影响植物的根部吸收。大部分农药进入土壤后会通过物理化学吸附与土壤颗粒结合，其中有机质是影响土壤吸附的主要因素。例如，土壤性质对黄瓜根系吸收唑菌酯存在影响，其中红土对根系吸收唑菌酯的影响最大。多菌灵和氯氰菊酯等农药的土壤吸附行为与土壤中的有机质含量呈显著正相关。因此，当植株生长在有机质含量较低的土壤中时，根系对农药的吸收量较高。另外，土壤微生物也会一定程度地降解土壤孔隙水中的农药，从而影响植物根部对农药的吸收。

第三节　农药制剂的研究方法与设备

在制剂的加工、测试和分析中，越来越多的现代化设备得到应用。在建立制剂实验室时，应根据需求考虑实验室的级别，同时决定设备的选择。农药制剂实验室主要有以下三个级别:

① 支持一般生产的制剂实验室;

② 制剂研究与开发实验室;

③ 制剂理论与精准研究实验室。

制剂实验室的设备可分为加工设备和评价设备。加工设备包括加工过程中所用到的设备，例如粉碎设备、混合设备、砂磨设备和造粒设备等。评价设备可进一步分为理化评价设备和质量性能评价设备。

一、支持一般生产的制剂实验室

支持一般生产的制剂实验室，通常是为物理测试领域的生产提供支持，包括：评估替代填料或乳化剂的适用性、确定进料原料的质量，以及维持日常生产的质量。实验室是生产系统的集成组件，可减少批次损失，从而提高产量。这类实验室需要具备对粉剂和可湿性粉剂、乳油和水乳剂以及悬浮剂等制剂进行基本质量控制和储存稳定性测试的功能。使用简单的玻璃器皿、秒表和分样筛对粉剂、可湿性粉剂和乳油的性能进行评估，例如，流动性、润湿性、悬浮性和起泡性等测试不需要复杂的设备。用于有效成分含量测定的仪器，例如液相色谱、气相色谱。以上仪器可以基本满足工厂制剂生产、登记的需求。

二、制剂研究与开发实验室

目前，制剂研究与开发实验室需要具备基本的小型制造和加工设备，包括粉碎机、砂磨机和高速剪切乳化机等。此外，黏度计、表面张力仪和液相色谱仪等基本的评价设备也是必需的。

(一) 加工设备

(1) 粉碎设备 通常情况下，需要具备带有可更换筛网的小型锤式粉碎机［图 2-20 (a)］，以及针式粉碎机。如果条件允许，还需要气流粉碎机［图 2-20 (b) ］。锤式和针式粉碎机生产的物料粒径范围为 5～30μm，其中大多数颗粒的粒径在 10～20μm。而气流粉碎机可以使物料粒径降到 2～5μm。

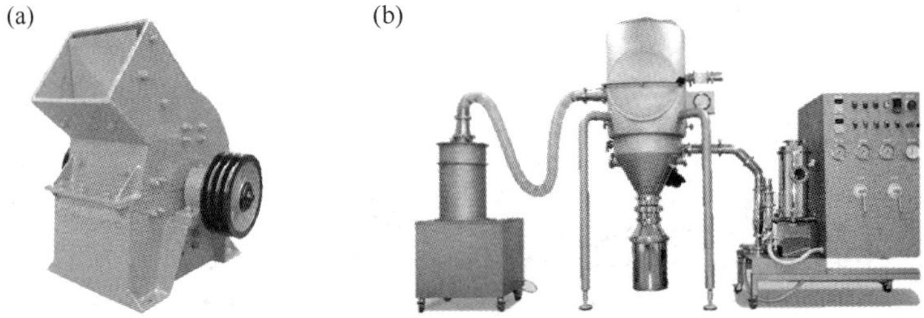

图 2-20 粉碎设备中的小型锤式粉碎机和气流粉碎机

(a) 小型锤式粉碎机；(b) 气流粉碎机

通常使用湿法粉碎的方法制备悬浮剂。搅拌式卧式珠磨机是生产上最常使用的湿法粉碎设备，可以产生较细的颗粒（直径<5μm）和较窄颗粒谱。卧式砂磨机由带有搅拌盘的短水平轴组成，搅拌盘转动从而带动作为研磨介质的珠子进行作业，而珠子沿轴分布在固定室中。如果进行悬浮剂配方研发则需要使用实验室规模的湿法卧式砂磨机（图 2-21）。

(2) 乳化设备 高剪切速率增强了介质对粒度分布和团聚体分离的作用，可以用于制备乳状液。高速剪切设备（图 2-22）可消除研磨过程中夹带的空气和泡沫。处理少量样品可以使用功能类似的微型电动粉碎机。一些高速剪切乳化设备，无须进行中试工厂研究，就可以将实验室过程扩大到生产批次。

图 2-21 卧式砂磨机

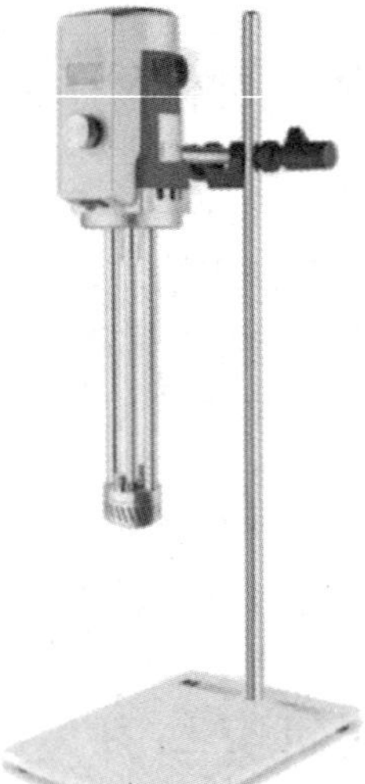

图 2-22 高速剪切乳化机

（3）造粒设备　为了开发颗粒制剂，包括粒剂、水分散粒剂，可以使用滚翻、压实和流化床造粒技术。如果原药是液体，则可采用喷雾干燥凝聚技术。

盘式造粒［图 2-23（a），图 2-23（b）］目前已用于制备许多农药水分散粒剂。这一方法的工作原理是翻滚和造粒，具体流程：农药和助剂的微粉混合物被置于倾斜的旋转盘中，将黏结剂液体以一定数量喷射到粉末上，使粉末球产生颗粒。

挤压法［图 2-23（c）］是压实造粒的典型例子，最先进的机器是双螺杆挤出机，具体流程：用水或黏合剂溶液将细碎的物料捏合，再将挤压物干燥、粉碎至所需尺寸并进行筛选。此外，带有涂布盘、色带搅拌机、挤出机和调色板等附件的设备为农药制剂加工提供了理想的选择。

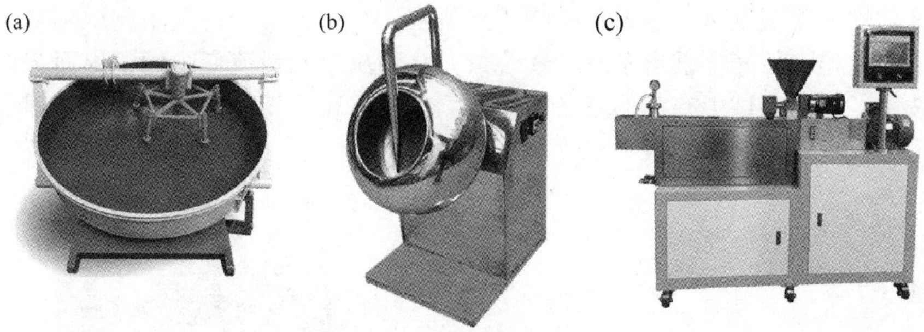

图 2-23　常见造粒设备

（a）圆盘造粒机；（b）荸荠式造粒机；（c）挤压式造粒机

流化床造粒（图 2-24）是一种多用途的造粒技术，是通过将黏合剂溶液喷洒在已被送至流化状态的粉状材料上实现的。流化床造粒的透明的覆盖物，可以用于加工过程中的监控工作。该设备的优点是除了用于成粒和干燥外，还可以在设备中进行浸渍、涂层等操作。

喷雾干燥（图 2-25）也是制备团聚颗粒的一种技术，主要用于奶粉和可溶性咖啡的食品生产。具体流程：将含有或不含有黏合剂的农药溶液或乳状液喷洒到锥形圆筒中，在圆筒中进行热空气循环，喷雾液滴会形成固体颗粒，并在干燥过程中团聚，形成微粒，最后聚集在圆锥体底部并被移除。

图 2-24　流化床造粒机

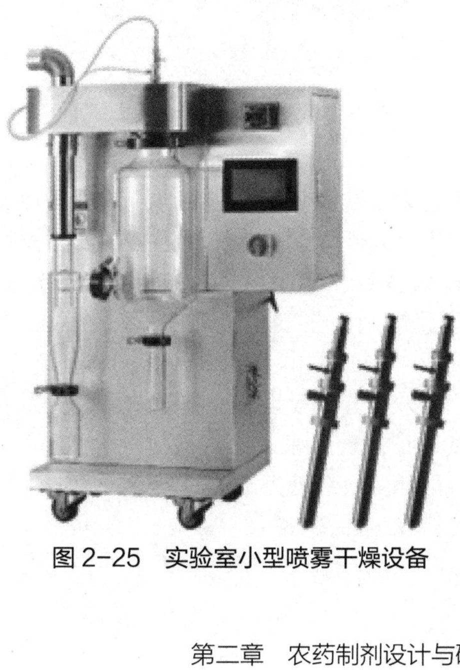

图 2-25　实验室小型喷雾干燥设备

通常流化床和喷雾干燥制得的颗粒不易区分，但它们与挤压和盘式制粒产品存在明显区别。在颗粒剂产品开发阶段，需要具备评估不同制粒技术的各种实验室设备。然而，工艺选择将取决于所需产品的类型和工厂规模制造设备的可用性。所描述的制粒工艺设备也可用于开发缓释和控释制剂，这些制剂采用了相同的加工技术。

（二）评价设备

研究者必须采用多种测试方法来评估加工制剂的物理化学性质，这些方法可分为两类：第一类包括用于关联不同参数的方法，以改善拟调配原药的某些性质。第二类包括用于测试产品是否符合某些质量要求和选择规格限值的方法。

（1）理化性质测试设备　在第一类测试方法中，一系列技术可用于测试制剂开发过程中的物理性质。例如，从光学或电子显微镜观察方法到用于测量流变特性、界面张力、吸附等温线等的技术。以上测试中有用的设备包括生物显微镜和体视显微镜、辅助照相设备、旋转黏度计（图 2-26）和表面张力仪（图 2-27）。

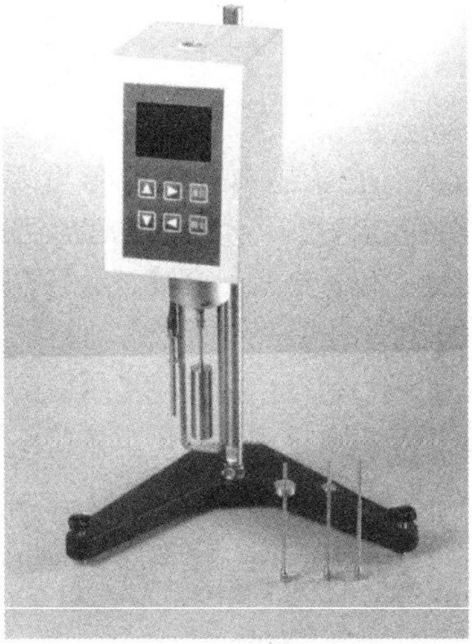

图 2-26　旋转黏度计

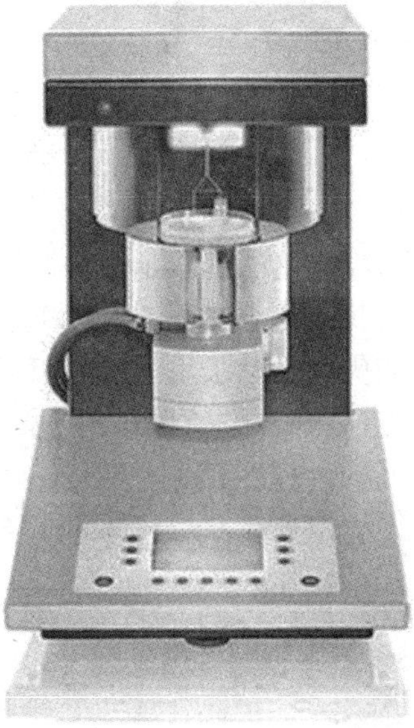

图 2-27　表面张力仪

粒径是大多数固体制剂和悬浮剂的重要性能指标，尺寸通常为 0.1～10μm。尽管可以进行简单的定性判断，但粒度测量通常需要激光粒度仪等复杂的仪器设备。

尽管大多数仪器设备对制剂研发十分重要，但是采购最先进和最灵敏的设备可能会受到预算限制。在工业研究中，人们需要在设备成本和获得的数据质量之间做出权衡决定。

（2）有效成分定量设备　有效成分含量是重要的制剂质量指标，也是生物活性和防治效果的基本保证。一般来说，对有效成分进行定量的仪器设备包括紫外分光光度计［图 2-28（a）］、傅里叶变换红外光谱仪［图 2-28（b）］以及色谱设备，即气相色谱仪［图 2-28（c）］和液相色谱仪［图 2-28（d）］。

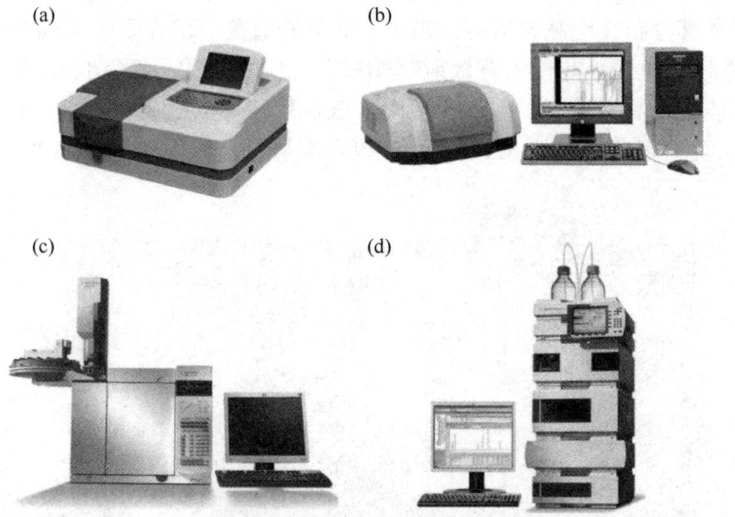

图 2-28　常见的有效成分定量设备

（a）紫外分光光度计；（b）傅里叶变换红外光谱仪；（c）气相色谱仪；（d）液相色谱仪

三、制剂理论与精准研究实验室

制剂理论与精准研究实验室对于制剂的优化和创新更加重要。目前，在制剂加工过程中往往关注产品的理化性质指标，能够满足产品登记要求即可，但是对农药制剂使用时在靶标作物上的润湿铺展性能如表面张力、接触角，以及药液在靶标上的吸收传导性能等方面的研究相对缺乏，药效难以得到保证。另外，农药剂型如微胶囊剂、省力化制剂、多功能种子处理剂、生物农药、飞防专用制剂、纳米制剂等新兴剂型，质量监控体系仍处于摸索阶段，需要明确关键性评价指标，以获得优良的制剂产品。此外，实验室需要针对不同剂型特点补充完善及建立新的标准，增加制剂产品在使用时的界面性能等指标，以促进研发更加高效的农药制剂产品，进一步提高农药利用率，使农药制剂高效化。因此，新的表征方法和质量监控体系使得农药制剂的生产从经验式转变为更加精细化、量化的方式和手段。

制剂理论与精准研究实验室的评价设备通常包括激光粒度仪、表面张力仪、Zeta 电位仪、接触角测定仪等，精准分析设备包括热分析仪、原子吸收分光光度计、傅里叶变换红外光谱仪、核磁共振仪、扫描隧道电子显微镜等。

（一）颗粒粒度分析设备

（1）激光粒度分析仪　马尔文帕纳科 Mastersizer 3000 激光衍射粒度分析仪（图 2-29）可为干法或湿法分散提供快速、便捷的粒径分布测试。该分析仪具有高分辨率和灵敏度，可在 0.01～3500μm 范围内进行粒度测量，体积小巧，性能可靠，实时测量速度高达 10000 次/s，对不规则分布的样品均可达到高测量精度。

（2）纳米粒度电位仪　马尔文帕纳科 Zetasizer Ultra 纳米粒度电位仪（图 2-30）是用于测量颗粒与分子大小、颗粒电荷和颗粒浓度的系统，充分利用 ZS Xplorer 软件的易用性、高分析速度和数据可靠等优势，运用多角度动态光散射技术，提供与角度无关的高分辨率粒度测量，并且能够测量颗粒浓度。用于高分辨率粒度测量且与角度无关的多角动态光散射法（MADLS）可以深入展现样品粒度分布；动态光散射（DLS）用于测量 0.3nm～15μm 的颗粒和分子的粒度及其分布；电泳光散射（ELS）用于测量颗粒和分子的 Zeta 电位，以显示样品稳定性和/或团聚倾向性；非侵入背散射（NIBS）技术显著扩大了动态范围，即使是非常浓缩的样品，也能实现高灵敏度，提供了无损、低容量（最低 3μL）分析，并且粒度上限范围可达到 15μm；具有恒流模式的 M3-PALS 可以在高导电介质中测量 Zeta 电位和电泳迁移率。

图 2-29 马尔文帕纳科 Mastersizer 3000 激光衍射粒度分析仪

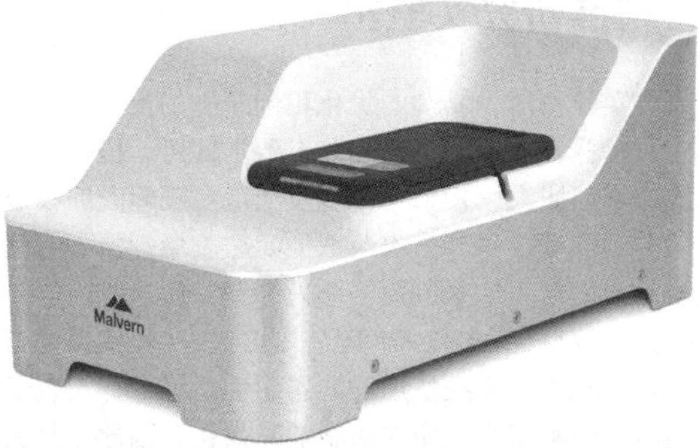

图 2-30 马尔文帕纳科 Zetasizer Ultra 纳米粒度电位仪

（二）成分分析设备

在制剂理论与精准研究实验室，高精确度、低检测线的分析仪器十分重要。如图 2-31 所示，液相色谱质谱联用仪（LC-MS）是分析有机物的先进仪器。基本原理是液相色谱利用有机物在流动相中的分配系数差异将混合样品中的有机物分离，而质谱作为液相色谱的检测器能够对分开的有机物进行定性和定量分析。

超临界流体色谱（SFC）可以分析其他技术难以分离的复杂的高分子量或热不稳定的混合物。SFC 通过结合液体溶解性行为以及气体的扩散和黏度特性，扩大了气相色谱和液相色谱的功能范围。该设备可以与超临界萃取（SFE）耦合，SFE 可以选择性且定量从复杂混合物中快速提取所需组分，以进行后续分析。同时，通过将特殊官能团引入样品当中使其转变为衍生物再进行有效分离与检测即衍生化技术应运而生。利用衍生化技术可对样品的色谱特性进行变更从而对色谱分离效果进行优化，与此同时检测选择性与检测灵敏度也将得到极大程度的优化，另外某些物质在色谱分离过程中无法保持良好的稳定性，因此通过衍生化技术引入基团可让物质的稳定性提升使分离操作顺利进行。

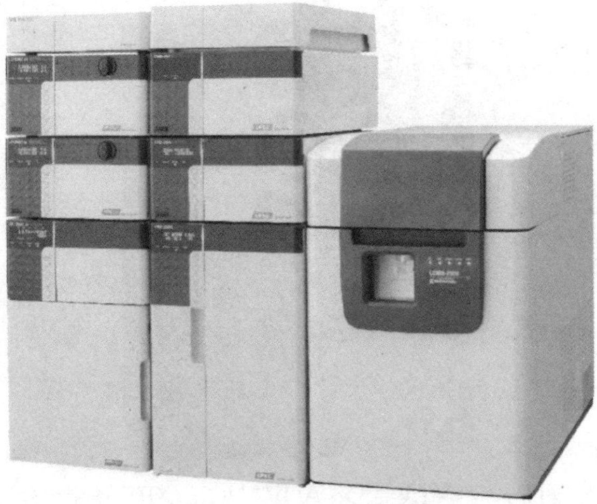

图 2-31　液相色谱质谱联用仪

（三）热稳定性检测设备

图 2-32 是差示量热扫描分析仪，在评估矿物载体作为农药稀释剂的适宜性方面具有重要作用。该仪器可以获得加热活性成分时的热曲线以及具有潜在载体的活性成分混合物的曲线，主要用于评估农药的相变分析如熔点、结晶温度以及热稳定性与反应热分析等。

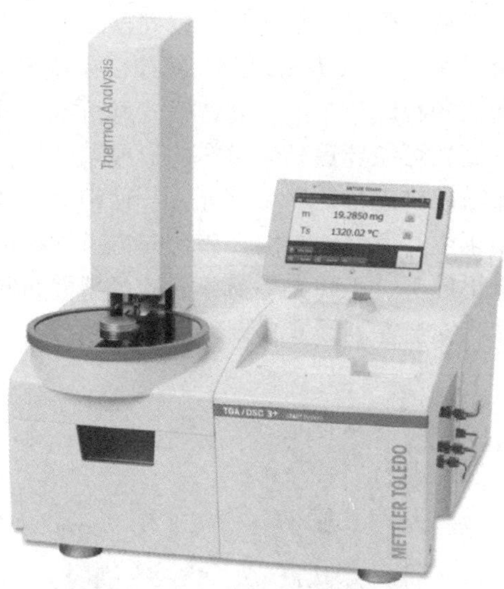

图 2-32　差示量热扫描分析仪

（四）其他设备

X 射线粉末衍射技术是最重要的材料表征工具之一。图 2-33 是布鲁克 D8 ADVANCE（XRD）分析仪，其粉末衍射图中的许多信息直接源于物相的原子排列，几乎不受空气、仪器和样品架散射的影响，显著提高了检测下限，可定量分析少量晶相和非晶相，适用于对黏土、药物、沸石、多孔及其他材料进行精确研究。

图 2-33 布鲁克 D8 ADVANCE (XRD)分析仪

四、制剂加工中试设备

制剂加工的中试设备将在更大范围内有效模拟实验室所获得的研究结果。然而，当用于实验室规模工艺开发的设备在大容量模型中不可用时，或者当大设备的工作原理不同时，情况会变得特别复杂。此时，需要通过改变工艺参数（如温度、时间、进料速率、粒度和回收次数）来重新验证实验室工艺。

许多类型的加工设备（例如粉碎机、混合机、搅拌器和制粒机）都可提供较大型号，适用于中试工厂，图 2-34 展示了喷雾干燥中试设备。例如，在粉碎工艺中，粉碎机类型的选择取决于原料的物理性质和所需的粒度分布。在高速锤式磨机或针式磨机中，其运行过程中产生的热量会使研磨室温度升高，可能导致黏性材料的形成和结块，或者可能导致热敏材料分解，部分问题可以通过气流粉碎机进行处理。此外，一种相对高效的被称为气扫式超细旋涡磨的粉碎机已在欧洲广泛用于生产可湿性粉剂，该粉碎机可以提供比锤式磨机更高的速率来细磨产品，且比喷气式磨机更经济。不同类型粉碎机的可用性为制剂加工提供了灵活性，使用者可以根据功能、经济性和安全性等因素来调整操作。

图 2-34 喷雾干燥中试设备

第四节　新型农药制剂检测技术

乳油、可湿性粉剂、粉剂和粒剂等传统农药剂型配方加工简便，通常通过外观观察，以及对乳液稳定性和悬浮率等质量控制指标测定即可初步判断配方稳定性。近年来，随着悬浮剂和水乳剂等水基化剂型的推广使用以及新型纳米缓控释剂型的出现，单纯依靠现有的质量控制指标已经无法准确判断和预测制剂的稳定性和货架寿命，需要借助于材料、医药和食品领域重要的表征手段和检测技术。

一、药液理化性质检测

制剂药效的充分发挥与药液的理化性质密切相关，而药液的理化性能通常受到配方助剂和喷雾助剂的影响，因此，通过表面张力、接触角、干燥度和传导性测试筛选合适的助剂来改善药液的理化性能，对于提高农药的有效利用率至关重要。在农药使用过程中，需要重点检测的药液理化性能包括表面张力、接触角、保湿性能和传导性能等。

（1）表面张力测试　表面张力（surface tension）是由于液体表面分子受到液体内部分子的作用力远大于另一侧气体分子的作用力，因而液体表面分子有自动向液体内部迁移的趋势，从而产生的使液体表面尽可能缩小的力。不同液体的表面张力大小不同，无机液体的表面张力通常大于有机液体的表面张力。同一液体在不同条件下的表面张力也不尽相同，受物质本身性质和温度影响较大。在农药使用过程中，制剂需要兑水形成不同浓度的药液，而不同药液的表面张力不同，对防治效果具有显著影响。添加一定量的表面活性剂可以降低药液的表面张力，有利于液滴在靶标体表面沉积。液体表面张力的测定方法主要包括静态法和动态法两大类，前者又包括毛细管上升法、DuNouy 吊环法、Wilhelmy 吊片法、悬滴法和最大气泡压力法；动态法又包括旋滴法、震荡射流法和悬滴法等。一般来说，动态表面张力下降越快越容易在靶标叶片上润湿，叶片上的接触角也越小。

（2）接触角测试　接触角（contact angle）是指在固、液和气三相交界处，自固-液界面经过液体内部到气-液界面之间的夹角。液体在固体材料表面上的接触角是衡量该液体对材料表面润湿性能的重要参数，可以获得材料表面固-液、固-气界面相互作用的重要信息。在农药使用过程中，测定药液在植物叶片表面或昆虫体表的接触角是判断药液润湿效果的重要依据。接触角越小，润湿效果越好。接触角测试方法主要包括外形图像分析法和称重法等两种。外形图像分析法操作简单，应用最广泛，基本原理是将液滴滴于固体表面，通过显微镜头与相机获得液滴的外形图像，再运用数字图像处理和数学模型计算接触角。其中，液滴可被视为球或圆锥的一部分，然后通过测量特定的参数（宽/高）或通过直接拟合来计算得出接触角值。接触角可用于评价雾滴在靶标的润湿、铺展性能。

（3）干燥度仪　药液在离开喷头到达靶标体（作物叶片或昆虫体表）以及沉积后的保湿性能会直接影响农药的防治效果。添加助剂可以显著提高农药的保湿效果，促进农药持续被吸收，从而达到农药减量增效的目的。COATING 动态干燥度分析仪（法国 Formulaction 公司生产）是一台通过扩散波光谱学的方法来检测膜干燥过程的仪器，数据动态干燥度曲线以干燥时间为横坐标、流动性因子为纵坐标。通过对曲线进行分析，可以得到不同种类农药药液的成膜机理和干燥特征时间，通常用于评价添加助剂前后农药药液的动态干燥过程。

（4）荧光显微镜观察　在农药使用过程中，荧光标记载体材料对于跟踪农药在靶标（植物或昆虫）中的沉积、传导以及可视化观察具有重要意义。荧光显微镜（fluorescence microscope）是以紫外线为光源，用以照射被检物体，使之发出荧光，然后在显微镜下观察物体的形状及其所在位置。荧光显微镜的成像原理：首先显微镜的光源能够发出强烈的紫外线，经过激发滤色镜过滤掉部分可见光，然后通过聚光镜将紫外光聚焦于样品，诱发样品中荧光物质发射荧光，最后阻断滤色镜只允许诱发的荧光通过。荧光显微镜通常用于研究物质的吸收、运输，以及化学物质的分布及定位等。如果物质本身不能发荧光，需要使用荧光染料或荧光抗体染色，经紫外线照射也可发出荧光。图 2-35 展示了利用荧光显微镜观察纳米农药在松材线虫体内的分布情况。

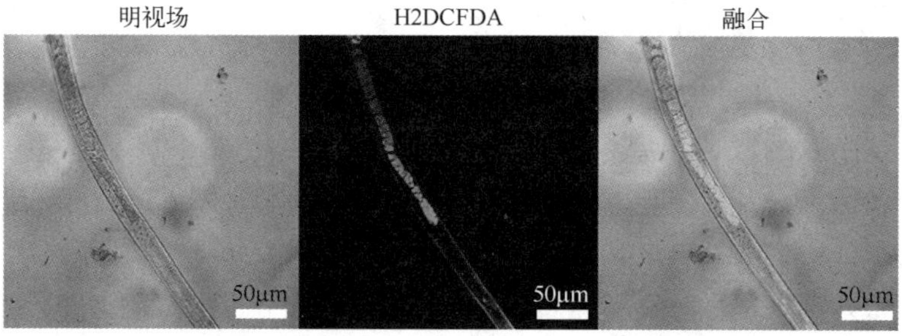

图 2-35　荧光显微镜下纳米农药在松材线虫体内的分布

二、基于分散体系的农药剂型检测

农药悬浮剂、水分散粒剂、悬乳剂以及水乳剂具有高效、低毒和环保等突出优点，已成为可湿性粉剂和乳油等传统农药剂型的主要替代剂型之一。悬浮液和乳状液作为重要的分散体系，是这些剂型加工和应用的基础，然而，由于悬浮液和乳状液属于热力学不稳定体系，在加工和贮存过程中普遍存在着奥氏熟化、粒子聚结变大以及沉降析水等不稳定现象。因此，分散体系稳定性成为影响相关农药剂型货架寿命和使用效果的关键因素。最初人们在研制农药悬浮剂、水乳剂时主要采用制备尝试，冷贮和热贮后测试入水分散性、乳液稳定性、悬浮率等简单的方法评价配方，导致试验效率低，且结果有时不准确，因而严重制约了这些剂型的快速发展。

1．粒径大小及其分布测定

制剂中分散的有效成分粒径影响制剂的药效，粒径越小越容易被靶标生物吸收和利用。因此，了解颗粒粒度和粒度分布是控制制剂理化性能的关键。悬浮剂、水乳剂和悬乳剂由于粒子（液滴）粒径大小不均匀，小粒子（液滴）容易与大粒子（液滴）合并，加速聚结、沉降等不稳定现象的发生。此外，根据斯托克斯公式，粒子（液滴）的沉降速率与其粒径大小有关，即粒径越小，沉降速率越小。此外，奥氏熟化是悬浮液和乳状液体系中经常发生的一种不稳定现象，是指两相间存在一定的溶解度，且大液滴溶解度低于小液滴，从而导致小液滴消失，而大液滴增大的现象。根据 LSW 理论，发生奥氏熟化时粒子（液滴）平均粒径的三次方与时间呈线性关系。由此可见，粒子（液滴）粒径越小，分布越集中，越有利于分散体系的稳定。因此，通过测定体系粒子（液滴）粒径大小及其分布可以判断制剂的稳定性。近年来，一些新的粒度测试方法和仪器应运而生，其中基于动态光散射原理的激光粒度分析仪以其快速、准确、重复性好的突出优点已得到广泛应用，为粒子（液滴）粒径的测定和稳定性评价提供了方便。

通过测定液滴粒径大小及其分布，可研究直接乳化法、反相乳化法和D相乳化法等加工方法对高效氯氟氰菊酯水乳剂的影响。直接乳化法制备的水乳剂液滴粒径较大，反相乳化法和D相乳化法制备的水乳剂液滴粒径相对较小，且D相乳化法制备的水乳剂液滴粒径分布窄。

2．电导率测定

由于水是电的良导体，所以O/W型乳状液比W/O型乳状液的电导率大。随着贮存时间的延长，乳状液内部液滴间相互合并，粒径变大，油水相比例发生改变，出现具有不同导电性质的富水相和富油相，通过测定同一高度处乳状液的电导率，绘制出该高度处电导率随时间变化的曲线，根据所得曲线可预测乳状液的稳定性。此外，利用相转变组分法（PIC法）制备的水乳剂的相行为和利用相转变温度法（PIT法）制备的水乳剂的相转变温度均与体系电导率的变化关系密切，而相行为和相转变温度又会显著影响水乳剂的稳定性，因此，通过电导率测定有助于研究PIC法和PIT法制备的水乳剂的稳定性。

采用电导率法，分别测定了不同时间下，含正己醇和不含正己醇的乳状液（硝基苯-水-十二烷基硫酸钠）中富油相的电导率，提出了增比电导率（κ_r）新概念，给出了 κ_r 随时间 t 的变化率（$d\kappa_r/dt$）与时间的关系曲线，并求得该曲线上的极值点 t_{max} 和（$d\kappa_r/dt$），从而定量判断乳状液的稳定性。

3．Zeta电位测定

在乳状液体系中，由于离子型表面活性剂、蛋白质、聚合物和固体颗粒等乳化剂分子的吸附作用而使得分散相液滴表面带有正电荷或负电荷，通过这些电荷离子的交换作用形成双电层（吸附层和扩散层）。当两个液滴彼此靠近时，扩散层发生重叠，导致从吸附层到递质内部产生电位差，称为Zeta电位，从而提供一定的静电斥力，表现为液滴表面的电动特性。根据经典的DLVO理论：当Zeta电位绝对值较高时，可以削弱或抵消范德华力，避免液滴间因相互靠近而聚结变大，从而提高乳状液的物理稳定性；相反，当Zeta电位绝对值较低时，液滴间斥力减小并逐渐靠近，最终因相互吸引而团聚，从而破坏乳状液的稳定性。因此，Zeta电位绝对值大小在一定程度上反映了乳状液液滴间相互作用力的强弱。但在实际研究中，由于体系组成、乳化剂种类和用量、测试方法等的不同，稳定乳状液液滴所需的Zeta电位绝对值大小也不尽相同，跨度较大（30～80mV），因此，在评价乳状液物理稳定性时需要综合考虑，不能仅以乳状液液滴Zeta电位绝对值的高低作为衡量稳定与否的指标。目前关于Zeta电位的测定方法主要有电泳法、电渗法及流动电位法等，其中以电泳法应用最为广泛。

研究者从表面张力、临界胶束浓度（CMC）和亲水亲油平衡（HLB）值等方面分析了二元复配乳化剂对阿维菌素水乳剂稳定性的影响；从液滴粒径、表面张力和Zeta电位等方面考察了三元复配乳化剂对水乳剂稳定性的影响。结果表明：EL-40与EL-20复配具有较低的表面张力，可制备较稳定的水乳剂；添加乳化剂1601和L64对水乳剂稳定性具有一定的提高作用，而添加乳化剂A（辛基酚聚氧乙烯醚磷酸酯）则可明显提高水乳剂的稳定性，其原因是乳化剂A显著降低了液滴粒径和表面张力，增加了Zeta电位。

通过测定液滴的平均粒径和Zeta电位，研究了体系pH值、乳化温度和电解质离子对以三苯乙烯基苯酚聚氧乙烯醚磷酸酯三乙醇胺盐（SCP）为乳化剂的异丙甲草胺水乳剂稳定性的影响。结果发现：当pH=9时，液滴平均粒径最小，Zeta电位绝对值最大，水乳剂稳定性最好；乳化温度低时，液滴平均粒径较大，Zeta电位绝对值较小，水乳剂稳定性较差；温度较高时，水乳剂稳定性变差；添加电解质离子可使液滴平均粒径增大，Zeta电位绝对值减小，水乳剂稳定性降低。

通过对制备的戊唑醇悬浮剂进行Zeta电位表征，研究了分散剂在农药颗粒表面的吸附状况，以推测原药对分散剂的饱和吸附浓度。如图 2-36 所示，随着农药颗粒表面分散剂吸附的增加，农药颗粒的 Zeta 电位绝对值逐渐增加，当添加分散剂质量分数大于 4%时，Zeta 电位的绝对值略有降低，原因是分散剂吸附达到饱和，过量的分散剂分子以相反方向排列并进入双电层的扩散层。

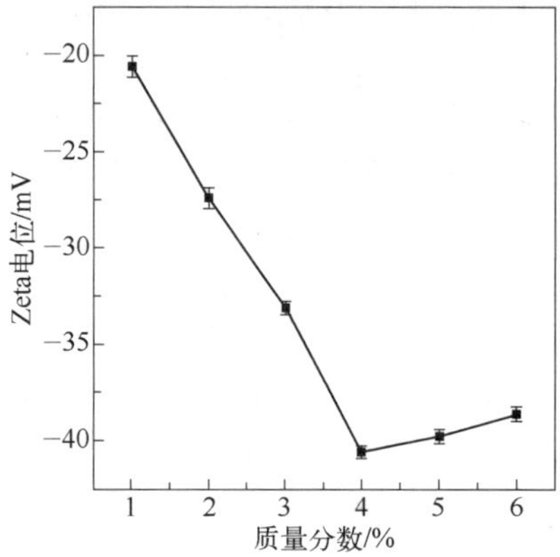

图 2-36　悬浮剂中添加不同分散剂含量后戊唑醇颗粒的 Zeta 电位

4．通过油/水界面张力测定表征乳状液的稳定性

乳状液是由互不相溶的两相形成的分散体系，因而会形成极大的弯曲相界面，弯曲界面内外存在压力差，液滴内的压力大于液滴外的压力，其所需做的功既包括因界面积增大而产生的可逆功（W），也包括为克服弯曲界面形变产生的附加压力所做的功（ΔP），分别由式（2-1）和式（2-2）（Laplace 公式）计算而得：

$$W = \gamma_i \Delta A \tag{2-1}$$

$$\Delta P = \gamma\left(1/R_1 + 1/R_2\right) \tag{2-2}$$

式（2-1）中，γ_i 为油/水界面张力；ΔA 为增加的界面面积。式（2-2）中，R_1 和 R_2 是曲面的凹面曲率半径；γ 是表面张力。对于球形液滴，式（2-2）中$\Delta P=2\gamma/R$。

由式（2-1）和式（2-2）可知，界面张力越大，界面积增加越多，体系所需做的可逆功就越大，相界面能越大，而降低体系中油水界面张力将有助于乳化的进行和乳状液的相对稳定。因此，油水界面张力测定成为研究乳状液稳定性的一种重要手段。

5．剪切流变性质测定

乳状液具有流体的一般特征，体系的流变性与内部粒子间的各种相互作用力密切相关，在一定程度上影响着其乳化、絮凝、聚结、沉降、奥氏熟化以及相转变等过程。乳状液的流变性比较复杂，不仅受内相体积分数、乳化剂浓度等因素影响，而且还受温度、剪切条件和时间等的影响。因此，对不同条件下乳状液体系的流变特性进行研究，不论是在理论基础还是应用方面都具有十分重要的意义。流变仪能够直接利用多种流变模型对乳状液样品的流变学数据进行拟合，从而获得相应的流变参数，同时结合体系外观状态和液滴粒度测定等，可以对乳状液的稳定性进行评价。

采用流变学方法研究不同 EO 链长的非离子表面活性剂十二醇乙氧基化物制备的 25%代森锰锌悬浮剂的剪切稀化行为（图 2-37）。添加表面活性剂使得悬浮剂的黏弹性行为从固体状变为凝胶状。表观黏度和弹性模量随着 EO 链长增加而降低。此外，流变学和物理稳定性的测量结果表明，通过添加表面活性剂可降低驱动聚集的界面能，从而使悬浮剂获得稳定。

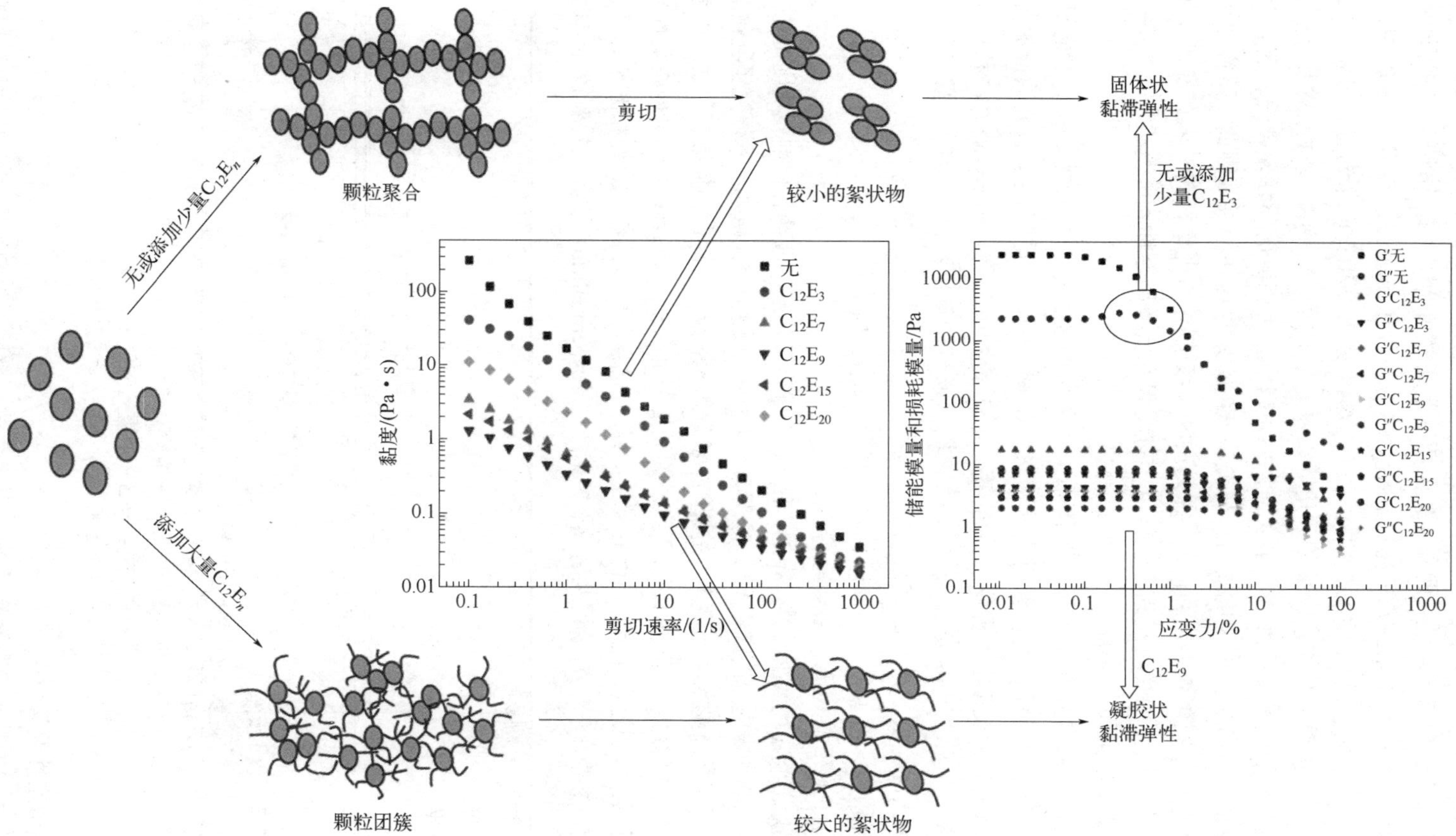

图 2-37 添加表面活性剂后悬浮剂的流变学特性

6．界面扩张流变性质测试

乳化剂分子通过紧密排列在液滴周围形成一定强度的界面膜，阻止小液滴的聚结合并，从而使乳状液保持较高的稳定性，而界面扩张流变学研究可阐明乳化剂所形成的界面膜在外力作用下的流动和形变，所以是研究乳状液稳定性的一种重要手段。在实际应用中，通常采用Langmuir 槽和气泡/液滴扩张两种技术，运用小幅低频振荡和界面张力弛豫分析方法，系统研究不同条件下扩张频率对扩张模量和相角等参数的影响规律，其中相角即黏性部分和弹性部分的比值，是对界面膜黏弹特性的定量表征，相角越小，表示界面膜弹性越强。而界面扩张黏弹性反映了界面膜抵抗扩张形变的能力，与乳状液的稳定性密切相关。因此，研究界面扩张流变学可以加深对界面膜微观结构的认识，深刻反映与液/液界面现象相关的内在规律，有助于了解乳化剂分子在界面上的吸附及其相互作用，对阐明乳状液稳定性和破乳机理均具有重要意义。

7．多重光散射技术表征

由于乳状液通常为乳白色不透明体系，在采用粒径大小及分布测定法、显微镜观察法和分光光度法等进行研究时都需要对乳状液进行稀释，因而严重降低了研究的准确性。法国的Turbiscan Lab 分散稳定性分析仪，能够在不需要稀释和破坏样品的基础上，利用穿透力极强的近红外脉冲光源（λ=880nm）进行垂直扫描，通过测量底部的背散射光强度和顶部的透射光强度，给出沉淀层、浮油层或澄清层厚度随时间变化的关系曲线，快速、准确地分析悬浮液、乳状液和泡沫液等分散体系的乳化、絮凝和沉淀等现象，并可定量分析上述现象发生的速率以及粒子的平均粒径、浓度等特性。

采用测定液滴粒径大小及其分布的方法，研究混合乳化剂中两种乳化剂质量比和乳化剂总质量分数对联苯菊酯纳米乳液液滴平均粒径和跨距的影响，利用多重光散射技术研究了乳化剂质量比和乳化剂总质量分数对纳米乳液稳定性的影响。多重光散射技术的短期扫描结果与动态光散射技术测定的液滴平均粒径随时间变化的结果一致。如图 2-38 所示，Turbiscan Lab 分散稳定性分析仪的稳定性参数可以作为判定水乳剂稳定性的量化指标，其结果与传统热贮稳定性和冻融稳定性试验结果一致，稳定性参数小于 4.0 的 4.5%高效氯氰菊酯（β-cypermethrin）水乳剂具有较好的稳定性。

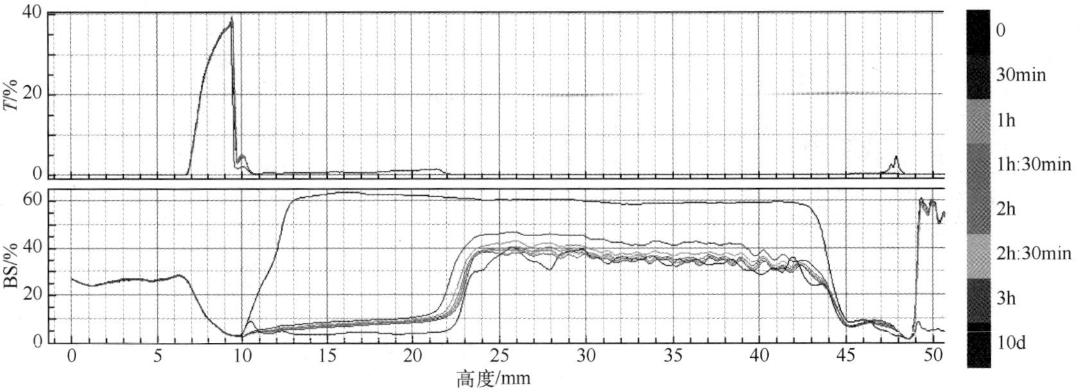

图 2-38　多重光散射曲线图

T 为透射光强度；BS 为背散射光强度

8．热稳定性测试

许多物质在加热或冷却过程中均会发生熔化、凝固、晶型转变、分解、吸附和脱附等物理化学变化，这些变化必将伴随体系焓的改变，因而会产生热效应。差示扫描量热法（differential scanning calorimetry，DSC）是在程序控温条件下，测量输入给样品和参比物的功率差与温度关系的热分析方法，可测定比热容、焓变和结晶速率等多种热力学参数。DSC 曲线则是以样品吸热或放热的速率（即热流量 dQ/dt）为纵坐标，以时间 t 或温度 T 为横坐标绘制而成，其中曲线离开基线的位移代表样品吸热或放热的速率，曲线中的峰或谷所包围的面积则代表热量的变化。峰顶向上为放热峰，向下为吸热峰，峰面积越大，则热效应越大。一般而言，物质的蒸发、分解、还原和相转变等过程表现为吸热，而物质的氧化、结晶和化学吸附等表现为放热。近年来，DSC 法已被广泛应用于农药乳状液稳定性的研究中，均获得了快速、可靠的结果。

利用差示扫描量热法研究了不同乳化剂组合制备的醚菊酯水乳剂的结晶温度，并与液滴粒径及黏度测定相结合，可以为乳化剂筛选以及获得良好的贮存和冻融稳定性提供有效途径。

三、缓控释剂型的检测

纳米缓控释剂型是当前农药剂型的重要发展方向之一，具有保护有效成分免受环境影响、降低对有益生物毒性以及延长持效期的优点。介孔二氧化硅、壳聚糖、海藻酸钠、聚乳酸和金属有机框架物等是当前负载农药的重要材料，在实际载药过程中需要通过相关仪器设备进行表征和检测。

1．SEM 微观形貌观察

扫描电子显微镜（scanning electron microscope, SEM）是一种介于透射电子显微镜和光学显微镜之间的观察手段，广泛应用于观察各种固态物质的表面超微结构的形态和组成，具有样品制备简单，可测样品种类丰富，不损伤和污染原始样品以及可同时获得形貌、结构、成分和结晶学信息等优点。SEM 主要利用聚焦窄的高能电子束来扫描样品，通过光束与物质间的相互作用来激发各种物理信息，并对信息进行收集、放大、再成像以达到对物质微观形貌表征的目的。SEM 的分辨率可以达到 1nm，放大倍数可以达到 30 万倍以上，连续可调，视野大，成像立体效果好。此外，SEM 可以观察微囊在药物释放前后的形貌（图 2-39）。SEM 与其他分析仪器相结合，还可以在观察微观形貌的同时进行物质微区成分分析。

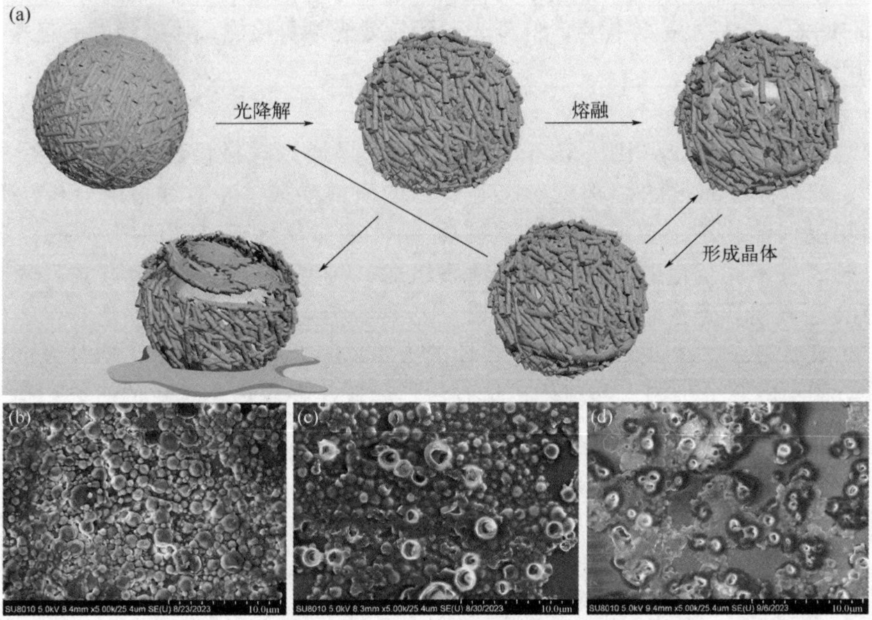

图 2-39　农药微胶囊降解图

（a）为降解示意图，（b）、（c）、（d）分别为微胶囊光照 7、14、21 天后的形貌

2．TEM 微观结构观察

透射电子显微镜（transmission electron microscope，TEM）分辨率比光学显微镜高，可以达到 0.1～0.2nm，放大倍数为几万～百万倍。TEM 可以选择波长更短的光源，在分辨率下观察物质的亚显微或超微结构。TEM 在材料科学、生物学许多科学领域都是重要的分析方法。使用 TEM 不同的模式，可以通过物质的化学特性、晶体方向、电子结构、样品造成的电子相移以及通常的电子吸收对样品成像。

3．红外光谱测试

红外光谱（infrared spectrum，IR）是物质分子选择性吸收某些波长的红外线，而引起分子中振动能级和转动能级跃迁的情况。有机物分子中组成化学键或官能团的原子处于不断振动状态，其振动频率与红外光振动频率相当。所以，通过红外光照射有机物分子时，分子中化学键或官能团可发生振动吸收，不同的化学键或官能团吸收频率不同，在红外光谱上将处于不同位置，从而获得分子中含有何种化学键或官能团的信息。

红外吸收峰的位置与强度反映了分子结构上的特点，可以用来鉴别未知物的结构组成或确定其化学基团；而吸收谱带的吸收强度与化学基团的含量有关，可用于进行定量分析和纯度鉴定。红外光谱对样品的适用性相当广泛，固态、液态或气态样品都能应用，无机、有机、高分子化合物均可检测。此外，红外光谱还具有测试迅速、操作方便、重复性好、灵敏度高、试样用量少和仪器结构简单等特点。红外可检测载体或囊壳的包覆，在缓释剂型中应用较多。

4．拉曼光谱测试

拉曼光谱（Raman spectrum）分析法是基于科学家 Raman 所发现的拉曼散射效应，主要通过分析与入射光频率不同的散射光谱进行分析，从而得到分子振动、转动方面信息，并应用于分子结构研究的一种分析方法，应用范围涉及化学、物理学、生物学和医学等多个领域，对于纯定性分析、高度定量分析和测定分子结构都具有一定价值。拉曼光谱分析方法不需要对样品进行前处理，也不需要样品制备的过程，避免分析过程误差的产生，并且具有操作简便、测定时间短、灵敏度高等优点。红外光谱和拉曼光谱可检测载体或囊壳的包覆，在缓释剂型中应用较多。

5．X 射线衍射仪技术

X 射线衍射仪（X-ray diffraction，XRD）技术是通过对材料进行 X 射线衍射后获得材料成分、内部原子或分子结构或形态等信息的研究手段。X 射线衍射分析法是研究物质的物相和晶体结构的主要方法。当某物质(晶体或非晶体)进行衍射分析时，该物质被 X 射线照射产生不同程度的衍射现象，物质组成、晶型、分子内成键方式、分子的构型和构象等决定该物质产生特有的衍射图谱。X 射线衍射方法具有不损伤样品、无污染、快捷、测量精度高、能得到有关晶体完整性的大量信息等优点。因此，X 射线衍射分析法作为材料结构和成分分析的一种现代科学方法，已逐步在农药学学科的研究和生产中广泛应用。

6．X 射线光电子能谱技术

X 射线光电子能谱（X-ray photoelectron spectroscopy，XPS）的原理是通过 X 射线去辐射样品，使原子或分子的内层电子或价电子激发出来，被光子激发出来的电子称为光电子。通过测量光电子能量，以光电子的动能/束缚能[binding energy，$E_b=h\nu$（光能量）$-E_k$（动能）$-W$（功函数）]为横坐标，相对强度（脉冲/s）为纵坐标可做出光电子能谱图。不同元素同一内壳层电子（如 1s 电子）的结合能各不相同，某原子的给定内壳层电子的结合能还与该原子化学结合状态及其化学环境有关，随着该原子所在分子的不同，该给定内壳层电子的光电子峰会有位移，称为化学位移（chemical shift）。这是由于内壳层电子的结合能除主要取决于原子核电荷外，还受周围价电子的影响。电负性比该原子大的原子趋向于把该原子的价电子拉向近旁，使该原子核同其 1s 电子结合牢固，从而增加结合能。通过考察化学位移，XPS 在化学上成为研究电子结构和高分子结构、链结构分析的有力工具。X 射线光电子能谱技术不但为化学研究提供分子结构和原子价态方面的信息，还能为材料研究提供各种化合物的元素组成和含量、化学状态、分子结构、化学键方面的信息。XPS 是一种高灵敏超微量表面分析技术，可以分析除 H 和 He 以外的所有元素，对所有元素的灵敏度具有相同的数量级，可用于检测吸附剂在原药表面的吸附。

7．氮气吸脱附

通过氮气吸脱附实验可以测定多孔或介孔材料的比表面积、孔体积以及孔径大小，从而有利于填料或载体的选择，以及载药性能的评价。BET 测试法是应用最广泛且测试结果可靠性最强的方法，国内外相关标准都是依据 BET 方程而建立。BET 是三位科学家（S. Brunauer、P. Emmett 和 E. Teller）的首字母缩写，他们在经典统计理论的基础上推导出了多分子层吸附公式，即著名的 BET 方程，成为了颗粒表面吸附科学的理论基础，并被广泛应用于颗粒表面吸附性能研究及相关检测仪器的数据处理中。BET 理论的最大优势是考虑到了由样品吸附能力不同带来的吸附层数之间的差异，这是与以往标样对比法最大的区别。BET 测试法可用于测试负载农药前后载体的比表面积和孔径大小的变化。

8．差示扫描量热技术

差示扫描量热法（differential scanning calorimetry，DSC）是在程序控制温度下，测量物质与参比物之间的能量差随温度变化关系的一种技术，通过研究物质分子结构、聚集态结构和分子运动的变化测定材料的固液相线等。DSC 的基本原理：将存在物相变化的样品与测定温度范围内不发生相变且没有任何热效应产生的参比物，在相同条件下进行等温加热或冷却，当样品发生相变时，在样品和参比物之间会产生温度差。此时，差示热电偶即产生温差电势 $U\Delta T$，经差热放大器放大后送入功率补偿放大器，功率补偿放大器自动调节补偿加热丝的电流，使样品和参比物之间温差趋于零，两者温度始终维持相同。此补偿热量即为样品的热效应，以电功率形式显示于记录仪上。通过 DSC 可以研究药物与辅料之间的相互作用，观察药物的特征吸热或放热峰是否消失或出现峰时的温度是否改变。如果出现新的峰也可以认为是原药与助剂有相互作用的证据。此外，对于一些添加相变材料作为温度响应“开关”的智能响应缓控释制剂，可以通过 DSC 测试其相转变温度，从而确定该制剂适宜的使用场景。

9．热重分析技术

热重分析法（thermogravimetric analysis，TGA）是在规定程序控制变化的温度范围内，测量被分析样品的重量相关量（如质量、固体残留量或残留率等）随温度或时间的变化关系。通过 TGA 曲线不仅可用于分析熔化、蒸发、升华和吸附等物质的物理性质，还可以获得样品的热稳定性、热分解情况及其杂质组成、热分解产物等与质量相联系的信息。TGA 测试具有普适性高、样品消耗少、灵敏、能准确地测量物质的质量变化及变化的速率等特点。如图 2-40 所示，载体的主要分解温度在 550℃左右，原药的主要分解温度在 200～300℃之间，当载体负载农药活性成分之后，其出现两个分解温度，可证明农药被载体成功负载。

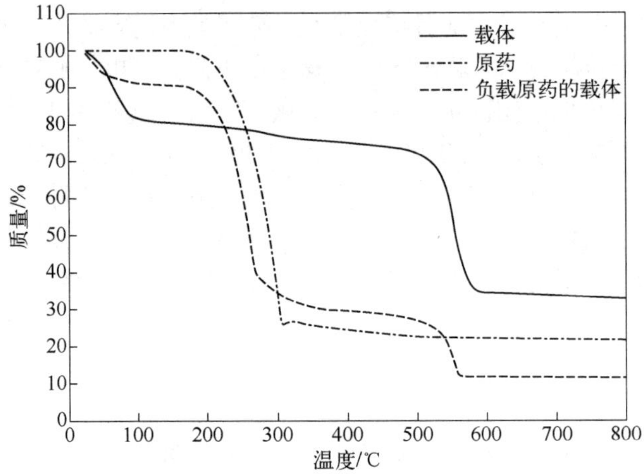

图 2-40　载体、原药和负载原药后载体的 TGA 曲线

四、展望

随着新型仪器设备和先进表征手段的不断涌现，农药制剂的研发与评价正经历从宏观到微观、从模糊到精准的跨越式发展。这种转变不仅显著提升了研发过程的目标性和准确性，还推动了制剂技术朝着更加智能化、自动化的方向转变。同时，现代化的高通量筛选技术使得农药配方的研发能够在更短的时间内实现多样化测试与优化，从而大幅度缩短了研发周期，大大提升了配方的精准度。集成化高效在线监测设备的引入，不仅能够实时监控生产过程中的关键参数，还能实现精准的质量控制和优化调整，从而大幅度提升生产效率和稳定性。结合智能化、信息化检测与评价系统，可以实现自动化的数据采集、分析与反馈，极大地提高了研发与生产的响应速度和准确性。

智能化研发技术和精准评价体系的全面应用，使得农药制剂的性能评估更加科学、全面，为产品的最终应用提供了坚实的基础，使得农药制剂的创新和发展更加快速和精准。

参考文献

[1] 王果, 刘德江, 卢鑫羽, 等. 3 种助剂对 22%氟啶虫胺腈悬浮剂表面张力及雾化分散的影响. 江苏农业科学, 2022, 50(14): 97-103.

[2] 赵铖, 何雄奎, 曾爱军, 等. 离心雾化低容量喷杆喷雾与常量喷雾对比研究. 农药学学报, 2020, 22(05): 884-891.

[3] 高雪晴, 王玎, 李鑫德, 等. 离心雾化喷头结构优化及雾滴沉积特性. 排灌机械工程学报, 2023, 41(07): 749-756.

[4] 宋洋洋, 胡敏英, 桑永英, 等. 喷雾机风幕系统雾滴飘移分析及结构优化. 农机化研究, 2023, 45(04): 35-41.

[5] 芦翔, 靳朝阳, 葛冰, 等. 平面液膜破碎及雾化过程的试验研究. 推进技术, 2022, 43(11): 272-280.

[6] 刘晓慧, 袁亮亮, 石鑫, 等. 植保施药机械喷雾雾滴飘移研究进展. 农药学学报, 2022, 24(02):232-247.

[7] 刘德江, 龚艳, 王果, 等. 离心雾化技术在植保机械领域的发展研究. 中国植保导刊, 2016, 36(12): 58-61.

[8] Zhao X, Cui H X, Wang Y, et al. Development strategies and prospects of nano-based smart pesticide formulation. Journal of Agricultural and Food Chemistry, 2017, 66(26): 6504-6512.
[9] Chen L Q, Wang Y G, Peng X Y, et al. Impact dynamics of aqueous polymer droplets on superhydrophobic surfaces. Macromolecules, 2018, 51(19): 7817-7827.
[10] Li Z L, Zhao K F, Wang Y, et al. Droplet splash and spread on superhydrophobic lotus leaves: Direct regulation by tuning the chain length of surfactant. Colloids and Surfaces A: Physicochemical and Engineering Aspects, 2022, 648: 129178.
[11] Song M, Ju J, Luo S, et al. Controlling liquid splash on superhydrophobic surfaces by a vesicle surfactant. Science Advanced, 2017, 3(3): e1602188.
[12] Zheng L, Cao C, Cao L, et al. Bounce behavior and regulation of pesticide solution droplets on rice leaf surfaces. Journal of Agricultural and Food Chemistry, 2018, 66(44): 11560-11568.
[13] Zhao R, Yu M, Sun Z, et al. Regulating droplet impact and wetting behaviors on hydrophobic leaves using a nonionic surfactant. Journal of Colloid and Interface Science, 2023, 629: 926-937.
[14] Vega E J, Castrejón-Pita A A. Suppressing prompt splash with polymer additives. Experiments in Fluids, 2017, 58: 57.
[15] Luo S, Chen Z, Dong Z, et al. Uniform spread of high-speed drops on superhydrophobic surface by live-oligomeric surfactant jamming. Advanced Materials, 2019, 31: 1904475.
[16] Song M, Hu D, Zheng X, et al. Enhancing droplet deposition on wired and curved superhydrophobic leaves. ACS Nano, 2019, 13(7): 7966-7974.
[17] Liu B, Fan Y, Li H, et al. Control the entire journey of pesticide application on superhydrophobic plant surface by dynamic covalent trimeric surfactant coacervation. Advanced Functional Materials, 2020, DOI.10.1002/adfm. 2006606.
[18] Ma Y, Gao Y X, Zhao K F, et al. Simple, effective, and ecofriendly strategy to inhibit droplet bouncing on hydrophobic weed leaves. ACS Applied Materials & Interfaces, 2020, 12(44): 50126-50134.
[19] Zhao K F, Hu J, Ma Y, et al. Topology-regulated pesticide retention on plant leaves through concave Janus carriers. ACS Sustainable Chemistry & Engineering, 2019, 7(15): 13148-13156.
[20] Cai D Q, Wang L H, Zhang G L, et al. Controlling pesticide loss by natural porous micro/nano composites: straw ash-based biochar and biosilica. ACS Applied Materials & Interfaces, 2013, 5(18): 9212-9216.
[21] Li S H, Huang J Y, Chen Z, et al. A review on special wettability textiles: theoretical models, fabrication technologies and multifunctional applications. Journal of Materials Chemistry A, 2017, 5(1): 31-55.
[22] Li J, Bai Y, Wang W, et al. Green glucamine-based trisiloxane surfactant: surface activity, aggregate behavior, and superspreading on hydrophobic surfaces. ACS Sustainable Chemistry & Engineering, 2019, (7): 4390-4398.
[23] Zhang C, Zhao X, Lei J, et al. The wetting behavior of aqueous surfactant solutions on wheat (*Triticum aestivum*) leaf surfaces. Soft Matter, 2017, 13(2): 503-513.
[24] Zhao R, Sun Z, Bird N, et al. Effects of tank-mix adjuvants on physicochemical properties and dosage delivery at low dilution ratios for unmanned aerial vehicle application in paddy fields. Pest Management Science, 2022, 78: 1582-1593.
[25] 卢泓玮，张宇，王萌，等．农药在植物中内吸传导行为及其研究方法综述．农药，2022, 61(08): 547-553.
[26] 刘婷婷，刘尚可，李北兴，等．农药在植物中的内吸和传导行为与施药技术研究进展．农药学学报，2021, 23(04): 607-616.
[27] Wang L, Gao C, Feng J, et al. Adsorption properties of comb-shaped polycarboxylate dispersant onto different crystal pyraclostrobin particle surfaces. Molecules, 2020, 25(23):5637.
[28] 冯建国，张小军，何羽薇，等．多重光散射技术及其在农药制剂稳定性研究中的应用．农药科学与管理, 2014(12): 56-59.

[29] 周召路. 农药助剂调控雾滴在典型作物上的蒸发、沉积及弹跳行为研究. 北京: 中国农业科学院, 2018.
[30] 宋玉莹, 曹冲, 徐博, 等. 农药雾滴在植物叶面的弹跳行为及调控技术研究进展. 农药学学报, 2019, 21(5): 895-907.
[31] 张晨辉, 马悦, 杜凤沛. 表面活性剂调控农药药液对靶润湿沉积研究进展. 农药学学报, 2019, 21(5): 883-894.
[32] 范添乐, 宋玥颐, 陈小军, 等. 农药内吸性的研究现状与改善策略. 农药学学报, 2020, 22(4): 579-585.
[33] 李晶, 郭亮, 崔海信, 等. 纳米农药在植物中的吸收转运研究进展. 植物学报, 2020(4): 513-528.
[34] 康峰, 吴潇逸, 王亚雄, 等. 农药雾滴沉积特性研究进展与展望. 农业工程学报, 2021, 37(20): 1-14.

第三章
农药助剂

农药是具有生物活性的精细化学品，不同农药原药的理化性质相差甚远，其防治对象、适用作物千差万别，如果想获得有效成分的最佳效力，需要选择适宜的助剂种类和用量。通过添加适宜的助剂，能明显改善药液的润湿、展布、分散、滞留和渗透性能，减少喷雾药液随气流飘移的现象，防止或减轻对邻近敏感作物的损害，从而有利于药液在叶面铺展及黏附，减少紫外光对制剂中有效成分的分解，达到提高生物活性、降低有效成分用量、保护生态环境的目的。

农药助剂是伴随农药行业发展起来的，是农药制剂加工和应用中使用的除有效成分以外的其他辅助物的总称，主要包括配方助剂和喷雾助剂。农药助剂是指本身不具有农药活性，但能够有助于提高或者改善农药产品理化性能的单一组分或者多个组分的物质（水除外）。农药助剂被美国 EPA 视为惰性成分管理，是指有意添加于农药产品中的非活性成分或其他组分，包括乳化剂、溶剂、载体、气体推进剂、气味剂和警戒色等其他物质或混合物。农药助剂在提高农药药效、改善药剂性能、稳定制剂质量等多个方面都起着重要作用。

第一节　农药助剂的分类

助剂在农药制剂中起着重要作用，可将无法直接使用的原药制成可以使用的制剂，并在赋予活性成分最佳效力方面发挥重要作用。助剂本身虽然没有生物活性，但能协助固体或液体原药快速、均匀且稳定地分散在喷雾载体中，保证药液在生物体表面（植物叶面和虫体表面）分布和附着，促进生物体对药剂的吸收，甚至增强药剂在生物体表输导，达到增加农药在植物表面的滞留量、延长滞留时间和提高对植物表皮穿透能力的目的，从而提高农药的生物活性，降低使用量，减轻农药对人体的危害和对环境的污染。另外，所用助剂品种和用量均在很大程度上影响药液雾化和沉积效果。这是由于助剂添加量可以改变药液的表面张力，而表面张力大小又直接影响药液在叶面的接触角，从而直接影响农药在植物体表面尤其叶面的分布、液滴大小和液滴在叶面上的位置以及从作物表面到靶标的转移效率，而且对药剂的叶面渗透作用以及生物活性也存在较大影响。同一种农药原药，不管是杀菌剂、杀虫剂、除草剂，使用不同种类助剂制备的制剂样品，由于助剂作用原理不同，因此，农药功效的发挥也存在很大区别。由助剂本身结构所带来的差异，即使提高浓度也难以补偿。由此可见，充分掌握农用助剂的作用原理，选用适宜助剂制备制剂十分重要。

农药助剂的分类，从广义角度来看，可以根据是否具有表面活性划分为表面活性剂和非表面活性剂两大类。进一步根据助剂的具体功能与作用，则可以细分为填料、乳化剂、分散剂、润湿剂、渗透剂、崩解剂、溶剂、消泡剂、抗冻剂、增稠剂、展着剂、防腐剂等助剂。本节内容将着重从助剂的功能与作用进行详细阐述，旨在帮助读者对农药助剂有更全面的认识。

第二节　非表面活性剂

一、填料

（一）概述

农药填料是指农药剂型加工中用来荷载或稀释原药的惰性物质，其结构特殊，比表面积大，吸附性能强。

填料的理化性能可以明显影响农药固体制剂的使用性能，填料的理化性能主要包括：①硬度；②细度；③吸附容量；④流动性；⑤假密度和堆密度；⑥吸湿性能；⑦电荷，这些均是配方研制时区分和筛选填料的重要依据。填料按照结构和组成可分为无机填料和有机填料，按照来源可分为矿物类惰性物质、植物类惰性物质、人工合成类惰性物质和工业废弃物，其中矿物类惰性物质应用最为广泛，农药填料按照来源分类详见表 3-1。

表 3-1　农药填料按照来源分类表

填料类别		主要代表品种
矿物性惰性物质	硅酸盐类	陶土、凹凸棒土、高岭土、膨润土、活性白土、蛭石、滑石
	碳酸盐类	石灰石、方解石
	硫酸盐类	石膏
	磷酸盐类	磷灰石
	氧化物类	硅藻土 硅砂 海、河砂
	火山玻璃质熔岩类	多孔珍珠岩硅砂 浮石
	煤类	泥煤 褐煤
植物性惰性物质		玉米棒芯、果壳、稻壳、麦麸、木屑等
合成的惰性物质		沉淀碳酸钙、沉淀硅酸钙、白炭黑、硅胶
工业废弃物		高炉矿渣、煤矸石、碎砖粒、碱性木质素

（二）常用填料的特性

填料的主要特性是具有网孔结构或片状结构，比表面积大，对农药具有较强的吸附能力和吸附容量。不同类别填料的理化性能具有很大差异，即使同一类填料由于产地和混入杂质不同，其性能差异也很大。

1．硅藻土

硅藻土是一种硅质岩石，主要分布在中国、美国、日本、丹麦、法国、罗马尼亚等国家。我国吉林省白山市长白朝鲜族自治县、桦甸市，山东省潍坊市临朐县、烟台市、莱州市，浙江省嵊州市，云南省昆明市寻甸回族彝族自治县，四川省攀西地区等地均蕴藏着丰富的硅藻土。开采的硅藻土通常含水量高，需要进一步焙烧、磨细和分级。

(1) 结构和成分　硅藻土是一种生物成因的硅质沉积岩，主要由古代硅藻的硅质遗体组成。单个硅藻由两半个细胞壁(又称荚片)封闭一个活细胞构成。在结构上，硅藻土是由蛋白石状的硅所组成的蜂房状晶格，存在大量微孔，大多数微孔半径为5～80μm，因此，硅藻土的比表面积较大。

硅藻土矿的化学成分可用 $SiO_2 \cdot nH_2O$ 表示，组分中以硅藻土为主，其次是黏土矿(水云母、高岭石)、矿物碎屑(石英、长石、黑云母)以及有机质等。硅藻土主要成分为 SiO_2，纯度一般很高，部分高达90%以上。

(2) 理化性质　硅藻土的物理化学性质随着产地和纯度不同有所变化。

① 颜色。纯净的硅藻土一般呈白色、土状。含杂质时，常被铁的氧化物或有机质污染而呈灰白、灰、绿以至黑色。有机质含量越高，湿度越大，则颜色越深。

② 硬度。大多数质轻、多孔、固结差、易粉碎。硅藻土块的莫氏硬度仅为1～1.5，但硅藻骨骼微粒硬度高达4.5～5.0。

③ 密度和假密度。硅藻土的密度因黏土等杂质的含量而变化，纯净而干燥的硅藻土密度小，为0.4～0.9g/cm^3，能浮于水面，固结硬化后的密度近于2.0g/cm^3，煅烧后可达2.3g/cm^3。干燥块状硅藻土的假密度为0.32～0.64g/cm^3，干燥粉末硅藻土的假密度为0.08～0.25g/cm^3。

④ 折射率。硅藻土的蛋白石质骨骼的折射率变化范围是1.40～1.60，熔融煅烧后可达1.49。一般说来，沉积物的年代越久，折射率越高。

⑤ 熔点。硅藻土的熔点为1400～1650℃。

⑥ 溶解度。硅藻土除可溶于氟氢酸酐外，难溶于其他酸，但易溶于碱。

⑦ 吸附能力。硅藻土具有很多微孔，孔隙率很大，所以对液体的吸附能力很强，一般能吸收等于其自身重量1.5～4.0倍的水。

⑧ 传导性。硅藻土对声、热、电的传导性极差。

(3) 应用及要求　由于硅藻土具有假密度和密度小、微孔多、孔隙率大和吸附能力强等特性，因此可广泛用于加工高含量粉剂，特别适用于将液体农药加工成高含量粉剂，或与吸附容量小的载体配伍作为粉剂或可湿性粉剂的复合载体，以调节制剂的流动性和分散性。

作为农药载体，要求硅藻土纯度高，其中 SiO_2 含量＞75%，Al_2O_3 和 Fe_2O_3 含量＜10%，CaO 和有机质的含量＜4%。

2．凹凸棒石黏土

我国凹凸棒矿床主要分布在江苏的南京市、新沂市、宿迁市，以及安徽明光市、滁州市和天长市境内。

(1) 结构　凹凸棒石黏土是以凹凸棒石矿物为主要组分的黏土，简称凹凸棒土。凹凸棒石具有链状和过渡型结构，由两层硅氧四面体夹一层镁(铝)氧八面体构成一个基本单元，结晶呈针状、纤维状。纯净的凹凸棒石在显微镜下为无色透明、杂乱交织的纤维状集合体，晶体长 2～3μm。

（2）组成　以凹凸棒石为主，其次为蒙脱石、水云母、海泡石、伊利石，以及碳酸盐矿（白云石、方解石）和硅酸盐矿（石英、蛋白石）等。凹凸棒石矿物含量为 10%～97%，典型的化学式为 $Mg_5Si_8O_{20}(OH)_2 \cdot 4H_2O$。

（3）理化性质

① 外观和比表面积。凹凸棒土呈浅灰色、灰白色，具土状或蜡状光泽，干燥环境下性能脆硬，吸水性强，潮湿时具有可塑性。结晶呈针状束，如毛笔头或干草堆一样，表面分布有密集的沟槽，比表面积高达 210m^2/g 以上。在干燥处理时，凹凸棒土的比表面积会发生变化。当温度超过 200℃时，其开放沟槽会逐渐坍塌，比表面积减小。温度在 95～115℃时，其比表面积会从 195m^2/g 急剧降至 128m^2/g。因此，在烘干凹凸棒土时，应注意控制干燥温度。

② 吸附性能。凹凸棒土独特的结构和庞大的比表面积，使其具有极强的吸附能力，甚至能迅速吸收占自身重量 200%的水。脱色能力是衡量凹凸棒土吸附性能的一个重要标准，与凹凸棒土的吸附性能呈正相关。

③ 阳离子交换容量。天然凹凸棒石的阳离子交换容量一般为 20～30mmol/100g(土)，略高于高岭石，是蒙脱石和蛭石的 1/3～1/2。当凹凸棒土粒径减小时，阳离子交换容量略有增加。嘉山地区凹凸棒石可交换钙离子，一般为 2.3～6.4mmol/100g(土)，可交换镁离子为 0.8～13.0mmol/100g(土)，可交换钾离子为 0.5～2.0mmol/100g(土)，可交换钠离子为 0.6～4.4mmol/100g(土)，阳离子交换总量为 13.4～19.9mmol/100g(土)。

④ 膨胀容。1g 凹凸棒土浸水膨胀后的容积称为膨胀容或膨胀倍，其单位以 cm^3/g(土)表示。凹凸棒土的膨胀容一般为 3～8cm^3/g。

⑤ 密度和假密度。凹凸棒土的密度随黏土中杂质含量的变化而变化。纯净而干燥的凹凸棒土密度一般为 2.20g/cm^3。凹凸棒土的假密度与粉碎度有关，一般粉碎至 98%通过 320 目筛的细粉，其松密度约为 0.14g/cm^3，紧密假密度约为 0.19g/cm^3。

⑥ 吸水率和吸油率。凹凸棒土的吸水率一般为 12%～15%。凹凸棒土在 120℃下的干燥脱水速率较硅藻土慢，比硅藻土难以烘干。采用亚麻仁油滴定法测定的凹凸棒土的吸油率一般为 80%～100%。

⑦ pH 值和表面酸度(pK_a值)。凹凸棒土的 pH 值一般为 6.0～8.5。其表面酸度使用 Walling 指示剂法测定，大多数凹凸棒土的 pK_a＜1.8。

⑧ 流动性。98%通过 320 目筛的细粉的坡度角一般为 68°～72°。

⑨ 胶体性能。衡量凹凸棒石胶体性能的主要标准是造浆率。矿物含量大于 90%以上的原土抗盐造浆率在 10.88～22.99m^3/t，加工土造浆率在 14.9～31.6m^3/t。

⑩ 胶质价。黏土与水混合后，加入一定氧化镁，静置 24h 后形成的凝胶层体积称为胶质价，其单位以 cm^2/15g 表示。嘉山地区凹凸棒石黏土胶质价为 38～70cm^2/15g。

⑪ 吸蓝量。凹凸棒土分散在水溶液中吸附次甲基蓝的能力称吸蓝量，其单位以 100g 土吸附次甲基蓝的质量(g)表示。吸蓝量大小与蒙脱石的含量有关，嘉山地区凹凸棒土吸蓝量较小，一般为 3～28g/100g 土。

⑫ 流变性。凹凸棒土的悬浮体与其他非均质材料的悬浮体一样，在任何浓度下都具有触变性，属非牛顿液体，其流动性随着剪切应力的增加而迅速增加。为了达到最佳分散，通常必须使用胶体磨或其他高剪切混合器。

（4）应用及要求　凹凸棒土比表面积大、吸附性能强并具有增稠性，可广泛用于高含量农药粉剂的载体和颗粒剂的基质。特别是液体农药要加工成高含量粉剂或可湿性粉剂时，利用凹凸棒土作载体或者与吸附容量较小的载体配伍作复合载体，用以调节制剂的流动性和分散性更为合适。凹凸棒土的流动性和增稠性，使得其又被广泛用作农药悬浮剂的增稠剂。

用作农药载体，对凹凸棒土的要求为：纯度高，比表面积大，吸附性能强，阳离子交换容量小，水分含量低，FeO 和 Fe_2O_3 含量尽可能低。

3．膨润土

膨润土是一种以蒙脱石为主要组分的黏土岩，是由火山凝灰岩或火山玻璃状熔岩，经自然风化而成，膨润土有许多俗名，如膨土岩、班脱岩、浆土、皂土、观音土等。膨润土并不是纯物质，常含有少量长石、石英、贝来石、方解石等。

我国膨润土资源极其丰富，主要分布在辽宁黑山、浙江临安、山东潍坊、内蒙古兴和、甘肃酒泉、四川仁寿等。

（1）结构　由于膨润土的主要成分是蒙脱石，因此，蒙脱石的结构决定了膨润土的性质和应用。蒙脱石是层状含水的铝硅酸矿物，结构是典型的 2∶1 晶格，即两层硅氧四面体中间夹一层铝(镁)氧(氢氧)八面体而形成一个晶层单元，两个晶层单元堆积在一起构成蒙脱石的单个粒子。

蒙脱石的两个相邻晶层单元之间由氧原子和氧原子相接，无氢键，因此单元晶层之间结合力微弱，水和其他极性分子，如有些有机分子进入单元晶层之间，引起晶格沿 c 轴方向膨胀，因此蒙脱石的单位晶层厚度可以变化。当无层间水时，其晶层厚度为 9.6×10^{-10}m，而有层间水时，晶层厚度最大可以增至 21.4×10^{-10}m。膨润土遇水膨胀的特征，可作为该矿的鉴定特征。

蒙脱石四面体中有≤1/15 的 Si^{4+}被 Al^{3+}置换，八面体中有 1/6～1/3 的 Al^{3+}被 Mg^{2+}置换。由于这些多面体中高价离子被低价离子置换，造成晶层间产生永久负电荷（为 0.25～0.60），依靠在晶层间吸附阳离子以求得电荷平衡。晶层间被吸附的阳离子是可以交换的，类质同象置换使得蒙脱石具有很大的阳离子交换容量，由此产生一系列重要的性质。

根据层间阳离子的不同，可分为钙蒙脱石、钠蒙脱石、铝(氢)蒙脱石及罕见的锂基蒙脱石。我国 90%以上膨润土属钙基土，其次为钠基土，锂基和氢基膨润土（通常称天然漂白土）极为少见，属于过渡类型。

（2）理化性能

① 外观。膨润土为细小鳞片状，具有油脂光泽和滑腻感。颜色系黄色或黄绿色，粉末为纯白色，含杂质多时可呈灰紫、黄褐、褐色等。

② 比表面积大。膨润土比表面积特大，一般为 250～500m^2/g。因此膨润土有较强的吸附能力和较高的吸附容量，部分膨润土能够吸附相当于自身质量 10～30 倍的物质，具有脱色剂作用，Ⅰ级品的脱色率大于 150%，吸蓝量大于 22g/100g(土)。

③ 硬度。莫氏硬度为 2～2.5。

④ 密度。2.0～2.8g/cm^3。

⑤ 阳离子交换容量。阳离子交换容量较大，可达 90mmol/100g(土)。

⑥ pH。膨润土的 pH 值因产地不同而存在差异，一般在 6～10 之间。

⑦ 悬浮性和胶体性能。膨润土能够吸收大量水分子而膨润分裂成极细的粒子，可长时间处于悬浮状态，形成稳定的悬浮液，膨润土胶质价最高可达 90mmol/100g(土)。

（3）应用及要求　膨润土比表面积大，吸附性能强，能在水中吸附大量水分子而膨裂成极细的粒子形成稳定的悬浮液，特别适宜用作农药可湿性粉剂、颗粒剂、水分散粒剂的载体以及悬浮剂的分散剂和增稠剂。大多数有机农药属于极性有机化合物，可利用蒙脱石极大内表面的吸附作用加工成高浓度粉剂。膨润土与吸附容量小的载体配伍用作复合载体，以调节制剂的流动性和分散性。由于膨润土比表面积大，阳离子交换容量大，吸水率高，活性点多，所以配制的有机磷农药粉剂的贮存稳定性差，因此一般不适宜用作低浓度粉剂的载体。

膨润土用作农药载体要求纯度高，含砂量低，吸附性能强，FeO 和 Fe_2O_3 含量低。

4．海泡石

海泡石色浅质轻，能浮于海面上，形似海水泡沫故命名海泡石。海泡石中 Na^+可被 Al^{3+}、Fe^{3+}或 Ni^{3+}等离子交换成类质同晶的铝海泡石、铁海泡石、镍海泡石和多水海泡石等。

（1）结构　海泡石是一种富镁的纤维状黏土矿物，其结构是由平行 *c* 轴的硅氧四方体双链所组成，各个链之间通过氧原子连接。但这种硅氧四面体的排列与一般的层状硅酸盐有所不同，即同一层四面体顶点的氧不是指向一个方向，而是交互的指向相反方向，以形成较大的空间（即具有很大的内表面）。海泡石的结构与凹凸棒石类似，都属链状结构的含水铝镁硅酸盐矿物。在链状结构中也含有 2∶1 层状结构小单元，因此也可称为链状结构的假层状矿物。与凹凸棒土不同的是海泡石单元层与单元层间的孔道不同。海泡石的三维立体键结构和 Si—O—Si 键把细链拉在一起，使其具有一向延长的特殊晶形，故颗粒呈棒状或针状，这些棒状颗粒聚集成团，形成与毛刷或草捆类似的大纤维束，纤维长 100～5000nm。

（2）化学组成　海泡石的理论化学式为 $Mg_8(OH_2)_4[Si_6O_{15}]_2(OH)_4\cdot 8H_2O$，不同产地的海泡石其化学组成有所不同。

（3）理化性能

① 外观。通常为淡白色或灰白色，可略带浅黄、浅红、淡绿、灰黑等色。具丝绢光泽，有时呈蜡状光泽，条痕呈白色，不透明，触感光滑。通常呈致密状、黏土状集合体，分为皮壳状、粉末状。在显微镜下观察呈粒状、纤维状或鳞片状。

② 比表面积和孔隙率。海泡石的比表面积，按其结构模式计算，理论比表面积为 800～900m^2/g，实际上，海泡石原矿比表面积相对较小，如某海泡石原矿比表面积只有 88.3m^2/g，而经提纯的海泡石（含量为 97%）比表面积达到 241.1m^2/g。实际吸附的有效表面积取决于附着物分子渗入内晶道的能力。比表面积和海泡石的纯度有关，提纯前的海泡石孔容积为 0.154mL/g，提纯后的孔容积为 0.385mL/g，说明海泡石纯度增高，孔隙度增大。海泡石较大的表面积和较高孔隙度决定其具有很强的吸附能力、脱色性和分散性。

③ 硬度。莫氏硬度一般在 2～2.5 之间，有时偏高，但不超过 3。

④ 密度。一般在 1～2.2g/cm^3 之间。质地较轻，干燥后能浮于水面，湿时柔软而干后又变坚韧，不易裂开。收缩率低，可塑性好。

⑤ 阳离子交换容量。与其庞大的比表面积相比，海泡石阳离子交换容量偏低。根据离子组成计算得到的离子交换容量约为 26.1mmol/100g(干土)，采用亚甲基蓝吸附法测定，离子交换容量为 25.8mmol/100g(干土)。

⑥ pH。海泡石的 pH 因产地不同而存在差异，一般偏碱。

⑦ 热失重变化。海泡石热失重变化可分四个阶段：第一阶段 30～180℃，失去沸石水(包括吸附水)，失重率为 7.9%～10.9%；第二阶段为 180～370℃，失去 4 个键合水中的 2 个连接较弱的水分子，失重率为 2.4%～3.6%；第三阶段为 370～600℃，失去另 2 个连接较紧的键合水，失重率为 2.7%～3.8%；第四阶段为 600～1000℃，失去结构水，失重率为 2.2%～3.6%。掌握海泡石热失重变化温度对于根据配方中原药稳定性来确定海泡石的干燥温度十分重要。

⑧ 热稳定性。海泡石具有较好的抗温性能。在 400℃以下处理 4h，海泡石的结构稳定；400～800℃之间，过渡为无水海泡石；800℃以上开始转变为顽火辉石和方英石。

⑨ 膨润性。海泡石具有膨润性，以膨胀容、胶质价和膨润值来表示。海泡石由于高剪切力的加工处理，克服纤维间的范德华力和晶胞间的静电力，拆散成堆纤维束，保持疏松的网格结构，吸附介质水分。因此，海泡石的膨润性不是吸水层间膨胀和电性分离悬浮，而主要是结构分散，使水分子进入网格间隙，由自由状态转入不流动状态，强电解质有利于成堆纤维束的分散悬浮，因此，海泡石的抗盐性强。用助剂改良海泡石的亲水性后，海泡石也能在非极性溶剂中形成稳定的悬浮液。

⑩ 表面酸度。天然海泡石的 pK_a 值为 3.20～1.52，即表面酸度低，对农药催化分解作用较弱。

（4）应用及要求　海泡石因具有较大的比表面积和高孔隙度，所以能吸附液体或低熔点农药，且不会失去自由流动性。因此，海泡石最适宜用于加工高浓度粉剂、可湿性粉剂和颗粒剂的载体。海泡石作载体制成的可湿性粉剂可抗硬水，制成的颗粒剂具有缓释功能。海泡石质轻而能浮于水面的性能，也可被用作水面漂浮粒剂的载体。与凹凸棒土不同，海泡石的阳离子交换容量小、表面活性小，因此，有时也可用作低浓度粉剂的载体。

海泡石用作农药载体的要求是纯度高、含砂量低、表面积和吸附容量大、含水量低、阳离子交换容量小、FeO 和 Fe_2O_3 含量低等。

5．沸石

天然沸石是地壳岩石圈深度小于 7.5km 的近地表部分的标准矿物，是一种常见的铝硅酸盐。沸石通常与膨润土、珍珠岩等伴生，构成复合矿层。

（1）结构　沸石是呈架状结构的多孔性含水铝硅酸盐晶体。沸石骨架结构中的基本单元是由 4 个氧原子和 1 个硅（或铝）原子堆砌而成的硅（铝）氧四面体。硅氧四面体和铝氧四面体再逐级组成单元环、双元环、多元环（结晶多面体），构成三维空间的架状构造沸石晶体。作为次级单位的各种环联合起来即形成沸石的空洞孔道。沸石均有自己特定形状和大小的孔洞和孔道，能吸附或通过不同形状大小的分子，因此，沸石又叫分子筛。

在沸石晶体中，硅为四价，替代的铝为三价，所以铝氧四面体的电荷不平衡，三价铝低于四周氧的电荷，必须由碱金属或碱土金属来补偿。

水充满于沸石的空洞和孔道的内外表面，但不进入结晶晶格，与内部的引力比较弱，当改变外界条件时，水往往可以比较自由地排出或重新吸入，而不破坏沸石晶体结构。

（2）化学组成　沸石的化学式可用如下通式来表示：

$$(Na, K)_x(Mg, Ca, Sr, Ba)_y[Al_{x+2y}Si_{n-(x+2y)}O_{2n}]\cdot mH_2O$$

式中，x 为碱金属离子个数；y 为碱土金属离子个数；n 为铝硅离子个数之和；m 为水分子个数。

由上式可看出，沸石的化学成分由 SiO_2、Al_2O_3、H_2O 和碱金属或碱土金属四个部分构成。SiO_2 和 Al_2O_3 两种成分约占沸石矿物总量 80%。沸石矿物中硅和铝的含量比例不一致，再加上水的含量不同，就构成了不同的沸石矿物。根据硅铝的比值，可将沸石划分为高硅沸石($SiO_2/Al_2O_3>8$)、中硅沸石($SiO_2/Al_2O_3=4\sim8$)和低硅沸石($SiO_2/Al_2O_3<4$)。硅铝的比例大小直接影响沸石的离子交换和耐酸性能。水也是沸石的主要成分之一，含量一般在 10%左右，最低在 2%～6%之间，最高为 13%～15%。但水不参与沸石的骨架组成，仅吸附在沸石晶体的微孔中。受热时，微孔中的水就释放出来，冷却后沸石又能重新吸水。碱金属或碱土金属数量有限，其氧化物一般为 4%～6%，呈离子状态与 SiO_2、Al_2O_3 结合在一起。

（3）理化性质

① 外观。外观因沸石种类不同而有所变化。斜发沸石属斜晶系，颜色为白色、淡黄色，呈板条状、不规则粒状等。显微镜下为无色透明，具明显的负突起，板条状，呈平行消光，干涉色很低，一级暗灰或灰色，具负延长性。不规则粒状则呈波状消光，部分呈蓝灰色、浅棕色等。丝光沸石属斜方晶系，颜色为白色、淡黄色，呈纤维状、毛发状，集合体呈束状、放射粒状、扇状等。显微镜下为无色透明，具明显的负突起，干涉色很低，一级灰或灰白色，负延长，球粒状集合体呈黑十字消光。

② 硬度。硬度因沸石矿的种类和产地而有所变化，莫氏硬度一般为3～4。

③ 密度。2.00～2.20g/cm^3。

④ 吸附性能。天然沸石具有独特的内部结构和晶体化学性质，使其比表面积很大，吸附能力很强。其吸水量是硅胶和氧化铝的4～5倍，对极性农药分子也有很强的吸附能力，并且能缓慢释放。

⑤ 阳离子交换容量。沸石中的钾、钠、钙等阳离子与结晶的格架结合并不紧密，可与其他阳离子进行可逆交换。沸石的阳离子交换容量相对较大，可以达到200～500mmol/100g（沸石）。

⑥ 表面活性。沸石中的硅被铝置换后，出现局部高电场和酸性位置，同时沸石具有较大的孔穴和通道、比表面积和阳离子交换容量，促使沸石对许多反应具有催化活性，能够促使某些反应加速进行。反应生成的新物质可以从沸石内部释放出来，而沸石本身的晶体晶格不受影响。

⑦ pH。pH因沸石矿的种类和产地而有所变化，一般为9～11。

⑧ 耐酸性和热稳定性。沸石具有很强的耐酸性，尤其是丝光沸石，样品在12mol/L盐酸中，在100℃下处理1h，结构不变化。沸石的热稳定性也很好，如丝光沸石在850～900℃以上可以稳定，斜发沸石可以在750℃下持续2～12h保持内部晶体结构不破坏。当温度升高至1250℃，沸石才开始起泡膨胀，变成其他物质。

（4）应用及要求　沸石较大的比表面积和孔洞结构使得其对水分子及某些极性分子具有强烈的吸附能力，吸附后又能缓慢释放。因此，沸石常被用作农药缓释型颗粒剂的载体。沸石具有阳离子交换容量大和高催化活性，限定其只能应用在某些稳定性好的农药配方中。一般说来，沸石不宜作粉剂和可湿性粉剂的载体。作为缓释型颗粒剂的载体，应具有一定强度，耐磨损，水含量尽可能低，保持干燥。

6．高岭土

高岭土的主要成分是高岭石，是世界上分布最广的矿物之一。我国高岭土资源丰富，遍及全国各地，其中江西、安徽、江苏、贵州、浙江、湖南、河北等地产出的高岭土品质良好，尤以江西景德镇、江苏苏州生产的高岭土质量为佳。

（1）结构及组成　高岭土的矿物晶体是由一个硅氧四面体层和一个“氢氧铝石”八面体层结合形成一个晶层单元，也称高岭石层，是典型的1∶1型晶格所构成。在连结面上“氢氧铝石”八面体层中的3个—OH，其中2个—OH的位置被O所代替，使每个Al的周围被4个—OH和2个O包围。八面体空隙中只有2/3位置为Al所占据。高岭土层间无其他阳离子或水分子存在，层间靠氢氧-氢键紧密相连。

高岭石的理论化学式为$Al_4[Si_4O_{10}]\cdot(OH)_8$，各组成的理论含量为：41.2% Al_2O_3，48.0% SiO_2，10.8% H_2O。高岭石中通常含有少量钙、镁、钾、钠等混合物。

（2）理化性质

① 外观。纯净的高岭土为白色，一般由于含有其他矿物而呈深浅不一的黄褐、红等颜色。

② 密度。高岭土的密度在 2.60～2.63g/cm^3 之间。容重随粉碎度的变化而变化，一般为 0.26～0.79g/cm^3。

③ 硬度。莫氏硬度为 2.0～3.5。

④ pH。pH 一般为 5～6。

⑤ 阳离子交换容量。阳离子交换性能差，只能在颗粒边缘处进行。由于晶格边缘断键引起的微量交换，所以阳离子交换容量低。阳离子交换容量随着颗粒粒径减小而增加。

⑥ 比表面积和孔隙率。由于结构比较紧密，比表面积和吸附容量较小，干燥后有吸水性，吸湿后有可塑性，但不膨胀，易搓碎，在水中生成悬浮体。

（3）应用及要求　高岭土的结构决定其比表面积、孔隙率和吸附容量较小，因此，不宜作液体农药或高黏度农药可湿性粉剂或高浓度粉剂的载体，一般用作低浓度或中等浓度粉剂的载体，有时也用作颗粒剂的载体。此外，高岭土价格低廉，而且即使粉粒遇潮结块，但在水中易分散，所以高岭土常作为农药可湿性粉剂的载体，或者与吸附性能强的白炭黑、硅藻土等复配使用。

高岭土作为农药载体要求水分含量、Fe_2O_3 含量低，分散性和流动性好，阳离子交换容量小。

7．滑石

滑石是富镁质超基性岩、白云岩、白云质灰岩经热液蚀变的产物。滑石往往是在上述岩石蛇纹石化后，在晚期较酸性侵入体的热水溶液影响下形成。我国辽宁(海城、盖州)、山东(海阳、莱州)、广西(龙胜)、河北(唐山)、浙江、福建、贵州、山西等地均有丰富的滑石资源。

（1）结构　滑石矿石是由一层晶胞堆砌在另一层晶胞上形成的，即一层氧原子的平面和相邻另一层氧原子平面互相对立，中间无阳离子，因此，结合力很弱，硬度不大，粉碎时容易沿着氧原子平面断裂而形成板状结构的小颗粒。由于晶格电中性，阳离子交换容量很小，水和其他分子仅局限吸附在结晶棱角键的断裂处，吸附容量小。

（2）化学组成　纯滑石的化学组成为 $Mg_3(Si_4O_6)(OH)_2$，各组分的质量分数为：MgO 31.72%，SiO_2 63.12%，H_2O 4.76%。化学成分比较稳定，硅有时被铝或钛替代，有时存在少量的钾、钠、钙。通常含结构水达 4.7%～5.0%。

（3）理化性质

① 外观。白色，也常略带浅黄、灰白、浅绿等颜色。致密块状滑石，呈贝壳状断口，富有滑腻感。晶体常沿打线方向裂开呈六方形或菱形小块。

② 密度。密度为 2.58～2.83g/cm^3。

③ 硬度。莫氏硬度为 1。

④ pH 值。pH 值在 6.0～10.0 之间变化。

⑤ 阳离子交换容量。阳离子交换容量小，一般在 0.5～5.0mmol/100g(土)。

⑥ 吸附性能。滑石吸附容量小，吸水率小。

（4）应用及要求　滑石具有平板状致密结构的表面，无内孔，阳离子交换容量小，吸水率低，表现出化学上的低滑性，所以滑石粉又称惰性粉。滑石主要用作低浓度或中等浓度粉剂的载体，特别是有机磷农药粉剂的载体。滑石粉作为农药载体要求水分含量、Fe_2O_3 含量低，分散性和流动性好，阳离子交换容量小。

8．白炭黑

白炭黑是人工合成的水合二氧化硅，化学式为 $m\mathrm{SiO_2}\cdot n\mathrm{H_2O}$，$SiO_2$ 含量在 85%以上。白炭黑具有与炭黑类似的补强性能，是橡胶工业不可缺少的补强材料。目前，我国 90%以上的白炭黑用于橡胶行业，其中60%用于制鞋业。此外，还用于树脂、涂料、油墨、造纸、制药等领域。近年来，白炭黑用作农药载体的数量迅速增加。

（1）理化性质　白炭黑为白色疏松粉末，粒子极细，质轻，松密度小，比面积和吸附容量大，分散能力强。用作农药载体的白炭黑一般采用沉淀法生产，比表面积一般都在 $200m^2/g$ 以上。

（2）应用及要求　白炭黑比表面积大，吸附能力强，分散性能好，特别适宜于作可湿性粉剂和高含量粉剂的载体。白炭黑用于可湿性粉剂的载体时，能同时改善制剂的润湿性、悬浮性和贮存稳定性。由于白炭黑比其他载体成本高，因此，用于制剂加工时一般与其他载体配伍使用。白炭黑用作农药载体要求纯度高，杂质少，水分低，表面积大，吸附容量大，分散性能好。

9．轻质碳酸钙

轻质碳酸钙是人工制成的碳酸钙，化学式为 $CaCO_3$。与天然碳酸钙相比，人工合成的碳酸钙纯度高，几乎无杂质，质量轻，故名轻质碳酸钙。

（1）理化性质　外观呈白色疏松粉末，含量达到（以 $CaCO_3$ 计）97.0%～100.0%，水分含量一般小于 1%，密度一般为 $2.65g/cm^3$，吸附性能弱，吸水率低，莫氏硬度为 2.4～2.7，通过 325 目筛后残余物小于 1%，pH 值为 8.0～11.0。

（2）应用及要求　我国轻质碳酸钙生产厂家较多，遍及全国，原料易得，价格便宜。产品粒度细，水分含量低，其主要成分为方解石型 $CaCO_3$，无单独 CaO，故活性小，可作农药可湿性粉剂的载体或经改性处理作高含量可溶粉剂的载体。

轻质碳酸钙用作农药载体，要求纯度高、杂质少、水分含量低、颗粒细。

10．淀粉

淀粉由葡萄糖分子聚合而成，属于常见的碳水化合物，通式是 $(C_6H_{10}O_5)_n$，部分水解得到麦芽糖 $(C_{12}H_{22}O_{11})$，完全水解得到葡萄糖 $(C_6H_{12}O_6)$。淀粉分为直链淀粉和支链淀粉两大类。其中，直链淀粉占 20%～26%，具有可溶性，其余为支链淀粉。前者分子中含几百个葡萄糖单元，遇碘呈蓝色，后者分子中含几千个葡萄糖单元，遇碘呈紫红色。淀粉可由玉米、甘薯、小麦和马铃薯等含淀粉的物质提取，淀粉粒的形状（如卵形、球形、不规则形）和大小（直径 1～175μm）因植物来源而异。淀粉不溶于水，只在水中分散，60～70℃时则发生溶胀。淀粉除食用外，工业上用作药物片剂的辅料，常被用作稀释剂、黏合剂、崩解剂。

① 用作稀释剂。稀释剂（或称为填充剂）的主要作用是用来填充片剂的重量或体积，以便于制剂成形和调节含量。玉米淀粉是常用的淀粉稀释剂，性质稳定，不与药物发生反应，价格便宜，吸湿性小且外观色泽好。在实际生产中，常与可压性较好的乳糖、糊精混合使用，避免药片过于松散。

② 用作黏合剂。淀粉受热后形成均匀糊状物（玉米淀粉完全糊化的温度是 77℃）。黏度显著增大，称为淀粉浆，是药剂加工中常用的黏合剂，常用浓度 8%～15%，若物料可压性较差，需适当提高淀粉浆的浓度。

③ 用作崩解剂。干淀粉含水量低于 8%，是一种最为经典的崩解剂，吸水性较强且有一定的膨胀性，较适用于水不溶性或微溶性药物的片剂，但对水溶性药物的崩解作用较差。这是因为水溶性药物遇水溶解产生浓度差，使水不易通过溶液层面进入内部，阻碍了内部淀粉的吸水膨胀。在生产中，一般采用外加法、内加法或内外加法来达到预期的崩解效果。此外，淀粉作为崩解剂可压性差，用量多时又会影响硬度或颗粒流动性。

11．硬脂酸镁

硬脂酸镁又称十八酸镁，其分子式 $Mg(C_{17}H_{35}COO)_2$，密度为 $1.028g/cm^3$，熔点 88.5℃（纯

品）、132℃（工业品）。硬脂酸镁是由氧化镁与固体混合脂肪酸（以硬脂酸为主）化合后精制而成的，工业上主要采取复分解法合成硬脂酸镁，该工艺分两步进行：

$$C_{17}H_{35}COOH+NaOH \rightarrow C_{17}H_{35}COONa+H_2O$$

$$2C_{17}H_{35}COONa+MgSO_4 \rightarrow (C_{17}H_{35}COO)_2Mg+Na_2SO_4$$

硬脂酸镁是白色或乳白色均匀粉末，比表面积大，吸附作用强，与皮肤接触有滑腻感，无毒、无味，不溶于水和醚，溶于热乙醇，遇强酸分解为硬脂酸及相应的盐。硬脂酸镁分子包括 1 个电荷高度分散的无机核和 2 条线形的长烃链，这些结构决定了其具有疏水性和极强的吸附作用。

硬脂酸镁作为药品（主要是片剂）的辅料，常用作疏水性润滑剂，具有润滑性强、抗黏性好、质量轻、附着性好、易与颗粒混匀、压片后片面光洁美观等特点。硬脂酸镁一般用量为 0.25%～1%，用量过多可延迟片剂中功能成分的溶出。与淀粉混合使用，可使压片顺利，并能在一定程度上改善其疏水性，降低对片剂崩解及功能成分溶出的影响。此外，硬脂酸镁特别适宜油类、浸膏类药物的制粒，制成的颗粒具有很好的流动性和可压性，还可作为液体制剂的助悬剂、增稠剂。

12．微粉硅胶

微粉硅胶，分子式为 $mSiO_2 \cdot nH_2O$，是一种流动性较好的白色粉末状无机化合物，无毒，无味，不燃不爆，不挥发，无腐蚀，颗粒为多孔结构，比表面积大（100～350m^2/g），表面活性大。化学性质稳定，不与酸、碱作用，不溶于水。

微粉硅胶具有良好的流动性和吸湿性，作为药用辅料已被多国药典收载。通常被用作片剂的润滑剂和助流剂，尤其是粉末直接压片，用量一般仅为 0.15%～3%，能够极大地改善物料的流动性，提高松密度，增加硬度。微粉硅胶具有极强的吸附作用，特别适宜于油类和浸膏类等药物的制粒，与 1～2 倍的油混合仍呈粉末，制成的颗粒具有很好的流动性和可压性。由于微粉硅胶的强极性和亲水性，有利于水分透入片剂，可加速片剂的崩解和药物的溶出，用量在 1%以上时，有利于药物吸收。

微粉硅胶是目前发达国家用作药品制剂的一种新型辅料，与传统药用辅料（如糊精、淀粉、硬脂酸镁等）相比，微粉硅胶具有以下显著优点：①成分单一，物化性能稳定，不与有效成分发生反应；②吸水性能优异，加速崩解而不影响制剂赋形；③在进行药物含量分析时，可以单独分离，对常规容量分析和色谱分析甚至离子谱分析均不产生干扰；④在药物体内代谢过程中以原形排出，不被代谢吸收。

13．羟丙基甲基纤维素

羟丙基甲基纤维素，又名羟丙甲纤维素，密度为 0.25～0.70g/cm³（通常在 0.5g/cm^3），相对密度 1.26～1.31。外观为白色粉末，无臭无味，溶于水以及适当比例的乙醇/水，不溶于乙醚、丙酮、无水乙醇，不受 pH 值影响，在冷水中溶胀成澄清或微浊的胶体溶液。羟丙基甲基纤维素选用高度纯净的棉纤维素作为原料，在碱性条件下经专门醚化而制得，安全无毒，可作食品添加剂，对皮肤、黏膜接触无刺激。

羟丙基甲基纤维素具有热凝胶性质，其水溶液加热后形成凝胶析出，冷却后又溶解。溶解度随黏度而变化，黏度越低，溶解度越大。羟丙基甲基纤维素具有增稠能力、保水性、成膜性以及分散性和黏结性等特点。羟丙基甲基纤维素可以作为药片、药粒的成形黏合剂，遇水崩解性较好，添加于杀虫剂和除草剂中，能提高喷雾使用时在靶标上的黏附效果。此外，在石油化工、涂料、化妆品等产品生产中作增稠剂、稳定剂、乳化剂和成膜剂等。

14．交联聚维酮

交联聚维酮，又称为交联聚乙烯基吡咯烷酮，分子式为$(C_6H_9NO)_n$（n 为聚合度），白色或类白色粉末，无臭，有引湿性，pH 5.0～8.0（质量分数1%），密度为$1.22g/cm^3$，几乎不溶于水和常用的有机溶剂。交联聚维酮比表面积大、水合能力强、吸水作用和吸水膨胀能力强，溶胀系数为2.25～2.30。

交联聚维酮无毒，无刺激性，与大多数无机或有机酸类药物相溶，在医药上有广泛的应用，为国际倡导的三大药用新辅料之一。交联聚维酮具有溶胀性，是医药工业中常用的水不溶性崩解剂，直接压片和干法或湿法制粒压片工艺中使用量为2%～5%，片剂硬度大、崩解迅速、溶出率高、稳定性强，且具有良好的再加工性，回收加工时不需要再添加崩解剂。交联聚维酮还可作为片剂、胶囊剂、颗粒剂的干性黏合剂、填充剂和赋形剂，其粒度较小者可以减少压成片剂中片面的斑纹，改善片剂的均匀性。

交联聚维酮的毛细管作用较强，能迅速将水吸收到药片中，内部溶胀压力导致药片瞬间崩解，交联聚维酮的亲水作用以及与药物的络合作用可改善药物释放速度，提高生物利用度。交联聚维酮具有优异的流动性和塑性变形性，这有利于在喷雾、干燥以及湿式造粒过程中产生良好的压缩性。

15．植物类载体

植物类载体包括锯末粉、稻壳、大豆秸粉、烟草粉、胡桃壳粉、甘蔗渣、玉米棒芯、碱性木质素等。目前，农药加工中使用植物类载体较少，但是植物类载体在某些情况下具有特殊作用。例如，使用矿物类载体加工40%二嗪磷可湿性粉剂时很不稳定，50℃贮存14d，分解率高达98.4%，而使用植物载体如胡桃壳粉则能保持药剂的稳定性。防治贮粮害虫的农药如果采用矿物载体则难以在处理后将载体从粮食中分离出来，如2.5%粮虫净粉剂，用稻壳粉或豆秸粉作载体，就很容易在稻谷或小麦加工前通过风力将其分离出来。在农药烟剂和卫生杀虫剂如蚊香加工中，使用锯末粉作载体，还具有助燃效果。

木质素资源丰富，价格便宜，可作可湿性粉剂的载体和缓释剂的基质，并赋予制剂较好的湿润性和悬浮性能，而且木质素对紫外线具有很好的吸收能力，可以作为紫外线的保护剂，增加易光解农药的稳定性。如用木质素/明胶作囊壁材料，制成的氯氰菊酯缓释剂，可使有效成分的光降解率下降50%。用一种低溶解性、高分子量的木质素磺酸盐对莠去津进行包封，使用后可减少莠去津在土壤中淋溶，降低其对地下水的污染。制取糠醛的废渣可作为马拉硫磷的稳定载体，用20%糠醛废渣作载体，与不用糠醛渣的对照试样进行热贮稳定性比较，糠醛废渣对马拉硫磷的稳定效率为66.6%。

总之，植物载体资源丰富，价格便宜，而且具有特殊性能，如果与矿物载体复合使用，对保持农药的稳定性具有重要意义。

二、溶剂

（一）溶剂概述

1．定义

溶剂是一种可以溶解固体、液体、气体等溶质的液体，其中无机溶剂包括水、液氨、液态金属等，有机溶剂包括碳原子的液态有机化合物，通常为惰性，不与溶质发生化学反应。目前，有机溶剂已超过3000种，常用的有几百种，主要用于涂料、日用化工、轻工、医药、农药等领域。

溶解是指一种或多种物质（固体、液体或气体）以分子或离子状态分散在另一种液体中的过程，其中被分散的物质称为溶质，分散介质称为溶剂。

2．溶解度

溶解度是指在一定温度下（气体在一定压力下），一定量溶剂的饱和溶液中所能溶解溶质的量，通常以一份溶质（1g或1mL）溶于若干毫升溶剂来表示。溶解度分类表见表3-2。

表3-2 溶解度分类表

近似溶解度	溶解状态
极易溶解	1g（1mL）溶质溶解于1mL溶剂中
易溶	1g（1mL）溶质溶解于1～<10mL溶剂中
溶解	1g（1mL）溶质溶解于10～<30mL溶剂中
略溶	1g（1mL）溶质溶解于30～<100mL溶剂中
微溶	1g（1mL）溶质溶解于100～<1000mL溶剂中
极微溶解	1g（1mL）溶质溶解于1000～10000mL溶剂中
不溶或几乎不溶	1g（1mL）溶质不能完全溶解于10000mL溶剂中

3．溶解速率

溶解速率是指单位时间内某一溶剂溶解溶质的量，其快慢主要取决于溶剂与溶质间吸引力、固体溶质中结合力的大小以及溶质扩散速率。固体物质的溶解过程包括两个连续的阶段：①溶质分子从固体表面释放进入溶液；②在对流或扩散作用下将溶解的分子从固液界面转移到溶液中。有些固体物质虽然溶解度较大，但是需要较长时间才能达到溶解平衡，溶解速率较小，直接影响该物质的传导。

4．分类

（1）按照极性分类　溶剂按照介电常数 ε 大小可分为非极性(ε=0～5)、中极性(ε=5～30)和极性(ε=30～80)溶剂3类。分子结构对称性、极性基团种类和数量以及分子链长短等均会影响溶剂极性。溶质也可分为极性溶质和非极性溶质。溶解一般符合相似相溶原理，即指极性程度相似的溶质与溶剂可以相溶。对于极性溶剂，溶质和溶剂之间形成氢键的能力对溶解的影响比极性更大。溶解度系数(δ)又称为溶解度参数，其与分子极性也有一定关系，溶解度参数大的物质，其分子极性强，分子间作用力大。溶剂和溶质的溶解度参数越相近，越易相互溶解，符合相似相溶规律。

① 极性溶剂　常用极性溶剂主要包括水、甘油、二甲基亚砜等。水是最常用的强极性溶剂，可溶解电解质和极性化合物，极性溶剂的 ε 比较大，减弱了电解质中带相反电荷的离子间的吸引力。产生“离心-偶极子结合”，使离子溶剂化（或水化）而分散进入溶剂中。而水对有机酸、糖类、醛类、酰胺、低级醇和酮等的溶解，是通过这些物质分子的极性基团与水形成氢键缔合，形成水和离子而溶于水中，即水合作用。极性溶剂可细分为极性质子性溶剂和极性非质子性溶剂两类，代表性的极性质子性溶剂是水、乙醇和乙酸，丙酮则是极性非质子性溶剂。

② 非极性溶剂　常用非极性溶剂主要包括苯、氯仿、乙醚、植物油和液状石蜡等。非极性溶剂的介电常数很低，不能减弱电解质离子的引力，也不能与其他极性分子形成氢键。而非极性溶剂对非极性物质的溶解是由于溶质和溶剂分子间存在范德华力，溶剂分子内部产生的瞬时偶极克服了非极性溶质分子间的内聚力而溶解。

③ 中极性溶剂　乙醇、丙二醇、聚乙二醇、丙酮、酯和卤代烃等具有一定极性，能诱导某些非极性分子产生一定程度的极性而溶解，这类溶剂称为中极性溶剂。中极性溶剂可作为中间溶剂，使极性溶剂和非极性溶剂混溶或增加非极性物质在极性溶剂中的溶解度，例如丙酮能增加乙醚在水中的溶解度。

(2) 按照沸点高低分类　溶剂的沸点是溶剂蒸气压力达到一个大气压时的温度，关系到溶剂的蒸发速度，是重要的物理性质。例如，乙醚、二氯甲烷或丙酮等少量低沸点溶剂，在室温下极易挥发；水、二甲基亚砜等高沸点溶剂则需要较高温度，在气体吹拂或低压的环境下才能快速挥发。溶剂按照沸点高低可分为：①低沸点溶剂，沸点＜100℃；②中沸点溶剂，沸点在 100～150℃；③高沸点溶剂，沸点在 150～250℃。

（二）农药溶剂概述

1．定义

农药溶剂是指农药加工和应用过程中可溶解或稀释农药活性成分的溶剂或其他载体的总称，通常农药溶剂不包括配方用水和其他用水以及液体化肥溶液，也不包括农药分子合成时所需溶剂。农药溶剂主要包括：①真溶剂。可溶解某类活性物质的溶剂，如苯、甲苯、二甲苯等。②助溶剂。在限制的用量内和真溶剂混合使用，可以提供一定程度的溶解能力，一般用量不多，但往往具有特殊作用即专用性。③稀释剂。此类溶剂不能很好地溶解活性成分，也无助溶作用，但在限定用量与真溶剂混合使用，主要起到稀释作用，价格低于真溶剂和助溶剂。

2．主要作用

农药溶剂主要是指有机溶剂，其在农药加工和应用中起着非常重要的作用，不仅有助于提高制剂对昆虫体表和植物表面的覆盖铺展性、黏着性、耐雨水冲刷性等，而且也有助于提高有效成分在靶标生物体上的渗透和转运能力，从而提高药效。有机溶剂因各自的理化性质不同，所起的作用也不尽相同，其基本作用概括如下：①溶解和稀释农药活性组分，调整制剂含量，作为乳化剂或其他助剂的稀释剂和载体。②增强和改善制剂加工性能，如提高流动性，有利于计量、输送、包装和施用。③赋予制剂特殊性能。例如降低对哺乳动物的毒性，减轻可能引起的植物药害，防止或延缓喷雾雾滴的过快蒸发变细，减少飘移和污染，减轻和避免令人不快的臭味，减缓和防止制剂储运中变质，包括有效物分解、分层和沉淀等不良变化。④制备增效的或具有特定性能的液体制剂（增效剂或飞防助剂），增强制剂铺展、润湿和渗透作用，以利于药效发挥。

3．农药溶剂的基本性能要求

农药溶剂因种类不同而具有不同的理化性能和特点，使用时的要求也不尽相同，但是在选用农药溶剂时仍需要考虑以下基本性能：①溶解能力强，农药活性成分在其中的溶解度较高。②与制剂其他组分的相容性好，不分层，不沉淀，低温不析出结晶，不与原药发生化学反应，能形成稳定的乳状液或悬浮液。③挥发性适中，闪点不宜太低，以确保生产、储运和使用的安全。④对人畜毒性低，无刺激性、对植物无药害，对环境安全。⑤质量稳定，价格适中，成本较低。

4．农药溶剂的分类

绝大多数农药溶剂属于工业有机溶剂。按化学结构可以分为烃类、醇类、酯类、酮类、醚类等溶剂。根据其来源又可分为人工合成溶剂和天然溶剂两类。天然溶剂主要来自石油产品和动植物产品，是最常用的一类农药溶剂。近年来，人工合成的农药溶剂愈来愈多，应用也愈来愈广，尤其是在特种农药制剂加工中的比重愈来愈大。此外，还可根据用途将农药溶剂分为常规溶剂和特种溶剂。

（1）常规溶剂　常规溶剂涉及芳烃溶剂和非芳烃溶剂两大类。芳烃溶剂含有苯环，因溶解性优异且供给充足、价格低廉等被广泛用于农药加工，是农药乳油加工的首选溶剂；非芳烃溶剂有链烷烃、脂肪烃、醇类、酮类、植物油以及脂肪族酸或酯等。

常用溶剂品种如下。

① 芳烃类　包括苯、甲苯、二甲苯、萘、烷基萘，各种中、高沸点的芳烃，如重芳烃、柴油芳烃等。使用最多的为二甲苯、甲苯和混合二甲苯。由于毒性和环境问题，该类溶剂被限量使用或逐步禁用。

② 脂肪烃、脂环烃类　包括煤油、白汽油、矿物油、机油、柴油、石蜡液体、重油及异构石蜡油等。主要用于展膜油剂、超低量喷雾油剂、喷雾助剂以及矿物油杀虫剂等的加工。

③ 醇类　包括一元醇如甲醇、乙醇、丙醇、异丙醇、丁醇、异丁醇等，多元醇如丙三醇和乙二醇及脂肪醇等。用作微乳剂、水乳剂等剂型的助溶剂，以及水基化制剂的防冻剂等。

④ 酯类　包括蓖麻油甲酯、乙酸甲酯、油酸甲酯及芳香酸酯类(如邻苯二甲酸酯)等。用于乳油、油剂、油悬浮剂等的载体，也用于喷雾助剂、绿色乳油产品等。

⑤ 酮类　包括环己酮、甲乙酮和丙酮等。

⑥ 醚类　包括单醚如乙二醇醚、丙二醇醚等。

⑦ 植物油类　如菜籽油、棉籽油、豆油、向日葵油和松节油等。

⑧ 卤代烷烃类　如二氯甲烷、三氯甲烷等。

（2）特种溶剂　特种溶剂主要是指具有特殊理化性能，并适用于有特定要求的农药制剂加工的溶剂。它们绝大多数是人工合成的溶剂，主要有酮类和醚类两大类，与常规溶剂无明确的界限。

① 酮类　包括异佛尔酮、吡咯烷酮、*N*-甲基吡咯烷酮、2-吡咯烷酮、环己酮、甲基异丁基酮以及不饱和脂肪酮等。

② 醚类　包括甲基乙二醇醚、乙二醇乙醚、丁基乙二醇醚、石油醚等。

此外，*N*,*N*-二甲基甲酰胺（DMF）、二甲基亚砜、烷基酚、聚乙二醇、聚丙二醇、乙腈、二缩乙二醇、三缩乙二醇、乙氧基乙醇醋酸酯、甲氧基乙醇醋酸酯和丁氧基乙醇醋酸酯、六甲基磷酸叔胺、轻聚丁烯、乙基溶纤剂、萘满、重烷基化物等，以及某些卤代烷，如二氯二氟甲烷、四氯化碳、二氯乙烯、三氯乙烷和氯苯等也常用作农药溶剂。

5．农药溶剂的性能

从《溶剂手册》或相关的手册中可以获得大多数农药溶剂的产品规格和一般的理化性能。表 3-3 为从农药制剂加工和应用技术角度对常见农药溶剂的溶解性、挥发性、黏度、燃烧性、闪点、药害和毒性等性能的比较。

表 3-3　常见农药溶剂理化性能和毒性

溶剂	馏程、沸点/℃	溶解性	蒸气压/kPa	挥发性	闪点（闭杯）/℃	黏度	燃烧性	药害	毒性
混合二甲苯	137～143	好	0.89	高	27～29	低	易燃	低	低
甲苯	110	好	4.89（25℃）	高	4.4	低	易燃	低	低
苯	80.1	好	13.33（25℃）	高	−10～12	低	易燃	低	高
C_9芳烃	150～170	好	—	高	～66	低	易燃	—	低
柴油	—	差	—	中	—	低	易燃	低	低

续表

溶剂	馏程、沸点/℃	溶解性	蒸气压/kPa	挥发性	闪点（闭杯）/℃	黏度	燃烧性	药害	毒性
液体石蜡	350～420	差	—	中	—	中	可燃	低	低
甲醇	—	助溶	13.33（25℃）	高	12	低	易燃	低	高
乙醇	78.5	助溶	5.33（25℃）	高	12	低	易燃	低	无
正丁醇	117.7	—	0.87（20℃）	中	—	低	可燃	低	低
异丁醇	108.3	—	—	—	—	低	可燃	低	低
异戊醇	130	助溶	0.27（20℃）	中	67.8	低	可燃	低	低
仲辛醇	184～185	助溶	0.027（20℃）	中	81.1	低	可燃	低	低
环己醇	161	助溶	0.13（21℃）	中	—	高	可燃	低	低
壬醇	215	中	—	中	—	低	可燃	高	低
乙二醇	197	防冻	0.007（20℃）	低	—	高	可燃	低	低
丙二醇	187.2	防冻	—	低	—	高	可燃	低	低
乙二醇甲醚	124.5	中	0.83（20℃）	低	46.11	低	易燃	低	低
乙二醇乙醚	135	中	0.51（20℃）	低	44.44	低	易燃	低	低
二乙二醇醚	245.8	中	0.13（92℃）	中	23.89	高	可燃	低	低
丙酮	56.2	助溶	—	高	−9.4（开杯）	低	易燃	低	低
环己酮	155.6	好	—	高	44	低	易燃	中	低
异佛尔酮	215.2	好	0.133（38℃）	中	96（开杯）	低	可燃	低	低
甲基环己酮	165.1	好	—	—	—	低	易燃	低	低
DMF	153	助溶	0.49（25℃）	中	—	低	可燃	低	低
DMSO	189	助溶	0.1（30℃）	低	95	低	可燃	—	低
植物油	—	差	—	低	—	高	可燃	无	无

三、崩解剂

崩解剂是在药剂研发领域广泛应用的一种助剂。药剂研发主要在片(粒)剂制备过程中应用，被定义为可使片(粒)剂在水中或其他液体中易于崩解，从而促进药物悬浮释放，以达到较佳稳定性和药效的助剂。

崩解剂在农药制剂开发中主要应用于水分散粒剂和泡腾片剂等具有崩解性的剂型。在水分散粒剂的配方研究中，为了使水分散粒剂的颗粒在水中快速崩解变为可悬浮的细粒，促使有效成分溶出，使制剂有较好的悬浮性和分散性，在制剂中需要加入崩解剂，从而加快水分散粒剂的颗粒在水中崩解，作用机制是机械性的而非化学性的。

崩解剂，其作用是提高颗粒在水中的崩解速度，使其迅速崩解分散至造粒前的微粒状态（5～10μm）。常用的崩解剂有淀粉类，纤维素及其衍生物类，吡咯烷酮类等高分子材料；硫酸铵、硫酸钠、氯化钠、氯化铵等无机盐；气相二氧化硅、硅酸镁铝、有机膨润土、蒙脱土也可以作为崩解剂使用。

下面就常用的崩解剂作介绍：

（一）淀粉类

1．羧甲基淀粉钠

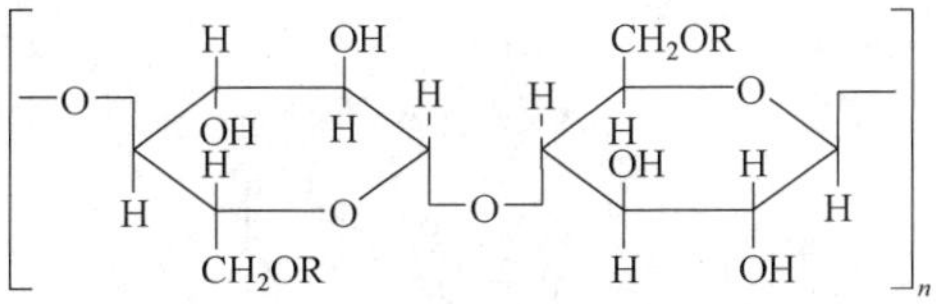

R = —H 或 —CH_2COONa

羧甲基淀粉钠，属于低取代度马铃薯淀粉的衍生物，其结构与羧甲基纤维素类似，是由淀粉在碱性条件下与氯乙酸作用生成的淀粉羧甲基醚的钠盐。为白色或类白色粉末，无臭，无味，在空气中有吸湿性，在常温下溶于水，分散成黏稠状胶体溶液，在乙醇、乙醚中不溶。羧甲基淀粉钠系淀粉的衍生物，主要用作固体制剂的崩解剂。它具有良好的流动性和吸水膨胀性，同时具有可压性，可改善颗粒剂的成形性，增加颗粒的硬度而不影响其崩解性，一般用量为 1%～6%。

2．交联羧甲基淀粉钠

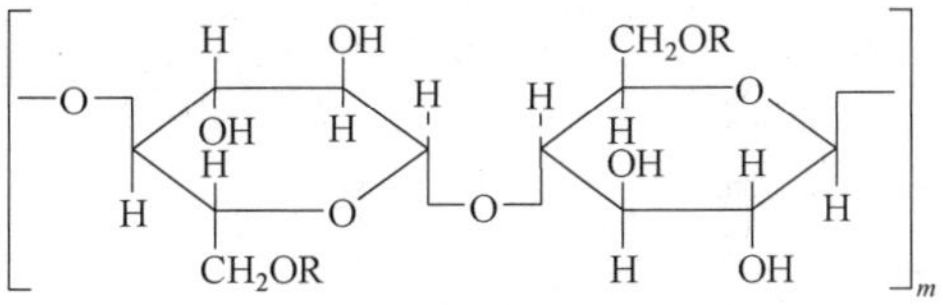

R = —H 或 —CH_2COONa

交联羧甲基淀粉钠结构与羧甲基淀粉钠类似，细微的白色无定形粉末，无臭，无味，易吸潮。溶于冷水形成网络结构的胶体溶液，由于交联键的存在，不溶于水，在水中能吸收数倍量的水膨胀而不溶化。不溶于乙醇、乙醚等有机溶剂。本品在固体制剂中主要用作崩解剂和黏合剂，以及液体制剂的助悬剂，崩解作用优于淀粉和羧甲基纤维素钠，一般用量为 1%～6%。

3．预胶化淀粉

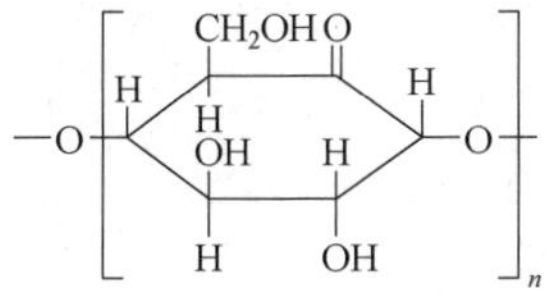

预胶化淀粉，为白色或黄白色粉末，常用作固体制剂的填充剂。其可压性差，吸湿而不潮解，遇水膨胀，是亲水性物质，可增加孔隙率而改善水分散粒剂的透水性，属于最广泛应用的崩解剂。

4．干淀粉

干淀粉是指含水量在 8%～10%之间的淀粉，常用玉米淀粉或马铃薯淀粉，它吸水性较强且有一定的膨胀性，较适用于水不溶性或微溶性物料的片剂；但对易溶性物料的崩解作用较差，这是因为易溶性药物遇水溶解产生浓度差，使片剂外面的水不易通过溶液层而透入片剂的内部，阻碍了片剂内部淀粉的吸水膨胀。干淀粉用量一般为配方总重的5%～20%。作为崩解剂的淀粉在压片加入前应预先干燥，如100℃条件下干燥1 h。淀粉可压性较差，用量较多时会影响片剂的硬度。此外，常用的淀粉类崩解剂还有玉米淀粉（CS）、水溶性淀粉（WSS）、可溶性淀粉（SS）、变性淀粉（MS）、羟丙基淀粉复合物等，一般用量为5%～20%。

（二）纤维素及其衍生物类

1．羧甲基纤维素钠

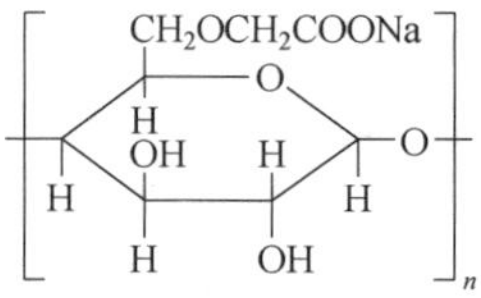

羧甲基纤维素钠，是由天然纤维素与苛性碱及一氯乙酸反应后制得的一种阴离子型纤维素醚。性状为白色或乳白色纤维状粉末或颗粒，几乎无臭、无味，具吸湿性。易于分散在水中成透明胶状溶液，不溶于乙醇等有机溶剂。在碱性溶液中很稳定，遇酸则易水解。一般羧甲基纤维素钠取代度在0.7～1.2时透明度较好，其水溶液黏度在pH值为6～9时最大。因其水溶性在农药固体制剂中可用作黏结剂和崩解剂，用量可为1%～3%。

2．交联羧甲基纤维素钠（CCMC-Na）

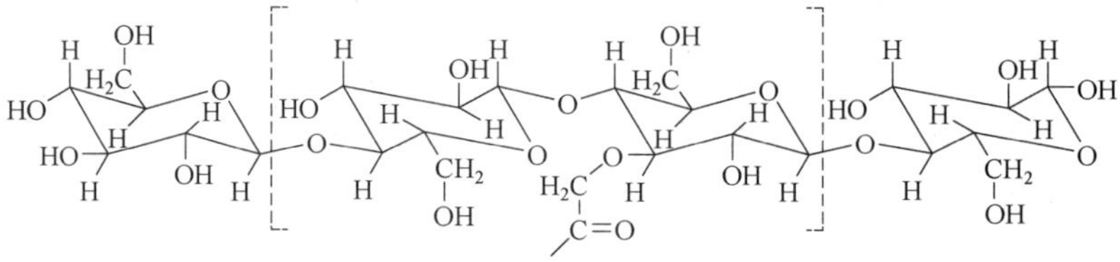

交联羧甲基纤维素钠，为水溶性纤维素醚，外观呈白色细颗粒状粉末，无臭无味；具有吸湿性，吸水膨胀力大；并能形成混悬液，稍具黏性；不溶于乙醇、乙醚等有机溶剂。性能稳定，但遇强氧化剂、强酸和强碱会被氧化和水解。其中70%的羧基为钠盐型，故具有较大的引湿性，由于交联键的存在，不溶于水，在水中能吸收数倍量的水膨胀而不溶化，具有较好的崩解作用和可压性。用于疏水性辅料压制的颗粒剂，崩解作用更好，用量为0.5%～3%。

3．低取代羟丙基纤维素

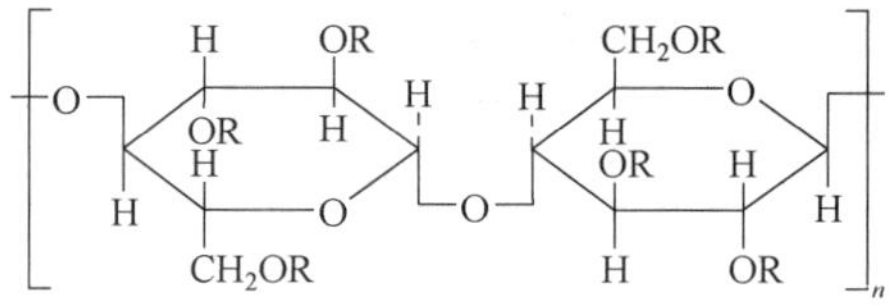

R =—H、—$CH_2CH(OH)CH_3$，n为聚合度

低取代羟丙基纤维素，系低取代2-羟丙基醚纤维素，是一种多孔性的白色不规则颗粒或粉末，具有较大的表面积，在水中不溶但迅速吸水溶胀，外观为白色或类白色粉末，无臭无味。在水中膨胀但不溶解，在甲醇、乙醇、乙醚及丙酮中不溶。由于它的粉末有很大的表面积和孔隙率，加快了吸湿速度，增加了溶胀性。它的孔隙结构与药物颗粒之间有较大的镶嵌作用，从而提高了颗粒剂的硬度和光泽度。对不易成形的药物可促进其成形并能提高硬度，对崩解差的颗粒剂可加速其崩解，从而加快药物的溶出速度，提高生物利用度。用量为2%～5%。

4. 微晶纤维素（MCC）

微晶纤维素，为天然纤维素经水解后的改性纤维素，外观为白色或类白色粉末，无臭无味。本品在水、乙醇、丙酮或甲苯中不溶。可与活性成分相结合，具有黏合性及良好的塑性变形能力，能提高颗粒剂的硬度，又具有促进崩解的作用。用量为 3%～20%。

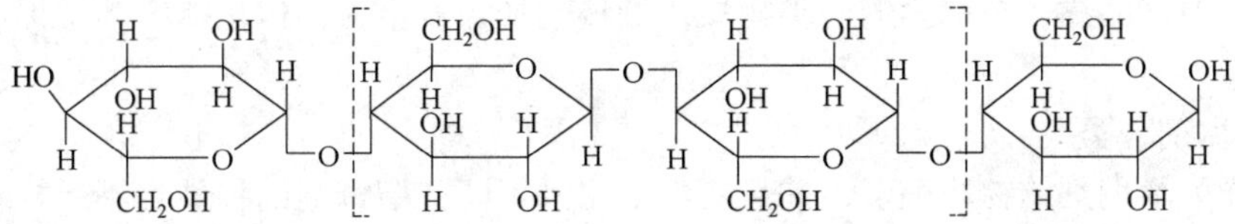

5. 羧甲基纤维素钙

羧甲基纤维素钙是一种具有黏合特性的崩解剂，具有快速吸水膨胀能力。适用于湿法制粒和粉末直压工艺；具有良好的可压性，由于其良好的螯合结构，对于药物具有很好的溶出改善性能。典型用量为 0.5%～5.0%，最高使用量可达 15%。

（三）吡咯烷酮类

1. 聚乙烯基吡咯烷酮（PVP）

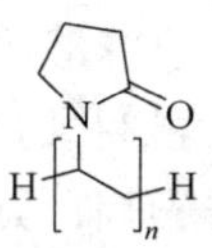

聚乙烯基吡咯烷酮，是由乙烯基吡咯烷酮在过氧化氢的催化下与偶氮二异丁腈作用发生聚合而形成的。性状为无味、无臭的白色粉末。溶于水和许多有机溶剂，如烷烃、醚、酯、酮、氯化烃，水溶液呈酸性。PVP 具有显著的结合能力，可与许多不同的化合物生成络合物。它的增溶作用，用于增加某些基本不溶于水而有药理活性的物质的水溶性；分散作用，可使溶液中的有色物质、悬浮液、乳液分散均匀并保持稳定，也常用作固体制剂的黏结剂和崩解剂。

2. 交联聚乙烯基吡咯烷酮（PVPP）

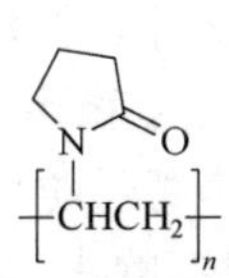

交联聚乙烯基吡咯烷酮，即交联聚维酮，结构与聚乙烯基吡咯烷酮类似，又称交联聚乙烯吡咯烷酮，是乙烯基吡咯烷酮的高分子量交联聚合物。性状为白色或类白色粉末，几乎无臭，有吸湿性，流动性好，不溶于水，在有机溶剂及强酸强碱溶液中均不溶解，但在水中迅速溶胀并且不会出现高黏度的凝胶层，因而其崩解性能十分优越。与其他崩解剂相比，交联聚维酮粒子是由相互熔融的粒子聚集体组成。吸水时可以迅速溶胀，加上强烈的毛细管作用，水能迅速进入颗粒剂颗粒中，促使其膨胀崩解。用量通常为 1%～4%。

四、增稠剂

增稠剂又称黏度调节剂，主要作用是提高农药制剂体系黏度，使体系在一定条件下保持均匀稳定的悬浮状态或乳浊状态，或形成凝胶。增稠剂使用时能快速地提高产品的黏度，其作用机制是利用大分子链结构伸展以达到增稠目的或者与水形成三维网状结构，将水包覆在网状结构中，从而起到增稠作用。具有用量少、时效快和稳定性好等特点，被广泛用于食品、涂料、胶黏剂、化妆品、洗涤剂、印染、石油开采、橡胶、医药等领域。简单地说，增稠剂就是提高配方产品黏度或稠度的一类物质，增稠剂加入量不大，但是能够大幅提高产品的黏度或稠度。

1．增稠剂种类

能够作为增稠剂的物质很多，并且随着应用的不同，增稠剂的种类也不一样。增稠剂按分子量分，有低分子增稠剂和高分子增稠剂；按功能团分，主要有无机盐类、纤维素类、聚丙烯酸酯和缔合型聚氨酯增稠剂 4 类。下面按分子量对增稠剂进行分类。

（1）低分子增稠剂

① 无机盐类增稠剂。用无机盐（如氯化钠、氯化钾、氯化铵、硫酸钠、磷酸钠、磷酸二钠和三磷酸五钠等）来作增稠剂的体系一般是水溶液体系。基本原理是助剂在水溶液中形成胶束，电解质的存在使胶束的缔合数量增加，导致球形胶束向棒状胶束转化，运动阻力增大，从而使体系黏稠度增加。最常用的无机盐增稠剂是氯化钠，增稠效果明显。

② 脂肪醇、脂肪酸类增稠剂。脂肪醇、脂肪酸（如月桂醇、肉豆蔻醇、癸醇、己醇、辛醇、鲸蜡醇、硬脂醇、山嵛醇、月桂酸、亚油酸、亚麻酸、肉豆蔻酸、硬脂酸等）是带极性的有机物，可以把它们看成非离子助剂，它们既有亲油基团，又有亲水基团。少量该类有机物的存在对助剂的表面张力等性质有显著影响，其作用大小是随碳链加长而增大，一般来说呈线性变化关系。

③ 烷醇酰胺类增稠剂。烷醇酰胺能在电解质存在下，进行增稠并且能达到最佳效果。各种不同的烷醇酰胺在性能上有很大差异，最常用的是椰油二乙醇酰胺。在单独使用和复配使用时效果不一样，这类增稠剂的缺点是烷醇酰胺的杂质中有游离胺，是亚硝胺的潜在来源。

④ 醚类增稠剂。这类增稠剂属于非离子增稠剂，一般以脂肪醇聚氧乙烯醚硫酸盐(AES)为主，通常情况下，仅用无机盐即能调成合适的黏度。另外其增稠效果与产物中所含未反应的醇及同系物的分布宽窄有很大关系。同系物的分布愈窄，其增稠效果愈大。

⑤ 酯类增稠剂。这类增稠剂也属于非离子增稠剂，主要用于助剂水溶液体系中。其优点是不容易水解，在宽的 pH 和温度范围内黏度稳定。目前最常用的是 PEG-150 二硬脂酸酯。

⑥ 氧化胺增稠剂。氧化胺是极性的非离子助剂，具有增稠作用。其特征表现为：在中性或碱性条件下，氧化胺在水溶液中以不电离的水化物存在，显示非离子性；在酸性溶液中，它显示弱的阳离子性。当溶液 pH 值＜3 时，氧化胺的阳离子性尤为明显。因此它可以在不同的条件下与阳离子、阴离子、非离子和两性离子等助剂很好配伍并显示协同效应。氧化胺常用作化妆品等的增稠剂。

⑦ 其他增稠剂。少数甜菜碱和皂类也能作增稠剂，皂类可用作棒状化妆品的增稠剂，甜菜碱主要用于助剂水体系中。

（2）高分子增稠剂

① 无机盐类增稠剂。无机增稠剂是一类吸水膨胀而形成触变性的凝胶矿物，主要有膨润土、凹凸棒土、硅酸铝等，其中膨润土最为常用。

② 纤维素类增稠剂。纤维素类增稠剂的使用历史较长，品种也很多，有甲基纤维素、羧甲基纤维素、羟乙基纤维素、羟丙基甲基纤维素等，广泛应用于各种领域。纤维素类增稠剂通过水合膨胀的长链而增稠，其体系表现明显的假塑性流变形态。

③ 聚丙烯酸类增稠剂。聚丙烯酸类增稠剂属阴离子型增稠剂，是目前应用比较广泛的合成增稠剂，尤其在印染方面。一般由三种或更多的单体聚合而成，主单体一般为羧酸类单体，如丙烯酸、马来酸或马来酸酐、甲基丙烯酸等；第二单体一般为丙烯酸酯或苯乙烯；第三单体是具有交联作用的单体，例如*N,N*-亚甲基双丙烯酰胺、双丙烯酸丁二酯或邻苯二甲酸二丙烯酯等。

④ 聚氨酯类增稠剂。聚氨酯全称为聚氨基甲酸酯，是分子结构中含有—NHCOO—单元的高分子化合物。可通过二异氰酸酯和聚乙二醇在封端剂的存在下合成，聚氨酯类增稠剂是近年来新开发的缔合型增稠剂，这种增稠剂是分子量相对较低的水溶性聚氨酯。分子结构中有亲水部分也有亲油部分，呈现出一定的表面活性。

⑤ 天然胶增稠剂。天然胶主要有胶原蛋白类和聚多糖类，但是作为增稠剂的天然胶主要是聚多糖类。

⑥ 聚氧乙烯类增稠剂。一般把分子量＞2.5×10^4的产品称作聚氧乙烯，而＜2.5×10^4的称作聚乙二醇，增稠机理主要与高分子聚合物链有关。聚氧乙烯的水溶液在紫外线、强酸和过渡金属离子（特别是Fe^{3+}、Cr^{3+}和Ni^{2+}）作用下会自动氧化降解，失去其黏度。

⑦ 其他增稠剂。PVM/MA癸二烯交联聚合物（聚乙烯甲基醚/丙烯酸甲酯与癸二烯的交联聚合物）是新的一族增稠剂，能配制成透明定型凝胶、喷发胶和乳胶，可用于增稠醇类溶液、甘油和其他非水体系。

2．常用增稠剂品种

常用的增稠剂主要有硅酸镁铝、黄原胶、海藻酸钠、羧甲基纤维素(CMC)、聚丙烯酸钠、聚乙烯醇、聚乙烯吡咯烷酮等。

（1）硅酸镁铝　分子式为$MgAl_2SiO_6$，性状为白色的复合胶态物质，含水量小于8%，无毒无味，不溶于水，在水中分散。pH值为7.5～9.5。流变性和触变性好。制备方法一：将硅酸钠、硫酸铝、食品级氧化镁、铝酸钠、氢氧化钠先分别制成高浓度的水溶液，按适当比例、先后顺序进行反应，过滤、洗涤、干燥即得。制备方法二：将天然膨润土矿进行制浆，加入改性剂进行处理，再经分离、干燥、粉碎、混合改性而成。

硅酸镁铝为八面体层状硅酸盐矿物，晶体结构单元是厚度以纳米计的微小薄片，与水混合时，颗粒迅速膨胀直至薄片分离。由于薄片层面带负电荷，端面带正电荷，分离后的薄片端面被吸引到另一薄片的层面，从而迅速形成三维空间的胶体结构，使体系黏度增大，其胶体的稳定性不随温度变化而改变，胶体在pH 3.5～11稳定，常用量为0.5%～2.5%，可以对农药水悬浮液起到良好的稳定作用。硅酸镁铝的主要特点介绍如下。

① 胶体性能　分散在水中能水化膨胀形成“半透明-透明”的触变性凝胶，且成胶不受温度限制，在冷水和热水中都能分散水化。

② 耐酸、碱和盐　在水分散液中加入少量酸、碱、盐等电解质不会使胶体变稀、絮凝，对电解质有较大的相容性，胶体稳定性能良好。

③ 悬浮性良好　在以水为介质的体系下是不溶性固体微细颗粒的悬浮剂，能使密度较高的矿物质、盐类和有机物悬浮在水中，悬浮性能超过其他有机、无机悬浮剂。

④ 复配性优良　在悬浮液中，适宜与非离子助剂、阴离子助剂、高分子助剂复配，起到增稠、稳定和协同作用。

（2）黄原胶　又称汉生胶，是淀粉经发酵后生成的阴离子型高分子多糖聚合体，可溶于水，不溶于烃类等有机溶剂。黄原胶是目前国际上性能最优越的生物胶，具有独特的理化性质和全面功能，集增稠、悬浮以及乳化稳定等功能性质于一身。

黄原胶外观为浅黄色至白色可流动粉末，稍带臭味。易溶于冷、热水中，溶液中性，耐冻结和解冻，不溶于乙醇。遇水分散、乳化变成稳定的亲水性黏稠胶体。

黄原胶的基本性能如下：

① 假塑流变性（或触变性） 黄原胶的水溶液的黏度是随着剪切速度增加而明显降低的。原因是在高剪切下，聚合体的结构迅速解聚为无规则的团状结构，使得黏度迅速下降。当无剪切时，黄原胶的分子又恢复到双螺旋网状聚合体结构，溶液的黏度立即恢复到最大。因此，黄原胶水溶液在低浓度下就有很高的黏度，黄原胶的这种高剪切下变薄的性质，对剂型的倾倒性和在水中更好的稀释性是十分有利的。

② 增稠性 在低浓度下黄原胶水溶液具有较高的黏度，黄原胶 0.3g/L 的水溶液黏度约为 0.09Pa·s，这相当于是同样质量浓度下明胶水溶液黏度的 100 倍。这就能保证加工的水基性剂型体系有足够高的黏度，因此可以大大降低分散粒子（或液滴）间碰撞引起的絮凝和聚结速度，同时也减缓分散粒子（或液滴）因受重力作用的沉降速度，明显地提高水基性剂型的物理稳定性。

③ 悬浮性和乳化性 黄原胶的水溶液有良好的悬浮性和乳化性，黄原胶借助于水相稠化作用，可降低悬浮相（或乳化相）与水相的不相容性。使用 0.1%黄原胶的水溶液有 0.2～0.5mN/cm 的承托力，能使农药有效成分分散的粒子悬浮在水中，或者乳化的液滴承托在水中，也就能使水基性剂型产品在长期贮存中不会出现分层或沉淀，保证了产品的品质。

④ 稳定性 黄原胶水溶液在很宽的温度范围内（−4～93℃）反复加热和冷冻时，其黏度几乎不受影响。如 0.1%黄原胶的水溶液从 25℃加热到 120℃时，黏度仅降低 3%。黄原胶对酸和碱也十分稳定，pH 值在 5～10 的范围内，对其黏度基本没有影响。由于黄原胶分子的侧链紧紧缠绕在葡萄糖组成的纤维主链上，在侧链的保护下，酸和碱以及许多生物酶难于作用于纤维主链，所以许多生物酶和酸都不能降解黄原胶，并保持其原来的黏度不变。黄原胶这种稳定性，对水基性农药剂型来说尤其重要。

⑤ 与其他增稠剂的协效性 黄原胶与大多数合成的和天然的增稠剂有良好的配伍性，如与淀粉、刺槐豆胶、角叉胶、瓜尔胶等都能互溶，并有协效性，可使黏度大大提高。这是由于很多增稠剂虽然也有支链，但是支链分布不均；主链的某些部位没有支链，黄原胶分子可以嵌入这些部位，形成没有漏洞的网状结构。

除此之外，黄原胶还可以与黏土和硅石产生最佳的交联作用，能够构成一种凝胶网状物。在水基性剂型中得到高剪切黏度，克服粒子（或液滴）因重力作用带来的分离。这种三维凝胶网状物能够提供满意的弹性系数，可以承担网状物被压缩，从而减少粒子（或液滴）的分离和沉降，尤其在高温下能提供更长期的水基性剂型的稳定性。

⑥ 与溶剂的相容性 黄原胶与亲水性溶剂一般能相溶，而与有机溶剂则不相溶。

（3）海藻酸钠 海藻酸钠别名为藻朊酸钠、褐藻酸、海带胶以及褐藻酸钠，是由 α-L-甘露糖醛酸（M 单元）和 β-D-古罗糖醛酸（G 单元）依靠 1,4-糖苷链连接并由不同片段组成的长链聚合物，分子量约为 1×10^6。它主要存在于褐藻的细胞壁和细胞间黏胶质中，也存在于一些产黏质荚膜的假单胞菌和固氮菌等细菌中。它是白色或黄色粉末，无臭无味，具有良好的增稠性、胶凝性、泡沫稳定性、保水性，系天然有机高分子电解质，溶解后形成透明黏稠液，中性以及 pH＞12 时呈胶束状态，pH＜3 时形成不溶性凝胶。与淀粉、明胶等互溶性好，与淀粉有叠加效应，有一定的成膜能力，不溶于乙醇含量大于 30%的溶液。

海藻酸盐溶液的一个重要特点是具有较高的溶液黏度。由于海藻酸盐的分子量较大，分子链也较长，高分子链呈无规则线团，彼此间易发生缠结，缠结的结果是流动单元变大，增大了对流动的阻力，因而导致黏度迅速增高。分子量越大，其溶液的黏度也越大，其增稠效果也越好。当选用海藻酸盐作增稠剂时，应尽量选用分子量大的产品，浓度为 0.5%以下。当水合的海藻酸盐与少量钙离子作用时，会大大增加溶液黏度。这是由于海藻胶与钙离子作用时，钙离子在两个相邻糖醛酸羧基间起桥梁作用，导致分子间产生交联，增大了分子体积和缠结作用，致使黏度增加，因此添加少量钙离子可以提高增稠效果。

（4）羧甲基纤维素钠　简称羧甲基纤维素（CMC），是天然纤维素通过化学改性而制得的一种高聚合纤维醚，其结构主要是 D-葡萄糖单元通过 β（1→4）糖苷键相连接组成。

羧甲基纤维素为白色或乳白色纤维状粉末或颗粒，密度 0.5～0.7g/cm^3，几乎无臭、无味，具吸湿性。易于分散在水中成透明胶状溶液，不溶于酸及甲醇、乙醚、丙酮、氯仿等有机溶剂。在水中的分散度与醚化度和其分子量有关。羧甲基纤维素钠溶液黏度受其分子量、浓度、温度及 pH 的影响，且与羟乙基或羟丙基纤维素、明胶、黄原胶、海藻酸钠、阿拉伯胶和淀粉等有良好的配伍性，即协同增效作用。对热稳定，在 20℃以下黏度迅速上升，45℃时变化较慢，80℃以上长时间加热可使其胶体变性而黏度和性能明显下降。在 pH=7 时，羧甲基纤维素钠的黏度最高，pH 为 4～11 时，较稳定。钙盐、镁盐不能使 CMC 溶液产生沉淀，但能使它的黏度下降。羧甲基纤维素水溶液属于非牛顿性的，表现在假塑性和触变性两方面。在农药水悬浮剂中使用 CMC 能够降低失水量，调整黏度，增加触变性等。

（5）聚丙烯酸钠　聚丙烯酸钠属于合成胶，白色粉末，无臭无味，吸湿性极强，是具有亲水疏水基团的直链高分子聚合物，可以缓慢溶于水形成极黏稠的透明液体。增稠原理是由于分子内许多阴离子基团的离子现象使分子链增长，表现黏度增大，形成高黏性溶液。聚丙烯酸不溶于乙醇、丙酮等有机溶剂，遇高价金属离子形成不溶性盐，引起分子交联而凝胶化沉淀。同时受热，酸以及盐的影响很小，pH=4.0 以下时聚丙烯酸产生沉淀，遇碱则黏度增大。

由于分子量会随温度的升高、加入时间过长而降解，其溶液黏度也会随之降低，而温度太低其在水中的溶解性又变差，因此，聚丙烯酸钠的溶解使用温度在 45～50℃为最佳。聚丙烯酸钠久存黏度变化极小，不易腐败，随着分子量增大，自无色稀薄溶液至透明弹性胶体。

（6）聚乙烯醇　是一种有机化合物，化学式为$(C_2H_4O)_n$，外观是白色片状、絮状或粉末状固体，无味。溶于水（95℃以上），微溶于二甲基亚砜，不溶于汽油、煤油、植物油、苯、甲苯、二氯乙烷、四氯化碳、丙酮、醋酸乙酯、甲醇、乙二醇等。聚乙烯醇是重要的化工原料，用于制造聚乙烯醇缩醛、耐汽油管道材料、维尼纶、织物处理剂、乳化剂、纸张涂层、黏合剂、胶水等。

聚乙烯醇的物理性质受化学结构、醇解度、聚合度的影响。在聚乙烯醇分子中存在着两种化学结构，即 1,3-乙二醇和 1,2-乙二醇结构，但主要的结构是 1,3-乙二醇结构，即“头·尾”结构。聚乙烯醇的聚合度分为超高聚合度（分子量 25×10^4～30×10^4）、高聚合度（分子量 17×10^4～22×10^4）、中聚合度（分子量 12×10^4～15×10^4）和低聚合度（2.5×10^4～3.5×10^4）。醇解度一般有 78%、88%、98%这 3 种。部分醇解的醇解度通常为 87%～89%，完全醇解的醇解度为 98%～100%。常取平均聚合度的千、百位数放在前面，将醇解度的百分数放在后面，如 17～88 即表聚合度为 1700，醇解度为 88%。一般来说，聚合度增大，水溶液黏度增大，成膜后的强度和耐溶剂性提高，但水中溶解性、成膜后伸长率下降。

（7）聚乙烯吡咯烷酮（PVP）　是一种非离子型高分子化合物，是 *N*-乙烯基酰胺类聚合物中最具特色，且被研究得最深、最广泛的精细化学品品种。已发展成为非离子、阳离子、阴离子 3 大类，工业级、医药级、食品级 3 种规格，分子量从数千至一百万以上的均聚物、共聚物和交联聚合物系列产品，并以其优异独特的性能获得了广泛应用。聚乙烯吡咯烷酮为无臭、无味的粉末或水溶液，易溶于水、醇、胺及卤代烃中，不溶于丙酮、乙醚等。

PVP 按其平均分子量大小分为 4 级，习惯上常以 K 值表示，不同 K 值分别代表相应的 PVP 平均分子量范围。K 值实际上是与 PVP 水溶液相对黏度有关的特征值，而黏度又是与高聚物分子量有关的物理量，因此可以用 K 值来表征 PVP 的平均分子量。通常 K 值越大，其黏度越大，黏结性越强。

PVP 作为一种合成水溶性高分子化合物，具有水溶性高分子化合物的一般性质，如胶体保护作用、成膜性、黏结性、吸湿性、增容或凝聚作用，但其最具特色，受到人们重视的是其优异的溶解性能及生理相容性。在合成高分子中像 PVP 这样既溶于水，又溶于大部分有机溶剂、毒性很低、生理相容性好的并不多见，特别是在医药、食品、化妆品这些与人们健康密切相关的领域中，随着其原料丁内酯价格的降低，必将展示出良好的发展前景。

五、防冻剂

防冻剂，又称阻冻剂、抗冻剂，是防止液体（例如水）在低温时凝固或形成过大冰晶的物质。

1．防冻剂的分类

防冻剂主要分为冰点降低型和助剂型两大类。前者通过降低体系冰点起到防冻作用，主要包括低碳醇类、二元醇和酰胺类等，后者可以使物料在表面形成疏水性吸收膜，达到防冻目的，例如酸性磷酸酯铵盐、烷基胺、脂肪酸酰胺、有机酸酯、烷基丁二酰亚胺等。

防冻剂还可以按照成分分为无机盐类、醇类和醇醚类等，具体分类见表 3-4。

表 3-4　防冻剂按成分分类

成分	举例
无机盐类（强电解质）	亚硝酸钠（钙）、碳酸盐、氯化钙、氯化镁和乙酸钠等
醇类（低碳醇和二元醇）	甲醇、乙醇、异丙醇、乙二醇、丙二醇、丙三醇和二甘醇等
醇醚类	乙二醇丁醚、丙二醇丁醚、乙二醇丁醚乙酸酯等
氯代烃类	二氯甲烷、1,1-二氯乙烷、1,2-二氯乙烷等
酰胺类	甲酰胺
水溶性有机化合物	尿素、硫脲
复合型防冻剂	以上各类复合使用

2．防冻剂在农药加工中的应用

在农药剂型加工中，悬浮剂、悬浮种衣剂、水乳剂、悬乳剂和水剂等以水为介质的剂型在低温的环境中生产、储存和应用过程中容易形成结晶和团聚，影响产品性能，需要添加一定量的防冻剂，以保证在低温环境下制剂的物理稳定性。

通常使用乙二醇、丙二醇、丙三醇、聚乙二醇等，添加量一般为 3%～10%，其中乙二醇价格较低，有时也使用尿素和少量无机盐等。农药加工中的防冻剂需要符合以下要求：防冻性能好、挥发性低、不会破坏有效成分、成本低、原料易得。

六、消泡剂

消泡剂，又称为抗泡剂，包括破泡剂、抑泡剂和脱泡剂等，通常是指具有较低表面张力、较高表面活性，且能够抑制或消除液体体系中泡沫的物质。

(1) 破泡　针对泡沫（泡沫聚合体），从空气侧侵入泡中，将泡合一破坏。即破泡剂吸附于气泡后，因表面张力作用侵入气泡膜中。随后，表面张力因破泡剂在泡膜表面扩张，使泡膜变薄，进而破坏泡膜。

(2) 抑泡　从液体侧侵入泡中，将泡合一破坏，令泡沫难以产生。即抑泡剂与液体中起泡性物质同时吸附于泡膜，因吸附抑泡剂泡膜的表面张力降低引起泡膜变薄，因此变得不安定的泡膜浮出液面被破坏掉。

(3) 脱泡　从气泡的界面侵入泡中，令泡合一浮出液面。脱泡剂在液体中吸附于泡膜。液体中各个气泡在相互吸附后，吸附界面将被破坏而形成一个大气泡，浮力增大的大气泡迅速上升至液面。

1．消泡剂的分类

(1) 醇类　醇类消泡剂多具有支链，如二乙基乙醇、环己醇、十六烷醇、异辛醇、异戊醇、二异丁基甲醇等，主要用于制糖、发酵、石油精制、造纸和印染工业中，其用量在0.01%～0.10%之间。其中碳原子数和支链较多的醇消泡能力较好，如二乙基己醇、二异丁基甲醇。

(2) 脂肪酸及脂肪酸酯类　脂肪酸及脂肪酸酯类消泡剂主要有失水山梨醇单月桂酸酯、失水山梨醇三油酸酯、聚氧乙烯单月桂酸酯、硬脂酸乙二醇酯、甘油脂肪酸酯、双乙二醇月桂酸酯、甘油蓖麻油酸酯、硬脂酸异戊酯、三油酸酯、二甘醇酯、蓖麻油、豆油等，可用于造纸、染色、建筑涂料、发酵、石油精制、黏合剂、食品等。矿物油虽不属于脂肪酸一类，但也可用作消泡剂，用于印花色浆、造纸行业的消泡，如火油、松节油、液体石蜡。油脂类消泡剂用量为0.05%～2%，脂肪酸酯类消泡剂用量为0.002%～0.2%。

(3) 酰胺类　酰胺类消泡剂有二硬脂酰乙二胺、二棕榈酰乙二胺、油酰二乙烯三胺缩合物、聚丙烯酰胺、双十八酰基哌啶、聚氧烷基酰胺等。其中二硬脂酰乙二胺、二棕榈酰乙二胺以及油酰二乙烯三胺缩合物等，使用效果较好，使用量为0.002%～0.005%。

(4) 磷酸酯类　酯类消泡剂最常用的是磷酸三丁酯、磷酸三辛酯、磷酸戊辛酯有机胺盐、磷酸三（丁氧乙基）酯等，常用于纤维、润滑油等的消泡。通常将不溶于水的磷酸酯先溶于与水易混溶的有机溶剂（如乙酸、丙酮、异丙醇等），然后再用于水溶液的消泡。

(5) 聚醚类　聚醚是环氧乙烷与环氧丙烷的嵌段共聚物。聚醚类助剂具有降黏作用，广泛用作净洗剂、发酵、塑料加工、玻璃器皿生产等领域的消泡剂。

2．消泡剂基本性能要求

为了达到理想的消泡效果，消泡剂通常需要具备以下基本性能：①消泡能力强，消泡快，消泡效应时间长，且抑泡性好；②与起泡液有一定程度的亲和性，但不影响起泡体系的基本性质；③具有更低的表面张力，不溶于起泡体系中，也不易被增溶；④挥发性小，扩散性和渗透性好，铺展能力强；⑤不与被消泡介质起反应，具有良好的化学稳定性；⑥无活性、无腐蚀性、无毒、安全性高；⑦耐酸碱、耐高温、不燃不爆、良好的贮存稳定性；⑧原料易得，成本低廉。

3．常用消泡剂

有机硅类消泡剂是目前食品、发酵、造纸、化工生产、黏合剂、胶乳、润滑油等行业中使用较广泛的消泡剂，品种较多、使用量较大，已成为消泡剂中的主要品种。具有以下突出优点而被广泛应用：①表面张力低、表面活性高，消泡力强。如中等黏度的二甲基硅油表面张力为20～21mN/m，远远低于水（表面张力约76mN/m）及一般起泡介质的表面张力。②热稳定性好，挥发性低，保证了有机硅油消泡剂可在较宽的温度范围内使用。③良好的化学惰性。由于Si-O键及Si-C键比较稳定，所以有机硅的化学惰性好，很难与其他物质发生化学反应，能在苛刻的条件下使用。④无生理毒性。用作消泡剂的二甲基硅油聚合度较高，无生理毒性，使用较为安全。⑤具有正铺展系数，能在发泡系统中的气液界面迅速铺展开，不易被发泡体系中存在的助剂所增溶。

聚硅氧烷类最常用的是聚二甲基硅氧烷，也称二甲基硅油。纯粹的聚二甲基硅氧烷不经分散处理难以作为消泡剂。可能是由于它与水有高的界面张力，铺展系数低，不易分散在发泡介质上。因此将硅油混入SiO_2气溶胶构成复合物，即将疏水处理后的SiO_2气溶胶混入二甲基硅油中，经一定温度、一定时间处理，就可制得。硅油的黏度、二氧化硅的种类和浓度以及制备条件都会影响最终产品的性能和性状。乳化时选用HLB值＞12与HLB值＜6（最好＜3.5）的乳化剂相拼混。硅油的HLB值为7～9。

硅油不仅用于水溶液体系，而且在非水体系也有效，用量较少。此类消泡剂有强的破泡力，能长时间反复持续地进行破泡、抑泡，具有较好的热稳定性，可在5～150℃温度范围内使用；其化学稳定性较好，难与其他物质反应，只要配制适当，可在酸、碱、盐溶液中使用，无损产品质量；还具有生理惰性，通常用于食品和医药行业。

聚醚改性硅结合了聚醚与有机硅消泡剂二者的优点，具有无毒无害、对菌种无害、添加量极少等特点，是一种高性价比的产品。聚醚改性有机硅，是在硅氧烷分子中引入聚醚链段制得的聚醚-硅氧烷共聚物（简称硅醚共聚物）。聚硅氧烷类消泡剂具有消泡迅速、抑泡时间长和安全无毒等特点，但难溶于水，耐高温，耐强碱性差；聚醚类消泡剂水溶性好，耐高温，耐强碱性强，但其消泡速度和抑泡时间都不理想，通过缩合技术接枝在聚硅氧烷链上引入聚醚链，使之具有两类消泡剂的优点，成为一种性能优良、有广泛应用前景的消泡剂。在硅醚共聚物分子中，硅氧烷段是亲油基，聚醚段是亲水基。聚醚链段中聚环氧乙烷链节能提供亲水性和起泡性，聚环氧丙烷链节能提供疏水性和渗透力，对降低表面张力有较强作用。调节共聚物中硅氧烷段的分子量，可以使共聚物突出或减弱有机硅的特性。聚醚改性有机硅消泡剂很容易在水中乳化，在其浊点温度以上时，失去对水的溶解性和机械稳定性，并耐酸、碱和无机盐，可用于苛刻条件下的消泡，广泛用于涤纶织物高温染色工艺、食品发酵工艺中的消泡。

七、防腐剂

农药加工过程中使用的黄原胶、阿拉伯胶以及其他多糖类物质容易被微生物分解而导致制剂稳定性破坏，因此，添加防腐剂十分必要。

1．防腐剂的定义

防腐剂是指添加到食品、药品、颜料、生物标本等中，以抑制微生物生长、繁殖或代谢所引起的腐败，从而延长体系保存时间的天然或合成的化合物。

2．防腐剂的基本要求

① 本身理化性质稳定，耐高温，耐酸碱等。

② 无味、无色、无臭、无刺激性。

③ 价格合理，使用方便。

④ 低用量下即可有效抑制微生物。

3．防腐剂的作用原理

微生物的生存和繁殖依赖于温度、环境 pH 值、氧气、水源和营养物质(C、N、P、S 源)等，只有在足够的浓度与微生物直接接触的情况下，防腐剂才能对微生物产生作用。可能的作用机理如下：

① 干扰微生物酶系，破坏其正常新陈代谢，抑制酶活性。

② 使微生物蛋白质凝固和变性，干扰其生存和繁殖。

③ 改变细胞浆膜渗透性，抑制其体内酶类活性和排出代谢产物，导致其失活。

4．防腐剂的主要种类

（1）山梨酸及其盐类　主要有山梨酸（己二烯酸）、山梨酸钾（己二烯酸钾）、山梨酸钠（己二烯酸钠）等。

（2）丙酸及其盐类　主要有丙酸、丙酸钙、丙酸钠等。

（3）去水乙酸及其盐类　主要有去水乙酸（脱氢乙酸、DHA）、去水乙酸钠等。

（4）苯甲酸及其盐类　主要有苯甲酸（安息香酸、BA）、苯甲酸钾、苯甲酸钠等。

（5）对羟基苯甲酸及其酯类　主要有对羟苯甲酸、对羟苯甲酸乙酯、对羟苯甲酸丙酯、对羟苯甲酸丁酯、对羟苯甲酸异丙酯、对羟苯甲酸异丁酯等。

（6）卡松　是农药悬浮剂等制剂中常用的一种防腐剂。化学名称：5-氯-2-甲基-4-异噻唑啉-3-酮和 2-甲基-4-异噻唑啉-3-酮（CIT/MIT，异噻唑啉酮）。卡松水溶液外观为浅琥珀色透明液体、气味温和，相对密度（20℃/4℃）1.19，黏度(23℃)5.0mPa·s，凝固点−18～21.5℃，pH=3.5～5.0，易溶于水、低碳醇和乙二醇。最佳使用 pH 值 4～8，pH＞8 时稳定性下降，室温下储存一年，50℃时储存半年，活性下降很少，高温储存活性下降，它可与阴离子、阳离子、非离子和各种离子型的乳化剂、蛋白质配伍。卡松产品系国际上公认的安全、高效、广谱性防腐剂，其活性成分为异噻唑啉酮类化合物，该物质不含任何重金属，能有效抑制和灭除菌类和各种微生物。主要用于农药液体制剂，如悬浮剂的防腐，由于毒性低、抗菌作用范围广、效果强和原料配伍性能好，且能溶解于水，使用方便，可直接加入，因此使用较为普遍。市售的商品含量一般为 1.5%的水溶液，并含有 23%的镁盐以提高渗透性而达到增效作用。我国农药制剂中规定其使用限量为：0.0022%，折合成含量 1.5%的卡松用量＜0.146%。

（7）巯基苯并噻唑　有较强的杀微生物功能，也是良好的金属材料（特别是铜）缓蚀剂，故常用于工业循环水系统中。以往，国外使用预埋管道喷施药肥的大型农场会要求农药制剂中使用此类防腐剂，1，2，3-苯并三唑也有类似用途，我国农药制剂中基本上不使用它，将其列入 1%的限用影响不大，巯基苯并噻唑的主要用途为橡胶的硫化促进剂（促进剂 M）。

（8）苯并异噻唑啉酮　1，2-苯并异噻唑啉-3-酮(BIT)是较卡松相对安全的防腐剂。我国农药制剂中规定其使用限量为 0.1%，能满足农药制剂的需要。目前，世界农药制剂中多数选用 BIT。

第三节　表面活性剂

人们在认识世界时首先触及的是以各种形态存在的物质的表面或界面。在日常生活和各种生产活动中人们又必须通过各种原料、设备对表（界）面进行实际操作，不断调节和改变表（界）面的物理化学性质，在这里表面活性剂起到了至关重要的作用。在农药制剂加工中，表面活性剂尤为重要，也是农药助剂中最重要的组成部分，它是解决农药制剂加工中稳定性以及施药后有效成分剂量传递的关键因素。为了便于大家对表面活性剂有更全面的了解，本节从表面活性剂的定义、总体发展和分类进行介绍，同时介绍了一些新的表面活性剂。虽然有些新的表面活性剂还没有在农药制剂领域得以应用，但是这些新的表面活性剂有许多特殊作用，如果能够将其引入农药制剂领域，将会大大提升农药的性能，提高活性成分的利用率，实现农药的减量增效。

一、表面活性剂的定义

表面活性剂是一类具有两亲性结构的物质，能够吸附在表面或界面上，即使在极少量的情况下，就能显著改变表面或界面的物理化学性质，从而展现出一系列应用功能。

表面活性剂的分子由两部分组成：一部分是亲水的，另一部分则是疏水的。由于表面活性剂通常在水溶液中使用，因此这两部分常分别称为亲水基（极性部分）和疏水基（非极性部分），疏水基也被称为亲油基。其结构示意如图 3-1（a）所示。以常见的表面活性剂十二烷基硫酸钠[$CH_3(CH_2)_{11}SO_4Na$]为例［图 3-1（b）］，其在水溶液中电离为 $CH_3(CH_2)_{11}SO_4^-$与 Na^+。其中，$CH_3(CH_2)_{11}SO_4^-$是主要的活性成分，称为表面活性离子。它由一个非极性的疏水基[$CH_3(CH_2)_{11}$—]和一个极性的亲水基（SO_4^-）构成，前者使其具有亲油性，后者则赋予其亲水性。而 Na^+则被称为反离子。在农药制剂中，十二烷基硫酸钠常做润湿剂使用。

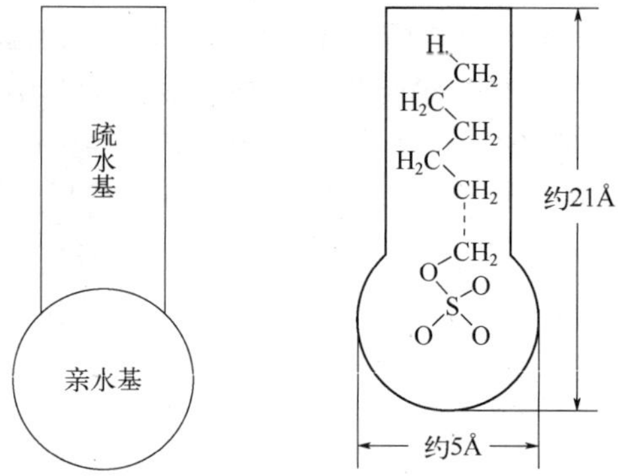

图 3-1　表面活性剂分子结构示意图

（a）疏水基和亲水基结构示意图；（b）$CH_3(CH_2)_{11}SO_4^-$的大小

需要注意的是，并非所有具有两亲结构的分子都能称为表面活性剂。例如，甲酸、乙酸、丙酸和丁酸虽然具有两亲结构，但并不属于表面活性剂，它们仅具有一定的表面活性。通常意义上的表面活性剂需要具备足够长的疏水链，一般认为疏水链长度至少应包含八个碳原子

（无严格界限）。表面活性剂的亲水基团通常包括：羧酸基、硫酸基、磷酸基、磺酸基、氨基、膦基、糖基、羟基、季铵基、吡啶基、酰氨基、亚砜基、聚氧乙烯醚链等；疏水基团通常包括：碳氢基团（石蜡烃）、碳氟基团、聚硅氧烷链、聚氧丙烯醚链、脂肪酸基、脂肪醇基、脂肪酰氨基、多元醇基等。

二、表面活性剂的发展

表面活性剂的发展历史可以追溯到肥皂的使用。长期以来，肥皂、洗涤剂和表面活性剂的概念常被混用。关于肥皂的使用历史难以考证，但有记录显示，早在公元前 2000 年，幼发拉底河流域的苏美尔人和公元前 600 年腓尼基人就已使用羊油和草木灰制作肥皂。罗马时代的庞贝遗址中也发现了肥皂的遗迹，甚至还有可用的肥皂。商品肥皂的出现则可以追溯到 13 世纪。

在中国，早在商代，人们便已知晓利用草木灰洗涤衣物，《礼记》中便有前人用草木灰洗涤衣物的记载。到魏晋时期，皂角和猪胰这两种独特的洗涤剂相继出现，并在我国使用了千余年。直至清末及民国时期，国人开始使用肥皂（当时称为“洋胰子”），1890 年上海出现了我国第一家肥皂生产厂。有趣的是，20 世纪 80 年代和 90 年代国际上流行的烷基多苷和酶制剂，与千年前的皂角和猪胰有着相似的背景。

19 世纪中叶，肥皂的工业化生产开始兴起，化学合成的表面活性剂也相继问世。早期的化学合成表面活性剂是土耳其红油，它是蓖麻油与硫酸反应的产物，最初用于染色（茜草）。这些产品的原料大多来自植物和动物脂肪。第一个从矿物原料（如石油）提取的洗涤剂是石油磺酸及其皂，来自用硫酸处理石油所得到的蜡和萘的磺化混合物，其碱中和产物也称为绿油。第一次世界大战期间，德国开始从煤焦油衍生物中开发短链烷基萘磺酸盐类表面活性剂，如拉开粉（Nekal），这类产品通常由 1～3 个烷基取代的萘磺酸盐混合而成。

20 世纪 20～30 年代，烷基硫酸盐逐渐普及，广泛用于香波和化妆品等个人卫生用品。30 年代，美国出现了长链烷基苯磺酸盐，几乎迅速垄断了洗涤剂市场。第二次世界大战后，支链十二烷基苯磺酸钠（ABS）以四聚丙烯为原料开始大量用于洗涤剂，部分替代了肥皂。自 20 世纪 60 年代起，因 ABS 的生物降解性较差，直链烷基苯磺酸钠（LAS）逐渐取而代之。

非离子表面活性剂的研究始于第一次世界大战后的德国，主要是聚乙二醇与多种有机物（如醇、醛、酸、胺和酰胺等）的衍生物。二战后，随着石油产业带来的廉价乙烯的发展，环氧乙烷和聚氧乙烯化技术也迅速发展，进一步推动了非离子表面活性剂的应用和液体洗涤剂的普及。

在过去半个多世纪中，各类表面活性剂产品层出不穷。同时，随着表面活性剂工业的发展，表面活性剂被广泛应用于传统工业和高新技术领域，其科学研究也愈加深入，这为表面活性剂的性质和功能提供了更深刻的认识。

表面活性剂的发展水平被视为高新化工技术产业的重要标志，其广泛应用于日化、纺织、造纸、农药、皮革和石油化工等多个领域，被誉为“工业味精”。如今，发达国家在表面活性剂领域的研究已经形成了完整的体系，能够实现产品研发的多样化和系列化。目前，全球已知的表面活性剂种类接近 7000 种，年产量接近 1500 万吨。整体来看，全球表面活性剂工业呈现平稳而缓慢的增长趋势，年增产率保持在约 3%。在不同地区的发展略有差异，北美和西欧在过去十年主导了全球表面活性剂市场，但这些地区的市场趋于饱和，年增长率降至 2%

以下；相比之下，亚洲及其他地区发展较快，年增长率超过 4%，目前亚洲的消费量已占市场的 40%。

从市场占有率来看，阴离子表面活性剂依然占主导地位，约占总消费量的 55%；非离子表面活性剂其次，占 35%；阳离子和两性表面活性剂合计占 10%。在阴离子表面活性剂中，直链烷基苯磺酸钠盐（LAS）、脂肪醇聚氧乙烯醚硫酸钠（AES）、十二烷基硫酸钠（K12），以及非表面活性剂的脂肪醇聚氧乙烯醚（AEO）和烷基酚聚氧乙烯醚（APE）仍为主要产品。

在应用方面，表面活性剂可分为家用、个人护理以及工业与公共设施三个主要领域。家用产品占约 50%，工业与公共设施占约 40%，个人护理产品不到 10%。在农药领域，表面活性剂的应用也非常广泛。2014 年，中国的农药助剂品种超过 4000 种，市场需求量为 40～50 万吨/年，其中农药表面活性剂的需求量超过 6 万吨。

表面活性剂在为人们的生活和工农业生产带来便利的同时，也对环境造成了一定的污染。如壬基酚聚氧乙烯醚的降解产物壬基酚、牛酯胺等在环境中具有强生物积累性和毒性，可能对环境和生物造成危害。面对全球日益严峻的环境污染问题，环境保护已成为各国政府的重要议题，并促使了诸多严格法律法规的出台。《鹿特丹公约》与《斯德哥尔摩公约》的签署，更是将农药安全及防止其对环境造成的污染提升到了前所未有的重视程度。伴随着农药行业技术创新、环保型剂型的发展以及配套助剂技术的进步，加上对环境保护和食品安全监管力度的不断加大，农药助剂的安全性与管理也逐渐成为关注焦点。

在欧美等发达国家中，针对农药助剂使用的规定与管理措施已相当成熟。例如，在欧洲部分国家，对于农药制剂中苯类有机溶剂、壬基酚聚氧乙烯醚表面活性剂等成分设定了限制或禁用条款，并对挥发性有机污染物采取严格的管控措施。美国环境保护署（EPA）于 1978 年发布的农药助剂清单是迄今为止最为详尽的管理文件之一，该清单将助剂分为四类进行管理，并要求提供相应的登记资料。随着科学认识和技术进步，EPA 持续更新这份清单，确保所有使用的助剂对人体健康及生态环境无害后方能获准注册。为进一步加强农药助剂管理并保障农产品质量，自 2007 年起，EPA 还特别区分了可用于食用作物与非食用作物的两类助剂，并为前者设定了残留限量标准或豁免条件，同时公布了相关的允许使用名单。

2009 年 3 月，澳大利亚农药兽药管理局（APVMA）发布了《澳大利亚农药助剂产品登记管理指南》，并于同年 2 月 9 日开始实施对独立销售或使用的农药助剂产品的登记管理制度。根据该指南，农药助剂被划分为两大类别：一类旨在增强农药效果；另一类则专注于改善农药的应用性能。基于此分类体系，APVMA 制定了差异化的登记资料提交与评估流程，以更精确地反映每种助剂的特点及其潜在影响。

此外，随着表面活性剂科学研究的进步及对农药剂型加工技术的关注度增加，国际上出现了多家专注于研发高效低毒农药助剂的企业。这些新型助剂不仅促进了农药工业的技术革新，也为减少农业活动对自然环境的影响做出了积极贡献。

随着环境保护要求的不断增长，对表面活性剂提出了更高的要求。高效、低毒、生物可降解的绿色表面活性剂成为未来重要的发展方向。随着农药制剂技术的进步，对于表面活性剂的功能需求也日益增加，这意味着不仅要注重产品的生态友好性，还要加强其功能性。因此，探索新型以及具备特定功能的表面活性剂成为另一关键研究领域。面对未来发展，表面活性剂产业将致力于打造经济、多功能化、性能稳定且效率高的解决方案。为此，一方面将优化现有表面活性剂的生产流程以降低成本并提升品质；另一方面，则是通过深入探究表面活性剂结构与效能之间的联系来创新设计特殊结构或功能的新材料。同时，研究不同表面活性剂及其与添加剂间的相互作用机理，通过合理搭配使用，旨在达到减少成本、增强效果并优化整体应用的目的。

三、表面活性剂的分类

表面活性剂种类繁多，分类方法也各有不同。通常，表面活性剂的分类主要有两种方式：一种是基于亲水基团的分类，另一种是基于疏水基团的分类。这两种分类方法几乎能涵盖所有的表面活性剂。然而，近年来随着科技的发展，许多新型表面活性剂也不断涌现，逐渐应用于农药制剂的生产中。因此，本节将在介绍表面活性剂基本分类的同时，简要概述近年来新出现的表面活性剂，为农药制剂的生产和研发提供参考和指导。

（一）按亲水基分类

根据亲水基的结构，表面活性剂可以按照其在水中解离时的离子类型进行分类。溶于水后能够解离产生离子的称为离子型表面活性剂，而不解离成离子的则为非离子型表面活性剂。离子型表面活性剂进一步根据其在水中生成的离子类型，分为阴离子型、阳离子型和两性离子型表面活性剂。此外，近年来还发展出一种兼有离子型和非离子型亲水基的混合型表面活性剂。

因此，表面活性剂共分为五大类，每一类又可以根据其亲水基结构的不同细分为若干小类。以下将举例说明这五种主要类型的表面活性剂。

（1）阴离子型　极性基团带负电荷，主要包括羧酸盐（RCOOM）、磺酸盐（RSO_3M）、硫酸酯盐（$ROSO_3M$，通常称为硫酸盐）和磷酸酯盐（$ROPO_3M$，一般称为磷酸盐）。其中，R 代表烷基，M 通常为碱金属或铵（胺）离子。

（2）阳离子型　极性基团带正电荷，常见有季铵盐（RNR^1_3A，三个 R^1 可以相同或不同）、烷基吡啶盐（RC_5H_5NA）和铵盐（RNH_3A），其中 A 多为卤素或酸根离子。

（3）两性型　分子中含有两个亲水基团，一个带正电，一个带负电。正电性基团主要为氨基和季铵基，负电性基团通常是羧基和磺酸基，例如烷基甜菜碱 $RN^+(CH_3)_2CH_2COO^-$。

（4）非离子型　极性基团不带电荷，包括聚氧乙烯类化合物［$RO(CH_2CH_2O)_nH$］、多元醇类化合物（如蔗糖、山梨糖醇、甘油、乙二醇等的衍生物）、亚砜类化合物（$RSOR^1$）、氧化胺［如 $RN(CH_3)_2O$］等。

（5）混合型　此类表面活性剂分子含有两种亲水基团，一种带电，另一种不带电，例如醇醚硫酸盐 $R(OCH_2CH_2)_nOSO_3M$。

图 3-2 是表面活性剂按亲水基的分类。

（二）按疏水基分类

根据疏水基的类型，表面活性剂可分为以下几类：

（1）碳氢表面活性剂　疏水基为碳氢基团。

（2）氟表面活性剂　疏水基由全氟化或部分氟化的碳氟链组成，即碳氢表面活性剂中的氢原子全部或部分被氟原子替代。

（3）硅表面活性剂　疏水基结构为全甲基化的 Si—O—Si、Si—C—Si 或 Si—Si 主链。

（4）聚氧丙烯表面活性剂　由环氧丙烷齐聚形成，主要与环氧乙烷联用，制备聚合型表面活性剂。

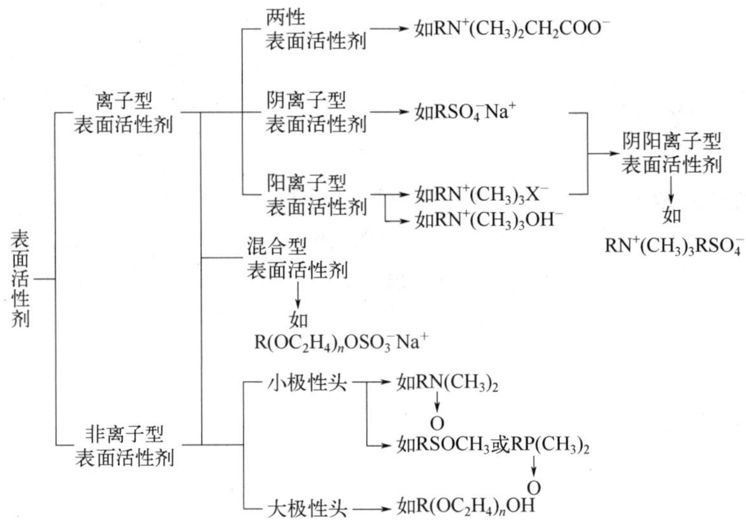

图 3-2　表面活性剂按亲水基的分类

（三）其他分类方法

（1）根据表面活性剂的应用功能，可将其分为乳化剂、润湿剂、分散剂、铺展剂、渗透剂、起泡剂、消泡剂和增容剂等类型。

（2）根据溶解特性，表面活性剂分为水溶性表面活性剂和油溶性表面活性剂。

（3）根据分子量大小，可分为低分子量表面活性剂（一般表面活性剂）和高分子量表面活性剂。

（4）此外，表面活性剂还可按用途和来源分为普通表面活性剂与特种表面活性剂、合成表面活性剂与天然表面活性剂，以及生物基表面活性剂等。

（四）特种表面活性剂

一般表面活性剂的疏水基为碳氢烃基，分子中还可能含有 O、N、S、Cl、Br、I 等元素，这类常用的表面活性剂称为碳氢表面活性剂或普通表面活性剂。如果分子中除了这些元素外，还含有 F、Si、P、B、Sn 等元素，则称为特种表面活性剂，文献中也常称为“元素表面活性剂”。根据所含元素的不同，这类表面活性剂可进一步分为氟表面活性剂、硅表面活性剂，以及含硼、磷、硫、金属等元素的表面活性剂。

四、表面活性剂的性质

表面活性剂最基本的性质有两个，第一是在表、界面吸附，形成吸附膜，其结果是降低了表、界面张力，改变了体系的表、界面物理化学性质；第二是在溶液内部自聚，形成多种类型的分子有序组合体如胶团、反胶团、囊泡、液晶等。通过了解表面活性剂的性质，能够在应用中更好地选择表面活性剂的种类和用量，促使表面活性剂发挥最大的功效。

对表面活性剂的评价主要包括其界面性能和吸附性能。药液的表面张力必须降低到一定的数值才能够发挥作用，表面活性剂在靶标生物表面的吸附能力直接关系到药液的作用效果，要确保表面活性剂的吸附量合适。衡量一种表面活性剂的表面活性大小主要用表面活性剂的效率、有效值和表面活性剂的主要性能参数 pC_{20}表征，在实际应用时要根据所需的要求对表面活性剂进行筛选。

表面活性剂的效率是指使水的表面张力明显降低所需要的表面活性剂浓度，即使水的表面张力明显降低所用的表面活性剂浓度越小，该表面活性剂的效率越高。表面活性剂的有效值则是指所用的表面活性剂能够使水的表面张力降低到的最小值，即加入适当表面活性剂后使得水的表面张力降到越小的数值，该表面活性剂的有效值越大。但这两项指标常常不是平行的，而是相反的情况。一般说来，对于直链的表面活性剂，其效率随碳链增长而增加，但长链的有效值比短链的同系物低。而对于含相同碳原子的表面活性剂，其直链型的比异构的带支链的表面活性剂效率高，但有效值则是直链型的较低。对于离子型表面活性剂，由于其亲水基团在水中解离而产生静电排斥作用，因此表面活性剂的效率和表面活性剂的有效值均不算高。一般说来，表面活性剂的效率和表面活性剂的有效值均由表面活性剂分子的结构和在溶液中的相互作用来决定，这也使得表面活性剂的效率和表面活性剂的有效值成为评价表面活性剂的表面活性大小的主要指标。表面活性剂的主要性能参数 pC_{20}是指将水溶液的表面张力降低 20mN/m 所需表面活性剂的浓度，该值愈小表明表面活性剂在界面的吸附能力愈强。

（一）动态、静态表面张力

对于一个新鲜的表面活性剂溶液表面，其表面张力随形成表面时间增加而降低，直至恒定的平衡值，此过程称为表面老化，达到吸附平衡前某一时刻的表面张力称为动态表面张力(dynamic surface tension, DST)。动态表面张力反映了表面张力与表面形成时间的关系。达到平衡值的表面张力称为静态表面张力。静态表面张力包括极性分量、色散分量和氢键分量。纯液体的表面张力由液体的性质、温度、压力等因素决定，而溶液的表面张力除上述因素外还与溶液组成和表面形成的时间有关，这是由于溶质在表面上达到吸附平衡需要一定时间。

（二）胶束及临界胶束浓度

1．胶束的形成

很少量的表面活性剂加入就能使溶液的表面张力显著下降，而当溶液浓度增加到一定值后，表面张力几乎不再变化。这一现象可以通过表面活性剂在溶液表面上的定向吸附排列与其在溶液中形成胶束来解释。

胶束(micelles)是指当表面活性剂的表面吸附达到饱和后继续加入表面活性剂，因其亲油基团的存在，水分子与表面活性剂分子相互间的排斥力远大于吸引力，因此表面活性剂分子自身依赖范德华力相互聚集，形成亲油基向内，亲水基向外，在水中稳定分散，大小在胶体级别的聚集体。

开始形成胶束时表面活性剂的最低浓度称为临界胶束浓度（critical micelle concentration, CMC），在浓度接近 CMC 的缔合胶体中，胶束有相近的缔合数并呈球形结构。当浓度不断增加时，由于胶束的大小或缔合数增多，胶束不再保持球形而成为圆柱形乃至层状液晶。临界胶束浓度对于表面活性剂来说是一个非常重要的参数。在一定温度下，各种表面活性剂的 CMC 有一定值，通过 X 射线衍射图谱已经证实临界胶束浓度是确实存在的，它与表面活性剂在液面上开始形成饱和吸附层所对应的浓度是一致的。尽管胶束的细节至今仍未完全了解，但胶束是由许多表面活性剂单个分子或离子缔合而成已是不争的事实（图 3-3）。

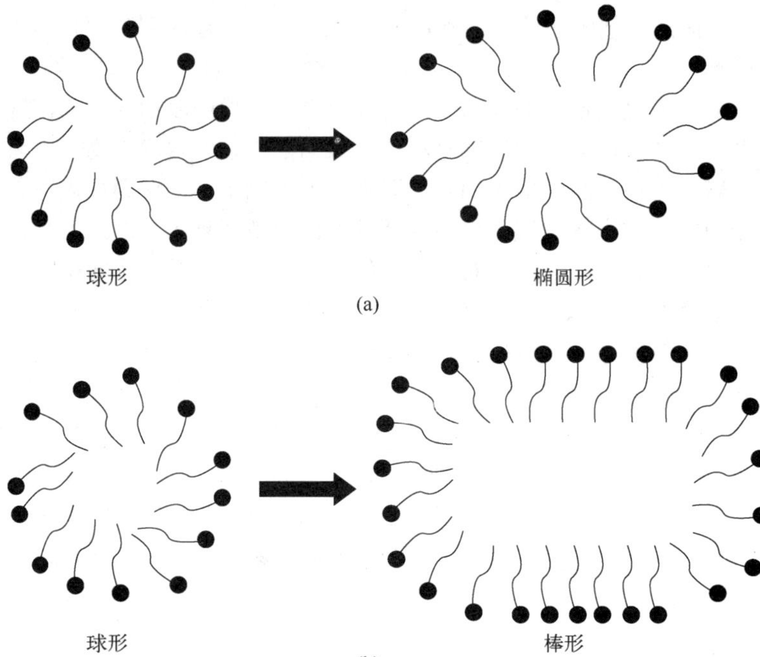

图 3-3 胶束的形成

（1）胶束的结构 形成的胶束从内到外分别是疏水内核、栅栏层、极性基层及反离子扩散层。疏水内核是非极性微区，栅栏层由处在水环境中的 CH_2 基团组成，极性基层包括反离子固定层、电性结合反离子及水化层，反离子扩散层是反离子在溶剂中的扩散层。

（2）胶束的形态与大小 胶束有不同的形态，包括球状、椭球状、扁球状、棒状及层状。一种表面活性剂的胶束并非以一种特定的形态出现，而是在一个表面活性剂溶液体系中有几种形态的胶束共存。胶束的形态主要取决于表面活性剂的浓度，还受无机盐与有机添加剂的影响，并与胶束的大小有关。而胶束的形态一般可由临界排列参数来度量，临界排列参数的计算公式为：

$$P = V / \left(\alpha_0 l_c\right)$$

式中 V——表面活性剂疏水部的体积；

α_0——亲水头基截面积；

l_c——疏水链最大伸展长度。

当临界排列参数 $P<1/3$ 时，胶束的形态为球状胶团；当 $1/3\leqslant P<1/2$ 时，胶束的形态为非球体，为柱状或者棒状；当 $1/2\leqslant P<1$ 时，胶束的形态为囊泡状；当 $P\geqslant 1$ 时，胶束的形态为反胶束。

胶束的大小尺寸一般为 1～100nm，常用胶束聚集数来度量。胶束聚集数，即缔合成一个胶束的表面活性剂分子（离子）平均数。测量胶束聚集数 N 的方法有静态光散射法和稳态荧光探针法。其中最常用的是静态光散射法，这种方法测出胶束的“分子量”即胶束量，再通过计算求得胶束的聚集数，计算方法为：

胶束聚集体=胶束量/表面活性剂的分子量

同系物中，疏水基团碳原子数增加，胶束聚集数 N 变大；非离子型表面活性剂中，疏水基团不变，聚氧烯链增加，胶束聚集数 N 变小；加入无机盐，对非离子表面活性剂影响不大，而使离子型表面活性剂的胶束聚集数 N 变大；温度对离子型表面活性剂影响不大，往往使之胶束聚集数 N 略为降低；温度对非离子表面活性剂有影响，温度增加，胶束聚集数 N 显著增加。

2．影响临界胶束浓度的因素

（1）表面活性剂结构的影响　①疏水基团相同，离子型表面活性剂的 CMC 值比聚氧乙烯型非离子型表面活性剂大，大约大两个数量级；疏水基团有分支，CMC 值上升；疏水链上带有其他极性不饱和的基团，CMC 值上升。②同系物中，疏水链长增加，CMC 值下降；每增加一个碳原子，CMC 值即下降约一半；非离子表面活性剂，聚氧乙烯链越长，CMC 值越大。③碳氟表面活性剂的临界胶束浓度显著降低。

（2）添加剂的影响　①无机盐。添加无机盐使离子型表面活性剂的 CMC 值显著降低，其对非离子型表面活性剂的 CMC 值影响不如对离子型表面活性剂明显，在电解质浓度较高时才产生可觉察到的明显效应。②极性有机物。中等长度或更长的极性有机物，可显著降低表面活性剂的 CMC 值；低分子量的强极性有机物(如尿素)，可破坏水结构，使胶束不易生成，CMC 值上升；低分子量醇兼有两类的作用，少量加入降低 CMC 值，大量加入升高 CMC 值。

（3）温度的影响　离子型表面活性剂受温度影响相对较小；非离子型表面活性剂的 CMC 值随温度上升而下降。

（三）HLB 值及其测定

由于表面活性剂的种类繁多，对一个指定的体系，如何选择最合适的表面活性剂，才可达到预期的效果，目前尚缺乏理论指导。一般认为可将表面活性剂分子的亲水性和亲油性作为一项重要的依据。1949 年，格里芬(Grifin)提出了用亲水亲油平衡值(hydrophile lipophile balance value，HLB 值)来衡量和比较各种表面活性剂的亲水性(或疏水性)。

1．HLB 值的定义及计算

HLB 值是指表面活性剂分子中亲水基与亲油基之间的大小和力量平衡程度的量，定义为表面活性剂的亲水亲油平衡值。

在 HLB 中 H(hydrophile)表示亲水性，L(Iipophile)表示亲油性，B(balance)表示平衡的意思。将疏水性最大的完全由饱和烷烃基组成的石蜡的 HLB 值定为 0，将亲水性最大的完全由亲水性的氧乙烯基组成的聚氧乙烯的 HLB 值定为 20，其他的表面活性剂的 HLB 值则介于 0～20 之间。HLB 值越大，其亲水性越强，HLB 值越小，其亲油性越强。随着新型表面活性剂的不断问世，已有亲水性更强的品种应用于实际，如月桂醇硫酸钠的 HLB 值为 40。HLB 在实际应用中有重要参考价值，不仅与表面活性剂的亲水亲油性有关，而且与溶解性、表面活性剂的表面（界面）张力、界面吸附性、乳化性、乳状液稳定性、分散性以及去污性等基本应用性能有关。

计算 HLB 值的经验公式：

$$\text{HLB}=\text{亲水基分子量}/(\text{亲油基分子量}+\text{亲水基分子量})\times 20$$

例如，聚乙二醇和多元醇型非离子表面活性剂的 HLB 值可用下式计算：

$$\text{HLB}=(\text{亲水基部分的摩尔质量}/\text{表面活性剂的摩尔质量})\times(100/5)$$

戴维斯提出的 HLB 值计算法：

$$\text{HLB}=7+\sum\text{（各个基团的 HLB 值）}$$

多种表面活性剂混合配制后，其 HLB 值可按下式计算：

$$\text{HLB}=AX+BY+CZ+\cdots$$

式中 A、B、C——各种表面活性剂的 HLB 值；

X、Y、Z——各种表面活性剂在混合配制中的质量分数。

2．HLB 值的估测——溶度法

在常温下将一种表面活性剂滴入水中，根据溶解情况可估计 HLB 值的范围：

不分散：1～4；

分散不好：3～6；

强烈搅拌后可得乳状分散体：6～8；

稳定的乳状分散体：8～10；

半透明至透明分散体：10～13；

透明溶液：＞13。

（四）浊点和 Krafft 点

1．浊点及其测量方法

非离子型表面活性剂在水溶液中的溶解度随温度上升而降低，在升至一定温度值时溶液出现浑浊，经放置或离心可得到两个液相，这个温度被称为该表面活性剂的浊点(cloud point)。这类表面活性剂因其醚键中的氧原子与水中的氢原子以氢键形式结合而溶于水。氢键结合力较弱，随温度升高而逐渐断裂，因而使表面活性剂在水中的溶解度逐渐降低，达到某一温度时转为不溶而析出变成浑浊液。浊点与表面活性剂分子中亲水基团和亲油基团质量比有一定关系。所以，通常非离子型表面活性剂需要在浊点以下使用。浊点的范围与产品的纯度有一定关系，质量好、纯度高的产品浊点明显，反之则不明显。

测量表面活性剂浊点的方法主要有：目测法、紫外-可见光谱仪测量法、定量结构性质关系预测法。目测法，即将非离子表面活性剂配成 1%的水溶液，放置在试管中，插入温度计，试管放在恒温水浴中缓慢升温，待试管中的水溶液完全浑浊时停止升温，再降温至溶液变澄清，该温度即为溶液的浊点。紫外-可见光谱仪测量法，即通过测量 25～95℃温度范围内非离子表面活性剂在可见光区的吸收，从吸收曲线可以看出，吸收急剧增加时的温度就是溶液的浊点。

浊点大小不仅取决于非离子型表面活性剂的分子结构，而且与其浓度也有一定关系，一般浊点随着表面活性剂浓度的升高先下降后上升。研究表明，浊点受添加物(如无机电解质、极性有机物、表面活性剂、聚合物等)的影响很大。无机电解质对浊点的影响过程很复杂，不是单纯增大或者降低，除了 Na^+、K^+、Cs^+、NH_4^+、Rb^+使浊点降低外，其他阳离子具有升高浊点的作用。浊点与添加极性有机物的碳氢链长、极性基团类型和数目都有关系。添加离子型表面活性剂能显著增大其浊点，添加两性表面活性剂对其浊点基本没有影响。分子量大的聚合物可以降低溶液浊点，分子量小的聚合物作用则相反。添加弱酸类辅助剂时，浊点随 pH 值降低而显著降低。

2．Krafft 点及其测量方法

Krafft 点是指离子型表面活性剂的溶解度随温度增加而急剧增大时的温度。溶解度突然增加是形成胶束而造成的。因此，可以认为表面活性剂在 Krafft 点时的溶解度与其 CMC 值相当。温度高于 Krafft 点时，因胶束的大量形成而使增溶作用显著，低于 Krafft 点时，则无增溶作用。Krafft 点越高，其 CMC 值越小。

表面活性剂溶液 Krafft 点测定的常用实验方法如下，称取一定量的表面活性剂，配制成 1%水溶液，倒入试管内，于水浴上加热并搅拌，待溶液呈透明澄清后，冷水浴搅拌下降温至溶液中有晶体析出为止，重复数次，记录有晶体析出时的温度即为 Krafft 点。

对于 Krafft 点的影响因素研究得比较少，但基本与浊点的影响因素类似。Krafft 点大小与表面活性剂结构和浓度有关，并且受添加剂的影响较大。

第四节　农用表面活性剂

一、乳化剂

乳化剂是助剂的一种，是制备乳状液并赋予它一个最低稳定度所用的物质，其基本作用是将原本互不相溶的两种液体，在乳化剂存在下使其中一种液体容易形成很小的液珠，均匀地分散在另一种液体中。液珠的直径一般大于 0.1μm，此种体系皆有一个最低的稳定度，这个稳定度可因助剂或固体粉末的存在而显著增加。

乳化剂有非离子、阴离子、阳离子和两性离子型四大类，在农药领域具有重要用途的主要是非离子型和阴离子型。农用乳化剂一般都是根据被乳化对象的性质，用各种乳化剂单体调配而成，以阴/非离子型复配乳化剂为主。本节重点介绍了常用的农用乳化剂：

（一）非离子型乳化剂

非离子型乳化剂是指在水溶液中不能电离而起乳化作用的助剂，起乳化作用的是整个分子或分子群体，按亲水基和亲油基在分子中连接的化学键分类，分为醚型、酯型、端羟基封闭型和其他结构四大部分。

1．醚型非离子乳化剂

(1) 烷基酚聚氧乙烯(聚氧丙烯)醚类。主要品种有壬基酚聚氧乙烯醚、辛基酚聚氧乙烯醚、辛基酚壬基酚聚氧乙烯-聚丙乙烯醚及环己基酚聚氧乙烯聚氧丙烯醚等。

① 壬基酚聚氧乙烯醚（简称 NP 或 NPE），主要产品性能见表 3-5，其结构式如下：

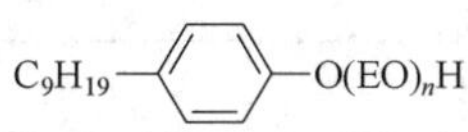

表 3-5　壬基酚聚氧乙烯醚主要产品性能

产品型号	外观（20℃）	pH 值[①]	浊点[①]/℃	HLB 值
NP-4	微黄色油状液体	5～7	—	8.1
NP-7	微黄色油状液体	5～7	>25	10.8
NP-9	微黄色油状液体	5～7	>58	12.6
NP-10	微黄色黏稠液体	5～7	>61	13.3
NP-15	微黄色软膏状物	5～7	>95	15.1
NP-50	白色蜡状固体	6～8	100	—

续表

产品型号	外观（20℃）	pH值①	浊点①/℃	HLB值
NP-70	白色蜡状固体	6～8	100	—
NP-100	白色蜡状固体	6～8	100	—
NP-150	白色蜡状固体	6～8	100	—

注：①1%水溶液。

② 辛基酚聚氧乙烯醚（简称OP），其主要产品性能见表3-6，结构式如下：

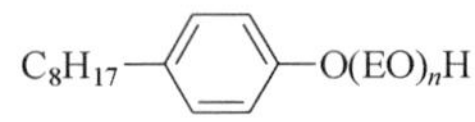

表3-6　辛基酚聚氧乙烯醚主要产品性能

产品型号	外观（20℃）	水分含量/%	pH值①	浊点①/℃	HLB值
OP-3	浅黄色油状液体	≤0.5	8～8.5	—	4～5
OP-6	浅黄色油状液体	≤0.5	5～7	25～35	10.9
OP-10	浅黄色黏稠物	≤0.5	5～7	65～70	14.5
OP-20	浅黄色膏状物	≤0.5	5～7	100	16.0
OP-30	白色至浅黄色蜡状物	≤0.5	5～7	114	17.1

注：①1%水溶液。

③ 仲辛基酚聚氧乙烯醚（TX或SOPE），其主要产品性能见表3-7，结构式如下：

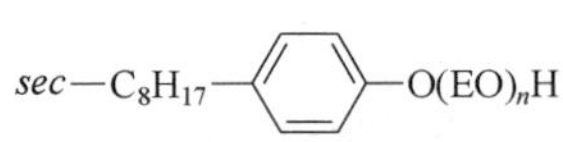

（一般$n<15$）

表3-7　仲辛基酚聚氧乙烯醚主要产品性能

产品型号	外观（20℃）	pH值①	浊点①/℃	HLB值
TX-4	浅黄色油状物	6～7	—	5.0
TX-6	浅黄色液体	6～8	—	10.9
TX-7	茶黄色油状液体	6～7	30	12.0
TX-10	茶黄色糊状物	6～7	65	14.5
TX-15	茶黄色软膏体	6～7	75	15.0
TX-20	浅黄色固体	6～7	80	16.0

注：①1%水溶液。

④ 双丁基酚聚氧乙烯醚、三丁基酚聚氧乙烯醚，结构式如下：

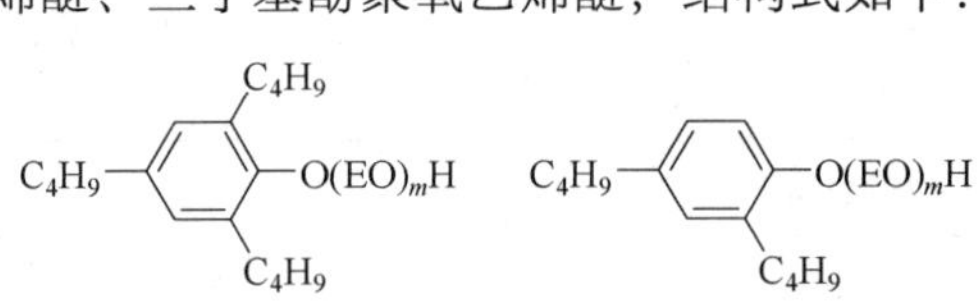

（一般$m<15$）

⑤ 辛（壬）基酚聚氧乙烯聚氧丙基烯醚，结构式如下：

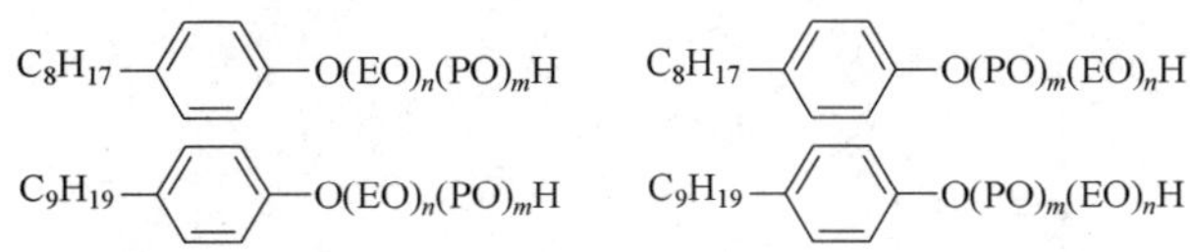

举例如下：

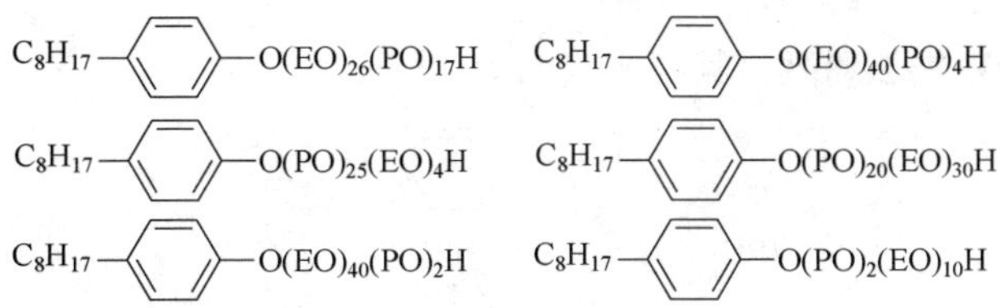

⑥ 环己基酚聚氧乙烯聚氧丙烯醚，结构式如下：

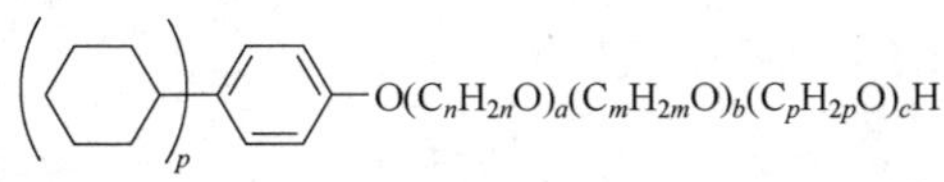

(p＝1，2，3；m或n＝2或3；a、b、c为不小于0的整数)

（2）苄基酚聚氧乙烯醚类。主要品种有二苄基酚聚氧乙烯醚、三苄基酚聚氧乙烯醚、二苄基枯基酚乙烯醚、二苄基联苯酚聚氧乙烯醚、苄基烷基酚聚氧乙烯醚及苄基萘酚聚氧乙烯醚、苄基联苯酚聚氧乙烯聚氧丙烯醚、苄基酚聚氧乙烯聚氧丙烯醚等。

① 二苄基酚聚氧乙烯醚、三苄基酚聚氧乙烯醚　农乳 BP 结构式如下：

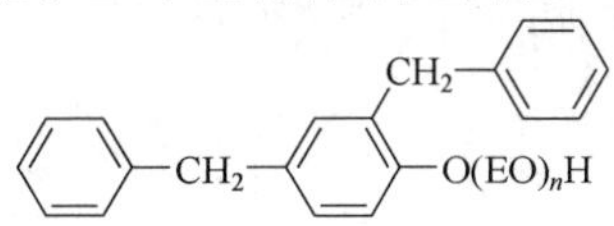

(n＝12～18)

梧乳 BP 结构式如下：

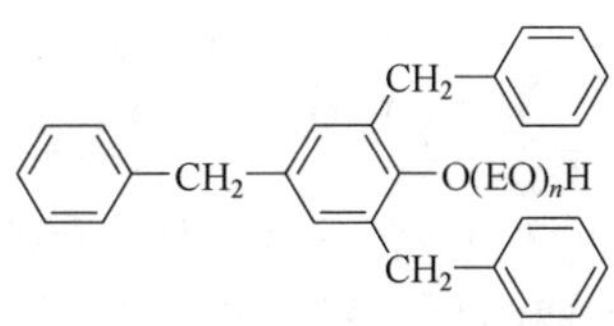

(n＝10～25)

② 二苄基枯基酚聚氧乙烯醚　农乳 BC 系列主要产品性能见表 3-8，结构式如下：

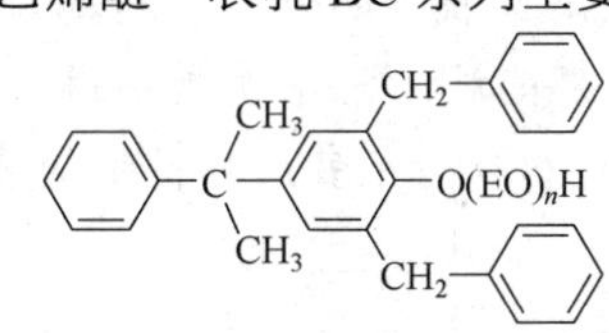

(n＝10～25)

表 3-8　二苄基枯基酚聚氧乙烯醚主要产品性能

产品型号	外观（20℃）	水分/%	pH 值①	浊点①/℃	HLB 值
BC-9	淡棕色油状液体	≤0.5	5～7	—	10.2
BC-16	淡棕色膏状物	≤0.5	5～7	70.0	12.8
BC-17	淡棕色膏状物	≤0.5	5～7	70.5	13.1
BC-19	淡棕色膏状物	≤0.5	5～7	78.5	13.6
BC-21	淡黄棕色膏状物	≤0.5	5～7	88.0	14.1
BC-25	淡黄棕色蜡状物	≤0.5	5～7	93.5	14.8

注：①1%水溶液。

③ 二苄基联苯酚聚氧乙烯醚，农乳 300 号结构式如下：

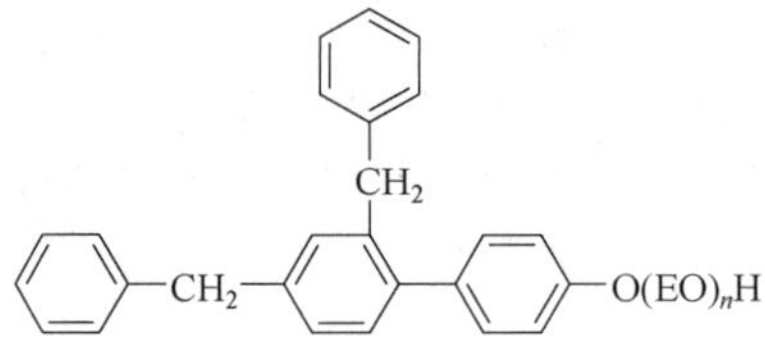

($n = 10 \sim 25$)

④ 苄基烷基酚聚氧乙烯醚，其结构式如下：

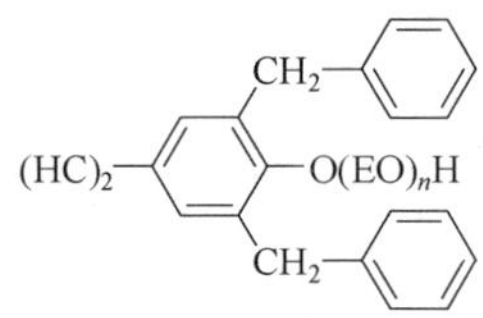

($n = 10 \sim 25$)

⑤ 苄基萘酚聚氧乙烯醚，其结构式如下：

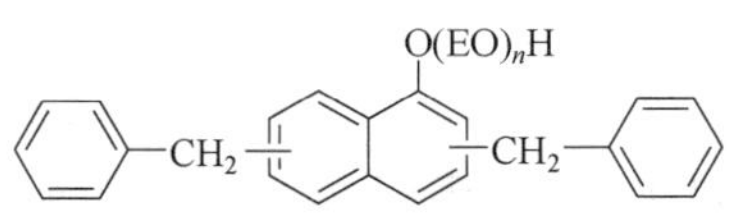

($n = 10 \sim 25$)

⑥ 苄基联苯酚聚氧乙烯聚氧丙烯醚，其结构式如下：

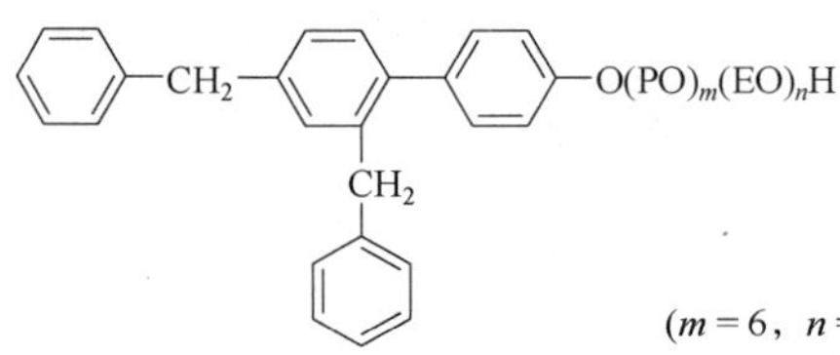

($m = 6$，$n = 24 \sim 28$)

⑦ 苄基酚聚氧乙烯聚氧丙烯醚，其结构式如下：

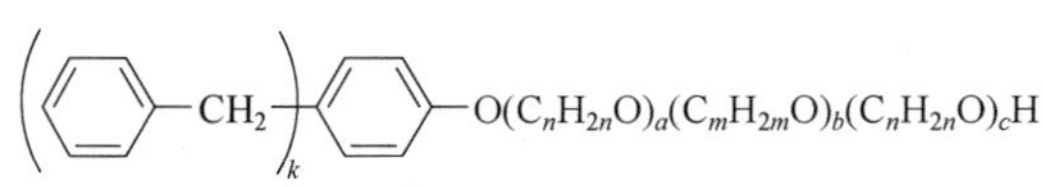

(n和m为2或3，a、b、c为不小于0的整数，$k = 2$或3)

(3) 苯乙烯基酚聚氧乙烯醚类。主要品种包括三苯乙烯基酚聚氧乙烯醚、二苯乙烯基枯基酚聚氧乙烯醚、三苯乙烯基酚聚氧乙烯聚氧丙烯醚、苯乙基酚聚氧乙烯醚、苯乙基异丙苯基酚聚氧乙烯醚、苯乙基联苯酚聚氧乙烯醚和苯乙基萘酚聚氧乙烯醚等。

① 三苯乙烯基酚聚氧乙烯醚。农乳 600 号主要产品性能见表 3-9，结构式如下：

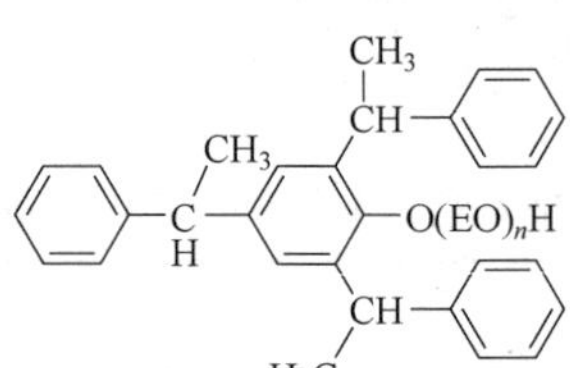

($n = 20 \sim 27$)

表 3-9　农乳 600 号产品性能

环氧乙烷（EO）加成数（n）	外观（20℃）	浊点/℃	HLB 值
20～21	淡黄色流动性黏液	70～75	13.8
24～25	淡黄色软膏状物	80～85	14.5
30～31	淡黄色蜡状物	95～100	15.3

② 二苯乙烯基苯酚聚氧乙烯醚。农乳 BS 主要产品性能见表 3-10，结构式如下：

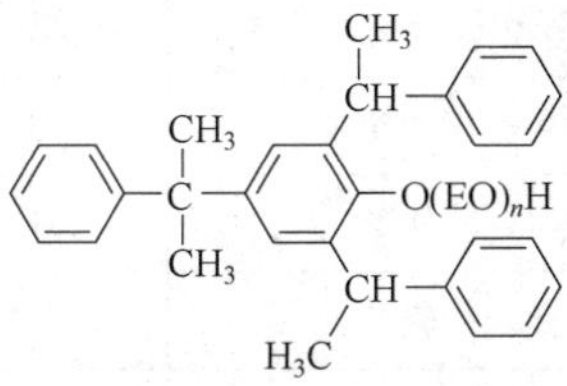

$(n=10\sim25)$

表 3-10 农乳 BS 的聚合度与浊点的关系

聚合度[EO/中间体（质量比）]	浊点/℃
1.7/1	50.0
2.0/1	70.0
2.6/1	82.0
3.0/1	89.0
3.5/1	96.0
4.0/1	86(5%$CaCl_2$)

③ 苯乙基联苯酚聚氧乙烯醚，其结构式如下：

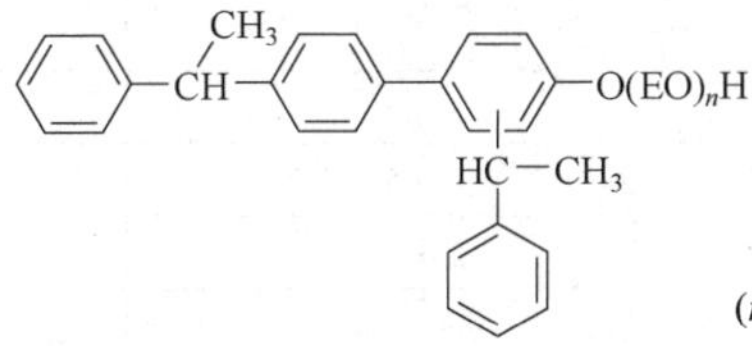

$(n=10\sim30)$

④ 苯乙基萘酚聚氧乙烯醚，其结构式如下：

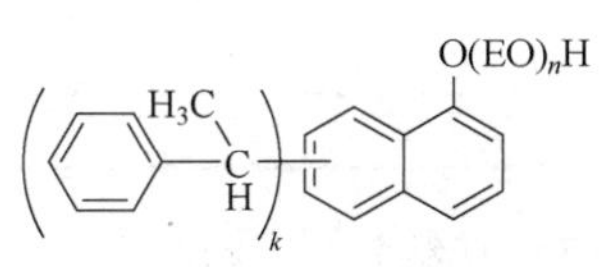

$(k=1，2，3；n=10\sim50)$

⑤ 三苯乙烯基酚聚氧乙烯聚氧丙烯醚 农乳 1601 号属于 EPE 型乳化剂，特点是亲水性较强，配成的乳油在水温较高时，乳液稳定性亦可获得满意的结果。农乳 1601 号的主要性能见表 3-11。其结构式如下：

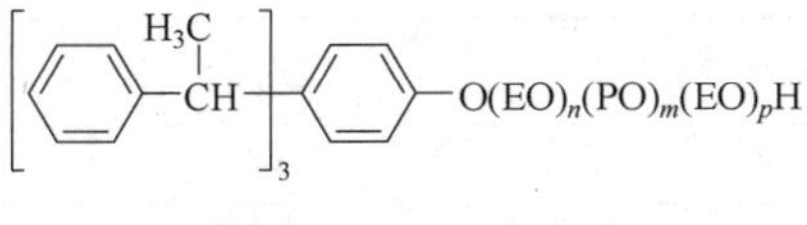

表 3-11 农乳 1601 号主要性能

EPE 化合物	外观	浊点/℃	折射率
$AO(EO)_{36.5}(PO)_3(EO)_{10}H$	淡黄色，可流动液	77	1.4915
$AO(EO)_{20}(PO)(EO)_5H$	淡黄色，蜡状	81～81.5	1.4972～1.4975
$AO(EO)_{20}(PO)_3(EO)_5H$	淡黄色，可流动液	72～74	1.4935
$AO(EO)_{20}(PO)_5(EO)_5H$	淡黄色，可流动液	65	1.4895
$AO(EO)_{20}(PO)_7(EO)_5H$	淡黄色，可流动液	60.5	1.4865

续表

EPE 化合物	外观	浊点/℃	折射率
$AO(EO)_{20}(PO)_3(EO)_5H$	淡黄色，可流动液	75～76	1.4935
$AO(EO)_{25}(PO)_3(EO)_5H$	淡黄色，软膏	81～83	1.4890～1.4895
$AO(EO)_{20}(PO)_5(EO)_5H$	淡黄色，软膏	72	1.4868
$AO(EO)_{30}(PO)_3(EO)_5H$	淡黄色，蜡状	87～88	—

注：AO 指烷基酚起始剂烯丙醇；EO 代表环氧乙烷的聚合链段；PO 代表环氧丙烷的聚合链段。

农乳 1602 号和宁乳 32 号均属于 PEP 型乳化剂，共同特点是亲油性相对较强，配成的乳油在水温较低时，其乳化性能和乳液稳定性均可获得满意的结果。农乳 1602 号的主要性能见表 3-12。其结构式如下：

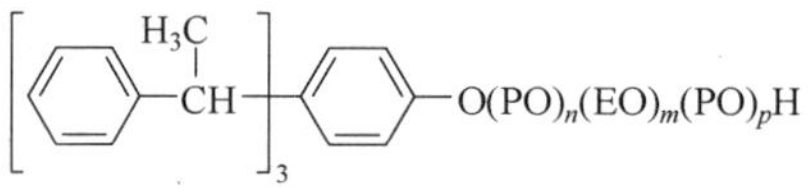

表 3-12　农乳 1602 号的主要性能

PEP 化合物	浊点/℃	折射率
$AO(PO)_3(EO)_{25}(PO)H$	82.5	1.4925
$AO(PO)_3(EO)_{25}(PO)_3H$	74.5	1.4890
$AO(PO)_3(EO)_{25}(PO)_5H$	68	1.4850
$AO(PO)_3(EO)_{20}(PO)H$	60～61	—
$AO(PO)_5(EO)_{25}(PO)_3H$	70～73	1.4860～1.4870
$AO(PO)_3(EO)_{30}(PO)_3H$	80～81	1.4840
$AO(PO)_3(EO)_{30}(PO)_5H$	73	1.4812

宁乳 32 号的主要性能见表 3-13。其结构式如下：

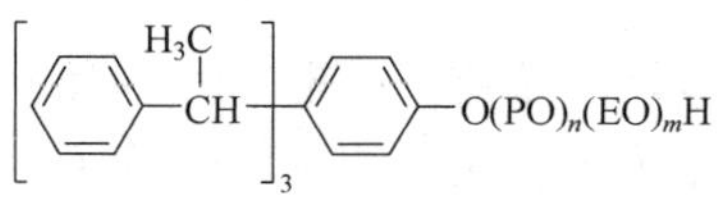

表 3-13　宁乳 32 号主要性能

PE 化合物	浊点/℃	折射率
$AO(PO)_3(EO)_{20}H$	63～64	1.4962
$AO(PO)_5(EO)_{30}H$	94～95	1.4875
$AO(PO)_3(EO)_{28}H$	81	1.4864

⑥ 苯乙基联苯酚聚氧乙烯聚氧丙烯醚，其结构式如下：

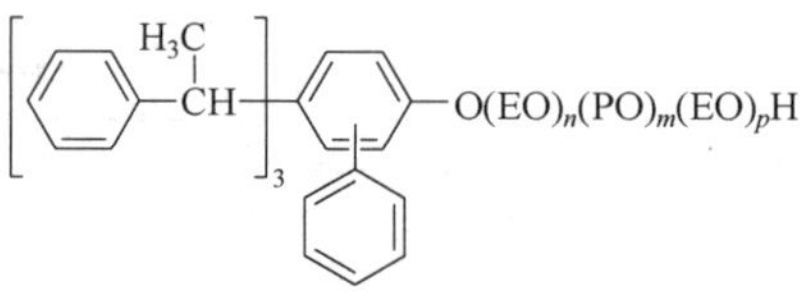

⑦ 苯乙基萘酚聚氧丙烯聚氧乙烯醚，其结构式如下：

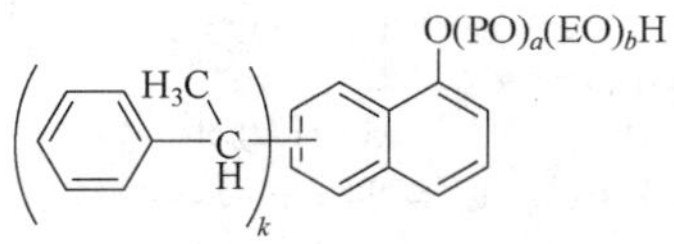

($k=1, 2, 3$；a、b为不小于0的整数)

(4) 脂肪醇聚氧乙烯醚类　脂肪醇聚氧乙烯醚是非离子型助剂中发展最快、用量较大的一个品种，其亲油基和亲水基分别由具活泼氢的脂肪醇和环氧乙烷聚合而来，是环氧乙烷加成数不同的多种脂肪醇聚氧乙烯醚的混合物。作为乳化剂应用最多的是 C_{12}～C_{18} 脂肪醇聚氧乙烯醚。

脂肪醇聚氧乙烯醚类乳化剂的稳定性较高，与烷基苯酚聚氧乙烯醚相比，较易生物降解，也比脂肪酸聚氧乙烯酯的水溶性好，并且具有较好的润湿性能。

① AEO 系列：$RO(CHZCH_2O)_nH$，$R=C_{12}$～C_{14}。根据环氧乙烷（EO）的数量可分为 AEO_3、AEO_4、AEO_7、AEO_8、AEO_9、AEO_{20} 等。随环氧乙烷加成物质的量的增加，产品从液态变为固态，并且水溶性增强，HLB 值约为 5，pH 中性。

② JFC 系列：$RO(CH_2CH_2O)_nH$，$R=C_8$～C_{10}，$n=4$～6，具有良好的渗透分散效果。

③ 平平加系列：$RO(CH_2CH_2O)_nH$，$R=C_{16}$～C_{18}，$n=10$～30，具有较好的乳化、分散、洗涤及良好的湿润性能，对硬水、酸碱稳定。平平加系列乳化剂产品及性能见表 3-14。

表 3-14　平平加系列乳化剂产品及性能

产品型号	化学名称	外观	pH 值	浊点/℃	HLB 值
平平加 O-8	C_{12}～C_{18} 脂肪醇聚氧乙烯（8）醚	白色到微黄色膏状体	7±0.5	＞50	14.5
平平加 O-9	C_{12}～C_{18} 脂肪醇聚氧乙烯（9）醚	白色到微黄色膏状体	7±0.5	68±5	14.5
平平加 O-10	C_{12}～C_{18} 脂肪醇聚氧乙烯（10）醚	白色到微黄色黏稠液体或糊状物	6～7	60～70	13
平平加 O-15	C_{12}～C_{18} 脂肪醇聚氧乙烯（15）醚	白色膏状物	5～7	95	14. 5
平平加 O-25	C_{12}～C_{18} 脂肪醇聚氧乙烯（25）醚	乳白色到淡黄色蜡状固体	5～7	≥85	14. 5
平平加 O-35	C_{12}～C_{18} 脂肪醇聚氧乙烯（35）醚	乳白色膏状物	7±0. 5	≥80	14. 5

(5) 脂肪胺、脂肪酰胺的环氧乙烷加成物类　主要包括脂肪胺聚氧乙烯醚、脂肪酰胺的环氧乙烷加成物和季铵盐烷氧化物等。

① 脂肪胺聚氧乙烯醚。又称烷基胺聚氧乙烯醚。此类助剂具有阳离子助剂的性质，但随着环氧乙烷碳链个数的增加逐渐体现出非离子助剂的性质。也会根据 pH 值不同显示不同的离子性质，碱性或中性介质中呈非离子型，而在酸性介质中呈阳离子型。

脂肪胺聚氧乙烯醚以其弱阳离子特性使之在羊毛染色和农药乳油配方中用途广泛，它能用作毛发润湿剂和抗菌除臭剂，也可用于促进水溶性组分的吸收、渗透和附着等。

脂肪胺聚氧乙烯醚有两种基本结构单位：

a．C_8～C_{22} 脂肪胺聚氧乙烯醚

$$RNH(CH_2CH_2O)_nH$$

($R=C_8$～C_{22} 烷基链，$n=2$～30)

b．C_{16}～C_{18} 脂肪胺二聚氧乙烯醚

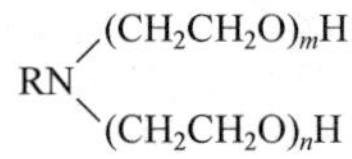

($R = C_{16}$～C_{18}烷基链，$n+m=17$～23)

② 聚氧乙烯烷基酰醇胺或脂肪酰胺的环氧乙烷加成物。其优点是有优良的水溶性与洗涤性，易产生稳定的泡沫；水溶液黏度较大，可用作增黏剂。可加少量于洗涤剂配方中作为稳泡剂，也可用作乳化剂、防锈剂，以及干洗皂等。

此类助剂比脂肪酸聚氧乙烯酯耐水解（特别是在碱性溶液中），稳定性较好。有两种基本结构单位：

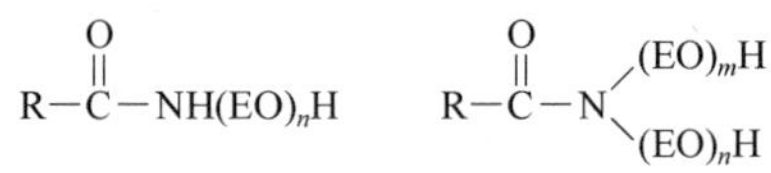

③ 季铵盐烷氧化物乳化剂的结构式如下：

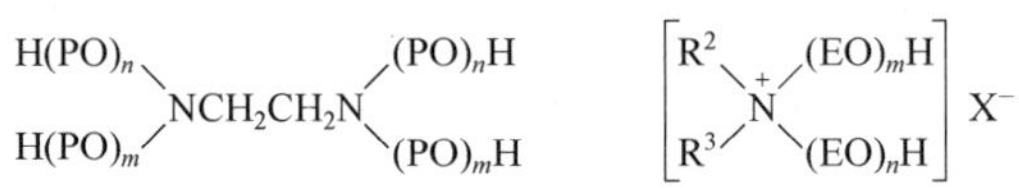

$X^- = Cl^-$

2．酯型非离子乳化剂

（1）脂肪酸聚氧乙烯酯$[RCOO(C_2H_4O)_nH]$　是脂肪酸与环氧乙烷的加成物，也可以与聚乙二醇酯化而得。用不同分子量的聚乙二醇，即可得到不同氧乙基数的酯。脂肪酸聚氧乙烯酯分子中有酯基，在酸、碱性热溶液中皆易水解，不如亲油基与亲水基以醚键结合的助剂稳定，脂肪酸聚氧乙烯酯的起泡性较差，但具有较好的乳化性能。脂肪酸环氧乙烷加成物有两种基本结构单体：单酯 $RCO(EO)_nH$ 和双酯 $RCO(EO)_nOOCR$，通常产品是两者的混合物。

作为乳化剂应用较多的是 C_{12}～C_{18} 脂肪酸聚氧乙烯酯，常见的有硬脂酸和油酸聚氧乙烯酯。产品外观为淡棕色黏稠物，HLB 值 9.5～10.0，常用作 W/O 型乳化剂，其结构式如下：

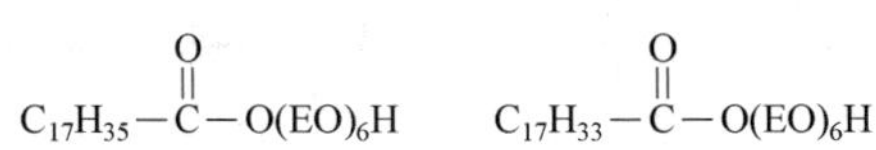

（2）蓖麻油环氧乙烷加成物及其衍生物

① 蓖麻油环氧乙烷化物，其主要产品及性能见表 3-15，结构式如下：

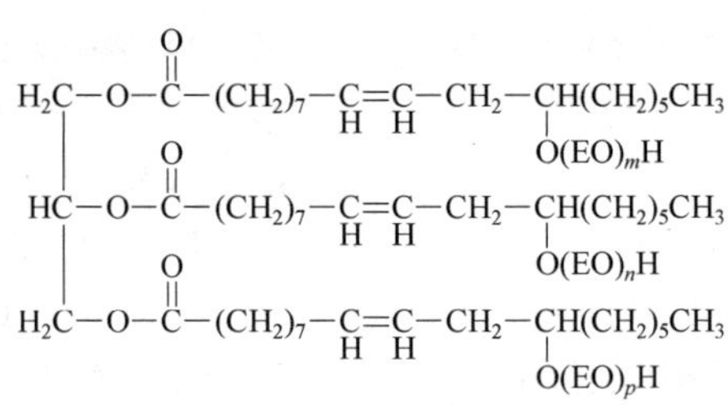

式中，$m+n+p=10$，20，30，40，50，100，200。国内统称为 By（EL）乳化剂。

表 3-15　蓖麻油环氧乙烷化物的主要产品及性能

产品型号	外观（20℃）	pH 值[①]	浊点[①]/℃	HLB 值
EL-10	淡黄色透明液体	6～7	—	6.7
EL-20	淡黄色黏稠液体	6～7	＜30	10

续表

产品型号	外观（20℃）	pH 值[①]	浊点[①]/℃	HLB 值
EL-30	黄色透明黏稠状液体	—	45	12
EL-40	淡黄色黏稠至膏状物	6～8	≥85	13
EL-80	淡黄色膏状物	5～7	63	14.4
EL-90	淡黄色蜡状固体	6～8	≥90	15.8
EL-100	淡黄色蜡状固体	6.5～7.5	66	16.5
EL-130	浅黄色膏状物	—	84～88	—

注：①1%水溶液。

② 蓖麻油环氧乙烷化物衍生物，其结构式如下：

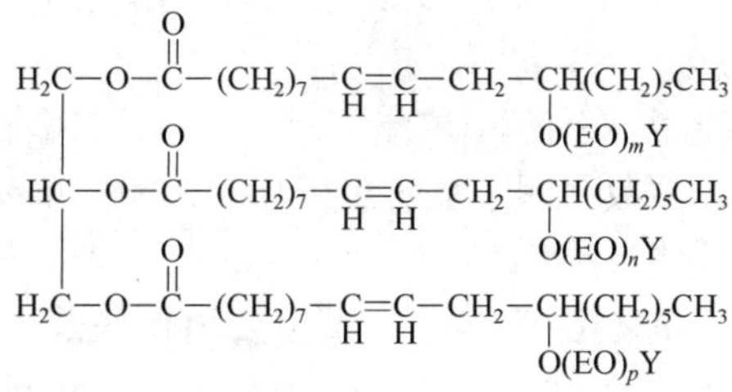

式中，Y 是卤素或 OR^2，R^2 是低碳数的烷基、苯基、甲苯基、苄基、C_1～C_{18} 羧基残基、乙酰基、*N*-烷基或 *N*-苯基氨基甲酸酯；$m+n+p=18$～180，用于水敏感性农药的乳化剂，如敌敌畏、二嗪农。

（3）松香酸环氧乙烷加成物及类似物　以松香为亲油基原料的环氧乙烷化物。结构式如下：

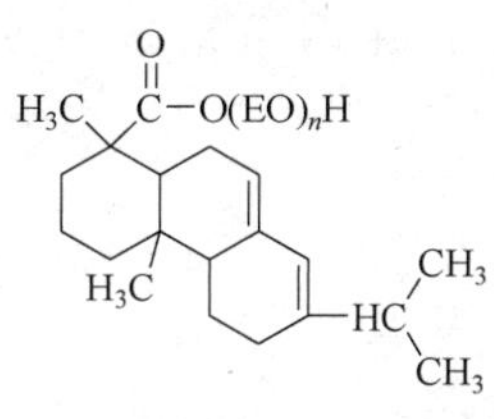

($n=10$～12)

（4）多元醇脂肪酸酯及其环氧乙烷加成物　多元醇脂肪酸酯及其环氧乙烷加成物，除具有一般非离子助剂的良好表面活性外，还有无毒性的特点，故还常应用于食品工业和医药工业中。主要是脂肪酸与多羟基物作用而生成的酯，常见的有甘油酯、聚甘油酯、糖酯及失水山梨醇酯。

① 甘油为基本原料的乳化剂。甘油单油酸（硬脂酸）酯结构式如下：

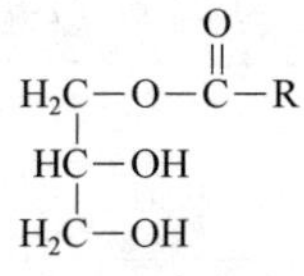

($R=C_{17}H_{33}$或$C_{17}H_{35}$)

② 三聚甘油单硬脂酸酯，其结构式如下：

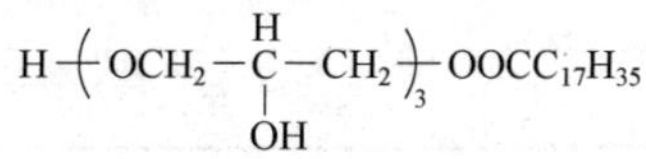

③ 糖脂。主要有甲基葡萄糖酐硬脂酸酯（MS）及其环氧乙烷加成物（MSE）、木糖醇酐单油酸酯（LM-102）、木糖醇酐单硬脂酸酯（LS-60M）以及蔗糖脂肪酸酯。

甲基葡萄糖酐硬脂酸酯结构式如下：

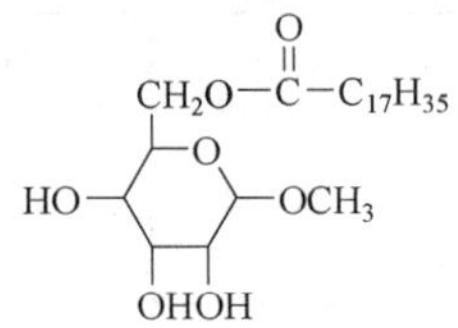

a．MS 的外观为淡黄色片状物，HLB 值为 6.0，用作 W/O 型乳化剂。

b．MSE 外观为淡黄色蜡状物，浊点＞70℃，HLB 值为 15.0，用作 O/W 型乳化剂。

c．木糖醇酐单油酸酯（LM-102）和木糖醇酐单硬脂酸酯（LS-60M）可分别用作 W/O 和 O/W 乳化剂，具有很好的乳化分散力。木糖醇酐单硬脂酸酯与环氧乙烷加成得到的聚氧乙烯木糖醇酐单硬脂酸酯（LT-60M），水溶性大大增强（包括硬水、稀酸和稀碱），具有乳化、润湿、渗透和分散作用。

d．蔗糖脂肪酸酯易溶于乙醇及丙酮，单酯可溶于热水，二酯和三酯难溶于水，有很好的降低表（界）面张力、乳化、分散、润湿及防止析晶的性能。单酯含量越高，亲水性越强；二酯和三酯含量多，则有较好的亲油性。

蔗糖单月桂酸酯、蔗糖单棕榈酸酯溶于水，主要用作医药工业乳化剂、分散剂、增溶剂、增稠剂及稳定剂。蔗糖单硬脂酸酯主要用于食品工业，也可用作农药乳化剂、分散剂及展着剂。

④ 失水山梨醇酯。主要有失水山梨醇酐脂肪酸酯（Span 系列）及其环氧乙烷加成物（Tween 系列）。Span 系列和 Tween 系列乳化剂的性质及外观见表 3-16。

Span-60 结构式如下：

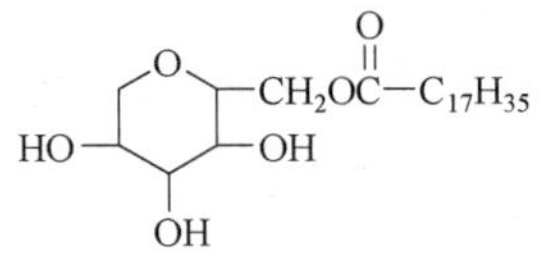

Tween-60 结构式如下：

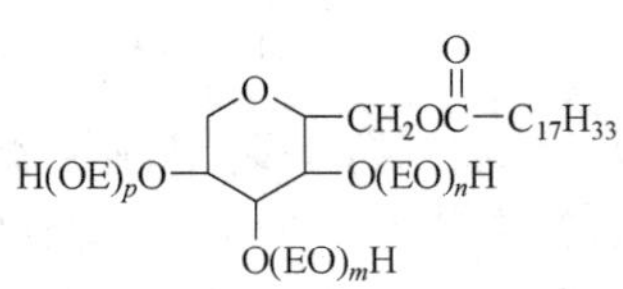

表 3-16　Span 系列和 Tween 系列乳化剂的性质及外观

产品型号	化学名称	外观	HLB 值	熔点/℃
Span-20	失水山梨醇单月桂酸酯	琥珀色至棕褐色油状液体	8.6	14～16
Span-40	失水山梨醇单棕榈酸酯	黄褐色蜡状物	6.7	45±3
Span-60	失水山梨醇单硬脂酸酯	棕黄色蜡状物或米黄色层状物	4.7	43～53
Span-65	失水山梨醇三硬脂酸酯	白至淡黄色蜡状物	2.1	53±3
Span-80	失水山梨醇单油酸酯	琥珀色至棕色黏稠液体	4.3	—

续表

产品型号	化学名称	外观	HLB值	熔点/℃
Span-85	失水山梨醇三油酸酯	琥珀色至棕褐色油状液体	1.8	—
Tween-20	聚氧乙烯（20）失水山梨醇单月桂酸酯	黄色至琥珀色油状液体	16.7	—
Tween-21	聚氧乙烯（4）失水山梨醇单月桂酸酯	琥珀色油状液体	13.3	—
Tween-40	聚氧乙烯（20）失水山梨醇单棕榈酸酯	琥珀色油状液体	15.6	—
Tween-60	聚氧乙烯（20）失水山梨醇单硬脂酸酯	黄色至琥珀色膏状体	14.9	—
Tween-65	聚氧乙烯（20）失水山梨醇三硬脂酸酯	黄色蜡状固体或琥珀色半胶态油状物	10.5	27～31
Tween-80	聚氧乙烯（20）失水山梨醇单油酸酯	浅黄色至琥珀色油状黏稠液体	15	—

3．端羟基封闭型非离子乳化剂

指聚氧乙烯醚链或聚氧丙烯链的端羟基被化学性质不活泼的元素或基团取代所形成的非离子型乳化剂。

（1）具有对称结构的封端非离子乳化剂

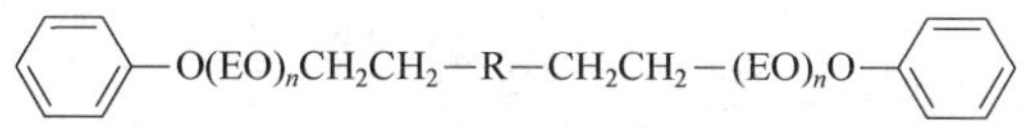

式中R为，$-OOC(CH_2)_mCOO-$、$-OOC-CH=CH-COO-$或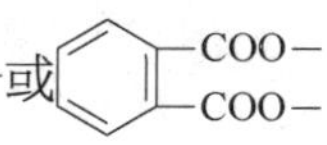

（2）具不对称结构的封端非离子乳化剂

① 非离子是环氧乙烷加成物。

a．由烷氧基、羧酸基等封端的：

b．由氨基甲酸酯封端的：

$$(R)_mArO(EO)_nH + R'NCO \longrightarrow (R)_mArO(EO)_n\overset{O}{\overset{\|}{C}}-NHR'$$

c．由二氨基甲酸酯封端的：

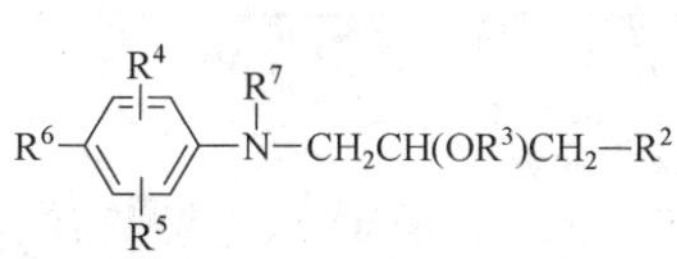

② 非离子是环氧乙烷和环氧丙烷加成物。

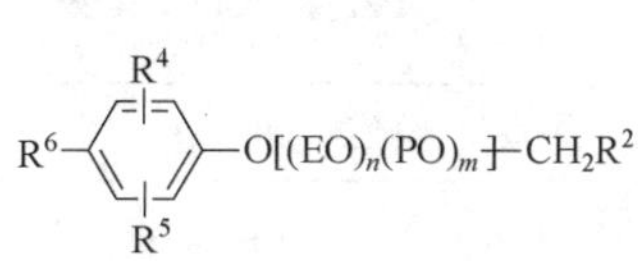

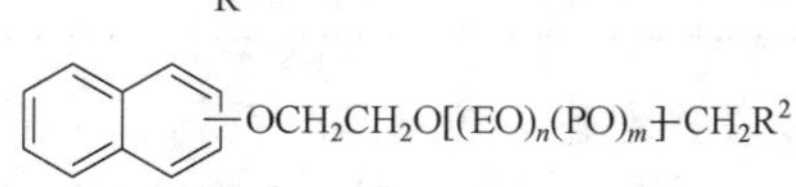

4．其他结构类型的非离子乳化剂

（1）烷基酚、芳基酚、烷芳基酚或烷基酚聚氧乙烯醚或聚氧乙烯聚氧丙烯醚甲醛缩合物。

① 烷基酚甲醛树脂聚氧乙烯醚，农乳 700 号结构式如下：

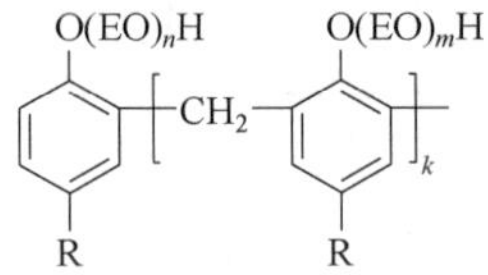

(R = C_8～C_9烷基，*m*、*n*、*k*为不小于0的整数)

② 芳基酚聚氧乙烯醚甲醛缩合物，其结构式如下：

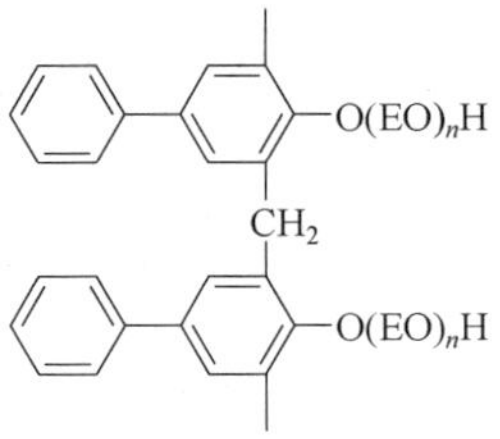

③ 芳烷基酚聚氧乙烯醚甲醛缩合物，其结构式如下：

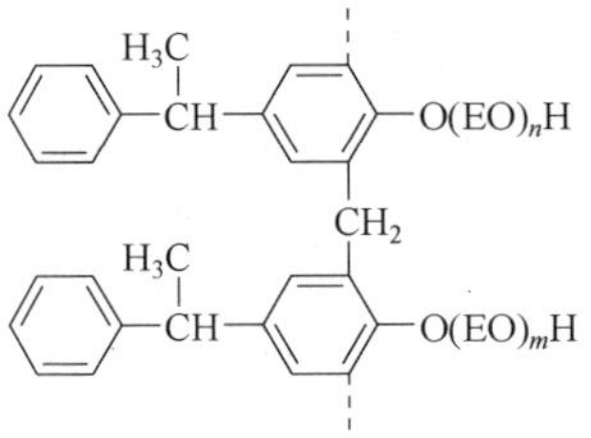

(*n*、*m*为10～25)

④ 苯乙烯基苯酚甲醛树脂聚氧乙烯醚及其衍生物。

宁乳系列乳化剂性能见表 3-17，宁乳 700 号结构式如下：

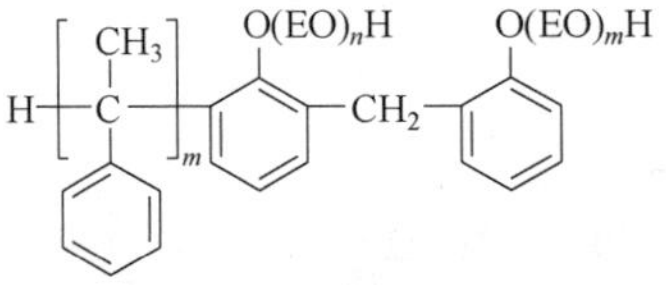

表 3-17　宁乳系列乳化剂的性能

产品型号	化学名称	外观	HLB 值	pH 值	浊点/℃
宁乳 33	苯乙烯基苯酚甲醛树脂聚氧乙烯聚氧丙烯嵌段型聚醚	黄色或棕黄色黏稠液体	13.5～14.5	5～7	76±2
宁乳 34	苯乙烯苯酚甲醛树脂聚氧乙烯聚氧丙烯嵌段型聚醚	黄色或棕黄色黏稠液体	13.5～14.5	5～7	76±2
宁乳 37	苯乙烯基苯酚甲醛树脂聚氧乙烯醚	黄色或棕色黏稠液体	14.0～15.0	5～7	80±2
宁乳 700	苯乙烯苯酚甲醛树脂聚氧乙烯醚	黄色或棕黄色黏稠液体	—	5～7	80±2

（2）聚氧乙烯聚氧丙烯嵌段共聚物。Pluronic 系列乳化剂，其结构式为 $RO(C_2H_4O)_a$-$(C_3H_6O)_b(C_2H_4O)_c H$，可作为可湿性粉剂、水悬剂、干胶悬剂和水分散粒剂等剂型的助剂，属于多功能助剂。Pluronic 系列乳化剂性质见表 3-18。

表 3-18　Pluronic 系列乳化剂性质

产品型号	分子量	外观	浊点/℃	HLB 值	表面张力（0.1%水溶液）/（mN/m）
Pluronic 10 R 5	1970	液体	69	21	50.9
Pluronic 10 R 8	5000	片状固体	99	33	54.1
Pluronic 17 R 1	1950	液体	32	4.0	33.0
Pluronic 17 R 4	2700	液体	232.2	16.0	44.1
Pluronic 17 R 8	7500	片状固体	81	32.0	47.3
Pluronic 25 R 1	2800	液体	28	2.3	36.3
Pluronic 25 R 4	3800	液体	40	14.3	40.9
Pluronic 25 R 5	4500	膏体	44	18.3	43.5
Pluronic 25 R 8	9000	片状固体	80	30.3	46.1
Pluronic F 38	5000	颗粒	＞100	30.5	52.5
Pluronic F 68	8350	颗粒	＞100	29.0	50.3
Pluronic F 68 LF	7560	颗粒	32	—	43.7
Pluronic F 77	6600	颗粒	＞100	24.5	47.0
Pluronic F 87	7700	颗粒	＞100	24.0	44.0
Pluronic F 88	10800	颗粒	＞100	28.0	48.5
Pluronic F 98	13000	颗粒	＞100	22.0	40.6
Pluronic L 31	1100	液体	37	4.5	46.9
Pluronic L 35	1900	液体	77	18.5	48.4
Pluronic L 42	1630	液体	37	8.0	46.5
Pluronic L 43	1850	液体	42	12.0	47.3
Pluronic L 44	2200	液体	65	16.0	45.2
Pluronic L 61	2000	液体	24	3.0	—
Pluronic L 62	2500	液体	32	7.0	42.8
Pluronic L 62 D	2350	液体	35	7.0	43.0
Pluronic L 62 LF	2450	液体	28	6.6	43.0
Pluronic L 63	2650	液体	34	11.0	43.3
Pluronic L 64	2900	液体	61	15.0	43.2
Pluronic L 72	2750	液体	25	6.5	39.0
Pluronic L 92	3650	液体	26	5.5	35.9
Pluronic P 65	3400	膏状物	82	17.0	46.3
Pluronic P 75	4150	膏状物	82	16.5	42.8
Pluronic P 84	4200	膏状物	74	14	42.0
Pluronic P 94	5100	膏体	76	13.5	39.6
Pluronic P 104	5850	膏体	81	13.0	33.1
Pluronic P 105	6500	膏体	91	15	39.1

(3) 烷基糖苷（APG） 是由糖的半缩醛羟基与醇反应所生成的具有缩醛结构的助剂，是一种绿色天然的新型非离子助剂。

APG 表面活性高（表面张力低）、润湿能力强，与其他助剂合用时有明显的协同效应，配伍性能极佳；生物降解性与烷基醇聚氧乙烯醚相似，但在水中的溶解度更大（即使在浓度很高的酸、碱和盐溶液中）；也不在温度升高时出现浊点和胶凝，是新一代的“绿色”产品。

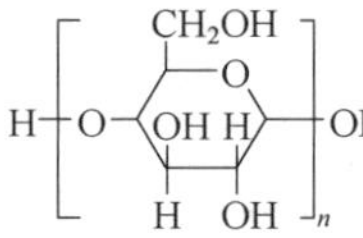

式中，R 为 C_8～C_{10}的烷基；n 为平均聚合度。当 R 中碳原子个数小于 8 时，烷基糖苷的性能较差，而 R 为 C_8～C_{10}时，其性能优良。APG 主要组分的 HLB 值集中于 10～14 之间，随碳原子个数的增加，HLB 值减小；随聚合度的增加，HLB 值增加。所以烷基糖苷的 HLB 值可以根据烷基碳链长度及聚糖单元的数目进行调整，以适合与其他助剂的配伍。

(4) 纤维素类 属于大分子物质一类 降低液体界面张力的能力有限，主要在乳化体系中起辅助作用，增强乳状液的界面膜强度。

① 羟乙基甲基纤维素，性能与甲基纤维素相似，但水溶性更强，也更耐盐，凝集温度更高。可用作乳化剂、助悬剂、崩解剂及包衣材料。

② 羟乙基纤维素，易溶于水，具有增稠、乳化、成膜、稳定胶体等作用。

③ 羟丙基甲基纤维素，在水中溶胀为澄清或微浑浊的胶体溶液，易溶于 70%的乙醇、丙醇，具有良好的分散、增稠、乳化、成膜、保护胶体的作用。

（二）阴离子型乳化剂

阴离子型农药助剂是由离子型的亲水基团和油溶性的亲油基团组成的。在水相或油相中会离解成带电荷的阴离子和阳离子。助剂的分散、乳化、润湿、渗透、悬浮等功能是由带负电荷离子部分或带负电荷离子群体来实现的。分子结构的这种特点决定了大部分阴离子助剂是油溶性的，特别是阴离子乳化剂和分散剂。它们可单独应用，更多的时候是和非离了和/或阴离子组合应用。一般不与阳离子联用，也很少与两性离子助剂联用。

阴离子助剂对硬水、水温的适应性良好，热稳定性、耐气候性、贮运安全方面也好。阴离子型乳化剂有如下特点。

① 溶解度在随温度的增加时有一明显的转折点，即在较低温度时随温度上升变化缓慢，但当温度上升到某一定值时其溶解度迅速增加，转折点温度即为 Krafft 点。阴离子型乳化剂都有 Krafft 点。

② 一般不与阳离子乳化剂配合使用，否则容易生成沉淀。

③ 抗硬水能力差。对硬水的敏感性一般为羧酸盐＞磷酸盐＞硫酸盐＞磺酸盐。

④ 羧酸盐在酸中易析出自由羧酸，硫酸盐在酸中可发生自催化反应而迅速分解，其他类型阴离子乳化剂通常比较稳定。

⑤ 在阴离子基团和碳氢链之间添加聚氧乙烯短链，可显著提高乳化剂的耐盐性及在有机溶剂中的溶解性能，同时也可能会降低生物降解速率。

阴离子助剂分为磺酸盐类、硫酸盐类、磷酸酯盐类等。

1．磺酸盐阴离子乳化剂

包括烷基苯磺酸盐、烷基萘磺酸盐、烷基磺酸盐、双萘磺酸亚甲基盐、脂肪酰 *N*-甲基-牛磺酸盐等。

（1）烷基苯磺酸盐　结构通式为：

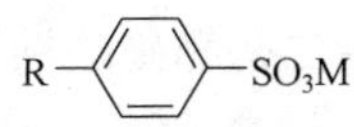

式中，R 为烷烃链；M 为金属离子。烷基苯磺酸盐主要品种有：

a．烷基苯磺酸钙　在农药乳化剂中，应用效果最好、范围最广的阴离子型助剂是十二烷基苯磺酸钙，简称农乳 500 号或钙盐（代号 DBS-Ca）。

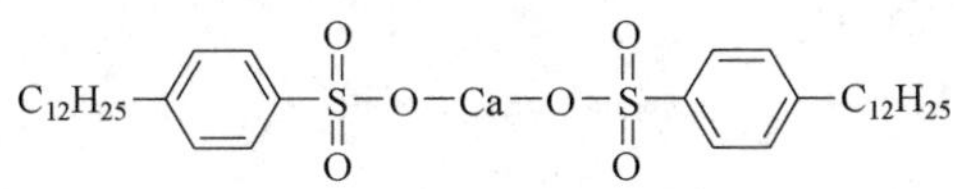

DBS-Ca 为白色或黄色固体，无明显气味，在空气中极易吸潮，不溶于水，易溶于甲醇、乙醇，60%±2%乙醇溶液为橙黄色或棕色透明液体，难溶于水，可溶于苯、甲苯和二甲苯。DBS-Ca 中的烷基有直链和支链之分，直链者称为软型钙盐，支链者称为硬型钙盐。

b．烷基苯磺酸铵盐　代表性品种有十二烷基苯磺酸异丙铵盐、三乙醇铵盐、烷基铵盐和有机芳铵盐，可改进制剂的化学稳定性。

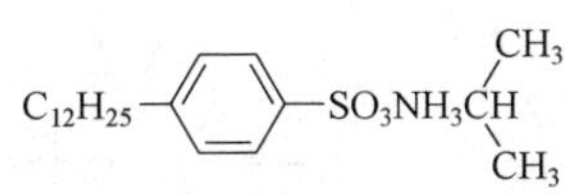

十二烷基苯磺酸异丙铵盐

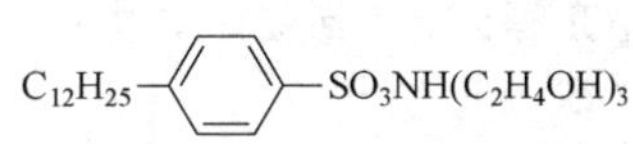

十二烷基苯磺酸三乙醇铵盐

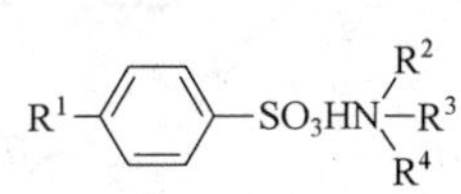

烷基苯磺酸的烷基铵盐

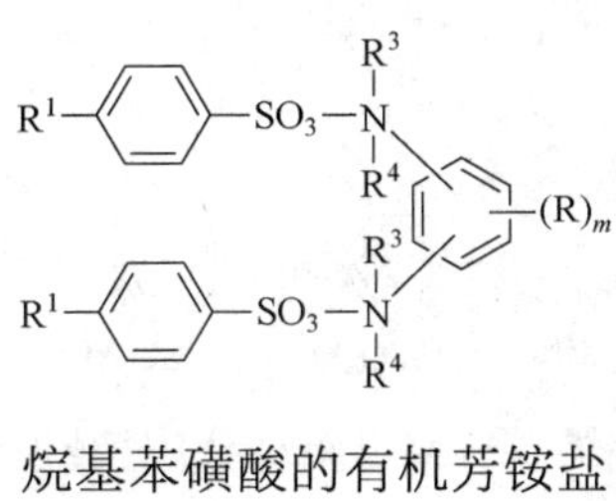

烷基苯磺酸的有机芳铵盐

c．烷基苯磺酸中性盐

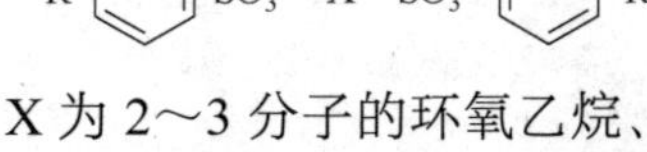

式中，R 为 C_3～C_{18} 烷基；X 为 2～3 分子的环氧乙烷、环氧丙烷、环氧丁烷、乙二胺、二乙基三胺、三乙基四胺等，主要性能是改进 ABS-Ca 的化学稳定性。

（2）烷基磺酸盐　代表性产品有氯代正构烷基磺酸钙和仲链烷基磺酸钙。主要特点是对作物安全，生物降解率较高。

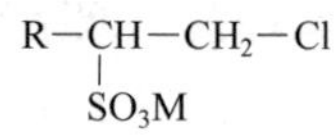
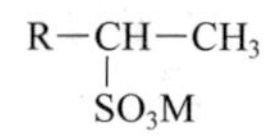

式中，R 为 C_{11}～C_{16} 正构烷烃链，M 为 K、Mg、Ba、Ca 等。

（3）脂肪酸酯磺酸盐　如丁烯二酸二辛酯磺酸钙和丁烯二酸二月桂醇酯磺酸镁。主要特点是渗透性和湿润性较好。

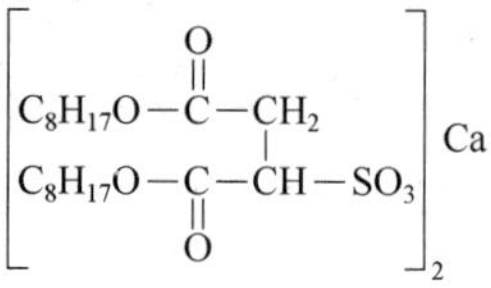
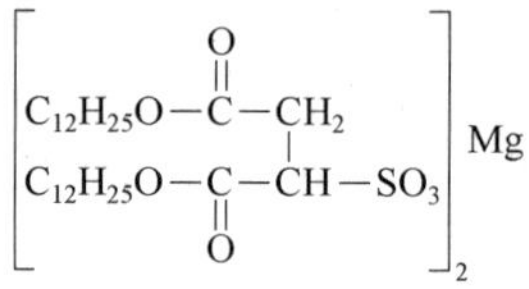

（4）烷基萘磺酸盐　如二丁基萘磺酸钙和二丁基苯磺酸镁，均为油溶性农药乳化剂。产品有乳化剂 2201 等。

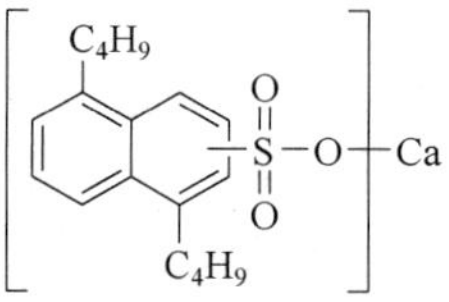

（5）苯乙基酚醚磺酸盐

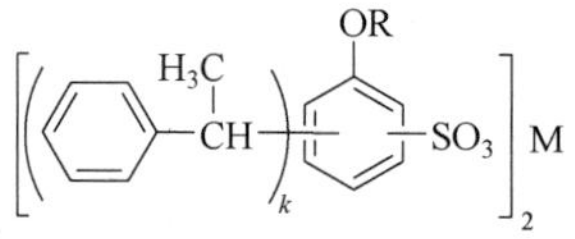

式中，R=C_2H_5、C_4H_9、C_2H_4Cl 等；k=1 或 2，M 为碱土金属。实例有：

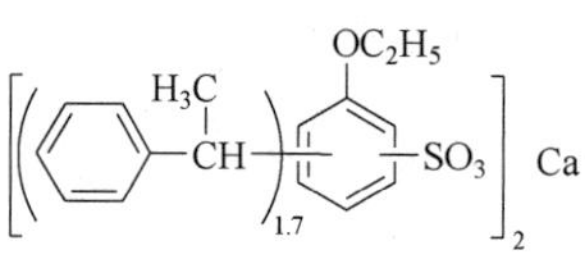
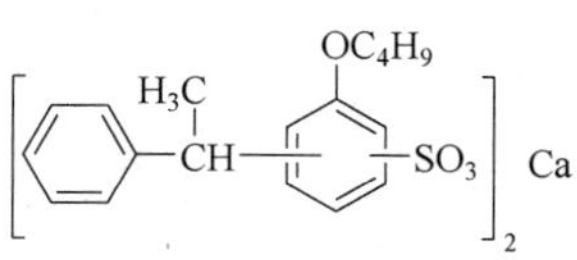
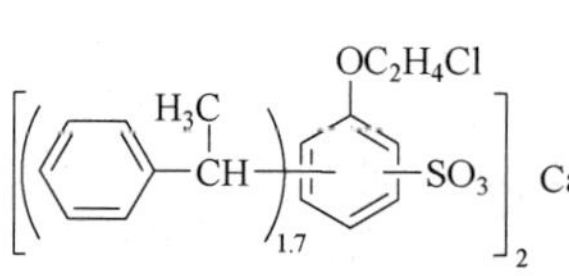
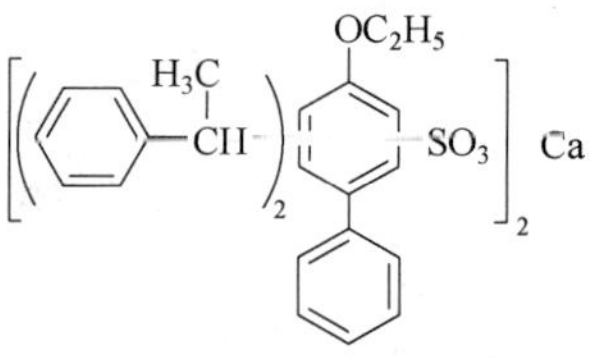

（6）烷基二苯醚磺酸盐

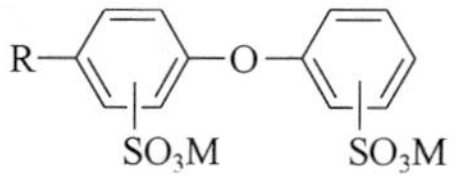

式中，R 为 C_1～C_2 烷基或烷烯基；M 为碱金属、碱土金属、胺或取代铵盐。

（7）脂肪酰胺牛磺酸盐及其类似物

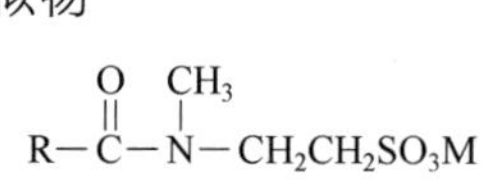

（8）烷氧基聚氧乙烯醚磺酸盐

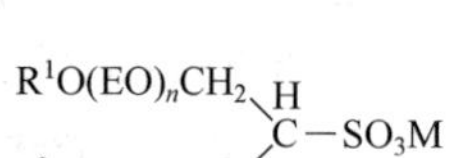

式中，R^1、R^2 是 C_{12}～C_{18} 的烷烃或芳烃；n、m 为 1～10；M 为钙盐或铵盐。

（9）烷基酚聚氧乙烯醚磺基琥珀酸酯二钠

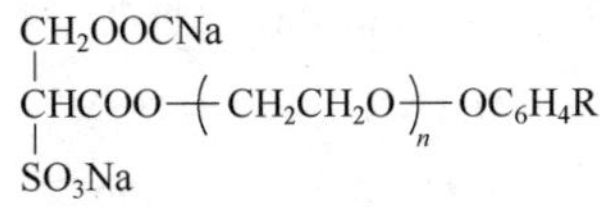

2．硫酸盐阴离子乳化剂

烷基硫酸盐(脂肪醇硫酸盐)类助剂是润湿、乳化、分散作用最好的表面活性剂之一。十二烷基硫酸钠为典型代表。硫酸盐类乳化剂中重要的品种有以下几类。

（1）脂肪醇硫酸盐 $ROSO_3M$，其中 M 为碱金属如钠，脂肪酸以月桂醇为代表，如 $C_{12}H_{25}OSO_3Na$，对酸、碱、硬水很稳定，主要用作润湿剂。

$$R-O-SO_3M$$

（2）脂肪醇聚氧乙烯醚硫酸盐 RO（EO）SO_3M；式中 R 为线形或支链脂肪基等（C_{12}～C_{14}），M 为 Na、NH_4 等，n=1～10。

$$RO(EO)_n-SO_3M$$

（3）烷基酚聚氧乙烯醚硫酸盐及其衍生物

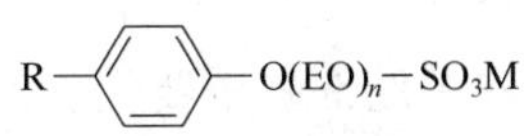

式中，R 为 C_8～C_9 烷基；M 为 Na、K、Ca 等；n=10～16。

若将壬基酚聚氧乙烯醚硫酸酯与三乙醇胺反应，即得乳化性能良好的壬基酚聚氧乙烯醚硫酸酯铵盐:

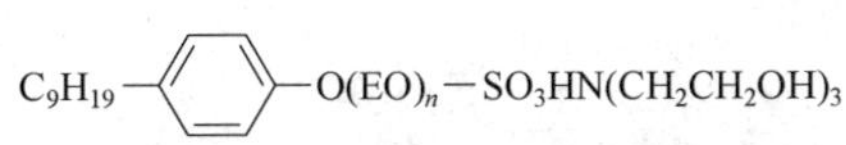

（4）芳烷基酚聚氧乙烯醚硫酸盐，如苯乙基酚聚氧乙烯醚硫酸盐:

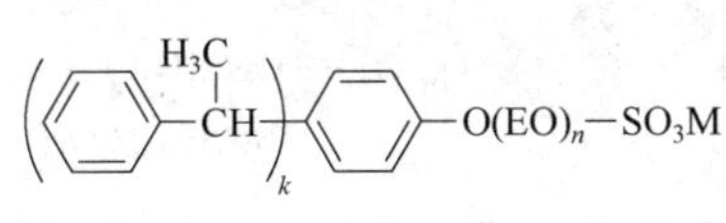

（5）蓖麻油丁酯硫酸酯三乙醇胺盐，具有良好的渗透性和润湿性。

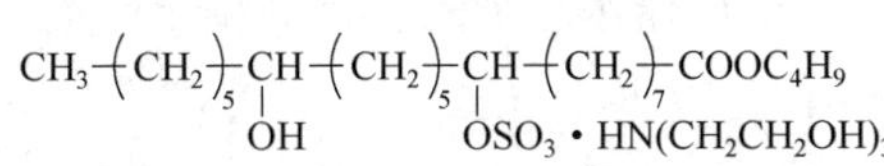

3．磷酸酯型阴离子乳化剂

这是现代农药乳化剂单体中很重要的一大类，是多功能农药助剂的重要组分。磷酸酯盐稳定性较好，在热碱液中也不致水解，亦不变色。聚氧乙烯化的磷酸酯盐能抗硬水和高浓度的电解质，但润湿和洗涤能力会稍差。磷酸酯盐价格高于磺酸盐，钠盐不溶于烃类溶剂。

主要有以下几类:

（1）烷基磷酸酯及类似品种　通式为:

$$(RO)_k\overset{\overset{\displaystyle O}{\|}}{P}(OH)_{3-k}$$
$$(k = 1, 2, 3)$$

产品通常是单酯（k=1）、双酯（k=2）及三酯（k=3）的混合物。产品对热、碱稳定，具有良好的乳化、润滑、抗静电、阻腐蚀性能。

$$RO\!-\!\!(CH_2CH_2O)_3\!-PO_3H_2$$
$$[RO\!-\!\!(CH_2CH_2O)_3]\!-PO_2H$$
$$[RO\!-\!\!(CH_2CH_2O)_3]_2\!-PO_2M$$
$$RO\!-\!\!(CH_2CH_2O)_3\!-PO_3M_2$$
$$(R=C_{12\sim14}H_{25\sim29}，M=K、Na)$$

$$[RO(EO)_n]_k-\overset{\overset{\large O}{\|}}{P}[O(EO)_mH]_{3-k} \qquad [RO(PO)_n]_k-\overset{\overset{\large O}{\|}}{P}[O(EO)_mH]_{3-k}$$

通常产品是包括单酯、双酯的混合物，有时还有少量的三酯。用于有机磷农药，除用作乳化剂外，还广泛用作分散剂、稳定剂、喷雾助剂、水悬剂助剂等。

（2）烷基酚聚氧乙烯醚磷酸酯（盐）及类似品种　可用作乳化剂，分散性能优异。

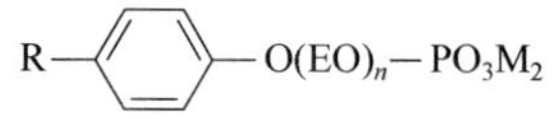

继续环氧乙烯化，得到的酯类物质为：

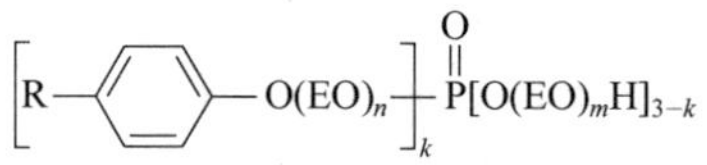

现在这类阴离子已成为多功能农药助剂的重要代表，广泛用于乳油、水悬剂等加工以及特殊农药-液体化肥联用技术。

烷基酚聚氧乙烯醚磷酸酯用 NH_4OH 或乙醇胺中和，可得烷基酚聚氧乙烯醚磷酸单酯铵和烷基酚聚氧乙烯醚磷酸酯乙醇胺盐，两者都具有优良的洗涤、乳化、抗静电及抗硬水性能。

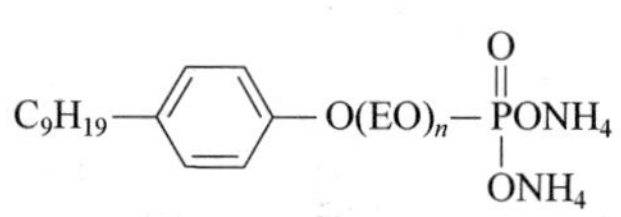

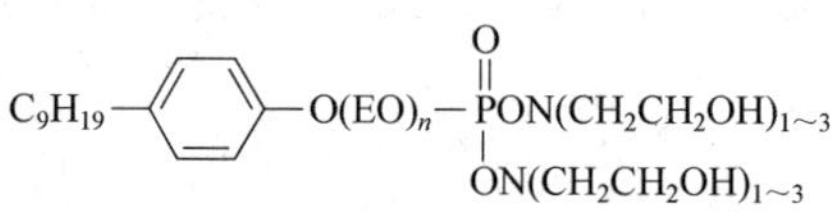

（3）芳烷基酚聚氧乙烯醚磷酸酯及类似品种　代表性结构为苯乙基酚聚氧乙烯醚磷酸酯及其盐（碱金属盐及铵盐），主要用作水悬剂的乳化剂和分散剂。

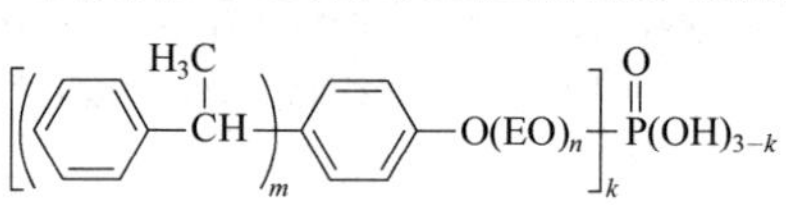

（m = 1，2，3；n为不小于0的整数，一般为16～20；k = 1或2）

类似品种有：

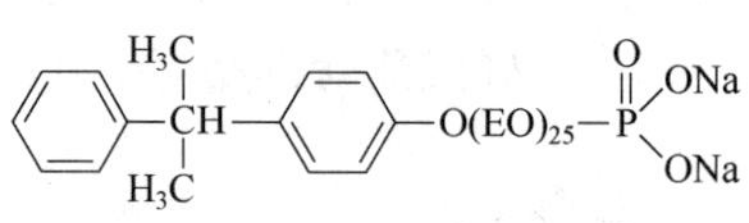

（4）亚磷酸酯类乳化剂　代表性结构为烷基聚氧乙烯醚亚磷酸单酯和双酯。

$$R'O(EO)_nP\begin{matrix}\diagup OH \\ \diagdown OH\end{matrix}(单酯) \qquad [RO(EO)_n]_2P-OH(双酯)$$

式中，R′为 C_6～C_{12}、C_{14}、C_{16} 的烷基，n=2～12 或 14。

二、分散剂

分散剂是指在农药剂型加工中能阻止固-液分散体系中固体粒子的相互凝聚，使固体微粒在液相中较长时间保持均匀分散的一类物质。对农药科学而言，美国农药控制协会联合会（AAPCO）的定义是：分散剂是能降低分散体系中固体或液体粒子聚集的物质。现代化学农药产品实际上都是含有农药有效成分的分散体系，制备这种分散体系多数必须使用分散剂助剂，如可湿性粉剂、乳油、粒剂、悬浮剂、胶悬剂、水分散粒剂、乳粉、微胶囊悬浮剂等，农药剂型的加工均离不开分散剂。

农药分散剂按溶解性分为油溶性分散剂与水溶性分散剂；按离子性质分为阴离子分散剂、非离子分散剂、阴非离子分散剂、高分子分散剂、阳离子分散剂；按化学结构分为聚氧乙烯醚及其改性类、聚羧酸盐类、萘磺酸盐甲醛缩合物类、木质素磺酸盐类、聚酯类、琥珀酸酯磺酸盐类等；按亲水亲油基团位置分为 AB 型、Gemini 型、ABA 型、BAB 型、梳型、无规型等。常见的农药分散剂如下。

（一）阴离子型分散剂

阴离子分散剂吸附于粒子表面使其带有负电荷，通过静电斥力作用和空间位阻作用使分散体系得以稳定。阴离子分散剂主要有磺酸盐、羧酸盐、磷酸盐和硫酸盐等几个类型。

1．磺酸盐类

磺酸盐分散剂都有亲水性很强的磺酸基团，在酸性或碱性介质中都稳定，不会与体系中的钙镁离子结合形成沉淀，具有很强的抗硬水能力。磺酸盐分散剂很容易与其他分散剂复配使用，应用比较广泛。主要包括以下几类：

（1）烷基萘磺酸盐。以钠盐为主，分为单烷基萘磺酸盐和双烷基萘磺酸盐，其中部分产品可用作润湿剂。

（2）双(烷基)萘磺酸盐甲醛缩合物钠盐。

（3）萘磺酸甲醛缩合物钠盐。

（4）烷基（芳基）萘磺酸甲醛缩合物钠盐，如分散剂 NNO 等。

（5）甲酚磺酸、萘酚磺酸甲醛缩合物钠盐，如分散剂 S 等。

（6）烷基苯磺酸钙盐及其他盐，如十二烷基苯磺酸钙等。

（7）*N*-甲基-脂肪酰基牛磺酸盐。

（8）木质素及其衍生物磺酸盐。木质素磺酸盐是农药配方中采用的重要分散剂之一，常温下为固体，分散、润湿性能好，来源丰富，环保，价格低廉。

木质素磺酸盐的结构较复杂，一般是愈创木基（即 4-羟基-3-甲氧基苯基）丙烷的多聚物。分子量为 2000～10000 不等，常用分子量大约为 4000。一般来说，低分子量的多为直链，高分子量的多为支链，在水中显示出聚合物电解质的行为。低分子量的易被生物降解，高分子量的则很难降解。木质素磺酸盐产品由于分子量大，不仅可提供静电斥力，而且还能提供空间位阻作用，使分散的颗粒不团聚或者悬浮粒子之间不凝聚，提供良好的分散性和悬浮能力。

2．羧酸盐类

聚羧酸型分散剂是一种性能优良的高分子类阴离子助剂，与传统类型分散剂相比具有以下特点：对悬浮体系中的离子、pH 值以及温度等敏感程度小，分散稳定性高，不易出现沉降和絮凝；提高了固含量，且可显著降低体系黏度，使高固含量分散体系具有较好的流动性；

可选择共聚单体种类多，分子结构与性能可设计性强，易形成系列化产品，产品结构特征是在重复单元的末端或中间位置带有EO、—COOH、—COO—、$—SO_3—$等活性基团，是一种发展潜力巨大、安全高效的新型农药分散剂。

聚羧酸盐型分散剂的分子结构主要有以下几个突出的特点：①分子结构呈梳形，主链上带有较多的活性基团，并且极性较强，这些基团有磺酸基团($—SO_3H$)、羧酸基团(—COOH)、羟基基团(—OH)和聚氧烷基类基团等。各个基团对分散相的作用是不相同的，如磺酸基的分散性较好；羧酸基除有较好的分散性外，还有缓凝效果；羟基不仅具有缓凝作用，还能起到浸透润湿的作用；聚氧烷基类基团具有保持流动性的作用。②侧链带有亲水性的活性基团，并且链较长，其吸附形态主要为梳形柔性吸附，可形成网状结构，具有较高的立体效应，再加上羧基产生的静电排斥作用，可表现出较大的立体斥力效应。③分子结构自由度相当大，外加剂合成时可控制的参数多，高性能化的潜力大。

$$-[\!\!-(CH_2CH_2O)_m-R]$$

通过控制主链的聚合度、侧链(长度、类型)、官能团(种类、数量及位置)、分子量大小及分布等参数可对其进行分子结构设计，针对特定对象或特定要求研制出具有特种功能的产品，目前合成聚羧酸盐助剂的单体主要有以下几种：

（1）不饱和酸，如马来酸酐、马来酸、丙烯酸和甲基丙烯酸；

（2）丙烯基衍生物；

（3）苯乙烯磺酸盐或酯等；

（4）丙烯酸(甲基丙烯酸)酯或酰胺等。

3．磷酸酯盐类

磷酸酯盐类分散剂同时提供静电斥力和空间位阻作用；水中溶解性能良好，尤以三乙醇胺盐最佳，其次为铵盐、钾盐和钠盐；通用性强、配伍性好，磷酸酯盐分散剂与羧酸盐类分散剂复配使用，通用性极佳；具有pH耐受范围广、表面张力低和用量少、成本低等优点。

磷酸酯盐分散剂根据在磷酸根上取代基的多少，分为单酯和双酯，单酯和双酯性能差别较大，一般来说双酯表现为分散性能好，单酯表现为平滑性好，单酯与双酯相互配合能起到很好的协同作用，用于农药悬浮剂中的磷酸酯盐分散剂一般为单酯和双酯的混合物，且单酯含量高些。主要包括以下几类：

① 烷基磷酸酯（单酯、双酯及三酯），产品有PAP、Servoxyl VPAZ100等。

② 脂肪醇聚氧乙烯醚磷酸酯（单酯、双酯为主），产品有CAFAC RE610、RM510、RS710等以及Servoxyl系列。

③ 烷基酚聚氧乙烯醚磷酸酯（单酯、双酯），烷基为辛基和壬基的产品有Hostaphat系列、Rewophos系列及Servoxyl VPNZ等。

④ 双烷基酚聚氧乙烯醚磷酸酯（单酯、双酯），烷基为辛基和壬基的产品有Servoxyl VPQZ等。

⑤ 芳烷基酚聚氧乙烯醚磷酸酯（单酯、双酯），例如苯乙基酚聚氧乙烯醚磷酸酯三乙醇胺盐产品有HOE S3475、Soitem SFL/N、BFL/N、Soprophor F_1等。

4．硫酸盐类

硫酸盐类助剂亲水基团的硫酸根与钙、镁等二价离子螯合，不易形成沉淀，耐硬水性能好，在农药乳油、水分散粒剂、可湿性粉剂、悬浮剂、可分散油悬浮剂等各种剂型中广泛应用，起到乳化、润湿、渗透、分散、增稠等作用。因 S—O—C 键稳定性不及 S—C 键，因此硫酸盐类产品稳定性不及磺酸盐。

聚氧乙烯醚硫酸酯盐类助剂分子内含有 2 种不同性质的亲水基，使其同时具备了非离子和阴离子型助剂的双重优点，具有优越的耐盐、乳化、分散、耐温性能，水溶液界面张力低，与其他助剂配伍性能好。常用作渗透剂、乳化剂、分散剂，然而产品中硫与碳通过氧相连，偏酸或偏碱水溶液中不稳定，易分解，该产品起泡、稳泡性好。

常用的聚醚硫酸酯盐产品有 AES 润湿剂，如 SOPA270、Soprophpr DSS7、Witcolate PA、Tersperse 2218 等。

（二）非离子型分散剂

非离子型分散剂的化学结构是由亲水基团和亲油基团组成的。它们在水相和油相系统中都不会离解成带电荷离子，常以中性分子状态或胶束状态存在于体系之中。所以非离子型分散剂在酸性、碱性和各种盐类介质中均比较稳定，可以和其他离子型或非离子型分散剂复配使用，不会发生沉淀现象，对硬水不敏感，对水温适应性、耐气候性、热稳定性和贮运安全方面都较好。主要有以下几类：

（1）烷基酚聚氧乙烯醚。烷基包括辛基、壬基和十二烷基，例如壬基酚聚氧乙烯醚，但其降解产物壬基酚对环境有很大的毒性，在一些国家已经禁用或者限制使用。

（2）脂肪（酰）胺聚氧乙烯醚。产品有 Amiet 105、Amiet 308 等。

（3）脂肪酸聚氧乙烯酯。产品有 SG-50、SG-100 等。

（4）甘油脂肪酸酯聚氧乙烯醚。产品有 Emulox LX1000、POE-POP-DL、Tagat L 等。

（5）植物油（蓖麻油）环氧乙烷加成物及衍生物。产品有 Emulphor EL-620，Emulphor EL-719 等。

（6）乙二胺聚氧乙烯聚氧丙烯醚。产品有 Tetronic 701、Tetronic 707、Tetronic 904 等。

（7）聚氧乙烯聚氧丙烯基醚嵌段共聚物。产品有 Pluronic F、Pluronic L 系列，Monolan 2000E/12、Monolan 2500E/30 及 Monolan 8000E/80 等。

（8）烷基酚聚氧乙烯醚甲醛缩合物。产品有农乳 700 号系列、宁乳 36 号、宁乳 37 号等。

三、润湿剂、渗透剂

农药润湿剂是指能够降低固/液或液/液界面张力，增加药液在处理对象的固体表面或特定液体表面的接触，使药液能够润湿或铺展于目标物表面的物质。

农药渗透剂是指一类能够促进农药或其相关组分进入靶标内部，或增强农药药液透过靶标表面，进入靶标内部的物质。

按照物理化学理论观点，助剂的润湿和渗透作用具有本质区别，但是由于这两种功能通常为农药制剂加工和使用时所需，且兼具两者性能的助剂较多，在不同条件下起不同的主导作用，而有时很难按照实际效果将两者严格区分，因此，美国 AAPCO 也将渗透剂定义为一类润湿剂。

常用的农药润湿剂有壬基酚聚氧乙烯醚、脂肪醇聚氧乙烯醚、烷醇酰胺聚氧乙烯醚及其磷酸盐或硫酸酯盐、烷基聚氧乙烯醚琥珀酸酯磺酸盐、端烯基磺酸盐、烷基苯磺酸盐、烷基萘磺酸盐、低分子量萘磺酸盐甲醛缩合物、木质素磺酸盐、聚羧酸盐等。

常用的农药渗透剂有脂肪醇聚氧乙烯醚、烷基酚聚氧乙烯醚及其磷酸酯盐或硫酸酯盐、氮酮、快速渗透剂T、磺化蓖麻油、七甲基三硅氧烷聚氧乙烯醚等。

润湿剂和渗透剂的分类详见表3-19。

表3-19　润湿剂和渗透剂的分类

类别	类型	举例
天然产物润湿剂、渗透剂	茶枯，皂角，蚕沙，亚硫酸纸浆废液及其干固物；动物肥料的水解物	
阴离子型助剂	（1）硫酸盐类 脂肪醇硫酸盐（烷基硫酸盐） 烷基醇聚氧乙烯基醚硫酸盐 烷基酚聚氧乙烯基醚硫酸盐 烷基酚聚氧乙烯基醚甲醛缩合物硫酸钠	月桂醇硫酸钠，月桂醇聚氧乙烯基醚硫酸钠，辛基酚聚氧乙烯基醚硫酸钠，SOPA（索伯）
	（2）磺酸盐类 烷基磺酸钠，烷基苯磺酸盐，烷基萘磺酸盐，烷基丁二酸磺酸盐，单烷基苯基聚氧乙烯基醚丁二酸磺酸钠，脂肪醇环氧乙烷加成物磺酸盐，烷基酚甲醛缩合物环氧乙烷加成物磺酸盐，烷基氨基牛磺酸盐	石油磺酸钠，十二烷基苯磺酸钠、洗衣粉，拉开粉，润湿渗透剂T，农乳2000号系列，胰加漂T
	（3）磷酸盐 烷基磷酸盐	辛基磷酸盐
	（4）羧酸盐	松油皂
非离子型助剂	脂肪醇聚氧乙烯基醚， 烷基酚聚氧乙烯基醚， 失水山梨醇脂肪酸酯-Span系列， 失水山梨醇脂肪酸酯聚氧乙烯基醚-吐温系列， 聚氧乙烯聚氧丙烯醚嵌段共聚物， 烷基酚甲醛缩合物聚氧乙烯基醚	JFC，辛（壬）基酚聚氧乙烯基醚（OP），Span 20，吐温20

目前常用的润湿剂、渗透剂品种有以下几种：

（一）阴离子型助剂的润湿剂和渗透剂

1．脂肪醇硫酸酯盐

结构通式为R-OSO_3M，式中，R为烷基，M为碱金属离子，一般为Na^+。脂肪醇硫酸酯盐的润湿渗透力良好，通常是由含12～18个碳原子的脂肪醇硫酸化合成。其润湿能力与烷基的碳原子数有关，C_{12}以上都具有优良的润湿性能。

2．聚氧乙烯醚硫酸酯盐

其结构式为：R-$(OCH_2CH_2)_nOSO_3M$。该类化合物广泛应用于农药各类制剂，具有良好的润湿、分散和乳化性能，其中脂肪醇聚氧乙烯醚硫酸盐在世界上已得到广泛应用，其中烷基为C_{12}～C_{14}的最为常用，脂肪醇一般加成上2～10个环氧乙烷。如月桂醇聚氧乙烯醚硫酸盐分子中环氧乙烷的加成数为4～7，与脂肪醇硫酸盐相比，由于加成了一定数量的环氧乙烷，脂肪醇聚氧乙烯醚硫酸盐的润湿力有所提高，其润湿力也优于烷基苯磺酸盐，常应用于农药水剂中。

3．烷基苯磺酸盐

其润湿渗透力以低碳烷基最好，即在直链烷基分子中，碳原子数为 9～16 时，其润湿渗透性能较好，而碳原子数为 12 时，润湿渗透力最好。一般说来，相同碳原子的支链烷基苯磺酸钠比直链烷基苯磺酸钠的润湿性能好，苯环位于烷基的中央比在烷基端上的润湿性能好，这是由于它们分子中的亲水基带电荷，在溶液表面饱和吸附时，活性离子由于同种电荷相斥，不能靠拢；而支链烷基在界面上占有较多空间，能形成紧密聚集的膜，表面活性高。因此，支链烷基的助剂润湿渗透效果好。

十二烷基苯磺酸钠是典型的润湿剂。由于它性能好，在常温下为固体，来源丰富、价廉，因此是比较常用的润湿剂。DBS-Na 虽是较好的润湿剂，但由于泡沫较多，作为可湿性粉剂的润湿剂较为不利，为了减少泡沫，可将它和非离子型助剂复配，不但泡沫低，润湿效果佳，对水质水温的适应性也更广。

4．烷基萘磺酸盐

其通式为$(R)_nC_{10}H_6SO_3M$，R 为烷基，M 为碱金属。主要品种为丁基萘磺酸钠，又名拉开粉 A。该品种外观为米白色粉末，易溶于水，1%水溶液 pH 值为 7～8.5，在强酸、强碱介质及硬水中都稳定，具有较好的润湿性并在低温下亦有良好的效果。

5．*α*-烯基磺酸钠

其分子式为：

$RCH{=}CH(CH_2)_n\text{-}SO_3Na$　n=14～16 或 14～18

α-烯基磺酸盐（AOS）具有良好的润湿、生物降解和耐硬水性能，但泡沫比较丰富，其临界胶束浓度随着碳数增加而降低。在农药工业中主要应用于可湿性粉剂、水分散粒剂和干悬浮剂。

6．烷基琥珀酸酯磺酸盐

琥珀酸酯磺酸钠被发现已经有近百年历史，早期多用作纺织工业渗透剂和润湿分散剂，具有很强的润湿渗透力。琥珀酸酯磺酸钠在不同介质（蒸馏水、硬水）中的渗透力见表 3-20。

代表品种为渗透剂 T，即琥珀酸二异辛酯磺酸钠，该助剂外观为淡黄色至棕色黏稠液体。易溶于水，溶液乳白色，1%的水溶液 pH 值为 6.5～7.0，不耐强碱、强酸、重金属盐和还原剂，具有快速渗透和良好的润湿及乳化性。

7．脂肪酰胺 *N*-甲基牛磺酸钠盐

长链酰基氨基酸型助剂由于具有极低的刺激性、无毒和易生物降解等优点而得到广泛应用。椰油酰基甲基牛磺酸钠属于长链酰基氨基酸型助剂的一种，在分子中具有与酰氨基结合的磺酸基，与阴离子、非离子和两性助剂配伍性好，是一种安全性较高的阴离子助剂，具有优良的水溶性、耐硬水性、耐碱性和耐酸性，润湿性非常优越。

表 3-20　琥珀酸酯磺酸钠在不同介质中的渗透力

蒸馏水		硬水（Ca^{2+}浓度=0.0025mmol/L）	
浓度/%	渗透力/s	浓度/%	渗透力/s
0.2	0.5	0.2	0.6
0.1	1.5	0.1	1.6
0.05	8.4	0.05	4.1
0.03	18.7	0.03	8.1
0.01	>60	0.01	>60

（二）非离子型助剂的润湿剂和渗透剂

此类助剂起泡性差，抗硬水性能好，并具有润湿、渗透、增透、增溶、乳化、分散等综合性能，还可以通过调节环氧乙烷的聚合度来调节产品的润湿性，以适应不同的要求和目的。

1．脂肪醇聚氧乙烯基醚

结构式：$R—O(C_2H_4O)_nH$

脂肪醇聚氧乙烯醚分子中，当乙氧基数为适当值，脂肪醇中的烷基分别为 C_{10}、C_{12}、C_{15}、C_{16}时，随着碳链增加，润湿渗透力下降，即 C_{10}的脂肪醇醚润湿力最大，适当引入环氧丙烷可提高产品润湿性。此外，支链醇醚比直链醇醚具有更好的润湿性能。

脂肪醇结构相同时，润湿渗透力与环氧乙烷加成数的关系是：当环氧乙烷在某一加成数时，醇醚的润湿渗透力最大，在最大值以后随环氧乙烷加成数增加，润湿力下降。不同烷基醇醚的最大润湿力所需的环氧乙烷数量不同，烷基越大，所需环氧乙烷数也越大。环氧乙烷的加成数在 7～10 时，脂肪醇醚可在水中分散或溶解，呈水溶性，通常选这一范围的环氧乙烷数为宜。

农药制剂选择烷基中碳原子数为 10 或 12、环氧乙烷加成数为 7～10 的脂肪醇聚氧乙烯醚作为润湿渗透剂最合适。代表性品种为润湿渗透剂 JFC(或 JFCS)，其化学名称为月桂醇基聚氧乙烯基醚。pH 为中性，浊点 40～50℃。具有良好的稳定性，耐强酸、碱、次氯酸盐、硬水、重金属盐等。水溶性良好，具有良好的渗透性和润湿性，添加少量即可获得良好的润湿性。其临界胶束浓度较小，为 0.091mol/L。JFC 无毒，不易燃，可与各类助剂混合使用。

2．烷基酚聚氧乙烯基醚

常见烷基酚包括辛基酚和壬基酚，其与环氧乙烷聚合形成相应的烷基酚聚氧乙烯醚。这类润湿剂在常温下为黏稠性液体或半固态蜡状，具有较低的表面张力和较佳的润湿渗透力。

3．脂肪胺聚氧乙烯醚

脂肪胺聚氧乙烯醚（简称胺醚）是一种特殊的非离子助剂，其分子中有 2 个聚氧乙烯醚链、1 个氮原子和 1 个长链脂肪基。这种具有特殊结构的胺醚显示出了润湿、渗透、黏着、杀菌等特性，通常应用于可溶液剂。

4．三硅氧烷聚氧乙烯醚

属于有机硅助剂，具有良好的湿润性、较强的黏附力、极佳的延展性、良好的抗雨冲刷性和气孔渗透率。三硅氧烷聚氧乙烯醚具有特有的“T”形结构，是一种高效、无毒、表面性能突出的农药助剂，在 pH 6.5～7.5 环境中较为稳定，通常采用桶混技术，国内也出现了直接加入制剂中使用。

四、农药用表面活性剂的应用与展望

在表面活性剂行业中，农药用表面活性剂是一个至关重要的领域。农药最终的应用形式是农药制剂，表面活性剂的作用在于将难以直接使用的农药原药制备成可直接使用的农药制剂。作为乳化剂、分散剂、润湿剂、渗透剂、增效剂及增溶剂等，表面活性剂广泛应用于乳油、微乳剂、水乳剂、悬浮剂、悬浮种衣剂、微囊悬浮剂、悬乳剂、水剂、可溶液剂、可分散油悬浮剂、可湿性粉剂及水分散粒剂等制剂中。其应用不仅提升了农药的使用效果，还有效减少农药用量，减轻环境负担，为农业生产带来显著效益。

大多数农药制剂在使用时需加水稀释，表面活性剂在稀释液中对乳液稳定性、分散性、润湿性、持久起泡性、悬浮率等指标具有决定性影响。同时，它在熏蒸、胃毒、内吸和触杀作用中，对农药对靶标的反弹、附着、铺展、渗透、传导和吸收效果有着重要影响。研究表明，表面活性剂的类型会影响液体在超疏水材料界面的反弹和附着程度。农药制剂技术作为农药活性成分的递送技术，在传递的安全性和效率上依赖于表面活性剂和表、界面化学的发展，因此农药用表面活性剂对农药工业的发展与科学使用具有重要作用。

目前，我国农药用表面活性剂的结构中，阴离子型占比 13.0%～14.3%，非离子型为 26.1%～28.6%，混合型占据 53.5%～55.5%，其他类型不到 4.4%。国内农药表面活性剂生产企业超过 100 家，年产能超过 50 万吨，但年销售量仅 10 万～15 万吨。此外，十多家外资企业也在我国销售农药用表面活性剂，如巴斯夫、亨斯迈、阿克苏诺贝尔、科莱恩等，这些品牌的进入提升了国内市场竞争力。虽然产业不断扩展，但助剂的管理也需加强，需要借鉴国外成熟的管理经验，逐步向规范化和标准化发展。

随着全球经济一体化的推进，环保法规的日益严格，及人们环保和安全意识的提高，未来表面活性剂市场竞争将更激烈。表面活性剂产业的发展趋势包括环保、节能、天然原料的探索，多功能化和易生物降解性能的提高。当前，国外的 α-烯基磺酸盐（AOS）以高效、无污染、低成本的优势逐渐取代传统的脂肪醇乙氧基化合物，成为主要品种。此外，表面活性剂的应用重心由家用向工业转移，成本、价格、环保和安全性成为关键驱动力。为应对这一挑战，生物型表面活性剂——微生物或植物在特定条件下培养的表面活性产物——因其环境友好、低毒性和高效性，正成为环保型表面活性剂的理想选择。

全球人口增长和耕地减少的矛盾使得农药需求增加。为实现低毒、低用量和高效的农药制剂，选择合适的表面活性剂及用量是关键，这将使制剂达到最佳性能并确保良好储存稳定性。农药制剂向水基化、环保化、高效性方向发展的趋势对表面活性剂提出了新需求；助剂的发展则需具备功能化、高安全性、低毒和易降解的特点。近年来精准施药技术与无人机等省力化技术的进步，使得可以减少雾滴飘移和挥发、增加植物叶面附着的助剂需求增大。针对不同地区与生长环境进行配方调整的“桶混助剂”也成为未来的发展重点。

国内外农药加工的发展趋势越来越注重多样化，致力于开发既适合使用者需求又兼顾环境友好的农药剂型。开发混合型农药制剂、改进传统农药剂型，以及结合先进技术创新农药剂型，而这一切都离不开农药助剂的优化作用。目前，我国农药制剂中使用的表面活性剂在种类和质量上仍与发达国家存在较大差距，因此推动农药制剂的发展离不开表面活性剂的进步。为此，亟需研发具有更强乳化、分散、吸附性能以及更高安全性的表面活性剂。表面活性剂的应用不仅能增强农药在难以润湿的靶标生物表面的附着力，还能够提高农药有效成分的活性，减少使用量，降低成本，并减轻对环境的污染。

新型表面活性剂的发展速度非常快，未来这些新型表面活性剂很有可能在农药制剂领域得到广泛应用。深入了解表面活性剂，有助于提升农药制剂的研究水平与使用效果，从而推动农药工业的可持续发展。

有机硅表面活性剂因其强大的表面活性，可显著降低溶液的表面张力，并具备优异的润湿铺展性能，因而在农业中受到广泛关注和研究。它的添加大大改善了农药制剂的理化性质，显著提升了农药的雾化效果，以及在靶标生物表面的润湿、铺展和吸收性能，从而提高了农药的利用率。尽管有机硅表面活性剂在我国的发展相对缓慢，但由于其独特的优势，未来在中国具有良好的应用前景，尤其在果树、稻田和蔬菜等大宗作物病虫害防治上，更需进一步研究与推广。

有机氟表面活性剂在农业中也具有较高的应用价值，但由于其主要成分全氟辛烷磺酸

(PFOS) 具有难降解、生物积累和远距离环境迁移的特性，符合持久性有机污染物 (POPs) 的所有特征，对人体健康和生态环境带来长期的潜在危害。2009 年 5 月 4 日召开的《斯德哥尔摩公约》第四次缔约方大会上，包括 PFOS 和全氟辛基磺酰氟 (PFOSF) 在内的 9 种物质被列入公约控制名单。中国作为公约的缔约方，需从以下方面着手应对：①减少 PFOS 的使用浓度，将其控制在限量以下；②合成性能更高的氟表面活性剂，以在低浓度下实现理想效果；③与碳氢表面活性剂复配，以降低氟表面活性剂的用量；④开发短链氟表面活性剂，避免 POPs 特征；⑤用部分氟化链替代全氟链。

混合型表面活性剂通常指离子型和非离子型表面活性剂的混合体系、阴阳离子型表面活性剂的组合，以及长链极性有机物与离子型表面活性剂的混合。混合型表面活性剂因其协同增溶作用，通常具有较低的临界胶束浓度和更高的溶质分配系数。当在非离子型表面活性剂中加入阴离子型表面活性剂后，溶液的浊点通常升高，且效果优于与阳离子型表面活性剂的混合；而阴阳离子表面活性剂间的静电与疏水作用也提升了其整体性能。此外，长链脂肪醇与离子型表面活性剂的混合体系中，随着脂肪醇烃链长度的增加，表面活性显著增强。总体而言，混合型表面活性剂较单一表面活性剂性能优越，但复配技术仍需进一步提升。

生物表面活性剂是微生物或植物在特定条件下代谢产生的具有表面活性的化合物。它们通常由细菌、酵母或真菌生成，分子结构中既有极性基团也有非极性基团，是一种两性分子。生物表面活性剂不仅具备传统表面活性剂的特性（如降低表面张力、分散性、稳定性等），还具有安全、无毒、生产工艺简单等优势。作为新型表面活性剂，生物表面活性剂在农药制剂中展现出重要的应用前景，因其生物降解性能好，可减少农药进入环境后带来的污染。随着生物技术的迅速发展，生物表面活性剂未来发展潜力巨大。

表面活性剂及药液的物理化学性质对药效的影响将是未来研究的重点。农药制剂是一类高度精细化的产品，其研发精细化水平标志着我国农药制剂的总体水平。药液的动态和静态表面张力、在靶标表面的动态和静态接触角、扩张模量、液滴扩展面积、黏附功、黏附力和沉积量等指标与农药制剂的功效性密切相关，这些方面的关系将成为未来重点研究领域。

随着环保要求的不断提升和行业发展的持续需求，传统芳烃类溶剂在农药乳油等剂型中的使用将受到严格监管。目前，行业标准已对乳油中的有害溶剂进行了限量规定，未来还将关注微乳剂、可溶液剂、水乳剂等剂型中的溶剂使用情况。制剂体系的溶剂更新换代既是趋势也是现实。新型溶剂的出现将带动乳化剂创新，以适应新型乳油的可持续发展。通过结构改造提升乳化剂对新溶剂体系的相容性，并解决体系乳化稳定性问题，是乳化剂创新的重点方向。目前，烷基酚聚氧乙烯醚类助剂已成为环境外源激素的重要来源。为此，配方研究中逐步用脂肪醇聚氧乙烯醚进行替代，因为其生物降解性好、环境友好。然而，替代并非适用于所有制剂，因此筛选可替代的亲油基团成为农药表面活性剂研究者的重要任务。

多功能表面活性剂的开发前景广阔。随着制剂技术的发展，表面活性剂必须具备更多功能，因而多功能表面活性剂的研发势在必行。例如，兼具高分子和离子型功能的表面活性剂、新型两性表面活性剂及具有表面活性功能的新型材料，都会对制剂技术进步产生重要作用。研究表明，梳形结构的羧酸盐因其高效的静电排斥和空间位阻优势，用量低、兼容性广，能够延缓结晶、预防絮凝并保持长期稳定性，受到制剂开发者青睐。

阴离子表面活性剂在农药制剂中也扮演着不可替代的角色。它赋予乳油产品卓越的自发乳化性，尤其与非离子表面活性剂配合，效果更佳。在乳化系统和悬浮系统中，阴离子表面活性剂的加入可使制剂形成双电层，从而展现出优良的物理稳定性。然而，目前可用于农药制剂的阴离子表面活性剂种类有限，尤其国内企业开发的产品种类单一，分子量、磺化度和分子结构等方面仍有创新空间。

阳离子和两性离子表面活性剂的表面活性相对较低，因而在使用中适合与非离子表面活性剂复配以实现综合效应。商业化的两性和阳离子表面活性剂多为甜菜碱型和季铵盐型，结构尚未针对农药制剂需求定制，与农药活性物亲和度不强，但其结构具有可改造和生化应用的潜力，期待进一步创新。

可分散油悬浮剂中的分散剂开发需突破水基化制剂的设计思维，开发与油基体系相容性好、性能优良的助剂。此外，种子处理剂中成膜剂、微囊悬浮剂中的囊壁材料等也成为制约相应剂型发展的关键因素。还有多种特殊助剂值得从事农药表面活性剂研发的企业和研究者关注。例如，烷基糖苷作为助剂逐步应用于农药杀菌剂、除草剂和植物生长调节剂等制剂中，尤其是 C_{12}～C_{14} 烷基多苷的特殊复配在微乳剂中作为乳化剂效果优良。作为农药制剂研究者，应密切关注表面活性剂在各行业的应用和发展，将其创新成果引入农药领域，以推动农药制剂技术进步。

第五节　新型表面活性剂和功能性表面活性剂

自 20 世纪 90 年代以来，一系列具有特殊结构的新型表面活性剂陆续开发出来，包括双子表面活性剂、Bola 型表面活性剂、可解离型表面活性剂、反应型表面活性剂、冠醚类表面活性剂、螯合性表面活性剂、有机金属表面活性剂、环糊精衍生物、主客体型表面活性剂、高分子表面活性剂和生物表面活性剂。这些新型表面活性剂有些是在普通表面活性剂的基础上通过引入特殊基团进行结构修饰，有些是对本不具有表面活性的物质进行改性，还有些是从天然产物中发现的具有两亲性结构的物质，更有一些是通过合成得到的全新结构的表面活性剂。本节将介绍这些新型表面活性剂，为农药领域中表面活性剂的设计与开发提供新的思路。

（一）双子表面活性剂

双子表面活性剂(Gemini surfactant 或 Geminis)是一类带有两个疏水链、两个亲水基团和一个桥联基团的化合物。类似于两个普通表面活性剂分子通过一个桥梁连接在一起，分子的形状如同“连体的孪生婴儿”，如图 3-4 所示。

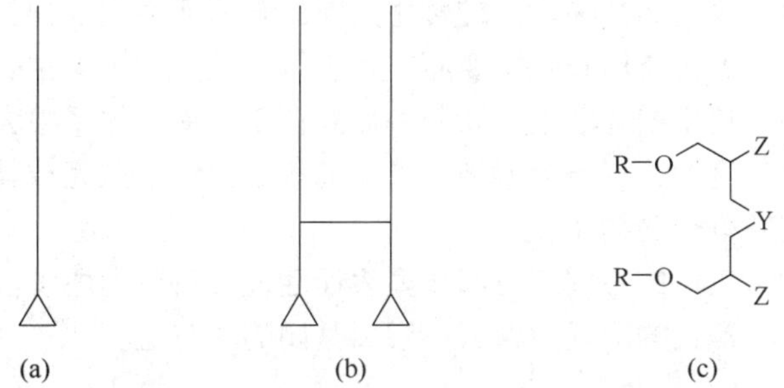

图 3-4　孪连表面活性剂分子的结构简图

（a）普通表面活性剂；（b）双子表面活性剂；（c）双子表面活性剂实例

R 为烷基，Z 为亲水基，Y 为桥联基、—O(CH_2CH_2O)$_n$—(n=0～3)等

迄今为止，阳离子型 Gemini 表面活性剂已包括季铵盐型、吡啶盐型、胍基型等；阴离子型则涵盖了磷酸盐、硫酸盐、磺酸盐和羧酸盐型等；非离子型则发展出聚氧乙烯型和糖基型，其中糖基既有直链型也有环状型。

从疏水链的类型来看，最初的等长饱和碳氢链已逐渐演变，现有部分碳氟链取代碳氢链的类型、不饱和碳氢链型、醚基型、酯基型、芳香型，以及不对称的双链结构（即两条碳链长度不同）。

Gemini 分子的连接基团种类也非常丰富。连接基团的变化赋予 Gemini 表面活性剂多样的特性。连接基团既可以是疏水的也可以是亲水的，可以是长链或短链，可以是柔性的也可以是刚性的。柔性结构包括短碳氢链、亚二甲苯基、对二苯乙烯基等，而刚性结构则包含长碳氢链、聚氧乙烯链和杂原子等。

在反离子的选择上，大多数阳离子型 Gemini 以溴离子为反离子，也有使用氯离子的，甚至使用带手性基团（如酒石酸根、糖基）或长链羧酸根作为反离子的。近年来，还出现了多头多尾结构的 Gemini 分子，为 Gemini 大家族增添了新成员。

（二）Bola 型表面活性剂

Bola 是南美土著人的一种武器的名称，其最简单的形式是一根绳的两端各结一个球。Bola 型两亲化合物是一个疏水部分连接两个亲水部分构成的两亲型化合物。

已经研究的 Bola 化合物有三种类型（图 3-5）：单链型（Ⅰ型）、双链型（Ⅱ型）和半环型（Ⅲ型）。

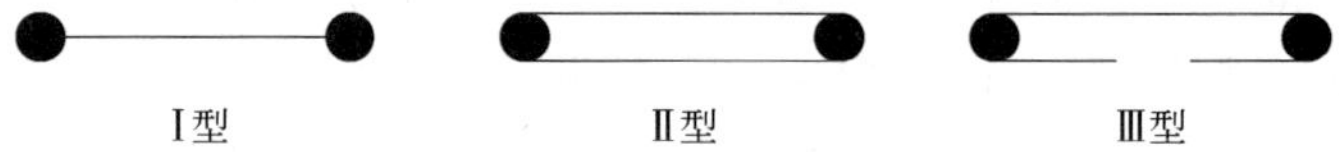

图 3-5　Bola 化合物的类型

Bola 型化合物的性质也因疏水基和极性基的差异而变化。Bola 型化合物中的极性基既可以是离子型（阳离子或阴离子），也可以是非离子型；其疏水基既可以是直链饱和碳氢或碳氟基团，也可以是不饱和的、带有分支的，甚至包含芳香环的结构。

（三）可解离型表面活性剂

可解离型表面活性剂（cleavable surfactant），也称为临时表面活性剂或可控半衰期表面活性剂（surfactants with controlled half-lives），是指在完成其应用功能后，能够通过酸、碱、盐、热或光等条件分解为非表面活性物质，或转化为新的表面活性化合物的一类表面活性剂。可解离型表面活性剂的兴趣日益增长，主要原因在于以下几点：①这种表面活性剂在环境中更容易分解，从而提高了其生物降解性；②分解后更便于从使用体系中去除；③分解产生的产物可能具有新的功能。例如，用于个人护理产品的表面活性剂在完成其正常功能后，可以进一步解离，生成对皮肤有益的物质。

根据其解离基团（键）的不同，可解离型表面活性剂可分为酸解型、碱解型、盐解型、热解型和光解型等。最常见的形式为含有可解离基团的季铵盐。

1．碱解型表面活性剂

碱解型表面活性剂采用酯键作为其可解离基团，通常为含酯基的季铵盐，称为酯季铵盐（ester-quats）。该类表面活性剂包括以下几种主要类型：季铵化乙醇胺酯、酯酰胺季铵盐、甜菜碱酯、胆碱酯、糖酯、羟乙基磺酸盐酯、醇醚碳酸盐、含硅-氧键的表面活性剂，以及含有亚砜基的表面活性剂等。这些表面活性剂在碱性条件下易于水解，从而更方便地被环境降解或在使用后从体系中移除。

2．酸解型表面活性剂

酸解型表面活性剂在酸性条件下不稳定，通常含有缩醛基（acetal group），在水解后生成醛类物质，这些醛是碳氢键生物降解中β-氧化的中间产物。未取代的缩醛在 pH 为 4～5、室温下水解较快。而带有吸电子取代基（如羟基、醚氧基或卤素）的缩醛因电子效应水解速度减缓。阴离子型缩醛表面活性剂通常比阳离子型更稳定，这主要是由胶束表面附近的盐氧离子（oxonium ion）活性差异所致。

酸解型表面活性剂的主要类型包括烷基糖苷、环状缩醛、环缩酮、非环缩醛、原酸酯，以及含有 N=C 键的表面活性剂等。

3．光敏型表面活性剂

光敏型表面活性剂是在紫外光照射下能够分解的表面活性剂。如烷基苯基酮磺酸盐，它在紫外光照射下分解为苯基磺酸盐和带甲基的油酸混合物。这种表面活性剂既能有效溶解蛋白质，又能在光照作用下迅速从溶液中去除，从而避免残留。此类光解反应属于 NorrishⅡ型裂解，在 300nm 波长的低能量紫外光下即可发生，这一波长对蛋白质基本无害，因此在蛋白质溶解或分离等应用中较为适合。

4．其他类型

葡萄糖基表面活性剂含有二硫键，用于增溶膜蛋白，能在生理条件下通过二硫赤藓糖醇断裂为非表面活性物质。热敏感型表面活性剂，如带醚氧的氧化胺，在温度升高时会分解为乙烯基醚。可解离型表面活性剂因其生物降解快和工艺优势而受到关注，未来应用前景广阔。它们通常基于酯键（碱性环境下分解）或缩醛/缩酮键（酸性催化下分解），其中缩酮比缩醛更易降解。酯季铵盐广泛应用于纺织柔软剂，甜菜碱酯在酸性条件下稳定。烷基葡萄糖酸是重要的缩醛型表面活性剂，其他通过长链醛制备的两亲性缩醛也可用于可解离型表面活性剂。

（四）反应型表面活性剂

反应型表面活性剂是指具有反应基团的表面活性剂，能够与所吸附的基体发生化学反应，将自己键合到基体表面，同时仍保持表面活性。它弥补了许多传统表面活性剂的不足。

反应型表面活性剂的两个基本特征是：一是必须具有表面活性；二是能够参与化学反应，且反应后不失去其表面活性。除了亲水基和亲油基外，反应型表面活性剂还必须具有反应基团，且其基团类型和反应活性对其性能至关重要。

根据反应基团类型和应用，反应型表面活性剂可分为：表面活性可聚合乳化剂［图 3-6（b）］、表面活性引发剂［图 3-6（c）］、表面活性链转移剂［图 3-6（d）］、表面活性交联剂［图 3-7（e）］、表面活性修饰剂［图 3-8（f）］等。

可聚合乳化剂、表面活性引发剂和表面活性链转移剂主要应用于乳液聚合。在聚合体系中，它们不仅充当乳化剂，发挥乳化作用，还参与乳液聚合的不同过程，如链引发、链增长和链转移。在这些过程中，乳化剂分子会键接到乳胶粒表面。可聚合乳化剂的反应基团通常是双键，能够参与链增长过程中的自由基聚合反应。反应型表面活性剂中，这类表面活性剂占据了绝大多数。

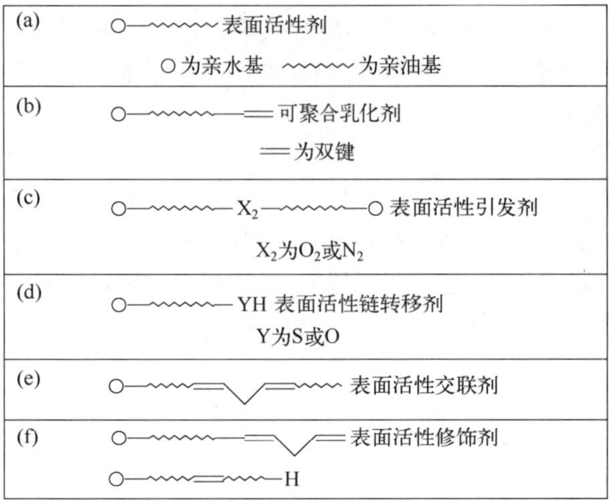

图 3-6　反应型表面活性剂的类型

反应型表面活性剂具有良好的表面活性和反应活性，所得到的产物具有优异的耐水性、耐老化性、耐电解质性、耐剪切性、稳定性和重分散性。这些特性使它们广泛应用于乳液聚合、溶液聚合、分散聚合、无皂聚合以及功能性高分子制备等领域。在这些应用中，反应型表面活性剂往往能部分或完全替代传统表面活性剂，显著改善产品性能或制备出新型产品。例如，稳定的有机硅接枝共聚物、耐水压敏胶、具有良好补黏性和耐水性的涂料底层剂、耐水性和耐热性好的交联型聚合物乳液、涂料中的颜料和弹性体中填料的稳定剂、织物和聚合物材料的表面修饰剂等。

（五）冠醚类表面活性剂

冠醚类大环化合物具有与金属离子络合形成可溶于有机相络合物的特性，因此广泛应用于“相转移催化”领域。由于冠醚大环主要由聚氧乙烯组成，与非离子表面活性剂的极性基团相似，因此在冠醚大环上引入烷基取代基，可以制得具有非离子表面活性剂特性的全新表面活性剂——冠醚类表面活性剂。尽管此类表面活性剂具有独特性质，但由于成本较高，目前在农业中的应用较少。

冠醚类表面活性剂的典型分子结构：

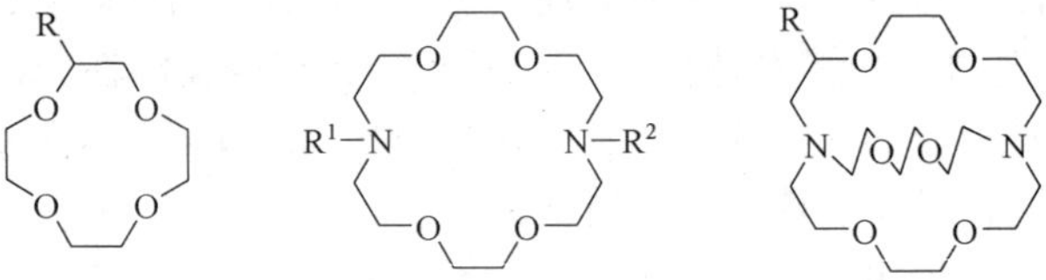

也可简单用下面的结构表示：

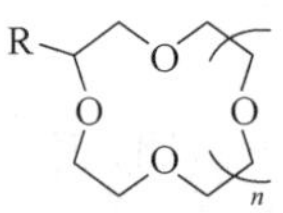

式中，R 可为烷基、烷基酰胺、烷基羧酸、烷基聚醚及芳基衍生物等，n=1～4。

冠醚类表面活性剂是一类在环状聚环氧乙烷链上引入亲油基团形成的两亲化合物。由于聚环氧乙烷基的亲水性，这类表面活性剂具备了许多开链聚醚化合物所不具备的特性和用途，因而越来越受到重视。

（六）螯合性表面活性剂

螯合性表面活性剂是一类由有机螯合剂（如 EDTA、柠檬酸等）衍生出的、具备螯合功能的表面活性剂。早期产品通常是由 EDTA 与脂肪醇或脂肪胺反应生成的混合酯或混合酰胺类化合物。20 世纪 90 年代，出现了一类由邻苯二甲酸酐、柠檬酸和聚乙二醇制备的柠檬酸型螯合性表面活性剂，广泛应用于纺织加工过程中。目前，美国 Hampshire 化学公司已成功开发出一系列 *N*-酰基-乙二胺三乙酸螯合性表面活性剂的工业化产品。以 *N*-酰基-乙二胺三乙酸为例，介绍该类表面活性剂的制造工艺、性能特点和应用领域。

N-酰基-乙二胺三乙酸结构如下：

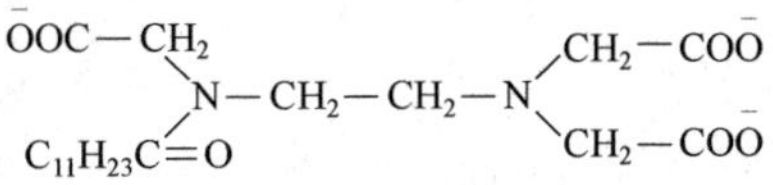

N-酰基-乙二胺三乙酸的商业化生产工艺分两步：第一步先合成乙二胺三乙酸（ED3A）；第二步根据 Schotten-Baumann 酰化反应得到 *N*-酰基 ED3A 型表面活性剂。其中，ED3A 是由乙二胺、氢氰酸、甲醛和氢氧化钠通过分子内环化技术合成的。

通过改变酰基烷链的长度和反离子的种类，可以制备出一系列 *N*-酰基 ED3A 型表面活性剂产品。当酰基的碳数在 8～18 之间时，这类物质同时具备良好的表面活性和螯合性能；若碳数低于 8，则仅表现出螯合性能。此外，通过改变中和碱的种类，可以调整其特性。例如，使用乙醇胺盐代替钠盐会降低其 HLB 值，从而提升其油溶性。

N-酰基 ED3A 具有以下显著特点：

① 同时具备强表面活性和优异的螯合能力；

② 与其他表面活性剂有良好的相容性，能显著提高混合体系的耐盐性和抗硬水性；

③ 与酶、漂白剂相容性佳，并具有一定的助溶功能；

④ 对人体温和，对眼部刺激性低；

⑤ 环境友好，生物降解速度快，对哺乳动物几乎无毒无刺激，对水生动物的毒性显著低于传统阴离子表面活性剂；

⑥ 在酸性条件下，可降低低碳钢的腐蚀速度；在碱性条件下，能钝化不锈钢表面。

凭借这些特性，*N*-酰基 ED3A 适合用于配制无磷、超浓缩型重垢液体洗涤剂。其温和性使其适用于婴儿香波等温和洗涤剂和个人护理产品。此外，它的缓蚀性能也适合用于金属清洗剂、家具清洗剂等硬表面清洁及工业清洗。

（七）有机金属表面活性剂

有机金属表面活性剂是指分子中含有有机过渡金属元素的表面活性剂，典型的代表是含有二茂铁结构的表面活性剂。这类表面活性剂的一个显著特点是其表面活性可以通过二茂铁发生的电化学变化来控制和改变。通过氧化还原反应，金属元素的电位可以发生变化，从而影响表面活性剂的性质。

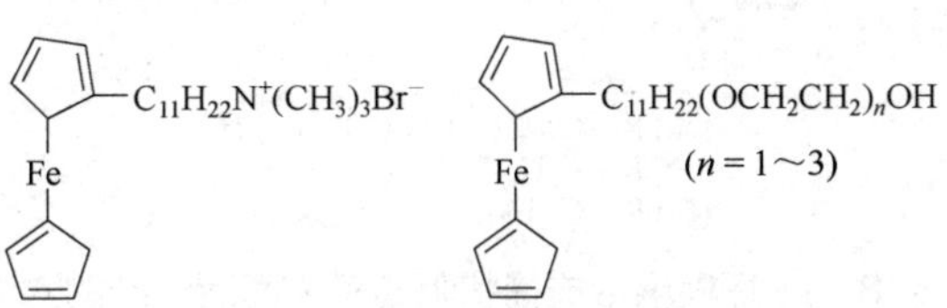

具体来说，含有电中性原子的表面活性剂分子在水中能够聚集成胶束；而当金属元素的电位改变后，表面活性剂分子带电，导致胶束因静电斥力而解离。这个特性使得有机金属表面活性剂在某些特殊应用中展现出独特的优势。但由于其毒性和成本问题，限制了其在农业领域的应用。

（八）环糊精衍生物

环糊精（CD）是由 D-吡喃葡萄糖通过 α-1,4-苷键连接形成的环状分子。根据其单元数的不同，环糊精可以分为 α-、β-、γ-、δ-等类型，其中 β-环糊精应用最为广泛（图 3-7）。β-环糊精的环状结构中央形成了一个桶状的空穴，葡萄糖单元中的疏水基团集中在空穴内，因此其内部为疏水性，而外侧则分布有亲水基团，使其具有一定的亲水性，能够很好地分散在水中。

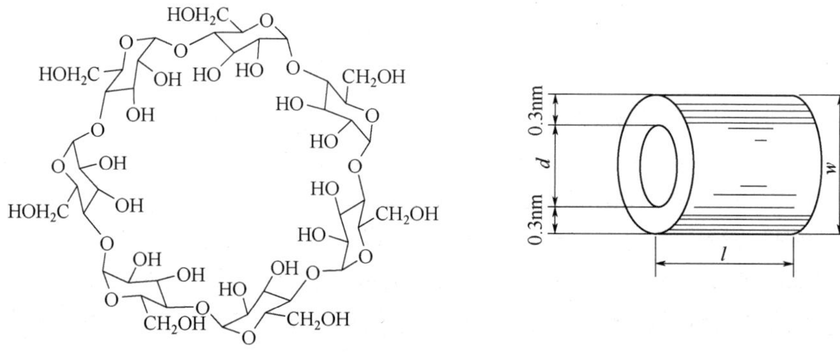

图 3-7　β-环糊精的环状结构和中空结构示意图

尽管环糊精本身的表面活性较差，但通过结构修饰，可以得到具有表面活性的环糊精衍生物。比如，将烷基或硫酸酯基接枝到 β-环糊精分子中，可以生成新的表面活性剂。这些衍生物在其筒状结构的两端分别接有多个疏水基和亲水基，从而赋予其较高的表面活性。通过这种方法，环糊精可以转变为具有较高表面活性的表面活性剂。图 3-8 中，当这种新型阴离子表面活性剂的疏水基烷基链较短时，其临界胶束浓度（CMC）低于 $C_{12}H_{25}SO_4Na$，其表面张力可达到 40mN/m 左右，表现出较强的表面活性。

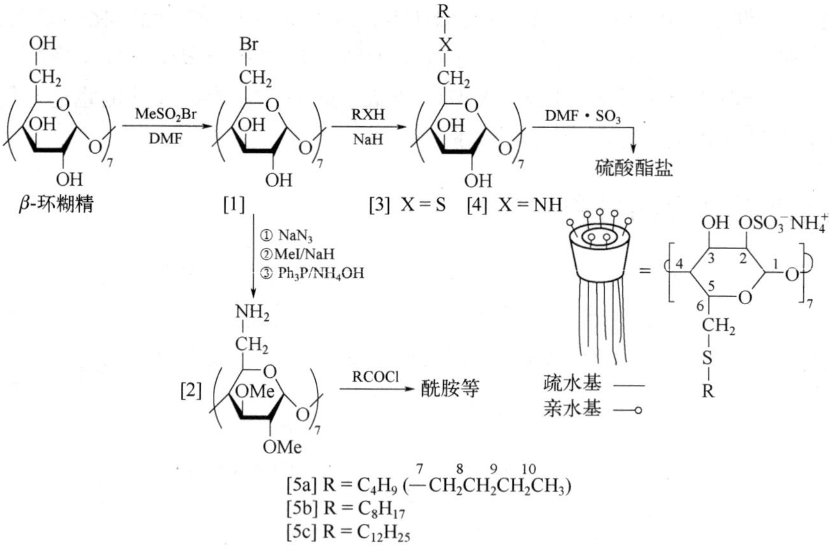

图 3-8　β-环糊精合成桶状阴离子表面活性剂的方法

环糊精分子具有包覆有机物分子的能力，其包覆效果与其圆筒结构的孔径大小以及内孔的疏水性密切相关，这使得环糊精能够识别并包裹特定的有机客体分子。通过在环糊精的结构中引入不同链长的烷基疏水基，可以调节其内孔的疏水性。由此，通过对环糊精进行结构修饰，可以赋予其新的功能。

（九）主客体型表面活性剂

环糊精由于其内部空穴具有疏水性，可以将体积适当的有机分子包覆在空腔中，形成稳定的包合物（包结物）。这种包结作用是一种典型的主客体相互作用，其中环糊精为主体分子，而被包覆的有机分子则为客体分子。在含有机物的水中，环糊精能够通过包覆作用将有机物分子包结或从水中提取出来。由于环糊精的外部是亲水性的，环糊精与香料、药物、反应底物等形成的包结物能够提高其在水基体系中的溶解性。此外，在适当的条件下，客体分子也可以被重新释放。因此，环糊精可以用于增溶、保护、缓释或传输客体分子。

表面活性剂作为一种重要的客体分子，其疏水基团能够进入环糊精的空腔形成包结物。环糊精与表面活性剂的混合物在多个领域有广泛应用，如洗涤剂、催化、材料、化妆品、医药、食品等。

通常，表面活性剂的亲水基和疏水基是通过共价键连接的（见图 3-9），例如前面提到的环糊精衍生物表面活性剂中，疏水基和亲水基也以共价键相连。通过超分子相互作用来构建表面活性剂是一种设计新型表面活性剂的思路，这种设计思路利用环糊精和碳氢-碳氟两段化合物之间的包结作用，将本身没有表面活性的两种物质（例如环糊精和烷基链化合物）组合成具有表面活性的包结物。在这种新型表面活性剂中，亲水基和疏水基通过非共价键连接，因此被称为“主客体型（或组装型）表面活性剂”（host-guest surfactants）。

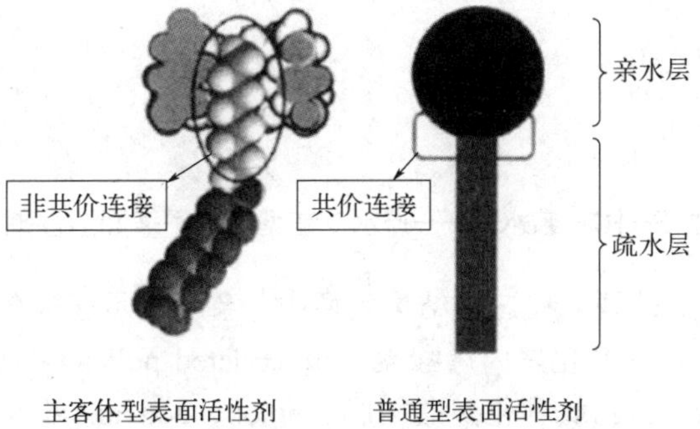

图 3-9　主客体型表面活性剂与传统表面活性剂的差别

（十）高分子表面活性剂

高分子表面活性剂是一类具有较高分子量（通常在 1000 以上）的表面活性剂，应用历史悠久，部分天然高分子早已作为表面活性剂使用。1951 年，Stauss 首次将含表面活性基团的聚合物——聚 1-十二烷-4-乙烯吡啶溴化物命名为“聚皂”，从此开启了合成高分子表面活性剂的应用。1954 年，美国 Wyandotte 公司报道了聚（氧乙烯-氧丙烯）嵌段共聚物作为非离子型高分子表面活性剂，随后各类合成高分子表面活性剂相继被开发并应用于多个领域。

与传统的低分子表面活性剂相比，高分子表面活性剂在降低表面张力方面效果较弱，且成本较高，因此一直未能在市场上占据主导地位。然而，在过去的二十多年里，能源工业（三次采油、燃油乳化、油/煤乳化）、涂料工业（无皂聚合、高浓度胶乳）、膜科学（仿生膜、LE膜）等领域的需求带动了高分子表面活性剂的研究与发展，催生了氧化乙烯-硅氧烷共聚物、乙烯亚胺共聚物、烷基酚-甲醛缩合物-氧化乙烯共聚物等高性能新品种。

尽管高分子表面活性剂在降低溶液表面张力方面表现一般，它们在固/液、液/液界面上发挥了重要作用，具备分散、凝聚、乳化、稳定泡沫、保护胶体、增溶等功能。这使得它们广泛应用于胶凝剂、减阻剂、增黏剂、絮凝剂、分散剂、乳化剂、破乳剂、增溶剂、保湿剂、抗静电剂、纸张增强剂等领域。过去二十多年来，高分子表面活性剂发展迅速，现已成为表面活性剂家族中的重要成员。

1. 高分子表面活性剂的分类及结构类型

高分子表面活性剂按离子类型可分为四类：阴离子型、阳离子型、两性型和非离子型；按来源可分为天然高分子表面活性剂和合成高分子表面活性剂。天然高分子表面活性剂通过从动植物中提取、精制获得，属于水溶性两亲高分子；合成高分子表面活性剂则是通过亲水性单体的均聚或与疏水性单体的共聚制成，或通过化学改性普通高分子获得。文献中将化学改性普通高分子得到的表面活性剂称为半合成高分子表面活性剂，如纤维素衍生物、淀粉衍生物以及亚硫酸纸浆副产品木质素磺酸盐等。

从分子结构来看，高分子表面活性剂主要分为以下三种结构类型：

（1）亲水主干-疏水支链型　此结构类型中，疏水基团连接在亲水主链上。例如，疏水改性的淀粉（hydrophobized starch）＞疏水改性的纤维素（hydrophobized cellulose）、烷基取代的聚氨酯（alkyl substituted polyurethane）、酯多糖（lipopolysaccharide）等。其结构如图 3-10 所示。

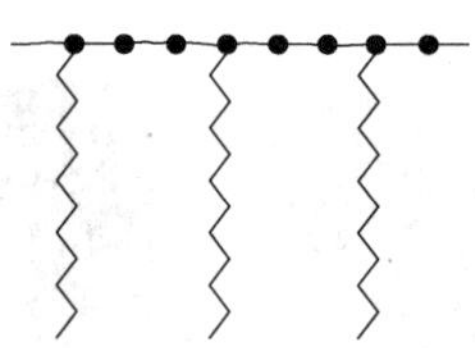

图 3-10　亲水主干-疏水支链型高分子表面活性剂

（2）疏水主链-亲水支链型　在这种结构类型中，亲水基团连接在疏水性主链上。例如，糖蛋白（glycoprotein）、乙氧基化聚丙烯酸盐（ethoxylated polyacrylate）、烷氧基化酚醛树脂（novolac resin alkoxylate）、乙氧基化醇酸树脂（ethoxylated alkyd resin）、乙氧基化木质素（ethoxylated lignin）、乙氧基化木质素磺酸盐（ethoxylated lignin sulfonate）以及硅表面活性剂（silicone surfactant）等，结构见图 3-11。

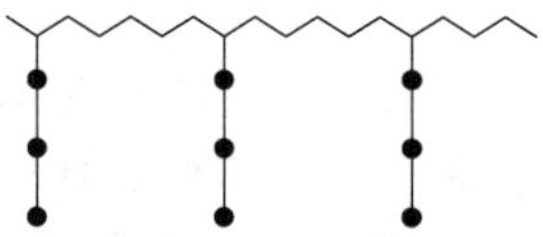

图 3-11　疏水主干-亲水支链型高分子表面活性剂

（3）疏水基与亲水基交替排列（嵌段）型　这类化合物的典型代表是两亲性嵌段共聚物，如 EO/PO 嵌段共聚物、EO 和 12-羟基硬脂酸的共聚物等。许多具有明显亲水区和疏水区的蛋白质，例如酪蛋白（casein）和某些唾液蛋白（salivary proteins），也属于这一类型。这类高分子表面活性剂的结构示意见图 3-12。

图 3-12　疏水基和亲水基交替排列型高分子表面活性剂

2．一些重要的高分子表面活性剂

（1）聚氧乙烯-聚氧丙烯（EO-PO）嵌段共聚物　用含活性氢原子的有机化合物为引发剂加聚环氧丙烷、环氧乙烷等烯烃的氧化物得到的聚合物称为聚醚。聚醚中若同时含有聚氧乙烯和聚氧丙烯，且聚氧乙烯和聚氧丙烯呈嵌段分布，称为聚氧乙烯-聚氧丙烯嵌段共聚物，常简称为 EO-PO（或 PEO-PPO）嵌段共聚物。

EO-PO 嵌段共聚物属于非离子型高分子表面活性剂。其中，亲水部分是聚氧乙烯（聚乙二醇）基。其亲油部分是聚氧丙烯基，亲油、亲水部分的大小可通过调节聚氧丙烯与聚氧乙烯比例加以控制。

EO-PO 嵌段共聚物具有代表性的是以聚丙二醇为疏水基的聚氧丙烯的 Pluronic 系嵌段聚合物，以及以乙二胺为引发剂，依次加成环氧乙烷、环氧丙烷的具有阳离子特征的 Tetronic 系列聚合物。它们都是在碱性催化剂的存在下，由环氧乙烷、环氧丙烷开环聚合而成。通过改变聚氧丙烯的分子量（或引发剂的种类）及环氧乙烷的加成量可获得不同亲水性-疏水性的 EO-PO 嵌段共聚物。此外，以二乙基三胺和山梨醇等具有五、六官能团的原料为引发剂亦可制得各种不同类型的嵌段共聚物。除了聚氧乙烯-聚氧丙烯型（PEO-PPO）聚醚，还有聚氧乙烯-聚氧丁烯型（PEO-PBO）聚醚，其中聚氧丁烯嵌段部分为疏水基。

EO-PO 嵌段共聚物的性质在很多方面与聚氧乙烯型非离子表面活性剂相似，如具有反向的溶解度-温度依赖性，即它们在冷水中的溶解性比在热水中的大，而且具有浊点；EO 含量低的产物起泡性能差。EO/PO 比在 1∶4～1∶9 之间有最佳的消泡性。反向产物，即 PO/EO/PO，起泡性能最差；具有高分子量，而且 PO 含量高的产物有好的润湿性；EO 含量高的产物有好的分散性；生物降解性能较差，特别是 PO 含量高的产物生物降解性能更差。

一些典型的 EO-PO 嵌段共聚物已用于以下领域：①消泡剂，已用于洗碗机粉、纺织工业（染色及成品）、石油工业、乳化油漆等；②润湿剂，已用于洗碗机粉、润滑剂；③颜料的分散剂；④除草剂及杀虫剂中用作乳化剂或共乳化剂；⑤破乳剂，例如用于采油中（20%～50%EO 的产物用作 W/O 乳液，5%～20%的产物用作 O/W 乳液）；⑥个人护理品；⑦药物配方。

在农药制剂生产过程中环氧乙烷/环氧丙烷嵌段共聚物环氧乙烷(EO)/环氧丙烷(PO)共聚醚是一种重要的非离子型表面活性剂，其性能与其分子结构密切相关，可以通过分子量以及 EO 和 PO 比例和嵌段方式进行调控，嵌段共聚物是一类重要的两亲分子，商品名称是 Pluronic。这种三嵌段共聚物在水溶液中常自发形成多分子聚集的胶束。其内核以疏水 PPO 嵌段为主成分，掺有若干的 PEO 嵌段，其余的 PEO 嵌段环绕在外构成外壳。这种胶束结构能在水溶液中良好分散，PPO 为主成分的内核为水相提供了局部疏水微环境，因此可以增溶油溶性化合物。研究表明，合适的 Pluronic 嵌段共聚物胶束对稠环芳烃化合物具有相当强的增溶能力，显示出的可观增溶量大大超过了通常烷烃链表面活性剂胶束的增溶量。实验表明：稠环芳烃分子被增溶在胶束内核中，这样 Pluronic 胶束增溶量大的原因除了其内核组成对稠环芳烃的强亲和力外，所形成的大体积内核被证实是重要的因素，而后者恰恰是烷烃链表面活性剂胶束所无法实现的。嵌段聚醚常常应用于农药悬浮剂、水乳剂、水分散粒剂等农药工业中，起消泡、乳化、增稠等作用。由于嵌段聚醚乳化剂在油水界面能够形成致密的界面膜和具有强大的空间稳定作用，在农药水悬浮剂、水乳剂制备中被广泛使用，且都获得了很好的使用效果。

（2）疏水改性的纤维素　一般的水溶性纤维素衍生物如常见的羧甲基纤维素（CMC）、聚阴离子纤维素（PAC）、甲基纤维素（MC）、羟乙基纤维素（HEC）、羟丙基纤维素（HPC）和羟丙基羧甲基纤维素（HPCMC）等，由于通常其分子量较高（分子量一般在 10^4～10^6 数量级）且其大分子链中缺少与亲水基团相匹配的疏水性基团，致使其表面活性较差。若将一般水溶性纤维素衍生物进行疏水改性，则可得到性能较好的一类高分子表面活性剂。与一般合成高分子表面活性剂相比，纤维素类高分子表面活性剂不仅可在一定条件下显示出与之相当的增稠、分散、乳化、增溶、成膜、保护胶体等性能，而且还普遍具有生物可降解性、使用安全性和丰富的原材料。

若将一般水溶性纤维素衍生物（如常见的 HEC、MC 和 HPC）通过在适当条件下与带长链烷基的疏水性反应物进行高分子化学反应，可提高其表面活性并获得含长链烷基纤维素类高分子表面活性剂。

图 3-13 总结出该类纤维素类表面活性剂的若干制备途径。其反应特点通常是在不影响原料纤维素衍生物整体水溶性的前提下，借助其大分子链中自由羟基与带长链烷基的环氧化物、卤化酰基、卤化物、异氰酸或酸酐进行亲核取代反应而引入一定数目的烷基疏水链。

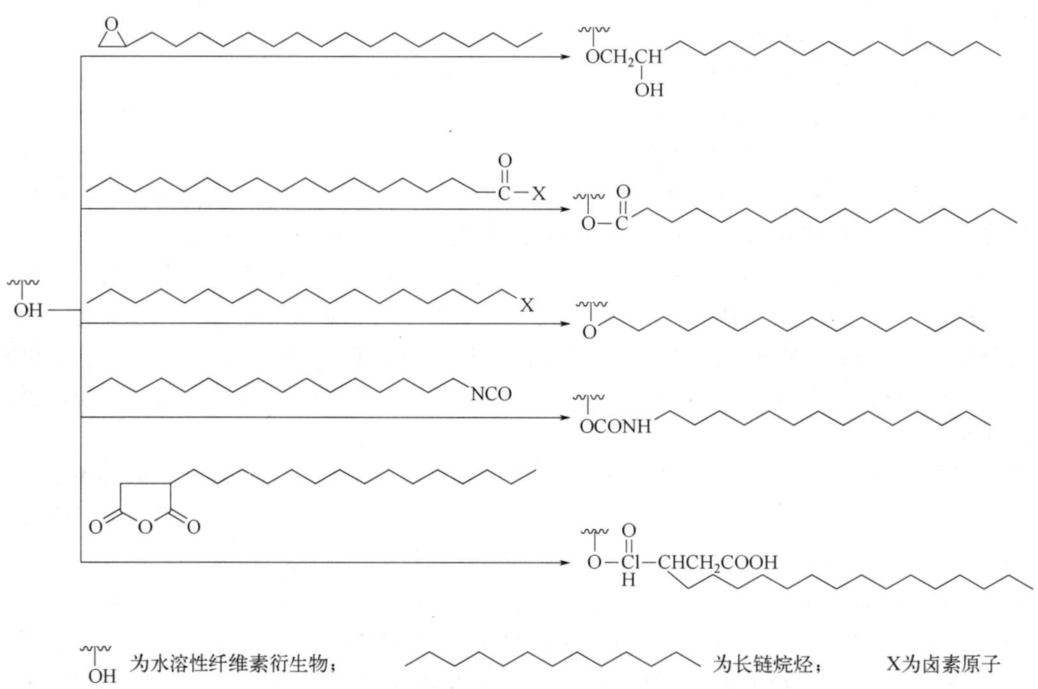

图 3-13　含长链烷基纤维素类高分子表面活性剂的制备途径

一个例子是使纤维素在强碱溶液中肿胀，然后将这种半溶物与环氧乙烷和氯代烷反应，得到一类接枝共聚物（图 3-14）。如果烷基链较短，如乙基，则得到一中等表面活性的产物；如果部分乙基被长链烷基取代，则得到具有高表面活性的产物。此类高分子表面活性剂主要用作增黏剂、一些水基配方如水基油漆的流变控制剂（rheology control agent）等。

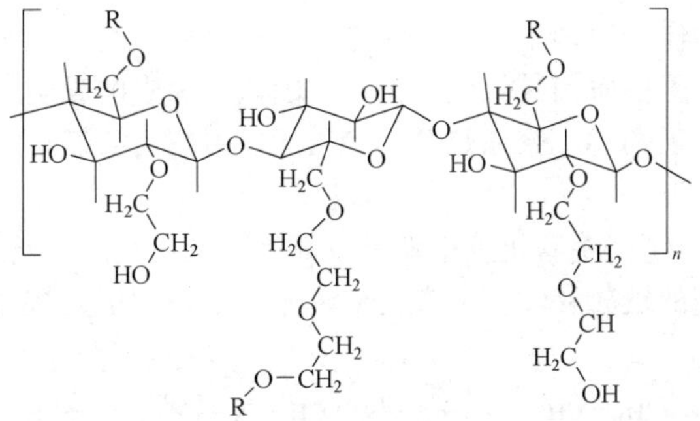

图 3-14 用环氧乙烷和氯代烷改性的纤维素（R 为烷基）

含长链烷基纤维素类表面活性剂的性能，主要受引入的烷基疏水链长短、数目及所用原料纤维素衍生物和改性剂种类的影响。但合成时只要注意控制好反应条件包括原料用量、反应介质组成、温度和时间，便可使所得产物显示出高分子表面活性剂的优良性能。

目前，含长链烷基纤维素类表面活性剂在国外已形成一些商业品牌，如 Natrosol 250 GR、Natrosol Plus Grade 330 等。它们除可用作性能优良的水性涂料增稠剂、胶乳分散稳定剂、洗发香波增黏剂、高盐油藏驱油剂外，还可用来制备分离用凝胶、药物缓释材料等。

(3) 疏水改性的淀粉 淀粉经长链烷基或烷芳基进行疏水改性，也能得到具有优良性能的高分子表面活性剂。这是一类典型的亲水主干-疏水支链型高分子表面活性剂。

一种疏水改性淀粉的制备方法是：以直链淀粉和高度支化的支链淀粉的混合物为原料，后者在酶的作用下可选择性地在 1,6-葡萄糖联结位降解。降解所得线形多糖产物可被氧化生成醛基（或可能为酮），然后与脂肪胺反应（取代度一般在 10%以下），即得疏水改性的淀粉，其结构如图 3-15 所示。图中，氧化仅仅发生在葡萄糖单元的 6-位碳上，实际上，氧化也可使环从 2 位和 3 位之间打开，在这些位置生成醛基，这些醛基也可与脂肪胺反应。

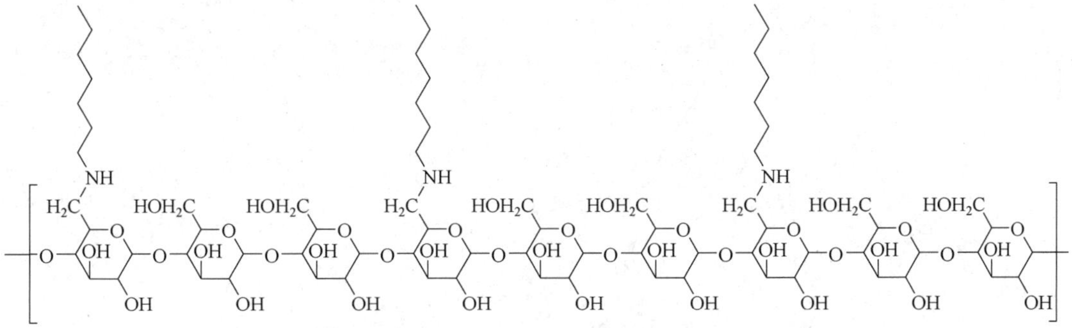

图 3-15 一般疏水改性淀粉的结构

(4) 疏水改性的聚乙二醇 聚乙二醇（PEG）或聚氧乙烯（PEO）一端或两端的羟基被烷基或氟烷基取代，即得疏水改性的聚乙二醇（聚氧乙烯）。一个典型实例是一个或两个端基为全氟烷烃（如全氟癸酰基）的聚氧乙烯（可简称为氟端基 PEO）。据称此类化合物具有很高的表面活性（具有显著降低水溶液表面张力的能力）。

PEG 也可接枝到聚丙烯酸主干上。图 3-16 示出三种制备 PEG-取代的聚丙烯酸盐的方法。第一种方法是聚丙烯酸盐（含有沿链分布的羟乙基）的乙氧基化。第二种方法是聚丙烯酸盐（含有甲酯基）与 PEG 单甲酯的反应。第三种方法是乙氧基化的丙烯酸单体的聚合（即乙氧基化的单体与通常的单体如丙烯酸和甲基丙烯酸的共聚）。

此类接枝共聚物用作分散体系（如油漆等）的稳定剂。另一个有意义的应用是它可用于固体表面的修饰以阻止蛋白质和其他生物物质在固体表面上的吸附。

（5）疏水改性的聚乙烯醇　聚乙烯醇（PVA）是由聚乙酸乙烯酯醇解而得到的。按照制备方法分类可有以下三类。

① 烷基化反应型。所谓烷基化反应就是以高级醇或氯代烷为溶剂进行乙酸乙烯（VAC）的溶液聚合。由于溶剂的链转移反应，在 PVA 分子链末端引入烷基，然后醇解而得到烷基 PVA，如下所示。

$$RX + nCH_2{=}\underset{\displaystyle O{-}COCH_3}{\underset{|}{CH}} \longrightarrow R{+}CH_2\underset{\displaystyle OCOCH_3}{\underset{|}{CH}}{+_n}X \xrightarrow{NaOH} R{+}CH_2\underset{\displaystyle OH}{\underset{|}{CH}}{+_n}X$$

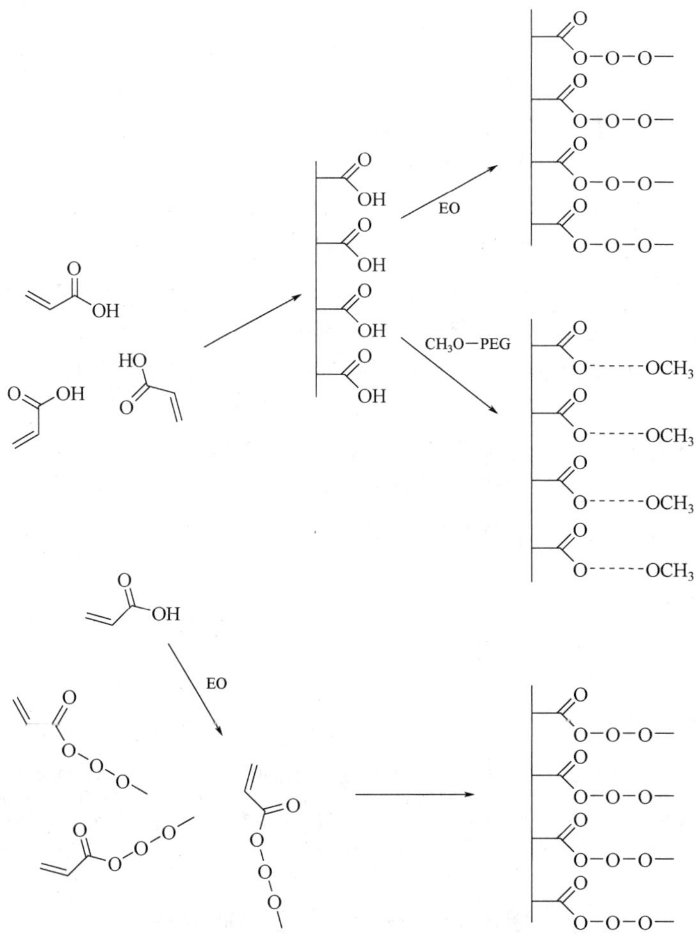

图 3-16　三种制备 PEG-取代的聚丙烯酸盐的方法

烷基 PVA 具有很好的界面活性，但烷基 PVA 醇解度较高时，溶解性能较差。在烷基 PVA 中引入硫酸根，可改善其溶解性能。

② 聚合物的化学反应型。利用 PVA 中羟基的酯化、醚化、酰化和缩醛化反应，在其侧链上引入部分疏水基团，可制得具有表面活性的改性 PVA。如将常用的 PVA 与氯代烷或醇进行醚化反应，可得到具有表面活性的改性 PVA，如下所示。

$$-\!\!\left(CH_2\underset{\displaystyle OH}{\underset{|}{CH}}\right)_x\!\!\left(CH_2\underset{\displaystyle OCOCH_3}{\underset{|}{CH}}\right)_y\!\!\left(CH_2\underset{\displaystyle OR}{\underset{|}{CH}}\right)_z\!\!-$$

式中，R 为长链烷基。其性能与 3 种链节含量有关。

③ 共聚合反应型。将乙烯醇与其他乙烯基单体共聚后醇解，得乙烯醇-乙酸乙烯共单体的三元或四元共聚物，即改性 PVA。在大分子链中引入共聚单体有以下三种情况。

a．亲水性单体，如马来酸或马来酸肝，衣康酸丁烯酸等；

b．疏水性单体，如十二烷基乙烯基醚，α-十二烯等；

c．亲水-疏水两种单体，如马来酸等，以此调节分子的亲水和疏水基团比例，以达到预期的表面活性。

此外，部分醇解型 PVA 大分子链中若含有一定量的残存乙酰基并成嵌段分布，即具有嵌段分布的部分醇解型聚乙烯醇也具有较高的表面活性。如在 PVA 进行醇解时，将苯混入甲醇溶剂中可制得具有嵌段分布的部分醇解型 PVA，苯量越多，乙酰基的分布越成嵌段化。

若在 PVA 分子链中引入有机硅化合物，可提高其表面活性和防水能力。常见的有两种。

a．聚乙烯醇与聚二甲基硅氧烷的接枝共聚物，典型化合物如：

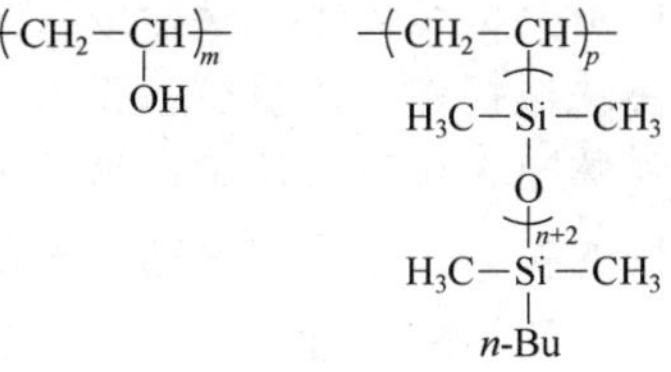

(Bu为丁基)

接枝共聚体中硅氧烷含量增加，产物逐渐由水溶性变为油溶性。当含量达 20%时防水效果好。这类共聚体是一种优良的乳化剂和分散剂。

b．聚乙烯醇与聚二甲基硅氧烷嵌段共聚体，典型化合物如：

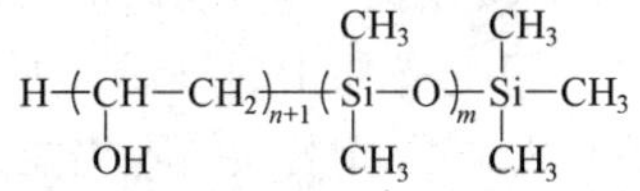

此类嵌段共聚体具有较高的表面活性，能够润湿疏水性的合成树脂表面。它和接枝共聚体一样是优良的乳化剂和分散剂。

(6) 其他　对位烷基苯酚与甲醛缩合即得线性高分子，以环氧乙烷处理后则得水溶性的非离子型高分子表面活性剂。

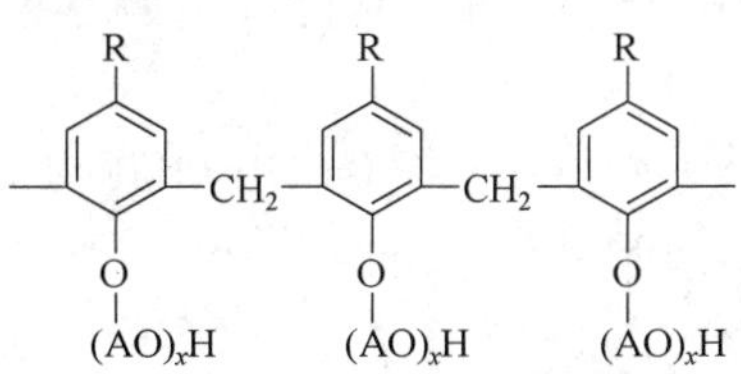

AO = EO或EO/PO

式中，R 为短链烷基，常见的为丙基和丁基。

此类化合物用作涂料的立体稳定剂。EO-PO 的嵌段共聚物也被广泛用作破乳剂，例如用于石油生产中。此类表面活性剂中，烷芳基片段构成了一个强的疏水主链，它可紧紧地结合在疏水表面，从而可使得分子即使有很长的亲水链（通常 50～100 聚氧乙烯单元）也不离开表面。

（十一）生物表面活性剂

生物方法也可以合成两亲化合物。例如，在特定条件下培养微生物时，它们在代谢过程中会分泌一些具有表面或界面活性的代谢产物，如糖酯、多糖酯、肽酯或中性类酯衍生物等。这些代谢产物具有类似于传统表面活性剂的两亲性结构，其非极性基团通常为脂肪酸链或萜烯链，而极性部分则包括多种结构，如糖、多糖、肽和多元醇等。这类两亲化合物能够吸附在界面上，改变界面的性质。这些由细菌、酵母和真菌等微生物产生的化合物被称为生物表面活性剂（biosurfactants），它们具备传统表面活性剂的特性，并在环境友好性和生物降解性方面具有优势。

不同文献对生物表面活性剂的定义有所不同，因为由生物代谢产生的两亲化合物可分为两类：一类是低分子量的小分子，能够显著降低空气/水或油/水界面张力；另一类是生物大分子，尽管它们在降低界面张力方面的能力较弱，却能很好地吸附在分散的油滴表面，防止油滴凝聚，从而稳定乳状液。有些文献将前者称为生物表面活性剂，而将后者称为生物乳化剂（bioemulsifier）；另一些文献则将两者统称为生物表面活性剂。本书采用后一种定义，将生物表面活性剂和生物乳化剂不作严格区分。

生物表面活性剂在理化特性上可媲美甚至优于化学合成表面活性剂。与化学合成表面活性剂相比，生物表面活性剂具有优良的选择性、用量少、无毒、完全生物降解、对环境无污染等优点。此外，通过微生物发酵能够引入化学方法难以合成的新型化学基团，工艺相对简便。随着发酵技术的成熟和生产规模的扩大，生物表面活性剂的生产成本有望进一步降低，广泛应用于工业、农业、医药及日常生活用品等领域。

1．生物表面活性剂的分类

生物表面活性剂因其来源、生产方法、化学结构及用途的多样性，可依据不同标准进行分类以满足不同需求。按来源，可将其分为通过整胞生物转化（即发酵法）产生的生物表面活性剂和通过酶促反应生成的产物。按用途，可将其分为狭义的生物表面活性剂（通常为小分子，能够显著降低表/界面张力）和生物乳化剂（通常为大分子，虽然对表/界面张力影响较小，但在油/水界面上具有强亲和力，具备很强的乳化能力）。根据化学结构的差异，生物表面活性剂可以分为糖脂类、酰基缩氨酸类、磷脂类、脂肪酸类和高分子类。

2．一些重要的生物表面活性剂的结构和性能

（1）糖脂系生物表面活性剂

① 鼠李糖脂是一种由假单胞菌在以正构烷烃为唯一碳源的培养基中产生的生物表面活性剂。鼠李糖脂主要包括四种类型：鼠李糖脂Ⅰ、鼠李糖脂Ⅱ、鼠李糖脂Ⅲ和鼠李糖脂Ⅳ。

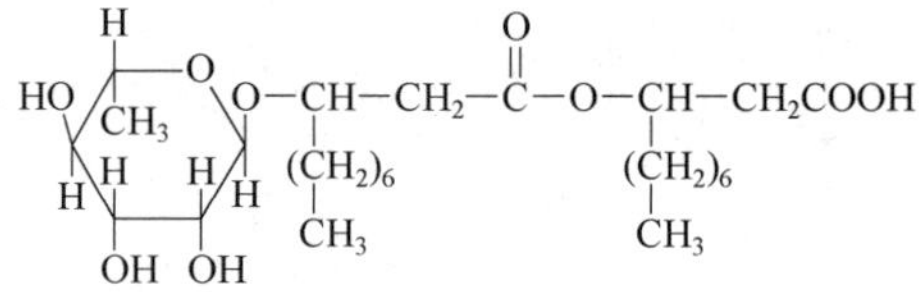

鼠李糖脂Ⅰ

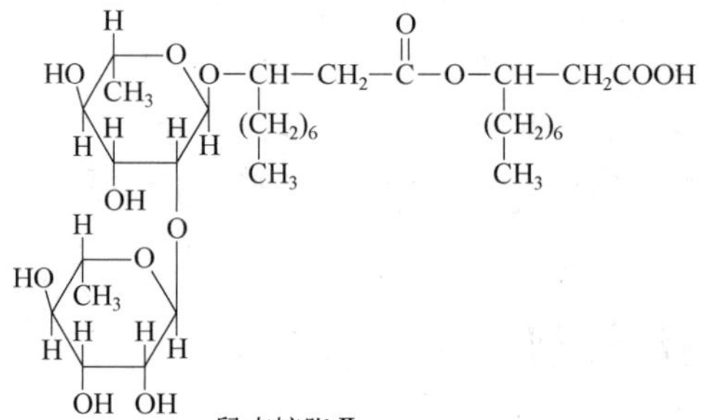

鼠李糖脂Ⅱ

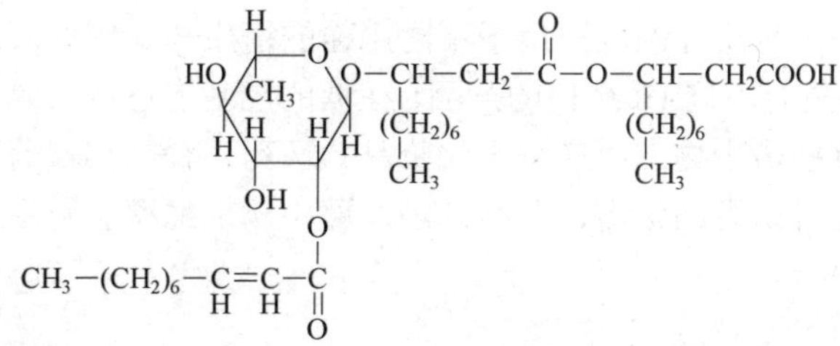

鼠李糖脂Ⅲ

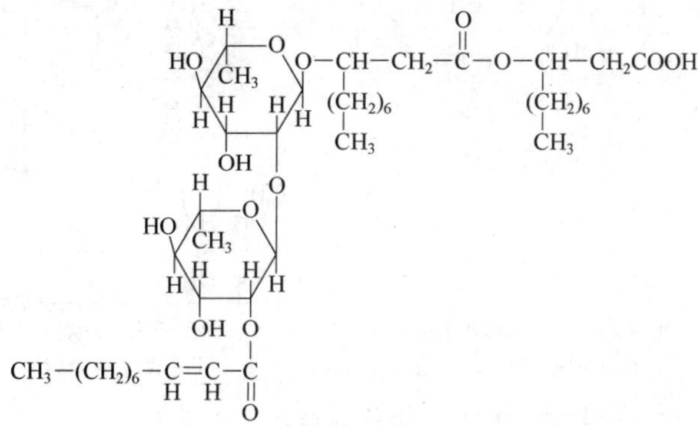

鼠李糖脂Ⅳ

鼠李糖脂可作为乳化剂应用于多个工业领域，尤其在正构烷烃的降解方面效果显著。例如，将鼠李糖脂加入炼油厂废水的活性污泥处理池中，可使污泥中的正构烷烃在两天内完全分解。此外，鼠李糖脂还具备一定的抗菌、抗病毒和抗支原体作用。

② 海藻糖脂。海藻糖脂是一类由海藻糖（双糖）在6,6′位上与α-支链-β-羟基脂肪酸（霉菌酸）酯化形成的化合物。常见的海藻糖脂包括单脂、双脂和四脂。海藻糖脂具有优异的表面活性和强乳化能力，主要应用于三次采油研究中，用于提高石油采收率。

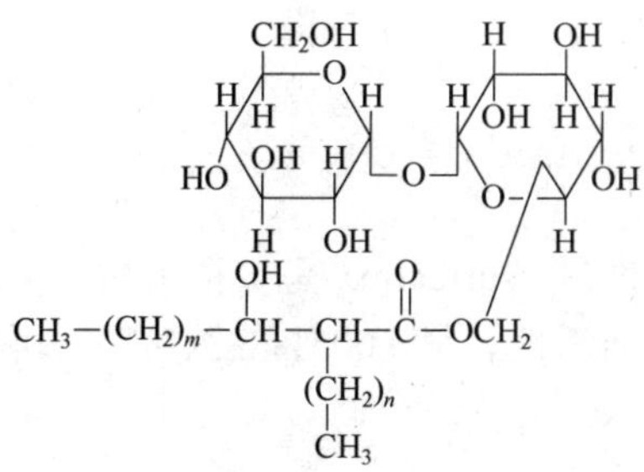

单脂$m=20\sim21$，$n=9\sim11$

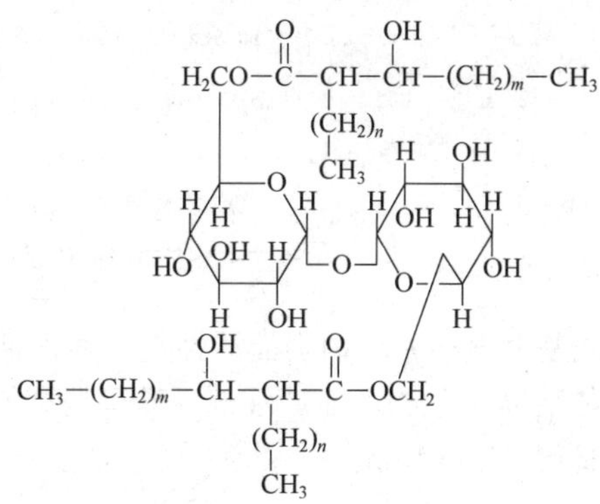

双脂$m=20\sim21$，$n=9\sim11$

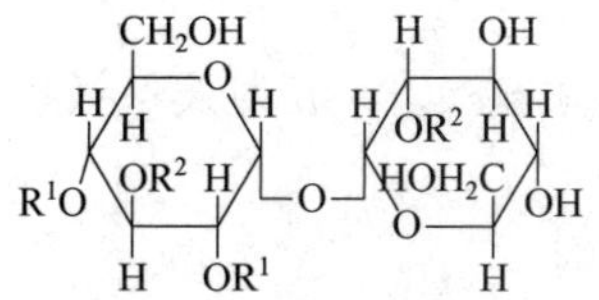

R^1为$OC(CH_2)_mCH_3$和$OC(CH_2)_2COOH$，$m=6$

R^2为$OC(CH_2)_nCH_3$，$n=8$

四脂

③ 槐糖脂。槐糖脂是一种由球拟酵母或假丝酵母在含葡萄糖与正构烷烃或长链脂肪酸的培养基中产生的表面活性剂。球拟酵母可生成内酯型和酸型槐糖脂。

槐糖脂可通过进一步反应制成适用于不同用途的衍生物。例如，内酯环经水解后用醇进行羧基酯化，可获得具有不同 HLB 值的产品；在糖的羟基上进行乙氧基化或丙氧基化反应则可提高乳化性能。这些衍生物广泛应用于化妆品、医药、食品和农药等行业。此外，将槐糖脂加入沥青砂中可促进沥青的析出；在石油烃发酵中添加槐糖脂衍生物，还能促进微生物对烃类物质的摄取和生长。

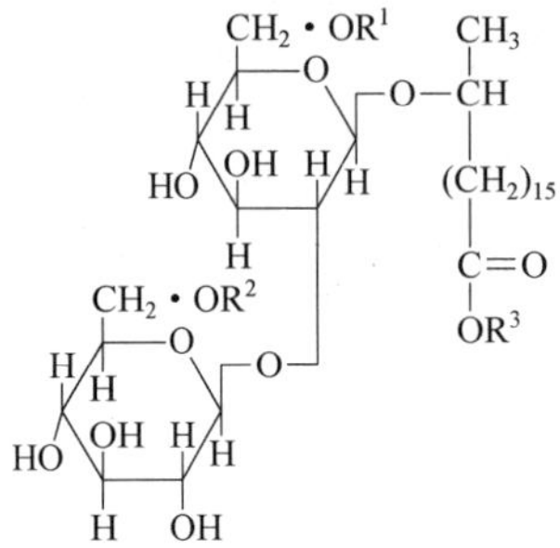

$R^1=R^2=Ac$；$R^3=H$或甲基

Ⅰ 酸型槐糖脂

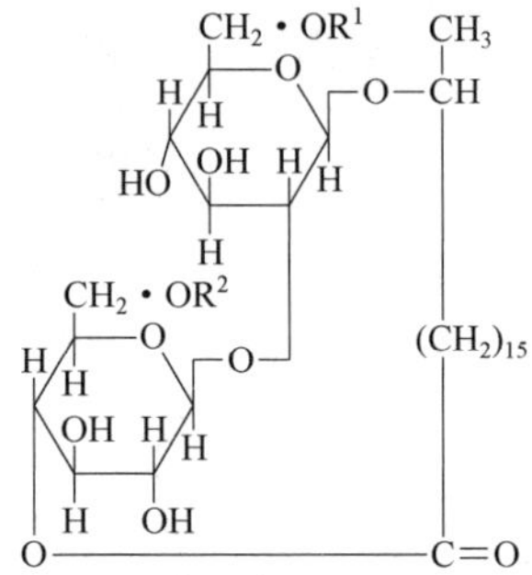

$R^1=R^2=Ac$或H

Ⅱ 内酯型槐糖脂

④ 其他糖脂。主要包括甘露糖单脂、葡萄糖单脂、麦芽糖单脂、麦芽糖双脂、麦芽三糖三脂、麦芽三糖单脂、纤维二糖单脂和纤维二糖双脂等。这些糖脂的脂肪酸部分均含 α-支链-β-羟基结构。其中，甘露糖单脂和纤维二糖双脂具有代表性的结构。这类糖脂具有良好的耐热稳定性，其最低界面张力几乎不受温度变化影响，且具有较高的表面活性。

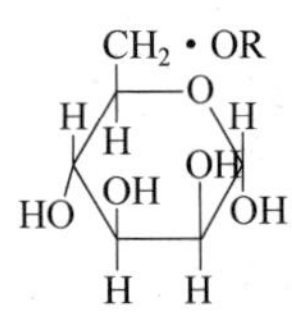

甘露糖单糖

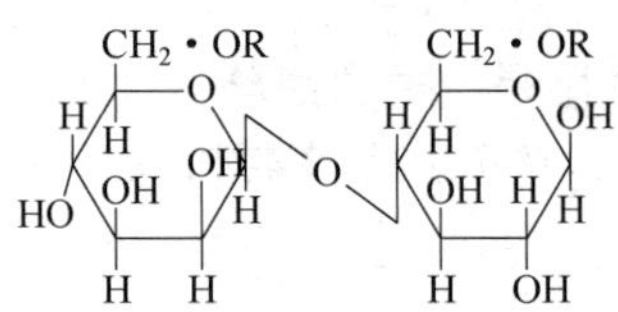

纤维二糖双脂

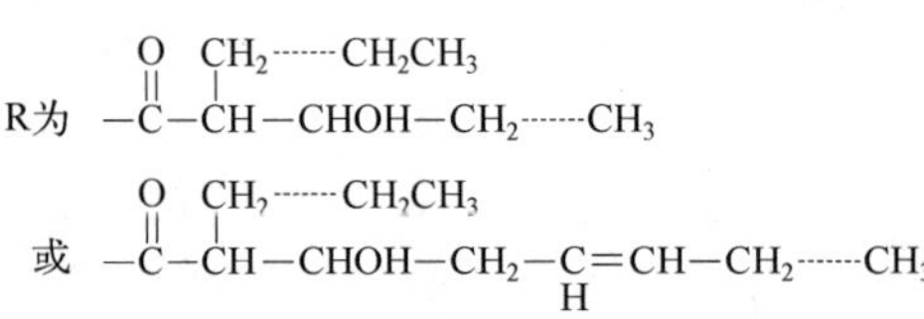

(2) 酰基缩氨酸系生物表面活性剂　表面活性蛋白（surfactin）是一种由枯草芽孢杆菌等细菌产生的脂肽类生物表面活性剂，具有很高的表面活性。在 0.005%的浓度下，可将水的表面张力降低至 27.9mN/m。

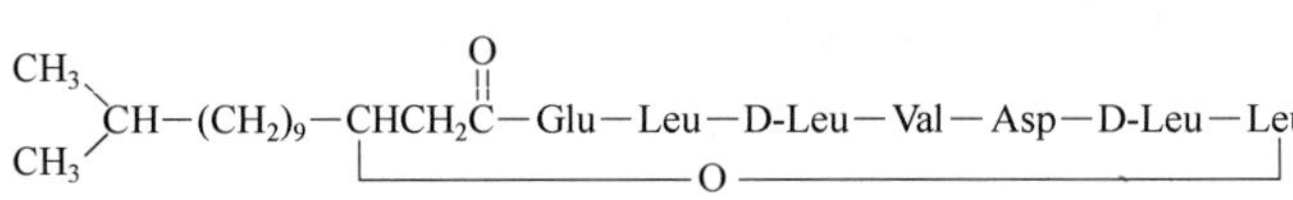

式中，Glu 为谷氨酸，Leu 为亮氨酸，Val 为缬氨酸，Asp 为天冬氨酸，D 为右旋（其余未注明者为左旋）。

另一种类似于 surfactin 的物质，具有如下结构：

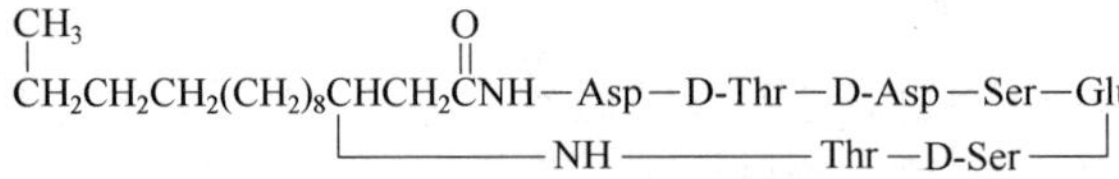

Thr 为苏氨酸，Ser 为丝氨酸。

它有溶菌和抗菌作用。

(3) 磷脂系及脂肪酸系生物表面活性剂　磷脂分子由甘油、两个脂肪酸基、磷酸和一个含氨基的基团（如乙醇胺、胆碱等）组成。根据脂肪酸的种类、位置和氨基的性质，磷脂有多种变体。磷脂有 β-磷脂酸和 α-磷脂酸两种异构体，其中 β-磷脂酸的磷酸位于甘油基的一端，而 α-磷脂酸的磷酸位于甘油基中部的 OH 基上。

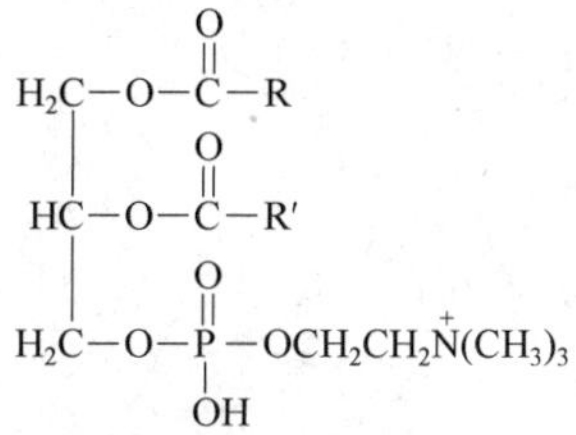

α-磷脂酰胆碱(卵磷脂)

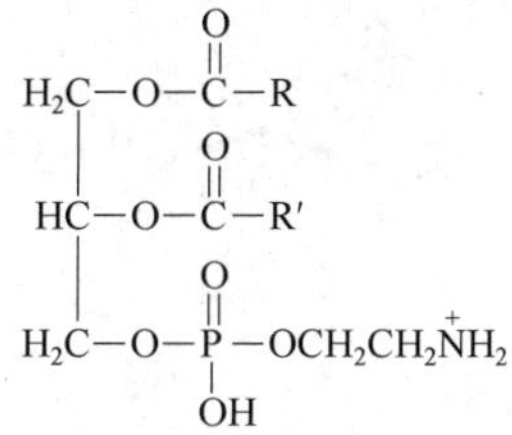

α-磷脂酰乙醇胺(脑磷脂)

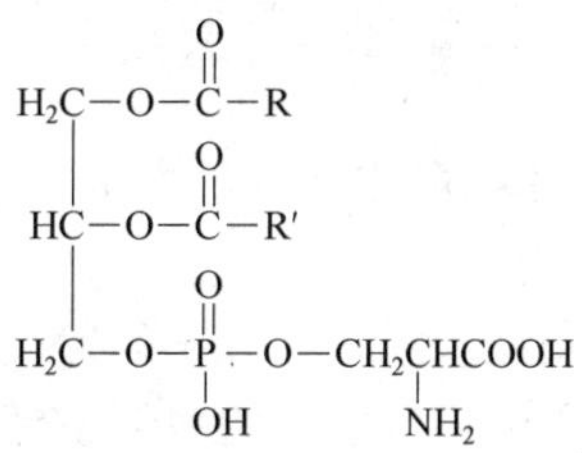

α-磷脂酰丝氨酸

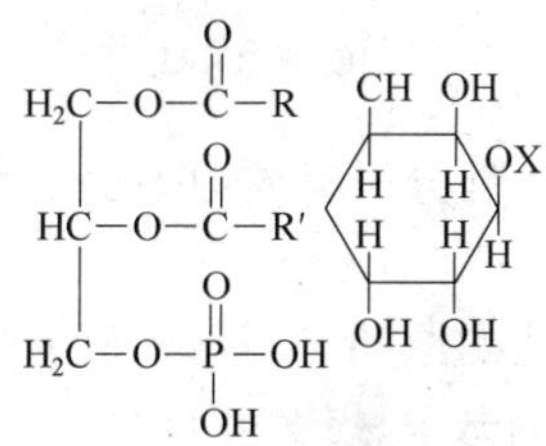

α-磷脂酰肌醇
X为接在糖分子上的磷酸基

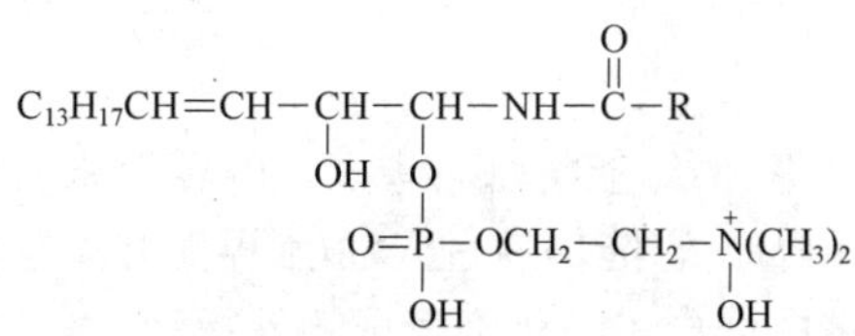

鞘磷脂(神经磷脂)(sphingomyelin)

磷脂酸的胆碱酯也称为卵磷脂，常与磷脂（phospholipid）混用。卵磷脂广泛存在于生物体内，尤其在大豆和卵黄中含量较高。卵磷脂不溶于水，但在热水和碱性条件下能与水形成乳状液，且可溶于芳烃、脂烃和氯代烃中，不溶于低极性溶剂如酮类，但可在甘油酯/丙酮溶液中溶解。工业卵磷脂也能溶解于脂肪酸和矿物油中，但不溶于冷的动植物油中。

尽管卵磷脂不溶于水，不能用作洗涤剂，但因其胶体性质、抗氧性、柔软性和生理性，广泛用于需要增强表面活性的乳化体系，如食品、动物饲料、化妆品、医药品等领域。

除了卵磷脂，硫黄细菌（如硫杆菌）发酵也能产生各种类型磷脂的混合物，但由于产率低，尚未得到大规模应用。通过微生物培养制得的脂肪酸系生物表面活性剂，如覆盖霉菌酸和青霉酸，其表面活性和洗涤能力显著优于传统合成表面活性剂（如 LAS），并具备更低的临界胶束浓度，具有良好的应用前景。

(4) 脂多糖　脂多糖（emulsan）是由多糖和脂肪酸酯化后形成的产物。通常由 *N*-乙酰半乳糖胺、*N*-乙酰化半乳糖醛酸以及结构不明的氨基糖组成的多糖，与脂肪酸通过酯化反应连接形成。脂多糖由细菌 *Acinetobacter calcoaceticus* 通过胞外合成，主链是由带负电荷的重复三糖组成，脂肪酸链通过酯键连接在多糖上。脂肪酸的种类及取代程度可以进行调节，赋予脂多糖不同的乳化特性。其代表结构通常表现为一种具有乳化和表面活性功能的化合物，广泛用作石油工业、环境保护、食品、化妆品等领域的乳化剂和表面活性剂。

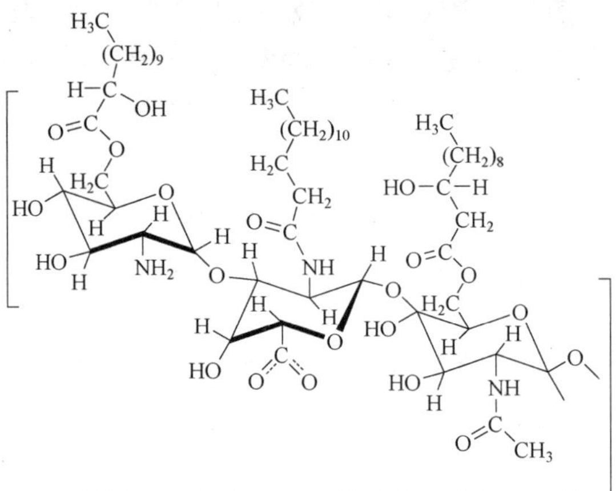

$[C_{80}N_{30}O_{20}H_{105}]_n$ （分子量 = 1187n, n≈840）

代表性结构的脂多糖分子量约为 9.9×10^5，脂肪酸主要成分为 α-羟基十二酸和 β-羟基十二酸。

脂多糖最初在海边的原油——盐乳液中被发现，经过研究，确定其由低分子肽和高分子脂多糖组成。脂多糖的分子量约为 1×10^6，主要由带负电荷的多糖主链和酯化的脂肪酸链构成。它不是一个有效的乳化剂，但能显著稳定由低分子表面活性剂形成的乳状液，起到乳液稳定剂的作用。

脂多糖的特点包括：

① 表面张力降低能力中等，例如能将水与十六烷的界面张力从47mN/m降低至30mN/m；

② 较强的油/水界面亲和力，它能快速进入油/水界面并增强乳液稳定性；

③ 非乳化剂，但能稳定由低分子乳化剂形成的乳状液；

④ 水包油型乳液稳定剂，对水包油型乳液效果最好；

⑤ 底物专属性，其乳化能力对特定油类特别有效，尤其是对重油和混合烃的乳化效果最佳。

脂多糖在重油的乳化方面表现突出，广泛用于重油的运输和用作燃料。其独特的乳化能力也使其成为石油污染清理中的重要工具，可用于清洗石油储槽和油库中的石油污染物。

（5）蛋白质高分子表面活性剂　在酶的催化下，水溶性蛋白质如明胶与氨基酸的烷基酯反应生成了一类蛋白质高分子乳化剂（EMG）。这种乳化剂不仅具有优异的乳化效果，还具有良好的抗菌性能，能有效杀灭和抑制多种革兰氏阳性菌，因此非常适合作为食品防腐剂。此外，由胶原蛋白的水解产物与精氨酸反应得到的缩合物也是一种蛋白质高分子表面活性剂，其结构如下所示。

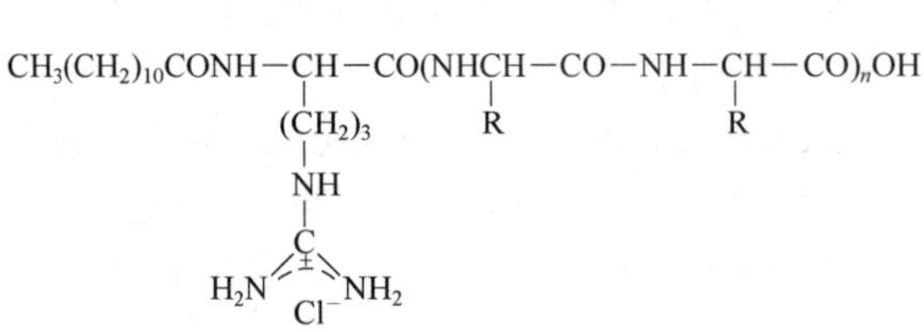

第六节　农药助剂的作用

一、溶解作用

溶解作用是指通过物理和化学机制将农药有效成分溶解于液体溶剂中，形成均匀的制剂。该过程对农药制剂的稳定性、药效和施用效果至关重要。以下是农药溶剂在溶解作用中的关键机制：

1．极性相似原理

相似相溶：溶剂的极性与农药有效成分的极性越相似，溶解效果越好。极性溶剂（如水、乙醇）更适合溶解极性成分（如有机酸、盐类），而非极性溶剂（如石油醚、二甲苯）则适用于非极性成分（如脂溶性农药）。

2．分子间相互作用

氢键作用：极性溶剂分子与极性农药基团之间通过氢键相互作用，提升溶解度。例如，乙醇可通过氢键作用增加极性农药的溶解。

范德华力：非极性成分通过非极性溶剂分子之间的范德华力（瞬时偶极-诱导偶极作用）实现溶解。石油醚、正己烷等溶剂通过范德华力帮助非极性农药溶解。

3．溶剂化作用

溶剂化效应：溶剂分子包围并稳定农药分子，使其分散在溶剂中，从而减少有效成分间的相互作用，促进溶解。

络合：某些溶剂与农药的金属离子形成络合物，提升溶解度。例如，特定溶剂与金属离子结合能显著增强农药在溶剂中的溶解。

4．溶解度增强

温度效应：升高温度增加分子动能，破坏农药晶体结构，进而提升溶解度。

溶剂浓度：适当增加溶剂浓度有助于提高农药的溶解度，形成更稳定的溶液。

5．降低界面张力

界面张力降低：某些溶剂通过降低液体界面张力促进农药均匀分布，提高溶解度。

乳化作用：对于乳剂型农药，溶剂能帮助形成稳定乳化体系，将不溶性成分分散在水相中，从而提高稳定性和药效。

6．溶剂选择

溶剂性质：选择合适溶剂是确保有效成分充分溶解的关键。水适用于极性农药，而有机溶剂（如丙酮、二甲苯）适用于非极性或低极性农药。

环境兼容性：环境友好型溶剂（如可生物降解溶剂）有助于减少环境污染并提高安全性。

7．溶解度与稳定性

提高稳定性：通过提高溶解度可防止有效成分在储存或施用过程中的沉淀或结晶，增强制剂稳定性。

延长保质期：稳定溶液状态减少成分降解，延长保质期，确保药效。

二、稀释作用

某些高效农药的有效成分浓度较高，直接使用不仅不便，还可能引发药害。通过农药助剂的稀释作用，添加填料等助剂可以将有效成分浓度降至适合施用的水平，从而改善农药的均匀性、稳定性和操作便捷性。稀释作用在农药制剂中至关重要，尤其是对于高效、低用量的农药，助剂稀释有助于确保农药在施用时的均匀分布和准确剂量，有效避免药害，提高施药效果和安全性。

三、吸附作用

农药表面活性剂基本应用原理是在溶液中的胶束化作用和在界面上的吸附作用。因胶束化作用而形成的胶束（在非水溶剂中形成反胶束）或其他有序组合体使得表面活性剂溶液有独特的物理化学性质。表面活性剂在各界面上的吸附，可降低这些界面的界面张力，改变界面性质。

1．农药表面活性剂在溶液表（界）面上的吸附

水溶液中的表面活性剂分子由于疏水作用，能自发地从溶液内部迁移至表面，采取亲水基伸向水中、疏水基伸向空气的排列状态。这种从水内部迁至表面，在表面富集的过程叫吸附。

表面活性剂在溶液表面的吸附主要有两方面的功能：一是降低液体的表面张力；二是形成表面活性剂分子或离子紧密定向排列的表面吸附层，或称作吸附膜、吸附单层。表面活性剂溶液的许多功能，例如它的起泡和消泡作用、润湿和铺展作用等，都依赖于它降低表面张力的能力和形成的表面吸附膜的强度。

Gibbs 公式是研究表面活性剂溶液表面吸附最基本和最重要的公式之一。由其计算表面活性剂在溶液表面的吸附量是表面活性剂溶液研究的基础。

由于表面活性剂溶液的浓度一般很小，可用浓度 c 代替活度 α，由此可得表面活性剂的 Gibbs 吸附通式：

$$-\frac{\mathrm{d}\gamma}{\mathrm{R}T}=\sum\Gamma_i\mathrm{dln}c_i$$

式中，$\mathrm{d}\gamma$ 为溶液的表（界）面张力的变化；Γ_i 为体系中任一组分（i）的表面过剩浓度；c_i 为体系中任一组分（i）的浓度；R 为理想气体常数；T 为热力学温度。由此可推导出各类单一和混合表面活性剂的 Gibbs 吸附公式，不同类型的表面活性剂以及不同复配的表面活性剂的 Gibbs 吸附公式不同，且推导方法较为复杂繁琐，其具体推导可参考相关参考文献。

2．表面活性剂在固/液界面的吸附作用

表面活性剂在固/液界面上吸附的应用十分广泛，如纺织、印染、食品、皮革、涂料、造纸、农药、医药、石油、采矿、金属加工、感光材料、肥料、饲料等领域及日常生活中都有重要应用。在这些实际应用中，主要是利用表面活性剂分子的两亲性特点，在固/液界面形成有一定取向和结构的吸附层，以改变固体表面的润湿性质、分散性质等。

（1）固体自稀溶液中的吸附　Gibbs 总结大量稀溶液吸附的结果，将其等温线分为 4 类

18 种。4 种基本类型为 S、L、H 和 C 型。分类的依据是等温线起始部分的斜率。S 型等温线起始段斜率小，其形状凸向浓度轴，这种类型表示溶剂有强烈的竞争吸附能力，极性吸附剂自极性溶剂中吸附时多出现这一类型的等温线。L 型等温线表示溶质比溶剂更容易被吸附，它是稀溶液吸附中最常见的一种类型，活性炭自水中吸附有机物大多得 L 型等温线。H 型等温线表示在极低浓度时溶质就有大的吸附量，类似于化学吸附的性质，少见的自稀溶液吸附的化学吸附和对聚合物的吸附均为此类型。C 型等温线为在相当大的浓度范围内吸附量随浓度的变化为直线关系，此类等温线较为少见，它表示吸附质在固/液界面吸附相和溶液体相间有恒定分配的关系，钙型蒙脱土吸附氨基酸时吸附的氨基酸量与因吸附而排出 Ca^{2+} 的量近似相等，这种离子交换机制的等温线即为直线型的。

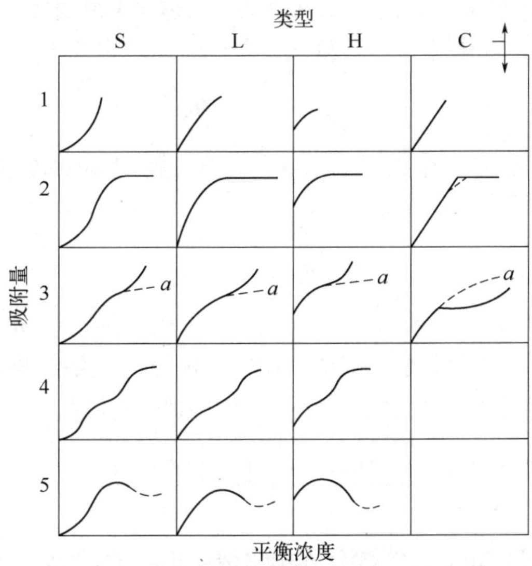

图 3-17　固体自稀溶液中吸附等温线的分类

图 3-17 是固体自稀溶液中吸附等温线的分类图。由图 3-18 可知，在 4 类等温线中，吸附质浓度升高时等温线都有一段较平缓变化的区域，大多数情况下它表示吸附单层的形成和向多层吸附的转化。但应了解，稀溶液吸附时所谓的单层与气相吸附时不同，后者单层饱和吸附是吸附质分子紧密排列的，而前者却不可避免地有溶剂夹在吸附的溶质之间。对于微孔类吸附剂（如分子筛、大部分活性炭等），等温线大多为 L2 类型，水平部分的吸附量并不是单层饱和吸附量，而是将全部微孔填满的溶质量。

描述吸附等温线的方程式称为吸附等温式。吸附等温式都是从一定的吸附模型出发提出，并用大量实验结果予以验证，经过适当处理可得到有价值的参数。液相吸附的等温式原大多从气相吸附等温式演化而来，带有经验性质，有的等温式后来从热力学和统计力学出发也得到较严格的论证。

在自稀溶液吸附中应用最多的是 Langmuir 等温式。其基本假设是吸附是单分子层的；吸附层中溶质与溶剂是二维理想溶液；溶质与溶剂分子体积近似相等或有相同的吸附位。将溶质的吸附看作是体相溶液中溶质分子与吸附层中溶剂分子交换的结果，该交换过程平衡常数为：

$$K = x_2^s a_1 / x_1^s a_2 \tag{3-1}$$

式中，x_1^s 和 x_2^s 分别为吸附平衡时吸附相中溶剂与溶质的摩尔分数；a_1 和 a_2 分别为体相溶液中溶剂与溶质活度。由于是稀溶液，吸附前后溶剂活度 a_1 近似为常数，令：

$$b = K / a_1$$

式（3-1）变化为：

$$b = x_2^s / \left(x_1^s a_2\right)$$

由于，$x_1^s + x_2^s = 1$ 故得：

$$x_2^s = ba_2 / \left(1 + ba_2\right) \tag{3-2}$$

在稀溶液中 a_2 与溶质浓度 c 接近，即 $a_2 \approx c$。若表面总吸附位（中心）数为 n^s，则吸附平衡时溶质吸附量 n_2^s 与 n^s 之比即为覆盖度 θ，$\theta = n_2^s / n^s$，显然 $n_2^s = n^s x_2^s$，代入式（3-2），得：

$$n_2^s = n^s bc / \left(1 + bc\right) \tag{3-3}$$

若每个吸附位只能吸附一个溶质或溶剂分子，则 n^s 即为极限吸附的溶质量 n_m^s，即 $n^s = n_m^s$。因而：

$$n_2^s = n_m^s bc / \left(1 + bc\right) \tag{3-4}$$

式（3-4）为稀溶液吸附的 Langmuir 等温式，在式（3-4）中 n_m^s 和 b 为常数。Langmuir 等温式可以很好地描述 L 型等温线，有时也可处理 H 型等温线结果。

S 型等温线可用气相吸附的 BET 二常数公式的类似形式描述：

$$\frac{c / c_s}{n_2^s(1 - c / c_s)} = \frac{1}{n_m^s k} + \frac{k-1}{n_m^s k} \times \frac{c}{c_s} \tag{3-5}$$

式中，k 是与气相吸附 BET 二常数公式中常数 c 相当的常数；c_s 是溶质的饱和溶液浓度。

C 型等温线可用 Henry 定律公式描述：

$$n_2^s = Kc \tag{3-6}$$

即吸附量与溶质浓度 c 成正比，Henry 系数 K 为溶质在吸附相和溶液体相间的分配常数。

(2) 表面活性剂在固/液界面吸附的主要原因　除了表面活性剂分子的两亲性结构有使其在界面吸附的趋势外，涉及表面活性剂分子或离子在固体表面发生吸附的主要作用如下。

① 静电的作用　在水中固体表面可因多种原因而带有某种电荷。离子型表面活性剂在水溶液中解离后，活性大的离子可吸附在带相反电荷的固体表面上。显然，带正电的固体表面易吸附带负电的表面活性剂阴离子，带负电的固体表面易吸附表面活性剂阳离子。

② 色散力的作用　固体表面与表面活性剂分子或表面活性剂离子的非电离部分间存在色散力作用，从而导致吸附。因色散力而引起的吸附量与表面活性剂的分子大小有关，分子量越大，吸附量越大。

③ 氢键和 π 电子的极化作用　固体表面的某些基团有时可与表面活性剂中的一些原子形成氢键而使其吸附。如硅胶表面的羟基可与聚氧乙烯醚类的非离子型表面活性剂分子中的氧原子形成氢键。含有苯环的表面活性剂分子，因苯的富电子性可在带正电的固体表面上吸附，有时也可能与表面某些基团形成氢键。

④ 疏水基的相互作用　在低浓度时已被吸附了的表面活性剂分子的疏水基与在液相中的表面活性剂分子的疏水基相互作用，在固/液界面上形成多种结构形式的吸附胶束，使吸附

量急剧增加。

(3) 表面活性剂在固/液界面的吸附机制　表面活性剂在固/液界面上的吸附机制可因表面活性剂的类型和固体表面性质的不同而不同。一般来说，这种吸附过程可分为两个阶段。在表面活性剂浓度低于某一数值时（均小于或远小于其 CMC），表面活性剂以单个离子或分子的形式吸附；超过某一浓度时（多接近或略低于 CMC），已吸附的表面活性剂可以因其疏水效应而形成二维缔合物，也可因同样的效应使体相溶液中的表面活性剂参与二维缔合物的形成，这将导致吸附量的急剧增加。因表面活性剂浓度不同，吸附可停留在第一阶段，或进而到第二阶段完成。

① 离子交换机制　固体表面的反离子被同电荷符号的表面活性剂离子取代而引起的吸附作用（图 3-18），此类吸附发生于低浓度时，固体表面电动电势不因吸附量的增加而变化。

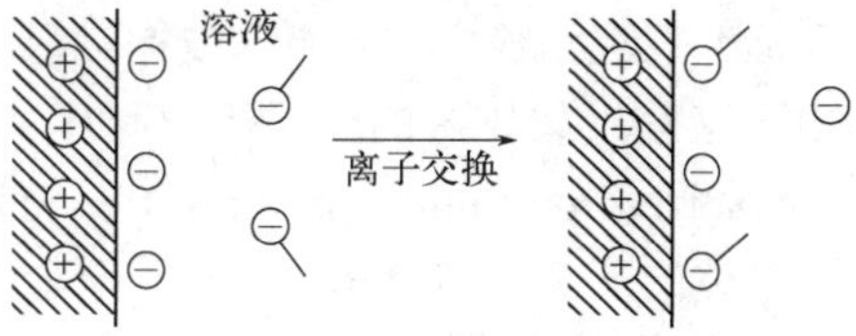

图 3-18　离子交换吸附示意

② 离子配对吸附　固体表面未被反离子占据的部位与表面活性剂离子因电性作用而引起的吸附（图 3-19）。此时固体表面电动电势略有改变。

③ 形成氢键而引起的吸附　固体表面和表面活性剂的某些基团间形成氢键而导致的吸附（图 3-20）。

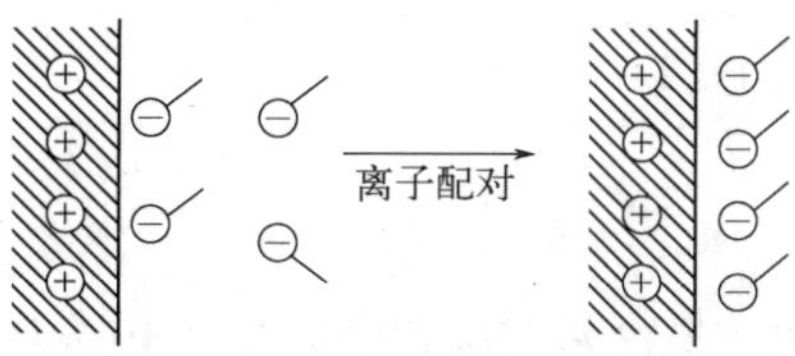

图 3-19　离子配对吸附示意

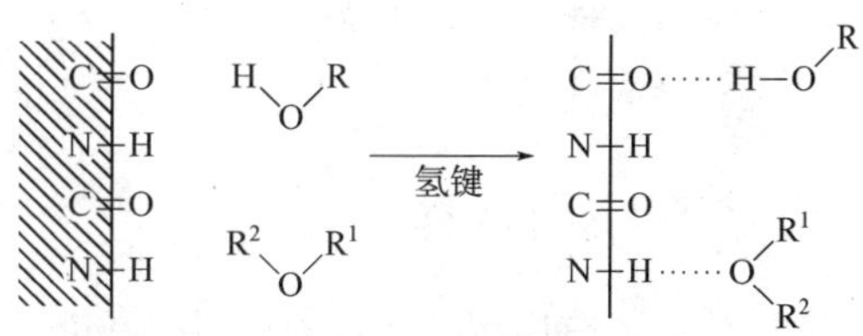

图 3-20　形成氢键引起的吸附示意

④ π 电子极化引起的吸附　表面活性剂分子中富电子芳环与固体表面强正电位间的作用而引起的吸附。

⑤ 色散力引起的吸附　固体与表面活性剂间因范德华色散力而引起的吸附（图 3-21）。这类机制的吸附量随表面活性剂分子量增加而增加。

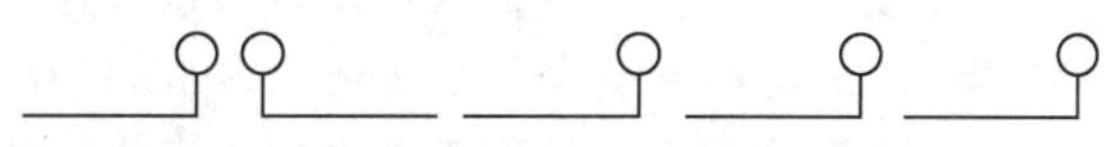

图 3-21　非极性固体表面色散力引起的吸附

⑥ 疏水作用引起的吸附　表面活性剂的疏水基间相互作用及它们逃离水的趋势，使得达到一定浓度后它们相互缔合而吸附（图 3-22）。表面活性剂的疏水作用是胶束的形成和在固/液界面、液/气界面吸附的重要原因。

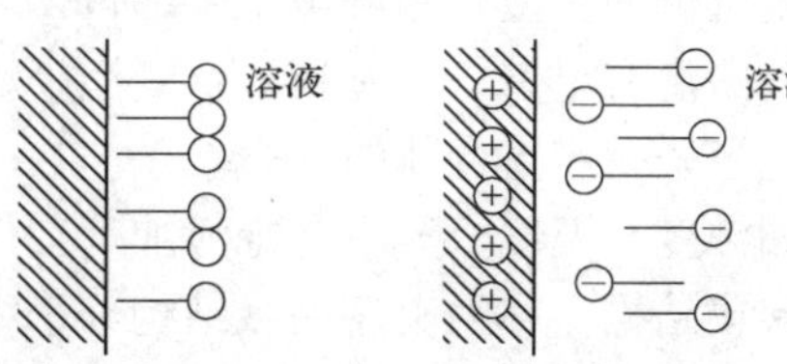

(a) 不带电固体表面　(b) 带电固体表面

图 3-22　固体表面疏水作用引起的吸附示意

上述机制中前 4 种仅发生在特定的表面活性剂和固体表面间，而色散力作用和疏水作用引起的吸附对各类表面活性剂在各种固体上的吸附作用是普遍存在的。

四、胶束化作用

与在表(界)面上的情况相似，表面活性剂分子由于疏水作用，在水溶液内部发生自聚(self-assembly)，即疏水链向内靠在一起形成核，远离水环境，而将亲水基朝外与水接触。表面活性剂在溶液中的自聚（或称自组织、自组装）形成多种不同结构、形态和大小的聚集体。由于这些聚集体内的分子排列有序，所以常把它们称为分子有序组合体或有序分子组合体(organized molecular assemblies)，将这种溶液称为有序溶液（organized solution)。分子有序组合体的形成有两个重要特点：一个是自发；另一个是基于非共价键力（弱相互作用)。表面活性剂分子在水溶液中可以自组织形成球状、棒状、层状胶束以及囊泡等多种有序组合体，具有许多独特的性质，成为物理、化学、生物等多学科关注的对象。从物理方面讲，表面活性剂溶液是一种远比普通溶液复杂的流体，它与液晶、胶体、高分子溶液等一起构成了软物质（或称复杂流体）的研究对象。从化学方面讲，表面活性剂分子在溶液中形成各种有序组合体，在分子尺度之上形成了新一层微观结构，有其独特的理论研究和实际应用价值。从生物方面讲，表面活性剂分子形成的囊泡与生物膜非常相似，因此研究表面活性剂分子形成的单层、双层、囊泡等就构成了“膜模拟化学”的重要内容。

（一）分子有序组合体

最常见的分子有序组合体是胶束（micelle)。胶束的概念是英国布里斯托（Bristol）大学的 James William McBain 首次提出的。McBain 认为在一些电解质溶液浓度达到一定程度后很多性质出现反常现象，他认为这种反常现象是由于溶液中若干个溶质分子或离子会缔合成肉眼看不见的聚集体（aggregate)。这些聚集体是以非极性基团为内核，以极性基团为外层的分子有序组合体。Hartley G S 在其所著的 *Paraffin Chain Salts*，*A Study in Micelle Formation* 一书中正式用 micelle 一词来形容表面活性剂分子或离子形成的此类聚集体。胶束的概念起初只是 McBain 提出的一个假说，很长一段时间内人们认可这种假说，但一直缺乏实验证据。1988 年，美国密歇根大学的科学家在 *Langmuir* 发表了 *Seeing Micelles* 的论文，他们应用快速冷冻透射电子显微镜（Cryo-TEM）观察到表面活性剂溶液中的胶束，并公布了胶束的照片。

除了胶束之外，根据表面活性剂分子结构、浓度及其他影响因素的不同，表面活性剂分子在溶液内部自聚可形成多种不同结构、形态和大小的分子有序组合体。在水溶液中自聚形成胶束和囊泡等（疏水链向内靠在一起，亲水基朝水)，在油溶液中形成反胶束（亲水基向内，疏水链朝外)，在油水混合体系中形成微乳（疏水链向油相，亲水基向水相)。图 3-23 是最为常见的表面活性剂分子有序组合体的类型。每种类型中都包含多种形态和结构，如胶束有球状、椭球状、扁球状、棒状，囊泡有单室、多室和管状囊泡等。同理，表面活性剂分子在界面上自聚形成的单分子层也是分子有序组合体的一类。

在各种物理化学因素（如浓度、温度、无机盐等添加剂）作用下，分子有序组合体还可再聚集形成更为高级的复杂聚集结构，称为有序高级结构分子组合体。如棒状胶束的六角束（六方相液晶)、平行排列且无限延伸的双分子层（层状液晶)、球状胶束堆积形成的立方结构（立方液晶)。棒状胶束可搭在一起形成三维网状结构。具有一定刚性的这种网状结构体系即为凝胶（网状结构的孔隙中填满了液体）。分子有序组合体聚在一起形成包含大量水的结构可从本体溶液中析出形成双水相体系。这些都是由于分子有序组合体的再聚集形成高级结构的结果。

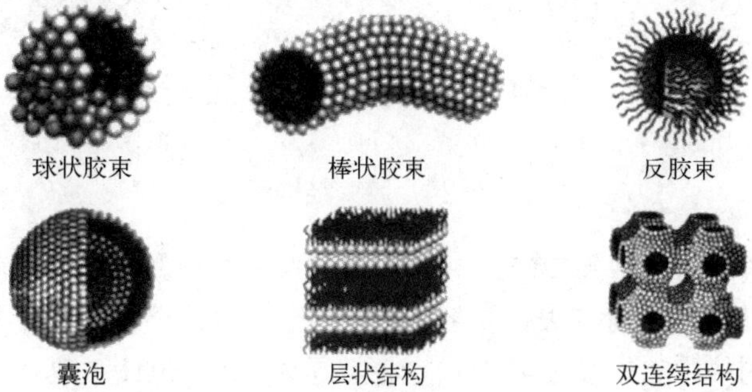

图 3-23　表面活性剂分子有序组合体的基本类型

分子有序组合体尽管结构形态各异，有各自独特的性质和功能，但又有一个共同点，即都是由表面活性剂分子或离子以其极性基向着水、非极性基远离水或向着非水溶剂形成的。缔合在一起的非极性基团在水溶液中形成非极性微区，聚集在一起的极性基团也在非极性液体中形成极性微区。

（二）胶束化作用和胶束

胶束是分子有序组合体最基本和最常见的形式之一。形成胶束的作用称为胶束化作用。表面活性剂溶液开始大量形成胶束的浓度称为临界胶束浓度（critical micelle concentration，CMC）。在胶束溶液中，由若干表面活性剂分子或离子形成的胶束与溶解的溶质分子或离子的单体成平衡，这时，单体的活度维持恒定。胶束溶液是热力学平衡的体系。

CMC 是表面活性剂应用性能中最重要的物理量之一。CMC 越小，表面活性剂的使用效率越高。表面活性剂溶液在 CMC 附近，很多性质都发生突变。因此，原则上凡是 CMC 附近发生突变的物理化学性质都可用于测量 CMC。CMC 的测量方法有表面张力法、界面张力法、电导法、渗透压法、染料法、浊度法、光散射法、荧光法、核磁共振（NMR）法等。但因不同性质发生突变的机理不完全相同，随浓度变化的改变率也不同，突变的浓度点（或区间）也有一定的差异。因此，当给出 CMC 值时，一般应说明采用何种方法测量。

胶束有不同形态：球状、椭球状、扁球状、棒状、层状等。胶束的形状受表面活性剂的分子结构、浓度、温度及添加剂等多种物理化学因素的影响。胶束的基本结构包括两大部分：内核和外层。在水溶液中胶束的内核由彼此结合的疏水基构成，形成胶束水溶液中的非极性微区。胶束内核与溶液之间为水化的表面活性剂极性基构成的外层。在胶束内核与极性基构成的外层之间还存在一个由处于水环境中的 CH_2 基团构成的栅栏层。离子型和非离子型表面活性剂胶束的结构有所不同。图 3-24 是两类表面活性剂胶束基本结构示意图。

1．离子型表面活性剂胶束结构

离子型表面活性剂胶束的结构以球形胶束为例如图 3-24（a）所示。胶束的外层包括由表面活性离子的带电基团、电性结合的反离子和结合水组成的固定层，以及由反离子在溶剂中扩散分布形成的扩散层。

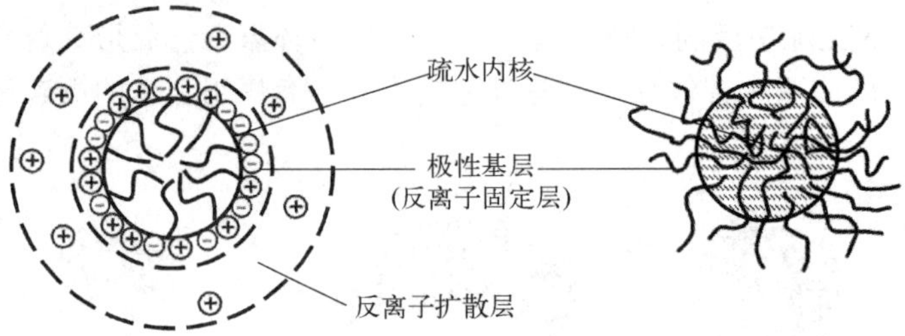

图 3-24　胶束结构示意

（1）胶束的内核　离子型表面活性剂的胶束具有一个由疏水的碳氢链构成的类似于液态烃的内核，1～2.8nm。由于靠近极性基的—CH_2—有一定的电荷分布，其周围仍有水分子存在，从而使得胶束内核中有较多的渗透水。也就是说此种—CH_2—基团并非加入碳氢链组成的内核中，而是作为胶束外壳的一部分，更准确地说，它应该属于胶束内核和外壳之间的一个中间层。

（2）胶束的外壳　胶束的外壳也称为胶束-水“界面”或者表面相。胶束的外壳并非指宏观界面，而是指胶束与水溶液之间的一层区域。对离子型表面活性剂胶束而言，此外壳由胶束双电层的最内层 stern 层组成，为 0.2～0.3nm。在胶束外壳中不仅有表面活性剂的离子头及固定的一部分反离子，而且由于离子的水化，胶束外壳还包括水化层。胶束的外壳并非一个光滑的面，而是一个“粗糙”不平的面。这是由于表面活性剂单体分子的热运动，引起胶束外壳的这种波动。

（3）扩散双电层　离子型表面活性剂胶束为保持其电中性，在胶束外壳的外部还存在一层由反离子组成的扩散双电层。

2．非离子型表面活性剂胶束结构

非离子型表面活性剂胶束的结构如图 3-24（b）所示。非离子表面活性剂胶束由胶束内核和胶束外壳两部分组成。胶束内核由碳氢链组成类似液态烃的内核；胶束外壳由柔顺的聚氧乙烯链及与醚键原子相结合的水构成。非离子型表面活性剂胶束无双电层结构。

（三）分子有序组合体的功能和应用

表面活性剂在溶液中自聚形成的多层次、多种类的分子有序组合体具有特殊的物理化学性质，表现出多种多样的应用功能。例如，表面活性剂溶液作为胶束催化、间隔化反应介质和微反应器、药物载体以及洗涤液等应用性能依赖于胶束内核的增溶功能；分子有序组合体中的双分子层结构赋予其模拟生物膜的功能；当分子有序组合体的尺寸处于纳米量级，可为“量子尺寸效应”超细微粒的形成提供适合场所与条件，如作为制备超细微粒（如纳米粒子）的模板（模板功能）。而且分子聚集体本身也可能有类似“量子尺寸效应”，表现出与大块物质不同的特性。特别是具有有序高级结构分子聚集体的溶液更是表现出新奇而复杂的相行为、异常的流变性质、光学特性、化学反应性等，因而具有一些特殊的应用功能。

（1）增溶功能　不溶或微溶于水的有机物在表面活性剂水溶液中的溶解度显著高于在纯水中的，这就是表面活性剂的增溶作用（solubilization）。增溶作用只在临界胶束浓度以上胶束大量生成后才明显表现出来。胶束这种独特的性质极具应用价值，这不仅解决了一些两相体系均化的问题，而且为一些在正常的两相体系中难以完成的化学反应提供了适宜的环境。

（2）间隔化反应介质和微反应器　分子有序组合体是一个非常吸引人的反应介质。它就像一个微反应器，可以通过增溶一个反应物来抑制化学反应；相反地，它也可以通过把反应物浓缩在双层的界面上而催化一个反应。

分子有序组合体可以为一些化学反应及生物化学反应提供多种特定的反应微环境，可以通过它来实现和控制某些化学反应。分子有序组合体特殊的微环境为控制反应提供了适宜的条件。乳液聚合形成高分子胶乳可以说是最早了解的分子有序组合体（胶束）中的反应。胶束催化是 20 世纪 70 年代以来研究最多的有序组合体中的反应。

（3）药物载体　把药物包裹起来，输送到靶向细胞，并尽可能达到缓释的目的，这是药学领域非常热门的一个研究课题，尤其对那些毒性比较大或易对非靶向细胞产生副反应及在生理环境下非常容易失活的药物更为重要。表面活性剂分子有序组合体可以为药物提供栖息场所，而被溶剂化的壳提供保护层和稳定作用，其分散液静脉注射后可随血液流动，会通过各级血管遍布全身，并优先为某些器官所吸收。如果在表面活性剂分子上连有靶向基团，则具有靶向作用，控制分子有序组合体动力学平衡则有望获得可控释放。此种特性启发人们利用表面活性剂分子有序组合体来设计药物输送体系。

（4）分离功能　以嵌段共聚物胶束为例。嵌段共聚物胶束和小分子表面活性剂胶束一样，都有增溶作用，然而嵌段共聚物胶束对被增溶物表现出一定的选择性。这个结论是在研究 PPO-PEO-PPO（聚氧丙烯-聚氧乙烯-聚氧丙烯）、PS-PVP（聚苯乙烯-聚乙烯吡咯烷酮）嵌段共聚物在水介质中增溶脂肪族和芳香族碳水化合物时发现的。当正己烷和苯在水中同时存在时，共聚物选择性地增溶苯。另有报道当 PPO-PEO-PPO 嵌段共聚物中 PPO 对 PEO 的比例增加时，共聚物胶束对苯的增溶能力增强。嵌段共聚物这种选择性增溶将为分离科学开启一道大门，这将在生态环境方面有很好的应用价值。

（5）释放功能　在特定的条件下让一些有机物装载在表面活性剂分子有序组合体内，然后让其在需要的环境中可控释放，这可能在药学、农业、生态环境方面有着可贵的应用价值。

五、乳化作用

乳化作用（emulsification）是在一定条件下使互不混溶的两种液体形成有一定稳定性的液/液分散体系的作用。在此分散体系中被分散的液体（分散相）以小液珠形式分散于连续的另一种液体（分散介质）中，此体系称为乳状（浊）液（emulsion）。为了进行乳化作用和得到有一定稳定性的乳状液必须加入第三种（或自然形成）物质，此物质称为乳化剂（emulsifier）。

乳状液在食品、农药、医药、化妆品、化工、机械加工、能源、环保等各领域有广泛的应用，如冰激凌、乳剂型农药和药品、雪花膏、涂料、金属切削油、乳化钻井液、乳化沥青等都是乳状液或以乳化形式应用的。作为乳化剂的表面活性剂在乳化作用中具有多功能的性质。

（一）乳状液的类型

乳状液的基本类型为水包油型（O/W 型）和油包水型（W/O 型）两大类。决定和影响乳状液类型的因素很多，如油、水相的性质和相体积比，温度，形成乳状液时器壁性质，乳化剂的结构与性质，添加剂的性质等。其中尤以乳化剂的性质和结构特点最为重要。乳化剂分子在乳状液液滴的油/水界面上总是形成某种定向和堆积方式的单层膜，这种膜还须有一定的机械强度。图 3-25 是乳化剂分子在两种类型乳状液液滴界面上定向和排列的示意图。

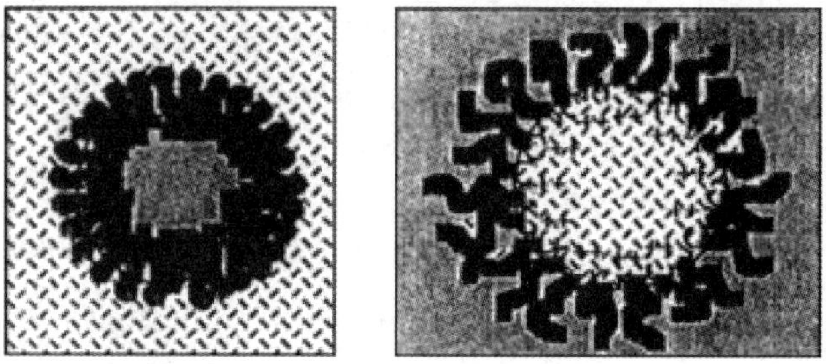

(a)　　(b)

图 3-25　在乳状液液滴界面上乳化剂分子的定向与排列示意图

（a）亲水基向外形成 O/W 型；（b）疏水基链节向外形成 W/O 型

影响和决定乳状液类型的各种理论和实验结果可归纳为四种：能量因素的作用、几何因素的作用、液滴聚结动力学分析、物理因素的影响。

1．能量因素与 Bancroft 规则

1913 年 Bancroft 提出乳化剂溶解度对乳状液类型影响的经验规则：在构成乳状液体系的油、水两相中，乳化剂溶解度大的一相为乳状液的连续相（外相），形成相应类型的乳状液。对此经验规则可用界面张力或界面能的变化规律做定性解释。表面活性剂分子（或离子）在液/液界面上吸附和定向排列形成界面区，在此区两侧界面张力（或界面压）可能不同，即在表面活性剂分子的亲水端与水相间的界面张力（或界面压）和表面活性剂分子的疏水端与油相间的界面张力（或界面压）不同。形成乳状液时油/水间界面区发生弯曲，界面张力较大的一边缩小面积，体系界面自由能降低。若表面活性剂疏水端与油相间界面张力大于表面活性剂亲水端与水相间的界面张力，疏水端与油相一侧将收缩，形成凹面向油相的界面，油相成为液滴，水相为连续相，即为 O/W 型乳状液。另一种情况是表面活性剂疏水端与油相间界面张力，小于表面活性剂亲水端与水相间的界面张力将形成 W/O 型乳状液。显然，水溶性好的乳化剂，在水界面上有较低的界面张力，易形成 O/W 性乳状液；油溶性乳化剂易形成 W/O 型乳状液。

Bancroft 规则是能量因素影响乳状液类型的试验基础，此规则有相当广泛的实用价值。但是此规则应用于带支链的乳化剂时常出现例外，因为这类乳化剂大多只能形成 W/O 型乳状液。

2．几何因素与定向楔理论

吸附在油/水界面的表面活性剂分子若其亲水和疏水端基几何性形状相差较大将对乳状液类型产生影响。早期的工作就已报道脂肪酸的碱金属皂能形成 O/W 型乳状液，而二价和三价金属脂肪酸皂则形成 W/O 型乳状液，显然这时表面活性剂分子几何构形在起重要作用。图 3-26 是一价金属皂和二价金属皂对形成不同类型乳状液作用的示意图。在油/水界面表面活性剂分子如一“定向楔”，表面活性剂分子中相对截面积较大的一端总是朝向乳状液的连续相。

几何因素对乳状液类型的影响具有明显的物理意义、直观性和一定的试验基础。如向由一价脂肪酸皂形成的 O/W 型乳状液中加入高价金属离子即可使乳状液变为 W/O 型的。在考虑几何因素对乳状液类型影响时必须顾及表面活性剂的浓度，只有在较高浓度时在油/水界面上的表面活性剂才能紧密排列，此时几何因素才有明显的作用。

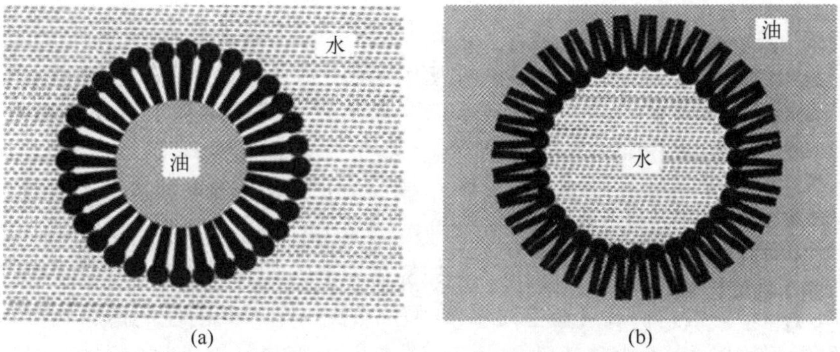

图 3-26　乳化剂几何因素对乳状液类型影响示意图

（a）一元皂形成的 O/W 乳状液；（b）二元皂形成的 W/O 乳状液

3．液滴聚结动力学因素

在乳化剂存在下将油和水一同搅拌，形成的乳状液的类型取决于搅拌时同时形成的油滴、水滴各自的聚结速度，聚结速度快的那一相将成为连续相。因此，若水滴聚结速度远大于油滴的，则形成 O/W 型乳状液；反之，则形成 W/O 型乳状液。若两相液滴聚结速度相近时，体积大的相将成为连续相。形成乳状液时乳化剂吸附于相界面上，构成界面吸附层。在此吸附层中乳化剂的亲水基团区域对油滴聚结起阻碍作用，疏水基团区域对水滴聚结起阻碍作用。因此，亲水性占优势的界面吸附层有利于 O/W 型乳状液的形成，疏水性占优势时利于形成 W/O 型乳状液。若向乳状液体系中外加添加物，或改变某些外界条件，可以改变两相的聚结速度。当连续相的液滴的聚结速度大大降低，分散相液滴聚结速度大大增加时，乳状液将发生变型。

4．物理因素

乳状液的制备方法和制备所用容器器壁的性质有时也可影响乳状液的类型。器壁性质的影响通常是亲水性强的器壁易形成 O/W 型乳状液，疏水性强的器壁易形成 W/O 型乳状液。乳状液的类型与两相液体对器壁的润湿性质有关。一般来说，能使器壁润湿的液体相，易在器壁上附着，从而在乳化时不易分散，构成连续相。而难以使器壁润湿的液相构成分散液滴。有时随着表面活性剂浓度增加使得原本不能润湿的器壁表面亲水性质增加，形成的乳状液也可由 W/O 型变为 O/W 型的。

（二）乳状液的稳定性

1．乳状液不稳定的方式

乳状液是多相分散体系，具有热力学不稳定性，液滴有自动聚结的趋势。乳状液不稳定方式有多种表示。如分层（creaming）与沉降（sedimentation）、絮凝（flocculation）或聚集（aggregation）、聚结（coalescence）、变型（inversion）、破乳（breaking，demulsification）等。

分层是因分散相和分散介质密度差异而引起的液滴上浮或下沉的现象。分层使得乳状液分散相液滴浓度不均匀。对于 O/W 型乳状液，分散相油滴上浮，故上层中油滴浓度大。对于 W/O 型乳状液，下层水滴浓度大。发生分层时乳状液并未破坏，即分层并非破乳。一般来说，液滴半径越小，分散相与分散介质密度差越小，分散介质黏度越大，分层速度越慢。适宜的外部条件（如离心分离）和添加剂（如某些电解质）可加速分层过程。能加速分层的添加剂称为分层剂。沉降与分层是同时发生的。

絮凝和聚集是分散相液滴聚集到一起，但并不合并而独立存在，这种多个液滴的聚集体适当搅动仍可再分散，聚集作用是范德华作用引起的。

聚结是聚集的液滴间的分散介质分子扩散出来，小液滴相互合并形成大液滴，聚结是破乳的前过程，减慢聚结速度是维持乳状液稳定性防止破乳的关键环节。

变型是一种类型的乳状液变为另一种类型的现象。一般来说，乳化剂常能决定形成的乳状液的类型，但当形成某种类型乳状液后若改变外界条件使乳化剂的亲水、疏水性质或液滴表面性质发生变化就可能引起乳状液变型。如提高温度可使聚氧乙烯类非离子型表面活性剂疏水性增加，原 O/W 型乳状液可变型为 W/O 型的；离子型表面活性剂稳定的 O/W 型乳状液加入强电解质可使油滴表面电势下降和表面活性剂与反离子间电性作用增强，从而变为 W/O 型的。

破乳是乳状液的分散相液滴经聚集（或絮凝）和聚结，液滴数目减少，最终两相完全分离。常用的破乳方法有化学法、物理法、机械法等。化学法是加入某些化学试剂（如酸、某些特殊结构的化学试剂或表面活性剂）破坏原有乳化剂的稳定性或将其顶替但又不能形成稳定的油/水界面膜，从而使乳状液破坏。物理法如加热、加压、电场作用下破乳。机械法如离心分离等使两相分离。

2．乳状液的稳定因素

在实际应用中，乳状液的稳定性是指分散相液滴对聚结的抑制能力。分散相液滴的聚结速度在衡量乳状液稳定性中最为重要，它可以通过测定单位体积乳状液中液滴数目随时间的变化来实现。乳状液中液滴聚结成大液滴，最终发生破乳，这一过程的速度主要与下列因素有关：界面膜的物理性质、液滴间静电排斥作用、高聚物膜的空间阻碍作用、连续相的黏度、液滴大小与分布、相体积比、温度等。在这些因素中以界面膜的物理性质、电性作用和空间阻碍作用最为重要。

表面活性剂在液/液界面吸附是乳化作用得以进行的最重要因素，其主要作用机理是：①降低液/液界面张力，从而使因乳化而引起的界面面积增加带来的体系的热力学不稳定性降低。②在分散相液滴表面因表面活性剂吸附而形成机械的、空间的或电性的障碍，降低分散相液滴的聚结速度。吸附层的机械和空间障碍作用是使液滴相互碰撞时不易聚结，而空间和电性障碍可以避免液滴间相互靠拢。在这两种作用中有时前者更为重要，例如有些高分子化合物不带电且无显著降低界面张力的能力，但可形成稳定的强度好的界面膜，在乳化作用中占有重要地位。

（1）界面膜的物理性质　乳状液分散相液滴相互碰撞是发生聚结的前提。聚结不断地进行，小液滴变成大液滴，直至破乳。在液滴碰撞而聚结的过程中液滴界面膜的机械强度是决定乳状液稳定性的首要因素。为使界面膜有大的机械强度，界面膜必须是凝聚膜，构成界面膜的表面活性剂分子间有强烈的侧向作用力。界面膜还须有良好的膜弹性，以使因液滴碰撞而局部损坏时能自动修复。

为得到凝聚性界面膜，要求表面活性剂分子在界面上能有最紧密排列。为此常应用两种或两种以上的表面活性剂混合物以得到相互作用强烈、排列更为紧密、机械强度更高的界面膜。油溶性和水溶性表面活性剂协同应用常可使乳状液有较好的稳定性。失水山梨醇单油酸酯（Span-80）是油溶性表面活性剂，失水山梨醇单棕榈酸酯聚氧乙烯醚（Tween-40）是水溶性表面活性剂，它们混合使用时 Tween-40 的聚氧乙烯基是亲水基团，和水相有强烈的相互作用，这种基团也更深入水相中。这就导致两种表面活性剂的疏水基在界面膜中排列得更紧密，从而提高了界面膜的机械强度。

（2）电性作用　乳状液液滴表面可因多种原因而带有某种电荷：离子型表面活性剂的电离，某些离子在液滴表面的吸附，液滴与介质的摩擦等。O/W 型乳状液液滴的带电对防止液滴的聚集、聚结以至破乳起重要作用。根据胶体稳定性理论，范德华力使液滴相互吸引，当液滴接近至表面双电层发生重叠时静电排斥作用阻碍液滴的进一步接近。显然，若排斥作用大于吸引作用液滴不易碰撞和聚结，乳状液稳定；反之，则将发生聚结和破乳。

（3）空间稳定作用　用聚合物作为乳化剂时界面层厚度大，如同在液滴周围形成厚厚的亲液性保护层，这种保护层构成了液滴靠近和接触的空间障碍。聚合物分子的亲液性也使得保护层中含有相当量的连续相液体，类似于凝胶。因而，界面区域有较高的界面黏度和良好的黏弹性，这将对阻止液滴合并，保持其稳定性有利。即使有的液滴发生聚结，聚合物乳化剂常以纤维状或结晶的形式聚集于变小了的界面上，使得液滴的界面膜加厚，可防止液滴的进一步聚结。

（4）液滴大小的分布　相同体积的分散相分散成大小不同的液滴时大液滴体系比小液滴体系的界面积小，界面能低，因而具有较大的热力学稳定性。当乳状液体系中大小液滴同时存在，小液滴有自动减小、大液滴有增大的趋势。若此过程不断发展，最终将会破乳。因此，液滴大小分布均一的乳状液比平均大小相等但液滴大小分布宽的乳状液稳定性好。乳状液液滴大小对稳定性的影响还表现在体系黏度的变化。有实验结果证明，当构成乳状液的相体积分数一定时，乳状液液滴大小越均匀，体系黏度越大，且黏度与液滴平均直径成反比。

（5）温度的影响　温度的改变可引起界面张力、界面膜的性质与黏度、乳化剂在两相中相对溶解度、液相蒸气压、分散相液滴的热运动等的变化。这些变化对乳状液稳定性都会产生影响，甚至可能引起乳状液的变型和破乳。任何扰动界面的因素都会使乳状液稳定性下降，升高温度，蒸气压增加，通过界面的分子数增多，扰动了界面，稳定性下降。提高温度是使某些乳状液分层和破乳的物理方法之一。

（三）乳化剂的选择

在乳化方法及油、水相的性质确定以后，制备相对较稳定的乳状液最重要的条件是乳化剂的选择。在诸多类型和种类的乳化剂中，合成表面活性剂这种乳化剂应用最为广泛。

1．乳化剂选择的一般原则

因油、水相成分的可变性以及要求形成乳状液的类型不同，实际上不可能找到一种通用的优良乳化剂。换言之，只是在指定油、水相组成与性质及所要求的乳状液类型后通过适当的方法选择相对最优良的乳化剂。尽管如此，仍有一些通用的规律可供选择乳化剂应用。这些通则如下：①有良好的表面活性和降低表面张力的能力。这就使乳化剂能在界面上吸附，而不是完全溶解于任一相中。②乳化剂分子或与其他添加物在界面上能形成紧密排列的凝聚膜，在这种膜中分子有强烈的侧向相互作用。③乳化剂的乳化性能与其和油相或水相的亲和能力有关。油溶性乳化剂易得 W/O 型乳状液，水溶性乳化剂易得 O/W 型乳状液。油溶性较大和水溶性较大的两种乳化剂混合使用有时有更好的乳化效果。与此相应，油相极性越大，要求乳化剂的亲水性越大；油相极性越小，要求乳化剂的疏水性越强。④适当的外相黏度以减小液滴的聚集速度。⑤在有特殊用途时（如食品乳状液、乳液药物体系等）要选择无毒的乳化剂。⑥要能用最小的浓度和最低的成本达到要求的乳化效果。

2．选择乳化剂的常用方法

现在选择乳化剂的方法主要有两种：HLB 法（亲水亲油平衡法）和 PIT 法（相转变温度

法）。前者适用于各种类型表面活性剂，后者是对前一方法的补充，只适用于非离子型表面活性剂。

（1）HLB 方法　表面活性剂都是两亲性分子，具有亲水性和亲油性两部分，此两部分性质的相对大小决定了该物质的性质和用途。人为规定每个表面活性剂一个数目，此数目越大亲水性越强，此数目越小疏水性越强。不同 HLB 值的表面活性剂水溶液外观和它们适宜的用途列于表 3-21 中。表中 HLB 与用途的关系只是大致范围，在实际应用时并不严格符合这一界限。

表 3-21　表面活性剂不同 HLB 值范围的水溶液外观与用途的关系

HLB 值	水溶液外观	HLB 值	用途
1～4	不分散	1.5～3	消泡剂
3～6	不良分散	3～6	W/O 型乳化剂
6～8	搅拌后乳状分散	7～9	润湿剂
8～10	稳定乳状分散	8～18	O/W 型乳化剂
10～13	半透明至透明	13～15	洗涤剂
13～20	透明溶液	15～18	增溶剂

测定 HLB 值的方法最早由 Griffin 提出，该法繁琐且耗时。后来 Griffin 推导出一些计算非离子型表面活性剂 HLB 值的公式。

对于多元醇脂肪酸酯，

$$\mathrm{HLB}=20(1-S/A)$$

式中，S 为酯的皂化数；A 为酸的酸值。例如，甘油硬脂酸一酯的 $S=161$，$A=198$，HLB≈3.7，此物宜作 W/O 型乳化剂。

对于多元醇乙氧基化合物，

$$\mathrm{HLB}=(E+P)/5$$

式中，E 为乙氧基（C_2H_4O）的质量分数；P 为多元醇的质量分数。

对于只用乙氧基（C_2H_4O）为亲水部分的表面活性剂和脂肪醇与 C_2H_4O 的聚合体，

$$\mathrm{HLB}=E/5$$

以上各式不适用于离子型表面活性剂和含环氧丙烷或丁烷、氮、硫等的非离子型表面活性剂。欲求这些表面活性剂的 HLB 值仍需进行繁复的实验，也可用它们水溶液的外观估计其 HLB 值的大致范围（参见表 3-21）。

Davies 将表面活性剂分子分解为不同的基团，每个基团对分子的 HLB 值有一定的贡献，该表面活性剂的 HLB 值与构成分子的各基团对 HLB 的贡献（亲水基团和亲油基团的 HLB 数）间有下述经验关系：

$$\mathrm{HLB}=7+\sum(\text{亲水基团 HLB 数})-\sum(\text{亲油基团 HLB 数})$$

各基团的 HLB 数是由已知 HLB 值的表面活性剂的结果综合而得的。各基团的 HLB 数列于表 3-22 中。

表 3-22　各基团的 HLB 数

基团	HLB 数	基团	HLB 数
亲水性基团		—OH（失水山梨醇环）	0.5
$—SO_4Na$	38.7	$—(C_2H_4O)—$	0.33
—COOK	21.1	亲油性基团	
—COONa	19.1	—CH—	
—N（叔胺）	9.4	$—CH_2—$	−0.475
酯（失水山梨醇环）	6.8	$—CH_3$	−0.475
酯（自由）	2.4	=CH—	−0.475
—COOH	2.1	$—(C_3H_6O)—$	−0.15
—OH（自由）	1.9	$—CF_2—$	−0.87
—O—	1.3	$—CF_3$	−0.87

注：负值表示基团为亲油性，在用公式计算 HLB 时应以正值代入。

式中，右边最后一项通常为 $0.475n$，n 为分子中$—CH_2—$基团的个数。但应注意$—(CH_2CH_2O)—$中$—CH_2—$不包括在内，$—(CH_2CH_2O)—$是作为一个单元计算的。

HLB 值具有加和性，即混合表面活性剂的 HLB 值等于各组分表面活性剂 HLB 值与其含量乘积之和。

欲乳化某一油/水体系，如何选择最佳的乳化剂？首先，要确定该体系乳化所需的 HLB 值，其次，要找到效率最好的乳化剂混合物。为此，第一，选定一对 HLB 值相差较大的乳化剂按不同比例混合，以此系列混合物为乳化剂制备指定体系的乳状液，测定所得乳状液的稳定性，与计算出的混合乳化剂的 HLB 作图，与该曲线最高峰相应的 HLB 值为乳化指定体系所需的 HLB 值。所谓乳化剂的效率好是指稳定指定乳状液所需乳化剂的浓度最低、价格最便宜。价格贵但所需浓度低得多的乳化剂可能比价格便宜、浓度大的乳化剂效率高。第二，在确定欲乳化体系所需 HLB 值后，多选用几对乳化剂混合，使各混合乳化剂的 HLB 值皆为上述方法确定，用这些乳化剂乳化指定体系，测其稳定性。综上所述，筛选指定体系乳化所需乳化剂的方法是：任意选择一对乳化剂在一定的范围内改变其 HLB 值，求得效率最高的 HLB 值后，改变复配乳化剂的种类和比例，但仍需保持此所需 HLB 值，直至寻得效率最高的一对复配乳化剂。

应用 HLB 值选择乳化剂有一定的局限性。这是因为 HLB 值不能给出最佳乳化效果时的乳化剂浓度，也不能预示所得乳状液的稳定性。这种方法只能大致预示形成乳状液的类型，有时甚至这种预示也不大可靠。有实验证明，某些乳化剂既可形成 O/W 型乳状液，也可形成 W/O 型乳状液，因为形成乳状液的类型除与乳化剂性质有关外，还与温度、油/水体积比、油-乳化剂比等因素有关，甚至 HLB 值在 3～17 间的不同乳化剂都可形成 O/W 型乳状液。

（2）PIT 法　非离子型表面活性剂的亲水基团（特别是聚氧乙烯链）的水合程度随温度升高而降低，表面活性剂的亲水性下降，其 HLB 值也降低。换言之，非离子型表面活性剂的 HLB 值与温度有关：温度升高，HLB 值降低；温度降低，HLB 值升高。这就使得用非离子型表面活性剂作乳化剂时在低温下形成的 O/W 型乳状液，升高温度可能变型为 W/O 型乳状液；反之，亦然。对于一定的油/水体系，每一种非离子型表面活性剂都存在相转变温度 PIT（phase inversion temperature），在此温度时表面活性剂的亲水亲油性质刚好平衡。根据 PIT 可以选择乳化剂：高于 PIT 形成 W/O 型乳状液，低于 PIT 形成 O/W 型乳状液。

具体应用 PIT 方法选择非离子型表面活性剂的操作是，取等量的油相和水相，加 3%～5%的表面活性剂制备乳状液，不断振荡并加热体系，观测乳状液的类型变化，当乳状液由 O/W 型变为 W/O 型时的温度即为 PIT。对于该油相，若欲制备 O/W 型乳状液，应选择 PIT 比乳状液保存温度高 20～60℃的表面活性剂；欲制备 W/O 型乳状液，应选择 PIT 比乳状液保存温度低 10～40℃的表面活性剂。低于 0℃时 PIT 不能测定。

HLB 和 PIT 都是表征表面活性剂亲水亲油性平衡的经验参数，前者实验测定繁琐、费时，因而大多根据分子结构特点计算而得。HLB 值不能反映温度、表面活性剂浓度、添加剂、油相性质及油/水相比例等因素的影响。而 PIT 是可方便地由实际体系升温、降温测定，反映了以上各种因素对表面活性剂亲水亲油平衡的影响。这些影响表现如下：①对于某一乳化剂，油相极性下降，其 PIT 增加。对于二元混合油，PIT 有加和性，即它是每单个油的 PIT 与其组分体积分数乘积之和。②含单一聚氧乙烯链长的非离子型表面活性剂，其浓度为 3%～5%时 PIT 为定值。但若表面活性剂分子中聚氧乙烯链长有一定分布且聚氧乙烯链短的组分多，PIT 随表面活性剂浓度增加急剧下降；聚氧乙烯链长的组分多，则 PIT 下降缓慢。③表面活性剂浓度恒定时，油/水增加，PIT 也增加。但固定油-表面活性剂比时，改变油/水，PIT 不变。油-表面活性剂比越低，PIT 越低。④加入使油相极性变化的添加剂，PIT 将变化。油相极性降低，PIT 降低。反之，亦然。

（四）乳化作用在农药中的应用

乳油农药是农药中最常用的剂型。乳油由原药、溶剂、乳化剂及其他表面活性剂（助溶剂、稳定剂等）组成。将有机农药溶于有机溶剂中，加入适量表面活性剂等即成。实际应用时将乳油加大量水稀释即形成 O/W 型乳状液。一般乳油加入水中时因含有乳化剂故可自动乳化。加入的乳化剂的 HLB 值要与原药和溶剂要求的 HLB 值匹配。

微乳状液（microemulsion）简称微乳液或微乳，是在较大量的一种或一种以上两亲性化合物存在下不相混溶的两种液体自发形成的各向同性的透明的胶体分散体系。所用的两亲性物质一种是适宜的表面活性剂，另一种通常为中等链长的极性有机物（如戊醇、己醇、癸醇等），常称为助表面活性剂（cosurfactant）。不相混溶的两种液体一种是水，另一种通常为极性小的有机物（如苯、环己烷基等），通常称为油。微乳液分散相液珠大小一般为 10～100nm，大致介于表面活性剂胶束和常见疏水胶体粒子之间，远小于乳状液液珠。

六、增溶作用

某些难溶或不溶于水的有机物可因表面活性剂胶束的形成而大大提高其溶解度，这种现象称为增溶（或加溶）作用（solubilization）。增溶作用主要是发生在胶束中的现象，因此，只有在表面活性剂临界胶束浓度（CMC）以上时增溶作用才明显。增溶作用是被增溶物进入胶束，而不是提高了增溶物在溶剂中的溶解度，因此不是一般意义上的溶解。

（一）增溶量

增溶量通常用每摩尔表面活性剂可增溶被增溶物的量（g、mol 等）表示，有时也用一定体积（如 1L）某浓度表面活性剂溶液增溶被增溶物的量表示。增溶量的测定方法因研究体系不同而异。如，染料增溶可用比色法，有机液体增溶可用光度法、浊度法、光散射法等。

（二）被增溶物在胶束中的位置

增溶作用是胶束存在的基本性质之一，被增溶物分子或离子在胶束中的位置与胶束的结构特点和被增溶物的性质有关。一般来说，表面活性剂胶束大体可分为两部分：由表面活性剂非极性基构成的类似于液态烃的非晶态内核；离子型表面活性剂亲水基、反离子及水化水（或非离子型表面活性剂聚氧乙烯亲水基及与亲水基中醚氧原子结合的水）构成的胶束表面层。增溶物大致有非极性有机物（如饱和烃）、长链极性有机物（如脂肪醇、酸等）、短链极性有机物和易极化的带芳环的化合物等。

大量实验结果表明，增溶作用主要发生在胶束中的四个区域：胶束内核；离子型表面活性剂的胶束内核/栅栏层；非离子型表面活性剂胶束的栅栏层和胶束表面。

在水溶液中，非极性增溶物增溶于胶束内核［图 3-27（a）］，紫外及核磁共振谱研究表明这类被增溶物完全处于非极性的环境中。

长碳链极性有机物多增溶于胶束的栅栏层［图 3-27（b）］，这类分子或多或少以定向方式增溶，即其碳氢链插于胶束内核，极性端基接近于胶束表面层。离子型表面活性剂端基带有电荷有时可明显影响被增溶物所处位置。例如，带芳环的被增溶物在阴离子表面活性剂胶束中多接近内核，而在阳离子表面活性剂胶束中多在栅栏层，这是因为芳环和阳离子表面活性剂带正电端基间有极化作用。短链芳烃（如苯、乙基苯等）增溶位置可随增溶量增加而变化：开始时可吸附于胶束表面，进而进入栅栏层，再后可增溶于胶束内核。

非离子型表面活性剂（特别是含聚氧乙烯链的非离子型表面活性剂）极性基形成的胶束外壳（栅栏层）占据胶束相当大部分的体积。亲水性聚氧乙烯基及其所缔合的水分子使得这种胶束的外层体积更为庞大，并且聚氧乙烯链以螺旋状伸向水相中。在这类胶束中距离胶束内核越远，栅栏层的亲水性越强。氯代二甲酚等即增溶于这一位置［图 3-27（c）］。

有些小的极性分子及染料可吸附于胶束的表面区域［图 3-27（d）］。

增溶量的大小通常与胶束中可增溶区域容积大小有关。按图 3-27 所示，增溶量的顺序为（a）＞（b）＞（c）＞（d）。

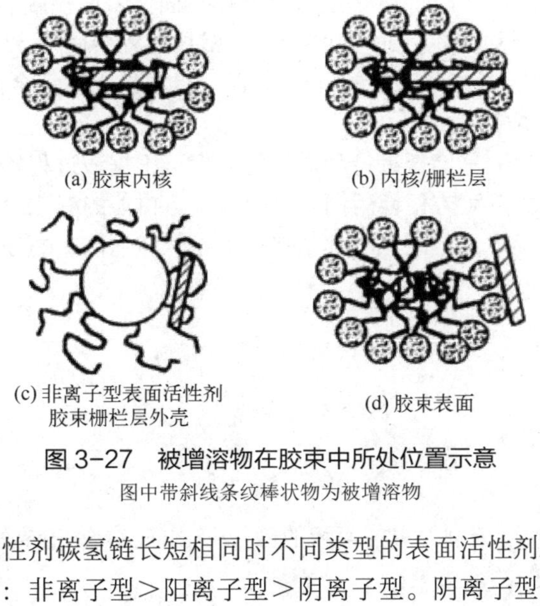

图 3-27　被增溶物在胶束中所处位置示意

图中带斜线条纹棒状物为被增溶物

一般来说，表面活性剂碳氢链长短相同时不同类型的表面活性剂对增溶于胶束内核的有机物增溶能力的顺序为：非离子型＞阳离子型＞阴离子型。阴离子型与阳离子型表面活性剂混合物的增溶能力比二者单独的增溶能力强。阴离子型与非离子型表面活性剂混合使用对增溶作用的影响比较复杂。

乳液聚合常作为增溶作用的典型实例之一介绍，其基本原理是，在水溶液中少量高分子单体以真溶液形式存在，另有一部分包溶于被表面活性剂乳化所形成的 O/W 型乳状液滴之中，再有一部分增溶于表面活性剂胶束内。反应在水相中引发，产生的单体自由基扩散入胶束内并在其中发生聚合反应。乳状液滴只起单体储器的作用。当胶束中增溶的单体因发生聚合反应而减少后，由乳状液滴中的单体补充。生成的聚合物脱离胶束分散于水相中成聚合物小珠，并为表面活性剂所稳定。乳液聚合的优点是因胶束体积很小便于控制反应热的释放，使反应可在较低温度下进行，并可因催化剂溶于水相得以提高生产效率。

在药剂学中常利用 Tween、SDS 等表面活性剂胶束的增溶作用控制难溶药物的溶解和释放。如难溶中草药有效成分在胶束存在下能增加主药浓度，改善主药液体制剂的澄明度和稳定性。

七、润湿作用

润湿作用（wetting）是一种界面现象，它是指凝聚态物体表面上的一种流体被另一种与其不相混溶的流体取代的过程。常见的润湿现象是固体表面被液体覆盖的过程。具有两亲性结构特点的表面活性剂在各界面的吸附以及其体相溶液的特殊性质可以显著影响润湿作用，这也是作为润湿剂的表面活性剂在许多过程中被广为应用的原因。

（一）润湿过程

Osterhuf 和 Bartell 最早将润湿现象分为三种类型：黏湿（adhesional wetting）、铺展（spreading wetting）和浸湿（immersional wetting）。

黏湿是与固体接触的气体被液体取代，在此过程中消失的固/气界面面积的大小与其后形成的固/液界面面积的大小是相等的。铺展是当液体与固体表面接触后，液体自动在固体表面展开后排挤掉原有的另一种流体（通常为空气），铺展过程中固/气界面消失的面积与增加的固/液界面面积相等，同时形成了等量的气/液界面。浸湿是固体完全浸入液体中，原有的固/气界面完全为固/液界面取代。

润湿作用是一个过程，其能否进行和进行的程度可根据该过程始、终态热力学函数变化判断。在恒温、恒压条件下可方便地用润湿过程体系自由能的变化表征。

在上述三种润湿过程中，若改变的都是单位面积，在恒温、恒压条件下各体系自由能的变化应为：

黏湿：
$$\Delta G_{\mathrm{A}} = \gamma_{\mathrm{SL}} - \gamma_{\mathrm{SA}} - \gamma_{\mathrm{LA}} \tag{3-7}$$

铺展：
$$\Delta G_{\mathrm{S}} = \gamma_{\mathrm{SL}} + \gamma_{\mathrm{LA}} - \gamma_{\mathrm{SA}} \tag{3-8}$$

浸湿：
$$\Delta G_{\mathrm{I}} = \gamma_{\mathrm{SL}} - \gamma_{\mathrm{SA}} \tag{3-9}$$

式中，γ_{SL}、γ_{SA}、γ_{LA} 分别为单位面积的固/液、固/气和液/气界面自由能。ΔG 的下角标 A、S、I 分别表示相应的润湿类型。

Dupre 得到的固/液黏附功 W_A 为:

$$W_A = \gamma_{SA} + \gamma_{LA} - \gamma_{SL} \tag{3-10}$$

显然，$W_A = -\Delta G_A$

从式（3-7）和式（3-10）可知，γ_{SA} 越大，γ_{SL} 越小，则 W_A 越大，越有利于液体黏湿固体。若 $W_A \geqslant 0$，ΔG_A 必为负值，黏湿过程将自发进行。通常情况下固/液界面自由能总是小于固/气界面和液/气界面自由能，因而黏附功总是大于零，黏湿过程总是自发进行的。

和黏湿过程相似，浸湿功 W_I 为:

$$W_I = \gamma_{SA} - \gamma_{SL} = -\Delta G_I \tag{3-11}$$

从式（3-11）可知，γ_{SA} 越大，γ_{SL} 越小，则 W_I 越大，越有利于浸湿的进行。若 $W_I \geqslant 0$，则 $\Delta G_I \leqslant 0$，浸湿过程可自发进行。浸湿功 W_I 表示固体表面与液体间黏附能力的大小，故也称为黏附张力，常以 A 表示。大多数无机固体和金属的 γ_{SA} 都比 γ_{SL} 大，故浸湿过程常可自发进行。

对于铺展过程，常用铺展系数 S 表示铺展前后体系自由能的变化:

$$S = -\Delta G_A = \gamma_{SA} - \gamma_{SL} - \gamma_{LA} \tag{3-12}$$

由式（3-12）可知，γ_{SA} 越大，γ_{SL} 和 γ_{LA} 越小，越有利于铺展进行。若 $S \geqslant 0$，则 $\Delta G_S \leqslant 0$，液体可在固体表面上自发展开。

比较式（3-10）～式（3-12）三式可以看出，黏湿、浸湿和铺展过程的条件均与黏附张力 A 有关，即

$$W_A = A + \gamma_{LA} > 0$$

$$W_I = A > 0$$

$$S = A - \gamma_{LA} > 0$$

这也就是说，黏附张力越大（即 γ_{SA} 越大，γ_{SL} 越小）越有利于润湿过程进行。由此三式还可知，一液体在一固体上可以铺展，则黏湿和浸湿也可自发进行。

根据上述讨论，由相应的界面自由能数据原则上可以判断所研究体系润湿过程能否自发进行。但实际上，涉及固体表面的界面自由能数据至今难以准确测定。因而对各润湿过程界面自由能变化进行定量计算尚不可行。这种困难并不降低上述讨论的意义，即可以认识判断各润湿过程进行的热力学依据和使它们能自发进行的必要条件。在上述的各润湿过程自由能变化的关系式中 γ_{SA}、γ_{SL} 和 γ_{LA} 的大小起着决定性的作用，表面活性剂的加入可以改变它们的数值从而控制润湿过程的进行。

（二）接触角和 Young 方程

Young 用另一种方法方便地解决了因 γ_{SA}、γ_{SL} 难以测定引起的计算黏湿功、铺展系数和浸润功的困难。此方法的根据是只要一液体不在固体表面上铺展，在忽略重力对液滴形状影响的条件下（液滴不太大），液滴的形状由液体和固体表面性质决定。

液体滴在固体表面上，在平衡液滴的固、液、气三相交界处自固/液界面经液体内部到气/液界面的夹角称为接触角（contactangle），通常以 θ 表示（见图 3-28）。

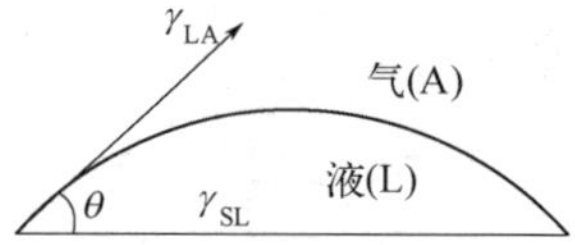

图 3-28 由表面力的力学平衡导致形成接触角的示意图

1805 年 Young 提出平衡接触角 θ 与固/气、固/液和液/气界面自由能 γ_{SA}、γ_{SL} 和 γ_{LA} 间有下述关系：

$$\gamma_{SA} - \gamma_{SL} = \gamma_{LA}\cos\theta \tag{3-13}$$

式（3-13）称为 Young 方程或润湿方程，是研究润湿过程最重要的方程，也是界面化学几个最基本方程之一。Young 方程最早是从力学平衡考虑导出的，以后由热力学方程也导出了这一方程。

Young 方程的重要意义在于通过易于实验测定的接触角和液体表面张力定量地得到润湿过程的黏湿功、铺展系数和浸湿功（黏附张力）：

$$W_A = \gamma_{LA}(\cos\theta + 1) \tag{3-14}$$

$$S = \gamma_{LA}(\cos\theta - 1) \tag{3-15}$$

$$W_I = A = \gamma_{LA}\cos\theta \tag{3-16}$$

由式（3-14）～式（3-16）可以方便地得出各润湿过程自发进行的条件：$\theta \leqslant 180°$，$W_A \geqslant 0$，黏湿自发进行；$\theta=0°$ 或不存在平衡接触角，$S \geqslant 0$，铺展自发进行；$\theta \leqslant 90°$，$W_I \geqslant 0$，浸湿自发进行。这些就是根据接触角大小对润湿过程进行判断，或者可以通俗地以接触角大小作为判断润湿的标准，接触角越小润湿性能越好。

由于 γ_{SA} 和 γ_{SL} 至今尚无法准确测定，Young 方程也就缺乏实验证明，许多人认为 Young 方程是不证自明的基本关系式，并且在一定条件可根据接触角度测量推算固体表面能。

（三）表面活性剂在润湿过程中的两种作用

1．界面张力降低对润湿的影响

欲使液体在固体表面铺展必须满足的条件是铺展系数 S 为正值，即 $\gamma_{SA}-\gamma_{SL}-\gamma_{LA}>0$。常用的液体水的表面张力是常见液体中最大的，它不能在低能表面上铺展。加表面活性剂后水的表面张力大大降低，同时也可能降低固/液界面张力，从而使在低能表面上的铺展系数为正值；可以在此表面上自发铺展。

2．界面吸附对润湿作用的影响

表面活性剂在界面上的吸附可改变界面张力，从而影响接触角和润湿性质的变化。接触角和润湿性质的变化有以下三种关系：

① 添加表面活性剂使接触角减小和改善润湿；

② 添加表面活性剂不影响接触角，也不改变润湿性质；

③ 添加表面活性剂使接触角升高和润湿性质变差。

对有些实际体系，表面活性剂对润湿作用的影响是可变化的，如在某一表面活性剂浓度范围内表现为上述第①种的关系，而在另一浓度范围却表现为上述第③种关系。一般来说，第①和②种情况多见于非极性低能固体体系，并且通常是使润湿性能改善。第③种情况仅见于极性高能固体体系。

表面活性剂的界面吸附对润湿作用的影响很大程度上取决于在固/液界面吸附层中表面活性剂的定向方式。如，表面活性剂以其亲水基吸附于固体表面，疏水基指向水相，则将降低水在表面上的润湿能力。与上述情况相反，若表面活性剂以其疏水基吸附在固体表面上，亲水基指向水相，则常使表面亲水性增强。

八、分散和聚集作用

将固体以小粒子形式分布于分散介质中形成有相对稳定性体系的全过程称为分散作用。用分散方法通常形成粒子大小分布较宽的悬浮体，大多数情况下粒子平均大小超出胶体粒子范围。

（一）分散过程

表面活性剂在分散过程中的作用体现在分散过程中各个阶段。Parfitt 将固体在液体中的分散过程分为三个阶段：使粉体润湿，将附着于粉体上的空气以液体介质取代；使固体粒子团簇破碎和分散；阻止已分散的粒子再聚集。

1．粉体的润湿

有机或无机物粉末可用各种干燥法制备。这些方法有一般干燥法、喷雾干燥法、流化床干燥法等。有时也可用研磨法制备，这样得到的粉末粒子有不同的大小和形状。一般来说，干燥粉末以聚集体形式存在，这种聚集体可以它们的晶面连接，也可以粒子的角、棱接触形成更为松散、开放的结构形式。

用液体润湿粉末是固/气界面被固/液界面取代的过程。当发生完全润湿时粒子间隙和粒子孔中的气体也将被液体取代。固体表面的粗糙性、不均匀性将影响润湿作用。达到完全润湿，即液体在固体上的铺展系数 S 必须为正值，即：

$$S = \gamma_{SA} - \gamma_{SL} - \gamma_{LA} = \gamma_{LA}(\cos\theta - 1) \geqslant 0 \quad (3\text{-}17)$$

由式（3-17）可知，决定铺展润湿进行的物理量是 γ_{SL}、γ_{SA} 和 γ_{LA}。显然 γ_{SA} 越大，γ_{SL}、γ_{LA} 越小，越有利于铺展润湿进行。通常情况下，γ_{SL} 是介于 γ_{SA} 和 γ_{LA} 之间的数，而当粉体指定后 γ_{SA} 也是定值，因而可改变的只有 γ_{LA}（和 γ_{SL}），加入表面活性剂后其在固/液、液/气界面的吸附可使 γ_{SL}、γ_{LA} 减小，有利于使 $S \geqslant 0$。由于 γ_{SL} 和 γ_{SA} 难以测定，应用 Young 方程得到式（3-17）的 $S=\gamma_{LA}$（$\cos\theta-1$）$\geqslant 0$，使对铺展润湿的认识更为方便。由于 γ_{LA} 总是正值，故只有接触角为零或无平衡接触角时 S 才可能为正值。

2．固体粒子聚集体的破碎和分散

如上所述，由晶面结合形成的团簇聚集体粉末比以边、棱等结合而成的聚集体粉末结合力强，分散也相对较为困难。使固体粒子聚集体破裂就是要将粒子间的固/固相结合破开。在形成粒子聚集体时总会存在缝隙，若将这些缝隙看作是等当的毛细管，分散介质将可能在这些缝隙中渗透。液体进入半径为 r 的毛细管所需的压力是

$$\Delta P = 2\gamma_{LA}\cos\theta / r = 2(\gamma_{SA} - \gamma_{SL}) / r \quad (3\text{-}18)$$

式中，θ 是液体在毛细管壁上的接触角。由式（3-18）可知，$\theta<90°$ 时渗透就能自发进行；γ_{SL} 足够小也是自发渗透的条件，而表面活性剂在固/液界面吸附不能满足这一条件，但是，当 $\theta>90°$，即习惯上算为不润湿时ΔP 为负值，渗透过程不能自发进行，不利于聚集团簇的破裂和分散。

在粉体的润湿和分散过程中另一重要因素是液体进入聚集体孔隙的渗透动力学。渗透速度快有利于分散作用。液体进入聚集体孔隙的渗透速度可定量地用 Washburn 方程表述：

$$\frac{dl}{dt}=\frac{r\gamma_{LA}\cos\theta}{4\eta l} \tag{3-19}$$

式中，l 是 t 时间内液体沿孔隙渗入的距离；r 是粉体缝隙等当毛细管半径；η 是液体黏度。应用此式时假设粉体缝隙可看作是柱状毛细孔。由式（3-19）可以看出，渗透速度正比于毛细管半径 r 和 $\gamma_{LA}\cos\theta$，反比于黏度 η，因此，γ_{LA} 尽可能高，θ 尽可能小有利于渗透速度的提高。但是，高 γ_{LA} 和低 θ 值是相互矛盾的条件；通常小的接触角是更为重要的。

用研磨法（干磨和在液体介质中研磨）分散固体物质是一个十分复杂的过程，至今对其机理仍在不断探讨中。任何研磨过程都包括化学键的断裂和新表面的形成。因而在此过程中化学键断裂得越多使粒子变小越容易。有一种看法认为，表面能降低有利于研磨，这种看法在实际应用中尚难以验证，因为任何湿磨过程消耗的能量远大于形成新表面所要求的能量。但是，表面能的降低有利于防止破碎形成的新表面的重新结合和粒子的再聚集。早期的研究工作已证实，减小粒子大小所需的能量与表面积的增加成正比（雷丁格定律，Rittinger's Law）。

3．防止粒子的重新聚集

无论用凝聚法或分散法制备胶体和悬浮体分散体系都需要保持粒子形成时的大小，粒子的聚集作用给其储存和以后的处理过程带来困难。为此必须设法降低体系的热力学不稳定性。换言之，需减小体系大的界面能。由于界面能等于界面张力与界面面积之乘积，而为保持体系粒子形成时之大小不变（即界面面积不变），故只能降低界面张力来使总界面能减小，为此应用表面活性剂是有效的。此外不同类型的表面活性剂在粒子上的吸附层也可形成静电的、溶剂化的或空间稳定的防止聚集的作用。当然，有时需要控制粒子的聚集程度以满足实际需求。例如，为避免粗悬浮体的黏结，有时需使粒子先发生弱的絮凝，而为了使粒子从介质中分离出去，提高沉降速率和易于过滤，有时则希望粒子能够发生聚集作用。

（二）表面活性剂在分散过程中的作用

根据分散过程三个阶段的描述和分散体系稳定性理论，欲使固体物质能在液体介质中分散成具有一定相对稳定性的分散体系，需借助于加入表面活性剂（主要是表面活性剂）以降低分散体系的热力学不稳定性和聚结不稳定性。

表面活性剂（及一些高分子化合物）在分散过程中的主要作用如下。

（1）降低液体介质的表面张力 γ_{LA}、固/液界面张力 γ_{SL} 和液体在固体上的接触角 θ，改善其润湿性质和降低体系的界面能。同时可提高液体向固体粒子孔隙中的渗透速度，以利于表面活性剂在固体界面的吸附，并产生其他利于固体粒子聚集体粉碎、分散的作用。

（2）离子型表面活性剂在某些固体离子上的吸附可增加粒子表面电势，提高粒子间的静电排斥作用，利于分散体系的稳定。

（3）在固体粒子表面上亲液基团朝向液相的表面活性剂定向吸附层的形成利于提高疏液

分散体系粒子的亲液性，有时也可以形成吸附溶剂化层。

（4）长链表面活性剂和聚合物大分子在粒子表面吸附形成厚吸附层起到空间稳定作用。

（5）表面活性剂在固体表面结构缺陷上的吸附不仅可降低界面能，而且能在表面形成机械屏障，有利于固体研磨分散。这种作用称为吸附降低强度效应。

（三）聚集作用

聚集作用（聚沉或絮凝）可看作两步过程：①被分散粒子的去稳定作用（destabilization）导致的粒子间排斥作用的减弱。②去稳定的粒子相互聚集。粒子间的排斥力抑制聚集作用，而吸引力对抗排斥力利于聚集作用。上述的两个步骤可分别用胶体的相互作用和聚集动力学进行研究。粒子的无规则布朗运动随时在进行。不同大小的粒子以不同的速度作相对运动将引起碰撞和絮凝。当粒子相当大和紧密时甚至可以发生明显的沉降作用。

聚集作用一般有以下几种机制。

（1）电性作用　分散体系中分散相粒子大多带有某种电荷，粒子间静电排斥作用是分散体系稳定的原因之一。在分散体系中加入无机电解质，其反离子将向粒子周围的扩散双电层中扩散，压缩双电层，甚至可能使粒子表面电荷中和，从而降低粒子间的静电排斥作用，破坏分散体系的稳定性。分散体系从稳定到絮凝所需电解质的最小浓度常是在一较窄的浓度范围，此浓度称为聚沉值（coagulation value）。可以证明，不同反离子的聚沉值与其离子价数的 6 次方成反比。

聚电解质絮凝剂对荷电粒子的絮凝作用比较复杂。以阳离子聚电解质为例，它吸附于负电的粒子表面上时部分阳离子基团吸附在粒子的负电荷位，起到中和负电荷的作用；另一些过剩的阳离子基团的正电荷也可吸引其他负电荷粒子从而引起聚集作用。

（2）桥连作用　在高分子化合物浓度很低时，吸附于分散粒子上的聚合物长链可以同时吸附于其他粒子表面上，这样就可将多个粒子通过聚合物分子连接起来，从而发生聚集作用。当高分子化合物浓度很大时粒子表面已被吸附的聚合物包裹起来，不再能与其他粒子桥连。高浓度高分子化合物使分散体系稳定常称为保护作用（protective action）；极低浓度时因发生桥连而引起的聚集作用，早期称为敏化作用（sensitization）。

一般来说，高分子絮凝剂分子量大对桥连絮凝有利，但分子量太大时桥连过程中将发生链段重叠，排斥作用加大。聚电解质絮凝剂的应用效果还要考虑其离解度，带电符号及粒子荷电性质的关系。通常，聚电解质离解度大，电荷密度高，分子舒展，有利于桥连。但是，若聚电解质与粒子带电符号相同时，聚电解质解离度越大，越不利于其在粒子表面的吸附。在这种情况下，通常用加入高浓度电解质，使其反离子起到促进聚电解质吸附和压缩粒子表面双电层双重作用，最终使得吸附的聚电解质能跨越压缩后两倍双电层厚度的距离起到桥连作用。

参考文献

[1] Kissa E. Fluorinated surfactants and repellents. New York: Marcel Dekker, 2001.

[2] 梁治齐，陈溥. 氟表面活性剂. 北京：中国轻工业出版社, 1998.

[3] 曾毓华. 氟碳表面活性剂. 北京：化学工业出版社, 2001.

[4] 肖进新，江洪. 碳氟表面活性剂. 日用化学工业，2001, 31 (5): 24-27.
[5] Hill R M. Silicone surfactants. New York: Marcel Dekker, 1999.
[6] 杨学茹, 黄艳琴, 谢庆兰. 农药助剂用有机硅表面活性剂. 有机硅材料, 2002, 16(02): 25-29.
[7] 蒋文贤. 特种表面活性剂. 北京: 中国轻工业出版社, 1995.
[8] Krister Holmberg. Novel surfactants. New York: Marcel Dekker, 1998.
[9] Robb I D. Specialist surfactants. London: Blackie Academic & Professional, 1997.
[10] 梁治齐, 宗惠娟, 李金华. 功能性表面活性剂. 北京: 中国轻工业出版社, 2002.
[11] 肖进新, 吴树森, 罗妙宣. 孪连型表面活性剂. 自然杂志, 1997, 19(6): 335.
[12] Dou Z P, Xing H, Xiao J X. Hydrogenated and fluorinated host-guest surfactants: complexes of cyclodextrins with alkanes and fluoroalkyl-grafted alkanes. Chemistry-A European Journal, 2011, 17(19): 5373.
[13] J Jonsson B, Lindmann B, Holmberg K, et al. Surfactants and polymers in aqueous solution. New York: John Wiley & Sons Ltd, 1998.
[14] 徐坚. 高分子表面活性剂的分子设计. 高分子通报, 1997(2): 90.
[15] 方云, 夏咏梅. 生物表面活性剂. 北京: 中国轻工业出版社. 1992.
[16] 张小军, 刘广文. 农药助剂. 北京: 化学工业出版社, 2018.
[17] 肖进新, 赵振国. 表面活性剂应用原理. 北京: 化学工业出版社, 2015.
[18] 王曼如, 闫湘, 李秀英. 表面活性剂在农业中的应用及对水环境的危害. 中国土壤与肥料, 2018 (06): 11-15.

第四章
农药剂型

第一节　粉剂

农药粉剂作为农药的一种加工形式，在中国农药制剂工业的发展中占据了重要的地位。自 1949 年 10 月至 1983 年，粉剂成为主要的农药剂型，这一时期可以视为以粉剂为主的开创期。随后，从 1984 年至 1999 年，乳油成为主要的剂型，粉剂的地位有所下降，但仍然是一个重要的剂型。进入 2000 年以后，随着科技的进步和市场需求的变化，农药粉剂进入了快速发展期，粉剂作为一种传统的剂型，其研发和应用也得到了进一步的发展和优化。近年来，随着环保要求的提高和液态助剂的发展，粉剂使用量逐年下降，但作为最早的农药剂型之一，仍可在一些特殊的场景使用。目前，了解粉剂的特性、提高粉剂的质量以充分发挥有效成分的生物活性、强化生产工艺仍然是农药粉剂研究和生产的方向之一。

一、粉剂概述

（1）定义　粉剂（dustable powder，剂型代码 DP）是由原药、填料和少量助剂经混合、粉碎再混合至一定细度的粉状制剂；是适用喷粉或撒布含有效成分的自由流动粉状制剂。

（2）特点　粉剂早期具有使用方便、药粒细、较能均匀分布和加工费用较低等优点，但其有效成分分布均匀性和药效发挥性能一般不如液态制剂（如乳油、水乳剂、悬浮剂、悬乳剂等），加之有飘移污染环境的缺点，因而国内外液态制剂和颗粒剂的用量日益增加，粉剂却不断减少。随着空中超低容量喷雾技术的大面积应用，农药空中撒布已由粉剂为主变迁到以液态制剂为主。目前粉剂仍有少量用于设施农业，在密闭的环境中，农药微粉可在空中长时间飘浮，阻断病原孢子的传播。同时在森林病虫害防治中，由于森林树种分布密集，使用粉剂可有效地使有效成分在空中飘浮，向森林深处扩散。

（3）发展概况　新中国成立之前农药工业发展缓慢，至 1949 年，粉剂是我国的主要农药剂型，主要包括 5%滴滴涕粉剂、10%滴滴涕粉剂、硫黄粉剂、鱼藤粉剂等。新中国成立后，农药工业得到迅速发展，到 20 世纪 50 年代后期我国已能大量生产六六六、滴滴涕原药，到 60 年代以后甲基对硫磷、对硫磷、乐果、敌百虫、敌敌畏等一些有机磷农药也相继投放市场，粉剂得到快速发展，当时六六六粉剂、甲六粉产量在 90 万～110 万吨，是防治水稻害虫、飞蝗、某些地下害虫等农业害虫的主要药剂。

20 世纪 80 年代以前，我国各类农药剂型总产量中，仍以粉剂为主，但由于粉尘飘移、药效低、人畜中毒事故频发等诸多问题，固体制剂的用量显著降低。据统计，1982 年粉剂（包括混合粉剂）的生产量约占农药制剂总产量的三分之二，超过 110 万吨。到了 1983 年，由于六六六的停产和禁止使用，原来占粉剂主要地位的六六六粉剂、甲基对硫磷（乙基对硫磷）和六六六混合粉剂的产量急剧下降，使得粉剂的产量所占比例不到 20%。在 80 年代中期，我国制剂研究工作者虽然研制出一批取代六六六制剂的新品种，如甲基对硫磷和敌百虫混合粉剂（简称甲敌粉）、甲胺磷粉粒剂和杀虫双粒剂等在防治水稻二化螟、三化螟、黏虫、豆天蛾、稻叶蝉、飞虱、稻纵卷叶螟等害虫中发挥了重要作用，但产量仍难以回升。20 世纪 80 年代中后期一批超高效杀虫剂（如拟除虫菊酯类）、杀菌剂（如三唑类）和除草剂（如磺酰脲类）迅速研制成功并占领我国农药市场。这些超高效农药的加工剂型主要是乳油和可湿性粉剂，这使得粉剂所占的比例进一步下降。据 1993 年统计，我国各类剂型总产量大约为 77 万吨，其中粉剂产量约占 5%。2000 年我国登记的剂型 42 种，各种剂型的制剂总数达 2876 种（不包括 1 个制剂的有效成分含量相同的重复登记的品种和卫生上用的制剂），其中粉剂 69 种，占制剂总数的 2.4%，位居第 6。由于作物和病虫害的多种性，作物生长阶段、施药地区和时间不同以及农药品种繁多和其特性不同，因此要求有多种剂型。例如在暴发性病虫害（如蝗虫危害）、设施农业和森林病虫害防治时可使用粉剂。因此，粉剂作为农药一种剂型仍将得以存在，并将在一定时间和地区得以发展。了解粉剂的特性、提高粉剂的质量以充分发挥有效成分的生物活性、改善劳动生产条件、强化生产工艺仍然是农药粉剂研究和生产的一个重要方面。

二、粉剂的种类及其特性

（一）种类

（1）按有效成分含量划分　国外有浓粉剂（有效成分含量大于 10%）和田间浓度粉剂。前者作为母粉贮运，使用前再用填料稀释到田间浓度，后者无需稀释可直接喷粉。

（2）按粉剂细度划分　按细度可分为 DL 型粉剂、一般粉剂和微粉剂。其粒径和物理特性列于表 4-1。

表 4-1　三种粉剂的物理特性

项目	粉剂名称		
	DL 型粉剂	一般粉剂	微粉剂
细度	95%通过 320 目筛	98%通过 320 目筛	100%通过 320 目筛
平均粒径/μm	20～25	10～12	小于 5
10μm 以下的粒子/%	小于 20	约 50	
假密度	0.7～1.0	0.5～0.7	0.1 以下
浮游性指数	8～11	44～46	＞85
流动性/s	小于 30	30～60	
坡度角/(°)	60～70	65～75	
分散指数	＞20	＞20	
吐粉性/(mL/min)	＞700	＞1100	
备注	飘移分散少的粉剂	通用粉剂	在室内成为烟状微粉

为了克服普通粉剂易飘移而污染环境之缺点，避免细粉附着和被施药者吸入引起中毒，因此采取了加大粉剂之粒径（约为普通粉剂粒径的一倍）或在粉剂中添加凝聚剂的方法，制得一种飘移少的粉剂，即所谓 DL 粉剂。此外，在水稻生长后期，通用粉剂药粒较细，难以到达植株下部，而 DL 型粉剂可透过稠密的簇叶，能防治植株下部和水面害虫（如稻飞虱、稻象鼻虫等）。再则，DL 型粉剂能用一般的动力喷粉机撒布，用加工一般粉剂的设备就可生产。所以，在日本这种粉剂得到了迅速的发展，1980 年的生产量占粉剂总产量的 15%左右。

微粉剂（F10-Dust）是在吸油率高的矿物微粉和黏土微粉所组成的填料中加入原药(其量约为普通粉剂的十倍)混合后，再经气流粉碎机粉碎到 5μm 以下的一种粉剂。撒布时粒子不凝集，以单一颗粒在空中浮游、扩散，然后均匀地附着于植株各个部位，因而防较好；此外，微粉剂不像熏烟剂那样，使用时需加热，因此受热易分解的农药如有机磷农药可以加工成这种制剂；微粉剂可用常用的背负式动力喷粉机从大棚窗口或门口向大棚内喷粉，具有施药简单、时间短（每公顷用 300～500g 药剂，3～5min 之内可完成操作）、确保使用者安全等优点。因此，在温室栽培作物面积较大的日本，微粉剂得到发展。

（二）特性

粉剂需要具备的特性是根据药效、使用情况、贮存和运输各方面的要求而定的。

（1）粉剂的粒度　粉剂的粒度通称为细度。粉剂的细度通常以能否通过某一孔径的筛目表示。现行的筛目有两种标准：①筛目号数表示每英寸（1 英寸=2.54cm）宽网的筛线数目。例如，200 号筛目的筛网，每英寸宽应有 200 条筛线，一平方英寸有 40000 个孔。②筛目号数表示每平方厘米面积的筛网所有筛目个数。例如，1600 号筛目，即每平方厘米的筛网有筛孔 1600 个，每厘米筛网有线 40 条。这两种标准中的前者，较为普遍采用，其筛目号与其筛孔内径对照如表 4-2 所示。

表 4-2　筛目号数与其筛孔内径对照表(美国泰勒标准)

筛目号数（筛号）	筛孔内径/μm	筛目号数（筛号）	筛孔内径/μm	筛目号数（筛号）	筛孔内径/μm	筛目号数（筛号）	筛孔内径/μm
10	1680	32	500	80	177	200	74
14	1190	35	420	100	149	250	63
20	840	42	350	115	125	270	53
24	710	48	297	150	105	325	44
28	600	60	250	170	88	400	37

（2）流动性　粉剂的流动性常以坡度角表示。一般要求粉剂的坡度角在 65°～75°之间。所谓坡度角是将粉剂自一漏斗流到一圆片上所堆成的圆锥，该圆锥的剖面为一等腰三角形，三角形的斜边和底边的夹角(a)就是坡度角。坡度角大的粉剂流动性差，反之流动性好。粉剂流动性好，在粉碎过程中可避免机械的阻塞以及在包装过程中减少管路的阻塞，在使用时容易从喷粉器中喷出，并且喷出的粉剂不易絮结。

（3）分散性　粉剂的分散性是指粉剂由喷粉器中喷出时粒子之间的分散程度，常以分散指数表示。

$$\text{分散指数}=\frac{10-G}{10}\times 100$$

式中，10 为供测样品量(g)；G 为吹入一定气流后，玻璃过滤器中残留物的重量；g。粉剂的分散指数大的，则粒子之间凝聚力小，易分散，适宜于用喷粉器喷粉，喷出的粉粒分布也均匀。反之，分散指数过小，则粉剂粒子易于凝聚，难喷撒，喷出的粉粒分布均匀性亦差。因此要求一般粉剂的分散指数应大于 20。

（4）吐粉性　吐粉性是指在一定条件下喷粉器的喷粉能力，要求一般粉剂的吐粉性大于 1100mL/min，吐粉性可用下式表示。

$$吐粉性=校正指数\times 1\text{min}\ 内吐出量(\text{mL/min})$$

（5）浮游指数　浮游指数是表示粉剂飘移飞散的程度。浮游指数大的，粉剂容易飘移污染环境和邻近的作物。要求一般粉剂的浮游指数在 20～60，DL 粉剂要求小于 20，而微粉剂必须大于 85。

（6）水分　水分对粉剂的物理和化学性能有着重要的影响。粉剂中水分含量过高，在堆放期间不仅易结块，使粉剂失去流动性和分散性，给使用带来不便，而且还会加剧有效成分的分解，从而导致产品质量下降、药效降低。

（7）黏着性　黏着性是指粉剂黏附于防治对象上的能力，粉粒的大小和形状是影响黏着性的主要因素。黏着性好的粉剂能均匀地牢固地黏附而不易被气流和雨水冲走，能充分发挥药效。为了增强粉剂的黏着性，可在粉剂中添加少量的黏着剂。

（8）稳定性　稳定性是指粉剂在贮存期间吸潮、结块和有效成分分解的程度。一般要求粉剂在贮存期间稳定性好，即在贮存期不易吸潮结块、有效成分分解率小、在所规定的保效期内，其有效成分含量应不低于所标明的含量。

总之，粉剂各项性能之间是相互制约的。例如，粉剂的粒度增大，其容重也就相应地增大。粉剂中除了原药和少量助剂之外就是填料。因此，填料的性能必然大大地影响着粉剂的各种性能(特别是低浓度的粉剂)，进而影响着粉剂的药效和适用性。

（9）假密度　又称容重，分疏松密度和紧实密度。在一定条件下，粉剂自由降落到一定体积的容器中，单位体积粉剂的重量称为疏松密度(g/cm^3)。按规定条件，将盛有粉剂的容器从一定高度反复跌落一定次数后，所测得的单位体积的重量称为紧实密度(g/cm^3)。

三、粉剂的组成和配制

（一）组成

粉剂一般由有效成分和填料所组成。也有的粉剂是由有效成分（以下简称原药）、填料和少量助剂所组成，以增强粉剂的稳定性、黏着性和流动性。现分别叙述如下。

（1）原药　无论是杀虫剂、杀菌剂、除草剂，还是植物生长调节剂，只要需要，都可加工成粉剂。但从总体上讲，杀虫剂加工成粉剂的比杀菌剂和除草剂多。

（2）填料（载体）　有很多种矿物、植物和合成材料可以作粉剂的填料，但以矿物中的硅酸盐类如滑石、叶蜡石、高岭土、膨润土、凹凸棒土、硅藻土和陶土等应用最多。

粉剂对填料的要求。粉剂的填料本身不具有生物活性，只是帮助稀释原药，并使其能在粉碎机中磨成很细的粉状。填料的性质会影响磨粉机械的台时产量、产品性能和使用效果，因此必须注意填料的选择。

① 填料的硬度　填料的硬度是指填料抵抗某种外来机械作用力(如刻划、压入、研磨等)

的能力。测定矿物的硬度有用莫氏硬度计和显微硬度计两种方法。前者简单，广泛使用。后者较复杂，但能精确测得绝对硬度（kg/mm）。填料的硬度是其组成与结构牢固性的一种表现。从对加工机械的磨损和台时产量考虑，要求填料的硬度不宜过大。用雷蒙机生产粉剂，填料的硬度应在 7 度以下。另外，填料的硬度大，一般结构牢固、吸水率小，细微且坚硬的填料黏附于昆虫体时，由于昆虫活动的结果，可将附肢的关节部位和其节间活动部位的蜡质层擦破，使药剂易渗入和使昆虫体内水分较易蒸发而提高杀虫效果。

② 填料的细度　粉剂中填料的细度对产品的细度影响很大。对液体农药，若采用喷雾、浸渍、混合工艺，液滴附着于填料粒子的表面(包括内表面)，则填料的细度就决定着产品的细度；对固体原药，若采取原药和填料混合-粉碎-再混合工艺，则少量原药或黏附于填料的颗粒表面，或以单个细粒分散于填料粒子之中，在这种情况下不仅要求填料粒子细、粒谱窄，而且要求和原药粒子大小相接近，否则由喷粉器喷出时，可能前后部分含有不同量的有效成分。实验证实在若干具有触杀性能的农药可湿性粉剂中，若填料粉粒过细，则有效成分可能为此微小粉粒所包围而降低药效。如果单凭填料的机械摩擦就能使昆虫的表皮损伤而脱水致死，则粉粒愈细就愈容易附着虫体，接触面积亦愈大。粉粒大于 15μm 并无伤害昆虫的能力，以 1～15μm 为最有效细度。

③ 填料的吸附容量　填料的吸附容量亦称饱和吸附容量，是指单位重量的填料吸附有机农药达到饱和点之前，仍能保持产品的分散性和流动性的吸附量，常以 mg/g 表示。填料使用的目的主要是将少量原药均匀地分布到填料的粒子表面，并能均匀撒布和附着在被防治的对象上。因此，要求填料必须具有一定的吸附容量，使得在生产过程中能牢固地吸附着有效成分，并经过贮藏、运输直到使用之前仍能保持产品的分散性和流动性。填料的吸附容量和填料本身结构有关，特别同填料的微孔容积、微孔大小分布有关。硅藻土、蒙脱石、凹凸棒土吸附容量较大，而滑石粉、叶蜡石和高岭土吸附容量较小。选择填料的吸附容量视原药的理化性能、粉剂中有效成分的含量、防治对象和使用方法而定。如固体原药加工成粉剂可以用吸附容量小的填料，液体原油则需选用吸附容量大的填料；欲制高浓度的粉剂，则需选择吸附性能强的硅藻土、凹凸棒土、蒙脱石之类的填料，有时也以吸附性能一般的黏土伴以高吸附容量的白炭黑混用；欲制低浓度粉剂，可选择吸附性能弱的滑石、叶蜡石和高岭土之类的填料。

④ 填料的流动性　粉剂的流动性在很大程度上依赖于填料的流动性，尤其是低浓度粉剂表现更为显著。填料的流动性不仅同填料的粒径大小和粒谱有关，而更重要的是同粒子形状有关。例如，滑石具有纤维状和片状结晶，流动性最好；硅藻土呈不规则的形状，流动性最差；活性白土有针状结晶，叶蜡石呈厚片状，高岭土呈六角形薄片状结晶。它们流动性的顺序为：

滑石粉＞凹凸棒土＞叶蜡石＞高岭土＞硅藻土

选择填料时，其流动性必须和填料的吸附容量、有效成分的含量和加工工艺结合在一起考虑。例如，当用喷雾浸渍法加工粉剂时，用滑石粉做填料，浓度稍高就超过其吸附容量而迅速失去其流动性，这时反而不如选择吸附容量大、流动性差的硅藻土作填料好。

用流动性好的填料作为原料可使其容易装卸和贮存，便于流经混合器，并减少堵塞粉碎机以及便于最终产品的包装。因此，填料的流动性是很重要的。一个加工得好的产品，其流动性应与填料一样。

⑤ 填料粒子的形状　填料粒子的形状对粉剂产品的粒子形状有很大的影响，特别是用喷雾浸渍法制造的低浓度粉剂的粒子形状主要是由被粉碎填料的粒子形状所决定的。粒子形状

首先影响对昆虫、植物叶子的接触面积和黏着性。例如，正立方体形状的粒子，接触面积是总面积的 1/6。而无限薄的平板状的粒子接触面积接近总面积的 1/2。显然，由于平板状的粒子具有大的接触面积，可以期望得到比球形粒子较好的黏着性。其次，粒子形状还影响毒性成分传递的难易和机械磨损作用的强弱。如圆滑的粒子，表面能和昆虫紧密接触，容易将毒物传递给昆虫，这就优于粗糙不规则的粒子。但粗糙多棱的粒子比圆滑的粒子更易擦伤昆虫身体的蜡层，致使昆虫水分蒸发而枯死。因此，粒子形状和药效的关系极为复杂。实际上，由于粒子间的凝聚，也不可能都因单一粒子而发生作用，因此研究粒子的形状和药效的关系非常困难。

⑥ 填料的假密度和密度　填料的假密度对粉剂的假密度影响很大。选择填料的假密度要考虑两个因素：a.原药和填料的疏松假密度相近，以避免在施药过程中原药和填料分离，使落地有远近之分而造成单位面积上药剂过多或不足。b.从施用的药械和风速考虑填料的假密度。例如，当风力小于 8.045km/h，要求粉粒的假密度在 0.46～0.6g/cm^3 范围之内。飞机喷粉则要求假密度在 0.66～0.80g/cm^3 之间。一般说来，填料的假密度愈小，吸油率愈大，配制成的粉剂流动性也愈好。对许多商品农药，由凹凸棒土和蒙脱石提供的假密度在 0.40～0.53g/cm^3 范围之内是理想的。较轻的填料制成的产品容易被风吹散和飘失，农药颗粒不能很好地落在要防治的地区。蛭石一类的填料不能用在商品农药上，因为太轻，广泛使用有困难，但在家庭用的农药中，用户乐于采用，因为他们对重量较轻的袋装产品感兴趣。当所用的填料重于 0.53g/cm^3 时，产品就没有很好的覆盖度，并且在用喷粉器喷粉时，控制剂量均匀分布会遇到困难。

填料的密度愈接近原药的密度愈好，不然在撒布时由于密度不同，轻的有可能撒得远，重的落得近，将造成轻重不同的粉粒自然分离，致使分布不均匀。但在实际使用情况下并不能与推理完全符合。例如，亚砷酸钙粉是以膨润土稀释（1∶3）后撒粉的，前者密度为 1.87g/cm^3，后者为 2.47g/cm^3，两者相差甚大，但实际撒粉时，膨润土和亚砷酸钙粉能保持均匀一致。

⑦ 填料的吸湿性能　填料的吸湿性能是指在一定湿度下填料的吸水量，常以吸水率表示。填料的吸水率和填料的结构有关。滑石等矿物性强的填料一般吸水率小，而黏土、硅藻土一类填料吸水率大。用吸湿性能强的填料制成的粉剂在贮藏、运输过程中易吸潮结块，不仅使有效成分分解加剧，而且使用不便，影响药效。因此，粉剂的填料要求吸水率小，以保证产品的质量和便于贮藏、使用。采用吸水率小的填料也利于烘干、节省能耗。

⑧ 填料的电荷　当粉剂从喷粉器喷出时，粒子互相摩擦有可能产生电荷，无论电荷是正是负，当它接近叶面时，叶面即产生相反的感应电荷，因而较牢固地被吸附，可以避免因风、雨所引起的药剂流失。同时由于带有相同电荷的粒子相互排斥，可使农药粒子分布比较均匀，既节省了农药，又减少了污染。

⑨ 填料的活性　载体的活性是指载体表面的活性。一般来说，载体的活性越小，用它制成的有机磷可湿性粉剂在贮藏期间有效成分的分解率也越小。从常用的矿物载体来看，吸附性能高的载体，活性较大，如活性白土、膨润土、高岭土、硅藻土等。而滑石、凹凸棒土、碳酸钙等的活性较小。但这类天然载体由于来源及其他条件不同，所表现出来的活性差异亦很大，因此，国外常根据不同的农药和填料，添加一定量的去活化剂，以防止农药有效成分在贮藏期间分解。

综上所述，填料的性能不仅影响粉剂药效的发挥，而且还影响粉剂的加工、贮藏和使用等。

(3) 其他助剂　为了充分发挥有效成分的药效，保证制剂的质量、方便使用和满足生产工艺的要求，在生产粉剂时，可加适量的助剂。近年常用的品种有非离子型表面活性剂［如烷基芳基聚氧乙基醚、脂肪醇（$C_{12\sim13}$）聚氧乙基醚等］、阴离子型表面活性剂（如烷基萘磺酸盐、木质素磺酸盐等）以及它们的复配物等。为防止粉剂在贮藏期结块，一般块剂或分散剂，常用的品种有烷基磺酸盐、萘磺酸盐、烷基萘磺酸盐、烷基酚聚氧乙基醚磺酸盐、脂肪醇环氧乙烷加成物磺酸盐、烷基酚或脂肪醇环氧乙烷加成物的磷酸酯或烷基铵盐，以及二异丙基磷酸酯、异丙基磷酸酯及其混合物等；为防止喷粉时的飘移污染，一般都添加抗飘移剂，常用的品种主要是非离子型表面活性剂或其复配物。

（二）工业化生产

(1) 生产工艺　无论是加工高浓度的母粉或低浓度粉剂，也无论是采取喷布浸渍或母粉稀释混合工艺，保证有效成分的高度分散和均匀性都是必要的。否则由于原药与填料之间的密度差异或粒径差异，在喷粉时都会造成原药药粒与填料粒子的分离，使得有效成分分布不均匀。因此粉剂加工一般应采取多次混合和粉碎工艺。

① 二次混合一次粉碎。二次混合一次粉碎是指将农药活性成分与填料等分别初步粉碎后按配方混合后再次送入混合设备中，然后将初次混合后的农药粉剂通过破碎设备（如雷蒙机、锤式破碎机等）进行加工，使其达到所需的颗粒大小和形态。

② 母粉稀释工艺。将高浓度的农药母粉与惰性粉体（如滑石粉、硅胶等）和助剂等按照一定的配方加以混合，使其稀释成可用的农药粉剂。

③ 混合粉碎和“中间浓度粉末”工艺。采用这种工艺可缩短混合时间，节省能源，以保证低浓度粉剂的均匀性。即在连续大量处理时，单靠一台混合机混合，时间长，为了提高混合效率，往往中间通过“自由粉碎机”之类的粉碎机后，再进行混合，并且通过“中间浓度粉末”这一过程。

(2) 生产设备

① 粉碎设备

a. 万能粉碎机　万能粉碎机又称销棒磨，日本叫自由粉碎机。国内常用的 FS-35 型万能粉碎机，其转速为 3650～3900r/min，功率为 10kW，生产能力为 100～150kg/h。粉碎细度一般为 200 目。

b. 雷蒙机　雷蒙机是我国农药粉剂加工中最常用的粉碎设备，又称摆式磨粉机、悬辊式磨粉机。从 20 世纪 50 年代起，就开始在农药粉剂加工中使用，因其产量大，特别适用于生产低浓度粉剂，产品细度一般在 120～325 目，调节分级器的转速，控制粉碎产量也可得到 325 目以下的产品。我国生产的雷蒙机型号有 3R、4R 和 5R 三种。

c. 超细粉碎机　超细粉碎机又称离心分级粉碎机，是指有内分级的离心式粉碎设备。通常又专指具有两级粉碎腔串联，中间及末尾皆有分级叶轮的卧式轴流型机种。它是一种用冲击和高速旋转气流进行粉碎的设备，适用于固体原药加工成中等浓度的粉剂，产品粒度在 3～100μm 之间。

d. 气流粉碎机　气流粉碎机是利用高速气流的能量来提高被粉碎的粒子飞行速度，由于粒子之间的高速冲击摩擦以及气流分子对物料粒子的剪切作用而将粒子粉碎至微米级。以压缩空气为动力，故气体在喷嘴处膨胀时，可导致温度较低，使整个粉碎过程中没有大量热产生，所以气流粉碎机可粉碎低熔点和热敏性物料。在农药粉剂加工中气流粉碎机主要用来将低熔点原药加工成高浓度母粉。

② 混合设备。目前粉剂混合常用的混合设备分为回转容器型和固定容器型两大类。

a. 回转容器型　回转容器型混合机系容器自身旋转。这类混合机有以下机种：滚筒混合机与V形混合机、双圆锥形混合机。

V形混合机是将两个圆筒连接成V字形的形式，双圆锥形是在回转轴芯的圆筒上装上两个圆锥形漏斗而成的。这类混合机多用于流动性好、密度小的粉体。其特点是出料方便。

b. 固定容器型

(a) 卧式螺带型混合机　该机结构简单，过去在农药粉剂加工中得到较广泛的应用。

(b) SC型单锥螺旋混合机　该混合机适用于各种粒径粉体的混合，也适用于液、固混合。

(c) 单螺旋锥形混合机　这是一种快速混合机，要比传统的混合机混合时间短，该机由于传动结构简单，主轴是中空的，故能在机内安装喷加液体的装置，从而进行液固混合。

(d) SHL型双螺旋锥形混合机及DSH型悬臂式不对称双螺旋锥形混合机　这是一种行星运动型混合机，比单螺旋锥形混合机和卧式回转滚筒混合机性能优越，故在农药粉剂混合中得到广泛应用。

(e) 犁刀式混合机　这是一种高效多功能的混合设备，在细料的固-固混合和高黏度的固-液混合方面表现出色。

(f) 无重粒子混合机　该机适用于固-固混合、固-液混合，混合精度高、时间短，一般粉剂的混合只需1min，能耗低，适用范围广。

四、粉剂的性能指标及检测方法

（一）质量指标检测

(1) 外观　应是自由流动的粉末，无团块。

(2) 有效成分含量　在考虑原药稳定性的前提下定其有效成分的下限值。

对于易产生药害的品种（如除草剂、植物生长调节剂等），应同时规定其有效成分的上限值，以保证使用安全。

有效成分含量的测定随农药品种而异，颗粒剂有效成分测定可参照原药的测定方法。

(3) 相关杂质含量　生产或储存过程中产生的副产品，相关杂质以≤%表示。

(4) 其他限制性组分含量　含安全剂、稳定剂、增效剂等其他限制性组分的产品，其含量应由标明含量和允许波动范围组成，参照化学农药制剂要求。

(5) 水分　按照《农药水分测定方法》（GB/T 1600—2021）中的共沸蒸馏法进行。

(6) 酸/碱度（以H_2SO_4或NaOH计）或pH范围　按照《农药pH值的测定方法》（GB/T 1601—2023）进行。

(7) 干筛试验　按照《农药粉剂、可湿性粉剂细度测定方法》（GB/T 16150—1995）进行。

(8) 热储稳定性　按照《农药热储稳定性测定方法》（GB/T 19136—2021）进行。

（二）理化性质指标检测

（1）外观（颜色、物态、气味） 按照《农药理化性质测定试验导则 第 3 部分：外观》（NY/T 1860.3—2016）进行。

（2）密度 按照《农药理化性质测定试验导则 第 17 部分：密度》（NY/T 1860.17—2016）进行。

（3）氧化/还原性 按照《农药理化性质测定试验导则 第 10 部分：氧化/还原：化学不相容性》（NY/T 1860.10—2016）进行。

（4）对包装材料的腐蚀性 按照《农药理化性质测定试验导则 第 16 部分：对包装材料腐蚀性》（NY/T 1860.16—2016）进行。

（5）爆炸性 按照《农药理化性质测定试验导则 第 6 部分：爆炸性》（NY/T 1860.6—2016）进行。

（6）固体可燃性 按照《农药理化性质测定试验导则 第 15 部分：固体可燃性》（NY/T 1860.15—2016）进行。

五、粉剂的发展展望

由于粉剂在施用后具有有效成分分布不均、药效较差、飘移污染风险大的缺点，粉剂使用量不断减少，用绿色环保制剂替代粉剂是趋势所在，而在设施农业或森林保护等特殊应用场景下，粉剂仍在使用。

第二节 乳油

乳油是我国农药制剂产品的基本剂型之一，一直占据着农药制剂市场的重要地位，即使在环保型制剂产品高度发展的欧美国家，乳油仍占有 25%的市场份额。在我国，乳油是近三十年来最基本和最重要的农药剂型，长期以来占据农药市场的首位。与其他剂型相比，农药乳油具有药效好、成本低、加工工艺简单、稳定性好、使用便捷等优点。它由有效成分、溶剂和乳化剂等组成，是将难溶于水的农药通过溶剂溶解，加入乳化剂后制成的均匀透明液体。乳油制剂的最大特点是能够在水中形成稳定的乳状液，便于喷雾施用，从而提高农药的使用效果。

乳油制剂的有效成分通常为难溶于水的有机化合物，如杀虫剂、除草剂、杀菌剂等。通过加入适当的溶剂和乳化剂，乳油在加水稀释后能够快速形成微小的油滴，并稳定分散在水中。这种乳状液的形成极大地提高了农药的分散性和覆盖性，有助于农药均匀分布在作物表面，增强防治效果。近年来，随着人类环境保护意识的增强，农药乳油制剂中使用大量有机溶剂所带来的安全和环保问题逐渐引起人们的重视和关注，因此农药制剂工作者在技术层面上不断对乳油进行改造，使其扬长避短，向环境友好型发展。总的来说，乳油制剂在农药领域具有广泛的应用前景，通过选择合适的溶剂和乳化剂，可以优化其配方，提升防治效果和使用安全性。

一、乳油概述

（1）定义　乳油（emulsifiable concentrate，剂型代码 EC）是指用水稀释分散成乳状液含有有效成分的均相液体制剂，是农药的传统剂型之一。具体是指将原药按一定比例溶解在有机溶剂中（如甲苯、二甲苯、溶剂油等），并加入一定量的乳化剂与其他助剂，配制成的一种均相透明的油状液体。

乳油与水混合后可形成稳定的乳状液，这是乳油的重要性质之一。如以油或水作为分散相，乳状液可分为两种类型，即水包油（O/W）型和油包水（W/O）型。连续相为水、分散相为油的乳状液称为水包油型乳状液；连续相为油、分散相为水的乳状液称为油包水型乳状液。常见的绝大多数农药乳油加水形成的乳状液都属于水包油型乳状液，即分散相是农药原药和有机溶剂，连续相主要是水，乳化剂分布在油水界面上。

通常，大多液态的农药原药（也称原油）和在有机溶剂中有相当大的溶解度的固态原药（也称原粉），无论是杀虫杀螨剂，还是杀菌剂或除草剂等，都可以加工成乳油使用。

（2）特点　乳油在我国的使用十分广泛，与其他农药剂型相比，其优点是制剂中有效成分含量较高，贮存稳定性好，使用方便，防治效果好，加工工艺简单，设备要求不高，在整个加工过程中基本无“三废”。除了上述优点以外，也与诸多因素有关。首先大部分的农药原药不溶于水而易溶于有机溶剂；其次乳油为透明均相油状体系，具有良好的物理稳定性和化学稳定性，特别是贮藏稳定性，可对易降解的农药有较好的保护性，例如烯草酮的乳油是稳定性最好的制剂；乳油流动性好，用水稀释后能形成良好的乳状液，容易黏附、展着在植物体或有害生物体上。乳油的加工工艺简单，无需复杂的仪器和操作。配制乳油的乳化剂品种多、价格便宜、技术成熟等种种条件使乳油的生产加工方便、快捷。因此，乳油一直在制剂市场中占有大量份额。

缺点是由于含有相当量的易燃有机溶剂，因此在生产、贮运和使用等方面要求严格，如管理不严、操作不当，容易发生中毒现象或产生药害。由于其缺点，且随着环保要求的提高，乳油的用量在减少，2021 年我国乳油登记比例下降至 25%，而其他水基的环保剂型逐年升高。

（3）发展概况　农药乳油伴随着农药新品种的发展和使用技术的进步而逐步发展。与其他农药剂型相比，乳油至今仍然是国内和其他发展中国家生产、销售和使用的主要农药剂型之一，长期以来一直占据着农药市场的重要地位。据埃克森小组统计，许多 20 世纪 40～50 年代的农药老产品仍然登记为传统剂型，即使有新剂型出现，登记的产品仍然继续使用且以传统剂型为主。例如，除草剂 2,4-滴的剂型为乳油，该产品于 1950 年起即在美国 EPA 登记，并且一直销售至今。虽然其溶剂和乳化剂的品种和组成可能会改变，但剂型始终保持不变。

第二次世界大战后，以有机磷和有机氯为代表的有机合成农药的迅速发展，促进了农药剂型加工和使用技术的进步，使得乳油和粉剂、可湿性粉剂一样成为农药制剂的重要剂型。在乳油的发展过程中，表面活性剂起着重要的作用。早期的农药滴滴涕乳油，用硫酸化或磺化蓖麻油为乳化剂，配制出的乳油质量差、性能不好，乳化剂用量大，以 25%滴滴涕乳油为例，乳化剂高达 30%。20 世纪 40 年代中期，非离子表面活性剂开始用于乳油的配制。1954 年，乳油产品中多使用醚型非离子表面活性剂，但依然存在着用量较大的不足；1955 年，阴离子表面活性剂十二烷基苯磺酸钙出现，尤其是与非离子表面活性剂搭配使用，具有较好的协同效应，使得农药乳油的发展进入一个崭新阶段，也使乳油真正成为农药的重要剂型。

在我国农药工业的发展过程中，农药乳油一直发挥着重要的作用。20 世纪 60 年代以前，基本上也是用硫酸化蓖麻油为乳化剂配制 25%滴滴涕乳油，此后，我国开始研制开发新型农药乳化剂品种及应用技术，大体上能够满足各种农药配制乳油的需要。截至 2024 年 8 月，我国乳油登记的农药有效成分 300 余个，乳油制剂产品登记数达 9700 多个。因此，乳油在有害生物防治方面起着重要作用，即使在环保型剂型日益发展的今天，乳油仍然占据重要主导地位。

二、乳油的特性

（1）乳化分散性　乳油的乳化分散性是指乳油放入水中自动乳化分散的情况。一般要求乳油倒入水中能自动形成云状分散物，缓慢向水中扩散，轻微搅动后能以细微的油珠均匀地分散在水中，形成均一的乳状液，以满足喷洒要求。乳油的乳化分散性主要取决于乳油的配方，其中最重要的是乳化剂品种选择和搭配，其次是溶剂的种类和农药的品种。

（2）乳液稳定性　乳液稳定性是指乳油用水稀释后形成的乳状液的经时稳定情况。通常要求在施药过程中药液要稳定，即上无浮油、下无沉淀；当药液喷洒到叶面上以后，由于水分蒸发，乳液被破坏，有效成分（包括溶剂）和乳化剂沉积在叶面上，充分发挥药剂的防治效果。

乳状液的稳定性是一个非常复杂的研究课题。许多研究结果证明乳状液的稳定性与多种影响因子有关，如分散相的组分、极性、油珠大小及其相互间的作用等；连续相的黏度、pH 值、电介质浓度等；乳化剂的化学结构、组分、浓度和性能等；以及环境条件如温度、光照、气流等均有关系。其中最重要的是乳化剂的品种、组成和用量。研究表明，通过选用适合的复配型乳化剂，可以有效地改善乳状液的经时稳定性。

（3）贮存稳定性　乳油的贮存稳定性主要包括化学稳定性和物理稳定性。

化学稳定性是指乳油在贮存期间有效成分的变化情况，要求乳油中的有效成分在贮存期间基本不变化或变化不大，不影响药剂的防治效果。其主要取决于农药原药的化学性质，乳油中水分含量或 pH 值，其次是溶剂、乳化剂品种、性质和质量，以及原药的纯度等。对某些化学性质不稳定的农药品种，在配制乳油时，有必要加入适当的稳定剂。

物理性能稳定是指乳油经贮存后，乳油的外观、乳化分散性、乳液稳定性等物理性质的变化情况。要求乳油的各种物理性质贮存前后基本不改变或变化不大，完全能满足使用上的要求。

乳油的物理稳定性和化学稳定性有密切关系，许多研究结果表明，往往是有效成分的分解，致使乳油的组分、酸碱度和水分含量产生不同程度的变化，导致物理性质的改变。因此在实践中保证有效成分的不分解是非常重要的。

（4）生物活性　实践证明，同一种农药原药加工成不同的剂型，如粉剂、可湿性粉剂、颗粒剂和乳油使用时，在相同剂量时，以乳油的药效最好。这是因为乳油中含有乳化剂和有机溶剂，使有效成分均匀地分布在药液中，并使药液容易在防治靶标上润湿、展着，容易使药剂渗透到作物、虫体和杂草体内，充分发挥药剂的效果。

（5）安全性　由于乳油中含有较多的有机溶剂，因此在生产、贮运和使用过程中，对人畜、环境、作物等的安全性必须引起足够的重视。另外，有机溶剂对作物药害和人畜中毒问题，大量的有机溶剂对环境污染问题等已经引起世界各国农药制剂学家的重视，并已着手改进传统乳油存在的问题。

三、乳油的配制

（一）组成

农药乳油主要是农药原药、溶剂和乳化剂组成的。有时还需要加入适当的助溶剂、稳定剂和增效剂等其他助剂。

（1）农药原药　原药是乳油中有效成分的主体，它对最终配成的乳油有很大的影响。因此，在配制前，要全面了解原药本身的各种理化性质、生物活性及毒性等。在上述性能中，以有机溶剂中的溶解度和化学稳定性最重要。

一般来讲，乳油中的有效成分含量应该是越高越好。因为含量高，可以降低溶剂的用量，节省包装材料，减少运输量和减轻对生态环境的影响，从而可以降低乳油的生产成本。

乳油中有效成分含量的高低，主要取决于农药原药在溶剂中的溶解度和施药要求。一般的要求是以乳油在变化的温度范围内，仍能保持均一单相的溶液为准，从中选出一个经济合理的含量。如果含量过高，在常温下可能是合格的，但在低温（如冬季）条件下，可能就会出现结晶、沉淀和分层，致使已配制好的乳油不合格；如果含量过低，则必会造成溶剂、乳化剂和包装材料的浪费。因此，选择一种经济合理的含量是很重要的。

农药乳油中，有效成分含量有两种表示方法。一种是用质量/质量百分数表示，即每单位质量的乳油中，有效成分的含量，通常记作 g/kg 或%（质量分数）；另一种是用质量/体积表示，即每单位体积的乳油中，有效成分的含量，通常记作 g/L。国内生产的农药乳油，习惯上采用质量百分数表示，而国外一般采用质量/体积表示。从实践中看，两种表示方法各有其优缺点，前者在生产计量上便于操作，后者在使用时量度方便。

（2）溶剂　溶剂主要是对原药起溶解和稀释作用，乳油中的溶剂应具备如下特点：对原药有足够大的溶解度；对有效成分不起分解作用或分解很少；与制剂的其他组分相容性好；能形成稳定的乳状液和悬浮液；对人、畜毒性低，对作物不易产生药害；资源丰富，价格便宜；闪点高，挥发性小；对环境和贮运安全等。溶剂的选择主要依据原药在溶剂中的溶解度和溶剂对原药化学稳定性的影响，其次是溶剂来源和价格。

农药乳油中有机溶剂的含量占制剂总质量的 10%～90%，因此有机溶剂对制剂的有效性及安全性影响很大。有机溶剂的大量使用可能会产生一系列的安全隐患，为此很多国家都出台了关于农药助剂中有机溶剂的管理政策和控制措施。美国、欧盟等发达地区很早就禁止在乳油中使用甲苯、二甲苯、*N*,*N*-二甲基甲酰胺（DMF）等有害有机溶剂，日本、西班牙、德国以及欧盟等也提出了农药产品中禁、限用的助剂及相关有害物质的限量名单；2014 年，工信部出台了 HG/T 4576—2013《农药乳油中有害溶剂限量》标准，对苯、甲苯、二甲苯、乙苯、甲醇、DMF 和萘等 7 种溶剂作了限量要求。到目前为止，经过研究筛选出的可以替代芳香烃类有机溶剂的溶剂主要包括生物源溶剂、矿物源溶剂和人工合成溶剂等三大类，其中人工合成溶剂中的低共熔溶剂，由于不具有可燃性、挥发性，且溶解性好，在替代乳油中有害有机溶剂方面具有很好的潜力。

植物油类溶剂，又可分为植物油和改性的植物油。植物油的主要成分为脂肪酸甘油三酯，如大豆油、玉米油等，这类溶剂成本低，对环境安全，但溶解性和稳定性较差，可以对其进行甲酯化或甲基化改性，显著提高其对农药的溶解性，有些还具有增效作用。矿物源溶剂是从石油中加工得到的芳烃类或烷烃类物质，包括矿物油、磺化煤油、溶剂油等。矿物油是由石油精炼所得液态烃的混合物，主要为饱和的环烷烃与链烷烃混合物，本身可作为农药使用，具有防治介壳虫、蚜虫、螨虫的杀虫效果。磺化煤油由于毒性小、资源充足、环境相容性好，可以作为传统乳油中芳烃溶剂的替代物。人工合成溶剂是通过人工合成的方法得到的对农药溶解性能较高、低毒安全的有机溶剂，可替代乳油中的有害有机溶剂。

（3）乳化剂　乳油乳化剂的选择是一个重要而又复杂的问题。乳化剂应具备下列条件：首先是能赋予乳油必要的表面活性，使原药在溶剂中有较好的溶解性，在水中有较好的增溶效果，使乳油在水中能自动乳化分散，稍加搅拌后能形成相对稳定的乳状液，喷撒到作物或有害生物体表面上能很好地润湿、展着，加速药剂对作物的渗透性，对作物不产生药害。其次对原药应具备良好的化学稳定性，不因贮存久而分解失效；不与原药或其他化学组分发生化学反应；对油、水的溶解性能要适中；耐酸，耐碱，不易水解，抗硬水性能好；对温度、水质适应性广泛。此外，不应增加原药对哺乳类动物的毒性或降低对有害生物的毒力。最后，使用较少的量起到很好的乳化增溶效果。

目前，配制乳油所使用的乳化剂主要是复配型的，即由一种阴离子型乳化剂和一种或几种非离子型乳化剂复配而成的混合物。复配型乳化剂可以产生比原来各自性能更优良的协同效应，从而降低乳化剂的用量，更容易控制和调节 HLB 值，使之对农药的适应性更广，配成的乳状液更稳定。

在复配型乳化剂中，最常用的阴离子型乳化剂是十二烷基苯磺酸钙，而常用的非离子型乳化剂品种型号繁多，因此对乳化剂的选择，实际上主要是对非离子乳化剂的选择，包括品种和聚合度的选择。非离子单体选定后，再与阴离子型钙盐搭配，确定最佳比例和用量，最终选出性能最好的复配型乳化剂。

利用 HLB 值选择乳化剂是一种常用的方法。实践证明，比较理想的乳状液是被乳化物所要求的 HLB 值与乳化剂所具有的 HLB 值相同或非常接近。选择某种农药的乳化剂时，首先要知道这种农药要求的 HLB 值，然后再选择跟这种农药要求的 HLB 值相同或相近的乳化剂，这样就可以得到乳化性能良好的乳油。

（4）其他助剂　主要是助溶剂、稳定剂和增效剂等，根据农药的品种和施药要求选用。

助溶剂的作用是提高和改善原药在主溶剂中的溶解度，使配成的乳油在低温条件下更加稳定，不会出现分层现象和析出沉淀。常用的助溶剂主要是含氧溶剂。

稳定剂的作用是防止或减缓乳油有效成分的分解。一般说来，乳油中的有效成分比较稳定，但也有某些品种即使加工成乳油也很容易分解失效，对于这类农药品种在加工时需选用适当的稳定剂。常见稳定剂主要有烷基（芳基）磷酸酯、亚磷酸酯类、多元醇、烷基（芳基）磺酸酯及其取代铵盐、取代环氧化物等。

（二）基本要求

（1）乳油入水能自动乳化分散，稍加搅拌就能形成均匀的乳状液；乳状液应有一定的经时稳定性，通常要求在 1h 内上无浮油、下无沉淀。

(2) 对水质和水温有较广泛的适应性。

(3) 外观应是均相透明的油状液体，在常温条件下贮存两年保持原有理化性质和药效。

(4) 乳油加水配成的乳状液喷洒到作物或有害生物体上，应有良好的润湿性和展着性，并能迅速发挥药剂的防治效果。

四、乳油的加工工艺

(一) 加工工艺流程

乳油的加工工艺比较简单，对设备要求不高。乳油的加工属于物理过程，按设计配方将原药溶解于有机溶剂中，再加入乳化剂等其他助剂，在搅拌作用下混合溶解，制成均相透明的液体，乳油的生产工艺流程见图 4-1。

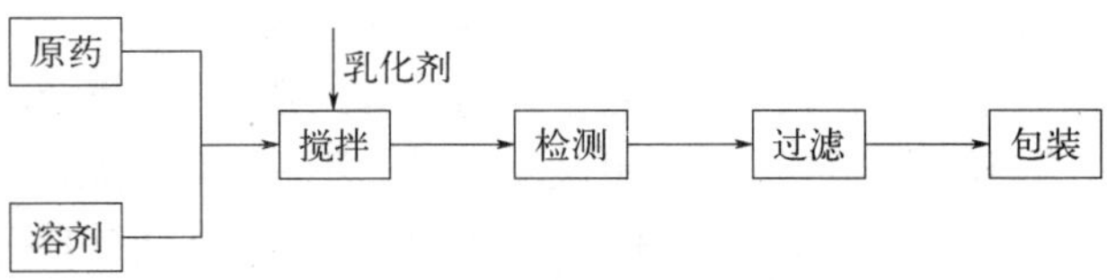

图 4-1　乳油的生产工艺流程

(二) 加工的主要设备

(1) 调制釜　调制釜是带夹套的搪瓷反应釜或不锈钢反应釜，釜上配有搅拌器、电机、变速器和冷凝器。调制釜的搅拌器须足够大，液面距离上沿不可过近，以防飞溅，同时要有玻璃窗，确保能观察搅拌器内部。搅拌形式一般要求不高，多采用锚式或桨式，搅拌速率一般为 60r/min、80r/min。

(2) 计量槽　计量槽多采用碳钢制作，可根据需要进行设置。

(3) 过滤器　乳油配制过程中往往含有极少量的来自原药或乳化剂的不溶性杂质，难以被肉眼发现，但长时间贮存会出现明显的絮状物，影响乳油质量，需沉降或过滤处理。过滤器可采用碳钢制管道式压滤器或陶瓷压滤器。

(4) 乳油贮槽　在乳油加工中，常配备 2 个贮槽，交替使用，其材质多为不锈钢或普通碳钢。

(5) 真空泵　常用的真空泵是水冲泵或水环泵，通常不用机械泵，乳油中通常含有易挥发的物质，易带入气缸中，使之被污染，从而降低真空度。泵和管道连接处应避免泄露，若发生需尽快处理，以防发生火灾。该类接口应经常检查。

(6) 通风设备　由于有机溶剂的挥发性及易燃易爆性，需要良好的通风设备，且通风管道需经二级处理，不能直接排放入大气中。

(7) 齿轮泵　齿轮泵是很多厂家生产乳油的吸料设备，泵壳上无吸入阀和排出阀，具有结构简单、流量均匀、工作可靠等特性，且流量与排出压力无关，但效率低、噪声和振动大、易磨损，用来输送无腐蚀性、无固体颗粒并且具有润滑能力的各种油类，温度一般不超过 70℃，例如润滑油、食用植物油等。一般流量范围为 0.045～30m^3/h，压力范围为 0.7～20MPa，转速为 1200～4000r/min。

五、乳油的性能指标及检测方法

（一）质量指标检测

（1）外观　按照 NY/T 1860.3—2016《农药理化性质测定试验导则 第 3 部分：外观》，进行检测。

（2）有效成分含量　按照相关标准的方法，采用液相色谱、气相色谱或者化学滴定等方法进行含量测定。

（3）相关杂质含量　根据农药登记要求，对制剂产品中农药性能或安全性产生潜在影响的副产物、降解产物、溶剂等杂质进行定量检测。

（4）其他限制性组分含量　一般为制剂中添加的安全剂、解毒剂、催吐剂等组分的含量检测。

（5）水分　按照 GB/T 1600—2001《农药水分测定方法》进行检测。

（6）酸/碱度（以 H_2SO_4 或 NaOH 计）或 pH 范围　按照 GB/T 1601—2023《农药 pH 值的测定方法》进行检测。

（7）乳液稳定性　按照 GB/T 1603—2001《农药乳液稳定性测定方法》进行检测。

（8）持久起泡性　按照 GB/T 28137—2011《农药持久起泡性测定方法》进行检测。

（9）低温稳定性　储后离心管底部离析物体积不大于 0. 3mL，按照 GB/T 19137—2003《农药低温稳定性测定方法》进行检测。

（10）热储稳定性　储后有效成分、相关杂质、其他限制性组分含量、酸/碱度或 pH 值、乳液稳定性等应符合产品质量规格要求。按照 GB/T 19136—2021《农药热储稳定性测定方法》进行检测。

（二）理化性能指标检测

（1）外观（颜色、物态、气味）　按照 NY/T 1860.3—2016《农药理化性质测定试验导则 第 3 部分：外观》进行检测。

（2）密度　按照 NY/T 1860.17—2016《农药理化性质测定试验导则 第 17 部分：密度》进行检测。

（3）黏度　按照 NY/T 1860.21—2016《农药理化性质测定试验导则 第 21 部分：黏度》中“3.2 方法一”进行：使恒温水浴达到所需温度，测定液体通过毛细管黏度计刻度线的时间以得到的黏度。

（4）氧化/还原性　按照 NY/T 1860.10—2016《农药理化性质测定试验导则 第 10 部分：氧化/还原：化学不相容性》进行：将乳油与水、常用灭火剂、还原剂、中等氧化剂和煤油按照质量比 3∶1 进行混合后放置 24h，观察是否发生危险性反应，据此定性评价和判定乳油产品的氧化-还原/化学不相容性。

（5）对包装材料的腐蚀性　按照 NY/T 1860.16—2016《农药理化性质测定试验导则 第 16 部分：对包装材料腐蚀性》进行：将乳油装入包装材料中，置于（54±2）℃试验温度下贮存 14 天，考察被试物对包装材料的腐蚀性。

（6）爆炸性　按照 NY/T 1860.6—2016《农药理化性质测定试验导则 第 6 部分：爆炸性》中的“3.4.1 爆炸性初步筛选”进行：使用综合热分析仪，测量被试物放热反应的焓（反应焓），根据被试物的热稳定性和放热效应，甄别其爆炸性。

（7）闪点　按照 NY/T 1860.11—2016《农药理化性质测定试验导则 第 11 部分：闪点》进行：将乳油装入闭口闪点测定仪试验杯中，规定的速率下连续搅拌，并以恒定的升温速率均匀加热被试物。以规定的温度间隔，将火源引入试验杯开口处，使被试物蒸气发生瞬间闪火，且蔓延至被试物的液体表面的最低温度，即为在此环境大气压下的闪点；再修正到标准大气压下的闪点。

六、乳油的发展展望

乳油以其有效成分含量高、药效好、适用农药范围广、贮藏稳定性好、加工及使用简单方便、价格便宜、技术成熟等优点，一直在制剂市场占有较大的份额。但乳油的缺点及使用中存在的问题也逐渐暴露，急需改善。第一，早期乳油使用了大量的有机溶剂且以混苯、甲苯、二甲苯的“三苯”溶剂为主。苯和甲苯由于毒性问题使用较少，但二甲苯在乳油中的使用仍十分普遍。一些毒性较大的极性溶剂如甲醇、二甲基甲酰胺也在乳油中作为助溶剂使用。这些有机溶剂随着乳油使用被大量施放到环境中，造成了巨大环境污染和残留。生态学研究证明，农药制剂中使用的有机溶剂进入大气圈和水圈等循环系统，残留时间长，杀死土壤中的微生物、线虫、昆虫等。因此，农药乳油会污染环境，造成土壤板结，肥力下降，影响环境的质量和农产品的出口。第二，随着石油价格的不断攀升，带来的溶剂成本提高问题也引起了人们的广泛关注。乳油中大量使用有机溶剂，也是对石油资源的浪费。第三，乳油中使用的有机溶剂已被证实对人类健康有很大影响，严重威胁生产者和使用者的人身健康。第四，乳油闪点较低、挥发性较高，在使用、运输过程中也存在一定风险。

乳油作为一种优良的剂型，不可能被完全取代，所以农药乳油制剂如何发展，也是被广泛关注的问题。近年来，各国对农药乳油进行了改进，主要有以下几个方面：

1．水基化、固体化制剂的研究开发

即通过开发、推广其他种类的制剂来减少和替代乳油制剂。例如悬浮剂、水分散粒剂、微乳剂、水乳剂和固体乳油、溶胶状乳油等。微乳剂和水乳剂有机溶剂使用少，安全性高，生物活性好。但由于有效成分含量不高、乳化剂使用量大、贮藏稳定性欠佳、研发和成本较高等问题，也无法完全取代乳油。固体乳油不用或少用有机溶剂，稳定性好，生产、运输、使用方便安全，但其配方研究困难且载体性质对制剂质量影响大，而且许多化学性质不稳定的农药只能配制为乳油。在发达国家乳油仍是一种主要的剂型，占据着 10%～20% 的比例，并且在各大农药公司中，乳油也是主要的制剂产品。因此环保型制剂还不能完全取代乳油。

2．开发高浓度乳油，减少溶剂使用量

随着农药合成技术的进步，原药的纯度不断提高，这就为我国发展高浓度乳油提供了基础。但是并非所有的原药都适合配制为高浓度乳油，因此它的应用范围也比较有限。

3．开发绿色环保溶剂，替代传统溶剂

目前我国乳油面临的问题主要是配方中大量的有机溶剂引起的。通过筛选、开发易降解、毒性低、环境友好，同时不影响药效的绿色溶剂来代替曾经大量使用的甲苯、二甲苯，降低乳油中芳烃溶剂用量。市面上可选择的环保型溶剂一般按来源可分为：矿物源溶剂、植物源溶剂以及人工合成类溶剂。

（1）矿物源溶剂　矿物源溶剂是指从石油中精馏和精制的芳烃类和烷烃类物质。按化学结构可分为链烷烃、环烷烃和芳香烃。矿物源溶剂在国外大多数使用闪点更高和分子量更大的 C_9 和 C_{10} 类重芳烃溶剂，如埃克森美孚公司生产的 Solvesso 100、Solvesso 150、Solvesso 200 等溶剂。这些溶剂闪点比甲苯、二甲苯高，毒性却较低。大量室内和田间试验表明，该类溶剂对农药具有一定溶解度，制出的农药乳油制剂闪点高、挥发速度慢，对农药无促分解作用，渗透性较强，无药害和增毒作用。国产的溶剂油为芳烃溶剂油，牌号很多。尽管这些溶剂油毒性低于甲苯、二甲苯，闪点也较高，可以配制出合格的乳油产品，但是含有部分芳烃溶剂，在环境中难以降解。而且由于这些溶剂的溶解度不高，对大多数农药活性成分而言，用溶剂油作溶剂并不合适。

（2）植物源溶剂　植物源溶剂是从植物中提取的天然产物，一般成分较为复杂，主要是长链脂肪酸甘油酯和萜类等物质，是一种可再生资源。植物源溶剂具有许多优点：原料易得，成本相对较低，环境相容性好，对人畜毒害小，不容易对植物产生药害，并且对环境安全，可在环境中完全降解。同时，植物源溶剂与靶标生物具有较强的亲和性，可以使有效成分充分发挥防治作用，缺点是大多数植物油对农药的溶解性较差，且在水中不易乳化，配制植物油的乳油制剂比较困难。

植物油通常是指广泛存在于植物的果实、种子中的油脂，其主要成分为从植物中提取出的长链脂肪酸甘油酯，如大豆油、玉米油等。研究表明部分酯类植物油，如大豆油、蓖麻油等与甲醇通过酯交换反应制备的混合脂肪酸（硬脂酸、软脂酸、油酸）甲酯，对部分除草剂有增效作用，且保留了其易降解、毒性低、环境相容性好等优点，可以在乳油配制中使用。在实际应用中发现，与传统芳烃溶剂相比，甲酯化植物油对农药的溶解度仍较小，使用时需加入一定的助溶剂，加入一定量价格高于甲苯和二甲苯的助溶剂，配制的乳油成本高于传统乳油，因此限制了其适用范围。

以松脂等萜烯类成分为主的松脂基植物油溶剂对部分农药具有一定的溶解度，闪点较高，与大多数农药相容性好，使用时也容易乳化，可以配制出合格的乳油。目前，深圳诺普信作物科学股份有限公司已开发出了多种以松脂油为溶剂的除草剂、杀虫剂等乳油产品，还有待进一步验证后再推广。

植物精油是一类植物源次生代谢物质，分子量较小，可随水蒸气蒸出，为具有一定挥发性的油状液体物质，对环境安全，可在环境中完全降解，也可以作为农药的溶剂使用。我国植物资源丰富，植物精油种类众多，在替代甲苯、二甲苯等传统溶剂上具有良好的前景。植物精油大多成分较为复杂，具有特殊的香味，对部分农药具有良好的溶解度，但是挥发性较高。除此之外，部分植物精油还具有一定的生物活性，并且对农药还有一定的增效作用。因此使用植物精油作为溶剂开发环保型乳油也具有很好的潜力。

从桉叶或其他植物中提取出的桉叶油也是一种替代乳油现有溶剂的良好选择，桉叶油的主要成分为 80%的 1,8-桉叶素，目前主要用在医药和食品工业中，毒性较低，闪点较高。经测定，桉叶油对部分农药具有一定的溶解能力，同时也具有一定的杀虫、杀菌的生物活性，可以考虑作为二甲苯的替代溶剂使用。

（3）人工合成类溶剂　除了天然溶剂外，通过人工合成方法找到对农药溶解性较好、闪点较高、挥发性弱、毒性较低的溶剂用以替代目前大量使用的甲苯、二甲苯也具有可行性。例如，吡咯烷酮和丁内酯已在美国商品化，允许用作乳油溶剂，在理化性能、环境降解和安全性等方面都非常优异，且可以提高农药的生物活性。二价酸酯（杜邦命名为 DBE）是由丁二酸二甲酯[$CH_3OOC(CH_2)_2COOCH_3$]、戊二酸二甲酯[$CH_3OOC(CH_2)_3COOCH_3$]和己二酸二甲酯[$CH_3OOC(CH_2)_4COOCH_3$]组合而成的溶剂，是无色透明、高闪点（约 100℃）、气味弱、低毒、可完全生物降解的环境友好型高沸点溶剂。

二甲酯类化合物溶剂对大多数农药具有良好的溶解性，闪点较高，毒性较低，符合绿色溶剂的要求。此外，烷基酰胺类化合物溶剂也属于绿色环保溶剂，但是这些溶剂生产成本较高，难以在乳油中大量使用，可考虑作为助溶剂使用。乙酸仲丁酯作为一种环保型溶剂，其毒性较低，在涂料行业已得到应用，但在农药行业应用还较少。与常用的乙酸乙酯、乙酸丁酯等酯类相比，乙酸仲丁酯的毒性更低，且对皮肤和眼睛的刺激性更小，因此，乙酸仲丁酯作为环保型溶剂可考虑在农药制剂中进行使用。经研究测定，乙酸仲丁酯对部分农药的溶解度较好，也容易乳化，可以配制出合格的乳油。但乙酸仲丁酯闪点较低，仅为 19℃，在使用时需要配合其他闪点较高的溶剂使用。

4．新型溶剂适配乳化剂的研究开发

新型溶剂配制成合格乳油产品会受到对原药溶解度、与乳化剂相容性、挥发性、闪点等因素影响，其中重要的是对原药的溶解度以及与乳化剂的相容性。由于所选用的环保型新溶剂与传统芳烃类溶剂的结构有一定区别，现有的大多数乳化剂是根据传统芳烃类溶剂研制而成的，因此一些常用乳化剂可能存在与环保型溶剂相容性差，冷贮过程中出现絮状沉淀，或者使用时难以乳化等缺点。因此，研究开发对新型溶剂具有较好相容性和乳化性能的单体乳化剂或复配乳化剂，对于绿色环保乳油的发展具有重要意义。

第三节　可湿性粉剂

可湿性粉剂（wettable powder，WP）是农药制剂中的一种传统而重要的剂型，广泛应用于农业生产中。可湿性粉剂是由原药、助剂和填料经混合、粉碎而制成的农药制剂。它与粉剂、乳油和颗粒剂被称为传统的农药四大剂型。目前，粉剂基本上已退出流通领域。颗粒剂虽然有一定的生产吨位，但是无论原药用量还是产值，都已萎缩到比较小的规模。乳油在生产过程中耗用大量的有机溶剂，既耗费大量的宝贵资源，又对环境造成污染，因此，其产量逐年压缩，新型溶剂油的使用，也没有使其产量得到提升。

可湿性粉剂制剂具有许多优点。首先，它便于运输和储存，因其为固态粉末，不易受温度和湿度的影响，稳定性较好。其次，在使用时只需加水搅拌即可形成均匀的悬浮液，操作简便，适用于大面积喷洒。此外，由于不含挥发性溶剂，因此相对环保，对环境的污染较小。20 世纪 80～90 年代，我国的可湿性粉剂的产量和质量都得到很大提升。近年来，虽然新剂型不断出现，但可湿性粉剂年产量基本保持不变。

一、可湿性粉剂概述

（1）定义　可湿性粉剂是有效成分在水中分散成悬浮液的粉状制剂，由原药、填料和助剂等混合组成，并经粉碎至一定细度而制成的粉状制剂。可湿性粉剂是农药剂型加工中历史悠久、技术成熟、使用方便的剂型，是传统的四大农药剂型之一。

（2）特点　可湿性粉剂具有以下特点：①能够将不溶于水的原药加工为可喷雾施用的剂型，便于使用；②施用后能够附着于叶片上，加大了与病、虫及杂草接触的机会，有利于提高药效；③飘移少，不含有机溶剂，环境相容性好；④载体为惰性物质，降低了对原药的降解，与原药相容性极佳；⑤有效成分含量比粉剂高，生产成本低，便于贮存、运输；⑥加工中有一定的粉尘污染；⑦是研发新剂型悬浮剂（SC）、水分散粒剂（WG）、乳粉剂（EP）、乳粒剂（EG）、水分散片剂（WT）等的基础。

（3）发展概况　可湿性粉剂一直处于稳步发展的状态，在各国已形成较大的生产能力，近年来，我国可湿性粉剂也有较大的发展，一些新载体、新助剂得到开发，生产工艺和设备不断改进，测试手段日趋完善，已彻底改变了我国以六六六为主体的可湿性粉剂加工工业，现已大批量生产出高浓度、高质量可湿性粉剂品种，对支援农业生产起到了积极作用。从有效成分上来看，可湿性粉剂主要以保护性杀菌剂为主。

二、可湿性粉剂对原药的要求

原药加工成可湿性粉剂需要具备以下条件：①熔点较高，易粉碎的固体原药，如需制成高浓度或喷雾使用，一般加工成可湿性粉剂；②不溶于常用有机溶剂或溶解度很小的杀菌剂、除草剂，大多加工成可湿性粉剂；③原油或低熔点固体原药，一般不加工成可湿性粉剂；④对于防治卫生害虫用的杀虫剂，多加工成可湿性粉剂；⑤研制和开发农药新品种时，一般多加工成可湿性粉剂。随着大量优质助剂的开发，标准化载体和优质高吸油率载体的生产，加工设备和技术的成熟，大多数原药都能加工成可湿性粉剂，但仍需考虑药效、经济性、安全性的限制。

三、可湿性粉剂的性能要求

根据药效、使用情况、贮藏、运输等方面的要求及评价可湿性粉剂质量的主要因素，提出可湿性粉剂的性能要求。主要包括流动性、润湿性、分散性、悬浮性、细度、水分、起泡性、物理和化学贮藏稳定性等。

（1）流动性　流动性是生产和使用时首先遇到的一个问题。即药粉是否容易从贮料仓流至包装袋，从包装袋流至加料器或施药的喷雾器中的能力。因此，它是可湿性粉剂加工和使用中必不可少的一个重要指标。好的流动性既便于生产过程中的输送、包装，防止在料仓内架桥堵塞，同时在使用时，容易倒出，易于称量。

影响流动性的主要因素是载体吸附能力以及原药的含量和黏度。如果载体的吸附能力低，则流动性差，若原药加入的数量多，黏度又高，则产品的流动性就更差。反之，流动性好。

流动性一般以坡度角表示，坡度角越大，流动性越差；反之，流动性越好。可湿性粉剂的流动性通常用流动数来表示，流动数越高，流动性越差；反之，流动性越好。

（2）润湿性　润湿性一般是指微粉被水浸湿的能力。针对可湿性粉剂而言，润湿性包括两个方面：一是指药粉倒入水中，能自然润湿下降，而不是漂浮在水面；二是指药剂的稀释悬浮液对植株、虫体及其他防治对象表面的润湿能力。由于植株、虫体等表面上有蜡质，如果润湿性不好，则药剂就不能均匀地覆盖在施用作物和防治对象上，并造成药液流失，甚至影响到防治效果。因此，润湿性是可湿性粉剂的一个重要性能指标。

由于农药原药大多为有机物，不溶于水。如果不加任何助剂，其制剂的润湿性就很差。影响润湿性的主要因素是原药的类型及含量，载体的类型、用量和润湿剂的类型、用量。合适的润湿剂可以克服表面张力的影响，而获得良好的润湿性。

润湿性通常以润湿时间来表示，润湿时间越长，润湿性越差；反之，润湿性越好。联合国粮农组织（FAO）的标准为 1～2min（完全润湿时间），我国也采用≤120s 的标准。

（3）分散性　分散性是指药粒悬浮于介质水中，保持分散成细微个体粒子的能力。分散性与悬浮性有直接关系，分散性好，悬浮性就好；反之，悬浮性就差。可湿性粉剂要求粒子较细，而粒子越细，表面的自由能就越大，越容易发生团聚现象，从而降低悬浮能力。要提高细微粒子在悬浮液中的分散性，就必须克服团聚现象，其主要手段是加入分散剂。影响分散性的主要因素是原药和载体的表面性质及分散剂的种类、用量。分散剂选择适当，就可以阻止药粒之间的凝集，从而获得良好的分散性。分散性的好坏可根据悬浮率高低来衡量，悬浮率越高表示分散性越好。

（4）悬浮性　悬浮性是指分散的药粒在悬浮液中保持悬浮一定时间的能力。悬浮性好的制剂，在兑水使用时，可使所有的药粒均匀地悬浮在水中，从喷雾器中喷出。影响悬浮性的主要因素是制剂的粒径大小和粒度分布范围、制剂组成、贮藏条件、配制条件等。粒径越小，粒谱越窄，悬浮性就越好。

对可湿性粉剂来说，5μm 以下的粒子越多，就越有好的悬浮性。但是多数农药都是有机物质，黏韧性较大，不易粉碎成很细的粒子，所以采用气流粉碎机进行粉碎是提高悬浮性的重要途径之一。此外，选择适合的分散剂，也可以达到提高悬浮性的目的。

悬浮性的高低以悬浮率来表示。悬浮率越高，悬浮性越好；反之，悬浮性越差。悬浮率的表示方法有两种：有效悬浮率和质量悬浮率。有效悬浮率是指可湿性粉剂中有效成分的悬浮率，而质量悬浮率是指可湿性粉剂固体物的悬浮率。

在理想情况下，质量悬浮率和有效悬浮率应该是一致的。实际上，由于加工混合的不均匀性及不同大小粒子吸附原药的数量不等，大粒子总是先沉降，二者的值往往不等。可湿性粉剂要求两种悬浮率都要高，才能避免喷雾不均匀和堵塞喷头的现象。若原药为水溶性，则必须以质量悬浮率来衡量悬浮性的好坏。

（5）细度　细度是指药粒分子的大小，可湿性粉剂的粒子细度是通过粉碎来完成的，任何粉碎都不可能得到粒径均匀、形状相同的粒子，而是得到不同形状一定粒谱的群体。因此，应采用粒子的平均直径和粒子分布才能反映可湿性粉剂的粒子大小。细度（即粒径大小和分布）直接与悬浮率有关，细度越小，悬浮性越高，反之亦然。在实际使用中，对可湿性粉剂的悬浮率要求越来越高，因此，对其农药颗粒细度，要求更细。我国一般要求可湿性粉剂细度，通过 325 目标准筛（即粒径＜44μm）大于 95%。

（6）水分　水分是指可湿性粉剂中含水量的多少。水分对其物理和化学性能都有重要的影响。若可湿性粉剂中水分含量过高，在贮存期间，不仅易结块，而且流动性降低，给使用带来不便，过高的水分还可能会加剧有效成分的分解，从而导致产品质量下降，药效降低。

FAO 一般要求可湿性粉剂中水分含量≤2%～2.5%，我国采用≤2%的指标。

（7）起泡性　起泡性是可湿性粉剂在兑水稀释成悬浮液时产生泡沫的能力。泡沫越多，起泡性越大，则喷雾效果越差。因为悬浮液中的泡沫都带有大量空气，而空气能在喷雾器的喷雾管道中产生气阻，使喷雾混合不均匀。对大的喷雾器来说，器内需配有搅拌和循环装置，防止泡沫过多，使药液溢出。

可湿性粉剂的起泡性，可以通过选择合适的润湿剂和分散剂来解决；必要时，可加入抑泡剂或消泡剂。

起泡性通常以可湿性粉剂配制成稀释液，搅拌均匀后 1min 产生的泡沫体积来表示。泡沫体积越多，起泡性越大；反之，起泡性就越小。可湿性粉剂要求低起泡性。联合国粮农组织（FAO）的标准为泡沫体积小于 25mL，个别制剂小于 45mL。

(8) 贮存稳定性　贮存稳定性是指制剂贮存一定时间后，其物理、化学性能变化的大小。变化越小，贮存稳定性越好；反之，贮存稳定性越差。通常将其分为物理贮存稳定性和化学贮存稳定性。

物理贮存稳定性是指产品在存放过程中，颗粒间互相黏结或团聚所引起的流动性、分散性和悬浮性的降低。提高物理贮存稳定性的办法是选择吸附性能高、流动性好的载体，确定适当的原药浓度和加入合适的润湿剂和分散剂。

化学贮存稳定性是指产品在存放过程中，由于原药与载体的不相容性，及其他原因引起原药分解，使制剂的有效成分含量降低，降低得越多，稳定性越差。提高化学贮存稳定性的方法是选择活性小的载体，提高原药浓度和加入合适的稳定剂。

通常用热贮稳定性来检验产品的质量，FAO 一般规定（54±2）℃存放 14d，其悬浮率、润湿性均应合格，有效成分含量与贮前含量相差在允许范围内，分解率一般不得超过 5%。

以上这些指标为可湿性粉剂的质量提供了标准，利于可湿性粉剂质量的提高。

四、理论基础

（一）固液分散体系的稳定性

原药不论是固态还是液态，都必须被分散成为一定细度的微小粉粒或油珠，才能被均匀喷布到作物和靶标生物上，这一过程即农药原药的分散过程。分散过程完成后所得到的产品是一种达到物理化学稳定状态的多组分混合物，这种产品就是农药的某种特定的“分散体系”。农药的分散体系实际包含两方面含义，即农药制剂本身所具有的分散体系，以及农药喷施后药剂微粒或雾滴在空气中所形成的以空气为分散介质的分散体系。可湿性粉剂悬浮液作为一种固液分散体系，其粒子的沉降速度基本符合斯托克斯定律：

$$V=\frac{d^2(\rho_s-\rho)g}{18\eta}$$

式中，ρ_s为粒子的密度，g/cm^3；ρ 为分散液密度，g/cm^3；对可湿性粉悬浮液来说，分散液是水，水的密度为 1g/cm^3；d 为粒子的直径，cm；η 为分散液的黏度，mPa·s；水在 20℃时，黏度为 1.002mPa·s；g 为重力加速度，cm/s^2。

从斯托克斯公式可以看出，粒子的沉降速度与粒子的直径、粒子密度与分散液液的密度差成正比，与分散液的黏度成反比。在影响粒子沉降速度的三个因素中，主要因素是粒子直径。因此，合理地控制可湿性粉剂的粒度分布是提高固液分散体系的稳定性的重要途径之一。

同时，可湿性粉剂形成的悬浮液符合胶体稳定性理论（即 DLVO 理论）。当可湿性粉剂在不同温度条件下贮存不同的时间（1～2 年），为防止其聚合和凝聚，就需要提供能防止聚合的高性能分散剂。这种作用可通过离子型表面活性剂或聚合电解质的吸附来完成，主要是由于这些分子的离解发生电离，从而在固/液界面形成电双层。离子型表面活性剂在颗粒表面的吸附通常会产生较高的 Zeta 电势（50～100mV）。因此，离子型表面活性剂可以产生较好的降凝聚体系，可以使可湿性粉剂悬浮液长时间稳定。

可湿性粉剂形成的悬浮液比较特殊，属于不稳定分散体系，其粒子直径比胶体粒子直径大，沉降速度也快，而且由于粒子表面积大，表面自由能也大，如不添加分散剂，则粒子在范德华力作用下很容易凝聚。随时间推移，悬浮液分散体系中凝聚下沉的粒子越来越多，严重时会破坏整个分散体系。为此，可湿性粉剂必须加入分散剂以克服粒子的相互凝聚，维持悬浮分散体系的稳定。

（二）BOD 理论

农药的有效活性是指原药本身的活性和它发挥作用的有效浓度。在农药制剂的配制过程中，通过控制原药的物理、化学和生物学性质以降低农药在防治病虫草害时的使用量和延长对靶标生物的持效期，从而提高农药的生物活性。

最易被生物体捕获并能取得最佳防治效果的农药雾滴直径或尺度称为生物最佳粒径。不同雾化方法可形成不同细度的雾滴，但对于某种特定的生物体或生物体上某一特定部位，只有一定细度的雾滴才能被捕获并产生有效的致毒作用。这种现象发现于 20 世纪 50 年代，于 20 世纪 70 年代中期由 Himel 和 Uk 总结为生物最佳粒径理论（简称 BOD 理论），为农药的科学使用提供了重要的理论依据。

据报道，农药最佳活性的重要参数是雾滴的粒度大小和在植物表面的分布情况。粒度范围为 1～2μm 的硫黄在防治大麦病害的活性是粒度范围为 15～16μm 的硫黄活性的 100 倍左右，其原因在于小粒度的硫黄能很好地附着在叶片上，且耐雨水冲刷。与杀菌剂相比，滴滴涕和甲萘威等杀虫剂也有最佳粒度，但却不是最小粒度。滴滴涕防治伊蚊的最佳粒度范围是 10～20μm。同样，用甲萘威防治菜粉蝶幼虫时，最佳粒度范围是 10～20μm。可见，在研制可湿性粉剂时，可根据不同的防治对象，控制不同的粒度范围，发挥农药的生物活性。

五、可湿性粉剂的配制

可湿性粉剂主要由原药、润湿剂、分散剂、载体、辅助剂（稳定剂、保护剂及警戒剂）等组成，是一种经过精细粉碎至一定细度的农药剂型。用水稀释成一定浓度时，能形成一种稳定的、可供喷雾的悬浮液。

（1）农药原药　原药是可湿性粉剂中有效成分的主体，它对最终配成的可湿性粉剂有很大的影响。因此，在配制前，要全面了解原药本身的各种理化性质、生物活性及毒性等。同时对原药中重要的生产杂质应加以限制并提供分析方法。

（2）润湿剂　润湿剂是指能降低液-固表面张力、增加液体在固体上的扩展性和渗透力，使其润湿或加速润湿的物质。润湿剂的作用主要有两个：其一是降低固体与水的界面张力；其二是降低水的表面张力。

润湿剂的选择原则有以下几点：①可湿性粉剂形成的悬浮剂的 pH 值为弱酸、弱碱、中性时，几乎所有的润湿剂均可使用；②可湿性粉剂形成的悬浮液的 pH 值为强酸性时，多使用非离子表面活性剂；③可湿性粉剂形成的悬浮液的 pH 值为强碱性时，多使用阴离子表面活性剂；④润湿效果不好时，增加润湿剂的用量或更换品种；⑤润湿效果好时，应注意：一是确实选出优良的润湿剂；二是“假润湿”，即由于颗粒过大，因重力作用而下沉。总之，要选择公认的、效果好的、来源丰富的、物美价廉的润湿剂。

(3) 分散剂　分散剂是指能阻止固-液分散体系中固体粒子的相互凝集，使固体微粒在液相中较长时间保持均匀分散的一类物质。分散剂要能够使聚集或结块的粉末破碎成小的碎块，随即在研磨过程中起辅助作用，即制成平均粒径为 2～5μm 的粉体颗粒；不会促进农药有效成分分解，最好还具有一定的稳定作用。

分散剂的选择应遵循如下原则：①了解分散剂的用量对产品性能的影响；②了解分散剂的种类、性能、来源、价格；③当分散性好、悬浮率低时，增加分散剂用量或改用其他分散剂；④分散性好、悬浮率高、再悬浮性低时，减少分散剂用量或改用其他分散剂，分散性差、悬浮率低、再悬浮率高时，增加分散剂和/或润湿剂的用量。

(4) 载体　载体是指用于表示吸附、稀释农药用的惰性成分。载体是农药可湿性粉剂必不可少的原料，尽管载体本身不具有生物活性，但载体的性质将直接影响可湿性粉剂的性能和使用效果。因此，在使用前要了解载体的吸附容量、流动性、松密度、细度、活性等指标，同时还要考虑原料易得、贮量丰富、运输方便、价格低廉等经济因素。

六、可湿性粉剂的生产工艺

(一) 混合工艺及设备

国外可湿性粉剂的混合设备与我国传统工艺有所不同。我国习惯采用滚筒混合机，而国外常采用立式搅拌混合机、卧式螺带型混合机、行星运动型混合机、湍流混合机等。且粉碎和混合设备大都采用小型设备，从而使整个生产过程趋于连续化操作，这些设备在制造上也保证了便于拆修、清洗，故使其适宜于小批量、多品种可湿性粉剂的生产。

(二) 粉碎工艺及设备

一般来说，可湿性粉剂的粉碎设备主要采用气流粉碎机，而粉剂采用高速锤碎机、自由粉碎机、雷蒙机等。

近年来我国开发和试制了一些新型的粉碎、混合、包装设备，如超微粉碎机、气流粉碎机、双螺旋锥形混合机、犁刀式混合机、无重力混合机、自动制袋充填的小包装机等，并逐渐开始采用自产填料和商品填料，这一切都为我国农药可湿性粉剂加工工艺的改造提供了必要的条件。

现将我国目前生产可湿性粉剂的工艺路线分述如下：

(1) 采用超微粉碎机生产可湿性粉剂发展较快。从 20 世纪 80 年代初起，国内开始推广使用。产品细度可达 99.5%通过 325 目。

(2) 采用环型气流粉碎机生产可湿性粉剂。

(3) 采用水平型(圆盘式)超音速气流粉碎机生产可湿性粉剂。

(4) 不经粉碎直接混合加工可湿性粉剂。当农药原药和助剂为液体、填料为 325 目的商品填料时，可采用直接混配加工可湿性粉剂的生产工艺。

七、可湿性粉剂的性能指标及检测方法

（1）湿润性能的测定　按 GB/T 5451—2001 进行。

（2）质量悬浮率的测定　按 GB/T 14825—2023 进行。

（3）水分的测定　按 GB/T 1600—2021 中的“共沸蒸馏法”进行。

（4）pH 值的测定　按 GB/T 1601—2023 中方法进行。

（5）细度测定　按 GB/T 16150—1995 中湿筛法测定。

（6）持久泡沫量　将量筒加标准硬水至 180mL 刻度线处，置量筒于天平上，称入试样 1.0g（精确至 0.1g），加硬水至距量筒塞底部 9cm 处，盖上塞，以量筒底部为中心，上下颠倒 30 次（每次 2s）。放在实验台上静置 1min，记录泡沫体积。

（7）热贮稳定性　加 20g 样品到烧杯中，不加任何压力，使其铺成等厚度的平滑均匀层。将圆盘压在试样上面，置烧杯于烘箱中。在（54±2）℃下，贮存 14d。取出烧杯，拿出圆盘，将烧杯放入干燥器中，使试样冷却至室温，在 24h 内按照规定的分析方法进行有关检测。

八、可湿性粉剂的发展展望

可湿性粉剂作为传统的四大剂型之一，在农药工业的发展过程中，一直起着“顶梁柱”的作用。尤其是对于一些保护性杀菌剂，可湿性粉剂仍然是主要加工剂型。目前，可湿性粉剂向高含量、可分散性、可乳化性方向发展；同时也向高悬浮性的粉粒状新剂型发展。为进一步提高制剂的安全性，避免使用者直接接触农药，用水溶性薄膜来包装可湿性粉剂的技术已引起人们足够的重视。在施药过程中，使用者直接把整小袋产品放入喷雾容器内，水溶性薄膜溶解后，有效成分就能在水中均匀分散。

第四节　颗粒剂

颗粒剂是由农药原药、溶剂（或水）、载体和其他助剂组成的粒状制剂。颗粒剂是直径为 5～9mm 的大粒剂、直径为 1680～297μm（10～60 目）的中粒剂及 297～74μm（60～200 目）的微粒剂的总称。农药颗粒化研究，包括颗粒剂的配制、生产以及质量控制等方面。

一、颗粒剂概述

（1）定义　颗粒剂（granule，剂型代码 GR）是有效成分均，吸附或分散在颗粒中或附着在颗粒表面，具有一定粒径范围，可直接使用的自由流动的粒状制剂，是由原药、载体和助剂制成的固体剂型。颗粒剂对于粉剂和喷雾液剂有显著的补充作用，对高毒农药也有一定的缓释作用。

（2）特点

① 避免散布时微粉飞扬，污染周围环境，对非靶标生物影响小；

② 减少施药过程中操作人员身体吸入微粉，避免中毒事故，而施用乳油、粉剂等剂型时，极易使操作者身体附着或吸入药剂，造成中毒事故；

③ 使高毒农药低毒化，颗粒剂可直接用手撒施，而不致中毒。

④ 可控制颗粒剂中有效成分的释放速度，延长持效期：

⑤ 施药时具有方向性，飘移性小，使撒布的颗粒剂确实能到达需要的地点，对环境污染小；

⑥ 不附着于植物的茎叶上，避免直接接触产生药害；

⑦ 施用方便，不受水源限制，省工省时。

（3）发展概况　1953 年，Farrar 预测，颗粒杀虫剂在消灭土壤害虫方面扮演重要角色。20 世纪 50 年代后期，由于农药粉剂撒布时微粉飘移对环境和作物的污染问题，对防止药剂飘移的要求越来越高。因此，出现了介于颗粒剂和粉剂之间的剂型，称为微粒剂。1955 年，美国就开发了农药微粒剂技术。1970 年，日本微粒剂新剂型开始应用，并于 1971 年开始有商品出售。日本农林部发表新剂型——微粒剂 F(55～250 目)的标准，至 1973 年 9 月拥有 23 类 123 种杀虫剂、杀菌剂、杀虫和杀菌混合剂的微粒剂 F 登记并获专利，1974 年市场上开始有商品出售。

近年来，我国颗粒剂发展十分迅速，成为国内重要的农药剂型之一，许多科研部门都做了大量且深入的研发及推广工作。

二、颗粒剂的分类

（一）粒剂的分类

（1）按颗粒剂大小进行分类　按粒子大小可分为大粒剂、颗粒剂和微粒剂，具体粒度范围如下。

大粒剂：粒度范围为 5～9mm。

颗粒剂：粒度范围为 1680～297μm（10～60 目）。

微粒剂：粒度范围为 297～74μm（60～200 目）。

（2）按颗粒剂性状进行分类　以颗粒剂性状分类可分为：①解体型；②不解体型。

（3）按造粒工艺进行分类　以造粒工艺分类可分为：

① 包衣法。以砂或矿渣为载体，将农药有效成分黏结于载体表面。

② 挤出成型造粒法。将农药原药与黏土、水一起捏合，再挤出造粒。

③ 吸附（浸渍）造粒法。将液体原药吸附于多孔颗粒载体上。

④ 流化床造粒法。将粉体保持流动状态，再用含黏结剂的溶液喷雾使之凝聚成粒。

⑤ 转动造粒法。向转动的圆盘中，边加入干粉，边喷洒液体，凝集造粒。

⑥ 破碎造粒法。将块状载体破碎造粒。

⑦ 熔融造粒法。把熔融态物料分散成液滴，冷凝使之凝固成粒。

⑧ 压缩造粒法。在一定形状的模孔中或在两片轧辊中，将粉体压缩成型并成粒。

⑨ 组合型造粒法。将两种或两种以上的造粒法组合成一条工艺流程进行造粒。如先用挤出造粒法，造出载体颗粒，然后再吸附农药原油制成粒剂。

（4）按农药原药类别进行分类　以农药原药类别可分为：杀虫粒剂，除草粒剂，杀菌粒剂，复合粒剂（杀虫剂-杀虫剂、除草剂-除草剂、杀虫剂-杀菌剂、除草剂-杀菌剂、化肥-杀虫剂、化肥除草剂复配等）。

（二）造粒类型选择的依据

一种农药应制成何种类型的粒剂，主要考虑以下几个因素：

① 使用的目的。为杀除有害生物，产品是施于土壤表面还是混入土壤内；用于旱田还是水田。对水田用除草剂宜采用解体型粒剂，而施于土壤内则用不解体型粒剂更为有利。

② 有害生物种类。通常不同类型同一品种的颗粒剂，均可用来防治同一种害虫。例如包衣法、吸附法和挤出成型法的粒剂均可混入土壤防治土壤害虫，但它们在土壤中有效成分的释放速度有很大差异，包衣法的释放速度最慢，持效期也最长。

③ 原药的性状。如液体原油多制成吸附法粒剂，粉状原药适合做成包衣法粒剂。

④ 产品的要求。粒剂产品中有效成分的含量直接影响粒剂加工的类型。如挤出成型法适于生产较高含量的产品，而包衣法能生产的产品含量则较低。

（三）颗粒剂有效成分含量选择的因素

当粒剂产品的有效含量低于 5%时，对使用大量载体的经济性必须加以考虑。而当产品有效含量高于 20%时，在施药过程中农药有效成分可能难以均匀分布，因而选择适宜的有效成分含量是至关重要的。一般为 1%～5%或 10%左右，也有少数超过 20%。

粒剂有效成分含量的选择主要取决于下列因素：①被防治生物的性质；②单位面积所需有效成分的量；③能准确施用粒剂产品的药械能力；④产品价格。

（四）颗粒剂的使用特点

（1）杀虫剂　水田用杀虫粒剂溶解分散于灌溉水中，药剂经根系吸收移动，通过毛细管作用上升到稻叶鞘部而起到杀虫作用。粒剂对旱田可用拌种、撒施或土壤处理，农药的活性成分通过根系吸收、上升移动来杀除地上部害虫，而栖息在土壤中的害虫，则直接触杀致死。

（2）杀菌剂　使用的情况略同于杀虫剂。

（3）除草剂　目前除草粒剂主要用于水田土壤处理，粒剂撒布在水中崩解、分散，在土壤表层形成药剂处理层，而在杂草萌芽到幼苗期起到对其杀除的作用。

三、颗粒剂的组成

（一）农药原药

国内外现已开发或生产的杀虫剂近一半品种和部分除草剂、杀菌剂和杀线虫剂品种，均适于制成粒剂使用。农药原药主要可以分为固体原药和液体原油，可根据各种原药不同的物理化学性质来选择配方和造粒方法。

（二）载体

载体是稀释农药用的惰性物质，主要功能如下：①作为农药有效成分的微小容器或稀释剂；②将有效成分从载体中释放出来。目前最常用的载体为矿物质微粉（挤出成型造粒法）和粒状物（包衣造粒法、吸附造粒法）。常用的载体如表 4-3 所示。

表 4-3　常见的载体

载体类别	举例
植物类	大豆、烟草、橡实、玉米棒芯、稻壳
矿物类	元素类有硫黄
氧化物类	硅藻土、生石灰、镁石灰
磷酸盐类	磷灰石
碳酸盐类	方解石、白云石
硫酸盐类	石膏
硅酸盐类	云母、滑石、叶蜡石、黏土
高岭石系	高岭石、珍珠陶土、地开石、富硅高岭石
蒙脱石系	皂石、硅铁石、贝得石、蒙脱石
活性白土系	活性白土、海泡石
其他	浮石

（三）黏结剂（黏合剂、胶黏剂）

黏结剂是能将两种相同或不同的固体材料连接在一起的物质，具有良好的黏结性能。

黏结剂必须具备下列三个基本条件：①容易流动的物质；②能充分浸润被黏物的表面；③通过化学或物理作用发生固化，使被黏物牢固地结合起来。根据黏结剂的特性，结合造粒研究、生产的实践，将黏结剂分为亲水性黏结剂（具有水溶性和水膨胀性的物质）和疏水性黏结剂（用有机溶剂可溶解以及热溶性物质）两大类。

（1）亲水性黏结剂　①天然黏结剂，如淀粉、糊精（糊精实际上是淀粉向葡萄糖转化的中间体）、阿拉伯树胶、大豆蛋白、酪蛋白、骨胶及明胶等。②无机黏结剂，按化学成分可分为硅酸盐、磷酸盐、硫酸盐等。适于在粒剂中应用的有：硅酸钠（水玻璃），它可以任何比例与水溶解，黏结效果好；石膏，熟石膏粉末加水再还原成生石膏时就会固化，因而可用它作为黏结剂，其固化速度快，使用方便。在熟石膏粉末中的水量必须恰当，过多的水分不仅会延迟凝结时间，而且影响黏结强度。

（2）疏水性黏结剂　如松香、虫胶、石蜡、沥青、乙烯-醋酸乙烯共聚树脂（EVA）、低熔点农药。另外，一些载体如膨润土有自体黏结性和可塑性，在以它为主作载体的场合，加水混炼就能成型，一般不需再加黏结剂。

（四）助崩解剂

助崩解剂即为加快粒剂在水中的崩解速度而添加的物质。多种无机电解质都具有这一效果。例如，硫酸铵、氯化钙、氯化钠、氯化镁、氯化铝等，还有尿素和表面活性剂，特别是阴离子型。

（五）分散剂

分散剂是能降低分散体系中固体或液体粒子聚集的物质。为使粒剂在水中很好地崩解分散，可加入少量的分散剂。分散剂品种主要分天然类和合成类。

(1) 天然分散剂，酸法制浆废液、茶籽饼、皂荚、无患子等。

(2) 合成分散剂，主要为表面活性剂，以阴离子、非离子分散剂应用最广。烷基萘磺酸盐，如拉开粉 BX、拉开粉 AC 等。双萘磺酸盐甲醛缩合物，如分散剂 NNO 等。蓖麻油环氧乙烷加成物及衍生物，比如氢化蓖麻油等。

（六）吸附剂

在用液体原药或低熔点固体原药制造颗粒剂时，为使粒剂流动性好，就需要添加吸附性高的矿物质、植物性物质或合成品的微粉末以吸附液体。这些粉末应是多孔性、吸油率高的物质。吸附剂的代表品种为白炭黑，此外硅藻土、凹凸棒土、碳酸钙、无水硫酸钠、微晶纤维素、塑料和乙烯树脂微粉末、其他矿物质和植物性物质的微粉末等也可作吸附剂用。

（七）润滑剂

挤出造粒时，为降低阻力可添加 0.2%左右的润滑油起润滑的作用。加表面活性剂也有同样效果。

（八）溶剂、稀释剂

在造粒时，为将原药溶解、低黏度化，改善农药原药的物性，或进行增量以达到均匀吸附的目的，需加入溶剂或稀释剂。

在粒剂的配方中一般选用重油（相对密度 0.8～1.0）、煤油（沸程 175～325℃，堆密度 $0.8g/cm^3$）和石脑油（甲基萘，沸程 210～270℃，相对密度 1.0）等廉价易得的高沸点溶剂。

（九）稳定剂

稳定剂是能延缓或阻止农药及其制剂性能自发劣化的辅助剂。表面活性剂、酯类、醇类、有机酸类、有机碱类、糠醛及其废渣等都对农药有效成分有一定的抑制分解作用。

（十）着色剂（警戒色）

为便于与一般物质区别警戒作用，同时起到产品分类作用，在粒剂配方中添加着色剂。目前国内大多采用的着色剂及用途如下：

杀虫剂：红色，如大红粉、铁红、酸性大红等；

除草剂：绿色，如铅铬绿、酞菁绿、碱性绿（孔雀绿）；

杀菌剂：黑色，如炭黑、油溶黑等。

四、颗粒剂的加工工艺

农药颗粒剂的造粒操作，根据所采用的原药、载体等原料的不同，为达到不同造粒目的，需要确定相应的造粒工艺。造粒工艺操作的基本原理，可分为如下两类。

（1）自主式造粒　利用转动（振动、混合）、流化床（喷流床）和搅拌混合等操作，使装置内物料自身进行自由凝集，披覆造粒，造粒时需保持一定的时间。

（2）强制式造粒　利用挤出、压缩、碎解和喷射等操作，由孔板、模头、编织网和喷嘴等机械性能使物料强制流动、压缩、细分化和分散冷却固化等，其机械因素是主要影响因素。

在生产实践中，造粒工艺通常由造粒操作、前处理操作、后处理操作等部分组成。造粒工艺的前处理，包括输送、筛分计量（固体、液体）、混合、捏合、溶解、熔融等操作过程。造粒工艺后处理，包括干燥、碎解、除尘、除毒、包装等操作过程。

目前，常见的造粒方法主要有以下几种。

（一）包衣造粒法

包衣造粒法简称包衣法，又名包覆法，是以颗粒载体为核心，外边包覆黏结剂，再将农药黏附于颗粒的表面，使黏结剂层与农药相互浸润、胶结而得到松散的粒状产品的操作过程。包衣法在国内外的发展都十分迅速，为农药颗粒剂造粒的主要方法之一。包衣法较其他方法有如下优点：①包衣法原料易得；②工艺过程较简单；③适于大规模生产；④产品成品低廉。

包衣造粒法可以按原药性状、黏结剂种类、载体种类和包衣装置等分类。按原药性状分类，前处理的方式因原药状态是粉末状或液态而有所不同。前处理的方式按其操作可分为：

① 用液态黏结剂直接包覆粉末状原药；

② 用水或有机溶剂将固体黏结剂溶解成溶液，再包覆粉末状原药；

③ 将黏结剂熔融后，黏附于载体上，再包覆粉末状原药；

④ 使液态原药和黏结剂液浸润载体表面后，再包覆粉末状物（吸附剂）；

⑤ 使液态原药浸润载体表面，将黏结剂熔融包涂于载体上，再包覆粉末状物（吸附剂）。

按黏结剂种类可分为采用亲水性黏结剂和采用疏水性黏结剂两大类；按载体种类分为惰性（无吸油性）载体和采用吸油性载体两大类，按包衣装置可分为转动包衣和流化床包衣两大类。

包衣法粒剂是目前国内外发展较快、吨位较大、使用范围较广的农药粒剂造粒方法，主要有以下几个特点。①原材料易得，包衣造粒的主要原料为载体和黏结剂，其载体主要为硅砂或其他矿渣，在世界各地蕴藏量充足，我国是砂源极为丰富的国家，便于就地取材，减少运输环节。黏结剂可采用的种类较多，如常用的聚乙烯醇、聚醋酸乙烯醇、石蜡、植物种子仁等都量大易得，为包衣法造粒提供了丰富的资源。②工艺过程简单，操作稳定，适于大规模生产。③成本低廉，包衣法造粒由于原料易得，制造工艺程序简单，设备投资较少，能量消耗较低，所以在各类粒剂中其成本较低廉。④适用范围较广泛，对液态、固态和低熔点原药均可适用，所得粒剂流动性好，便于使用。包衣法粒剂的相对密度在几类粒剂中最大（指以硅砂为载体时）。⑤包衣法粒剂由于药剂被黏结剂、吸附剂等包于内部，药剂扩散较缓慢，所以包衣法造粒比用挤出成型法、吸附法、喷雾造粒法等制造的同品种农药粒剂的持效期长。⑥包衣法粒剂药剂被包覆在内，使用时较安全。

（二）挤压造粒法

挤压造粒是将混合好的原料粉体放在一定形状的封闭压膜中，通过外部施加压力使粉体团聚成型。这是较为普遍和容易的制粒方法，具有颗粒形状规则、均一、致密度高、所需黏结剂用量少和造粒水分低等优点。其缺点是生产能力低，磨具磨损大，所制备的颗粒粒径有一定的下限。该造粒方法多被制药压片、食品制粒、催化剂成型和陶瓷行业等压制微粒磨球等工艺采用。

当粉体放在一定形状的封闭压膜中后，随着外部压力的增大，粉体中颗粒间的空隙逐渐减少。在增加压力的过程中，首先粉体填满模具有限空间，颗粒在原来微粒尺度上重新排列和密实化，这一过程通常伴随着原始粉末微粒的弹性变形和因相对位移而造成的表面破坏。在外部压力进一步增大后，由应力产生的塑形变形使孔隙率进一步降低，相邻微粒界面上产生原子扩散或化学键结合，在黏结剂的作用下微粒间形成牢固的结合，至此完成了压缩造粒的过程。当制成的颗粒脱膜后，可能会因压力解除而产生微量的弹性膨胀，膨胀的大小依原料粉体的特性而有所差异，严重的可能导致制品颗粒的破裂。

根据造粒机，挤压造粒大体可分为以下三种类型。

(1) 使用活塞压机或模压机　用来生产均匀的及有时是复杂的压块，特别用在粉末冶金和塑料成型中，此设备包括机械或水力操作的压机。在压机的压板上附有分成两部分的模子，即顶部（阳模）和底部（阴模）。装入的物料在压力和热的作用下发生流动并压制成模子空腔的形状。金属粉末的压块进行烧结以增进金属特性，而塑料压块机卸下后实质上已成为最终制品。

(2) 使用压片机　用于对团聚制品的重量、厚度、硬度、密度和外观有严格规定的场合。压片机生产简单形状的制品，其生产效率比模压机高。单冲头压片机有一个工位，它包括一个上冲头、一个下冲头和一个模子。旋转压片机具有一个旋转的模子台，它由冲头和模子组成多个工位。新式压片机是单面的，即有一个装填工位和一个压缩工位。当旋转头转一圈时为一工位生产一粒片剂。高速旋转压片机都是双面的，有两个加料工位和压缩工位。当旋转头转一圈时，每一工位生产两粒片剂。

(3) 使用对辊挤压造粒机　此造粒机将进入两轧辊间隙中的物料压实，两轧辊以相同的速率相向旋转。团块的大小和形状由轧辊表面的几何形状决定，轧辊表面的窝坑(即凹穴)形成蛋形、枕形、橄榄形或类似球形的压块以便脱模，其质量从几克到 2kg 或更重，它们在通常的破碎设备中制成所需颗粒。

对辊挤压造粒机可以低费用加工大量物料，但是与模压机和压片机相比制品不够均匀。在压块操作中最难的问题是将适量的物料加入轧辊上每一个快速旋转的凹坑中，各种形式的加料器在很大程度上克服了此困难。

由于机械设计的原因，允许的轧辊宽度与所需的压力成正比关系。当轧辊速率一定时，辊压机的生产能力随着压力的增加而减少（因为允许的轧辊宽度减少）。

（三）挤出成型造粒法

挤出成型造粒法是一种湿式造粒法，所谓湿式造粒，是指将混合好的粉体原料进行加水捏合等前处理，使物料达到适宜造粒成型的要求，再由挤出机通过网或孔板等将物料挤出成型的方法。这种方法广泛应用于农药工业上。为使粒剂制品整齐美观，需要进行干燥、整粒、筛分等后处理，粒剂的形状和大小可通过调整筛网来实现。由于物料的物性及造粒机制等未知影响因素多，所以在工业化生产之前一定要进行调查和必要的小试探索试验。

根据造粒机构，挤出成型造粒法大体可分为以下五种类型。

(1) 螺旋挤出成型造粒法　向螺旋圆筒内供给湿粉体，经过加压、压缩而强制前进，再由螺旋的端部或侧面的孔板的孔中连续挤出的造粒。

（2）滚动挤出成型造粒法　把湿物料加到圆筒形孔板和在其中的回转滚轮之间，由于滚动轮的回转产生的挤出压力，使物料从孔板的空中连续挤出的造粒。

（3）刮板挤出成型造粒法　把湿物料加到圆筒形孔板（或网）和其中运动的刮板之间，由于刮板的挤出压力，物料由孔板（或网）连续挤出的造粒。

（4）自身成型挤出造粒法　把物料加到两个回转齿轮之间，利用两个齿轮啮合时，在齿间产生的挤出压力，在自身的孔中连续挤出的造粒。

（5）活塞挤出成型造粒法　把物料投入圆筒内，由油压或水压使活塞往复运动产生挤出压力，使物料通过孔板，间断或连续地挤出造粒。

挤出成型造粒是目前国内外应用比较多的农药粒剂生产工艺之一。其特点是填料易得，来源广；粒径大小和物理化学性质可以自由调节；有效成分调节幅度大；适应性广（解体和非解体粒剂都可加工）。由于加水捏合和干燥处理是主要元操作，对水和热敏感的原药选用此工艺应慎重。挤出造粒工艺流程较长，配置成套设备一次性投资较大，适宜大吨位生产。为保持生产能力稳定，挤出孔板需要定期换（一般 8h 更换一次为宜）。挤出成型造粒法成品收率一般为 90%以上。

（四）吸附造粒法

吸附造粒法也叫浸渍造粒法，是把液体原药或固体原药溶解于溶剂中，吸附于具有一定吸附能力的颗粒载体中的一种生产方法。一般吸附造粒法的载体，都是由特定生产工艺来完成的。要求载体具有良好的吸附性能和一定的强度。产品性能及形状主要取决于所选用的载体及生产工艺。

吸附造粒中的载体要具有一定的强度，如果载体强度不好，在加工过程中，特别是在吸附混合时，会受到机械的破损。由于颗粒强度和含水量成反比，吸附混合时一边向载体上喷洒液体原油，一边要使载体上下翻动，这样就使强度受到液体原油的削弱，同时又受到机械冲击而遭到破坏。载体的强度可通过不同的配方、选择不同的黏结剂和填料加以调节，也可选用不同的造粒机械得到不同强度的颗粒载体。同一载体由于选用不同配方、不同造粒方法得到的产品强度也不一样。

吸附造粒法按载体的制造方法可分为破碎造粒法和挤出造粒法。破碎造粒法是以天然沸石、工业废渣或其他具有吸附能力的材料，经破碎、筛分等制取颗粒载体，然后进行吸附造粒。这种方法有如下特点：工艺流程短，设备简单，所用设备多为通用的定型设备，便于选型、使用和维修；全流程各工序都是在无药的情况下操作，改善了劳动条件，减少了药剂对设备的污染，便于设备维修，也减少了原药的损耗。但是这一工艺可供选用的载体不多，选材较困难。天然矿石载体既有高吸油率又有高强度的不多。一般只能选用强度较好而吸油率较低的载体，这种载体也只适合生产低含量的产品。

挤出造粒法是以陶土、黏土等为主的粉体物料作填料，经加水捏合、挤出造粒、干燥、整粒、筛分等制取的颗粒载体，然后进行吸附造粒。这一工艺的特点如下：与破碎造粒吸附工艺相比，这一工艺流程较长，所需专用设备多，技术复杂；载体多为陶土、黏土等，容易得到，通过配方调整可得到高强度、高吸附性的载体，适应性广；与挤出造粒工艺相比，原药在最后一道工序加入，载体制造过程中均无药剂接触，不仅减少原药对设备的污染，降低原药损耗，更主要的是载体干燥时不会受原药分解温度的限制，从而可大大提高载体干燥温度，提高了热能的利用率，又提高了设备的生产能力。

（五）团聚造粒法

团聚造粒是造粒过程中粉料微粒在液桥和毛细管力的作用下团聚在一起形成微核，团聚的微核在容器低速转动所产生的摩擦和滚动冲击作用下不断地在粉料层中回转、长大，最后成为一定大小的球形颗粒的过程。团聚造粒的优点是处理量大、设备投资少、运转率高。缺点是颗粒密度不高，难以制备粒径较小的颗粒。在希望颗粒形状为球形、颗粒致密度不高的情况下，大多采用滚动制粒。该方法多用于立窑水泥成球、粒状混合肥料及食品的生产中，也可用于颗粒多层包覆工艺制备功能性颗粒。

团聚造粒设备可以分为两类：转动制粒机和搅拌混合制粒机。

（1）转动制粒机　在原料粉末中加入一定量的黏合剂，在转动、摇动、搅拌等作用下使粉末聚结成球形粒子的方法叫转动制粒。这类制粒设备有圆筒旋转制粒机、倾斜锅以及近年来出现的离心制粒机。

在转动制粒过程中，首先在少量粉末中喷入少量液体使其润湿，在滚动和搓动作用下使粉末聚集在一起形成大量的微核，这一阶段称为微核形成阶段；其次微核在滚动时进一步压实，并在转动过程中向微核表面均匀喷入液体和撒入粉料，使其继续长大，如此多次反复，就得到一定大小的丸状颗粒，此过程称为微核长大阶段；最后，停止加入液体和粉料，再继续转动，滚动过程中多余的液体被挤出吸收到未充分润湿的包层中，从而使颗粒被压实，形成具有一定机械强度的微丸。

转动制粒机所得的微丸外表光滑且粒度大小均匀，便于操作观察，多用于药丸的生产。生产能力大，多为间歇操作。但作业时粉尘飞散严重，工作环境不良，由于各种随机因素的影响，对操作的经验性要求较高。

近年来新出现的转动制粒机又叫离心制粒机。容器底部旋转的圆盘带动物料做离心旋转运动，从圆盘的周边吹出的空气使物料向上运动的同时在重力作用下使物料层上部的粒子往下滑动落入圆盘中心，落下的粒子重新受到圆盘的离心旋转作用，从而使物料不停地做旋转运动，有利于形成球形颗粒。黏合剂向物料层斜面下部的表面定量喷雾，靠颗粒的激烈运动使颗粒表面均匀润湿，并使散布的粉末均匀附着在颗粒表面，层层包裹，如此反复操作可以得到所需大小的球形颗粒。调整在圆盘周边上升的气流温度可对颗粒进行干燥。

（2）搅拌混合制粒机　将粉料和黏合剂放入一个容器内，利用高速旋转的搅拌器的搅拌作用迅速完成混合并制成颗粒的方法叫搅拌混合制粒。从广义上说，搅拌混合制粒也属于转动制粒的范畴，它是在搅拌桨的作用下使物料混合、翻动、分散甩向器壁后向上运动，并在切割刀的作用下将大块颗粒绞碎、切割，并和搅拌桨的作用相呼应，使颗粒得到强大的挤压、滚动而形成致密而均匀的颗粒。由此可见，其微核生成和长大的机理与转动制粒相同，只是颗粒长大的过程不是在重力或离心力作用下自由滚动，而是通过搅拌器驱使微颗粒在无规则的翻滚中完成聚并和包层。在搅拌混合制粒机中，部分结合力弱的大颗粒被搅拌器或切割刀打碎，碎片又作为核心颗粒经过包层进一步增大，随着物料从给料端向排料端的移动，颗粒增大与破碎的动态平衡逐渐趋于稳定。

常用的搅拌混合制粒机主要由容器、搅拌桨、切割刀组成。

操作时先将粉料倒入容器中，盖上盖，把物料搅拌混合均匀后加入黏合剂，搅拌制粒，完成制粒后倾出湿颗粒或从安装于容器底部的出料口自动放出湿颗粒，然后进行干燥。

搅拌混合制粒是在一个容器内进行混合、捏合和制粒，与传统的挤出制粒相比有省工序、操作简单、快速等优点。该方法处理量大，制粒又是在密闭容器中进行，工作环境好，所以多应用于矿粉和复合肥料的造粒过程。另外，改变搅拌桨的结构、调节黏合剂的用量及操作时间可制备致密、强度高的颗粒，也可以制备松软的颗粒。但所制备颗粒的粒度均匀性、球形度等不及前述的转动制粒。该设备的另一个缺点是不能进行干燥，为了克服这个缺点，最近研制了带干燥功能的搅拌混合制粒机，即在搅拌混合制粒机的底部开孔，物料完成制粒后通热风进行干燥，可节省人力、物力，减少人与物料接触的机会。

（六）流化床造粒法

流化床造粒是粉体物料（农药或载体）在流动状态下，将有助剂（或农药）的液体以雾化形式喷入流化床内，使与其他物料充分混合，之后凝集成粒、干燥、分级，短时间内完成的造粒过程。其产品具有多孔性、吸油率高、易崩解等特点。流化床造粒的特点是：只用一台装置可进行混合、造粒、干燥等操作；处理时间短（全过程 30～60min）；粒度分布幅度小，能得到均一的颗粒制品；物料从开始到制品排出是密闭运转，没有异物混入；操作人员少，安装面积小，清理方便，从溶液或熔融液可直接得到粒状制品；与其他造粒方法比，能得到溶解性能好的制品；可连续化生产。

（七）喷雾造粒法

喷雾造粒法是将液体物料向气流中喷雾，在液滴与气流间进行热量与物质传递而制得球状粒子的方法。在造粒操作的同时进行干燥操作的喷雾干燥法及经过空气冷却而固化的喷雾冷却法为其代表。这种方法能处理的液体物料形态有溶液、膏状物或糊状物、悬浊液和熔融液等。

喷雾造粒按工艺流程可分为开放式、封闭循环式、自惰循环式、半封闭循环式；按喷雾与气流流动方向可分为并流型、逆流型、混合流型；按物化方法可分为压力式、离心式和气流式。

造粒过程中首先在造粒塔顶部导入热风，同时将料液送至塔顶，经雾化器喷成雾化的液滴，这些液滴群的表面积很大，与高温热风接触后水分迅速蒸发，在极短时间内便成为干燥产品，从造粒塔底部排出。热风与液滴接触后温度显著降低，湿度增大，作为废气排出。

喷雾造粒的特点如下：①造粒速度快，料液经雾化后表面积非常大，在高温气流中瞬间即可蒸发 95%～98%的水分，完成造粒的时间一般仅需 5～40s；②造粒过程中液滴的温度接近于使用的高温空气的湿球温度，产品质量好，可以大量处理热敏性物料；③产品具有良好的分散性、流动性和溶解性；④生产过程较简单，大部分产品造粒后不需要再进行粉碎和筛分，减少了生产工序，操作控制方便；⑤适宜于连续化大规模生产。

五、颗粒剂的性能指标及检测方法

（一）质量指标检测

（1）外观　外观要求为粉粒状颗粒。

（2）有效成分含量　在考虑原药稳定性的前提下规定其有效成分的下限值。粒剂的有效成分必须大于标准规定的下限值。

对于易产生药害的品种(如除草剂、植物生长调节剂等)，应同时规定其有效成分的上限值，以保证使用安全。

有效成分含量的测定随农药品种而异，颗粒剂有效成分测定可参照原药的测定方法。

(3) 相关杂质含量　生产或储存过程中产生的副产品，相关杂质以≤%表示。

(4) 其他限制性组分含量　含安全剂、稳定剂、增效剂等其他限制性组分的产品，其含量应由标明含量和允许波动范围组成，参照化学农药制剂要求。

(5) 水分　按照《农药水分测定方法》(GB/T 1600—2021) 中的共沸蒸馏法进行。

(6) 酸/碱度 (以 H_2SO_4 或 NaOH 计) 或 pH 范围　按照《农药 pH 值的测定方法》(GB/T 1601—2023) 进行。

(7) 堆密度 (松密度和实密度)　按照《农药堆密度测定方法》(GB/T 33810—2017) 进行。

(8) 粒度范围　按照《农药粉剂、可湿性粉剂细度测定方法》(GB/T 16150—1995): 湿筛法进行。

(9) 粉尘　按照《颗粒状农药粉尘测定方法》(GB/T 30360—2013) 进行。

(10) 耐磨性　按照《农药水分散粒剂耐磨性测定方法》(GB/T 33031—2016) 进行。

(11) 热储稳定性　按照《农药热储稳定性测定方法》(GB/T 19136—2021) 进行。

(二) 理化性质指标检测

(1) 外观 (颜色、物态、气味)　按照《农药理化性质测定试验导则 第 3 部分: 外观》(NY/T 1860.3—2016) 进行。

(2) 密度　按照《农药理化性质测定试验导则 第 17 部分: 密度》(NY/T 1860.17—2016) 进行。

(3) 氧化/还原性　按照《农药理化性质测定试验导则 第 10 部分: 氧化/还原: 化学不相容性》(NY/T 1860.10—2016) 进行。

(4) 对包装材料的腐蚀性　按照《农药理化性质测定试验导则 第 16 部分: 对包装材料腐蚀性》(NY/T 1860.16—2016) 进行。

(5) 爆炸性　按照《农药理化性质测定试验导则 第 6 部分: 爆炸性》(NY/T 1860.6—2016) 进行。

(6) 固体可燃性　按照《农药理化性质测定试验导则 第 15 部分: 固体可燃性》(NY/T 1860.15—2016) 进行。

六、颗粒剂的发展展望

颗粒剂正向缓释化、省力化、功能化的方向发展。缓控释颗粒、药肥和漂浮粒剂是颗粒剂未来发展的主要方向。采用包膜法生产的缓释药肥经过缓控释技术加工后，形成“肥料-农药-包膜”颗粒，药和肥有效成分都在膜内一起缓慢释放，提高了肥料的利用效率，延长了病虫草害防治的持效期。随着缓控释农药和肥料的发展，药肥也逐渐向智能控释的方向发展，目前研究较多的几种智能载体材料有: 聚多巴胺、水凝胶，以及受温度、pH 以及电场等外部刺激而改变的材料。

在小麦播种时施用药肥缓释颗粒剂，通过根部吸收、长效缓释向上传输，克服了药肥在地上部生长期，多频次过量施用方式存在沉积分布的位差、时差与剂量差等问题。春季小麦返青时，材料随土壤温湿度变化逐步溶解形成孔道，水分因渗透压进入缓释颗粒溶胀相关材料，药肥缓慢释放到根系周围而被吸收利用。这实现了药肥成分的响应释放，并与小麦生长的营养需求以及病虫害防控的剂量需求，形成时空拟合，既满足了麦苗快速生长的营养需求，也加速了农药在植株中的吸收传导和长效分布，在病虫侵染、孵化或发生初期发挥药效，可有效提高农药的利用效率。

在现代农业发展中，人们已经意识到从事农业操作整体效益的重要性。近年来已经开发出新型水面漂浮粒剂，具有分散性优良、扩散性能优越、贮运方便、使用过程中省工省时、施用效能高等优点。水面漂浮粒剂开发和应用，能够为农民减少施药时间和节省劳动力。

第五节　水乳剂

农药作为主要农资产品，在防治作物病、虫、草害和保证农业丰收方面发挥着重要作用。将农药加工为无毒、无害、无污染的环境友好型制剂是近几年来制剂工作者和研究人员的主要课题。其中水基化制剂由于其闪点高、造价低、对环境不造成危害，更是成为取代乳油的重要剂型之一。

水乳剂是将液态农药原油或是与溶剂混合制得的液体农药原药的微小液滴，分散在水中形成的一种水包油的乳状液的浓溶液，表现为乳白色。所形成的乳液水相为连续相，油相为分散相。为了使乳状液能长期稳定，在配方中，除原油外，还需加上乳状液、增稠剂、防冻剂、防腐剂、消泡剂等助剂。水乳剂在热力学上是不稳定的体系，必须向体系中输入大量的能量才能够保持稳定，得到液滴分布均匀的乳状液。

用水作为分散介质降低了有机溶剂的含量及其挥发率，水乳剂有良好的贮存性能和运输性能，并且农药活性成分的生物活性发挥较好。但其存在的主要问题是配方研究困难，有机溶剂和乳化剂正确选用对避免产品在长久贮存后发生破乳作用是非常重要的。此外，目前尚无非常好的预测水乳剂贮存稳定性的方法。另外，由于水乳剂中使用了少量有机溶剂，必然存在由有机溶剂所带来的毒性和药害问题。

一、水乳剂概述

（1）定义　水乳剂（emulsion，oil in water，剂型代码 EW）是指有效成分（或其有机溶液）在水中形成乳状液体制剂。乳（状）液是一种或几种液体以液珠形式均匀地分散在另一种不相溶的液体中，构成具有相当稳定性的两相或多相分散体系。两种不相溶的纯液体不能形成较稳定的乳液，必须要有乳化剂成分（表面活性剂）存在而起稳定作用。乳液可分成两类，外相为水、内相为油的乳液称为水包油型乳液（以 O/W 表示），反之称为油包水型乳液（以 W/O 表示），农药水乳剂即为水包油型乳液，也称为浓乳剂（CE）。它是指用水作为介质代替大部分或全部有机溶剂，通过向体系提供机械能（如高剪切和均质等），在表面活性剂的作用下，制得液滴直径 0.1～10μm、外观呈乳白色的液体制剂。由于水乳剂为热力学不稳定体系，必须借助特定的外力作用形成均匀水乳液，并需要保持 2 年的经时稳定，因此配方研制和生产过程的控制比较复杂。

（2）特点　水乳剂是国际上公认的环保剂型之一，是一种外观呈乳白色的液体制剂。农药水乳剂中以水为基质，对人畜刺激性和毒性较小，对植物安全，环境污染少，不使用或极少使用有机溶剂，大大降低了对环境及作物的伤害，符合国际上“绿色”制剂的要求，表面活性剂用量较低，工业成本也有所降低。农药水乳剂具备良好的贮存性能和运输性能，并且农药活性组分生物活性发挥较好。水乳剂属于热力学不稳定体系，因此，在加工和贮存过程中存在分层、析油、奥氏熟化和破乳等不稳定现象。

（3）国内外水乳剂研究情况　近年来，水乳剂在国内外的发展很快，商品化数量较多，例如戊唑醇、联苯菊酯、咪鲜胺、丁草胺、阿维菌素、精喹禾灵等品种。历史上，英国发展尤为迅速，1993 年水乳剂仅占农药市场不到 1%，而 5 年后即 1998 年其比例已增加到 5%。我国从 20 世纪 90 年代初开始研制水乳剂型，截至 2024 年，我国已经有 1372 个单个或多种有效成分的水乳剂获得登记。

二、水乳剂研发中的主要问题

（1）分层或沉降　水乳剂中，由于油相和水相的密度不同，在重力作用下液滴将上浮或下沉，在剂型中建立起平衡的液滴浓度梯度，这种过程称为分层或沉降。虽然分层可使制剂的均匀性受到破坏，可是并不是真正被破坏，往往液滴密集地排列在剂型中，可分成两层，其界限可以是渐变的或明显的。一般情况下液滴大小和分布没有明显的改变，只不过建立起平衡的液滴浓度梯度。

（2）絮凝　水乳剂中，分散相液滴聚集成团，形成三维的液滴簇，称为絮凝物（flocs），这种过程称为絮凝。一般情况下，絮凝物中液滴大小和分布没有明显的变化，不会发生液滴聚结，液滴仍保持其原有特性。絮凝是由于液滴之间的吸引力引起的，这种力往往较弱，搅动可使絮凝物分开；可存在一种絮凝的平衡，絮凝物大小和分布被确定下来，因而絮凝也是一种可逆的过程。

（3）聚结　水乳剂中，当两个液滴相遇接触时，液滴之间形成薄的液膜或滑动的夹层（lamella），膜的某些部位受外界条件影响，液膜厚度发生变动，某些区域变薄，然后液膜被破坏，形成较大的液滴，这种过程称为聚结。聚结是一种不可逆的过程，会导致液滴变大，液滴数量减少，改变液滴大小和分布，最终极限的情况是完全破乳。

（4）破乳　水乳剂是热力学上不稳定的分散体系，破乳是聚结的极限情况，最终达到热力学上稳定的平衡是油水分离，破乳是必然的结果。

（5）奥氏熟化　奥氏熟化（Ostwald ripening）是指水乳剂中农药原药液滴，在贮存过程中变大的现象。水乳剂体系属于热力学不稳定体系，在一段时间内可以保持稳定，但是随着时间的推移，会表现出液滴大小和分布向较大液滴的方向转变。这种依靠消耗小液滴形成较大的液滴的过程称为奥氏熟化。它是由液滴大小与溶解度不同而引起的，液滴直径越小，它们在介质的溶解度越大。由于粒子的溶解度与其粒径相关，粒径越小，溶解度越大，反之，粒径越大，溶解度就越小。

上述分层或沉降、絮凝、聚结和奥氏熟化的过程，在实际上可以同时发生或依次出现，这将取决于水乳剂型在贮存条件下上述四种基本过程的相对速度常数。

三、水乳液分散体系形成和稳定的理论基础

（一）乳状液形成的理论

乳化作用（emulsification）是在一定条件下使互不相溶的两种液体形成有一定稳定性的液/液分散体系的作用。在此分散体系中被分散的液体以小液珠形式分散于连续的另一种液体中，此体系称为乳状液（emulsion）。

乳状液有两种类型：一种通常是水或水溶液，通称为“水”相；另一种通称为“油”相。分散相为油，分散介质为水的乳状液为水包油型乳状液，常以 O/W 表示，反之，则称油包水型乳状液，以 W/O 表示。为了进行乳化作用和得到稳定的乳状液必须加入第三种物质，此物质称为乳化剂（emulsifier），乳化剂大多为各种类型的表面活性剂。

（1）相体积理论　1910 年，Ostwald 从几何学观点提出的对于大小相同的球形分散相液滴，若球形液滴大小不均匀，则最大堆密度可超过 74%。此理论虽然不够严格，乳状液类型更主要由乳化剂所决定，但一般来说，相体积分数相差较大时，体积分数大的液体构成连续相是可能的。乳状液中分散相的最大体积可占总体积的 74.02%，即 O/W 型乳化体中水相的体积必须大于 25.98%；而 W/O 型乳状液中油相的体积必须大于 25.98%。如果分散相均为大小一致的不变形的球形液滴，最紧密堆积的液珠体积只能占总体积的 74.02%，如果大于 74.02%，乳状液就会被破坏变形。若水的体积小于 26%，只能形成 W/O 型乳状液；若水的体积大于 74%，只能形成 O/W 型乳状液；若水的体积介于 26%～74%之间，则 O/W 型和 W/O 型的两种乳状液都有形成可能。

（2）界面膜理论　1913 年，Bancroft 提出乳化剂在分散相和连续相界面上吸附，形成吸附膜，膜分别与水和油接触，产生了两个界面张力。在体系中加入乳化剂后，在降低界面张力的同时，表面活性剂必然在界面发生吸附，形成一层界面膜。界面膜对分散相液滴具有保护作用，使其在布朗运动中的相互碰撞的液滴不易聚结，而液滴的聚结（破坏稳定性）是以界面膜的破裂为前提，因此，界面膜的机械强度是决定乳状液稳定的主要因素之一。

（3）定向楔理论　1929 年哈金斯（Harkins）早期提出的乳状液稳定理论即为定向楔。他认为在界面上乳化剂的密度最大，乳化剂分子以横截面较大的一端定向地指向分散介质，即总是以“大头朝外，小头朝里”的方式在小液滴的外面形成保护膜，从几何空间结构观点来看这是合理的，从能量角度来说是符合能量最低原则的，因而形成的乳状液相对稳定。

（4）聚结速度理论　1957 年 Davies 提出了一个关于乳状液类型的定量理论。这一理论认为，当油、水和乳化剂一起振荡或搅拌时，形成乳状液的类型取决于油滴的聚结和水滴的聚结两种竞争过程的相对速度。搅拌停止后，油滴和水滴都会发生聚结，其中聚结速度快的相将形成连续相，聚结速度慢的相将被分散。

因此，如果水滴的聚结速度远大于油滴的聚结速度，则形成 O/W 型乳状液，反之则形成 W/O 型乳状液。如果两相聚结速度相近，则体积分数大的相将构成外相。

（5）DLVO 理论　在扩散层模型的基础上，苏联科学家 Derjaguin 和 Landau 以及荷兰科学家 Verwey 和 Overbeek 发展了关于溶胶稳定性的理论因而简称 DLVO 理论。该理论认为胶体的稳定性取决于胶体粒子之间的相互作用力，溶胶在一定条件下是稳定存在还是聚沉，取决于粒子间的相互吸引力(范德华力)和静电斥力。由相同物质构成的粒子之间存在范德华引

力，其大小与构成粒子的物质性质有关，与球形颗粒的半径成正比。在没有相反抗力的情况下，范德华引力会导致介质中颗粒聚集。高度分散的胶体体系在热力学上是不稳定的，但在动力学上稳定。DLVO 理论是针对胶体体系提出来的，但仍然适用于乳状液体系。

（6）界面沟流模型　通过 Levich、Ivanov、Zapryanov 等的努力，这方面的研究已比较成熟，现以 Zapryanov 模型中有关界面的运动受力分析为例加以说明模型中的界面质量和动量平衡。液膜沟流对界面的剪切作用，导致了界面上活性剂分布不均，从而引发了界面活性剂扩散；另外界面两侧分散相液珠内和分散介质中的活性剂也会通过扩散和吸附两个过程来补充界面活性剂的不足，伴随着质量传递过程的动量传递过程，相应的界面质量连续性方程和动量守恒方程（柱坐标下）如下：

$$\frac{1}{r}\frac{\partial}{\partial r}(rU\Gamma)-\frac{D_s}{r}\frac{\partial}{\partial r}\left(r\frac{\partial \Gamma}{\partial r}\right)=-D\frac{\partial c}{\partial z}+\hat{D}\frac{\partial \hat{c}}{\partial z} \tag{4-1}$$

$$\mu\frac{\partial V_r}{\partial z}-\hat{\mu}\frac{\partial \hat{V}_r}{\partial z}=\frac{\partial}{\partial r}\left[\mu_s\nabla_r U\right]-2\frac{\partial \varepsilon}{\partial r}\frac{U}{r}+\frac{\partial \gamma}{\partial r} \tag{4-2}$$

对于分散相液珠内流体各性质以^表示。式（4-1）、式（4-2）中，U 和 Γ 分别表示界面流速和吸附量；μ_s 为界面剪切黏度 ε 和膨胀黏度 κ 之和；D 和 D_s 分别为主体相和界面的扩散系数；γ 为界面张力。式（4-2）表明界面应力由两部分组成：界面流动而引发的黏性应力，由式（4-2）等号右边的前两项表示；界面活性剂浓度梯度而引发的界面张力梯度（Marangoni 效应），由式（4-2）等号右边的最后一项表示。

（7）界面波液膜破裂模型　液膜内始终存在着机械振动和热波动，使得液膜界面上时时都是凹凸不平的，这种界面的粗糙被认为是无限个界面波叠加的结果。随着液膜沟流的进行和不断变薄，当液膜厚度为 10～100nm 时，界面波的影响变得显著，虽然界面上同时存在着无限多个振动波，但由于它们对液膜的影响机制是相同的，因此考察一个界面波对液膜稳定性的影响就能揭示其中的主要规律，界面波示意图如图 4-2 所示：

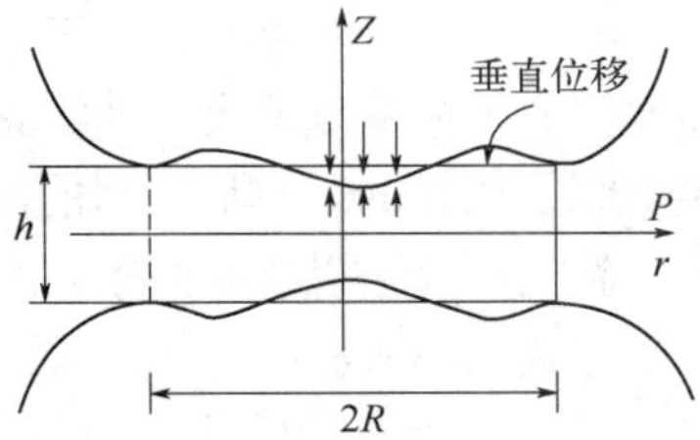

图 4-2　液膜界面波

Z 轴表示垂直方向，表示波的传播方向；h 为液膜的厚度，即液膜从底部到顶部的距离；2R 表示液膜界面的宽度，即从一侧边缘到另一侧边缘的距离；r 指从液膜中心到边缘的距离，即液膜的半径；P 表示液膜界面上的一个点

液膜构型的上述变化会造成两种相反的效应：在液膜变薄的区域，液膜两侧分散相分子相互靠近，范德华作用力增加，有助于液膜的进一步变形薄化；界面的变形导致了局部毛细压力的形成以及界面面积的增加，阻碍了界面波的进一步发展。两种效应之间的竞争决定了液膜在界面波的引发下如何发展，导致液膜破裂或恢复到平衡态。

在液膜沟流剪切力的作用下，液膜界面上出现的活性剂分子缺乏区的尺寸到达一定的临界值时，在界面波的扰动下，会导致界面膜的破裂。从以上理论可知，如果活性剂吸附界面有较大黏度时，界面抵抗沟流剪切作用的能力增强，界面膜抗破裂的能力也增强，因此相应乳液的抗聚并稳定性提高。

（二）乳状液稳定理论

乳状液的稳定性是指反抗粒子聚集而相分离的能力。乳状液在热力学上是不稳定的体系，存在较大的自由能。因此所谓乳状液的稳定实际上是指体系达到平衡状态所需要的时间，即体系中一种液体分离所需要的时间。

（三）影响水乳剂物理稳定性的因素

相关内容前文已讲述，详见第三章第六节“五、乳化作用”相关内容。

（四）乳状液稳定性提高的途径

(1) 添加乳化剂和聚合物　在乳状液形成过程中，界面膜是形成乳状液的必要条件之一。成膜物质主要有离子表面活性剂、高分子聚合物、固体颗粒。这些物质含量越高，其形成的界面膜热稳定性越强、机械强度越高，乳状液的稳定性越好。

(2) 添加增稠剂　高黏度连续相形成的乳状液稳定性较好。连续相介质的黏度高，摩擦阻力大，较大程度上阻止了水滴之间的相互碰撞聚结，减缓了水珠的下沉速度。所以，降低连续相黏度是破坏乳状液稳定性的方法之一。

(3) 输入能量　大部分稳定的乳状液都带有电荷。以离子型表面活性剂作为乳化剂时，乳状液液滴必然带电。表面活性剂在界面吸附，亲油基在油相，亲水基在水相，与无机反离子形成扩散双电层。由于乳状液液滴带有相同电荷，液滴接近时会相互排斥，从而防止液滴聚结，提高了乳状液的稳定性。对于离子型表面活性剂作乳化剂的乳状液来说，界面电荷密度与表面活性剂分子在界面上的吸附量成正比。界面电荷密度越大，就表示界面膜分子排列得越紧密，界面膜强度也越大。这些因素都有利于提高乳状液的稳定性。

(4) 控制液滴大小及分布　原油乳状液中含水量的多少及液滴粒径分布的均匀程度也是影响其稳定性的重要因素之一。对于含水量高（大于 35%）且液滴粒径分布不均匀的乳状液，稳定性较差，有利于破乳脱水；而对于含水量低于 10%且液滴粒径分布较均匀的乳状液，稳定性较强，破乳脱水较困难。

四、水乳剂的配制

（一）组成

(1) 农药原药　水溶性高的农药对乳状液稳定性影响很大，不能加工成水乳剂。一般来说，用于加工水乳剂的农药的水中溶解度在 1000mg/L 以下。对水不敏感的农药容易加工成化学性质稳定的水乳剂。熔点低的液态原药可直接加工成水乳剂，熔点较高者需用适当溶剂。原则上适合加工成乳油的农药，如无水解问题，理论上都能加工成水乳剂。

(2) 溶剂　当使用水不溶的液体农药制备水乳剂时，一般可不加溶剂。但有时为了制作方便常常加入少量的溶剂。水乳剂大多使用非极性有机溶剂，所用溶剂应当对农药的有效成分溶解度、理化性质稳定，且不溶于水（或在水中溶解度小于 0.1%），得到的溶液在生产和产品贮藏期所有温度下是稳定的、无晶体析出、闪点高、挥发性小、无恶臭、低毒、不污染环境、廉价、容易得到。目前，国内一般选择二甲苯，150#、200#溶剂油等芳烃溶剂。

(3) 乳化剂　表面活性剂又称为乳化剂，是一类具有表面活性的物质，能够将不相溶的液体形成稳定的乳状，在水乳剂中具有至关重要的作用。可根据类型分为聚氧乙烯蓖麻油类、聚氧乙烯失水山梨醇脂肪酸酯类、苯乙基酚聚氧乙烯醚等。其乳化能力与亲水亲油平衡值（HLB 值）有关，亲水能力强于亲油时，形成水包油型，反之形成油包水型。乳化剂的用量最低为 2%～3%，一般为 5%～8%。

(4) 增稠剂　水乳剂是一种液-液相分散体系，其油珠粒径在 0.1～10μm 之间，这就存在着液滴聚集问题，水乳剂的液滴聚集现象与悬浮剂有所不同：一种是油珠密度较小时，聚集在体系的上端，析出的水层在底部；一种是油珠密度较大时，聚集在体系的下端，析出的水层在上部。通过加入适量增稠剂可缓解这一矛盾，但不是所有水乳剂品种中都要加入增稠剂。试验中发现，有些水乳剂品种，虽然黏度很低，但即使不加增稠剂也不会发生分层现象，这可能与选择的乳化剂同活性组分有较好的协同性有关，其油珠的粒径多在 0.5μm 以下，这种理想状况在实际配方筛选中较难达到。

(5) 共乳化剂　共乳化剂能改变表面活性剂的表面活性及亲水亲油平衡性，参与形成胶束，调整水和油的极性，水溶性醇可减小水的极性，油溶性醇可增加油的极性，从而增加水乳剂的乳化效果，防止沉淀，使其节约能源和降低成本。

(6) 防冻剂　防冻剂的添加能够有效改善温度较低时的分层现象，常用的防冻剂多为丙二醇、丙三醇等，加入后体系的分散性也可以得到一定程度提高。

(7) 消泡剂　消泡剂大多选用有机硅酮类，因水乳剂中含有一定量的表面活性剂，在加工过程中难免产生气泡。气泡不仅会对制剂稳定性、加工及包装等方面产生影响，对应用亦造成一定阻碍。因此，选择合适的消泡剂是水乳剂产品开发过程重要的一步。

(8) 防腐剂　防腐剂是指能抑制微生物生长，防止水乳剂腐败变质的助剂。在水乳剂中，由于含有水和各种有机成分，容易受到细菌等微生物的侵染。防腐剂的添加可以有效地抑制微生物的生长繁殖，延长水乳剂的保质期。常用的有山梨酸、苯甲酸、苯甲醛、对羟基苯甲醛。1,2-苯并噻唑啉-3-酮(BIT)抗微生物谱广，不含甲醛，在广泛的 pH 值范围内有效，对温度稳定性好，不和增稠剂反应，已被 EPA 和 FDA 批准用于水乳剂和水悬剂作抗微生物剂。

(9) pH 调节剂　为了抑制水乳剂的水解，保持其稳定状态，在加工过程中常常添加一定量的 pH 调节剂。除了一般的无机和有机酸碱作 pH 调节剂外，用磷酸化表面活性剂调节 pH 稳定效果好，不容易出现结晶。

(10) 水　水为乳化剂中主要组成部分。配制水乳剂用水的水质比较重要，一般要求为去离子水，以保证制剂的稳定性。

（二）配方开发

水乳剂的配方开发比较简单。通常方法是将原药、溶剂和乳化剂、共乳化剂添加在一起，使溶解成均匀油相；将水、防冻剂、抗微生物剂等混合在一起形成均一水相。在高速搅拌下，将水相加入油相或将油相加入水相，形成分散良好的水乳剂。根据配方分散乳化难易选择加工设备。分散相细度对水乳剂稳定性影响很大，一般来说，油珠越小稳定性越好。配方中选用的乳化剂的分散乳化能力强，通常搅拌可使分散相达到要求细度。配方分散乳化能力弱，则需要选用具有高剪切搅拌能力的高剪切乳化机。对某些配方，加料顺序和方法可以影响油珠平均细度。日本专利介绍搅拌下将水相慢慢滴入油相，使先形成高黏度油包水型乳剂，之后再加入其余水相，使转相成水包油型水乳剂。这样配制的产品分散相细度高，稳定性好；而将油相加入水相所得产品分散相细度低，稳定性较差。

（三）乳状液稳定性的研究手段

（1）离心稳定性测定　将制得的乳剂盛于离心管，放入离心机。调节离心机转数为2000r/min，离心15min后，以移液枪吸取50μL于25mL容量瓶中，加水稀释至刻度，混匀。以水为空白，在550nm波长下，测定其吸光度值 A_t。同法取50μL原乳剂样品，稀释、定容在同一波长下测定吸光度值 A_0。

乳剂离心前后光密度变化百分率称为稳定常数，用 K_E 表示，表达式为：$K_E=|(A_0-A)/A_0|\times100\%$。式中，$A_0$ 为未离心乳剂稀释液的吸光度；A 为离心后乳剂稀释液的吸光度。

当 $A_0-A>0$（或 $A_0-A<0$）时，分散相油滴上浮（或下沉），乳剂不稳定；当 $A_0-A=0$，即 $A_0=A$ 时，分散相基本不变化，乳剂稳定。即 K_E 值越小，说明分散油滴在离心力作用下上浮或下沉得越少，此乳剂越稳定。稀释倍数以吸光度值在0.3～0.7范围为好，在同样条件下，K_E 愈小，乳剂愈稳定。

（2）电导率测定　此法利用电导仪测定乳状液固定位置的电导值（也可换算成摩尔电导率），绘制电导值（或摩尔电导率）与增溶水量关系图，从曲线波动情况来判断乳状液的稳定性。此法可以连续监测乳状液状态的变化，获得动态过程信息，直观地反映乳状液的稳定性，是检测乳状液稳定性的一种有效途径。

（3）显微镜观察　利用光学显微镜可以对乳状液的微观结构进行观察，乳状液的微观结构与稳定性有直接的关系，乳状液的平均粒径越小，则稳定性越好。

（4）粒径测定　乳状液由于液滴粒径大小不均匀，小液滴容易与大液滴合并，加快聚结、沉降及析油等不稳定现象的发生。此外，根据斯托克斯公式，液滴的沉降速率与其粒径大小有关，即粒径越小，沉降速率越慢。奥氏熟化是乳状液体系中经常发生的一种不稳定现象，是指由于两相间存在一定的溶解度，且大液滴溶解度低于小液滴，从而导致小液滴消失，而大液滴增大的现象。根据LSW理论，发生奥氏熟化时液滴平均粒径的三次方与时间呈线性关系。由此可见，液滴粒径越小，分布越集中，越有利于乳状液体系的稳定。因此，通过测定体系液滴粒径大小及其分布可以判断乳状液的稳定性。近年来，一些新的粒度测试方法和仪器应运而生，其中基于动态光散射原理的激光粒度仪以其快速、准确、重复性好的突出优点已得到广泛应用，为乳状液液滴粒径的测定和稳定性评价提供了方便。

（5）界面张力测定　将一定体积的液体石蜡装进四面透光的矩形玻璃器皿中，利用仪器自带的不锈钢平头针（外径1.65mm，内径1.16mm）向油相缓缓注入一滴表面活性剂，确保液滴足够大而不掉落，随即利用仪器的摄像系统对油相中的液滴的外形进行连续采集。通过Young-Laplace方程对采集到的图像进行界面张力计算。整个过程维持20min，获取界面张力随时间变化的趋势。

根据表面能公式可知，降低界面张力对乳状液的稳定是一个有利的因素，但不是决定因素。乳状液稳定的决定性因素是界面膜强度。界面张力降低的同时，界面膜的强度也随之减弱，故其体系的稳定性也会下降。因此，尽管体系界面张力低有利于乳状液稳定，但界面膜强度同时减弱，不利于乳状液稳定，表现为乳状液的稳定性随界面张力增加而增强。根据乳状液基本理论，可以用粒径分布曲线表示乳状液稳定性，若分布曲线随时间变化明显，就表明乳状液不稳定。如果分布曲线显示出小粒径的液珠多，分布集中，随时间变化小，就表明该乳状液具有较高的稳定性。因此根据粒径分布曲线中小粒径颗粒分布集中的程度以及随时间变化程度可知乳状液的稳定程度。随着界面张力的降低，乳状液液滴的平均粒径变大，很容易聚并，稳定性下降。

(6) Zeta 电位测定　将不同浓度的表面活性剂的水溶液，用浓度为 0.1mol/L 的 NaOH 或 HCl 分别调节分散液的 pH，超声分散 5min，并静置于 25℃恒温箱 24h 以达到平衡。在测试之前利用 pH 酸度计重新校正分散液 pH 值。取 3mL 待测分散液于塑料比色皿中，在 25℃下利用 Zeta 电位及纳米粒度分析仪测定纳米颗粒的 Zeta 电位。

(7) 动态表面张力测定　悬滴法是基于数字成像技术，是一种现代化、计算机化的测量方法。测试过程中，使用标准注射器注射出定量液滴，将梨形液滴悬置于针头，采用高清摄像头实时捕捉并记录液滴形态变化，以标准针头外径作为拟合计算的标尺，通过软件处理对液滴轮廓进行 Young-Laplace 拟合，即可得到动态表面张力数值。

(8) 黏度及流变特性测定　通过旋转流变仪在 25℃下以 0.1～100/s 的剪切速率测量样品的黏度。使用直径为 35mm 的平板夹具或者使用直径为 40mm 的锥板夹具确定乳脂层的黏度。

(9) 动态扩张流变参数测定　乳化剂分子通过紧密排列在液滴周围形成一定强度的界面膜，阻止了小液滴的聚结合并，从而使乳状液保持较高的稳定性，而界面扩张流变学研究可阐明乳化剂所形成的界面膜在外力作用下的流动和形变，因此是研究乳状液稳定性的一种重要手段。在实际应用中，通常采用 Langmuir 槽和气泡/液滴扩张两种技术，运用小幅低频振荡和界面张力弛豫分析方法，系统研究不同条件下扩张频率对扩张模量和相角等参数的影响规律。其中相角即黏性部分和弹性部分的比值，是对界面膜黏弹特性的定量表征，相角越小，表示界面膜弹性越强。而界面扩张黏弹性反映了界面膜抵抗扩张形变的能力，与乳状液的稳定性密切相关。因此，研究界面扩张流变学可以加深对界面膜微观结构的认识，深刻反映与液/液界面现象相关的内在规律，有助于了解乳化剂分子在界面上的吸附及其相互作用，对阐明乳状液稳定性和破乳机理均具有重要意义。

(10) 多重光散射　由于乳状液通常为乳白色不透明体系，在采用粒径大小及分布测定法、显微镜观察法和分光光度法等进行研究时都需要对乳状液进行稀释，因而严重降低了研究的准确性。法国 Formulaction 公司基于多重光散射技术，研究开发了一系列不同型号的 TurbiscanLab 分散稳定性分析仪，能够在不需要稀释和破坏样品的基础上，利用穿透力极强的近红外脉冲光源（γ=880nm）进行垂直扫描，通过测量底部的背散射光强度和顶部的透射光强度，给出沉淀层、浮油层或澄清层厚度随时间变化的关系曲线，快速、准确地分析悬浮液、乳状液和泡沫液等分散体系的乳化、絮凝和沉淀等现象，并可定量分析上述现象发生的速率以及粒子的平均粒径、浓度等特性。

五、水乳剂的加工工艺

水乳剂是水包油（O/W）型乳状液，水乳剂的形成将遵循乳状液形成规律。制备水乳剂的方法可分为：

反相乳化法——预先将乳化剂加入油相，然后再加入水相的方法；

直接乳化法——预先将乳化剂加入水相中，然后再加入油相的方法；

D相乳化法，即将油相分散于含水和多元醇的表面活性剂溶液中，形成O-D乳状液，然后向其中加入水即形成水乳剂的方法；

交互添加法，即在搅拌下逐渐将油相和水相交互加于乳化剂中，使两相混合的方法。齐武在对高效氟氯氰菊酯进行加工时发现，反相乳化法和D相乳化法加工的水乳剂粒径分布基本集中在0.8～1.8μm之间，而D相乳化法加工的水乳剂比反相乳化法加工的水乳剂粒径分布更窄，1μm左右的粒子居多，而直接乳化法加工的水乳剂的粒径分布在0.86～20.60μm之间，且出现双峰值。桂文君等在研究5.7%氟氯氰菊酯水乳剂时，首先调制水在油组分（有效成分）中分散的W/O型乳状液，然后在其中加入水，使之发生转相，得到O/W型乳状液，获得了粒径较细、稳定性良好的水乳剂。根据制剂本身特点，选择合适的加工方式以形成较窄的粒度分布，从而有利于提高水乳体系的稳定性。

六、水乳剂的性能指标及检测方法

（一）质量指标检测

（1）外观　目测法，外观为均匀乳白色的液体。

（2）有效成分含量　含量是对所有农药制剂的基本要求，是必须严格控制的指标，一般要求等于或大于标明含量，于此而言，含量大小是根据该农药品种配制的可行性和适用性而确定的。有效成分测定：

$$X = \frac{\text{有效成分原始含量} - \text{热贮后有效成分含量}}{\text{有效成分原始含量}}$$

（3）相关杂质含量　生产或储存过程中产生的副产品，相关杂质以≤%表示。

（4）其他限制性组分含量　含安全剂、稳定剂、增效剂等其他限制性组分的产品，其含量应由标明含量和允许波动范围组成，允许波动范围参照化学农药制剂要求。

（5）酸/碱度（以H_2SO_4或NaOH计）或pH范围　酸度或碱度的测定按HG/T 2467.1—2003中进行；pH值的测定按GB/T 1601—2023进行。pH值对水乳剂的稳定性，特别是有效成分的化学稳定性影响很大。因此，对商品水乳剂的pH值应有明确规定，以保证产品质量。具体数值应视不同产品而定。可用pH计按农药有关标准方法测定。

（6）乳液稳定性　取供试水乳剂样品稀释后静置，上无浮油，下无沉淀，无分层为合格。

（7）倾倒性　根据GB/T 31737—2015进行测定。置于容器中的水乳剂试样放置一定时间后，按照规定的程序进行倾倒，测定滞留在容器内试样的量；将容器用水洗涤后，再测定容器内的试样量。

（8）持久起泡性　根据GB/T 28137—2011进行测定。持久起泡量（1min后）≤25mL者合格。

（9）低温稳定性　根据GB/T 19137—2003规定的低温稳定性的测试方法进行。将样品于（−5±1）℃的循环冷却液中保持数天后，其间能保持乳化均匀或轻微摇动无可见粒子和油状物者为合格。

（10）热储稳定性　根据GB/T 19136—2021规定的热储稳定性的测试方法进行。样品置于（54±2）℃的恒温箱中贮存，计算分解率，分解率≤5%者为合格。

（二）理化性质指标检测

（1）外观（颜色、物态、气味） 颜色测定：对于不透明的物质，取一定量被试物置于白色背景上，对样品的色度、色调和亮度进行评价，给出诸如“褐色”“浅黄”的定性描述。对于透明液体，取适量被试物于无色透明玻璃试管或比色管中，对样品的色度、色调和亮度进行评价，给出诸如“褐色”“浅黄”的定性描述。

物理状态测定：取一定量被试物置于白色背景上，对样品进行评价，给出诸如“固体”“颗粒”“半固体”“晶状固体”“无定形固体”“固液混合物”“液体”“乳液”“透明液体”“粉末”等的定性描述。

气味测定：取一定量被试物置于适当容器中，对样品进行评价，给出诸如“蒜味”“含硫化合物的气味”“芳香化合物的气味”等的定性描述。

（2）密度 根据 GB/T 32776—2016 规定的密度的测试方法进行。将试样置于规定温度下恒温，又在几乎相同的温度下放入量筒。将适当的比重计放入样品中平衡后对比重计读数，作为试样密度。

（3）黏度 根据 NY/T 1860.21—2016 规定的黏度的测试方法进行。使恒温水浴达到所需温度，测定液体通过毛细管黏度计刻度线的时间以得到黏度。

（4）氧化/还原性 根据 NY/T 1860.10—2010《农药理化性质测定试验导则 第 10 部分：氧化/还原：化学不相容性》来做试验，通过被试农药与常见氧化剂（过氧化钠或高锰酸钾等）、还原剂（铁粉或锌粉）、常见灭火剂（磷酸二氢铵或二氧化碳）和常见溶剂（水）以及煤油（或松节油）接触时是否发生危险性反应，记录从试验开始至试验结束 24h 内所观察到的试验现象，包括显著升温（超过 5℃）、释放气体、发出烟雾、液体飞溅以及着火等现象，根据观察到的现象，对试验农药的化学不相容性进行综合判断。

（5）对包装材料的腐蚀性 根据 NY/T 1860.16—2016 进行测试。在包装容器中添加被试物，被试物量应与实际包装量相近，一般为容器空间的 80%～90%。将添加被试物的包装容器置于试验温度下贮存。可选择下列贮存条件：(54±2)℃贮存 2 周、(50±2)℃贮存 4 周、(45±2)℃贮存 6 周、(40±2)℃贮存 8 周、(35±2)℃贮存 12 周和(30±2)℃贮存 18 周。或者结合常温贮存稳定性试验进行。试验结束后，使用相应试剂对包装容器进行清洗，但需避免损伤包装容器的保护层。然后用清水淋洗、干燥。对清洗后包装容器的外观进行检查和描述，观察是否有孔蚀、变色、生锈、渗漏等现象。使用分析天平称量清洗后的包装容器质量。空白试验：使用未接触过被试物的包装容器作为空白样本，使用分析天平称其质量，然后进行同样的清洗和干燥过程。称量清洗后空白包装容器。如对清洗后包装容器的外观进行检查，未观察到有孔蚀、变色、生锈、渗漏等现象，则判定为被试物对包装材料不具有腐蚀性。

（6）爆炸性 根据 NY/T 1860.6—2016《农药理化性质测定试验导则 第 6 部分：爆炸性》进行热敏性测试以及机械敏感性测试。

（7）闪点 根据 NY/T 1860.11—2016 标准进行闪点测试。

应根据被试物的性质和闪点范围，选择适当的方法：

闪点低于 93℃，而且 25℃时黏度低于 $9.5\times10^{-6}m^2/s$ 时，可使用泰格闭口杯法测定；

闪点大于 40℃的液体，包括可燃液体，带悬浮颗粒的液体及试验条件下表面趋于成膜的液体，可使用宾斯基-马丁闭口杯法测定；

闪点在−30～70℃范围内的液体或混合物(液体、黏性物质或固体)，可使用阿贝尔闭口杯法测定；

闪点在−18～165℃之间，可使用泰格开口杯法测定；闪点在 79～400℃之间，可使用克利夫兰开口杯法测定。

七、水乳剂的发展展望

水基化的制剂绿色安全，但水乳剂热力学不稳定、界面性能较差。纳米乳液是一类液相以液滴形式分散于第二相的胶体分散体系，呈透明或半透明状，粒度尺寸在 1～100nm 之间，也被称为细乳液、超细乳液、不稳定的微乳液和亚微米乳液等。纳米乳液是热力学不稳定体系，制备过程需要外界能量的输入。由于纳米乳液粒径小且分布范围窄，液滴本身的布朗运动剧烈，能在很大程度上克服重力引起的沉降使体系趋于分散，所以具有较高的动力学稳定性。与其他类型乳液相比，纳米乳液具有以下几方面优势：

（1）纳米乳液体系通常黏度较小，流动性良好，具有良好的外观和触感；

（2）纳米乳液较小的粒径有利于液滴在植物叶面的均匀沉积，促进活性物质的渗透；

（3）与微乳液相比，制备纳米乳液所需的表面活性剂浓度较低；

（4）纳米乳液液滴极大的表面积和较小的表面张力，使其对水难溶性物质有较高的溶解和传递能力。因此，将纳米乳液概念引入农药水乳剂的制备中开发性能优异的纳米乳液，以解决普通水乳剂的稳定性问题。纳米乳液的优点是粒径小，通过布朗运动可克服重力作用，因此在储藏过程中不会出现沉淀，同时也阻止了絮凝状物质的产生，使体系达到均一。但是，纳米乳液在热力学上是不稳定的，且液滴粒径越小，所具有的界面能越高，越有利于奥氏熟化的发生，小液滴中的流体越容易转移到大液滴中，最终导致乳液的粗化，因而纳米乳体系的稳定性是配方研究的重要工作。

第六节　微乳剂

农药微乳剂近年来一直被认为是一类安全、环保、水基性的新剂型。微乳剂将不溶于水的农药原药直接溶于有机溶剂中形成油相，然后添加乳化剂、助溶剂等，并在混合过程中与水充分融合，形成在光学上各向同性、热力学上稳定且经时稳定的透明或半透明的胶体分散体系。

随着人们环境保护意识的增强，人们必须思考如何制备绿色农药和绿色农药制剂，并将它们应用于农业生产中。因此，农药加工的剂型向着环保、节能、省力的方向发展，其中水包油（O/W）型农药微乳剂作为一种新剂型成为研究热点，这种微乳剂剂型具有药效高、对环境污染小等特点。

一、微乳剂概述

（一）微乳剂的定义

微乳剂（micro-emulsion，剂型代码 ME）是有效成分在水中呈透明或半透明的微乳状液体制剂，直接或用水稀释后使用。微乳剂由农药原药、表面活性剂、水等组成，它以水为基质，不用或仅用少量有机溶剂，含适量表面活性剂与其他助剂，为透明单相液体制剂。

（二）微乳剂的特点

微乳剂作为优秀的水基化制剂发展迅速，也是药效发挥最优的制剂之一。微乳剂尺度在纳米以下，外观及性能方面具有如下性质：

（1）外观为透明均一液体。

（2）液滴粒径较小，其半径一般在0.01～0.1μm之间，属于纳米级别制剂。

（3）物理稳定性好，微乳状液的微粒性质使其在重力场中的行为与一般乳状液有显著差别，配方组成合适的微乳剂不会发生液滴凝聚作用，而且加热时的液滴增大过程是可逆的。

（4）O/W型的微乳剂导电率与水的相近，W/O型微乳剂导电率很低。

农药微乳剂一般制成O/W型，具有如下特点：

（1）闪点高、不燃不爆，生产、贮运和使用安全。

（2）不用或少用有机溶剂，环境污染小，对生产者和使用者的毒害减轻，有利于生态环境质量的改善和能源节约。

（3）微乳液的粒子微细，对植物和昆虫细胞有良好渗透性，吸收率高，与相同有效成分含量的乳油相比，防效显著提高。

（4）水为基质，产品成本低，包装容易。

然而，微乳剂也存在以下问题：

（1）与乳油和水乳剂相比，微乳剂的表面活性剂使用量较大，一般微乳剂的表面活性剂用量在15%以上，有些农药品种的用量超过20%。此外，微乳剂极性溶剂用量同样较大。

（2）并不是所有的有效成分都可以加工成微乳剂。

（3）部分微乳剂产品透明温度范围较窄，贮存过程中易出现分层、沉淀等质量问题，兑水稀释使用时，易析出结晶或油层，影响药效或产生药害。

（三）国内外发展历史与现状

早在20世纪40年代，Hoar和Schulman等发现油-水混合物体系通过添加表面活性剂便能自发地形成透明均一的分散体系，其所形成的液滴粒径较小，因此将这种体系命名为微乳液。从狭义上来讲，微乳剂是热力学上稳定的、膨胀的大胶团（或胶束）分散体系油-水-表面活性剂形成透明或半透明的单相体系；广义上认为它是透明或半透明的经时稳定的分散体系。农药微乳剂其液滴粒径一般为0.01～0.1μm。在日用化学、化妆品、机械切削油、洗涤、采油、涂料、药物等诸多领域都已应用了微乳液。20世纪70年代起美、英、德等国家都有关于微乳剂的报道，涉及领域包括卫生用药和农用杀虫剂、杀菌剂、除草剂等。在农药微乳液研究中，80年代国外有关专利就有用非-阴离子复配制农药微乳剂的报道，90年代，菊酯类微乳剂产品在市场广泛推广。我国80年代后期开始涉及家庭卫生用药的微乳剂开发，90年代开始研发拟除虫菊酯类杀虫剂微乳剂用在蔬菜和棉花上防治害虫。

目前，我国农药销售以乳油为主，约占30%，每年使用的有机溶剂投入巨大。这些溶剂在加工时不仅存在易燃易爆和中毒问题，而且在使用中对人类和哺乳动物以及环境构成直接危害，同时，浪费生产资源。农药微乳剂是一种安全、环保型水基性的新剂型，也是一种代替农药乳油的优良液体剂型，目前已得到快速发展。

二、微乳液形成的理论基础

（一）性质

将两种彼此互不相溶的液体在表面活性剂等助剂的作用下形成的热力学稳定的、各向同性的、外观透明或者半透明、粒径在 1～100nm 之间的 O/W 型和 W/O 型的分散体系称为微乳液。与普通乳状液和胶团溶液相比，微乳液是自发形成的，不需要外界提供能量，是一种热力学稳定体系。目前我国有关微乳体系的形成机理研究发展迅速。主要包括瞬时负界面张力理论、双重膜理论、几何排列理论、*R* 比理论以及热力学理论几种形成理论。

（二）形成的机理

（1）瞬时负界面张力理论　Schulman 和 Prince 等针对微乳液的形成提出了瞬时负界面张力理论。该理论认为水油体系界面张力借助表面活性剂的作用大大降低，若在水-油-表面活性剂体系中再加入助表面活性剂则界面张力进一步降低至 10^{-5}～10^{-3}mN/m，甚至产生瞬时的负界面张力 $\gamma<0$。由于负界面张力是不能存在的，体系自发扩张界面的结果是表面活性剂和助表面活性剂吸附于油水界面，从而形成微乳液。若是液滴有发生聚结的趋势，那么界面面积缩小又产生负界面张力，从而对抗液滴聚结保持微乳液的稳定性。瞬时负界面张力理论可以解释微乳液的形成和稳定性，但不能说明微乳液形成的类型。

（2）双重膜理论　以 Schulman 和 Prince 为代表，认为微乳液是多相体系，它的形成是界面增加的过程。他们从表面活性剂和助表面活性剂在油水界面上吸附形成作为第三相的混合膜出发，认为混合吸附膜的存在使油水界面张力可降至超低值，甚至瞬间达负值。同样地，由于负的界面张力不能存在，从而体系自发扩大界面形成微乳，界面张力升至平衡的零或极小的正值。因此微乳形成的条件是相体系，它的形成是界面增加的过程。因此微乳形成的条件是：

$$\gamma = \gamma_{O/W} - \pi < 0 \tag{4-3}$$

式中，γ 为微乳体系平衡界面张力；$\gamma_{O/W}$ 为纯水和纯油的界面张力；π 为混合吸附膜的表面压。

但是油水界面张力一般在 50mN/m 左右，吸附膜的表面压不可能达到这一数值，因此用有助表面活性剂存在时的油水界面张力$(\gamma_{O/W})a$ 取代式（4-3）中的 $\gamma_{O/W}$，式（4-3）可变为：

$$\gamma=(\gamma_{O/W})a-\pi<0 \tag{4-4}$$

助表面活性剂的作用是降低油水界面张力和增大混合吸附膜的表面压。此外，助表面活性剂参与形成混合膜，对提高界面柔性使其易于弯曲形成微乳液也有重要贡献。混合膜作为第三相介于油和水相之间，膜的两侧面分别与水、油接触形成水-膜、油-膜两个界面，各有其界面张力和表面压，总的界面张力或表面压为二者之和。当混合膜两侧表面压不相等时，膜将受到剪切力而弯曲，向膜压高的一侧形成 W/O 或 O/W 型的微乳液。

（3）增溶理论　以 Shinoda 和 Friberg 为代表，认为微乳液是胀大的胶团。当表面活性剂水溶液浓度大于临界胶束浓度（CMC）值后，就会形成胶束，此时加入一定量的油，油就会被增溶。随着进入胶束中油量的增加，胶束溶胀而变成小油滴微乳液。增溶这一过程是自发形成的，所以微乳化也能自动生成。

（4）几何排列理论　Robbins、Mitchell 和 Ninham 等从形成微乳液界面膜的表面活性剂和助表面活性剂分子的几何排列角度出发，提出了界面膜中排列的几何模型。该理论解释了界面膜的优先弯曲和微乳液的结构问题。几何排列模型认为界面膜在性质上是一个双重膜：极性的亲水基头和非极性的烷基链分别与水和油构成分开的均匀界面。在水侧界面，极性头水化形成水化层；而在油侧界面，油分子穿透到烷基链中。几何排列模型考虑的核心问题是表面活性剂在界面上的几何填充。用填充参数 V/a_0l_c 来说明问题，其中 V 为表面活性剂碳氢链部分的体积；a_0 为其极性基的截面积；l_c 为其碳氢链的长度。对于有助表面活性剂参与的体系，上述各值为表面活性剂和助表面活性剂相应量的平均值。可见，填充系数反映了表面活性剂亲水基与疏水基截面积的相对大小。当 $V/a_0l_c>1$ 时，碳氢链截面积大于极性基的截面积，有利于界面凸向油相即有利于 W/O 型微乳液形成；当 $V/a_0l_c<1$ 时则有利于 O/W 型微乳液形成；当 $V/a_0l_c\approx1$ 时有利于双连续相结构的形成。

（5）R 比理论　和上面几种微乳液形成的理论相比，R 比理论从最直接的分子间相互作用角度出发，认为表面活性剂和助表面活性剂与水和油之间存在相互作用，并定义为 $R=(A_{CO}-A_{OO}-A_{LL})/(A_{CW}-A_{WW}-A_{HH})$，其中，$A_{CO}$ 为表面活性剂亲油基与油分子间的内聚能；A_{OO} 为油分子间的内聚能；A_{LL} 为亲油基间的内聚能；A_{CW} 为亲水基与水之间的作用能；A_{WW} 为水分子之间的作用能；A_{HH} 为亲水基间的内聚能。当 $R<1$ 时，微乳体系形成 O/W 型结构，并且微乳液滴将随着 R 的增大而增大，油的增溶量增加，直至形成液晶相结构；当 $R>1$ 时，随着 R 比的减小，成为 W/O 型微乳体系。并且水的增溶量增大，液滴半径增大，直至 $R=1$，体系形成双连续相结构（中相微乳液）。上述 3 种微乳相分别又称为 WinsorⅠ型、WinsorⅡ型和 WinsorⅢ型微乳体系。

（6）热力学理论　Ruchenstein 等从热力学的角度出发，认为微乳液形成过程中的吉布斯自由能变由两部分组成。一部分是由界面面积增加引起自由能增加；另一部分是由大量微小液滴的分散引起体系构型熵的增加，使得自由能减小。因此体系的自由能变可写为：

$$\Delta G=n(4\pi r^2)\sigma-T\Delta S$$

$$\Delta S=-nk[\ln\varphi+(1/\varphi)\ln(1-\varphi)]$$

式中，n 为分散相液滴数；r 为液滴半径；σ 为界面张力；k 为玻尔兹曼常数；φ 为分散相所占的体积分数；T 为温度，K。

可以看出当 σ 小于一定值时，ΔG 即 <0，过程自发进行。这样，Ruchenstein 通过分析表面能和构型熵对自由能的综合影响，从理论上证明了热力学稳定的微乳液是可以达到的。

三、微乳剂的配制

（一）配方组成

（1）农药原药　符合制备微乳剂的农药有效成分种类包括：

① 在水中稳定的农药有效成分，如拟除虫菊酯类，阿维菌素类，烟碱类，有机磷中的辛硫磷、毒死蜱、二嗪类、三唑磷等，大多数的氨基甲酸酯类等。

② 固体原药必须在有机溶剂中具有一定的溶解度，否则不易制成微乳剂，如磺酰脲类除草剂。

③ 有些高熔点的固体原药也能制成微乳剂，如阿维菌素。

农药微乳剂有效成分的含量一般较低，质量分数大多数不超过 20%，当然也有少数几种含量较高，如毒死蜱可以制成 30%微乳剂，乙草胺可以制成 50%的微乳剂。有效成分含量的高低与制剂的稳定性、药效、成本等因素有关，比如烯唑醇能制成 5%的微乳剂，达到 8%则乳液不稳定；三唑酮能制成 10%的微乳剂，若制成 15%则乳液不稳定。

（2）乳化剂　在制备微乳剂时，如何选择表面活性剂是非常关键的问题，因为不论是按照混合膜理论，还是增溶作用理论，形成微乳剂的先决条件都是表面活性剂。它的作用在于降低表面张力，形成吸附膜。选择表面活性剂时应参考它的 HLB 值和临界胶束浓度（CMC）。通常极性较大的有效成分，选择较高 HLB 值的表面活性剂，极性较弱的有效成分，可以选择较低 HLB 值的表面活性剂；高 HLB 值的非离子表面活性剂与低 HLB 值的表面活性剂搭配使用，可以制备透明温度范围宽广的微乳剂。常用的非离子表面活性剂有：苄基联苯酚聚氧乙烯醚、苯乙基酚聚氧乙烯醚、苯乙基酚聚氧乙烯聚氧丙烯醚、壬基酚聚氧乙烯醚、烷芳基酚聚氧乙烯醚甲醛缩合物、国产农乳 300 号、国产农乳 700 号等。可用的阴离子表面活性剂有：烷基苯磺酸（钠、钙、镁）盐等、烷基酚聚氧乙烯磷酸盐、三苯乙基苯酚聚氧乙烯磷酸盐和硫酸盐等。

（3）溶剂　溶剂一方面可用于溶解原药，另一方面可以改善制剂的物理性能如流动性、外观稳定性、稀释稳定性等，防止有效成分的结晶析出，防止结冻等。因此配制微乳剂时需选择适配的溶剂，保证制剂其他组分相容性好并达到物理化学稳定性要求。

（4）稳定剂　物理和化学稳定性是两个主要的指标。在不稳定的情况下必须添加稳定剂。

除了添加 pH 缓冲液保持适宜的 pH 范围来抑制分解外，还可添加各种稳定剂，用于减缓分解。

（5）防冻剂　由于微乳剂中含有大量水，在低温地区生产和使用需考虑防冻问题。目前常用的防冻剂有乙二醇、异丙醇、丙三醇等。

（6）水及水质要求　水质对微乳剂的影响主要是水中的 Ca^{2+}、Mg^{2+}会破坏非离子表面活性剂的亲水亲油平衡，引起微乳剂浊点的降低，从而导致微乳剂透明温度区域变窄。

（二）研究方法

微乳剂配方的选择对其工业化有着重要的意义。但配方的设计开发过程仍有诸多不足。如设计好的配方价格偏高、稳定性差等。如何在满足综合性能的前提下实现农药微乳液配方的最佳组合则是广大农药研发人员所面临的技术难题。农药微乳液的配方设计是一个复杂的过程。目前常用的微乳剂配方研究方法为相图法，再结合正交试验，此方法下得到的配方是最佳的、效果显著的，同时节省了人力财力。

正交实验设计，简称正交法，是一种减少实验次数、缩短实验周期、降低实验成本、快速得到优化方案的数学统计法。在微乳剂配方筛选中，由于配方体系因素较多，可采用正交实验，从而减少试验次数。

相图是用相律来讨论平衡体系中相组成随温度、压力、浓度的改变而改变的关系图。微乳体系是多组分体系，只含有水、油和表面活性剂的三元体系并不多见，通常为四元或四元以上体系。如果使用混合表面活性剂或混合油，则体系将更为复杂。微乳体系中同时存在、相互处于平衡状态的相称为共轭相。共轭相现象是微乳体系的重要特征，研究平衡共存的相数及其组成、相区边界是十分重要的。在这方面，最方便、最有效的工具就是相图。在等温等压下三组分体系的相行为可以用平面三角形来表示，称为三元相图。对四组分体系，需要采用立体正四面体，而四组分以上的体系就无法全面地表示了。通常对四组分或四组分以上体系，采用变量合并法，比如固定某两个组分的配比，使实际独立变量不超过三个，从而仍可用三角相图来表示。这样的相图称为拟三元相图。拟三元相图与真三元相图的一个重要区别是真三元相图中三相区是一个连接三角，而在拟三元相图中却不是。微乳剂的组成通常采用拟三元相图进行研究，实际应用中，可以将任意两个变量合并，甚至三个组分都可以是合并的变量。确定适当的表面活性剂和助表面活性剂后，可以通过相图找出微乳区域，各组分的关系可以比较精确地确定，而且可以预测微乳液的特征。通过三相图（图 4-3）研究微乳剂配方是研究中一个重要的辅助方法。

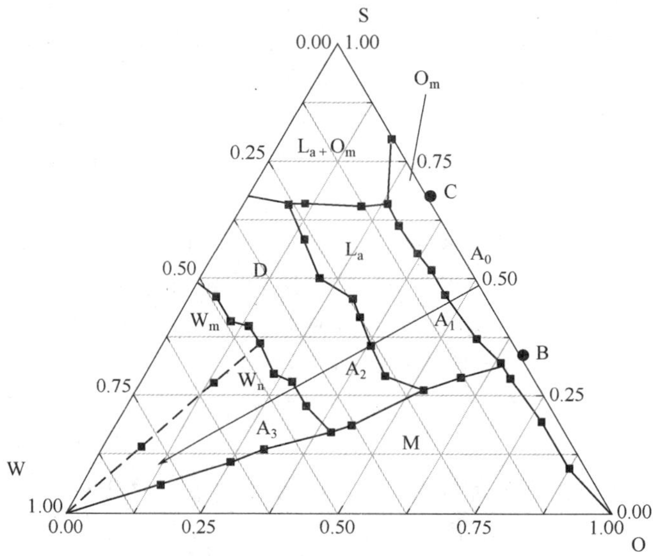

图 4-3　微乳液系统的三相图

图中 S 代表表面活性剂；W 代表水；O 代带油

四、微乳剂的物理稳定性

（1）浊点　浊点（cloudpoint）是非离子表面活性剂的特性之一。某些微乳剂（特别是含非离子表面活性剂的体系）溶解度随温度升高而降低，当达到某一温度时溶液变白、浑浊，因此将该温度称为浊点。非离子表面活性剂是借助于其中的氧原子与水分子中的氢原子之间形成氢键，当温度低于浊点时氢键形成，非离子表面活性剂溶解；当温度高于浊点时氢键断裂，非离子表面活性剂从水中游离出来。一般而言，亲水性较强的非离子表面活性剂，其浊点高；而亲油性较强的非离子表面活性剂，其浊点低。浊点是以非离子表面活性剂为主要组分的微乳剂的特性与质量技术指标之一。其浊点高低不仅与原药性质有关，还被所含表面活性剂的种类和用量而影响。

（2）低温稳定性　微乳剂低温稳定性是指在低温时不产生不可逆的结块或混浊。微乳剂低温稳定性是微乳剂制剂的主要质量技术指标之一。在低温下短时间的浑浊有可能是可逆的，在常温下可恢复透明；而原药析出结晶或制剂分层则往往是不可逆的，会导致微乳剂理化性状恶化，或液相中有效成分降低，影响药效，或增大药害的危险。有机溶剂对微乳剂的低温稳定性具有显著的影响。在目前生产上，常常添加乙二醇等防冻剂来保证微乳剂在低温下仍保持稳定。

（3）微乳液稳定性　有关微乳液稳定性研究方面，我国不少学者对其进行了不同角度的研究。微乳剂配方中各个成分对微乳液稳定性均有影响。对于某些乳液不稳定的微乳剂有效成分，采用混合溶剂是保证微乳液稳定的有效途径。混合溶剂使微乳液的粒径分布趋于均匀，提高了乳液稳定性。微乳液稳定的要求，往往对其有效成分的质量分数有一定的限制。只有在微乳液稳定的前提下，才能选定合适的有效成分质量分数。因此，微乳液稳定性是确定有效成分最佳质量分数的一个重要条件。

（4）活化能与制剂稳定性　微乳剂稳定性与助表面活性剂有很大的关系。一般认为，助表面活性剂醇的碳链越长，活化能（ΔE）越高，微乳液液滴界面膜的强度越大，形成的微乳液越稳定。

（5）粒径及分布与制剂稳定性　农药微乳剂液滴粒径一般为 0.01～0.1μm。液滴尺寸比普通乳液更小，粒径一般都小于 0.1μm（100nm）。当用电子显微镜观测时，发现液滴越细，分布越窄，当液径为 30nm 时，液滴都为同样大小的圆球。一般普通乳液粒径在 0.5～10μm，甚至更大，分布较宽，即液滴粒径大小较悬殊。此外，液滴粒径越小，乳液越稳定，但不宜过分追求小粒径，粒径过小，微乳剂则更不稳定。

五、微乳剂的加工方法及生产工艺

1．直接法

将乳化剂和水混合成水相，将油溶性的农药加入水相，并不断搅拌，复配成透明的水包油型农药微乳剂（如图 4-4）。

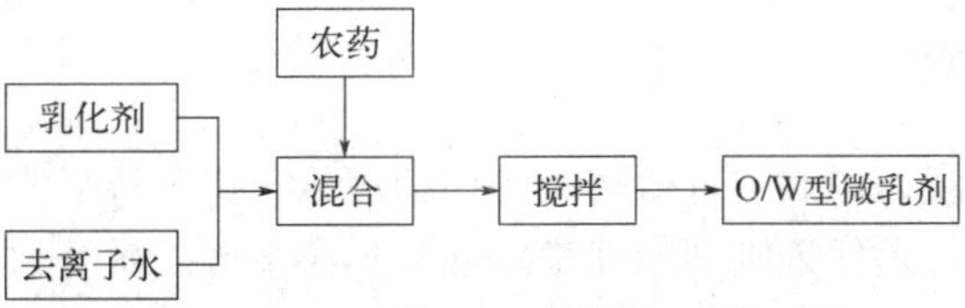

图 4-4　直接法制备微乳剂流程图

2．可乳化油法

将乳化剂溶解于农药油相中，形成透明溶液，后将油相加入水中或将水相加入油中，不断搅拌，复配成透明的水包油型农药微乳剂或油包水型农药微乳剂（如图 4-5）。

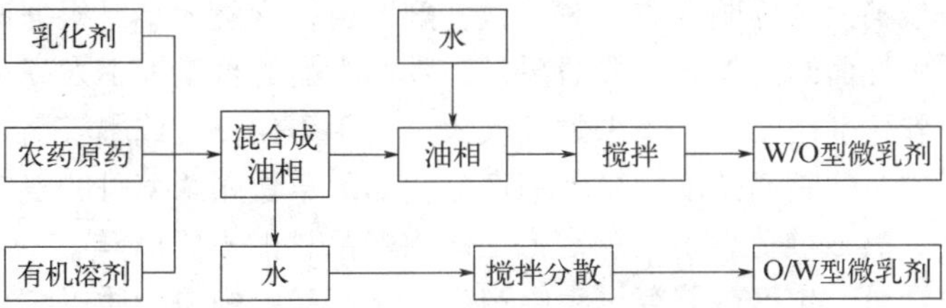

图 4-5　可乳化油法制备微乳剂流程图

3．转相法

将有机溶剂、农药原药和乳化剂混合成均匀透明的油相，缓慢加入水相，不断搅拌，形成油包水型乳状液，继续搅拌加热，使其迅速转相成水包油型乳状液，冷却至室温使之达到平衡，最后过滤得到稳定的水包油型农药微乳剂（如图 4-6）。

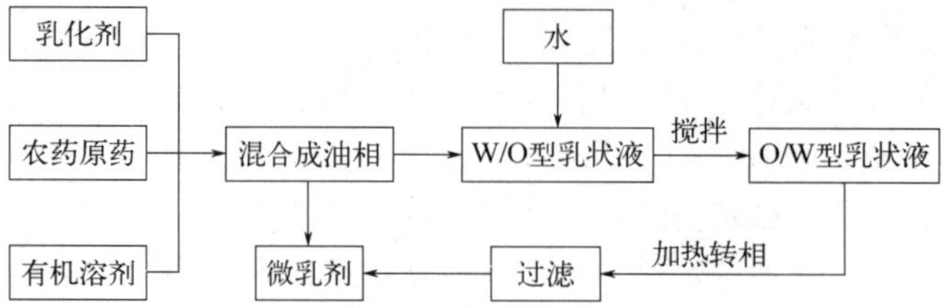

图 4-6　转相法制备微乳剂流程图

4．二次乳化法

当农药体系中存在油溶性和水溶性两种不同性质的农药时，可将农药水溶液和低 HLB 值的乳化剂混合成油相，通过强烈搅拌，得到粒子在 100nm 以下的油包水乳状液，再将其加入高 HLB 值乳化剂的水溶液中，平稳混合，得到油包水水包油型农药微乳剂（如图 4-7）。

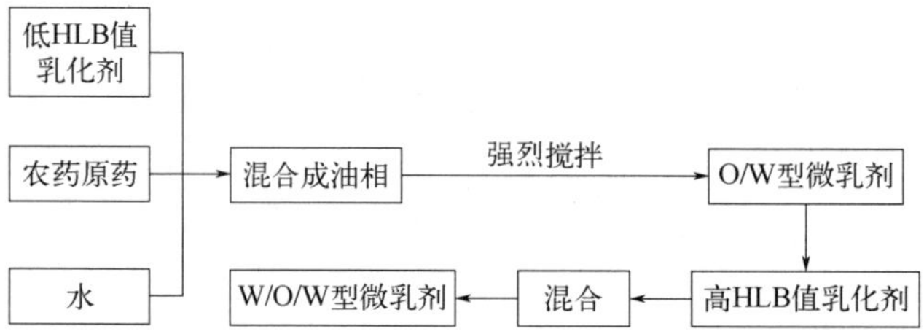

图 4-7　二次乳化法制备微乳剂流程图

六、微乳剂的性能指标和检测方法

（一）质量指标检测

（1）外观　要求外观为透明或近似透明的均相液体，这一特征实际上是反映了体系中农药液滴的分散度或粒径，是保证制剂物理稳定性的先决条件。微乳剂的色泽视农药品种、制剂含量不同而异，不必统一规定。但对具体品种而言，应有一定要求，以免在贮藏中因变质而造成色泽变化。

外观的测定方法主要是目测。微乳剂之所以是透明是由于油珠粒径较小，其粒径一般为 10～100nm。因此最好使用激光粒度分布仪来测定。

（2）有效成分含量　有效成分含量是对所有农药制剂的基本要求，是必须严格控制的指标，一般要求等于或稍大于标明含量。对于微乳剂而言，含量大小是根据该农药品种配制微乳剂的可行性和适用性而确定的。一般情况，微乳剂产品的含量都不太高，是 10%～30%，太高时配制困难，乳化剂用量大，体系黏度较大，使用不便，且成本较高。只有在有效成分有较大水溶性时，才可配制高浓度的微乳剂产品。如敌草快和杀草丹的复合微乳剂，有效含量可达 65%。另外，有效成分含量的测定方法随农药品种的不同而异。

（3）相关杂质含量　生产或储存过程中产生的副产品，相关杂质以≤%表示。

（4）其他限制性组分含量　含安全剂、稳定剂、增效剂等其他限制性组分的产品，其含量应由标明含量和允许波动范围组成，允许波动范围参照化学农药制剂要求。

（5）酸/碱度（以 H_2SO_4 或 NaOH 计）或 pH 范围　酸度或碱度的测定按 HG/T 2467.1—2003 中进行；pH 值的测定按 GB/T 1601—2023 进行。

（6）乳液稳定性　按国家标准 GB/T 1603—2001 规定的乳液稳定性的测试方法进行，用

342mg 标准硬水，将微乳剂样品稀释后，于 30℃下静置 30min，保持透明状态，无油状悬浮物或固体物质沉淀，并能与水任何比例混合，视为乳液稳定。

（7）持久起泡性　根据 GB/T 28137—2011 规定的持久起泡性的测试方法进行。

a．方法提要　将规定量的试样与标准硬水混合，静置后记录泡沫体积。

b．试剂　标准硬水：$\rho(Ca^{2+}+Mg^{2+})$=342mg/L，pH6.0～7.0。按 GB/T 14825—2023 配制。

c．仪器　具塞量筒：250mL(分度值 2mL，0～250mL 刻度线，250mL 刻度线到塞子底部 4～6cm)，工业天平：感量，载量 500g。

d．测定步骤　将量筒加标准硬水至 180mL 刻度线处，置量筒于天平上，称入试样 1.0g（精确至 0.1g），加硬水至距量筒塞底部 9cm 的刻度线处，盖上塞，以量筒底部为中心，上下颠倒 30 次(每次 2s)，放在试验台上静置 1min，记录泡沫体积。

（8）低温稳定性　根据 GB/T 19137—2023 规定的低温稳定性的测试方法进行。取微乳剂样品约 50mL，密封在透明无色玻璃磨口瓶中，置于−9～0℃冰箱中冷藏，分别设置不同的温度，14 天后取出。如无冻结、浑浊、分层或沉淀则为合格，如有上述情况之一，在室温下放置 2h，观察外观情况，若冻结、浑浊、分层或沉淀现象消失，能恢复透明状态也为合格。反复试验多次、重复性好，即为低温稳定性合格。

（9）热储稳定性　根据 GB/T 19136—2021 规定的热储稳定性的测试方法进行。微乳剂的热储稳定性包括物理稳定和化学稳定两种含义。即将样品装入安瓿瓶中，在 54℃±2℃的恒温箱里贮存 14d，要求外观保持均相透明，若出现分层，于室温振摇后能恢复原状则视为合格。分析有效成分含量，其分解率一般应小于 5%～10%。

（二）理化性质指标检测

（1）外观（颜色、物态、气味）　向无色透明的烧杯里倒入 30mL 微乳剂。颜色测定：将盛有微乳剂的烧杯置于白色背景上，根据标准比色卡进行比对，对其色度、色调和亮度进行评价。

① 物理状态测定。将盛有微乳剂的烧杯置于白色背景上，对其物理状态进行评价。

② 气味测定。将盛有微乳剂的烧杯置于鼻前，右手轻轻煽动烧杯杯口，对其气味进行评价。

（2）密度　根据 GB/T 32776—2016 规定的密度的测试方法进行。将试样置于规定温度下恒温，又在几乎相同的温度下放入量筒。将适当的比重计放入样品中平衡后对比重计读数，作为试样密度。

（3）黏度　根据 NY/T 1860.21—2016 规定的黏度测试方法进行。使恒温水浴达到所需温度，测定液体通过毛细管黏度计刻度线的时间以得到黏度。

（4）氧化/还原性　根据 NY/T 1860.10—2010《农药理化性质测定试验导则 第 10 部分：氧化/还原：化学不相容性》来做试验，通过被试农药与常见氧化剂（过氧化钠或高锰酸钾等）、还原剂（铁粉或锌粉）、常见灭火剂（磷酸二氢铵或二氧化碳）和常见溶剂（水）以及煤油（或松节油）接触时是否发生危险性反应，记录从试验开始至试验结束 24h 内所观察到的试验现象，包括显著升温（超过 5℃）、释放气体、发出烟雾、液体飞溅以及着火等现象，根据观察到的现象，对试验农药的化学不相容性进行综合判断。

（5）对包装材料的腐蚀性　根据 NY/T 1860.16—2016 进行测试。用完整商业包装容器或与商业包装容器材质相同但较小的容器为试验装置时，被试物量应与实际包装量相近，一般为容器空间的 80%～90%。将添加被试物的包装容器置于试验温度下贮存。可选择下列贮存条件：(54±2)℃贮存 2 周、(50±2)℃贮存 4 周、(45±2)℃贮存 6 周、(40±2)℃贮存 8 周、(35±2)℃贮存 12 周和(30±2)℃贮存 18 周。或者结合常温贮存稳定性试验进行。测定试验前后包装材料的性状差异，计算包装物质量变化率。

（6）爆炸性　爆炸性试验依据的标准为 NY/T 1860.6—2016《农药理化性质测定试验导则 第 6 部分：爆炸性》。液体农药产品应进行热敏感性试验和机械敏感性(撞击)试验，以确定在明火加热或撞击作用时是否有发生爆炸的危险。

（7）闪点　根据 NY/T 1860.11—2016 标准进行闪点测试。

应根据被试物的性质和闪点范围，选择适当的方法：

闪点低于 93℃，而且 25℃时黏度低于 $9.5\times10^{-6}m^2/s$ 时，可使用泰格闭口杯法测定；

闪点大于 40℃的液体，包括可燃液体，带悬浮颗粒的液体及试验条件下表面趋于成膜的液体，可使用宾斯基-马丁闭口杯法测定；

闪点在−30～70℃范围内的液体或混合物(液体、黏性物质或固体),可使用阿贝尔闭口杯法测定；

闪点在−18～165℃之间，可使用泰格开口杯法测定；闪点在 79～400℃之间，可使用克利夫兰开口杯法测定。

七、微乳剂的发展展望

农药的类型和配方是依据使用对象来确定的，但环境和生态适应性的呼声日益高涨，农药的可生物降解性和对操作人员的安全性也十分重要。这些因素不仅影响着农药有效成分的研究和开发，也同样影响着农药制剂配方的研发。微乳剂的生物活性、安全性、药害特性以及微乳基础理论等方面会得到进一步深化研究和完善。

微乳剂以水为介质，生产、贮运的安全性大为提高，但也存在潜在的安全隐患：一方面因为微乳剂中表面活性剂的用量通常在 10%～25%，比乳油、水乳剂中表面活性剂的用量要高很多，而大量表面活性剂的存在可能会与生物大分子结合或直接渗入细胞膜，也表现为经皮毒性高；另一方面农药微乳剂中所使用的某些醇类、酮类和酰胺类等极性溶剂与二甲苯的急性毒性相当，但具有极强的亲水性，这些溶剂渗入农作物、土壤和地下水后，清除和分离它们比清除苯类等非极性溶剂更困难，对这些物质的慢性毒性也不可忽视，它们会对环境和食品安全构成新威胁。考虑安全隐患，对于生长期短的蔬菜和水田，要慎用微乳剂因此要进行环保型微乳剂的开发，降低农药微乳剂应用的风险。开发新的表面活性剂有助于进一步提高微乳剂的安全性和环保性。随着环境和生态适应性的呼声日益高涨，表面活性剂的安全性也越来越受到重视。开发和采用环境友好、污染小的表面活性剂是微乳剂研发的必然趋势。

第七节　悬浮剂

悬浮剂是水基化制剂的代表，1966 年英国首先采用湿法砂磨技术研制出第一例农药悬浮剂，成为悬浮剂应用和推广最早、最快的国家。我国在20世纪70年代开始进行悬浮剂的理论研究，到1998年登记悬浮剂产品仅有98个。进入21世纪后，随着国家鼓励开发水基型制剂、加工设备的升级、先进测试仪器的使用、高性能助剂的应用以及关于悬浮剂稳定性理论研究的开展，悬浮剂获得迅速发展。

目前悬浮剂市场前景广阔，得益于其众多的优点：①以水为介质，节省原料成本；②不使用有机溶剂，无粉尘，安全环保；③不易燃易爆，运输方便；④相较于可湿性粉剂，粒径小且易黏附在靶标作物上，生物效应好。

悬浮剂的发展进程中，稳定性一直是研发难点。悬浮剂在贮存期间存在析水、沉降、膏化、固化、晶体长大等稳定性问题。前人已对稳定性、分散性以及奥氏熟化等诸多问题进行原因归类并提出针对性解决建议。

一、悬浮剂概述

(1) 定义　悬浮剂（suspension concentrate，剂型代码SC）有效成分以固体微粒分散在水中成稳定的悬浮液体制剂，一般用水稀释使用。农药悬浮剂（SC）是将不溶于水的农药固体活性成分加工成微细颗粒，依靠加入表面活性剂和其他助剂使有效成分稳定分散悬浮在液相中，形成稳定的悬浮液体制剂。悬浮剂主要由农药原药、润湿分散剂、增稠剂、防冻剂、pH调整剂、消泡剂和水等组成，又称水悬浮剂、胶悬剂、浓缩悬浮剂。由于SC不存在可湿性粉剂（WP）那样的粉尘飞扬问题，不易燃易爆，粒径小，生物活性高，密度较大，包装体积较小，相对其他农药剂型安全环保。与以有机溶剂为介质的农药剂型相比，悬浮剂具有对环境影响小和药害轻等优点。

(2) 特点　悬浮剂由不溶或难溶于水的固体原药分散在水中而制成

悬浮剂与其他剂型相比有如下优点：①基本不使用有机溶剂，生产中避免易燃、易爆和中毒问题。②无粉尘产生，对操作者和使用者安全，清洁文明生产，并对环境有利。③以水为分散介质，不溶或微溶于水的固体原药经研磨粉碎，并借助表面活性剂及其他助剂的作用，均匀分散，形成一种颗粒细小的高悬浮、能流动的、比较稳定的液固态体系。④低的毒性和刺激性，有利于加工和使用。⑤悬浮剂密度大，可加工为高浓度剂型，减少库存量，节省包装、贮存和运输费用。⑥水不溶的农药固体活性成分可加工成液体剂型出售，计量和使用方便。⑦与可湿性粉剂相比，由于比可湿性粉剂有更细的粒径，悬浮率和药效比可湿性粉剂要高。⑧以水为基质，基本不用二甲苯类有机溶剂，溶剂成本远低于乳油。因此，近年来悬浮剂成为国内外发展最快的新剂型，成为各种农药品种的基本加工剂型，也成为代替可湿性粉剂和乳油的主要剂型之一。

目前，随着先进仪器在悬浮液物理稳定性研究上的使用以及引入其他行业中较成熟的研究思路和方法，农药悬浮剂的研究水平有了很大的提高。但由于是热力学不稳定体系，一些产品物理稳定性依然较差，贮存的过程中易发生分层、沉淀、有效成分难以均匀分散甚至结块等问题，这也是悬浮剂生产研发过程中的难点之一。

悬浮剂为不溶于水的固体农药在水或油中的分散体。该农药悬浮剂是指以水为分散介质，将原药、助剂（润湿分散剂、增稠剂、稳定剂、pH调整剂和消泡剂等）经湿法超微粉碎制得的农药剂型。

理想的悬浮剂产品，性能优异，分散性好，悬浮率高，在植物体表面的铺展和黏着力都比较强，耐雨水冲刷，在润湿条件下，又能够缓慢而有效地进行二次分布，药效比较显著，也比较持久。

悬浮剂具有颗粒小、悬浮率高、活性比表面积大、药效好、与环境相容性好的特点，又因其以水为基质，且采用湿法加工，生产过程中无粉尘飞扬，亦无乳油生产中的有毒溶剂挥发之气味、易燃等危险，既可减少材料的流失，亦有利于生产工人的健康，而且在使用时可对水直接喷雾，也可用于地面或飞机的低容量喷雾，使用时无粉尘飞扬，操作方便、安全，因此，悬浮剂是农药新剂型的发展方向之一。

（3）原药加工成悬浮剂的条件　通常情况下，大部分有效成分只要满足以下条件，都可以用来加工成悬浮剂产品：①原药在常温下是固体，其熔点应＞60℃，以保证有效成分在砂磨中不被熔化；呈颗粒状，便于研磨成微细粒子。②水中溶解度低的固体有效成分易加工为稳定的悬浮剂。有效成分在水中溶解度小于100mg/L时，很少发生奥氏熟化现象。如异菌脲（13mg/L）、四螨嗪（1mg/L）、甲基硫菌灵（26.6mg/L）、丁醚脲（0.05mg/L）、噻嗪酮（0.9mg/L）、哒螨灵（0.012mg/L）等水中溶解度都很低，容易加工成稳定的悬浮剂，一般不易发生奥氏熟化。腈菌唑（142mg/L）和三唑酮（260mg/L）等水中溶解度稍大，发生奥氏熟化概率将有所增加；而吡虫啉（510mg/L）发生奥氏熟化不可避免，但可采取适当措施，还是易于加工成稳定的悬浮剂产品。③固体有效成分化学性质稳定（如在水中不水解和光照时不分解）。通常大部分固体原药只要满足上述要求，都可以加工成悬浮剂产品。

（4）在国内外的发展　早在20世纪60年代，悬浮剂技术已日益应用到固体结晶农药剂型上，并于1966年由英国当时的ICI公司采用湿法砂磨技术制得第一例农药悬浮剂。近十多年来，由于珠磨的湿磨工艺技术和设备不断改进和完善，先进测试仪器的使用，新的高品质分散剂、润湿剂等表面活性剂和其他添加剂的开发和应用，以及对固体分散液的稳定、胶体化学、表面化学的广泛和深入的研究，使农药悬浮剂获得迅速发展，并已制得更高浓度的农药悬浮剂产品。由于农药悬浮剂加水稀释后能在防治靶标上达到较好的均匀覆盖，所以大多数用于作物叶面喷雾。一般来说，对某一种除草剂用于防治同一作物的杂草，悬浮剂的药效和持效都优于可湿性粉剂，而用于杀虫剂其效果基本和乳油相近，因此在欧美发达国家，悬浮剂已成为农药剂型中最基本和重要的剂型。

悬浮剂在英国发展最为迅速，早在1993年悬浮剂已占其整个农药剂型市场销售的26%，超过乳油（24%）和可湿性粉剂（17%），位居第一。1998年由于迅速发展水分散粒剂，悬浮剂比例有所下降，但仍占21%。而在美国，悬浮剂在1993年和1998年所占比例分别为10%和13%，同样是发展迅速的主要剂型。

国外农化公司开发的一些非常有特点而且已进入中国市场并得到广泛认可和使用的新农药品种，其加工剂型都是悬浮剂，如2.5%多杀霉素SC、5%氟虫腈SC、10%溴虫腈SC、20%虫酰肼SC、12.5%高效氯氰菊酯SC、50%嘧菌酯SC和5%唑螨酯SC等。

国外许多著名表面活性剂公司（如Uniqema、Clariant等）提供高质量的表面活性剂（润湿剂和分散剂）以及添加剂的选用获得成功，使得悬浮剂产品品质进一步得到提升。因此，国外农化公司生产和销售的500g/L异菌脲SC、甲基硫菌灵SC、多菌灵SC、噻菌灵SC、430g/L戊唑醇SC和480g/L吡虫啉SC等高浓度产品出现并不奇怪。国外农化公司在我国登记的悬浮剂品种已有64个，其中高浓度悬浮剂品种约占1/3，而且发展趋势还在上升，表明悬浮剂已成为逐步取代粉状制剂和部分乳油的优良剂型。

我国从20世纪80年代初开始研制并生产悬浮剂，至今发展也很迅速，并且SC已成为除EC和WP之外最重要的剂型。实际上，在开发悬浮剂时，正确地选择好润湿剂和分散剂类型和品种是关键。选择合适时，分散剂仅用 1 种或至多 2 种就可得到满意的效果，而且用量也少。反之，有的使用分散剂常多至 2 种以上，用量多达 8%～10%，也不见得能得到满意的效果。这主要依赖于剂型开发者要熟悉分散剂类型和品种性能，并具有丰富的经验和技巧。

二、悬浮剂的性能要求

（1）有效成分含量　悬浮剂主要由三部分组成，即分散相（原药）、连续相（也称分散介质，通常为水）和助剂。国内外悬浮剂的有效成分含量基本都控制在 50%以下。

（2）流动性　流动性是悬浮剂重要的表征指标，它不仅直接影响加工过程的难易，而且也影响计量、包装和使用。影响悬浮剂流动性的主要因素是制剂的含量和黏度。

（3）分散性　分散性是指原药粒子悬浮于水中时保持分散成微细个体粒子的能力，分散性与悬浮性有密切关系。影响分散性的主要因素是活性成分、分散剂的种类和用量。

（4）悬浮性　悬浮性是指分散的原药粒子在悬浮液中保持悬浮时间长短的能力。由于悬浮剂是一个悬浮分散体系，它虽与胶体不同，但又具有胶体的某些性质。

（5）细度　指悬浮剂中悬浮粒子的大小。悬浮剂中的粒子是一种不均匀的具有一定粒谱的粒子群体。采用粒子平均直径和粒度分布的方法，才能比较客观地反映出悬浮剂中粒子的大小。平均粒径从宏观上说明悬浮剂的平均细度，粒度分布进一步说明粒子的群体结构。

（6）黏度　黏度是影响农药悬浮剂稳定性的主要因素之一，因而是农药悬浮剂的主要技术指标。测量黏度的仪器有多种，常用的有恩氏黏度计、旋转式黏度计，根据农药悬浮剂的性质，一般选用旋转式黏度计测定，简洁方便。

（7）pH 值　农药有效成分一般在中性介质中比较稳定，在较强的酸性或碱性条件下容易分解，通常规定 pH 值在 6～8 之间为宜。但有的农药悬浮剂在酸性或碱性介质中稳定，因而需要对其 pH 值加以调整。

（8）起泡性　起泡性是指悬浮剂在生产和兑水稀释时产生泡沫的能力。泡沫多，说明起泡性强。泡沫不仅给加工带来困难（如冲料、降低生产效率、不易计量），而且也会影响喷雾效果（影响药效）。悬浮剂在加工过程中，空气被高速（600～1200r/min）旋转的分散盘带入悬浮剂中，并被分散成微小气泡，形成泡沫。悬浮剂的泡沫可以通过选择合适的助剂得到解决，必要时还可以加抑泡剂或消泡剂。

（9）贮存稳定性　贮存稳定性是悬浮剂一项重要的性能指标。它直接关系产品的性能和应用效果。贮存稳定性是指制剂在贮存一定时间后，理化性能变化大小的指标。变化越小，说明贮存稳定性越好；反之，贮存稳定性越差。贮存稳定性通常是指贮存物理稳定性和贮存化学稳定性。

将待测水悬浮剂样品用安瓿瓶密封后放于（54±2）℃的烘箱中，静置热贮 14 天后取出，分别检测记录外观、流动性、分散性、粒径、有效含量、悬浮率等各项指标有无变化。若贮前与贮后相同或有轻微变化（其变化应在允许范围内），视热贮合格。其中，物理稳定性方面，若有油或沉淀析出为不合格，析水率以小于 5%为合格。其结果相当于常温下贮藏两年，产品合格。

贮存物理稳定性是指制剂在贮存过程中原药粒子互相黏结或团聚而形成的分层、析水和沉淀，并由此引起的流动性、分散性和悬浮性的降低或破坏。提高贮存物理稳定性的方法是选择适合的有效成分含量和助剂。

贮存化学稳定性是指制剂在贮存过程中，由于原药与连续相（水）和助剂的不相容性或pH值变化而引起的原药分解，使有效成分含量降低。提高贮存化学稳定性的方法是选择好助剂和适宜的pH值。

三、悬浮剂研发中的主要问题

（1）低熔点原药悬浮剂开发　固体农药加工悬浮剂最主要的工艺是通过砂磨机研磨配制的浆料，以达到所需的颗粒粒径。砂磨机研磨中会产生大量热量，使研磨料的温度升高，因此必须通过冷却水进行冷却，移走研磨料的热量，保持研磨料在农药熔点以下的温度进行研磨，得到所需的颗粒粒径。倘若原药的熔点过低，则在研磨机中农药颗粒部分会熔化，使物料稠化，难于研磨。此外也易造成熔融物料与固体物料产生杂凝聚，即使得到所需粒径的产品，在（常温和热贮）贮存期间，产品粒径会变大，产生分层和沉淀，最终得到不合格悬浮剂产品。为保证固体农药在砂磨机研磨中不被熔化，呈颗粒状，便于研磨成微细粒子，通常要求加工的固体农药熔点应＞60℃，把熔点在60℃左右（如高效氯氰菊酯64～71℃、吡唑醚菌酯63.7～65.2℃等）或低于60℃的（如二甲戊灵54～58℃、氟硅唑53～55℃、醚菊酯36～38℃等）农药归类于低熔点农药。

农药有效成分的晶型可以直接影响其物理和化学性质。同一物质的不同晶型在熔点和溶解度方面存在显著差异。近年来，吡唑醚菌酯等晶型专利的出现，逐渐提升了人们对农药晶型对悬浮剂稳定性影响的关注度。吡唑醚菌酯有四种晶型（图4-8），其中两种稳定存在（晶型Ⅱ和Ⅳ）。吡唑醚菌酯悬浮剂常因为吡唑醚菌酯的晶型引起膏化、分层和聚结。因此，探索不同晶型农药制备的悬浮体系稳定性十分重要。

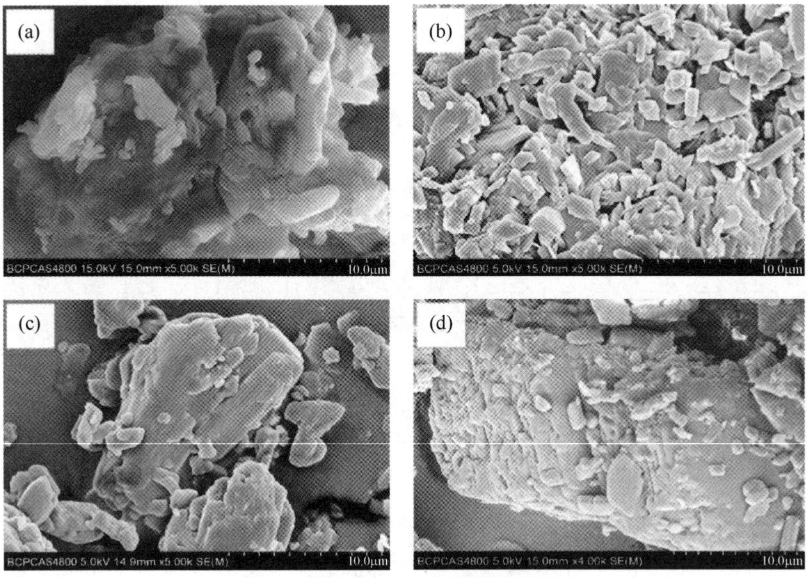

图4-8　吡唑醚菌酯的常见晶型

（a）吡唑醚菌酯晶型Ⅱ；（b）吡唑醚菌酯晶型Ⅱ+2700；
（c）吡唑醚菌酯晶型Ⅳ；（d）吡唑醚菌酯晶型Ⅳ+2700

在低熔点农药悬浮剂开发中，选用合适和高性能助剂很重要，如选用特殊的嵌段聚醚类助剂和特殊的磺酸盐类和羧酸盐类助剂，既作分散剂又可用作晶体抑制剂。在研磨工艺中需要控制好冷却水温度（有必要需用冷冻盐水冷却），控制好进料量大小及控制好研磨时间，可以加工得到稳定的悬浮剂产品。

（2）高质量分数悬浮剂开发　高质量分数通常指加工含量 45%～50%的悬浮剂。悬浮剂加工中有效成分的含量越高，体系中所加水量越少，因此在加工时及产品存放过程中会产生各种问题。在高含量下，粒子布朗运动碰撞机会比中、低含量时多得多，并且在色散力和范德华吸引力的作用下，高含量悬浮剂则更容易形成链状或链团的网络状聚集体，从而发生（絮团状）聚凝或聚结。如在研制高含量的噻嗪酮和异菌脲悬浮剂时，若表面活性剂选择不合适，产品在贮存过程中粒径易增长，颗粒间聚集体会合并变大而聚结，这样会导致研制的悬浮剂产品出现分层、沉淀和结块现象。高含量悬浮剂含固量高，要达到一定的粒径（平均 2～4μm）需要一定的砂磨时间和次数。砂磨中产生的泡沫多，且泡沫不易逸出，因此必须选用非常有效的消泡剂来消泡或抑泡。

因含水量少，要配制均匀浆料难度较大。若配制浆料不匀，难以确保粒径细小，会导致粒径分布大小不一（易于发生奥氏熟化现象），且也增加了砂磨时间和次数。一般在配制浆料时，原药加料时尽量少量、分批、多次加入，并采用经多次剪切混合均匀的浆料。高含量悬浮剂开发时，应选用能显著降低体系黏度的高效分散剂，如聚羧酸盐、特殊磺酸盐。选用特殊磷酸酯类助剂、特殊嵌段聚醚类助剂，能够帮助消除体系中电解质因素带来的影响，从而最大限度保持体系的稳定性。针对一些容易起泡的农药品种，尽量选用低泡助剂。若消泡不完全很容易导致配方不稳定，这也是很多高含量悬浮剂研制失败的一个重要原因。

（3）制剂膏化　在使用过程中，可能会出现膏化现象。其原因可能有以下几点：①药液浓度过高。若悬浮剂药液浓度过高，不利于均匀分散，药物颗粒容易聚集，从而导致分层。②温度过高。如果药液存放温度过高，易使药液发生蒸发，造成浓度升高，药物颗粒聚集，导致药物分层。③存储时间过长。药液存放时间过长，悬浮剂中的各种成分可能会发生化学反应，并分化水相和油相，导致药物分层。④药液摇晃不均匀。药液在使用过程中，如果摇匀不均，就会出现聚集和沉淀，导致药物分层。因此，在使用悬浮剂时，应该注意药液浓度的合理配比，存储温度的控制，药液摇晃均匀，以及存放时间的控制，以避免药液分层和膏化现象。

（4）悬浮率控制　悬浮剂中分散的农药颗粒在介质中沉降与农药颗粒的粒径密切相关，粒径越小，均匀度越高，悬浮率越高，沉降速度越慢，体系越稳定；反之，悬浮率低，稳定性差。悬浮性主要通过悬浮率指标来考量。影响农药悬浮剂悬浮率的因素很多，但主要因素有：制剂的细度、密度差、黏度。

（5）加工过程中气泡的消除　在研磨的过程中，由于物料中含有表面活性物质，常会产生大量气泡，影响生产过程的顺利进行，因此需要加入消泡剂克服这一问题。①泡沫被及时消除：消泡剂是硅聚醚配合多种活性助剂精制而成的，在农药体系中能够迅速相溶并渗透，将已有的泡沫大规模动态清除，高温高压、强酸强碱等情况下仍可消除。②泡沫被持久抑制：消泡剂还有另外一项技能就是抑泡，其抑泡时长可达 48h 以上，添加入悬浮剂中能够在不影响体系的稠度与外观的情形下降低处理泡沫的风险与成本，提高施工效率。

四、悬浮剂分散体系形成与稳定的理论基础

（1）固-液分散体系的稳定性　农药悬浮剂属于典型的固-液分散体系，生产和贮存过程

中存在晶体长大、分层、结块等物理不稳定性现象，不仅会缩短产品货架寿命，而且严重影响其使用效果。分散稳定作用充分发挥的前提是分散剂的吸附，其中分子结构、分子量和环境温度等均是影响其吸附的重要因素。近年来，研究者结合悬浮剂样品的宏观现象，从微观角度研究了分散剂分子在农药粒子表面的吸附性能，研究内容主要涉及吸附作用力类型、吸附层厚度、吸附热力学和吸附动力学特性等。这些研究成果既有效指导了分散剂种类和用量的筛选，也有利于高性能分散剂的设计合成。把一种或几种物质分散在另一种物质中构成的体系，称为分散体（dispersion）。其中，被分散的物质称为分散相（dispersed phase）；分散的介质（dispersing medium）100%称为连续相（continuous phase）。分散相中的颗粒如果是固体颗粒（solid particle），该分散体则被称为悬浮波，分散相中的颗粒如果是液滴（droplet），该分散体则被称为乳液或乳浊液（emulsion）。分散体的稳定性是指分散体保持其初始状态性质或状态不随时间改变的能力，即在一定时间内，分散体的品质没有发生改变。

（2）静电稳定性　悬浮剂可以通过提供静电斥力和空间位阻效应以及两者兼有的作用来选择稳定的机理。在农药悬浮剂中原药微粒表面带有电荷。在作为添加剂使用时，可能会使电荷量增加，并且导致所有的原药微粒带上相同的电荷。经典的胶体科学在解释静电稳定作用时，将其描述为一种双层静电结构。当原药表面形成一种电荷后，相反电荷的带电离子云将围绕在其周围。当两个微粒靠近时，电荷作用阻止其相互吸引。厚厚的电荷层作用下，原药微粒获得了稳定的状态。

从化学角度看来，这类体系中用于分散作用的助剂可以称作高分子电解质，高分子量导致了大量带电荷的支链。农药工业中，大量表面活性剂作为高分子电解质使用。高分子离子型助剂吸附在原药表面，改变了原药微粒所带的电荷。带有相同电荷的原药微粒间存在静电斥力，使絮凝趋势戏剧性地降低，促使分散状态得以稳定。在以水为主的高电介质媒介中，静电稳定作用是有效的，甚至在水基制剂系统中，在空间稳定作用下，或两种作用相结合，能够提供更佳的总体性能。

（3）空间稳定性　空间稳定是一种能够解释某些添加剂抑制悬浮液凝固能力的机理。这些添加剂包括某些亲水聚合物和具有亲水链的表面活性剂。这些添加剂被认为覆盖了整个体系，使长环和长尾延伸到溶液中。即使在高盐浓度或表面 Zeta 电位降低到接近零的条件下，空间稳定的体系也倾向于保持良好的分散性。空间稳定剂的有效性归因于聚合物链限制在较小体积时的热力学作用。另一种解释是，这种链子更加亲水，它们与水保持接触，而不愿与任何其他表面相互作用（除了它们一端附着在表面上）。空间稳定化的物理基础有两个，一是体积限制效应产生于 2 个靠近粒子表面间的区域的减小，二是渗透效应产生于 2 个粒子高浓度吸附聚合物分子层间的区域。

利用这种添加配体的性质，可以让体系中的纳米粒子更加稳定。空间稳定化基于分子间的空间排斥作用或吸附在邻近粒子上离子的作用。这些分子的大小和化学性质决定了其稳定程度。由于纳米颗粒周围的几何约束，大而笨重的分子提供了一种特别有效的稳定性，而细长或圆锥形的几何结构有利于将接近的纳米颗粒分开。当稳定剂的长度明显长于纳米颗粒的特征尺寸时，可以形成一个球体来包裹纳米颗粒。因此，高分子量聚合物常被用作纳米粒子的稳定剂。另一个重要的要求是，稳定剂必须在纳米粒子表面有足够强的吸附力，以提供较长的停留时间，并防止其自发解吸。当稳定剂提供多个吸附中心时，螯合作用可增加稳定剂保持吸附的可能性。

（4）DLVO 理论　DLVO 理论认为，溶胶在一定条件下是稳定存在还是聚沉，取决于粒子间的相互吸引力和静电斥力。若斥力大于吸引力则溶胶稳定，反之则不稳定。

胶粒间存在相互吸引的作用力，其本质为范德华力。由于胶粒是许多分子的聚集体，故胶粒间的吸引力是胶粒中所有分子引力的总和。胶粒间的吸引力与胶粒间的距离的 3 次方成反比，说明胶粒在比较远的距离时胶粒间仍有一定的吸引力，即有长程范德华力。

溶胶粒子具有双电层结构，粒子与其扩散层是电中性的，粒子所带电荷正好为扩散层的离子氛所中和，故后者如同一“屏蔽”层，将带电的粒子屏蔽起来，以致粒子间不发生静电排斥。可是，一旦粒子间的扩散层发生重叠时，情况便发生了变化。重叠不仅破坏了扩散层中的电荷分布，而且也影响到双电层的静电平衡和电势，从而使粒子的屏蔽遭到破坏，彼此间产生静电斥力。粒子间的静电斥力势能，除了与粒子和粒子间的几何因素有关外，还取决于表面电势(ψ_0)和电解质的浓度及价型。

五、悬浮剂的配制

（一）配方组成

（1）农药原药　农药有效成分含量指的是农药产品中，对害虫、病害、杂草等有毒杀活性的成分的含量。原药是悬浮剂中有效成分的主体，它对最终配成的悬浮剂有很大的影响。因此，在配制前，要全面了解原药本身的各种理化性质、生物活性及毒性等。同时对原药中重要的生产杂质应加以限制并提供分析方法。

（2）润湿剂　悬浮剂中添加润湿剂（wetting agent）的主要功能是降低农药固体颗粒与水之间的界面张力及整个体系的表面张力，使得农药固体颗粒表面的气体能迅速被水所取代，在喷雾使用时，靶标表面的空气能较快地被药液所取代而铺展开来。

（3）分散剂　分散剂（dispersant）又称扩散剂，在悬浮剂中应用，可吸附于水-固界面，亦可吸附于水-油界面，主要目的是通过吸附在农药固体颗粒表面，产生静电斥力作用、空间位阻作用、溶剂化链作用来阻碍颗粒间的聚集、凝集、絮凝，使固体颗粒能均匀稳定地分散于水中。

（4）增稠剂　增稠剂的主要作用是增加悬浮剂的黏度，延缓悬浮剂的分层，获得良好的物理稳定性。增稠剂大多数为高分子化合物。增稠剂的选择原则是用量少、增稠效果好，且不影响悬浮剂的稳定性。悬浮剂贮存过程中原药颗粒因重力作用而沉降，会出现严重的析水分层，影响产品质量。在使用过程中，适宜的黏度在喷雾时可以控制雾滴大小，减少水分蒸发和飘失，从而减少对环境的污染，同时对改善药剂在靶标表面的附着性、延长持效期都有重要作用。添加适宜的增稠剂，不仅可以提高分散介质的黏度，降低粒子的沉降速度，同时还具有分散作用，大大改善制剂的贮存稳定性。选用的黏度调节剂与有效成分必须具有良好的兼容性，且其黏度随温度变化要小。

（5）防冻剂　农药悬浮剂是以水为分散介质的农药制剂，为保证产品在低温条件下的稳定性，尤其在冬季，悬浮剂会因为冻结使物理性能恶化而难以恢复，影响使用和防治效果，因此就必须加入一定量的适宜的防冻剂，以增加悬浮剂抗冻的能力，提高悬浮剂在低温贮存、运输过程中的稳定性。好的防冻剂应具备防冻性能好、挥发性低、对有效成分的溶解度小等特性，一般选用非离子的多元醇类化合物如乙二醇、丙三醇等，可以降低体系的冰点，同时还有调节密度和黏度、防止水分蒸发而干裂结块、增加润湿和固着性能的作用，抗冻剂用量通常为 5%～10%。

（6）消泡剂　消泡剂是添加到体系中可以抑制或减少泡沫的物质，以有机硅消泡剂最为常见，添加量较少，通常在砂磨时使用。

（7）稳定剂　稳定剂是能增加溶液、胶体、固体、混合物等稳定性能的化学物，具有减慢反应、保持化学平衡、降低表面张力，以及防止光、热分解或氧化分解等作用。广义上，化学稳定剂来源非常广泛，主要根据配方设计者的设计目的，可以灵活地使用任何化学物质以达到产品品质稳定的目的。

（8）防腐剂　在配制悬浮剂时，常需要加入一些有机物，贮存期间，由于微生物的作用引起发酵、腐败，从而影响制剂的物理稳定性，甚至造成有效成分分解，因此，需要加入一定量的防腐剂，常用防腐剂有甲醛、苯甲酸钠等，一般加入量为 0.15%。

（9）增效剂　一般指本身不具备某种特定活性或活性较低，但在与具备此种活性的物质混用时，能大幅度提高活性物质性能的一类物质。悬浮剂用的增效剂可提高药液展着和渗透性能，降低接触角和表面张力，有利于药液润湿渗透含有蜡质层的表面。

农药增效剂的作用机理，主要是抑制或弱化靶标（害虫、杂草、病菌等）对农药活性的解毒防药害作用，延缓药剂在防治对象内的代谢速度，从而增强生物防效。增效剂本身并无活性，但与相应的农药混用时，能明显改善其润湿、展布、分散、滞留和渗透性能，减少喷雾药液随风（气流）飘移的情况，防止或减轻对邻近敏感作物等的损害，利于药液在叶面铺展及黏附，减少紫外线对农药制剂中有效成分的分解，达到延长药效有效期、提高其生物活性、减少用量、降低成本、保护生态环境的目的。增效剂不仅能数倍、数十倍提高农药的防治效果，还可延缓抗性产生，延长来之不易的农药品种的生命期。

农药增效剂基本组成为有机硅聚氧乙烯醚化合物，具有低的表面张力，良好的展着性、渗透性及乳化分散性，是一种新型高效的农药助剂。易溶于甲醇、异丙醇、丙酮、二甲苯和二氯甲烷等，可分散于水，能作为喷雾改良剂、叶面吸收助剂、活化剂等。

（二）配方筛选

（1）分散剂筛选　分散剂是用来抑制分散相中粒子的絮凝和凝聚，起着稳定悬浮剂剂型和促进分散液加入水中稀释成均匀悬浮液的作用，有利于用户喷施到靶标。目前常见的分散剂主要有：阴离子型、非离子型和聚合物型。

阴离子型分散剂在水中解离并形成一种电荷离子，亲油基团吸附在农药活性成分粒子表面，其亲水基团伸入水相，通过粒子间静电斥力来稳定分散悬浮液。目前，悬浮剂中常用的分散剂有：木质素磺酸盐、萘磺酸盐、烷基萘磺酸盐甲醛缩合物、硫酸盐和磷酸盐类等。非离子型分散剂的效率与吸附能力有关。亲油基团吸附在农药粒子表面上，亲水链伸入水相中，在农药粒子周围形成一种水合层，起着空间位阻作用，防止粒子间碰撞而产生絮凝和凝聚。这种非离子型分散剂可通过改变 EO 或 PO 链长，设计定制分子，在悬浮剂中起到有效分散作用，以修正亲水和亲油之间平衡。在悬浮剂中可用的非离子型分散剂有：烷基酚聚氧乙烯醚、脂肪醇聚氧乙烯醚、多芳基酚聚氧乙烯醚、EO-PO 嵌段共聚物非离子型分散剂等，分子量越大的分散剂其吸附能力越强，不易脱吸，有利于稳定。

近年来，特别引人注意的是一种以聚甲基丙烯酸/甲基丙烯酸酯共聚物作为骨架，其吸附链锚定在粒子上并以合适长度的聚氧乙烯链作为亲水链伸入水中的梳形共聚物（高分子聚羧酸分散剂）。这种梳形共聚物分子量较高，空间位阻大，在水中溶解不会增加黏度，对稳定高浓度悬浮剂是十分有效的。

（2）润湿剂筛选　润湿剂是表面活性剂，由亲水基团和亲油基团组成。与固体表面接触时，亲油基团附着在固体表面，亲水基团向外延伸到液体中，使液体在固体表面形成连续相，这就是润湿的基本原理。对于疏水性较强的药物，一般选用 HLB 值在 6～15 之间的表面活性剂。也可以通过指标来选择：①接触角。接触角是指液滴与铺展面之间的夹角。所选择的润湿剂应能将疏水药物的接触角降低至小于 90°。接触角为 0°时，可完全润湿；接触角为 0°～90°时可润湿，为亲水药物；接触角大于 90°小于 180°时，不能润湿；当接触角为 180°时，它是完全不润湿的，是一种疏水药物。②界面张力。一些润湿剂改变疏水药物和溶剂的界面张力。③润湿点。润湿点是指润湿 100g 疏水药物所需的溶剂量。添加润湿剂可以降低润湿点，即减少溶剂的用量。

（三）精细化方法在悬浮剂配方筛选中的应用

悬浮剂以水为分散介质，在表面活性剂和其他添加剂的帮助下，将不溶性或微溶性固体药物通过砂磨均匀分散于水中，形成颗粒细小、悬浮性和流动性高、均匀稳定的粗混悬体系。

理想的悬浮剂产品具有以下物理性能：①粒径小且分布窄，长期储存稳定性好，悬浮率高；②入水分散性好，受水质影响小（不同地区水质、不同时间用药时水温有时会差别较大）；③流动性好，再分散性好（室温放置，样品热保存），长期放置后瓶壁上半部和包装瓶盖上不易倒出的物质少。其生物活性如下：①具优异的性能，稀释剂在靶上具良好的润湿性、铺展性和/或渗透性，大量的药液沉积在靶上；②用量少，持效期长，耐雨水侵蚀。与环境相容性好，低残留，对人畜低毒，使用安全。

农药制剂的质量是决定农药产品效果和价值的关键因素。应提高现有制剂的质量，提高其生物活性和理化稳定性，或开发性能更好的新型复方制剂，扩大其应用范围，使其更好地发挥生物活性，延长新化合物的保质期，为实际生产应用提供技术支持。这就要求制剂研究者不仅要有扎实的理论基础，还要清楚所研发的制剂产品的性能和实际应用效果。悬浮剂体系由活性组分、辅助体系和载体（通常为水）组成。农药本身是一种特殊的化学品，具有很强的生物活性。要想使有效成分发挥理想药效，一方面要充分掌握原农药的结构类型、作用机理、毒性、理化性质和防治指标；另一方面，根据室内生物测定结果，筛选确定了与活性成分相匹配的助剂体系和添加剂量。

（四）影响悬浮率的主要因素

影响农药悬浮率的因素有很多，主要包括以下几个方面：①农药活性成分的性质：不同的农药活性成分有着不同的物化性质，这些性质会对农药的悬浮稳定性产生影响。②助剂的种类和含量：助剂是农药悬浮液中的重要组成部分，不同的助剂种类和含量会对农药的悬浮稳定性产生影响。③水的质量和硬度：水的质量和硬度会对农药的悬浮稳定性产生影响。水中的离子浓度和 pH 值也会对农药的悬浮稳定性产生影响。④砂磨速度和时间：砂磨速度和时间对农药悬浮液的稳定性也有着重要的影响。

六、悬浮剂物理稳定性的预测和评价方法

（1）加速试验法　加速试验法是一种用于加速产品研发过程的方法，通过在实验室中模拟实际使用环境中的条件，来测试产品的性能和可靠性。这种试验方法通常用于评估产品的寿命和预测产品在恶劣条件下的表现。

加速试验法的核心思想是在实验室中模拟实际使用环境中的条件，以便更快地测试产品的性能和可靠性。通过加速试验，产品可以经过多次循环测试，以评估其寿命和耐久性。此外，加速试验还可以模拟恶劣条件下的使用情况，以评估产品在极端条件下的表现。

在实践中，加速试验法需要注意以下细节和注意事项。首先，需要选择正确的试验条件，以确保试验结果的有效性和准确性。例如，在模拟高温条件下，需要确保试验温度不会对产品产生过大的应力，同时也要确保试验时间足够长，以评估产品的寿命。其次，需要选择正确的试验方法和测试设备，以确保测试结果的可靠性和可重复性。最后，需要对试验结果进行正确的分析和解释，以确保试验结果能够准确地反映产品的性能和可靠性。

虽然加速试验法可以加速产品研发过程，但是它也有一些局限性。首先，加速试验法只能模拟特定的使用条件，而无法完全复制实际使用环境中的情况。因此，试验结果只能提供有限的信息。其次，加速试验法需要耗费大量的时间和资源，因此可能不适用于所有产品。

在实践中，需要注意试验条件、试验方法和测试设备的选择，以及对试验结果的分析和解释。虽然加速试验法有一些局限性，但它可以加速产品研发过程，并提高产品的质量和可靠性。

（2）沉降法　沉降法是指通过检测物料颗粒在介质中的沉降速度进行物料粒度分析，确定其粒度组成的技术。

（3）颗粒大小分布的测量　悬浮剂粒径一般控制在 1～5μm。粒径的测定方法归纳起来分为两种：一种是目测法，借助显微镜观察统计，计算出该悬浮剂粒径的算术平均值，具有相对的准确性；另一种精确的方法是采用先进的仪器测定，如采用光透射式粒度分布测定仪、微机处理粒子谱和激光衍射粒度分布测定仪等进行测定。

（4）流变参数法　流变学是研究物质流动和变形的科学，它是一门处于化学、力学、工程学、材料学科之间的新兴边缘学科。悬浮剂的流变学行为是流变学研究的一个重要分支，而如何保持和预测悬浮体粒的物理稳定性是人们研究悬浮体粒度分布和流变学行为的目的之一。

目前，国内对悬浮体流变学的研究主要侧重于各种成分对悬浮体系流变性能的影响，而对如何利用流变学参数评判悬浮体系的物理稳定性，国内外报道都不多。国外研究人员讨论了用凝胶强度或表观黏度来评判悬浮液的物理稳定性能，认为用凝胶强度和表观黏度都可预示物理稳定性，并且二者有一定的相关性，但用表观黏度更简单适用，在 10r/min 低速下测得的黏度值不低于 4000mPa·s。H.B.Winzeler 研究了用离心力在贮存机测试模拟悬浮体系贮藏期情况，作出沉降物生长标准曲线。沈德隆在 H.B.Winzeler 等研究的基础上提出了稳定度概念，认为悬浮体的稳定度应在 0～1 之间。稳定度越大，体系有效性越稳定，只有当稳定度＞0.7 时，悬浮体才能转变为稳定性好的悬浮体系。

（5）多重光散射　多重光散射仪是一种用于测量颗粒物质浓度和大小分布的仪器。它基于光散射原理，通过测量散射光的强度和角度来确定颗粒物质的大小和浓度。多重光散射仪的原理是将激光束照射到样品中，颗粒物质会散射光线，散射光线的强度和角度与颗粒物质的大小和浓度有关。

七、悬浮剂的加工工艺

控制悬浮剂贮存物理稳定性以合理的剂型配方为基础，同时与悬浮剂的加工质量及效率、加工设备及加工工艺条件也密切相关。在砂磨过程中，磨料的相对密度、颗粒直径及球形度、机械强度以及装填系数、物料的流量、循环次数以及研磨过程中物料的温度及密度的变化等都会对制剂加工效率以及质量指标产生显著影响。悬浮剂粒子的粒径、粒谱分布与加工时间直接相关。随着研磨时间的延长，悬浮颗粒逐渐变小，粒谱变窄，当达到一定研磨时间后，粒径和粒谱分布的变化便不再明显。粒径趋小，粒谱变窄，悬浮剂黏度会有所提高，这也有利于制剂保持贮存物理稳定性。悬浮剂加工工艺流程图如图 4-9 所示。

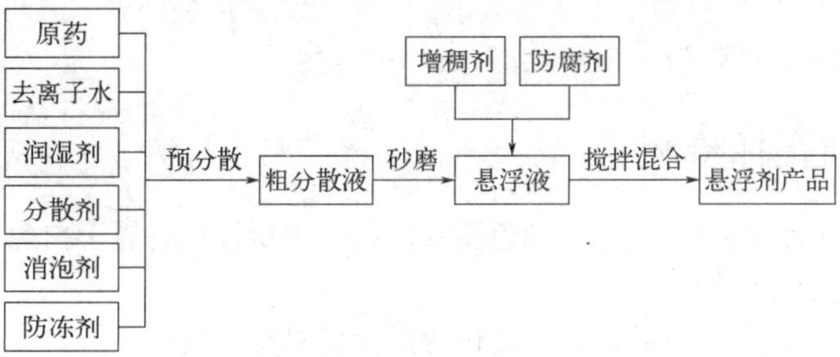

图 4-9 悬浮剂加工工艺流程图

八、悬浮剂的性能指标和检测方法

（一）质量指标检测

（1）外观　包括颜色、物态、气味等。颜色一般为乳白色最佳，物态一般为黏稠的可流动性的悬浮液体。

（2）有效成分含量　一般采用液相色谱分析。

（3）相关杂质含量　生产或储存过程中产生的副产品，相关杂质以≤%表示。

（4）其他限制性组分含量　含安全剂、稳定剂、增效剂等其他限制性组分的产品，其含量应由标明含量和允许波动范围组成，允许波动范围参照化学农药制剂要求。

（5）水分　根据 GB/T 1600—2021 规定的标准，使用卡尔·费休法对农药水分进行测定。

（6）酸/碱度（以 H_2SO_4 或 NaOH 计）或 pH 范围　酸度或碱度的测定按 HG/T 2467.1—2003 中进行；pH 值的测定按 GB/T 1601—2023 进行。可用 pH 计按农药有关标准方法测定。

（7）倾倒性　根据 GB/T 31737—2015 进行测定。将置于容器中的悬浮剂试样放置一定时间后，按照规定程序进行倾倒，测定滞留在容器内试样的量。将容器用水洗涤后，再测定容器内的试样量。

（8）悬浮率　根据 GB/T 14825—2023 进行测定。用标准硬水将悬浮液稀释，振荡、静置后，取走上层悬浮液，用蒸馏水将余下悬浮液转移至小烧杯中，烘干后使用液相色谱分析。

（9）湿筛试验　称取 20g 试样置于烧杯中，加入定量自来水，用玻璃棒搅动，使其完全润湿。将试验筛浸入水中，使金属丝布完全润湿。用自来水将烧杯中润湿的试样稀释，搅拌均匀，然后全部倒入润湿的标准筛中，用自来水洗涤烧杯，洗涤水也倒入筛中，直至烧杯中粗颗粒完全移至筛中为止。用橡胶管导出的平缓自来水流冲洗筛上试样。再将试验筛移至盛有自来水的盆中，上下移动洗涤筛缘始终保持在水面之上，重复至 2min 内无物料过筛为止。弃去过筛物，将筛中残余物，先冲至一角再转移至已恒重烧杯中。静置，待烧杯中颗粒沉降至底部后，倾去大部分水，加热，将残余物蒸发近干，于烘箱中烘至恒重，取出烧杯置于干燥器中冷却至室温，称重。

（10）持久起泡性　根据 GB/T 28137—2011 进行测定。规定量的试样与标准硬水混合，静置后记录泡沫体积。

（11）低温稳定性　根据 GB/T 19137—2003 规定的低温稳定性的测试方法进行。将样品密封后置于（0±2）℃中 7d 后取出，分别检测并记录外观、悬浮率等各项技术指标。

（12）热储稳定性　根据 GB/T 19136—2021 规定的热储稳定性的测试方法进行。将样品密封后置于（54±2）℃恒温箱中 14d 后取出，分析检测并记录外观、流动性、分散性、有效成分含量、悬浮率和倾倒性等各项技术指标有无变化。

（二）理化性质指标检测

（1）外观（颜色、物态、气味）颜色测定。取一定量被试物置于白色背景上，对样品的色度、色调和亮度进行评价。

物理状态测定。取定量被试物置于白色背景上，对样品进行评价。

气味测定。取一定量被试物置于适当容器中，对样品进行评价。

（2）密度　根据 GB/T 32776—2016 规定的密度测试方法进行。将试样置于规定温度下恒温，又在几乎相同的温度下放入量筒。将适当的比重计放入样品中平衡后对比重计读数，作为试样密度。

（3）黏度　根据 NY/T 1860.21—2016 规定的黏度测试方法进行。使恒温水浴达到所需温度，测定液体通过毛细管黏度计刻度线的时间以得到黏度。

（4）氧化/还原性　根据 NY/T 1860.10—2010《农药理化性质测定试验导则 第 10 部分：氧化/还原：化学不相容性》来做试验，通过被试农药与常见氧化剂（过氧化钠或高锰酸钾等）、还原剂（铁粉或锌粉）、常见灭火剂（磷酸二氢铵或二氧化碳）和常见溶剂（水）以及煤油（或松节油）接触时是否发生危险性反应，记录从试验开始至试验结束 24h 内所观察到的试验现象，包括显著升温（超过 5℃）、释放气体、发出烟雾、液体飞溅以及着火等现象，根据观察到的现象，对试验农药的化学不相容性进行综合判断。

（5）对包装材料的腐蚀性　根据 NY/T 1860.16—2016 进行测试。用清水淋洗、干燥，对清洗后包装容器的外观进行检查和描述，观察是否有孔蚀、变色、生锈、渗漏等现象。使用分析天平称量清洗后的包装容器质量。

空白试验：使用未接触过被试物的包装容器作为空白样本，使用分析天平称其质量，然后进行同样的清洗和干燥过程。称量清洗后空白包装容器。

如对清洗后包装容器的外观进行检查，未观察到有孔蚀、变色、生锈、渗漏等现象，则判定为被试物对包装材料不具有腐蚀性。

（6）爆炸性　爆炸性试验依据的标准为 NY/T 1860.6—2016《农药理化性质测定试验导则 第 6 部分：爆炸性》。液体农药产品应进行热敏感性试验和机械敏感性(撞击)试验，以确定在明火加热或撞击作用时是否有发生爆炸的危险。

（7）闪点　根据 NY/T 1860.11—2016 标准进行闪点测试。

应根据被试物的性质和闪点范围，选择适当的方法：

闪点低于 93℃，而且 25℃时黏度低于 $9.5\times10^{-6}m^2/s$ 时，可使用泰格闭口杯法测定；

闪点大于 40℃的液体，包括可燃液体，带悬浮颗粒的液体及试验条件下表面趋于成膜的液体，可使用宾斯基-马丁闭口杯法测定；

闪点在−30～70℃范围内的液体或混合物(液体、黏性物质或固体)，可使用阿贝尔闭口杯法测定；

闪点在−18～165℃之间，可使用泰格开口杯法测定；闪点在 79～400℃之间，可使用克利夫兰开口杯法测定。

九、悬浮剂的发展展望

悬浮剂是现代农药中十分重要的农药剂型之一，也是联合国粮农组织（FAO）推荐的四种环保型剂型之一，国际上农药悬浮剂的发展出现新趋势：①悬浮剂含量尽可能朝着高浓度方向发展；②新的原药品种开发的剂型都有悬浮剂的制剂形态；③悬浮剂的发展表现出应用功能化的趋势，如用于种子处理的悬浮剂就有警戒色、有效成分包衣脱落率等要求；④随着加工工艺的突破和应用技术的提高，悬浮剂制剂的药效已与乳油等传统制剂相当；⑤技术进步使制备悬浮剂的原药理化性质范围得以放宽，传统概念上不能加工成悬浮剂的活性成分当今都可以加工成悬浮剂，如苯醚甲环唑、二甲戊灵、唑草酮等。

近年来，我国悬浮剂产品主要向高含量方向发展，在熔点较低、水溶性较大的农药原药和较难制备成高浓度悬浮剂方面取得了较大的突破。传统悬浮剂经过湿法研磨，粒径通常为 1～3μm。随着加工工艺和设备的进步，平均粒径低于 1μm 的悬浮剂产品也越来越多。

近年来，随着人们对乳油农药危害认识的不断深化，水基制剂受到高度重视。根据世界农药工业协会统计，目前全球销售的农药制剂中乳油占很大比例，每年投入环境中的有机溶剂达到 100 万吨以上。这些非农药活性物质一方面加大了农药制剂的成本，全球每年为此消耗数十亿美元；另一方面，大量有机溶剂对环境造成巨大破坏。我国是农药生产大国，对新型水基制剂品种的需求也更加迫切。在这一背景下，悬浮剂、微乳剂、水乳剂、水剂等水基制剂受到广泛关注，其研制技术也成为当前的热点。与之相关的基础理论研究，如表面活性剂技术、纳米粒子技术、激光粒度和流动电位检测技术、研磨技术和流体力学等也逐步向着农药领域延伸，为深入开展悬浮剂的研究提供了必要手段和理论依据。

随着人们对生存环境的关注日益增加，通过制剂技术的创新谋求降低农药及其使用带来的风险，已经成为制剂领域的热点话题。农药的分布不均匀是使用技术和农药剂型不适宜所造成的，在今后的抗药性综合治理策略中，必须把农药剂型和农药使用技术作为抗药性治理研究的必要组成部分。技术发展因素是促进农药无公害化最直接的影响因素。近年来正在开发的悬浮剂、种衣剂、微胶囊剂、微乳剂、水分散粒剂等技术是基于现代制剂加工技术农药无公害化的有效途径。悬浮剂在减少有机溶剂用量、使用和贮运安全方便、持效期长、生产中不产生“三废”等方面的特点顺应了农药无公害化的大趋势。

第八节　水分散粒剂

水分散粒剂是 20 世纪 80 年代研制成功的农药新剂型，是在农药可湿性粉剂和农药悬浮剂的基础上发展而来的颗粒化制剂。水分散粒剂有效成分含量高，理化稳定性好，施用方便，安全性好，附加值高，经济效益好，适于多种农药，是当今农药剂型中最具有优势和竞争力的剂型之一。

一、水分散粒剂概述

（1）定义　水分散粒剂（water dispersible granules，剂型代码 WG）是在水中崩解、有效成分分散成悬浮液的粒状制剂。水分散粒剂主要由农药有效成分、分散剂、润湿剂、黏结剂、崩解剂和填料组成，加入水中能迅速崩解、分散，形成高悬浮剂的固液分散体系，主要供喷雾使用，是目前农药行业开发的热点剂型之一。

水分散粒剂根据制备方法主要有两种形式：通过圆盘或挤压造粒等干法制备的是传统水分散粒剂，而另一种是通过喷雾干燥法制备的被称为干悬浮剂（dry flowable）。目前我国将干悬浮剂纳入水分散粒剂的管理范畴，认为干悬浮剂是水分散粒剂的一种形式，它使用湿法研磨的悬浮液通过喷雾干燥方法制得，该方法制备的水分散粒剂最终产品是粉粒状的，使用时也是兑水崩解分散后形成悬浮液后进行喷雾。干悬浮剂产品与其他干式造粒法（如圆盘、高速团聚、挤压和流化床造粒）加工的水分散粒剂产品相比，其加工技术难度大，需连续生产，产量大，投资费用高，操作成本高，清洗设备繁琐，还需技术熟练的人员操作。但干悬浮剂产品，除经济性外，其他各项物理和化学性能（如悬浮性、分散性、崩解性、流动性和均匀性）均胜过其他干式造粒法的水分散粒剂产品。

喷雾干燥法制备的水分散粒剂（干悬浮剂）与其他方法制备的产品具体区别如下：首先是粉碎的方法不同，干悬浮剂一般采用湿法粉碎，颗粒粒径一般为 1～5μm；其他造粒方法采用干法粉碎，颗粒的粒径为 5～15μm。其次造粒方式和成形机理也不相同，干悬浮剂是悬浮液通过喷雾干燥制成颗粒状产品，成粒的机理是浓缩固结成粒，整个成粒的过程不受机械力的作用，因此颗粒比较疏松；然而其他造粒方法的物料是在可湿性粉剂的状态下经过挤出法、流化床法形成，颗粒是受机械力成粒，因此颗粒比较坚硬。这也导致了两种剂型产品的粒度不同，干悬浮剂产品颗粒的粒度一般为 100～150μm，而其他造粒方法得到的产品粒度要以毫米计算。最后两者的配方组成也有一定的差别，其他造粒方法制备的水分散粒剂与干悬浮剂相比配方中还需要加入一些助崩解剂、填料、黏结剂等。颗粒外形方面，其他造粒方法制备的水分散粒剂的颗粒形态有球状、柱状等，而干悬浮剂只有球状。虽然干法粉碎和湿法粉碎制备的水分散粒剂的性能有一定差异，但当前均按照水分散粒剂对待，加工企业可以根据原药特性、加工设备、产品定位等因素综合考虑不同的加工方法。按两种粉碎加工工艺对形成的水分散粒剂进行比较（表 4-4）。

表 4-4　两种粉碎工艺形成的水分散粒剂的比较

项目	干法粉碎	湿法粉碎
外观	颗粒（球状、柱状等）	微粒或细粉（空心球）
入水分散粒径/μm	5～15	1～5
技术关键	润湿崩解	高温稳定性
生产方式	间歇（半连续）	连续
助剂组成	分散剂、润湿剂、黏结剂、崩解剂、助崩解剂、填料等	分散剂、润湿剂、消泡剂、填料等

续表

项目	干法粉碎	湿法粉碎
加水量	与造粒方法有关	能正常湿粉碎和干燥为限的含固率越高越好
造粒工艺	干法粉碎造粒（挤出法、流化床法等）	喷雾干燥（造粒）
产品粒度	1mm 以上	100～150μm

随着工业技术和社会的发展，乳油、粉剂和可湿性粉剂等传统剂型的缺点越来越受到重视。水分散粒剂有效地避开了传统剂型的不足之处，吸取和利用了其优点，主要有以下几点：①解决了乳油用甲苯、二甲苯等作为溶剂引起的环保问题和经皮等毒性问题，对环境友好，对作业者安全；②无粉尘飞扬，减少了对环境的污染；③与可湿性粉剂和乳油相比，有效成分含量高，含量可达 80%～90%，产品相对密度大、体积小，给包装、贮存、运输带来了很大的经济效益和社会效益；④物理化学稳定性好，特别是在水中表现不稳定的农药成分，制成此剂型比悬浮剂稳定性好；⑤入水易崩解，分散性和再分散性好，悬浮率高，悬浮性好，配好的药液当天没用完，第二天经搅拌能重新悬浮起来，不影响使用；⑥流动性好，易包装、易计量、不粘壁，包装物易处理，有利于当前包装物回收政策施行；⑦水分散粒剂与可湿性粉剂、悬浮剂等剂型以及液体化肥和微量元素具有良好混合性；⑧高毒品种低毒化，提高了对生产者和作业者的安全性。

（2）水分散粒剂的特点　21 世纪农药剂型正朝着水性化、粒状化、多功能、控释、省力化和精细化的方向发展。而水分散粒剂可以覆盖其中的多种功能，是当今农药主流剂型最重要的组成部分，正体现了当今绿色发展的理念。水分散粒剂的开发也为化学农药的发展提供了必要的保障，而且对科学使用化学农药，提高经济效益和社会效益具有现实意义。

从某种意义上说，水分散粒剂是在可湿性粉剂和水悬浮剂的基础上发展而来的，可以看作是两种剂型的进一步延续，对配方工艺要求更高，加工工序相对更加复杂，但其登记数量和市场占有率逐年升高，这取决于其几方面的特性：

① 对有效成分种类具有广泛和良好的适应性。尽管不同有效成分的性质差别巨大，但几乎所有的可湿性粉剂和水悬浮剂产品都可以转换成水分散粒剂。对于一些熔点低、粉碎较为困难、不便于制成可湿性粉剂的品种，以及在水中不稳定而无法制成水悬浮剂的农药品种，加工成水分散粒剂是一种优良的解决方案。

② 对制剂的含量具有最大的包容性。水分散粒剂克服了传统剂型对制剂含量的制约因素，可以加工成高含量的产品，如 97%乙酰甲胺磷水分散粒剂、90%莠去津水分散粒剂、90%二氯喹啉酸水分散粒剂，这是可湿性粉剂和水悬浮剂无法实现的。基于此种适应性，水分散粒剂在超高效农药的制剂开发中具有独特的优势。随着技术人员对活性化合物筛选技术的不断进步，涌现出一批具有超强活性的农药新品种，这些新化合物普遍具有较长的分子链和较大的官能团，将它们制备成乳油等传统剂型已变得越来越困难。由于许多超高效农药的亩用量极低，每亩有效成分用量只有几克甚至不超过 1g，若加工成低浓度的可湿性粉剂或水悬浮剂产品，综合各方面成本来看经济性差，也失去了超高效成分的初衷。将其加工成高含量水分散粒剂产品后，商品用量可低至几克，可节省大量包装、运输费用。同时，由于有效成分含量高，配方中其他组分占比下降，有助于避免组分之间相互影响造成的药效下降问题，最大限度地发挥药效，并一定程度减少了化学品向环境的投放量，符合当前绿色发展的理念和

要求。

③ 水分散粒剂生产工艺具有多样性。水分散粒剂是在传统剂型的基础上发展而来的，融合了不同剂型的生产工艺特点，并具有其独特的加工方式。如根据前期加工工艺，可分为湿法工艺和干法工艺；根据后期造粒，又可分为喷雾干燥造粒法、流化床造粒法、挤出成型造粒法、转盘式造粒法、冷冻干燥造粒法等。工艺的可选择性更强，可以根据有效成分的物理化学性质确定最佳的加工工艺路线。

④ 水分散粒剂对环境和使用人员相对安全和友好。绿色农业是我国现代农业发展的方向。当今化学农药对环境的污染已成为一个严重的社会问题，如何最大限度地减少化学农药对环境的影响，越来越引人注目。水分散粒剂的丸粒化和水性化，大大减少了粉尘飘移对环境和使用人员造成的危害。高含量水分散粒剂的开发和推广使用，极大地降低了用药量，降低了化学成分向环境的投入量，并一定程度减少了包装物的使用，有利于推动农药包装物的回收。

(3) 发展概况　世界上最先工业化的农药水分散粒剂产品是 20 世纪 80 年代初由瑞士汽巴-嘉基（现先正达）公司生产的莠去津 WG（商品名：Atrex Nine-O，90%WG）和美国杜邦（现陶氏杜邦）公司生产的嗪草酮除草剂（商品名：LEXONE DF，75%干悬浮剂）。自此，美国、英国、法国、瑞士等国家相继开发出 75%苯磺隆、75%氯磺隆、60%甲磺隆、20%醚磺隆、90%敌草隆、20%扑灭津、70%代森联、80%灭菌丹水分散粒剂等产品。我国也有印楝素、甲氨基阿维菌素苯甲酸盐、抗蚜威、吡虫啉水分散粒剂等产品研制成功的报道。早期在商业上开发使用的水分散粒剂含量很低，一方面由于生产成本较高，另一方面受当时工艺和技术水平的限制，只能对少数农药品种（如莠去津）加工成水分散粒剂。水分散粒剂以其水性化、低毒化、无粉尘的特点和环保优势，被 FAO 认定为环保剂型，此后受到了农药工作者更广泛的关注。

1992～1993 年，在美国农药水分散粒剂开始逐渐被广泛使用，美国水分散粒剂（WG）的销售量占整个剂型销售量的 11%，已经接近 14%可湿性粉剂（WP）的销售量。到 1998 年，美国的水分散粒剂市场份额达到 19%，已超过可湿性粉剂的 15%。此外，水分散粒剂份额的增加，也可以从专利的申请数量上看出来。20 世纪 80 年代之前，水分散粒剂的专利申请量很少，80～90 年代申请量开始增加，且基本都是国外申请，到 21 世纪初，水分散粒剂的申请量呈现爆发式增长。国内涉及水分散粒剂的专利申请最早出现于 1997 年，2007 年以前每年的申请量较小，从 2007 年开始，涉及水分散粒剂的专利申请量迅速增加，基本呈现出递增的趋势，国内申请量的增加在短短十几年的时间内已超过国外（图 4-10）。

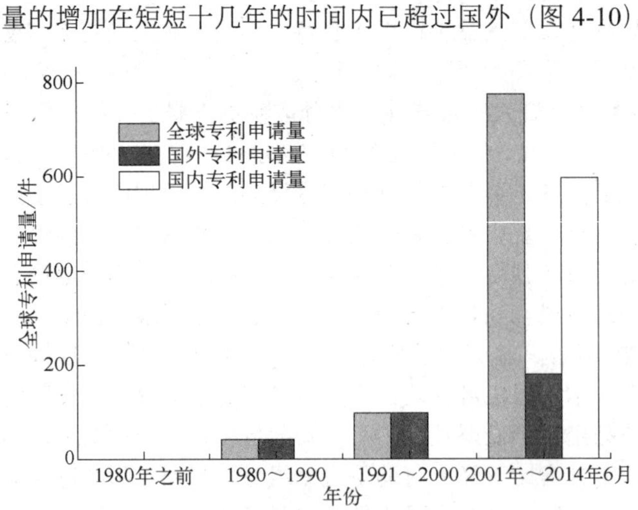

图 4-10　水分散粒剂全球专利申请的年代分布

与发达国家相比，水分散粒剂在我国的发展前期较为滞后，在水分散粒剂的配方研究、生产工艺开发、设备配套、连续化生产、工艺控制、生产过程的粉尘控制等方面均较为落后。20 世纪 90 年代以前，在我国登记的品种较少，1998 年只有 4 个产品，且均被国外企业垄断。但进入 21 世纪，我国加快了该剂型的开发登记，在 2000～2009 年近十年间登记的 507 个产品中，国内企业占 91.7%，国外企业只占 8.3%。到 2012 年，获得登记的水分散粒剂产品共 1084 个，其中国内企业登记 984 个，占比 90.8%，国外企业登记 100 个，占比 9.2%。2013～2018 年，国内水分散粒剂产品增加了 1606 个，其中 2017 年和 2018 年获得的登记最多，分别为 333 个和 369 个。2017 年 6 月 1 日，修订后的《农药管理条例》开始落实实施，对农药登记有一定影响，2019～2020 年国内水分散粒剂登记产品数量显著下降，只有 259 个产品取得登记证。截至 2024 年，在我国登记并处于有效状态的水分散粒剂（含干悬浮剂、可分散粒剂、泡腾粒剂）产品共有 2617 个，涵盖杀虫（螨、螺）剂、杀菌（线虫）剂、除草剂、植物生长调节剂等 4 大类农药（没有杀鼠剂），毒性级别普遍不高。

二、水分散粒剂加工的理论基础

（一）造粒基本原理

（1）液体的架桥机理　自由液体在两个粒子间附着形成液桥时，由于液体内部的毛细管负压和界面张力作用，使颗粒结合在一起，见图 4-11。因此，粒子间结合力不仅与液体的饱和度 S（加入量）有关，而且与液体的表面张力 σ_L、粒子的直径 d、间距 a 等参数有关。研究者根据不同的试验结果提出了许多计算结合力大小的经验公式和半经验公式，其中 Fisher 于 1926 年提出的方程式（4-5）得到广泛的关注。这是由两个半径相等的球体粒子接触时导出的。式中的前项表示表面张力的作用，后项表示毛细管力的作用。

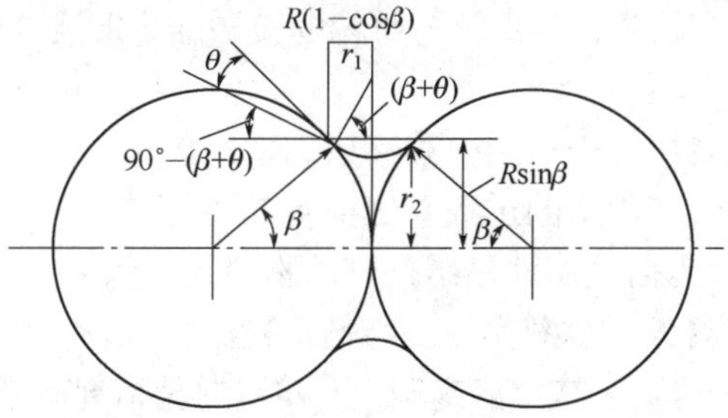

图 4-11　颗粒之间液桥示意图

$$F = 2\pi d\gamma\sin\theta\sin(\theta + \delta) + \Delta P\pi d2\sin2\theta \tag{4-5}$$

式中　θ、δ——填充角与接触角，（°）；

ΔP——毛细管压差，Pa；

γ——表面张力；

d——粒子直径。

水是湿法造粒过程中最常用的液体，常以此形成液体桥。造粒时，液体首先将粉体颗粒表面润湿，然后聚结成粒。研究结果表明，物料的润湿程度对颗粒的成长非常敏感，相应地影响颗粒的粒度分布。在一般情况下，含水率超过 60%时，粒度分布均匀；含水率在 45%～

55%之间时，粒度分布较宽。如采用转动造粒法造粒，液体在一级粒子间以毛细管状存在时，可以得到均匀的球形颗粒。有人用转动造粒法对密度为 1～6g/cm^3 范围的不同粉末，以密度为 1g/cm^3 的液体为黏结剂进行造粒时，提出了液体在一级粒子间以毛细管状存在时，所需液体的计算公式如下，可据此估算造粒所需含水率。

当第一级粒子平均粒径小于 30μm 时：

$$S = \frac{1}{1+1.85\left(\rho_{m} / \rho_{l}\right)} \tag{4-6}$$

当第一级粒子平均粒径大于 30μm 时：

$$S = \frac{1}{1+2.17\left(\rho_{m} / \rho_{l}\right)} \tag{4-7}$$

式中　S——造粒时所需的液体分率，%；

ρ_m、ρ_l——固体和液体的密度，g/cm^3。

（2）液桥与固桥的形成　造粒时将活性成分粉末与合适的配方助剂混合后（有时还需要加入黏结剂），在外力作用下使多个粒子黏结而形成颗粒。粉末之间的结合有黏附和内聚之分，前者指的是异种物料颗粒的结合，或将颗粒黏合到固体的表面。后者指的是同种物料颗粒的结合。湿法造粒时向固体粉末原料中加入液体黏结剂，通过黏结剂中的液体将物料粉末表面润湿，使粒子之间产生黏着力，形成液桥，以制备均匀的塑性物料。然后在液体架桥与外加机械力的作用下形成一定形状和大小的颗粒。

当液体与粉体接触后，液体的自由焓降低，液体便会沿着粉体颗粒表面向颗粒间的毛细管扩张和渗透。扩张和渗透的程度取决于液体的表面张力、固体粉粒的表面张力以及液体与固体粉粒之间的界面张力。液体与固体接触界面上的界面张力较固体的表面张力越小，则液体润湿固体就越好。在水与干燥的粉粒接触中，水与粉粒的界面张力小于粉粒的表面张力，因此水能够在粉粒间扩张和渗透，在粉粒与粉粒的接触部分形成“液相桥梁”，从而把粉粒黏附在一起。

在湿法造粒时产生的液桥经干燥后，最终以固桥的形式存在，以保证颗粒的强度，保持颗粒的形状与大小。从液桥到固桥的过程，主要有 3 种形式：

① 架桥液中被溶解（包括可溶性黏结剂）的物质经干燥后，析出结晶而形成固体架桥。如 PVP、PVA、HPMC 等高分子溶液作为黏结剂造粒。

② 高黏度架桥剂在干燥时，其中溶剂蒸发，残留的黏结剂固结成为固桥。如淀粉浆作为黏结剂造粒。溶液作黏结剂时，冷却凝固形成固桥。

③ 当颗粒间由液桥产生的黏结力和黏附力大于粒子间的斥力时，粒子就被粘在一起。由于影响粉体的黏结力和黏附力的因素极为复杂，很难从理论上求得。因此，以液体作为黏结剂造粒时，所用液体量一般由试验确定。当所有粉粒之间都有液桥产生，并且黏结力和黏附力足够大（大于风动或震动、翻动产生的斥力）时，细粉可团聚形成颗粒。

（3）颗粒的形成过程

① 粉体润湿的状态。可流动的液体可在粒子间产生界面张力和毛细管力，这是成粒的关键。液体在微粒中的量可用饱和度（S）表示，是指在颗粒的空隙中液体架桥剂所占体积（V_L）与总空隙体积（V_T）的比值，即 $S = V_L/V_T$。液体在粒子间的充填方式由液体的量决定。湿法造粒时，颗粒间充填的水分使其呈现多种状态。当固体微粒被润湿时，有以下几种情况，见图 4-12。

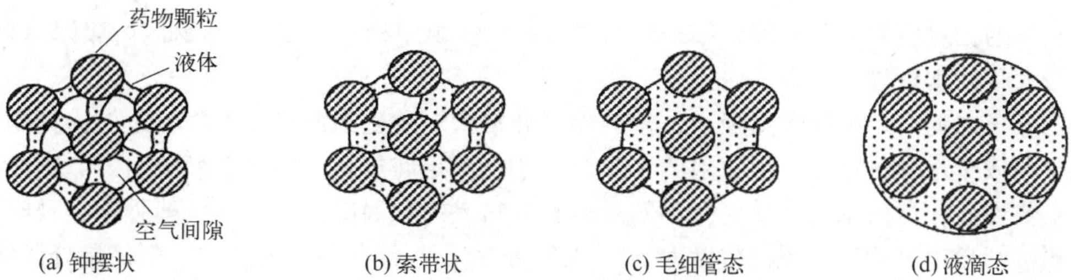

图 4-12　液体成粒示意图

a．钟摆状或悬锤态。当 $S \leqslant 0.3$ 时，液体在粒子空隙间填充量较少，粒子间的空隙只有较少部分被液体填充。由于表面张力和毛细管力的负压作用使润湿粒子的液体形成液桥，液体以分散的液桥连接颗粒，空气呈连续相。

b．索带状或缆索态。是处于悬垂态和毛细管态之间的中间态。液体加入量 $0.3<S<0.8$ 时，液体桥相连，液体呈连续相，空隙变小，空气呈分散相。

c．毛细管态。$S \geqslant 0.8$ 时，液体量增加到充满颗粒内部空隙，液体扩散到空隙的边缘，粉粒间空隙也完全为液体所充满，但颗粒表面还没有被液体润湿。其作用为颗粒的结合力和液体的毛细管负压。

d. 液滴态或泥浆状。当液体充满颗粒内部与表面时，$S \geqslant 1$，颗粒表面完全为液体所包围，其结合力完全为液体的表面张力。

固体粉末与液体混合后，随液体的存在量不同，固体、液体和空气的填充状态存在差异，即随着液体存在量的增加而成为悬垂态、缆索态、毛细管态和液滴态等。悬垂态和缆索态是固体、液体和空气共存的状态。毛细管态和液滴态是只有固体和液体共存的状态。一般在颗粒内液体以悬垂态存在时，颗粒松散。以毛细管态存在时，颗粒较黏。以缆索态存在时，颗粒松紧度适宜。可见液体的比率对湿法造粒起着决定性作用。

以上通过液体架桥形成的湿颗粒经干燥可以向固体架桥转化，形成具有一定机械强度的固体颗粒。这种转变主要有 3 种形式：(a) 使用亲水粉体进行造粒时，粒子之间架桥的液体将接触的表面部分溶解，在干燥过程中部分溶解的物料析出而形成固体架桥；(b) 使用非水溶性粉体进行造粒时，加入黏结剂溶液作架桥，靠黏性使粉体粒子凝聚成粒，干燥时黏结剂中的溶剂蒸发，残留的黏结剂固结成为固体架桥；(c) 为使含量小的粉料混合均匀，将配方中的某些粉料溶解于适宜的液体架桥剂中造粒，在干燥过程中溶质析出结晶而形成固体架桥。

② 水在造粒过程中的存在形态与作用。在颗粒化过程中，往往都要加入一定量的黏结剂，最常用的黏结剂是水。显然，水分在颗粒化过程中起至关重要的作用。所以研究水分在颗粒化过程中的形态与作用具有一定意义。造粒过程中，水分主要以下面的四种形态出现并发挥作用。

a．吸附水。又称强结合水。农药在干法粉碎造粒前需要进行粉碎，以保证粉体的粒径足够小，利于在水中稀释后的悬浮和达到或接近最佳生物粒径，粒度一般达到微米级别。粉体不仅比表面积较大，且颗粒表面具有过剩的能量。颗粒表面带有一定的电荷，在颗粒表面的空间形成电场，在静电引力作用下将具有偶极结构的水分子吸附在固体颗粒的表面，形成一层吸附水层。吸附水层的形成不一定是颗粒浸入水中，或在粉体颗粒中加入液态水，干燥颗粒也会吸收空气中的气态水分子而形成。这种被粉体颗粒表面静电引力所吸引的分子水称为吸附水。

吸附水层的厚度并不恒定，它与物料成分、表面亲水能力、颗粒的大小与形状以及物料中水蒸气的相对压力和温度等外部条件有关。粉料孔隙中相对湿度为100%时的吸附水含量，称为最大吸附水含量。

电分子力的作用半径虽然极小，但其作用非常大。在受到范德华力作用之处，其作用半径至少为数个水分子直径。被吸附的水偶极分子仍呈定向排列，保持着静电引力。因此吸附水的主要性质和自由水的性质完全不同，具有非常大的黏滞度、弹性和抗剪强度，吸附水不能在颗粒间自由移动，当颗粒粒度为0.1～1.0mm时，若仅存在有吸附水，则仍是分散状态。一般认为，物料中仅存在吸附水时，粒化过程尚未开始。

b. 薄膜水。又称弱结合水。当固体颗粒表面达到最大吸附水层后，再进一步润湿颗粒时，在吸附水的周围就形成薄膜水，其厚度达几个或百个以上的水分子层。因为颗粒表面吸附水后还存在剩余的未被平衡掉的范德华力，水的偶极分子围绕水层呈定向排列，以及受到扩散层离子的水化作用，所以薄膜水和颗粒表面的结合力要比吸附水弱得多，其分子的活动自由度较大。薄膜水的主要特征是在分子力的作用下，具有在颗粒间迁移的能力，而与重力无关。如图4-13所示，两个相邻的等径颗粒A和B，若颗粒A的水膜较厚，即$R_1>R_2$，则薄膜水开始由A周围向颗粒B移动，直至两者水膜厚度相等，即当$R_1=R_2$时，水膜停止移动。

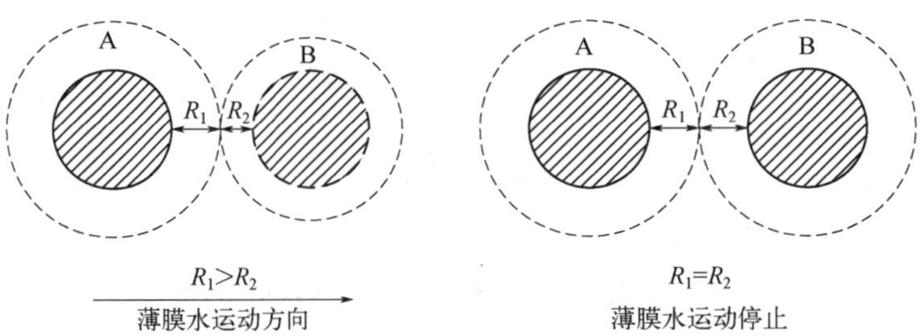

图4-13　颗粒表面薄膜水的迁移

吸附水和薄膜水合起来组成结合水，在粉体力学上可视为颗粒的外壳，在外力作用下，它和颗粒一起变形，并且分子水膜有比普通水更大的黏滞性，黏滞性越大，颗粒就越不容易发生相对移动。对成型颗粒来说，颗粒的强度就越好。一般地，质地疏松、亲水性好、粒度小的粉状物料，其最大分子结合水较大。当达到最大的分子结合水以后，物料就能在外力的作用下，表现出塑性，这时的粒化过程会较为顺利。

c. 毛细水。当粉体物料被润湿，并超过最大分子结合水时，物料层中就出现毛细水，它是颗粒表面引力作用范围以外的水分。有毛细水存在的条件下，颗粒间产生毛细管力，形成吸引压力将颗粒拉紧靠拢。如图4-14所示，在两个半径为R的颗粒间存在液柱的场合下，两个颗粒间的毛细管吸引力为：

$$F=\frac{2\pi R\sigma}{1+\tan(\beta/2)} \tag{4-8}$$

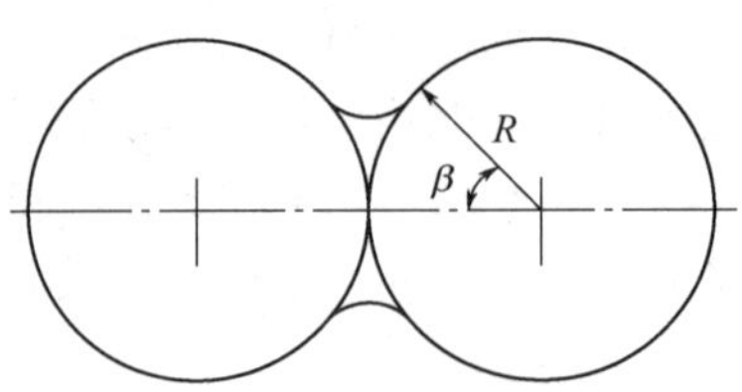

图4-14　颗粒之间的毛细管力

由式（4-8）可以看出，液体的表面张力σ越大，毛细管的吸引力也越大。

毛细水能在毛细管负压的作用下和在引起毛细管形状和尺寸改变的外力作用下发生较快的迁移，粒化速度就取决于毛细水的迁移速度，显然亲水物料的毛细水的迁移速度比较大。在造粒过程中，毛细水起着主导作用。当物料润湿到毛细水阶段，物料的成粒过程才获得应有的发展，因为毛细管力将水滴周围的颗粒拉向水滴中心，从而形成了团聚体。

d．重力水。当细磨物料层完全为水所饱和，即超过最大毛细水含量之后，超过的水分子不能为毛细管引力所保持，而受重力的支配，沿着颗粒间大孔隙向下移动，这种水分叫作重力水。其运动性能总是向下的，由于重力水对颗粒具有浮力，在干法粉碎造粒过程中是有害的。

干法粉碎造粒过程中，水的用量不仅影响造粒过程，而且直接影响水分散粒剂的崩解性。水量太少，则粉体不易成粒，即使成粒，其强度也较差，虽崩解性较好，但极易破碎成粉。水量过多，造粒易黏结，强度过大，崩解性显著变差。因此，造粒过程中应严格控制水量，不同造粒方法用水量也不同，如挤出成型造粒的用水量一般在10%～20%。

湿法粉碎造粒过程中，因为是通过喷雾干燥将悬浮液制备成水分散粒剂，因此在体系中的水的状态是以重力水、毛细水、薄膜水和吸附水的顺序出现，但其造粒的关键阶段也在毛细水阶段，利用液体的架桥作用使粒子聚集成粒。

粉体颗粒化过程中的结合机制如下：

a．固体架桥。在农药水分散粒剂烘干过程中，在粉体间接触点上，一个颗粒通过化学反应、烧结以及部分熔化的过程向另一个颗粒扩散而形成固体架桥，如图4-15（a.2）所示。

b．液体架桥。水分散粒剂造粒过程中，所用的水很少，粉末间只有部分空隙充满液体，则通过所加助剂形成液桥，再通过表面的界面力和毛细管作用力使粉体间产生强结合作用，粉体被液体包裹或者吸附液体架桥而结合成核并长大。如果过程中液体全部蒸发，则此液体架桥作用会消失。粉体间的液体架桥多见于湿法造粒、沸腾造粒和流化床喷雾造粒过程中。液体架桥模型如图4-15（a.3）所示。

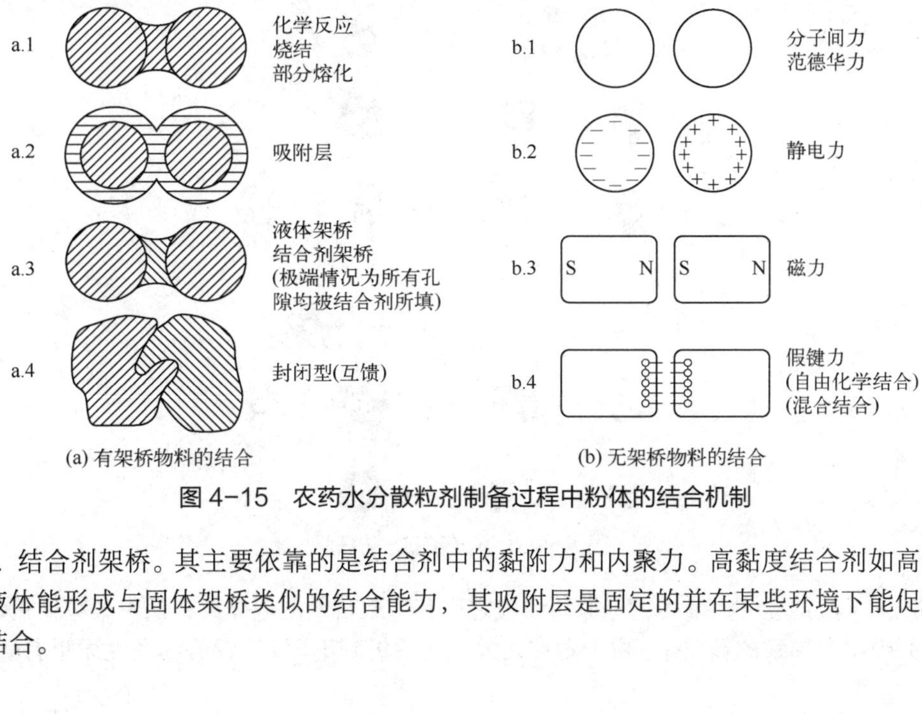

图4-15　农药水分散粒剂制备过程中粉体的结合机制

c．结合剂架桥。其主要依靠的是结合剂中的黏附力和内聚力。高黏度结合剂如高分子溶液或液体能形成与固体架桥类似的结合能力，其吸附层是固定的并在某些环境下能促进细粉粒的结合。

d．固体粒子间吸引力。当固体粉粒间距离足够近时，则可能产生静电力、磁力以及范德华力等，这些作用力可以使粉体黏附在一起，粉体间距离越小越能促进这个过程。

e．封闭型结合。一些纤维、小片状细粒或松散粉料彼此互相重叠或交叉而形成封闭型（互馈）结合。

在农药水分散粒剂造粒过程中，这五种结合机制通常不是单一发挥的作用，其中粉末粒子间的固体架桥团聚颗粒化机制和粉末粒子间吸引力导致的颗粒化应用最广。

（4）颗粒的成长机理　粉粒在黏结剂的作用下聚结成颗粒时，其成长机理有下列不同方式：

① 粒子核的形成。一级粒子（粉末）在液体架桥剂的作用下，聚结在一起形成粒子核［图 4-16（a）］，此时液体以钟摆状（悬垂态）存在。这一阶段的特征是粒子核的质量和数量随时间变化。

② 聚并。如果粒子核表面具有微量多余的液体，粒子核在随意碰撞时，发生塑性变形并黏结在一起，形成较大颗粒［图 4-16（b）］。聚并作用发生时，粒子核的数量明显下降，而总量不变。

③ 破碎。有些颗粒在磨损、破碎、振裂等作用下变成粉末或小碎块。这些粉末或碎块重新分布于残存颗粒表面，重新聚结在一起形成大颗粒［图 4-16（c）］。造粒过程中，经常伴随粉末和碎块的产生和再聚结。

④ 磨蚀传递。由于摩擦和相互作用，某颗粒的一部分掉下后黏附于另一颗粒的表面上［图 4-16（d）］，这一过程的发生是随机的，没有选择性。虽然在此过程中，颗粒大小不断地发生变化，但颗粒的数量和质量不发生变化。

⑤ 层积。粉末层黏附于已形成的芯粒子表面，从而形成颗粒成长的过程［图 4-16（e）］。加入的粉末干、湿均可，但粉末的粒径必须远小于芯粒子的大小，以使粉末有效地黏附于芯粒子表面。在该过程中，虽然颗粒的数量不变，但颗粒逐渐长大，因此造粒系统的总量发生变化。

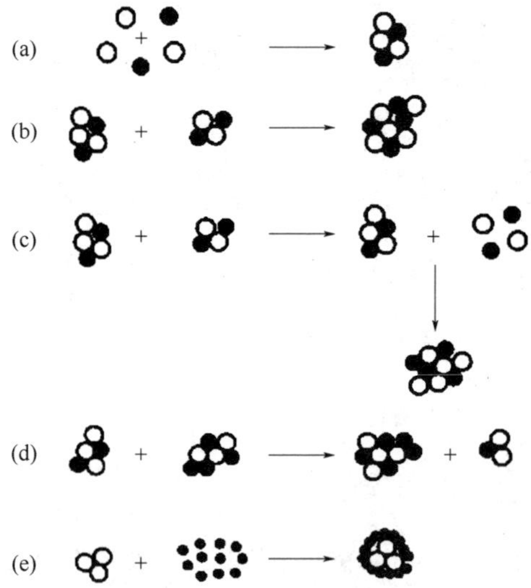

图 4-16　粒子的成长机理

上述的成粒过程中，最多的是原始粉粒之间存在架桥物的固体架桥团聚颗粒化机制，还有粒子间吸引力导致的颗粒化。由于颗粒长大方式的机制不同，产品的物理性质也有所不同。

任何一种造粒过程都伴随着多种成长机理，但造粒方法不同时，主导的造粒机理有所不同，如流化造粒过程中，粒子的成长以粒子核产生、聚并、破碎为主。在离心造粒过程中，在先制备芯粒子的基础上，以层积、磨蚀传递为主进行造粒。

（二）崩解机理

农药水分散粒剂的崩解机理还未见文献报道，医药片剂的崩解机理则因制片所用原、辅料的性质不同而异，可以供农药借鉴。从水分散粒剂的定义中不难发现，崩解对于水分散粒剂在水中分散成原始颗粒至关重要。主要包括以下几种机制：

（1）孔隙和毛细管作用　毛细管作用常被当作是粒剂崩解的首要步骤。水分散粒剂本身具有一定孔隙结构，崩解剂在水分散粒剂中形成易于润湿的毛细管通道，并在水性介质中有较低的界面张力，将水分散粒剂投于水性介质中，水能迅速通过毛细管作用渗入粒剂内部孔隙，削弱粒子间的相互作用力，使整个颗粒润湿并崩解成初级粒子状态。属于此类崩解剂的有淀粉及其衍生物和纤维素类衍生物等。毛细管作用机理示意图如 4-17 所示。毛细管作用不像膨胀作用那样需要通过体积的增大产生崩解力。

（2）膨胀作用　尽管水渗透常被认为是崩解的首要环节，然而膨胀作用或许是最广泛被接受的水分散粒剂崩解机制。最早用来测量膨胀程度的方法是测量沉降体积，Nogami 等开发了一种用于测量膨胀率和吸水能力的可靠方法，Gissinger 和 Stalm 改进了该装置并给出某些崩解剂膨胀率与崩解作用的相关性，后来，List 和 Muazzam 利用该装置并运用力和传感器测量了膨胀率和膨胀力。通过测试发现能够产生较大膨胀力的崩解剂更容易崩解。Mitrevej 和 Hollenbeck 发现某些超级崩解剂具有显著的膨胀能力，具有较高孔隙率的水分散粒剂由于缺乏足够的膨胀作用力也会难以崩解。有些崩解剂除了具毛细管作用外，自身还能遇水膨胀而促使颗粒崩解。如超级崩解剂 CMS-Na，在冷水中具有超强的吸水膨胀性，吸水后体积迅速膨胀，致使片剂迅速崩解。膨胀作用机理如图 4-18 所示。

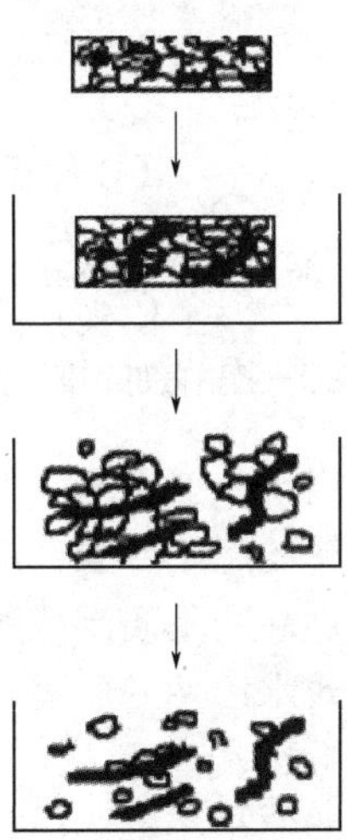

图 4-17　崩解剂的毛细管作用

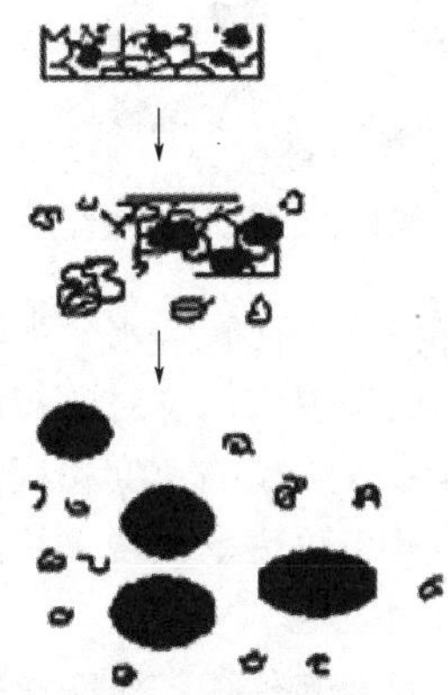

图 4-18　崩解剂的膨胀作用

（3）变形恢复机制　崩解剂在挤压造粒过程中发生形变，当其加入水性介质时，这些发生形变的粒子可以恢复到原来的形态，从而造成水分散粒剂的瓦解。Hess 通过显微照片发现变形的淀粉粒子遇湿后恢复至原来的形状。目前对于形变及形变恢复这一崩解机制的研究还不完全。然而，这种崩解机制可以用来解释那些难以产生膨胀作用的崩解剂（如淀粉和交联聚乙烯吡咯烷酮）的崩解过程。这种崩解剂的崩解能力可能取决于崩解剂的相对形变强度以及所能承受的形变，因为崩解性能依赖于崩解剂颗粒承受多大的形变，同时崩解剂引起的形变会随着基质的松弛逐渐恢复。变形恢复作用机理如 4-19 所示。

（4）颗粒间的排斥力作用　这种理论用于解释那些虽不具备较好膨胀能力但能够对水分散粒剂的崩解发挥作用的崩解剂。Guyot-Herman 根据没有膨胀作用的粒子也能崩解，提出了粒子间排斥力作用，颗粒间的排斥力也是粒剂在水中崩解所需要的，如淀粉。按照这一理论，水通过亲水孔道渗透进颗粒，且连续的淀粉网状物能将水分从一个粒子输送至下一个粒子，从而产生重要的流体静压力。研究者发现在崩解机理中颗粒间的排斥作用仅次于毛细管作用，排斥力作用机理如图 4-20 所示。

（5）润湿热作用　崩解剂遇湿后能够轻微放热，水分散粒剂中残留的空气受热膨胀后产生局部压力，导致水分散粒剂崩解，然而只有一部分崩解剂具有润湿热作用，其不能用来解释现代的大多数崩解剂的崩解行为。

（6）产气作用　在泡腾崩解剂中常用枸橼酸或酒石酸加碳酸钠或碳酸氢钠，遇水产生二氧化碳气体，当农药泡腾剂入水后，泡腾崩解剂的酸碱组合发生反应，粒剂借助气体逸出而迅速膨胀，引起泡腾剂胀裂和崩解。

图 4-19　崩解剂的变形恢复作用

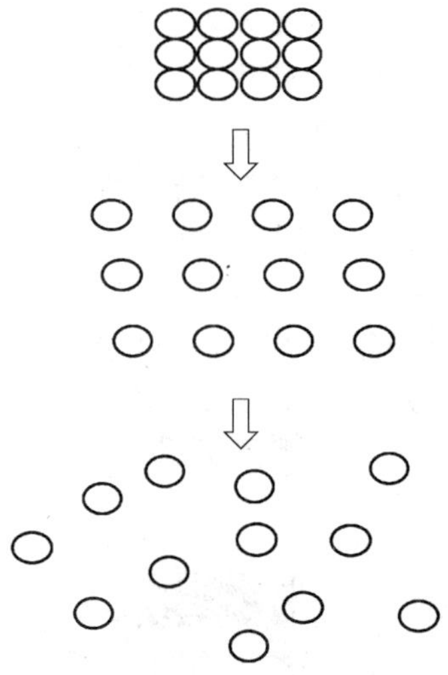

图 4-20　崩解剂的排斥力作用

综上所述，各种观点在解释水分散粒剂崩解时，常会出现一些矛盾。但可以确定的是，在水分散粒剂崩解过程中，水分对颗粒的润湿和渗透是崩解的起始步骤，崩解得快慢在很大程度上受制于水分渗入颗粒的速度和程度。但是对以水溶性高的基质制成的颗粒体系，快速的水分渗入反而使其崩解速率减慢，快速的液体渗入会导致水溶性基质溶解，孔隙率增大，从而容许膨胀或结构恢复。

由于许多复杂因素的存在，对崩解剂的作用机制还不能完全了解。但是毛细管作用、膨胀作用、变形恢复、粒子间的排斥作用以及润湿热等在崩解过程中具有重要作用。

（三）分散稳定机理

农药水分散粒剂需要在水中崩解、分散成悬浮液后再使用，分散的药物颗粒较小，与分散介质（水）间存在巨大的相界面，属于热力学不稳定体系，颗粒有自发凝聚、减小表面能的趋势，从而导致农药颗粒间相互结合变大、沉降，最终导致悬浮体系被破坏。加入分散剂起到了阻止分散介质中的粒子絮凝、聚凝和聚结作用，形成稳定的悬浮液，具有良好的悬浮率，利于用户喷雾使用。水分散粒剂中常用分散剂包括聚羧酸盐、木质素磺酸盐、萘磺酸盐等阴离子表面活性剂，以及脂肪醇聚醚、烷基酚聚醚等非离子表面活性剂。分散剂的添加显著增加了颗粒间的相互排斥作用，为颗粒的良好分散营造出所需要的物理化学条件。增强排斥作用主要通过三种方式来实现：①增大颗粒表面电位的绝对值，以提高颗粒间的静电排斥作用；②通过高分子分散剂在颗粒表面形成的吸附层之间位阻效应，使颗粒间产生很强的位阻排斥力；③调控颗粒表面极性，增强分散介质对它的润湿性，在满足润湿原则的同时，增强了表面溶剂化膜，提高了它的表面结构化程度，使结构化排斥力大为增强。

分散剂具有独特的两亲分子结构，即由亲水基和疏水基两部分构成。水分散粒剂崩解后颗粒分散在水中，分散剂分子的疏水基在原药颗粒界面上吸附，亲水基朝向分散介质水中，使分散的原药颗粒界面的界面自由能减少，农药颗粒间合并趋势减弱，可以显著提高其抗聚集稳定性，可以使固体微粒团簇破碎和分散，阻止已分散的微粒再凝聚。

1．表面活性剂在颗粒界面的吸附

表面活性剂是一种品种繁多、应用广泛、存在普遍的天然或人工合成物质，诸如自然界的淀粉等，合成物质则有聚羧酸盐、聚苯乙烯胺等。下面介绍表面活性剂在固体颗粒界面的吸附特性：

（1）表面活性剂在固体颗粒界面的吸附作用　表面活性剂主要靠其结构上的基团与颗粒表面活性点的作用来实现在颗粒表面的吸附。吸附作用力主要有氢键吸附、离子交换吸附、疏水作用吸附、静电作用吸附、π 电子极化吸附和范德华力吸附等。

① 氢键吸附。氢键吸附是表面活性剂分子与固体表面形成氢键，表面活性剂通过氢键作用力吸附在固体表面上。氢键吸附是非离子表面活性剂在颗粒表面吸附的主要原因。如聚丙烯酰胺的酰氨基与颗粒表面的活性点生成氢键；单个氢键的键能较弱，为$(2.1\sim4.2)\times10^4$J/mol。但是，聚合度大于 14000 的聚丙烯酰胺的一部分结构单元同时与颗粒表面氢键键合时，仍可获得很强的总键合强度。

② 离子交换吸附。离子型表面活性剂在离子型固体表面可通过离子交换作用产生吸附。在离子交换吸附中，遵循同种电荷交换和等电量交换的规律，即在阴离子型固体表面上，只能是阴离子表面活性剂在其表面发生离子交换吸附，而且交换 1mol 二价离子需要 1mol 二价离子或 2mol 一价离子。

③ 疏水作用吸附。表面活性剂的疏水基可以与非极性表面发生疏水键合作用而发生吸附，如颗粒表面通过疏水作用与聚苯乙烯磺酸盐发生吸附作用，如图 4-21 所示。

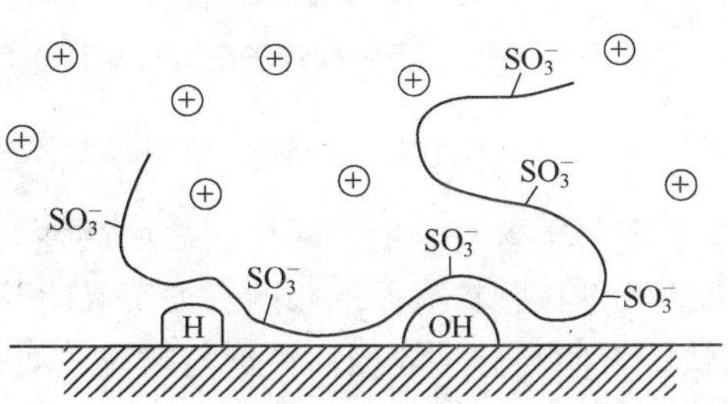

图 4-21　表面活性剂的烃链在疏水表面上的吸附形式

在极性固体表面上，表面活性剂中的极性基团首先在固体表面发生吸附并形成非极性基团朝外的吸附层，溶液中的表面活性剂分子可通过疏水作用在已吸附于固体表面的表面活性剂分子上聚集而吸附。

④ 静电作用吸附。若固体表面和表面活性剂离子带相反电荷，表面活性剂离子通过静电作用吸附在颗粒表面。但是，在有些情况下，静电作用对离子型表面活性剂的吸附不起支配作用，此时氢键或者更强的共价键可能成为主要因素。

⑤ π 电子极化吸附。当表面活性剂分子中含有富电子的芳香核时，如萘磺酸盐甲醛缩聚物，可与固体表面的强正电性位置通过相互吸引在固体表面上吸附。

⑥ 范德华力吸附。范德华力是分子间普遍存在的一种引力，高分子表面活性剂的分子量较大，其与固体表面间的范德华引力也较大，范德华力可能是大分子表面活性剂在固体表面吸附的主要作用力。

颗粒表面与分散剂的吸附非常复杂，其吸附机理也千差万别，但颗粒表面与分散剂之间作用的本质，不外乎化学吸附和物理吸附两类，水分散粒剂中的分散剂吸附绝大部分以物理吸附为主。吸附的作用方式主要取决于表面活性剂的分子结构和固体表面的特性。大部分情况是多种作用方式兼有，以某种作用方式为主。表面活性剂在固液界面的吸附性能直接影响固液分散体系的分散稳定性，表面活性剂在固液界面的吸附性能可通过吸附量、吸附形态、吸附层厚度等参数来表征。

(2) 表面活性剂在固体颗粒界面的吸附形式　一般地，高分子表面活性剂在颗粒表面的吸附层结构由直接吸附在颗粒表面上的链序和在溶液中自由分布的链尾和链环组成，它们的比例是由高分子表面活性剂与颗粒表面之间的吸附能大小决定的。图 4-21 给出了不同高分子表面活性剂在颗粒表面的吸附形式。图 4-22 (a) 是柔性高分子表面活性剂分子的平躺吸附形式；图 4-22 (b) 是高分子表面活性剂分子多结点的吸附形式；图 4-22 (c) 是僵直高分子表面活性剂分子的垂直吸附形式；图 4-22 (d) 末端可变形高分子表面活性剂分子的直立吸附形式；图 4-22 (e) 和图 4-22 (f) 是与溶液有相溶性的 AB 型共聚物多端吸附形式。

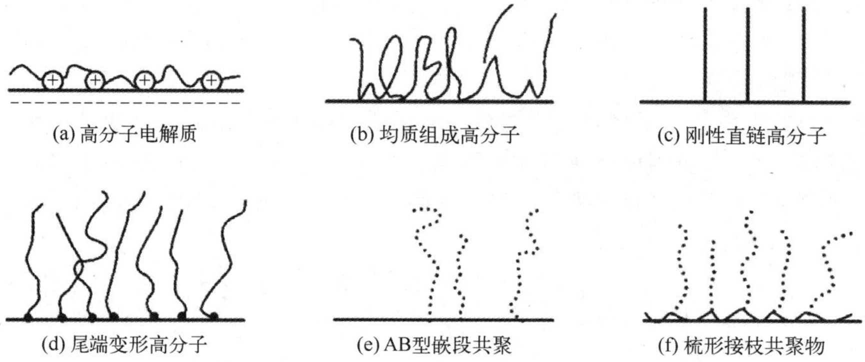

图 4-22　不同高分子表面活性剂分子在固体表面的吸附形式

(a) 平躺吸附；(b) 多节点吸附；(c) 垂直吸附；
(d) 直立吸附；(e) AB 型共聚物多触点吸附；(f) 梳形接枝共聚物吸附

吸附类型与吸附作用主要取决于颗粒表面与高分子表面活性剂分子的性质、颗粒表面状态及吸附环境。高分子表面活性剂在颗粒表面的吸附有如下吸附特征：

① 低浓度时吸附速度快，说明高分子表面活性剂与颗粒表面有强的亲和力。

② 吸附能大，吸附膜厚，因此颗粒间产生强烈的空间位阻效应。

③ 高分子表面活性剂线性长度长，一个分子上含有多个活性点，因此在颗粒表面上有多种吸附构型。

④ 分散体系浓度较高时，添加高分子表面活性剂可有效地改善分散体系的流变性能。

2．表面活性剂的分散稳定机理

农药水分散粒剂稀释后的固液分散体系为高度分散的多相体系。由于悬浮液中分散的颗粒很小，比表面积大，具有较大界面能，裸露的颗粒界面间亲和力很强，从而导致颗粒间聚结、合并变大。在其中加入分散剂能显著提高体系的分散稳定性，相关分散稳定原理主要包括静电稳定理论（DLVO 理论）、空间稳定理论（HVO 理论）、空缺稳定理论以及 Zeta 电位影响等。

① 静电稳定理论——DLVO 理论。20 世纪 40 年代苏联学者 Deryagin 和 Landau 与荷兰学者 Verwey 和 Overbeek 分别提出的关于各种形态微粒之间的相互作用能与双电层排斥能的计算方法，即 DLVO 理论（$V_T=V_A+V_R$）。一个胶体的所有稳定性都将取决于体系相互作用能量曲线的有效形式，即吸引能和排斥能两项之和与粒子分离距离的函数，见图 4-23。该理论认为颗粒的团聚与分散取决于颗粒间的范德华作用能与双电层静电作用能的相对关系。当 $V_A>V_R$ 时，颗粒自发地互相接近最终形成团聚；当 $V_A<V_R$ 时，颗粒互相排斥形成分散状态。

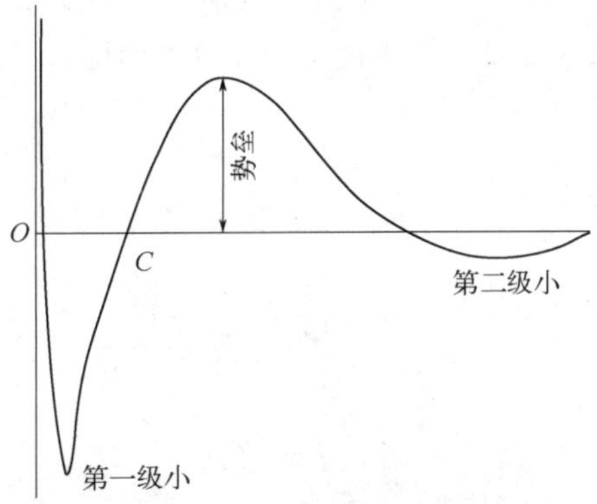

图 4-23 悬浮液颗粒间能量曲线图

C 点代表总势能（$V_T=V_A+V_R$）为零的点；V_T 为总势能，V_A 为引力势能，V_R 为斥力势能

颗粒间的聚结与颗粒间的相互作用有关，将悬浮液颗粒间相互作用归结为范德华作用、“硬球”作用、双电层作用和位阻作用。范德华作用普遍存在于各种分散体系中，主要存在于极化和非极化的原子和分子间；“硬球”作用指中性稳定体系，在这种条件下颗粒是一个具有 R_{hs} 半径的硬球，R_{hs} 半径稍大于实际半径，中心距离稍小于颗粒直径（$2R_{hs}$）时，会产生强烈的斥力，能量也随之上升；双电层作用存在于具有扩散双电层的静电稳定的颗粒之间，即低电荷体系中，人们通常用胶体稳定理论——DLVO 理论解释悬浮体系的稳定性作用；位阻作用存在于表面活性剂或接枝高分子物质的颗粒间，随着吸附层和接枝层相重叠时颗粒间出现的相互作用。

DLVO 理论是建立在分散剂完全覆盖于颗粒表面、吸附作用强、吸附层厚、稳定部分处于良好的溶剂条件下的，对固液分散体系的研究具有一定指导意义，但 DLVO 理论不能解释高分子聚合物与非离子型表面活性剂的稳定作用，同时 DLVO 理论也忽略了静电斥力能以外的因素，但在很多情况下，实验结果和现象并不完全符合 DLVO 理论。

② 空间稳定理论——HVO 理论。Hesselink、Vrij 和 Overbeek 等发现，在微粒分散体系中加入一定量的高分子物质或缔合胶体时可显著提高悬浮液的稳定性，运用 DLVO 理论来解释一些有高聚物或表面活性剂存在的体系稳定性，有时是不成功的。因为其中一个被 DVLO

理论忽略了的因素是聚合物吸附层的作用。在有聚合物存在的水溶液中，起稳定作用的主要是吸附的聚合物层而不是扩散层。空间位阻理论的解释是：表面活性剂的锚固基团吸附在固体颗粒表面，其溶剂化链在介质中充分伸展，形成位阻层，充当稳定部分，阻碍颗粒的碰撞聚集和重力沉降。高聚物或表面活性剂对固体颗粒表面性质的影响主要表现在以下三个方面：a.带电聚合物吸附的粒子表面会增加粒子之间的静电斥力，这一点同于 DLVO 理论解释。b.高聚物的存在通常会减少胶粒间 Hamaker 常数，因而也就减少了范德华引力位能。c.由于聚合物的吸附而产生一种新的斥力性能——空间斥力位能，伸向溶剂的高分子链，使固体颗粒彼此之间相互排斥，提高悬浮液的稳定性，见图 4-24。

③ 空缺稳定理论。1975 年，B. Vincent 等首先发现自由聚合物对胶体的稳定作用，1980 年澳大利亚的 Napper 提出与空间位阻效应不同的理论：非离子型聚合物在固体表面吸附很少甚至是“负吸附”，只是以一定浓度分散在固体颗粒周围的分散介质中，即粒子表面的聚合物浓度低于周围的分散介质中的浓度，由于这一负吸附现象而导致粒子表面形成一层“空缺层”，见图 4-25。当分散相粒子相互靠近时，分散相粒子间的溶液被挤出，在此过程中会产生两方面的作用：一方面分散相粒子由于范德华引力而絮凝，称为空位絮凝；另一方面，由于分散相粒子间的高分子聚合物浓度低于介质内的浓度，高分子聚合物从稀溶液向浓溶液转移是体系自由能增加的非自发过程，导致分散相粒子相互分离而保持其分散稳定性，这种稳定作用称为空缺理论。

图 4-24　空间稳定示意图

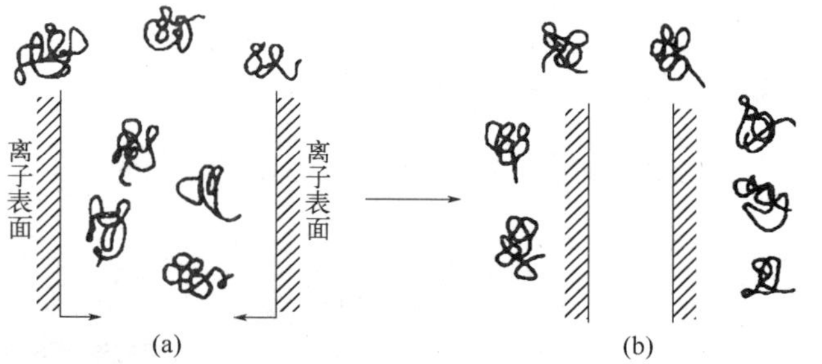

图 4-25　空缺稳定示意图

④ Zeta 电位影响。离子型表面活性剂在颗粒界面吸附后使其界面带有电荷，为了维持整个体系的电中性，在颗粒界面周边必然分布着与颗粒界面带相反电荷的离子，这种与颗粒界面带相反电荷的离子称为反离子。反离子同时受到两个方面的作用：一方面受到荷电分散相界面的静电引力和范德华引力作用，使反离子趋向于排列在分散相界面周围；另一方面反离子自身的热运动使反离子趋向于在介质中均匀分布。上述两种作用的结果使反离子趋向于在分散相界面周围由里到外呈扩散状分布，荷电分散相界面和呈扩散分布的反离子构成扩散双电层结构。

颗粒表面双电层由定位离子层（内层）和配衡离子层（外层）组成，配衡离子层又分为两层，即 Stern 层（紧密层）和 Gouy 层（扩散层）。电位是从吸附层到递质内部的电位差，也称电动电位或 Zeta 电位。图 4-26 给出了颗粒表面的双电层及 Zeta 电位示意图，显然，Zeta 电位的大小取决于滑动面内反离子浓度的大小，进入滑动面内的反离子越多，即被压入吸附层中的反离子越多，从而减小了胶粒的带电量，使其 Zeta 电位降低，粒子相互吸引团聚而沉降；反之，则 Zeta 电位增加，颗粒间能保持一定距离削弱和抵消范德华引力，从而提高悬浮液稳定性。可见 Zeta 电位值与悬浮剂稳定性有很大关系。

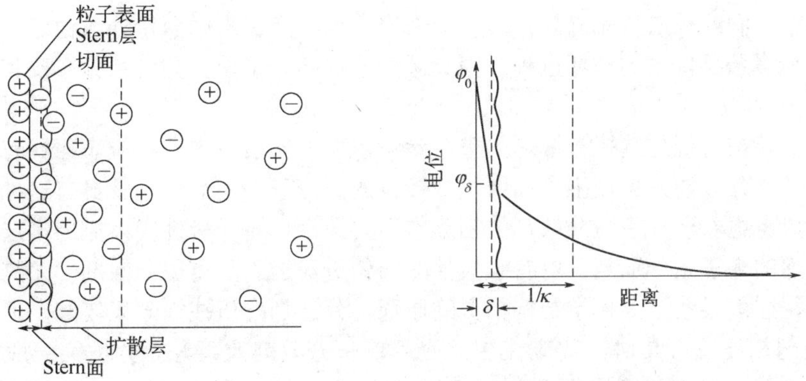

图 4-26　颗粒表面的双电层和 Zeta 电位示意图

当 Zeta 电位值最大时，粒子表面带负电荷的双电层表现出最大的斥力，使粒子分散；反之则吸引力大于排斥力，粒子团聚而沉降。Zeta 电位值与悬浮剂稳定性之间的关系见表 4-5。

表 4-5　Zeta 电位值与悬浮液稳定性之间关系

Zeta/mV	稳定性
−5～0	强的聚结沉淀
−15～−10	聚结
−30～−16	敏感的聚结体
−40～−30	中等稳定
−60～−40	好的稳定
−80～−60	很好的稳定
−100～−80	极好的稳定

三、水分散粒剂的配方组成

水分散粒剂主要由农药有效成分、分散剂、润湿剂、黏结剂、崩解剂、填料和消泡剂等助剂，经混合、粉碎和造粒工艺制成的一种粒状制剂。兑水稀释时，能迅速崩解分散形成稳定的悬浮液，供喷雾使用。水分散粒剂使用的助剂需要满足以下要求：具有良好的润湿性和分散性；适应加工工艺性能。

（一）分散剂

分散剂（dispersing agent）是指能够促进形成并保持稳定分散体系的物质。水分散粒剂使用时加到水中形成农药分散体系时要经过一个润湿、崩解、分散悬浮和稳定化的过程。首先固体颗粒的表面被水润湿，然后崩解成细小颗粒并分散到水中。在这个过程中分散剂起到使固体表面容易被润湿的作用。由于分散剂吸附在固体颗粒表面使之带有相同电荷或形成水化层，从而使颗粒在碰撞过程中不易发生凝聚而保持稳定。分散剂的作用是：①在造粒过程中减少水的用量，充当部分黏结剂的作用；②在使用时表现出一定的润湿性和分散悬浮性能，有利于农药颗粒润湿、崩解和分散；③有利于农药悬浮液在水中保持分散稳定性，阻止絮凝的产生，能减缓悬浮体系的破坏过程。因此，分散剂的分子量、分子量分布及其电性质对其应用都是重要的。

分散剂的结构特征是选择分散剂的重要参考依据，一般对农药颗粒表面具有较强吸附能力的分散剂，其分散能力也较强。如嵌段或接枝的高分子表面活性剂就具有这种特点。在选择分散剂时应考虑农药分子与分散剂的相互作用力大小，对非极性固体原药常选用非离子分散剂或弱极性的离子型分散剂。对有强极性的固体原药选用阴离子分散剂，尤其是高分子阴离子分散剂往往效果较好。化学结构相似的原药与分散剂配伍往往效果较好。另外使用两种或多种分散剂复配发挥其协同效应往往比使用单一分散剂效果好。分散剂一般占干制剂的1%～10%。为降低分散剂的使用成本，往往选用两种分散剂复配，选用一种价廉而性能较好的品种作分散剂主体，然后加入少量高价质优的分散剂进行调节。

分散剂吸附在农药颗粒表面，影响颗粒表面的 Zeta 电位，使粒子之间的静电斥力增加，起到静电稳定作用，同时其高分子长链之间的相互作用又可起到空间稳定的作用，这种双重的稳定效果被称为静电位阻稳定。一般情况下，分散剂过少则颗粒吸附的分散剂量较少，其静电位阻作用发挥不充分，导致体系不稳定；而过多的分散剂不仅会增加离子强度，而且可能由于自由高分子链的相互桥连而导致体系失稳，分散剂能在农药粒子表面形成强有力的吸附层和保护屏障，为此既可使用提供静电斥力的离子型分散剂，又可使用提供空间位阻的非离子型分散剂。常见的分散剂有木质素磺酸盐类、萘磺酸盐类、聚羧酸盐类等。

（1）木质素磺酸盐类分散剂　木质素是一种天然高分子聚合物，是地球上资源第二丰富的天然有机高聚物，仅次于纤维素。木质素不仅是木材的主要成分，而且在其他物体（如蔬菜类、玉米茎、甘蔗、果核等）中也都含有大量的木质素。如木质素占针叶树质量的 27%～37%，占阔叶树质量的 16%～29%。

工业上使用的木质素主要来自造纸业的副产物，价格低廉且产量大。造纸工业主要以化学制浆为主，分为碱法和酸法两种，两种方法得到的木质素结构和性能差别较大。碱法将强碱与木材、麦草等造纸原料一起蒸煮，木质素由于分子结构中的酚羟基而溶解，从而与纤维素分离，这种木质素被称为碱木质素，这种木质素不含磺酸基，在中性及酸性条件下不溶于水，只有在碱性条件下才溶于水。在酸法制浆过程中，通过酸解使亚硫酸盐在木质素苯环或侧链上磺化，引入磺基而使木质素溶解，以达到与纤维素分离的目的。酸法制浆得到的木质素叫作木质素磺酸盐，其分子量分布较宽，在 1000～20000 之间。木质素磺酸盐除了与木质素一样具有 C_9 疏水骨架外还具有磺酸根强亲水基团和羧酸、酚羟基等弱电离基团，具有较好的水溶性，是一种天然高分子阴离子表面活性剂，由于成盐形式不同，又分为木质素磺酸钠、木质素磺酸钾、木质素磺酸钙、木质素磺酸铵等。

木质素分散剂的分子量目前没有权威的划定标准，但一般认为分子量≤5000 为低分子量，5000～10000 为中等分子量，≥10000 为高分子量。作为分散剂的木质素磺酸盐一般是从亚硫酸纸废液中分离出来的，木质素的来源也可以从其他制纸浆方法中提取出来。由于木质素的来源和处理方法不同，木质素磺酸盐的性质也不同。但作为分散剂的木质素磺酸盐，对其作用影响最大的是两个因素：一是分子量，二是其中含磺酸基的多少。磺化度是指 1000g 木质素中含有的磺酸基（$—SO_3H$）的物质的量，通常将其分为三个等级：①低磺化度；②中磺化度：介于 1～2 之间；③高磺化度。木质素磺酸盐分散剂的分子量和磺化度与其应用性能具有直接关系，一般认为分子量高，木质素磺酸盐分散剂的溶解性差、耐热性好、助磨性差；分子量低，木质素磺酸盐分散剂的溶解性好、耐热性差、助磨性好；磺化度高，木质素磺酸盐分散剂的溶解性好、耐热性差、助磨性好；磺化度低，木质素磺酸盐分散剂的溶解性差、耐热性好、助磨性差。

木质素磺酸盐分子量较大，不仅可提供静电斥力，而且还能提供空间位阻作用，使分散的颗粒不团聚或者悬浮粒子之间不凝聚，提供良好的分散性和悬浮能力。针对不同的农药有效成分，可选用不同磺化度的木质素磺酸盐。对具有亲水基或亲水性较强的农药，可选用低磺化度的木质素磺酸盐；反之，则宜选用高磺化度的木质素磺酸盐产品。木质素磺酸盐在水中溶解很快，有利于颗粒的吸附。不足之处在于它在降低表面张力、润湿性和渗透力方面较差，分散持久性较差，而且常带有颜色。一般推荐它与萘磺酸盐甲醛缩合物一起使用，从而起到更好的分散和稳定作用。

为了得到各种性能的木质素磺酸盐，并有选择性地增强某些性质，或者为了某种特殊应用的需要，可以通过各种化学过程对木质素中的酚型结构进行改性；也可以通过形成氢键或者在苯丙基单体支链上的 α-取代羟基和 β-取代羟基上进行改性；还可以进一步调整木质素的磺化度和木质素磺酸盐的相对分子量大小，从而开发出一系列具有不同性能的专门化学产品。除此之外，由于木质素结构中有酚式羟基上的氢、C=C 双键、苯甲醇羟基等能够起反应的基团，因而改性后的木质素磺酸盐品种繁多，结构显得十分复杂，可得到各种不同性能和不同商品牌号的产品。图 4-27 为木质素磺酸盐的结构片段。

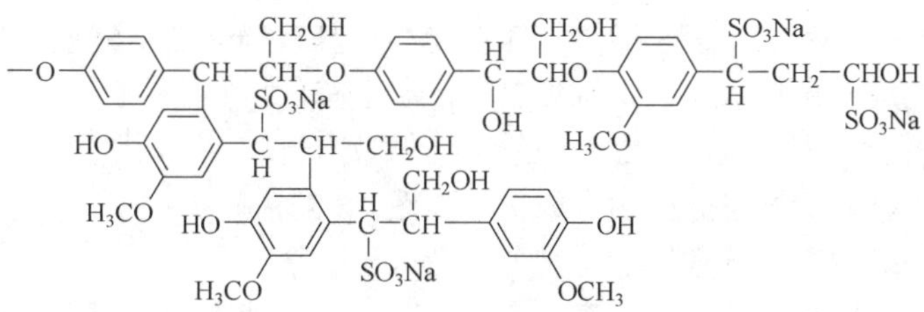

图 4-27　木质素磺酸盐结构片段

木质素磺酸盐分散剂在自然环境中可自然降解、价格相对较低，到目前为止，国外可湿性粉剂中所用的分散剂，木质素磺酸盐及其改性产品仍占据首位。美国年产木质素磺酸盐系列产品超过 20 万吨，用作农药助剂的木质素磺酸盐年产量在 9000t 以上。其产品经过提纯、脱色脱糖，甚至氧化、磺化、缩合等工艺进行改性，具有良好的分散性能，但价格较贵。国产的低端木质素磺酸盐产品一般仅经过简单的除糖工艺处理，其性能与国外产品相比有较大差距，品种单一，产量小，平均分子量一般在 4000 左右，但近几年我国在改性木质素磺酸盐农药助剂上的研究也有很大进步，且在农药水分散粒剂中应用效果很好，性能接近进口产品。美德维实伟克（Meadwestvaco）公司、挪威鲍利葛（Borregaard）公司和加拿大瑞德（Reed）公司是世界上生产和销售木质素磺酸盐产品最大和最主要的公司。目前，市场上常见的用于水分散粒剂中的木质素磺酸盐产品见表 4-6。

表 4-6　常用木质素磺酸盐分散剂产品

商品牌号	有效成分	用途	含量/%	供应商
REAX 系列	木质素磺酸钠	分散剂	95～100	Mead-Westvaco Co.,Ltd
POLYFON 系列	木质素磺酸钠	分散剂	95～100	Mead-Westvaco Co.,Ltd
Ultrazine NA	木质素磺酸钠	分散剂	90	Borregaard Co.,Ltd

续表

商品牌号	有效成分	用途	含量/%	供应商
Ufoxane 3A	木质素磺酸钠	分散剂	90	Borregaard Co.,Ltd
Borrespere 3A	木质素磺酸钠	分散剂	90	Borregaard Co.,Ltd
Marasperse CR	木质素磺酸钠	分散剂	95～100	Reed Lignin Co.,Ltd
Marasperse CBD-3	木质素磺酸钠	分散剂	95～100	Reed Lignin Co.,Ltd
Marasperse C21	木质素磺酸钙	分散剂	95～100	Reed Lignin Co.,Ltd
Rreax LTS	木质素磺酸钾	分散剂	50	Scoff Paper Co.,Ltd
Rreax LTK	木质素磺酸镁	分散剂	50	Scoff Paper Co.,Ltd
Rreax LTM	木质素磺酸钠	分散剂	50	Scoff Paper Co.,Ltd
M-9、M-10	木质素磺酸钠	分散剂	90	吉林图们精细化工厂
YUS-WG4	木质素磺酸钠	分散剂	95～100	Takemoto Oil & Fat Co.,Ltd
YUS-RXB	改性木质素磺酸钠	分散剂	95～100	Takemoto Oil & Fat Co.,Ltd
Candise-603W	改性木质素磺酸钠	分散剂	95～100	南京棋成新型材料有限公司

（2）萘磺酸盐类分散剂　萘磺酸甲醛缩合物和烷基萘磺酸盐甲醛缩合物是一类性能优良的阴离子表面活性剂，在减水剂、染料和农化行业中有广泛的应用。萘磺酸盐甲醛缩合物是由许多萘基提供吸附链和磺酸钠提供亲水链的阴离子分散剂，结构式如图 4-28。

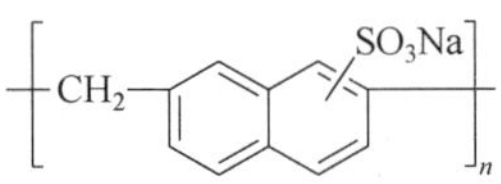

图 4-28　萘磺酸盐甲醛缩合物结构

萘磺酸盐甲醛缩合物的分散性能与其分子量大小、聚合度（及萘核数）和磺酸位置有关。聚合度愈高，分散性能愈好，具有 5 个以上萘核数（分子量 1000 以上），才有一定的分散效果；随着萘核数增加到 9 个及以上（分子量 2300），增强了亲油基团的吸附能力，保证不易从被吸附粒子表面脱落和转移，其分散效果提高。产品的磺酸位置也影响分散性，2 位和 7 位优于 2 位和 8 位、优于 2 位和 6 位。磺酸基位置及产物比例主要取决于磺化温度和时间。如果磺化温度和时间控制精确，则产品中异构体数量越少，有效结构比例越大，产品性能越稳定。

萘磺酸盐甲醛缩合物与其他分散剂相比，分散性较强，分散持久性长，起泡性小，在硬水及酸碱性介质中稳定，颜色较浅，价格低于聚羧酸盐分散剂，性价比较高。不足之处是，产品在贮存中受潮时，分散性能会降低；热贮不稳定，受热后容易从农药表面脱落，降低分散性能；分散剂为黄色或棕色，对有颜色要求的水分散粒剂产品有影响。常与木质素磺酸盐搭配使用。常见的萘磺酸盐甲醛缩合物有 NNO、MF，烷基萘磺酸盐甲醛缩合物最为著名的是诺力昂（原阿克苏诺贝尔）公司开发的、以“Morwet”为商品名的产品，如 Morwet D-425 和 Morwet D-500 等。目前国内常用的萘磺酸钠甲醛缩合物产品见表 4-7。

表 4-7　常用萘磺酸盐甲醛缩合物分散剂产品

商品牌号	外观	有效成分	供应商
NNO	浅棕色粉末	亚甲基萘磺酸钠甲醛缩合物	国产
MF	棕色粉末	甲基萘磺酸钠甲醛缩合物	国产
CNF	淡黄色粉末	苄基萘磺酸钠甲醛缩合物	国产

续表

商品牌号	外观	有效成分	供应商
SP-2818L	黄棕色粉末	萘磺酸甲醛缩聚物钠盐	江苏擎宇化工科技有限公司
GY-D10	浅棕色粉末	萘磺酸甲醛缩聚物钠盐	北京广源益农化学有限公司
Morwet D-425	黄色粉末	烷基萘磺酸甲醛缩聚物钠盐	Nouryon Co.,Ltd
Morwet D-500	黄色粉末	烷基萘磺酸甲醛缩聚物钠盐和嵌段聚醚混合物	Nouryon Co.,Ltd
Morwet D-450	黄色粉末	烷基萘磺酸甲醛缩聚物钠盐和磺酸盐混合物	Nouryon Co.,Ltd
Morwet D-110	黄色粉末	烷基萘磺酸甲醛缩聚物钠盐和 APE 羧酸盐混合物	Nouryon Co.,Ltd
Tamol NN	黄色粉末	烷基萘磺酸甲醛缩聚物钠盐	Basf Co.,Ltd
Tamol NH	黄色粉末	烷基萘磺酸甲醛缩聚物钠盐	Basf Co.,Ltd
OROTAN™ SN	黄色粉末	烷基萘磺酸甲醛缩聚物钠盐	Dow Chemical Co.,Ltd
Dispersol BB4	浅棕色粉末	萘磺酸甲醛缩聚物钠盐	Croda Co.,Ltd
Tersperse 2020	浅棕色粉末	烷基萘磺酸甲醛缩聚物钠盐	Indorama Ventures Co.,Ltd
YUS-207K	淡黄色粉末	萘磺酸甲醛缩聚物钠盐	Takemoto Oil & Fat Co.,Ltd

（3）聚羧酸盐类分散剂　聚羧酸盐类分散剂主要由含羧基的不饱和单体，如丙烯酸和马来酸酐等，与其他单体通过自由基共聚合成，并在分子主链或侧链上引入强极性基团，是具有梳形结构的高分子表面活性剂。它以聚合的强疏水性骨架长链为基吸附链，通过离子键、共价键、氢键和范德华力以及平面分子间的 π-π 作用等吸附在颗粒表面，不易脱落；以接枝共聚在骨架长链上的低分子基团为亲水链伸入水中，使颗粒带负电荷，形成扩散双电层，并产生 Zeta 电势，在固体颗粒表面形成足够厚度的保护层，具有静电排斥和空间位阻双重作用。聚羧酸盐类分散剂的结构通式见图 4-29。

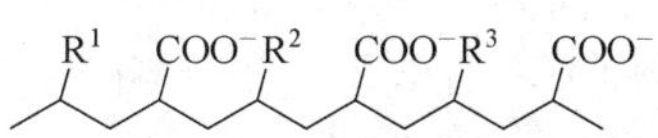

R^1、R^2、R^3分别为氢原子、烷基、苯基、磺酸基、酰胺基团或酯基中的一种

图 4-29　聚羧酸盐分散剂结构通式

聚羧酸盐类分散剂是近年来开发的一种新型、高效、多功能分散剂，它在水中可溶解，在分散体系介质中对农药有效成分和其他添加成分有着三维空间保护、分散和稳定作用，在水分散粒剂中已应用得十分普遍。与传统的分散剂相比，其有显著的优点，具体体现在：①聚羧酸盐类分散剂含多个锚固位点，以多位点吸附于分散颗粒表面，吸附量大，易溶于水的溶剂化段在水中充分伸展，并在农药固体颗粒表面形成足够厚的保护层，空间位阻作用有效地实现了颗粒在介质中的稳定分散。②传统聚合物分散剂由于锚固基团的无规则分布及卧形吸附的存在，使得同一个分散剂常常吸附在几个固体颗粒上，不仅起不到稳定分散作用，反而会因为“架桥”作用而导致颗粒间的絮凝。聚羧酸盐类分散剂一般为梳形共聚物，其锚固基团处于分子的同一端且紧密相连，相互之间没有足够的距离，故同一分散剂的不同锚固基团不可能吸附在不同的颗粒上，从而避免了“架桥”絮凝。③聚羧酸盐类分散剂分子结构

自由度高，分子结构与性能的可设计性强，易形成系列化产品。

聚羧酸盐类分散剂以聚合（或共聚）的烷基长链为疏水基吸附链，羧酸盐为亲水链伸入水相，使悬浮体系达到最大的分散和稳定性。这类聚羧酸盐表面活性剂分子量一般在5000～20000之间，疏水基分子量控制在5000～7000，疏水链过长，无法完全吸附于颗粒表面而成环或与相邻颗粒表面结合，导致粒子间桥联絮凝。亲水基分子量控制在3000～5000，亲水链过长，分散剂易从农药颗粒表面脱落，且亲水链间易发生缠结导致絮凝。聚羧酸盐类分散剂链中的亲水部分比例一般为20%～40%，若比例过低，则分散剂水溶性差，无法起到分散作用。若比例过高，则由于亲水性过强而容易从颗粒界面脱落。其主要产品有：①丙烯酸和顺丁烯二酸的共聚物，钠盐分子量约8000，铵盐分子量约10000。②甲基丙烯酸和顺丁烯二酸的共聚物的钠盐和铵盐。③丁烯二酸和苯乙烯的共聚物，钠盐分子量约5000，铵盐分子量约15000。④丁烯二酸和二异丁烯的共聚物，钠盐和铵盐分子量均为 12000。⑤马来酸-丙烯酸共聚物钠盐，分子量在10000以上。

（二）润湿剂

润湿剂（wetting agent）是指使或加速液体润湿固体的物质，一般用量1%～5%。润湿剂的作用主要体现在两个方面：一是出色的分散性能和优良的润湿性能对于确保有效而均匀地进行田间喷洒农药制剂至关重要，在实际应用中，由于药剂表面张力的降低，可增大雾滴的分散程度，易于喷洒，促使活性成分迅速进入作用部位，发挥生物效应。二是除了降低表面张力以外，润湿剂能使水分渗入水分散粒剂颗粒中。随着水分到达颗粒的内部，颗粒将以更快的速度润湿、崩解。因此要求润湿剂的分子结构中既有亲水较强的基团，又有与原药亲和力较强的亲油基团。

润湿剂的结构与其润湿性密切相关，优良的润湿剂结构应能有效降低表面张力并扩散到界面（即快速降低表面张力）。支链化高、分子较小的表面活性剂是水介质的优良润湿剂，疏水基的长度应足够长，使润湿剂在使用条件下的水相中稍有溶解度（若链太短，降低表面张力能力差），亲水基只要能与水充分作用以防止分子不溶解即可，这是因为表面活性剂与溶剂的相互作用能减少表面活性剂分子向界面移动的倾向。短链离子型表面活性剂极易溶于水溶液，其润湿性较好，且在含盐条件下，其双电层被压缩，能更好吸附于颗粒表面，同时降低了在水中的溶解度，从而更有效地降低其表面张力。烷基苯系列的润湿剂中，具有最高润湿能力的是烷基碳氢链较短者，且烷基碳氢链末端有甲基较多者润湿力较大。此外，碱金属盐润湿性力较强，碱土金属盐分散性能较好。亲水基处于亲油基链中央者一般润湿渗透性强，如双烷基丁二酸酯磺酸钠盐、蓖麻油酸酯硫酸酯钠盐、双酰胺双磺酸钠盐等。

非离子表面活性剂中疏水基含支链的润湿性强，如异构十三醇聚氧乙烯醚润湿性优于直链醇聚氧乙烯醚，聚氧乙烯醚聚合度因不同的疏水基具有最佳值。如壬基酚聚氧乙烯醚当EO的加成数 n=6～12时，脂肪醇（C_{12}～C_{14}）以EO=5～7润湿性较好，而 n 略低，渗透性好。

水分散粒剂中常用的润湿剂有脂肪醇聚氧乙烯醚（AEO）、烷基酚聚氧乙烯醚（APEO）、烷基苯磺酸盐、*α*-烯基磺酸钠、聚氧乙烯醚硫酸酯盐、烷基芳烃磺酸盐、烷基琥珀酸酯磺酸钠。

（1）脂肪醇聚氧乙烯醚（AEO） 该助剂的润湿性与脂肪醇碳链的长度和环氧乙烷或环氧丙烷的加成数有关。当乙氧基数固定时，润湿性随烷基碳链的长度增加而下降，如润湿性

$C_{10}>C_{12}>C_{15}>C_{16}$。另外，支链醇醚比直链醇醚具有更好的润湿性能。当脂肪醇结构相同时，润湿性随环氧乙烷加成数的变化而变化：环氧乙烷在某一加成数时，润湿性达到最大，此时如果继续增加环氧乙烷，则润湿性下降。不同烷基醇醚的最大润湿力所需的环氧乙烷数量不同，烷基越大，需要的环氧乙烷数也越大。环氧乙烷的加成数在 7～10 时，脂肪醇醚可在水中分散或溶解，该范围内的环氧乙烷数较为合适。农药选择烷基中碳原子数为 10 或 12、环氧乙烷加成数为 7～10 的脂肪醇聚氧乙烯醚作为润湿剂最合适。

（2）烷基酚聚氧乙烯醚（APEO）常见的烷基酚聚氧乙烯醚包括辛基酚聚氧乙烯醚和壬基酚聚氧乙烯醚，具有较低的表面张力和较好的润湿性，通常农药领域的烷基酚聚氧乙烯醚环氧乙烷加成数为 4、7、10、20、30、50、100。壬基酚聚氧乙烯醚在环境中会迅速分解成为壬基酚（NP），而壬基酚（NP）是一种环境激素，对生物的性发育产生影响，并且干扰生物的内分泌，具有生殖系统毒性。早在 2012 年 7 月，就被欧盟纳入 REACH 法规高度关注物质清单，同年 12 月，在第八批高度关注物质清单中，出现了壬基酚，并定义为可能对环境有严重危害。2016 年 2 月 2 日生效的欧盟 REACH 法规规定，从 2021 年禁止在纺织产品使用壬基酚聚氧乙烯醚。我国环保部和海关总署早在 2011 年初发布的《中国严格限制进出口的有毒化学品目录》中已首次将壬基酚（NP）和壬基酚聚氧乙烯醚（NPE）列为禁止进出口物质。2022 年，我国生态环境部发布的《重点管控新污染物清单（2023 年版）》中要求，禁止使用壬基酚作为助剂生产农药产品。

（3）烷基苯磺酸盐　烷基苯磺酸盐的润湿性以低碳烷基最优，在直链烷基分子中，碳原子数为 9～16 时，润湿性能较好，当碳原子数为 12 时，润湿性最好。在支链烷基分子中，2-丁基-辛基苯磺酸钠的润湿性能最好。一般地，相同碳原子的支链烷基苯磺酸钠比直链烷基苯磺酸钠的润湿性好，苯环位于烷基的中央比在两端的润湿性好。农药中常用的烷基苯磺酸盐是十二烷基苯磺酸钠，包括直链烷基和支链烷基。该产品易溶于水，市场上有 30%水溶液和固体粉末（60%或 80%）两种形态，农药水分散粒剂使用固体状十二烷基苯磺酸钠，该产品起泡性强，制备产品时需要注意。

（4）α-烯基磺酸钠（AOS）　分子式为：$RCH=CH(CH_2)_nSO_3Na$，n=14～16 或 14～18。AOS 具有优良的表面活性，在一定浓度范围内，AOS 能将水的表面张力从 72mN/m 降至 30～40mN/m。随着碳数的增加，AOS 的临界胶束浓度降低。AOS 具有良好的润湿、抗硬水和生物降解性能，但泡沫较多，使用时需要注意。

（5）聚氧乙烯醚硫酸酯盐　该类化合物广泛应用于农药的各类制剂中，提供良好的润湿、分散和乳化性能，其中脂肪醇聚氧乙烯醚硫酸盐在世界上已得到广泛应用，烷基为 C_{12}～C_{14} 的最为常用，脂肪醇一般加成 2～10 个环氧乙烷。如月桂醇聚氧乙烯醚硫酸盐分子中环氧乙烷的加成数为 4～7，与脂肪醇硫酸盐相比，由于加成了一定数量的环氧乙烷，脂肪醇聚氧乙烯醚硫酸盐的润湿性有所提高，其润湿性优于烷基苯磺酸盐。

（6）烷基芳烃磺酸盐　常用作润湿剂的是低级烷基、丙基、异丙基、丁基或混合烷基盐，也常用作分散剂或润湿分散剂。常用的有 Morwet EFW、Morwet IP、Supragil WP、Supragil GN、YUS-207K、拉开粉 BX 等。

（7）烷基琥珀酸酯磺酸钠　烷基琥珀酸酯磺酸钠为阴离子表面活性剂，发现已有近百年的历史，早期多用于纺织工业渗透剂和润湿分散剂，此类化合物具有很强的润湿渗透力。当烷基的碳原子总数为 16 时，烷基琥珀酸酯磺酸钠的润湿性能最好，并且烷基为支链比直链润湿性能更好。典型代表为渗透剂 T（顺丁烯二酸二仲辛酯磺酸钠）和渗透剂 OT（琥珀酸二异辛酯磺酸钠）。

（三）崩解剂

崩解剂（disintegrant）在水分散粒剂中的作用是促进颗粒在入水后崩解变为体积微小的微粒，从而释放出农药原药中的有效成分，从而让制剂更好地保持分散稳定性和悬浮性。崩解剂发挥崩解作用的机制是当颗粒制剂被水润湿后，其吸水膨胀使粒剂崩解分裂成细小的微粒或者粒剂吸水后，崩解剂溶解于水中，粒剂内部产生空穴被水取代，然后粒子完全裂开变成可以悬浮在水中的粒子。

崩解剂在医药领域主要用于片剂或粒剂的制备，在农药中主要用于水分散粒剂和泡腾片（粒）剂的崩解作用，国家标准《农药剂型名称及代码》（GB/T 19378—2017）执行后，又将泡腾粒剂合并到水分散粒剂中。因此，崩解剂分为机械性崩解剂和化学性崩解剂，在一般水分散粒剂中，机械性崩解剂使颗粒快速崩解变为可悬浮的微粒，促使有效成分快速溶出，并使制剂具有较好的悬浮性和分散性。由于崩解的机制是机械性的，所以在长期贮存或不合理贮存过程中不易发生变化。在泡腾粒剂体系中，除了加入一般的崩解剂外，还需要加入化学性崩解剂，如酸碱系统，遇水反应产生二氧化碳使泡腾粒剂迅速崩解，在水中扩散。

传统上，玉米淀粉曾被用作农药水分散粒剂首选崩解剂，价格低、来源广，且现在仍然被广泛应用，但单用淀粉有时崩解性达不到要求，且加多了还会降低悬浮率。除玉米淀粉外，硫酸铵、氯化钠、硫酸钠、碳酸氢钠、尿素、氯化铵等无机盐也是农药水分散粒剂的常用崩解剂。近年来，开发了一些新型的崩解剂来加快医药片剂的崩解过程，通常称之为超级崩解剂，它们的用量比淀粉要少很多，只占整个配方的一小部分，具有超强吸水膨胀性。超级崩解剂主要有羧甲基淀粉钠、交联羧甲基淀粉钠、交联羧甲基纤维素钠、交联聚乙烯吡咯烷酮等高分子材料。另外，气相二氧化硅、硅酸镁铝、有机膨润土、蒙脱土等也可以作为崩解剂使用。下面主要介绍几种常见的崩解剂。

（1）预胶化淀粉（pregelatinized starch，PS）性状为白色或黄白色粉末，由来自禾本科类植物玉蜀黍的颖果或大戟科植物木薯的根块制得的多糖类颗粒。常作固体制剂的填充剂。其可压性差，吸湿而不潮解，遇水膨胀，是亲水性物质，可增加空隙率而改善水分散粒剂的透水性，为最广泛应用的崩解剂。淀粉对不溶性或微溶性农药的崩解作用较可溶性农药显著，其用量一般为3%～20%。

常用的淀粉类崩解剂还有玉米淀粉、水溶性淀粉、可溶性淀粉、变性淀粉羟丙基淀粉复合物等，一般用量为5%～20%。

（2）羧甲基淀粉钠（carboxymethyl starch sodium，CMS-Na）常作为药用崩解剂，广泛用于生化制剂和中西药制剂，属于低取代度马铃薯淀粉衍生物，它的结构与羧甲基纤维素相似，是葡萄糖分子通过1,4-α-糖苷键相互连接的，约每100个葡萄糖单元就可引入25个羧甲基。CMS-Na的吸水溶胀性能非常好，吸水后可以使体积增加近300倍，吸水后体积迅速膨胀，但粒子本身不会破碎，是一种优良的崩解剂，形状为白色或类白色粉末，无臭，无味，在空气中有吸湿性，在常温下溶于水，分散成黏稠状胶体溶液，在乙醇和乙醚中不溶，用量一般为1%～6%。它的崩解性能主要由高交联度与羧甲基的取代度所决定。羧甲基淀粉钠在扫描电镜下呈球状，因此具有很好的流动性。

（3）交联羧甲基纤维素钠（croscarmellose sodium，CCMC-Na） 羧甲基纤维素钠的交联聚合物，为白色细颗粒状粉末，无臭无味。不溶于水，但有很强的引湿性，在水中能吸收大量的水膨胀却不溶解，不溶于乙醇和乙醚等有机溶剂。性能稳定，但遇强酸和强碱会被氧化和水解。具有较好的可压性和崩解作用。在扫描电镜下观察交联羧甲基纤维素钠带有较尖的纤维末端，所以它不会像羧甲基淀粉钠那样具有很好的流动性。对于用疏水性辅料制备的颗粒剂，崩解作用更好，用量一般为 0.5%～3%。

(4) 交联聚乙烯吡咯烷酮（cross linked polyvinylpyrrolidone，PVPP）又叫交联聚维酮，是乙烯基吡咯烷酮的高分子量交联聚合物，性状为白色或类白色粉末，几乎无臭，有吸湿性，流动性好，不易溶于水和各种溶剂，但可以迅速溶胀，使体积增加 150%至 200%，堆密度比较小（0.26g/ mL），因此其具有较大的比表面积。交联聚乙烯吡咯烷酮有强烈的毛细管活性，遇水可以使水迅速渗入药粒中，当药粒内部的溶胀力大于外部强度时，便会使药粒崩解。交联聚乙烯吡咯烷酮粒子是由相互熔融的粒子聚集体组成的，这种聚集体使得交联聚乙烯吡咯烷酮在扫描电镜下呈海绵状的多孔外观。用量通常为 1%～4%。

(5) 微晶纤维素（microcrystalline cellulose，MCC）天然纤维素经水解后的改性纤维素，性状为白色或类白色粉末，无臭无味。本品在水、乙醇、丙酮和甲苯中不溶，可与所有活性成分相结合，具有黏合性及良好的塑性变形能力，能提高颗粒剂的硬度，且具有促进崩解的作用，一般用量为 3%～20%。

(6) 气相二氧化硅　气相二氧化硅为白色蓬松粉末，多孔，无毒无味无污染，耐高温，可作为固体制剂的崩解剂。气相二氧化硅粉体密度小，粉体表面及内部存在众多微孔，其表面具有极性的硅羟基，亲水性强。水分散粒剂添加少量的气相二氧化硅，能改善颗粒剂的润湿性，造粒时的压力使粉体表面及内部的空隙相互连通成毛细管，使水容易进入颗粒剂内部，破坏固体结构使得颗粒剂崩解。

(7) 泡腾崩解剂　为一种遇水能产生二氧化碳气体达到崩解作用的酸、碱系统。最常用的酸、碱系统是由枸橼酸或酒石酸与碳酸氢钠或碳酸钠组成。据报道，酸酐（如琥珀酸酐、枸橼酸酐等）遇水即生成相应的酸，遇碳酸盐即产生 CO_2，若能控制水解反应，使陆续形成相应的酸，将会产生持续的起泡作用。泡腾崩解剂的作用很强，在生产和贮存过程中，要严格控制水分，一般在压片时临时加入或将两种成分分别加于两部分颗粒中，临压片时混匀。

崩解剂的加入方法主要有三种:

① 内加法　将崩解剂与配方中其他成分混合均匀后制粒，崩解剂存在于颗粒内部，崩解虽较迟缓，但一经崩解便成细粒，有利于溶出。

② 外加法　崩解剂加在整粒后的干颗粒中，崩解剂存在于颗粒之外和各颗粒之间。水分透入后，崩解迅速，但因颗粒内无崩解剂，所以不易崩解成细粒，溶出稍差。

③ 内、外加法　将崩解剂分成两份，一份按内加法加入（一般为崩解剂的 50%～75%)，另一份按外加法加入（一般为崩解剂的 25%～50%)。此法集中了前两种加法的优点，在相同用量时，其崩解速度是外加法＞内外加法＞内加法，但其溶出速率则是内外加法＞内加法＞外加法。

（四）黏结剂

为了提高水分散粒剂的成粒率和改善颗粒的硬度，往往会在加工的时候加入一定量的黏结剂。在制备水分散粒剂工艺中，若黏结剂加入量不足，造粒过程变长，制备的颗粒强度不够，在包装、运输和贮存等操作时容易破碎；黏结剂加入过量，生产的粒剂粒子强度就会过高，从而影响制剂在使用过程的应用性能，如水分散粒剂的崩解性变差，悬浮性下降。制剂配方中黏结剂的浓度、流变性、力学性质、自身基质及黏结剂之间的相互作用都会影响黏结剂的黏合作用效果，探究黏结剂的性质、用量与原药和造粒工艺之间的平衡是制备性能优良的制剂的基础。常用的黏结剂有淀粉、明胶、聚乙烯吡咯烷酮、甲基纤维素、糖类等。

一般地，水分散粒剂的机械强度随着黏结剂用量的增加而增强，但对崩解时间影响较大。同时，颗粒的硬度也随着黏结剂比例的增加而增加，而分散性及悬浮率则会随着黏结剂比例的增加而降低。黏结剂使用时，不能影响水分散粒剂在水中的崩解性和悬浮率，宜使用低分子量的水溶性高分子材料，如羧甲基纤维素、聚乙烯吡咯烷酮、萘磺酸盐聚合物、聚丙烯酸盐等，尤其是黏度较低的羧甲基纤维素可制得具有一定强度且崩解性好的颗粒。

（1）黏合效率的影响因素

① 黏结剂的浓度。在造粒过程中，黏结剂形成内在基质，因此随着配方中黏结剂浓度的增加，颗粒的强度也增加。探究不同黏结剂及其不同浓度与磷酸二氢钙盐颗粒压碎强度之间的关系时，发现随着黏结剂浓度的增加，微粒的压碎强度也增加。试验也表明，淀粉与明胶、阿拉伯胶、PVP、PEG 4000 相比，较低浓度就可产生强度较大的颗粒。

② 黏结剂的力学性质。黏结剂的力学性质和成膜性决定了黏结剂黏合基质的强度和变形性，而黏合基质决定黏合剂的黏合效率。测量与润湿程度等效的不同湿度的黏结剂（包括阿拉伯胶、明胶、甲基羟乙基纤维素、PVP 和淀粉）的膜张力的结果表明，阿拉伯胶和 PVP 形成较弱的薄膜，而明胶薄膜的张力最强。此外，研究也表明，PVP 表现出低 Young’S 系数值，说明它是变形性最强的黏结剂。PVP 的这种高变形性使物料具有更好的压缩性，因此 PVP 是最好的润湿黏结剂。以上研究结果表明，黏结剂的黏合效率主要由成膜性和变形性决定。

③ 黏结剂的分散。颗粒中黏结剂的分散影响颗粒强度和抗碎能力。造粒过程中，阻碍黏结剂分散的因素会降低黏合效率。黏性很大的黏结剂溶液如淀粉浆，造粒后由于黏结剂分散困难会导致脆性增大。造粒过程中黏结剂的分散方法也会影响黏合效率，试验结果表明，使用水化明胶作为黏结剂，黏结剂分散影响粒剂的崩解强度。

黏合效率还与其他多种因素有关，如黏结剂性质、药物性质、造粒溶液类型、黏结剂与基质的作用、造粒方法等，因此衡量某一特定系统中黏结剂的作用比较困难。此外，黏结剂的黏合效率要通过试验来评价。

（2）常用黏结剂的介绍

① 天然聚合物

a．淀粉。淀粉是从植物中获得的碳水化合物聚合物，如马铃薯、小麦、玉米和木薯原料，但是使用最多的颗粒黏结剂的淀粉在冷水中不溶，在热水中胶化（水解）成糊浆。在淀粉糊的制作过程中，先把淀粉用 1～1.5 倍的冷水润湿，再加入 2～4 倍的沸水，不停地搅拌，直至形成半透明的糊浆，再用冷水稀释至所需要的浓度。也可将淀粉和冷水的混悬液在恒速搅拌条件下加热至流化制得。在造粒过程中，常用的淀粉浆浓度为 5%～25%。用淀粉浆做黏结剂的时候，制得的颗粒相对较软且具有脆性。

b．明胶。明胶是动物胶原质部分酸水解（A 型明胶）或碱水解（B 型明胶）得到的纯化蛋白质的混合物。明胶在冷水中不溶，能溶于热水。在热水中，当温度下降至 35～40℃时形成胶体，只有当温度高于 40℃时才会形成溶液。因此，使用明胶溶液需要保持一定温度，防止胶体形成。

常用明胶 10%～20%的水溶液作黏结剂，其黏性强，适用于不易造粒的物料。制备明胶溶液时，明胶必须先用冷水润湿，然后在加热条件下轻微振荡以促进溶解，振摇时必须控制幅度以防止黏性溶液引入气体产生气泡。

c．阿拉伯胶。阿拉伯胶也称阿拉伯树胶，来源于阿拉伯树的天然树脂，成分复杂，是糖类和半纤维素酶的松散聚集物。市售的有粉末、颗粒和喷干品。阿拉伯胶溶于水或者混合前用水润湿后用作黏结剂。但阿拉伯胶作黏结剂造粒硬度较高，崩解较缓慢，阿拉伯胶过去作为黏结剂使用广泛，但价格较高，逐渐被合成聚合物所取代。

② 糖类

a．葡萄糖。葡萄糖在造粒过程中以糖浆的形式使用（浓度＞50%），具有较好的黏合性。由葡萄糖制成的中强度颗粒较坚硬和易碎，只有在特殊情况下才使用。

b．蔗糖。蔗糖的市售品种很多，如颗粒蔗糖、优质颗粒蔗糖、优级蔗糖、特级蔗糖和精制细砂糖等。精制细砂糖（含 5%淀粉）在造粒过程中使用较多。糖浆含 50%～67%蔗糖，在造粒过程中用作黏结剂。造粒时可用蔗糖干粉作黏结剂，与葡萄糖相似，蔗糖制得的颗粒强度大，坚硬易碎。使用蔗糖水醇溶液造粒可得到较软的颗粒。

③ 合成聚合物

a．聚乙烯吡咯烷酮。聚乙烯吡咯烷酮（PVP）是使用最为广泛的黏结剂之一。它可在水中立即溶解，有多种不同分子量的聚合物，大多数情况下以溶液形式使用，也可以干粉形式应用并直接造粒，但所需浓度更高。PVP 制备的颗粒随存放时间的延长而变硬，因此常用作泡腾剂的黏结剂。水不溶性物料可用 PVP 水溶液来造粒，而水溶性物料可用其醇溶液造粒。作为黏结剂使用时，常用低中黏度，浓度 0.5%～5%。PVP 具有高度吸湿性，在相对湿度较低的条件下就有明显的润湿性。

b．甲基纤维素。甲基纤维素（MC）是一种长链碳水化合物，其中 27%～32%的纤维素基团被羟基以甲醚的形式取代。它的聚合物由于取代程度不同而分子量不同，因而有不同的黏合力。MC 的黏合效率随分子量的增大而增大。作为黏结剂使用时，低黏度和中等黏度聚合物应用较多。它可以直接或以溶液的形式加入。尽管 1%～5%水溶液可用于水溶性或水不溶性农药造粒，但 MC 更适合用于水溶性物料。

c．羟丙基甲基纤维素。羟丙基甲基纤维素（HPMC）是甲基纤维素的丙烯乙二醇醚取代物，它因取代度不同而有不同的黏度，其黏性与甲基纤维素相似，在造粒过程中的常用浓度为 2%～5%，HPMC 能溶于冷水形成胶体溶液。制备时，先将 20%～30%的 HPMC 水溶液在 80～90℃条件下充分搅拌，再加入冷水至所需量。

d．聚乙二醇。聚乙二醇（PEG）作为黏结剂使用具有局限性，但可以增强造粒中黏结剂的作用，并使制得的颗粒具有较好的可塑性。在实际使用中，含 PEG-6000 浓度为 10%～15%的混合粉末被加热至 70～75℃时，呈浆状，在冷却过程中搅拌会形成颗粒。

e．聚乙烯醇。聚乙烯醇（PVA）有不同黏度的聚合物，在造粒过程中使用的黏度范围为 0.01～0.1Pa·s。PVA 是水溶性聚合物，选用冷溶性 PVA 可以随配方加入，也可以配制成溶液后在捏合物料时加入。

（五）填料

填料（filler）也称为载体（carrier），在农药剂型加工中是一种惰性物质，其主要作用是确保加工产品中农药有效成分的含量，并将原药有效成分与加入的表面活性剂等其他成分分散形成均匀的混合物，保持产品应有的分散性和流动性；同时改善产品的性能，且能安全和方便地在水中稀释后使用。

填料最重要的特点是吸附能力，它的主要作用是把农药有效成分展布分配到大多数细粒子上，并可在整个粒子范围内均匀分布。除了有窄分布的细粒子是重要的因素之外，堆积密度也将决定农药有效成分的覆盖度、飘移程度、叶面渗透、在水中沉降速度，以及剂型处理难易程度等因素。当选择一种填料时，它们与农药有效成分的相配性也是需要考虑的另一个重要因素。

填料的筛选通常遵循以下几个原则：①与农药有效成分有好的相配性，不影响有效成分的稳定性；②对农药有效成分有好的吸附能力；③具备良好的流动性、适宜的堆积密度和较好的粉碎性；④能够在水中分散；⑤价格经济。

填料按其在水中的溶解性可分为水不溶性填料和水溶性填料两大类。水不溶性填料主要有吸附能力强的硅藻土、凹凸棒土、白炭黑、膨润土，中等吸附能力的滑石粉、黏土、高岭土等。水溶性填料主要有硫酸铵、尿素、无水硫酸钠、蔗糖、葡萄糖、乳糖和淀粉等。

填料种类较多，性能差异较大，需要根据配方组成和加工工艺选择合适的填料。即使同种原药，不同加工工艺，选择的填料种类也不一样。下面介绍几种常用填料的性能和使用方法。

(1) 硅藻土 (diatomite)　主要成分是二氧化硅，化学组成可用 $SiO_2 \cdot nH_2O$ 来表示，它是一种由生物成因的硅质沉积岩，主要由古代硅藻的硅质遗体组成。硅藻土种类繁多，形态各异，有圆盘状、筛管状、椭圆状、棒状、舟状和堤状等。用扫描电子显微镜（SEM）对干燥样品观看，它具有很多微孔，比表面积大，吸附能力强，特别对液体吸附能力很强。因此被广泛用来制作高含量可湿性粉剂和母粉的载体，尤其是适合用作加工液体农药有效成分和低熔点农药有效成分加工成高含量的可湿性粉剂和水分散粒剂的载体；或者与吸附容量小的载体配伍使用，作为可湿性粉剂和水分散粒剂的复合载体，以保证制剂的流动性。

硅藻土在国内的许多地方如吉林省长白朝鲜族自治县、桦甸市，山东省临朐县、莱州市，浙江嵊州，云南寻甸，四川攀西等地都有较丰富的蕴藏，开采的硅藻土通常含水量高，主要是经过焙烧、粉碎和分级得到成型产品，一般要求其含量在75%以上，有机质含量4%以下。硅藻土多数质轻、硬度小、易粉碎、固结性差、干燥粉末密度低（$0.08 \sim 0.25 g/cm^3$）、能浮于水面上、pH 值 6～8，是加工固体制剂的理想载体。硅藻土蛋白石质骨骼的折射率变化范围是 1.40～1.60，熔融煅烧后可达 1.49。沉积物的时代越久，折射率越高。硅藻土的熔点为 1400～1650℃，除可溶于氢氟酸酐外，难溶于其他酸，但易溶于碱。硅藻土具有很多微孔，孔隙率很大，所以对液体的吸附能力很强，一般能吸附等于其自身重量 1.5～4.0 倍的水。硅藻土的物理化学性质随着产地和纯度不同而有所变化，高纯度的硅藻土近乎于白色。含杂质（铁的氧化物或有机质）时，呈灰白、灰、绿以至黑色。一般来说，有机质含量越高，湿度越大，颜色越深。硅藻土的电子显微镜照片见图 4-30。

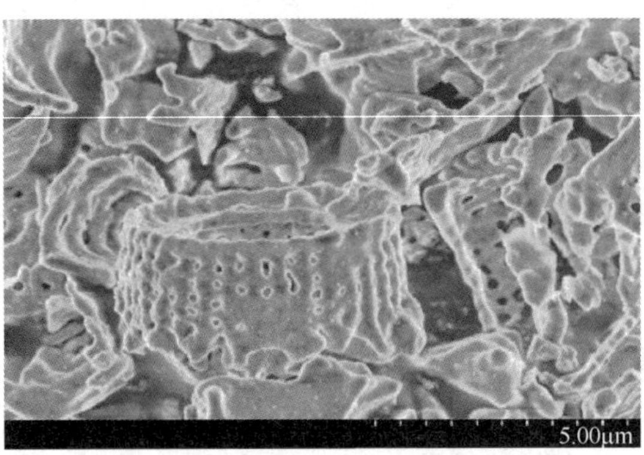

图 4-30　硅藻土扫描电子显微镜照片

（2）高岭土（kaolin） 主要是由富含铝硅酸盐的火成岩和变质岩在酸性介质的环境里，经风化或低温热液交叉变化的产物。主要成分为二氧化硅与三氧化二铝，化学组成可用 $Al_4(SiO_4O_{10})\cdot(OH)_8$ 来表示，各组成的理论含量为：41.2%Al_2O_3、48.0%SiO_2、10.8%H_2O。高岭石中常含少量钙、镁、钾、钠等。

纯净高岭土的外观为白色粉末，一般由于掺杂其他矿物而带上深浅不一的黄褐、红等各种色调。高岭土密度为 1.60～2.63g/cm^3；容重随粉碎度而变化，为 0.26～0.79g/cm^3；高岭土的莫氏硬度为 2.0～3.5；pH 值一般为 5～6。

高岭土晶体结构是由一层硅氧四面体层与一层“氢氧铝石”八面体层相结合形成一个晶层单元，由典型的 1∶1 型晶格所构成。在连接面上“氢氧铝石”八面体层中的 3 个—OH 中，有 2 个—OH 的位置被 O 所代替，使每个 Al 的周围被 4 个—OH 和 2 个 O 所包围。八面体空隙中只有 2/3 位置被 Al 所占据。高岭土层间无其他阳离子或水分子存在，层间靠氢氧-氢键紧密连接。用扫描电子显微镜（SEM）对干燥样品观看高岭土表面形状呈假六方板状，为稍厚的六方板状晶形，有的晶形较好，有的则不很完整。高岭土的电子显微镜照片见图 4-31。

高岭土比表面积和孔隙率不大、吸附容量低、阳离子交换容量小、流动性好，不宜用作液体或高黏度农药可湿性粉剂或高含量粉体的载体，一般用作低含量或中等含量粉体和颗粒剂载体。随着粉碎度增加，高岭土比表面积和吸附容量相应增大，在达到饱和吸附容量之前，对有效成分的荷载量远高于滑石粉等载体。此外，高岭土价格低廉，粉粒遇潮结块，但在水中易分散，所以高岭土常用作农药固体剂型的载体，或者与吸附性强的白炭黑、硅藻土等复配使用。高岭土作为农药载体要求水分含量和 Fe_2O_3 含量低、分散性和流动性好、阳离子交换容量小。

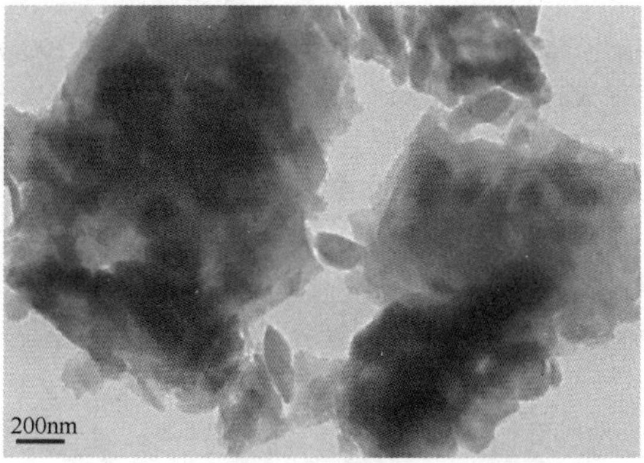

图 4-31　高岭土扫描电子显微镜照片

（3）膨润土 以蒙脱石为主要成分（含量为 85%～90%）的黏土类矿物，蒙脱石种类繁多，结构差异也较大。从扫描电子显微镜（SEM）看到蒙脱石呈现出较大不规则或花瓣状分布的弯曲片层，片层之间有空隙，显示出它具有很大的比表面积，膨润土的一些性质也都是由蒙脱石所决定的。它是由火山凝灰岩或火山玻璃状熔岩经自然风化而成，一般为块状或土状。

膨润土不是纯物质，常含有少量长石、石英、贝来石、方解石等物质，没有结构置换的蒙脱石的理论分子式为 $Al_4Si_8O_{20}(OH)_4\cdot nH_2O$，实际上蒙脱石的化学组成复杂，变化不定，以通式 $Na_x(H_2O)_4\{(Al_{2-x}Mg_x)[Si_4O_{10}](OH)_2\}$ 表示。膨润矿石为细小鳞片状，具有油脂光泽，有滑腻感，颜色为黄色或黄绿色，粉末为纯白色。

蒙脱石结构是由两个硅氧四面体夹一层铝氧八面体组成的2∶1型晶体结构，由于蒙脱石晶胞形成的层状结构存在某些阳离子，如Cu、Mg、Na、K等；且这些阳离子与蒙脱石晶胞的作用很不稳定，易被其他阳离子交换，故具有较好的离子交换性。蒙脱石层间阳离子为Na^+时称为钠基膨润土；层间阳离子为Ca^{2+}时称为钙基膨润土；层间阳离子为H^+时称为氢基膨润土（活性白土、天然漂白土-酸性白土）；层间阳离子为有机阳离子时称为有机膨润土。膨润土产品90%以上是钙基土，其次为钠基土，主要是经湿法选制、烘干、粉碎等工艺得到成型产品。

膨润土具有很大的比表面积（250～500m^2/g），有一种绿色膨润土的比表面积高达800m^2/g。膨润土由于有很大的比表面积，因此吸附能力和吸附容量都很大，有的膨润土甚至能吸入的物质相当于自身质量的30～50倍。它有较高的离子交换容量，阳离子交换容量特别大，可高达90mmol/100g土。它具有较强的吸水膨胀能力，在水中能吸附大量水分子而膨胀成极细的粒子，能长时间处于悬浮状态，形成稳定的悬浮液。加入少量水，膨润土膨胀而形成胶溶液，可使悬浮体系增稠，防止颗粒絮凝和沉降。膨润土遇水易膨胀成极细的粒子，其作填料使用，有助于固体制剂崩解和分散，因此膨润土特别适合用作可湿性粉剂和水分散粒剂的填料。如李万梅等用膨润土作为制备90%莠去津水分散粒剂的填料，配方为：膨润土90%（折百）、木质素磺酸钠0.5%、烷基萘磺酸盐0.5%、壬基酚聚氧乙烯醚1.0%、尿素2%、丙烯酸共聚物1%，膨润土补足100%。

（4）轻质碳酸钙　人工合成制造的产品，分子式为$CaCO_3$，与天然碳酸钙相比，因纯度高，几乎无任何杂质，质量轻，所以又称为轻质碳酸钙。主要生产工艺是将石灰石等原料煅烧生成石灰（主要成分为氧化钙）和二氧化碳，加水消化石灰生成石灰乳（主要成分为氢氧化钙），然后再通入二氧化碳生成碳酸钙沉淀，最后经脱水、干燥和粉碎制得产品。

轻质碳酸钙外观为白色疏松状粉末，其质量分数为97.0%～100.0%，水分含量一般小于1%。轻质碳酸钙比表面积大（500m^2/100g）、吸附能力不高（60～90mL/100g）、吸水率低、密度为2.65g/cm^3、pH值8.0～11.0（不适合加工对碱性不稳定的药剂）。颗粒形状规则、粒径小（平均粒径一般为1～3μm）、粒度分布较窄，一般可以满足加工可湿性粉剂和水分散粒剂产品的填料需求。

（5）凹凸棒土（attapulgite）　最初来源于美国，以佐治亚州凹凸堡矿区命名。在透射电镜和扫描电子显微镜（SEM）下观察，凹凸棒土为针状、纤维状、显微纤维束状集合体。其主要成分以凹凸棒土为主，蒙脱石、水云母、海泡石次之，以及少量碳酸盐和硅酸盐等，矿物含量在10%～97%，含量越高凹凸棒土越纯，性能越好。

凹凸棒土外观呈浅灰色或灰白色，贝壳状断口，土状或蜡光泽，有时呈丝绢光泽。干燥环境下性能表现为脆硬，具有较强的吸水性，湿时具有可塑性。凹凸棒土因具有特有的针状、纤维束状，类似于毛笔头或干草堆，这就决定了它具有很大的比表面积，高纯度凹凸棒土的比表面积在210m^2/g以上。

凹凸棒土特有的结构和很大的比表面积，使它具有极强的吸附能力，凹凸棒土的吸油率80%～100%；有的竟能迅速吸收占其自身质量200%的水。凹凸棒土pH值6.0～8.5，天然凹凸棒土的阳离子交换容量为20～30mmol/100g，略高于高岭土，大约为膨润土的1/3。

凹凸棒土因比表面积大，吸附能力强，因而广泛用于制备高浓度母粉、可湿性粉剂和水分散粒剂的载体；特别是对低熔点或液体的农药有效成分加工成可湿性粉剂和水分散粒剂时，用作载体，或与吸附容量较小的载体配伍作为复合载体使用，可以有效调节剂型产品的流动性和分散性。

凹凸棒土是最重要的凝胶形成黏土之一，它比其他黏土在浓度低得多情况下，即能形成稳定的高黏度悬浮液，并具有流变性和增稠性。这种性质被广泛用在悬浮剂和悬乳剂等悬浮体系中作增稠剂，并对稳定悬浮体系起到很好的效果。

(6) 滑石粉（pulvistalci） 是富镁质超基岩、白云质灰岩经水和热蚀变（质）的产物。它是由两层六方硅石片（硅氧四面体）网层夹一层水镁石片（氢氧镁八面体）组成的层状硅酸盐。滑石矿石是由一层晶胞堆积在另一层晶胞上构成（典型的2∶1晶格结构）的。结合力很弱，硬度不大，粉碎时易沿着氧原子平面滑断而形成片状的小颗粒。

纯滑石化学组成为$Mg_3[Si_4O_6](OH)_2$。外观为白色，由于含杂质而带上深浅不一的颜色（浅黄、灰白、浅绿等色）。致密块状滑石呈贝壳状断口，富有滑腻感。密度在2.58～2.83g/cm^3，pH值6.0～10.0之间，阳离子交换容量很小，为0.5～5.0mmol/100g，比表面积和吸附容量小，吸水率低，在化学上表现为低活性，所以又称为惰性粉。主要用作低浓度粉剂载体，由于它的滑腻性，有时用作农药片剂和挤压造粒生产的脱模剂。

(7) 白炭黑　白色粉末状的无定形硅酸和硅酸盐产品的总称，是人造的水合二氧化硅，分子式可用$SiO_2 \cdot nH_2O$来表示。特点是比表面积大、吸油能力强、分散性能好，且白炭黑中SiO_2的含量越高性能越好。白炭黑主要有沉淀法生产的二氧化硅、气相法生产的二氧化硅、超细二氧化硅凝胶和气凝胶等产品。白炭黑产品为多孔性物质，用扫描电子显微镜（SEM）对白炭黑干燥样品观看，直径在600nm以下，其比表面积大，很易聚集在一起。白炭黑的电子显微镜照片见图4-32。

白炭黑一般在剂型加工中用作载体或填料，特别是可用来加工高含量固体制剂和含有液体农药成分的固体制剂的载体。其疏松、质轻、密度小的特点，可以得到润湿性、悬浮率和贮存稳定性好的固体制剂产品。且在水分散粒剂配方中只需加入少量白炭黑，就可以提高流动性，也可起着崩解剂作用。在悬浮剂中加入一定量（约10%）白炭黑，有助于低熔点农药有效成分的研磨，不使其融化；也可用作辅助的黏度调节剂（如与黄原胶等一起），这些应用都取得了不错的效果。使用白炭黑唯一的不足之处，在于其价格明显要高于其他常用载体或填料，但是当它常与其他载体或填料混合使用时，也可取得较好的效果。

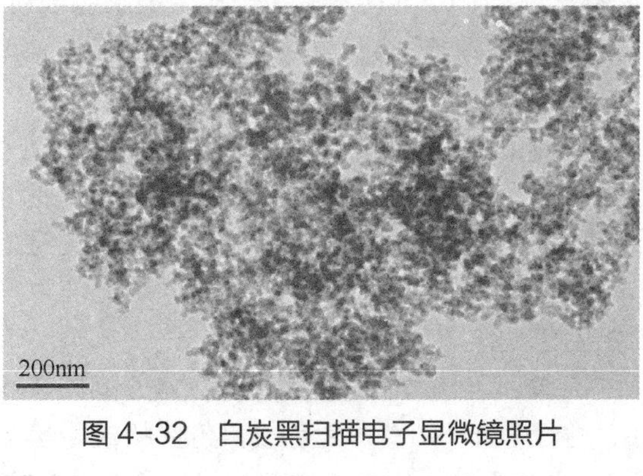

图4-32　白炭黑扫描电子显微镜照片

沉淀法二氧化硅产品外观为白色疏松粉末，粒子极细、质轻，松密度小（0.25g/m^3），比表面积大，一般在200m^2/g以上，饱和吸油率约为195%。

沉淀法二氧化硅产品是由硅酸钠和硫酸用湿法生产的产品，其工艺的反应式为：

$$Na_2SiO_3+H_2SO_4 \rightarrow SiO_2+Na_2SO_4+H_2O \text{（温度＜100℃）}$$

沉淀法二氧化硅产品都含有原生颗粒，尤其是国外沉淀法生产的 SIPERNAT®二氧化硅（赢创德固赛公司）产品，所有 SIPERNAT®产品均含有原生粒子，它们连接起来形成大的聚集体。这些聚集体形成高度孔状的海绵结构，可以吸收多至本身重量三倍的液体，吸收液体（如水）转换成流动性好的粉体。

气相法生产的二氧化硅比表面积特别大，但价格昂贵；除了特殊情况外，在农药加工固体产品中都使用沉淀法生产的白炭黑产品。不同厂家由于原料质量不同，操作条件不同，生产的白炭黑产品的理化性质也有所不同。但用作农药有效成分的载体，原则要求白炭黑产品的纯度高、杂质少、水分低、比表面积大、吸附能力强、分散性能好。

气相法生产二氧化硅过程是向四氯化硅（$SiCl_4$）中通入氢气和氧气，在连续火焰下水解，得到二氧化硅和盐酸，反应式如下：

$$SiCl_4+2H_2+O_2 \rightarrow SiO_2+4HCl \text{（温度＞1000℃）}$$

在生产过程中，原生粒子聚集成链状的聚集体。AEROSIL®气相二氧化硅产品的表面存在硅氧烷醇基团（Si-OH），这些基团的存在决定了该产品在液体体系中，可作为黏度控制剂和抗沉降剂应用。当该产品分散在液体中，硅氧烷醇基团互相作用形成一可逆的三维网状结构；当在机械力（如搅拌或振动）作用下，该结构遭受到破坏，体系变稀成为液体，黏度下降。去除机械力后，体系静止后，三维网状结构重新形成，黏度恢复到起始值，这种过程称为“触变”现象，在研制的悬浮剂中具有“触变”性的产品，具有最好的贮存稳定性能。

（8）硫酸铵　化学式$(NH_4)_2SO_4$，分子量为 132.1。熔点 230～280℃，折射率 n_D^{20} 为 1.396，相对密度为 1.77，相对蒸气密度为 7.9。100g 水中 0℃溶解 70.6g，20℃溶解 75.4g。水溶液呈酸性。不溶于醇、丙酮和氨水。有吸湿性，吸湿后固结成块。加热到 513℃以上完全分解成氨气、氮气、二氧化硫及水。与碱类作用则放出氨气。

硫酸铵纯品是无色斜方晶体，纯净的硫酸铵无臭，颜色是灰白色，易溶于水，溶解时，同时吸收热量，水溶液呈现酸性反应。工业品是白色或微黄色的小晶粒，是含氮量很高、很普通的农用肥料，俗称肥田粉，防止受潮，不可接触碱性物质。在农药水分散粒剂中作为重要的填料被大量应用，还有调节 pH 的作用。硫酸铵吸潮后容易结块，产品宜贮存于通风干燥处，注意防潮、防水、防雨淋、防火。

（9）无水硫酸钠　又称无水芒硝、元明粉，白色均匀细颗粒或粉末。无嗅，味咸而带苦，密度 2.68g/cm^3，熔点 884℃。易溶于水，4℃内随温度的升高而迅速增大。溶于甘油，不溶于乙醇。水溶液呈中性。

无水硫酸钠主要用作染料和助剂的填充剂以调整染料和助剂浓度，使能达到标准浓度。也可用作直接染料、硫化染料、还原染料在染棉布时的促染剂，还可用作印花丝织物精炼时的底色保护剂等。造纸工业用作制造硫酸盐纸浆时的蒸煮剂。医药工业用作钡盐中毒时的解毒剂。此外，还用于玻璃、建筑工业等方面。在农药水分散粒剂中作为重要的填料被大量应用，尤其在流化床造粒中应用较多。

（10）尿素　别名碳酰二胺、碳酰胺、脲。是由碳、氮、氧和氢组成的有机化合物，又称脲。分子式为 $CO(NH_2)_2$，分子量 60.06，为无色或白色针状或棒状结晶体，工业或农业品为白色略带微红色固体颗粒，无臭无味。密度 1.335g/cm^3。熔点 132.7℃。溶于水、醇，不溶于乙醚、氯仿。呈微碱性，可与酸作用生成盐。有水解作用。在高温下可进行缩合反应，生成缩二脲、缩三脲和三聚氰酸。加热至 160℃分解，产生氨气同时变为氰酸。因为在人尿中含有这种物质，所以取名尿素。尿素含氮 46%，是固体氮肥中含氮量最高的。

尿素是一种高浓度氮肥，属中性速效肥料，也可用于生产多种复合肥料。在土壤中不残留任何有害物质，长期施用没有不良影响。畜牧业可用作反刍动物的饲料。但在造粒中温度过高会产生少量缩二脲，又称双缩脲，对作物有抑制作用。我国规定肥料用尿素缩二脲含量应小于 0.5%。缩二脲含量超过 1%时，不能作种肥、苗肥和叶面肥，其他施用期的尿素含量也不宜过多或过于集中。尿素是有机态氮肥，经过土壤中的脲酶作用，水解成碳酸铵或碳酸氢铵后，才能被作物吸收利用。因此，尿素要在作物的需肥期前 4～8 天施用。尿素具有吸水速度快和促进崩解的作用，因此在水分散粒剂中可作为填料和崩解剂使用，但在挤压造粒中加入量不宜过多，否则容易导致挤压发黏。

尿素如果贮存不当，容易吸湿结块，影响尿素的原有质量。在使用前一定要保持尿素包装袋完好无损，运输过程中要轻拿轻放，防雨淋，贮存在干燥、通风良好、温度在 20℃以下的地方。

四、水分散粒剂的配制

（一）配制方法

水分散粒剂配制通常是将农药有效成分、分散剂、润湿剂、崩解剂、黏结剂等助剂以及填料通过湿法或干法粉碎，使之微细化后，再通过造粒机造粒。常规的制备方法根据粉碎方式的不同，主要有以下两种：

（1）干法粉碎方式。将原药、助剂、填料等混合均匀后，再使用气流粉碎或超细粉碎，制成可湿性粉剂，然后进行造粒，其方法主要有挤压造粒、转盘造粒、高速混合造粒、流化床造粒和压缩造粒等。

（2）湿法粉碎方式。将原药、助剂、辅助剂等，以水为介质，在砂磨机中研细，制成悬浮剂，然后进行造粒，主要方法为喷雾干燥造粒等。

由于造粒方法不同，其制造条件和产品的特征也不同。近几年来，水分散粒剂配制方法向着复配、微囊化、多层化等方向发展。

（1）水溶性和水不溶性农药复配的水分散粒剂。将不溶于水的有效成分先制成悬浮剂，然后加入水溶性有效成分，制成黏稠物，再经过摇摆造粒或挤压造粒制成水分散粒剂。例如，先将代森锰锌制成 40%悬浮剂，然后将水溶性杀菌剂乙磷铝加入制成黏稠物，再进行挤压或摇摆造粒。

（2）微囊型水分散粒剂。把一种或多种不溶于水的农药封入微囊中，再将多个微囊聚集在一起而形成的水分散粒剂。其特点主要为：①降低有效成分的分解率；②缓释，延长持效期，降低药害；③可使不能混用或不能制成混剂的农药混用或制成混剂。

（3）分层型水分散粒剂。利用水溶性聚乙二醇类作为黏结剂，将水溶性农药或预配制的水分散性农药包覆于本身具有水溶性或水分散性的颗粒基质上。这种水分散粒剂，生产方法简单，它主要适用于物理性质和化学性质不相同的农药混合制剂。

（4）用热活化黏结剂配制的水分散粒剂。由热活化黏结剂（HAB）的固体桥，把水分散性或水溶性农药颗粒组合物与一种或多种添加剂连在一起的固体农药颗粒组成的团粒，其粒度在 150～4000μm，并具有至少 10%的空隙，而农药颗粒混合物粒度在 1～50μm，以防止过早出现沉淀，甚至造成喷嘴或塞孔堵塞。

（二）配方筛选

要将一个农药品种加工成水分散粒剂，首先必须经过配方筛选，选择合适的配方后才能加工生产。

配方筛选必须要考虑的原则是：所选择的助剂、载体等必须是能大量供应且成本合理，产品必须满足相关标准，产品的质量和价格在市场上要有竞争力，同时，要保证产品的效果尽可能最优化。

配方筛选的主要步骤如下：

（1）了解原药的性质，明确防治靶标的特点。在进行配方筛选之前，必须首先了解原药的性质，查阅熔点、溶解度、硬度、密度、稳定性等资料，根据原药性能选择合适的助剂和填料。一般熔点高的原药能适应造粒和烘干时的高温，水溶性低的原药在加水造粒和烘干过程中不会使颗粒变实，密度小、硬度大的原药容易粉碎，符合以上要求的原药在配方开发过程中比较容易，否则难度会增加。另外，需要明确防治靶标的特点，根据需要选择合适的助剂，使水分散粒剂在实际使用中最大限度地发挥效果。

（2）确定生产工艺。水分散粒剂的生产工艺较多，每种工艺使用的小试及生产设备都不相同，因此配方和加工工艺也都不同。如挤压造粒工艺中，物料在造粒机内通过旋转挤压成粒，挤压过程中产生的机械力较强，往往将物料挤成结实的柱状颗粒，崩解困难，因此该方法要注重崩解剂的选择，且无机盐也不能多加，否则会导致挤压变黏，无法崩解。而流化床造粒用气流将物料从底部吹起，同时从上部喷水，使物料在吹起过程中相互碰撞黏结成小颗粒，该工艺制备的颗粒剂松散易碎，一般要求加入黏结剂以提高颗粒强度和成型率，填料也以黏结性强的高岭土等为主要选择对象，崩解剂不是选择重点。

（3）选择填料。根据原药的固态或液态，配制的含量高低，生产工艺和填料的特点来选择合适的种类。填料的筛选主要遵循以下原则：熔点低的原药选择吸附性强的填料，如白炭黑和硅藻土等，水中溶解度大的原药在填料筛选时尽量少用或不用水溶性无机盐。

（4）助剂的选择。填料确定后，再选择合适的助剂。分散剂是水分散粒剂配制中的关键组分，对制剂的崩解性和悬浮率起主要作用，可将不同的分散剂与同一种润湿剂进行搭配，测试崩解性和悬浮率，择优选用。需要注意的是，不同分散剂在不同原药和体系中的表现完全不同。如甲维盐和三嗪类除草剂适合选用聚羧酸盐类分散剂，而吡蚜酮水分散粒剂选用木质素类分散剂效果较好。

各助剂对配方的影响是综合性的，需要对不同种类助剂进行反复筛选，才能确定最终配方。选择的原则是固定其他组分，只改变要筛选的助剂种类，测试相关的指标，择优选择。总之，农药的种类很多，结构差异很大，要根据实际情况选择合适的助剂体系。

（三）配方确定

通过上述程序基本可筛选出水分散粒剂的初步配方，再根据相关质量控制指标进行测试和优化，选择各组分的最优用量和配比，提高产品性能，同时，考虑当前“减量增效”原则，考察水分散粒剂的应用性能指标，如表面张力和接触角等，使药剂的各项性能最优化，确定最终配方。配方优化可以采用正交试验法进行。

五、水分散粒剂的加工工艺

按照前期粉碎方式的不同，农药水分散粒剂的造粒工艺分为“干法”造粒和“湿法”造粒两大类。“干法”造粒是将农药有效成分与其他成分混合均匀后，通过气流粉碎后再造粒，主要有转盘造粒法、挤压造粒法、流化床造粒法、高速混合造粒法等。“湿法”造粒是将农药有效成分与其他助剂在水中研磨粉碎，得到所需浆状物后造粒干燥得到产品，主要包括流化喷雾干燥造粒、流化床造粒法和喷雾干燥造粒。表 4-8 为几种常用造粒工艺比较。造粒方式不同会对农药水分散粒剂的外观、强度以及崩解性能产生不同程度的影响。Gordon A. Bell 分别采用挤压造粒、苏吉机造粒和高速混合造粒等方法对农药水分散粒剂进行造粒，结果表明造粒方式的不同对颗粒间的孔隙和颗粒强度有很大影响，进一步影响农药水分散粒剂的崩解性能。本部分将介绍几种常见的水分散粒剂的生产工艺。

表 4-8　水分散粒剂常见造粒方法及特点

造粒方法	制造条件			产品的物理性质			制造费用
	粉碎方式	干燥水分/%	干燥温度/℃	形状	粒度/mm	崩解速率	
喷雾干燥	湿式	40～50	＞100	球形	0.1～0.5	快	高
冷冻干燥	湿式	40～50	＜0	不定形	0.5～3.0	中	中
流化床干燥	湿式	40～50	50～80	大致球形	0.1～1.0	快	高
转盘造粒	干式	10～15	50～80	大致球形	0.2～3.0	中	低
挤压造粒	干式	10～15	50～80	圆柱	0.7～1.0	慢	低
高速混合造粒	干式	10～15	50～80	不定形	0.1～2.0	中	中
流化床造粒	干式	20～30	—	大致球形	0.1～1.0	中	中

（一）流化床造粒

（1）流化床造粒特性　流化床造粒也被称为沸腾制粒或一步制粒，最初由医药设备转型而来，由瑞士 Aeromatic 和德国 Glatt 首推。由于气固两相表面积充分接触，实现了快速的质热传递，缩短了干燥时间。工艺过程是将经气流粉碎过的粉体物料一次投入密闭的容器内，在容器内将物料进行均匀地混合，经沸腾床上方的喷枪喷出雾化的水及黏结剂，让黏结剂与物料充分混合，在容器内进行流动，形成小颗粒，通过底端送入热风，可以将湿颗粒烘干，最后直接收集成品干颗粒。

该方法的优点主要有：

① 在熟练掌握生产工艺（必须是熟练掌握生产条件）的条件下，可以一步制成所需产品，减少大量操作环节，减轻劳动强度。

② 设备结构简单，易于维修，安全性好。内部表面光滑，无死角，有利于清洗。

③ 混合、造粒、干燥过程均在全封闭负压条件下，粉尘相对较少，受外界污染轻。

④ 造粒成品颗粒疏松，密度较小，流动性、崩解性和分散性均较好。

⑤ 与喷雾干燥造粒相比，研发周期短，难度小，投入低，适于中等规模的生产，通用性强。

但随着生产品种及吨位的增多，发现该方法也有一些缺点：

① 产品的成品率较低，由于物料是在流动中自然形成球体，常常形成大量假性颗粒，成品率一般只有 60%～70%。

② 颗粒流动性略差于喷雾造粒，与中空的喷雾粒子相比，密度较大，分散性略差。与挤

出法制备的颗粒相比，硬度小，容易脱落。

③ 设备热效率一般在40%～60%，从节能的角度来看，还需提高热效率。

④ 不适用于密度相差较大的多种物料的流化造粒。

（2）流化床造粒分类

① 按生产方式分类　流化床造粒按生产方式可分为间歇式和连续式两种类型。

a．间歇式流化床造粒。是把定量的粉体物料一次性投入装置中，然后通入空气流使装置内粉体流动，再定量地连续喷入黏结剂，使粉体在液化状态下团聚成粒，经干燥后一次性转入下一工序的生产方式。该方法属于批次性的生产，不连续。

b．连续式流化床造粒。物料由加料器连续送入设备，使物料在流化床内充分循环运动，这时再由供液装置供给液体，并使之雾化，雾化液体与流化状态的粉体充分接触，通过液体的黏结作用促使粉体团聚，形成初始颗粒，此时颗粒像滚雪球式地成长，达到要求的粒径后，由风选进行分级处理，并连续排出合格粒子，不合格颗粒继续返回设备进行造粒。连续式造粒设备在传统流化干燥技术中融入喷雾和气流分级技术，它是流化床设备的衍生产品，由于采用连续性造粒工艺，生产效率高。

② 按流化床喷雾方式分类　目前流化床喷雾方法有三种，即顶端式喷雾、底端式喷雾和切线式喷雾，见图4-33。

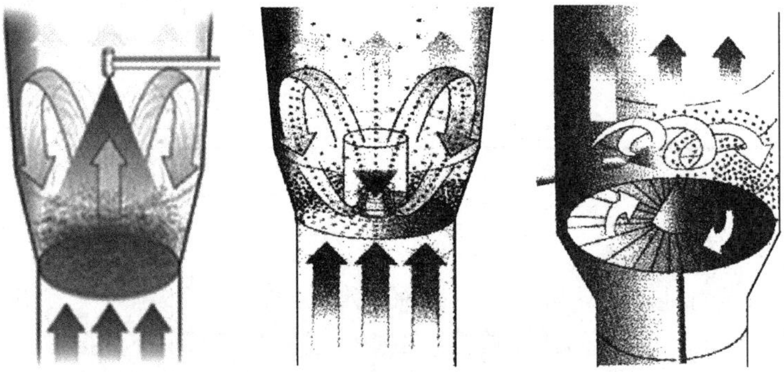

(a) 顶端式喷雾　(b) 底端式喷雾　(c) 切线式喷雾

图4-33　流化床喷雾类型示意图

a．顶端式喷雾。喷嘴在流化界面上最低位，流化气体通过底部筛网进入物料容器，随气流量的增加，原静止物料受到气流推动而流化。通常物料容器是圆锥形，颗粒受气流推动加速运动经过喷嘴，喷嘴喷出液体包覆到不规则运动的物料颗粒表面，其方向与颗粒运动方向相反。大多数在流化中凝聚的产品都用本法，生产的颗粒以多孔性表面和间歇性空洞为其特点，堆密度较小，是增加难溶性药物溶出度的有效方法，因为颗粒或微丸易吸收液体，崩解较快。

b．底端式喷雾。把喷嘴设置在气流分布板中心处的导流筒内，流化颗粒在导流筒内接受黏合剂或包衣溶液。是目前最常用的微丸包衣方式，优点是包衣效率高，颗粒不易粘连。国内厂家已研发出导流筒内外风量可在线调节，喷雾装置可在线清理的改进流化床，显著提高流化床包衣的可控性。

c．切线式喷雾。利用转盘旋转产生的离心力，获得高强度的混合作用，雾化器设置在物料容器的侧壁上，物料容器底部有一个可变速转盘，转盘可上下移动，以调节进气，黏结剂通过雾化喷嘴加入，喷射方向与颗粒流动方向一致，将黏结剂切向喷入物料容器内。颗粒的运动呈旋转状，均匀有序。该方式与流化床的干燥效率相结合，从而生产出堆密度较高，但仍有少量间隙和空洞的产品，颗粒硬度较大，不易破碎，且接近球形，是制备颗粒的常用方法。

以上三种方式各有特点，具体比较见表 4-9。实际生产中，应根据物料的性能和产品需求来选择喷雾方法。

表 4-9　顶喷、底喷、侧喷 3 种喷雾方式的特点比较

喷嘴位置	风量	物料分散性	流态化	物料易碎性	干燥速率	颗粒孔隙率	用途
顶端	大	中	随机	高	快	大	造粒
底端	中	高	规则	低	中	中	造粒、包衣
侧壁	小	低	规则	低	低	低	造粒、包衣

(3) 流化床造粒的生产工艺　将原药、分散剂、润湿剂、填料、崩解剂等物料混合均匀，经过气流粉碎机将颗粒细度粉碎成 15μm 以内的超微细粉，加入流化床造粒机中，用含黏结剂的水溶液，在流化床造粒机中进行造粒和干燥，测定含水量合格后出料，通过筛分得到成品。加工工艺流程图见图 4-34。

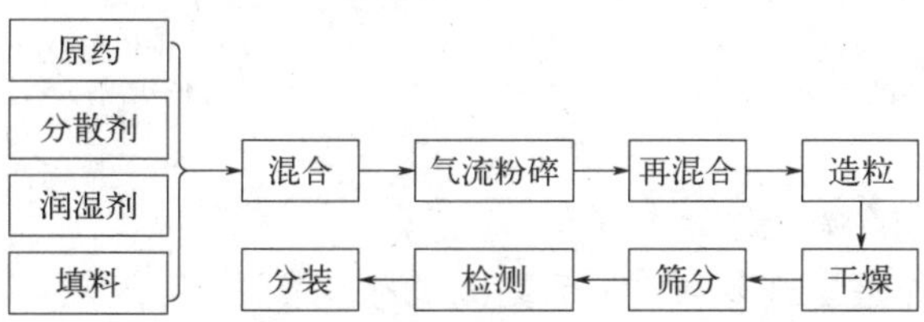

图 4-34　流化床造粒生产工艺流程

生产过程中需要注意，流化床造粒原理较复杂，粉体的物理性质及喷雾液的组成能够改变造粒物的特征。空气湿度、温度、喷嘴孔径的大小、喷雾液滴速度、气流强度、气流温度等都影响产品的雾化性能，生产过程中要通过实验加以验证，尤其需要特别注意进风温度和黏结剂喷雾液滴速度的调节，二者达到平衡才能使颗粒大小均匀，提高造粒成型率。

(4) 流化造粒设备　主要设备由气流粉碎系统、流化床造粒机、筛分机组成。气流粉碎系统见图 4-35。

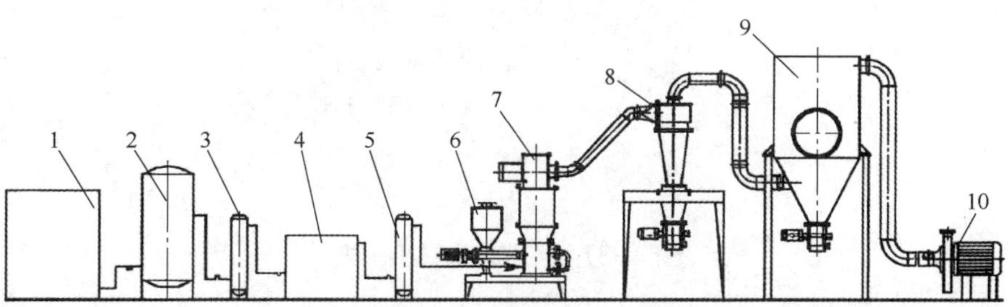

图 4-35　气流粉碎系统装置图

1—空气压缩机；2—储气罐；3—前置过滤器；4—冷冻干燥机；5—后置过滤器；6—喂料系统；7—气流粉碎分级机；8—旋风收集器；9—除尘器；10—引风机

流化床造粒机由容器、筛板、喷嘴、捕集袋、空气进出口、物料进出口等部分组成。经净化的空气加热后通过筛板进入容器，加热物料并使其呈流态化。此时黏合剂以雾状喷入，使物料粉末聚结成粒子核，进而形成颗粒，同步干燥，得到多孔性、表面积较大的水分散颗粒，当颗粒大小符合要求时停止喷雾，达到指标要求后出料。造粒设备构成及流化床造粒主机分别见图 4-36 和图 4-37。

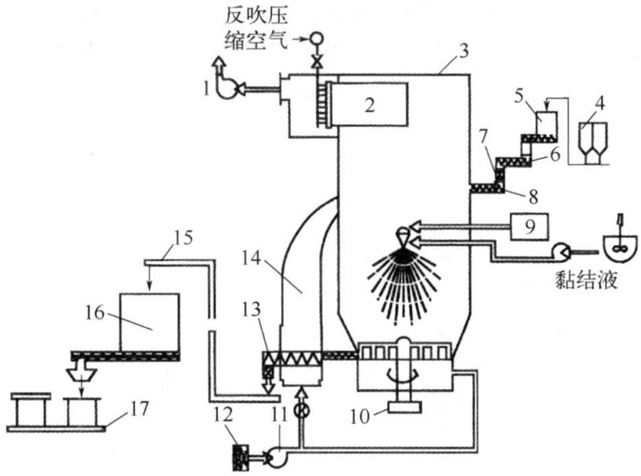

图 4-36 流化床造粒设备系统构成示意图

1—排风机；2—袋式过滤器；3—流化床造粒器；4—原料储仓；5—定量给料机；6—计量输送机；7—回转阀；8—投料输送机；9—物化空气；10—搅拌机；11—鼓风机；12—加热器；13—排料螺旋；14—风筛分级；15—成品输送机；16—成品储槽；17—计量包装机

（5）流化床造粒的影响因素

① 物料性质。首先是物料亲水性关乎黏合剂的选择和使用，其次无论是亲水性还是疏水性材料，粉末粒度必须达到 80 目以上，否则制得的颗粒有色斑或粒径偏大。另外，吸湿性材料黏性强、流动性差、引湿性强，在制粒前应先进行干燥。

图 4-37 流化床造粒机主机

② 进风温度。进风温度高，所得颗粒粒径小、脆性大、松密度和流动性小；有些黏合剂雾滴在接触粉料前就已挥干，造成颗粒中细粉较多。若温度过高，使颗粒表面的溶剂蒸发过快，得到大量外干内湿、色深的大颗粒。此外，有些粉料高温下易软化，且黏性增大、流动

性变差，易逐渐结成大的团块。

③ 进风湿度。进风湿度大，则湿颗粒不能及时干燥，易黏结粉料。当以易吸湿的原药为物料时，若进风湿度大，往往可能在物料预热时就产生大量结块，造成塌床。

④ 黏合剂黏度。黏合剂黏度大，形成的雾滴大，所得颗粒粒径大、脆性小、硬度大，易结块，颗粒中细粉多；黏合剂黏度低，形成的雾滴小，物料成粒困难，所得颗粒中细粉偏多，且较松散。

⑤ 黏合剂流速。黏合剂流速大，所得颗粒粒径大，脆性小。在雾化压力确定的条件下，黏合剂流速增加，颗粒的堆密度大。流速过大时，造成塌床；流速较小时，颗粒粒径小。

⑥ 雾化空气压力。压力增大，易使黏合剂形成细雾，降低对粉末的湿润能力，所得颗粒粒径小、脆性大。压力过高会改变流化状态，使气流紊乱，粉粒在局部结块；压力较小则黏合剂雾滴大，颗粒粒径大。

⑦ 进风量。进风量大小直接影响物料的沸腾状态。风量过大，物料沸腾高度过于接近喷枪，所得颗粒粒度不均匀。风量小，物料沸腾状态差，易造成塌床。

⑧ 喷嘴位置。喷嘴位于流化室顶部，其高度影响颗粒的粒径分布。为使粒径分布尽可能窄，应尽量调整喷雾面积与湿床表面积一样大。喷嘴位置越接近流化粉体，所得颗粒粒径越大，脆性下降。但过于接近时，易产生与风量过大时相同的情况。

⑨ 静床深度。静床深度是指物料沸腾前占容器的深度，其大小取决于机械设计的生产量和物料性质。采用锥形床时，静床深度低，颗粒成长明显。静床深度较浅时流化效果好，传热、传质效果好。若太浅则气流直接穿透物料层，不能形成较好的流化状态，影响颗粒质量。

⑩ 其他因素。喷枪种类、捕集袋质量及振摇频次对颗粒质量也有一定影响。

(6) 流化床造粒与过程分析技术的应用　在流化床造粒过程中，虽然掌握了一定的经验，但鉴于传统方法存在主观性强、调控滞后等问题，无法满足流化床造粒过程质量控制的要求。近年来，研究人员开发了基于近红外光谱、拉曼光谱、微波共振、图像检测等多种过程分析技术，用于在线检测流化床造粒过程颗粒含水量、粒径分布等质量指标以及判断造粒终点。

近年来，随着被称为“设计源于质量”(quality by design，QbD) 的制药产品开发和生产的新方法的出现，出现了许多能够实时监测流化制粒、包衣过程的新技术。目前能够对颗粒的 CQA 进行过程监测的工具包含有：空间滤波速度测量技术 (spatial filter velocimetry, SFV)、聚焦光束反射测定技术 (focused beam reflectance measurement, FBRM) 和近红外光谱技术 (near infrared spectros-copy, NIRS) 等。过程分析技术 (PAT) 通过及时的测量 (即在加工过程中) 对原材料和过程中的关键质量和性能属性进行评估，以确保最终产品的质量。

① 空间滤波速度测量技术 (SFV)。空间滤波速度测量技术 (SFV) 是一种通过对物体进行空间滤波的前置接收装置进行观测来确定物体速度的方法。当颗粒通过激光束并投射下阴影于光纤线性阵列，由此产生的光信号与颗粒速度成比例，并由一根光纤产生次级脉冲。由已知的脉冲的时间和运动粒子的速度，就可以计算颗粒的弦长。CLD 可能受到多种变量的影响，如颗粒性状、朝向等。

为了更好地反映潜在的粒径分布，Fischer 等提出了一种将 SFV-CLD 转化为粒径分布的数学方法并通过定期抽取离线分析的参考样本，验证了转换算法的有效性。SFV 探头的测量单元配有蓝宝石窗，通过内部压缩空气供应系统保持测量窗的清洁，防止测量窗被污染。内部气流也保证了高浓度颗粒的分散，并优化了这些颗粒在测量区域的运动。该技术适用于粒度范围为 50～6000μm，速度范围为 0.01～50m/s 的颗粒测量，数据速率可达每秒 20000 个颗粒。测量结果的报告方式多种多样，如筛分分布 (分数、通径)、体积分布、数量分布、速度分布等。

同时，Hudovornik 等将 SFV 的测量值与离线筛网分析和静态图像分析的测量值进行比较，发现 SFV 探针的测量结果与离线粒度测量方法具有良好的相关性，可以作为包衣厚度测定的有效工具，同时能够监测包衣颗粒的磨损，但不能监测包衣颗粒的聚集。

在线 SFV 技术对造粒过程中颗粒大小的变化非常敏感，测量时间短，有助于提高对造粒及微丸包衣过程的了解。此外，连续快速测量流化过程中的粒度分布，可以提高流化过程的质量，提高生产过程的效率与增加对产品的控制。

② 聚焦光束反射测定技术（FBRM）。该技术是一种颗粒生长分析技术。低强度激光束以 2～8m/s 的速度通过蓝宝石窗口旋转，当激光束击中颗粒时，光线被反射回来。反散射光束由传感器接收并经电子电路计算，由此可知激光束从颗粒的一边到另一边所需要的时间，已知激光的速度，便可计算出粒子的弦长。由于激光束的高速旋转，每秒可以测量数千个粒子的弦长，用弦长箱表示。

Alshihabi 等研究了 FBRM 探头安装位置对仪器分析性能的影响，发现水平安装导致 FBRM 级数剖面存在噪声、高散射和非识别曲线。出现这一现象的原因是喷淋过程中探头窗口被粉末覆盖。将探头倾斜 45°后，气流便可扫去附着在窗口上的任何颗粒，并在制粒过程中保持干燥与清晰，能够在制粒过程中接触到更多的取样粒子，保证了 FBRM 的准确性。并提出使用更精确的参考方法如激光衍射能够进一步提高 FBRM 对颗粒大小的预测。

③ 近红外光谱技术（NIRS）。近红外区域是指在波长范围为 780～2526nm，对应的波数范围为 12820～3959/cm 的电磁波，其近红外区域的主要光谱信息来源于—CH、—NH 和—OH（及—SH）等含氢基团的倍频与合频吸收，这些信息依赖于被测样品的化学、物理成分和性质，因此，近红外技术被广泛应用于制粒过程监测。近红外光谱技术的定量分析是通过化学计量学软件，利用化学分析数据和近红外光谱数据来建立模型，确定模型参数，然后以这个模型去定量监测对应物质的参数。

如 Frake 等在顶部喷雾流化床制粒机的产品床上安装了近红外探针，不断收集颗粒信息，来监测造粒过程中的水分含量和粒度变化。

近年来，PAT 越来越受到监管机构如美国 FDA 和欧盟 EMA 的认可，已经成为工艺优化及质量研究的有效技术手段。保证过程的可靠性和产品质量。在流化床生产过程中使用 PAT 进行监控，能够直观、详细地了解颗粒的变化，保证过程的可靠性和产品质量。PAT 为流化床生产从按批生产转向连续生产提供了一个良好的机会，对于今后在制药行业引入连续流化床造粒具有重要的参考价值。

④ 声发射技术（acoustic emission technology）。应用上述过程分析技术需要对设备进行一定程度改造，这种侵入式的采集方法需要探头直接接触物料，增加了药品污染的风险。故提出，运用声发射技术进行非侵入式过程监控，通过在容器外壁安装采集转化设备，再经计算机分析完成检测。

声发射技术作为一种被动式声波检测技术，通过安装在容器外壁的加速度传感器，接收振动信号并将其转换为电信号，信号经放大器放大后由采集卡采集，并经计算机分析完成对过程状态的检测。

在流化床造粒过程中，颗粒同颗粒以及颗粒同内壁间的碰撞和摩擦会发出声信号，已有研究表明，这些声信号包含了与颗粒粒径、密度、弹性模量等物理性质相关的信息。因此，通过监听生产过程的声波信号并借助合适的信号分析方法，声发射技术可用于获取流化床造粒过程的状态信息。声发射技术因其安装便捷、非侵入、高灵敏、低成本等特点，适用于药品生产过程的在线检测，已有报道声发射技术应用于含水量、粒径分布等指标的在线检测。

（二）挤出造粒

挤出造粒作为目前国内外最主要的一种加工手段被广泛采用，挤压造粒是借鉴农产品加工工艺形成的。首先制备超细可湿性粉剂，然后将可湿性粉剂与定量的水（或含有黏结剂）同时加入捏合机中捏合，制成可塑性物料，其中水分含量为 15%～20%，最后将此物料送进挤出造粒机进行造粒，通过干燥、筛分得到水分散粒剂产品。

该方法的优点主要有：

① 生产设备简单、产量较大、能耗低、便于掌握、产品美观。

② 设备清洗比较容易，适合小批量、多个农药品种交替生产。

其弊端是对配方及助剂的要求较高，必须有与该工艺生产相匹配的配方，才能生产出理想的产品，另外，由于生产环节较多，劳动强度大，连续及密闭性程度不高，粉尘较多。

1．挤出造粒的生产工艺

将原药、分散剂、润湿剂、填料、崩解剂等物料混合均匀，经过气流粉碎机将颗粒细度粉碎成 15μm 以内的超微细粉，加入混合器中，加入水或含黏结剂的水溶液进行捏合，通过挤压制成条状颗粒，最后通过干燥和筛分，得到成品。加工工艺流程图见图 4-38。

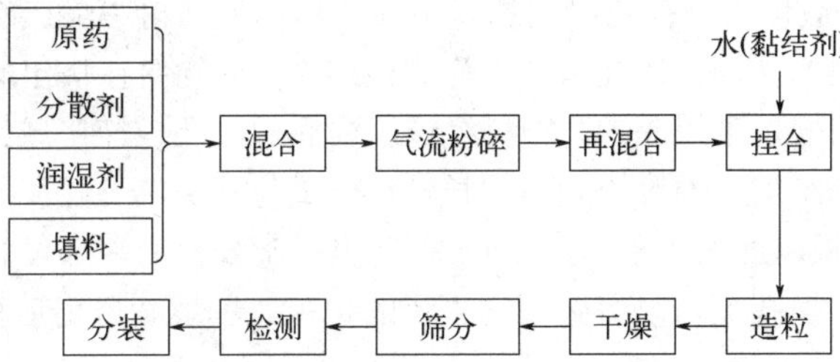

图 4-38　挤出造粒工艺流程

挤出制粒过程中，制软材（捏合）是关键步骤。软材的干湿程度应适宜，生产多凭经验掌握，以手紧握能成团而不粘手，用手指轻压能裂开为宜。水加少了挤不出来或颗粒粗糙，水加多了被挤出物呈条状且重新粘在一起，适当的加水量要在生产过程中通过试验加以验证，润湿剂或黏合剂的用量视物料的性质而定。

2．挤出造粒设备

目前，广泛应用于水分散粒剂造粒的挤出成型造粒法，是在原料中（粉体）加水、捏合等前处理后，在适宜造粒的条件下，由挤出设备通过筛网、孔板等使物料挤出成型的方法。为使成型的造粒制品整齐美观，需要进行整粒、筛分等后处理，颗粒收率通常为 90%以上。

挤出成型造粒法生产的颗粒形状和大小，根据要求可以是圆柱形、角柱形、球形、不定形等。筛网或孔板孔径一般为 0.5～4mm。为获得相应的颗粒制品，需要进行与各种要求相适应的造粒条件、造粒设备及造粒工艺的选择。

一套完整的挤出造粒工艺设备应包括气流粉碎机、混合机、挤出造粒机、烘干机、筛分机等设备。

目前能满足挤出法生产水分散粒剂配方工艺要求的造粒设备有两类：一类为筐式挤出造粒，能适应较多农药品种的造粒，缺点一为目前国产单机规格过小，很难实现生产全流程的单机联动。缺点二是物料裸露空间，尤其在高温季节，会引起水分的过分蒸发，无论现场是否喷水补充，均为影响产品质量的一大隐患。另一类是螺旋挤出造粒，此法单机产量较大，产能规格也较多，可实现生产流水线的单机联动和连续化生产。存在的问题是国产的机械大多是为塑料加工配套设计的，与农药水分散粒剂的物料性能的多样化不匹配。因此使用较多的为软性材料的挤出造粒，例如草甘膦铵盐可溶粒剂的挤出造粒。若硬度较大的物料选择螺旋挤出造粒，产品的分散性和崩解性能会显著下降。想得到强度适中、崩解优良的水分散粒剂，挤出过程中的挤出压力匹配至关重要。造粒工艺的选择和设备选型，与崩解性能密切相关。

螺旋挤出造粒机是利用螺旋杆的转动推力，将配好的物料从造粒机的顶端灌入，物料强行通过小孔挤出而成粒。该机械分成三个功能区，分别为加料区、压缩区和挤出区。螺旋挤出造粒机挤出形式有前出料和侧出料两种。两种挤出造粒机的螺旋轴及叶片型式有一定区别，前挤出型螺旋角较小，而侧挤出型的螺旋角较大。一般前挤出型制成的颗粒直径较大，而硬度也较高。侧挤出型可制得较小直径的颗粒，但硬度较前挤出型低一些。值得注意的是前挤出型物料易升温，如果粉体物料中有热敏性成分或受热易发黏的物料应特别注意。

加料区由加料斗等部件组成，主要功能是将软材引入螺旋槽中。软材进入螺旋槽后，由螺旋轴把软材送至压缩区。螺旋轴分单旋轴和双旋轴，单旋轴型制得的颗粒有较高的密度。双旋轴型能较好地避免加料口物料的架桥现象，保证造粒的连续化且产量较大。

（1）侧挤出螺旋造粒机

① 单螺旋侧挤出造粒机。捏合好的物料由加料口加入，再由输送螺旋输送到挤出部分，输送螺旋只起疏松物料的作用，螺旋是单头等螺距结构，当物料在挤出螺旋绞刀槽中充满整个空间时，由于螺旋绞刀槽是不等深的，物料经过压缩后通过孔板被挤成圆柱条。挤出螺旋绞刀是三头等螺距不等深的结构。颗粒的大小和长短及产量与孔板的孔径和厚度有关。一般孔板孔径为 0.8～1.2mm，孔板厚度为 0.8～2.5mm。在挤出螺旋绞刀的端部设有返料螺旋，其作用是增加挤出压力，通过更换孔板可以得到不同直径的颗粒。单螺旋挤出造粒机示意图见图 4-39。

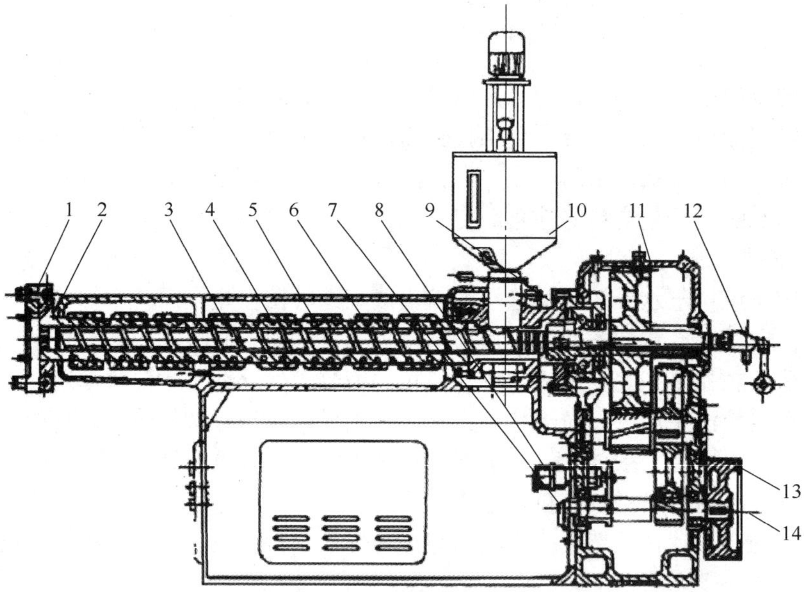

图 4-39 单螺旋挤出造粒机示意图

1—机头法兰；2—分流板；3—冷却水管；4—加热器；5—螺杆；6—机筒；7—油泵；8—测速电机；9—止推轴承；10—料斗；11—减速箱；12—旋转接头；13—三角皮带轮；14—电动机

② 双螺旋侧挤出造粒机。如图 4-40 所示是两个螺旋轴等速相向旋转，将物料刮到外缘的孔板上，通过旋转产生的挤压力将物料经孔板强行挤出，形成相同直径的颗粒。

孔板结构如图 4-41 所示是侧挤出造粒机的孔板结构，一般侧挤出造粒机的孔板为两片 180°瓦形弧板，两块孔板可通过边缘的法兰连接。两孔板紧固后形成一个带孔的筒体，再通过端面的法兰固定在造粒机上，这样的结构使装拆及清洗非常方便，又能满足造粒时的强度要求。

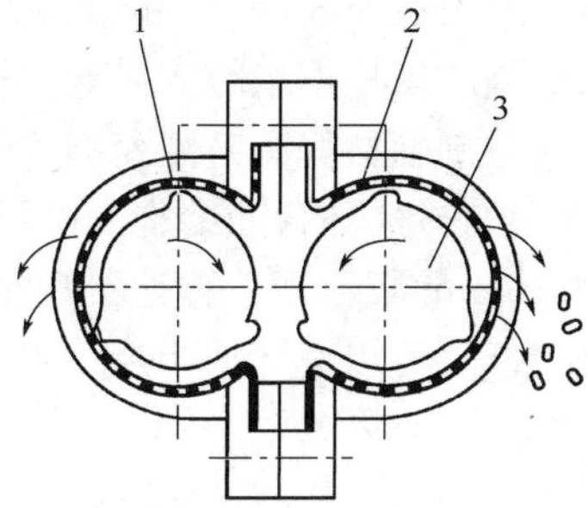

1—旋转轴；2—孔板；3—壳体

图 4-40　双螺旋侧挤出造粒机示意图

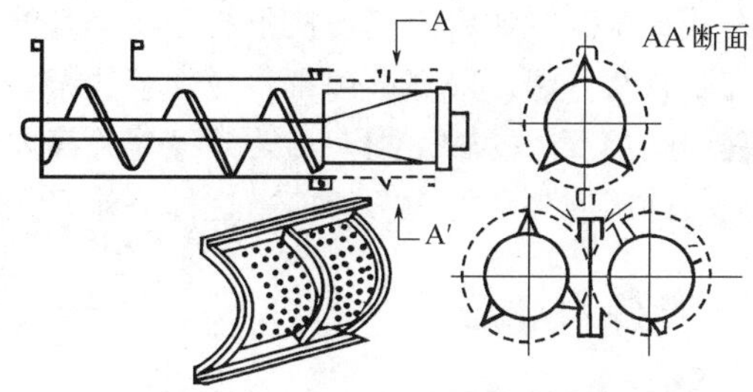

图 4-41　侧挤出造粒机孔板结构

(2) 前挤出螺旋造粒机。前挤出型螺旋造粒机是通过螺旋的旋转将软材推向前端孔板，软材从孔板中强行挤出，即可得到强度更高、表面更光滑的颗粒。前挤出型螺旋造粒机也有单螺旋和双螺旋之分。

（三）旋转造粒

旋转造粒是通过旋转造粒机完成的，将混合均匀的软材，在辗刀的挤压下，使物料强制通过筛网，并受到刮刀的切割进而得到长度均匀的柱形颗粒。

旋转造粒机主要由料斗、冷却管、筛筒、接料盘、传动箱、控制面板、底座、冷却水管等组成。料斗由不锈钢板制成，中间由压料桨叶、转轮刮刀组成。筛筒上、下端周围有两种规格的筛孔能选择使用。因此，一只筛筒能制造两种规格的颗粒。压料桨叶为逆时针旋转，并成一定的角度，能使物料向下压入转轮刮刀间隙中。转轮刮刀为顺时针旋转，十字螺旋叶上装有刀片，一端紧贴在筛筒上。当转轮刮刀旋转时，十字螺旋叶便将物料推向筛筒壁，再通过刀片将物料从筛孔挤出而成颗粒。制得的颗粒为粒径范围在 0.8～1.2mm 的短圆柱状颗粒。图 4-42 为旋转造粒机，图 4-43 为筛筒内部构造图。

图 4-42　旋转造粒机

图 4-43　筛筒内部构造

旋转造粒机的生产能力适中，大量生产也可以多台同时进行。选择这种造粒方式应注意以下几点：①筛筒的孔径一般为 0.8～1.2mm，对应的孔板厚度为 0.8～1.2mm。孔板超过一定厚度时物料经过孔板受到的压力大而影响产品分散性、崩解性和悬浮率。②筛筒的椭圆度不应超过 1mm，否则会造成周向出料不均。为保证筛筒不变形，筛筒不应太宽，最好不超过 100mm，并用加强圈加强。转轮刮刀一般为 4 个叶片，直径较大（300mm 以上）的筒体为 5～6 个叶片，叶片过多会影响造粒效果。③转轮刮刀应有变频装置，可根据造粒效果调节转速。④由于转轮刮刀对物料的频繁挤出会使物料升温，所有水分散粒剂软材均有升温变稠的倾向，为了控制软材升温，最好选用带水冷却腔的结构和筛筒外面装有冷风环管的结构，以降低生产过程中的温度。⑤转轮刮刀旋转外缘与筛筒内壁间隙在 2～4mm 较合适，转轮刮刀旋转正面曲面与筛筒的夹角为 30°～40°；这种造粒机如果设备匹配合理，可以设计成半连续生产线。

（四）喷雾干燥造粒

喷雾干燥造粒是一种常见的颗粒制备技术，广泛应用于制药、食品、化妆品和化工等领域。它的基本原理是将溶液通过喷嘴均匀地雾化成小液滴，在热空气的作用下，液滴中的水分迅速蒸发，形成颗粒状的固体产物。

喷雾干燥造粒工艺具有以下优点：

① 能将液态物质快速制成固态颗粒，便于长期储存和运输。

② 由于液态物质被雾化成小颗粒，因此可以更好地控制产品的粒径、密度和形状等特性，既满足不同需求的用户，又方便产品的批量生产。

③ 加热和冷却速度快，能够减少热敏性物质在制备过程中的分解和失活，保证产品的质量和稳定性。

④ 产品的流动性较好，堆密度小，呈多孔状，在水中易崩解。分散后粒径小，悬浮率高。

喷雾干燥造粒工艺也存在一些缺点：

① 设备和技术要求较高，需要投入较大的资金和人力。

② 加热和冷却过程中存在温差，容易导致产品表面的结皮和孔隙度不均匀，影响产品的品质。

③ 雾化喷嘴或干燥筒等部件的磨损也可能会影响产品的稳定性和质量。

1．喷雾干燥造粒的生产工艺

采用喷雾干燥造粒工艺制备农药水分散粒剂时，先将原药、助剂和水混合，通过湿法粉碎成超微细（粒径可达到 5μm 左右）的浆料，再通过喷雾造粒塔中通过热气流的作用使雾滴分散，雾滴经过受热，水分逐渐蒸发消失，而包含在其中的固相微粒逐渐浓缩，最后在液桥力的作用下聚团成所需要的颗粒。喷雾干燥造粒工艺流程图见图 4-44。

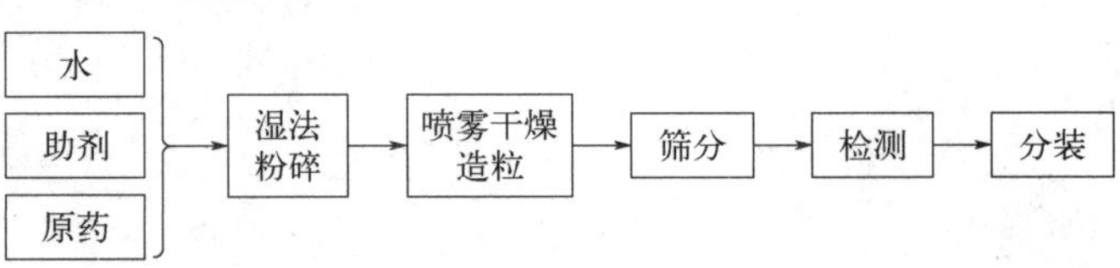

图 4-44　喷雾干燥造粒工艺流程

喷雾干燥造粒的生产工艺主要分为三步，第一步是将活性成分与助剂等按配方所确定的比例在水中进行均质化，第二步是采用砂磨机进行湿粉碎，制成悬浮液，第三步是进行喷雾干燥造粒，制成颗粒产品。

生产过程中需要注意，喷雾干燥的成粒率与浆料的表面张力和黏度有关，黏度不能低于50mPa·s，表面张力不能低于50mN/m，否则成粒率低，生产中应尽量提高浆料的固含量。另外与流化床造粒相似，要特别注意进风口的温度，避免物料因温度过高受热凝聚而影响崩解和悬浮率，出风口温度不能太低，否则容易出现水分超标问题。

2．喷雾干燥造粒的开发思路

（1）喷雾干燥造粒的开发程序　在我国，喷雾干燥造粒法应用于农药造粒也仅有十余年时间，近几年有较快速的发展，配方的开发主要关注以下几点：①活性成分的熔点；②有效成分含量；③分散剂的选择和用量；④润湿剂的选择；⑤崩解剂的选择；⑥填料的选择；⑦调整耐热温度。

喷雾干燥造粒对加工设备的依赖性很强，特别对干燥设备更是如此，干燥设备是非标准设备，要根据物料的具体情况进行工艺设计及结构设计，才能满足产量及质量的要求，因此，干燥设备有唯一性。其中最重要的指标是悬浮液的含固率、产量要求、悬浮液的物理化学性质、耐热温度等。

小试是一种工艺路线的可能性研究，通过对原药和助剂的测试以及加工试验，可以得到初步的工艺路线方案，小试结束时，应该能够确定助剂的种类、用量、加工设备的种类等。小试一般应提出几套工艺方案，同时对每一种方案进行认真的经济技术分析评价，内容应包括助剂的种类、成本、设备投资、生产费用、环保费用等，小试应为中试提供技术依据。

中试的规模介于小试与生产的规模之间。一般一次中试的固形物在50～100kg量级，悬浮液的处理量一次在100～300L之间，生产能力在10～20kg/h的范围内。与小试不同，中试的重点在于工程试验，是对小试所确定的配方与生产设备之间的协调性试验，是为生产设备设计、流程设计提供基础数据，也是观察所确定的配方经中试所发现的问题和进一步解决的办法。对中试中发现的问题进行分析，如果中试中发现配方存在问题还要补充试验，是设备的问题就要在工业化设计中得到解决，这样才能保证本品种的开发有更高的成功率。中试的目的主要有：①确定在生产装置上的最高含固率；②悬浮液的黏度、表面张力、起泡性；③确定湿粉碎流程及在要求产量下的设备规格、型号及流程布置；④确定干燥的热风进、出口温度；⑤观察干燥过程中出现的其他现象；⑥考察产品的成粒情况。

通过中试试验对工程参数的摸索后，需要根据具体参数对放大生产进行工程放大设计，需要考虑物料的性质、设备安装的自然条件、产品要求、环保要求等方面，按照相关工艺条件建成一个生产车间后，就要进行试生产，试生产是工业化生产的前一个阶段，是对前面所有技术参数的回归和检验，试生产的主要步骤包括：①单机试车及系统联动试运转；②按中试工艺条件投料；③连续试生产标定系统的最大生产能力；④核定系统的动力消耗；⑤向操作者提供试车报告和操作规程；⑥提供环境治理时必要的参数。试车成功后，即可确定工艺参数，进行连续生产。

（2）含量设计　喷雾干燥造粒的含量设计逻辑是倒推过程，因为喷雾干燥需要蒸发大量的水分，从能源节约角度分析，蒸发量越小，相应的含水量就越少，能源消耗越少。但在造粒过程中，剂型的局限性无法做到更高的含量。活性成分的含量要考虑用药的方便性和合理性，一般高效活性成分要配成低含量的制剂。因此，结合多个因素，喷雾干燥造粒的含固率通常为30%～50%，最为普遍的在40%以下，这就决定了最终的水分散粒剂产品含量通常在50%～80%，低于50%，成本会升高很多，高于80%，对助剂的要求极高，难以筛选配方。

（3）助剂的要求　活性成分为不溶于水或低水溶性的固体，以微细的粒子（1～5μm）均匀分散在水或溶剂中。使用的表面活性剂以功能可区分为分散剂和润湿剂。分散剂的功能是帮助粒子在水中能迅速分散，并防止粒子之间的聚集。而润湿剂除了可使液体与固体紧密接触外，增强液体在固体表面的润湿能力，在生物上的意义是植物表面的蜡质、害虫表面的角质层具有排斥药液的性质，添加目的是使农药活性成分能够容易附着。

喷雾干燥制备水分散粒剂的配方组成与其他方法制备的水分散粒剂没有太大区别，对助剂性能的要求反而更宽松一些。通常使用该法制备水分散粒剂的配方中，同一品种的分散剂和润湿剂的用量是其他方法的 1/3～1/2，如萘磺酸盐系列品种，甚至喷雾干燥制备的水分散粒剂在助剂种类的选择上也比其他造粒方法更宽泛。其原因如下，由于喷雾干燥造粒采用的是湿法粉碎工艺，粒子粒径达 1～5μm，比干法粉碎的固体粒子粒径（1～40μm）小了很多，按原理分析，小粒子的表面积要增大很多倍，对助剂的用量和性能更应要求高。但正是因为湿法粉碎的特点，所有分散剂、润湿剂在制备过程中都完全溶解于水中，形成真溶液（0.01～0.1μm）状态，其粒径远小于固体粒子的粒径，这就导致助剂可以充分均匀地包覆在固体粒子表面并发挥作用，大大改善了体系的性能指标。

（4）填料的要求　喷雾干燥造粒的配方中所加的填料与其他水分散粒剂的基本相同，以少量为佳，加入量比其他干法粉碎的水分散粒剂要少。当需加入时尽可能回避白炭黑填料，白炭黑有增稠性，不利于液体物料的输送，成粒率下降，并有偏析现象，经验表明，高岭土作为填料时效果较好。

当配方中的组分有一定的黏性时，一般不必加黏结剂，但当成粒率不高时，需要加入一定量的黏结剂。黏结剂以聚乙烯醇、淀粉居多，以量少为佳。过多的黏结剂会影响产品的润湿性和分散性。

黏结剂一般占总成分的 2%以下，其功能是使粉体凝结成微粒状，增加成品的硬度，并防止成品在运输过程中受到挤压而形成粉末。而黏结剂的含量及黏度皆影响微粒的坚固性，太少则硬度不佳，过多亦影响到成品的入水分散性，因此，需找到硬度与分散性的平衡点。

（5）耐热的要求　耐热稳定性是喷雾干燥造粒配方筛选的重要方向之一。化学农药是合成的化合物，高温稳定性较差，而喷雾干燥造粒的生产过程中，物料必须经过干燥时的高温考验，因此，能否经受高温干燥而保证质量稳定是技术关键。配方组成不同，其耐热性能也不同，特别是分散剂的品种、用量、与其他组分的配伍性在此起着重要的作用。

对于熔点较高的原药，如杀虫剂吡虫啉（熔点 143.8℃）采用喷雾干燥制备 70%水分散粒剂，可以选择高磺化度分散剂。研究发现，在使用磺化度为 2.5～3 的 Reax 95A 木质素磺酸钠分散剂时，研磨速率加快。但应该指出，有些磺化度低的分散剂有时研磨效率也较好，这说明分散剂的分散过程中还有一些没有被认识的内在规律。

熔点较低的原药使用喷雾干燥技术加工水分散粒剂时，由于分子量较小，熔点低，结构上含有亲水基，在水中的溶解度相对较大，可以选用中高分子量、中低磺化度的分散剂。如除草剂苯草酮（熔点 106℃），可以选择 Lignosol D-30、Ufoxane NA 等分散剂。

（6）成粒率的要求　在当前世界范围内，喷雾干燥造粒的生产几乎都用压力式喷雾干燥器进行干燥造粒，产品的粒度成为产品的一项指标，虽然干燥设备的规模不同，所生产的产品粒度也不同，但强调产品粒度却是不变的，提高产品粒度（即成粒率）是该方法造粒的目的之一。产品的成粒率与设备结构和操作技术也有很大的关系，但配方的含固率、黏度、配方的组成也在一定程度上起作用，所以配方设计时应全局考虑，也应关注干燥后产品的成粒率。提高产品成粒率、减少产品中的细粉是配方技术开发的目标之一。

（7）提高药效的要求　农药生产的最终目的还是为了应用，提高药效是技术开发的重要任务，具有经济效益，更有环境效益。配方设计应根据活性成分的防治对象制定配方的技术指标，如产品细度、分散性、润湿性、渗透性、药液的表面张力和接触角等技术指标均是提高药效的因素，在配方设计之初就应该首先确定相应的指标，并通过配方设计来最终实现。

3．喷雾干燥造粒的设备

喷雾干燥造粒生产工艺主要分为湿法粉碎和喷雾干燥两大部分，主要包含三个设备：湿法研磨设备（一般用卧式砂磨机）、喷雾造粒塔、筛分机，其中喷雾造粒塔是最主要的设备。

（1）湿法粉碎设备　此部分设备与悬浮剂加工一致，主要设备包括高速均质机和砂磨机。高速均质机的作用是在砂磨前将物料混合均匀，并将过大的颗粒进行初步的粉碎。高速均质机分为定子和转子两部分，转子在电机的带动下高速旋转，液体农药浆料分别由转子的上、下方进入内腔，靠离心力将悬浮液高速甩出，悬浮液在定子和转子产生的剪切力的作用下，被分成无数旋涡，旋涡之间又有相互的冲击和碰撞，使悬浮液受到强烈的湍动，并伴有摩擦，从而使农药颗粒被粉碎。

喷雾干燥造粒加工生产中，湿法粉碎的设备为砂磨机，生产中使用的砂磨机有立式和卧式之分。卧式砂磨机比立式砂磨机的能力可提高近 2 倍，且启动功率低，消耗能量小。由于研磨时易产生气泡，采用密闭的卧式砂磨机生产对操作者和环境更为安全。砂磨原理为，由于分散片（盘）的高速旋转产生离心力，研磨介质和悬浮液混合在一起，在离心力的作用下冲向砂磨筒的内壁，介质对固体粒子产生强烈的剪切、摩擦、冲击和挤压力，物料受到作用后被粉碎。砂磨机的外观见图 4-45。

(a) 立式砂磨机

(b) 卧式砂磨机

图 4-45　立式砂磨机和卧式砂磨机的外观

（2）干燥设备　喷雾干燥造粒制备水分散粒剂的加工对设备的依赖性很强，特别是对干燥设备更是如此，干燥设备要根据物料的具体情况并结合小试、中试结果进行工艺设计及结构设计，才能满足产量及质量要求。其中最重要的指标是悬浮液的含固率、耐热温度及产量要求，这些指标常常是使用者在设备设计前就应该提出的。含固率应以试验结果确定。在使用喷雾干燥制备水分散粒剂时，加入的水量不计入配方组分中，因为这部分水量最后通过干燥除掉，只要在管道中能用泵输送，含固率越高越好。应该说这个指标不难确定，黏度一般控制在 1000～5000mPa·s 之间。悬浮液的表面张力和黏度可以通过仪器进行测定，以预测成粒情况。最主要的是悬浮液的耐热温度，因为喷雾干燥时，物料受热在所难免，受热后的质量变化至关重要，如崩解性、悬浮率、润湿性、分散性能等。配方组分不同，其耐热性能也不同，这就需要小试对配方进行优化，确定耐热温度后方可设计。

干燥是喷雾干燥制粒生产中十分重要的操作单元，产品质量在很多情况下取决于干燥技术和设备的综合运用情况。从经济角度考虑，干燥器价格昂贵，工程投资较大。同时，干燥又是高耗能过程，热效率在 15%～60%这样大的范围内波动，而设备的运转费用与干燥器设计选型有非常密切的关系，所以生产的决策者对此历来都比较重视。农药的种类很多，它们的理化性质又有很大差别，甚至同一品种不同的含量都会导致干燥条件的不同，所以就造成了干燥过程的复杂性。由此可见，农药的干燥较其他产品的干燥具有更高的技术性。

喷雾干燥机是一种用于将液态物料一次性瞬间烘干成粉粒的干燥设备。其主要原理是：将料液雾化成极小的雾滴状，并使之与热空气直接接触，最大化接触表面积的作用下，雾滴状料液被瞬间烘干，蒸发出的水分随空气经过过滤处理后排出，最终收集到粉粒状产品。其工艺简图见图 4-46。

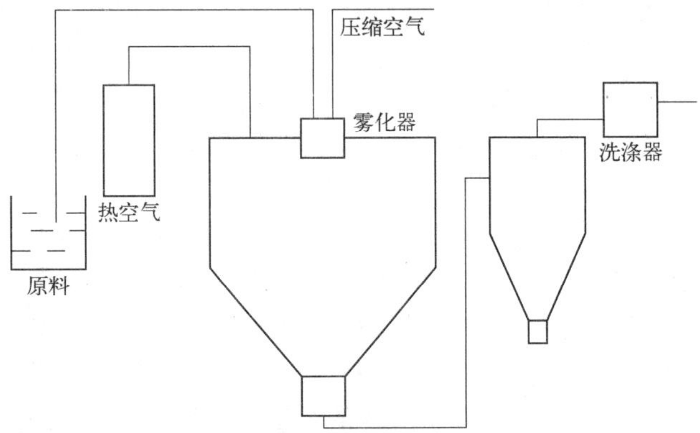

图 4-46　喷雾干燥工艺简图

喷雾干燥机是一整套干燥系统，按功能来讲，主要由供液系统、热风系统、雾化系统、收料系统、控制系统这五部分组成。

① 供液系统。将料液泵入雾化器，主要是供液泵及供液管道。供液泵需要根据物料特性选择，常规的有蠕动泵、螺杆泵。

② 热风系统。热风系统由热源与风力设备组成。热源设备根据实际情况可选择电加热、蒸汽散热器+电加热补偿、天然气热风炉这三种。风力设备包含鼓风机与引风机，鼓风机安装于热源设备之前通过管道连接，引风机安装于收料系统之后，后与烟道管道连接进行尾气排放。此外还包括了主塔内设计的热风分风器。

③ 雾化系统。主要是指雾化器，常规的有离心雾化器、压力雾化器等。

④ 收料系统。喷雾干燥机的收料主要是指将水汽、空气与成粉物料进行分离然后收集得到成品，分离设备有旋风分离器、布袋除尘器、水膜除尘器这三种。常规设计时有单独旋风分离器、旋风分离器+布袋除尘器、旋风分离器+水膜除尘器、旋风分离器+布袋除尘器+水膜除尘器这四种组合方式，需要根据物料特性、环保要求以及设备投资成本进行综合考量。

⑤ 控制系统。统一控制整个喷雾干燥系统，主要包含进料控制、温度控制、风量控制等几个部分。可以设计成按钮式控制也可设计成 PLC 集成电路式控制。

喷雾干燥雾化装置的关键部件主要包括：①雾化器。喷雾干燥机的“心脏”是雾化器，是最为重要的部件，它体积小，正确有效地安装喷雾器是喷雾干燥运行成功的关键。雾化器必须完成以下几项重要功能：a. 雾化器必须将原料分散到小液滴中，小液滴应均匀分布在干燥器内，并与热气充分混合。b. 所生产的液滴不能太大，太大了不能完全干燥；也不能太小，以致难以回收产品；小颗粒也可能过热并烧焦。c. 喷嘴还必须作为计量装置，控制物料进入干燥器的速度。

② 混流方式。同流：在同流干燥机中，喷雾被导向进入干燥室的热风中，并沿相同的方

向穿过干燥室。逆流：在这种干燥机的设计中，喷雾和空气是在干燥机的两端引入的，喷嘴位于顶部，空气从底部进入。混合流：这种类型的干燥机将同流和逆流结合在一起。在混合气流干燥机中，空气从顶部进入，喷嘴位于底部。

③ 喷雾干燥室。干燥室内空气始终保持流动，内壁采用流线型，防止部分干燥产品在壁上或雾化器上沉积。干燥室内热空气流动方式和进气温度影响最终产品的类型。

目前，喷雾干燥制备水分散粒剂的生产中按雾化的形式主要可以分为离心喷雾干燥和压力喷雾干燥两种。离心喷雾干燥器多为实验室配方开发使用的小型设备，大规模生产主要为压力喷雾干燥器。

(1) 离心式喷雾干燥　离心式喷雾干燥器配备有离心式雾化器，因此得名。离心式喷雾干燥采用高速离心雾化器将料液以极高的速度沿雾化盘切线甩出，在 12000～25000r/min 的高转速下，料液被瞬间丝化成为极细的雾滴状，然后在干燥器中干燥。雾化效果取决于圆周线速度和加料速率，还与悬浮液的某些物理特性等因素有关。设备图见图 4-47。

图 4-47　离心式喷雾干燥器

离心喷雾干燥机工作原理为：空气通过加热器转化为热空气，进入装置在干燥室顶部的热风分配器，然后均匀地进入干燥室内，同时将料液经由螺杆泵送至装置在干燥室顶部的离心雾化机，形成极小的雾状液滴，使料液和热空气并流接触，水分迅速蒸发，在极短的时间内干燥为成品，大部分粉状产品经过下锥体收集并打包。湿空气经过排风管道进入旋风卸料器，卸下湿空气带出来的小部分产品后，经由布袋除尘器（或者水膜除尘器）排空。

离心喷雾干燥机性能特点如下：

① 干燥速度快，料液经雾化后，比表面积大大增加，在热风气中瞬间就可蒸发 90%～95%的水分，完成干燥时间仅需 5～35s。

② 物料本身不耐高温，热风接触物料时大部分热量都用于水分蒸发，特别适用热敏性物料的干燥。

③ 雾化器的转速可以变频调节，产品粒度容易控制。所得产品粒度均匀，流动性好，有极好的溶解性，产品纯度高。

④ 操作简单，性能稳定，料液流量调节控制方便，可自动化作业。

⑤ 无环境污染，无废液排放，粉尘排放达到国家标准。

⑥ 料液的粒度范围较广，无需严格过滤设备，雾化器不易堵塞，还适应较高黏度的物料。

⑦ 使用范围广，可进行热风干燥、造粒，也可冷却造粒等。

(2) 压力式喷雾干燥　压力式喷雾干燥器（因设备高大而呈塔形，而在造粒的同时干燥物料，又称喷雾干燥器）在生产中使用最为普遍。压力式喷雾干燥器的产品呈微粒状，一般平均粒径可达 150～200μm。产品有良好的流动性、润湿性、崩解性和悬浮性能，所以深受用户欢迎。

由于压力式喷雾干燥所得的产品是微粒状，不论是雾滴还是产品的粒径都比离心式喷雾干燥大，造成了雾滴干燥时间比较长。另外，喷雾的雾化角度也较小，一般为 30°～70°。所以干燥器的外形也以高塔形为主，这样才能使雾滴有足够的停留时间。

工作时给悬浮液施加一定的压力，通过雾化器使其雾化，所以系统中要有高压泵。另外，因雾化器孔径很小，为防杂物堵塞雾化器孔道，一定要在悬浮液进入高压泵前进行过滤。采用压力式喷雾干燥，多以获得微粒状产品为目的，所以微粒状产品的流动性能以及润湿性能都较粉状产品好。因此，经压力式喷雾干燥的不论是中间产品还是最终产品都有其独有的特点，在美国等一些国家多以喷雾干燥的方法生产水分散粒剂。

因为干燥操作时，物料受压后通过压力式雾化器（喷嘴）将物料喷出，使其雾化，所以称之为压力式喷雾干燥设备。

喷雾干燥造粒法是在热气流中使液滴喷雾分散，在干燥的同时形成球形微粒。这类制品的流动性很好，由于液滴是瞬间被干燥的，因此呈多孔状，所得微粒密度仅为 0.4～0.6g/cm^3，比其他方法小得多，配制成分散悬浮液在水中易崩解。其缺点是难以得到较大的微粒，需要使用大型的喷雾干燥设备，能耗、造价都较高。

喷雾干燥造粒是将悬浮液用雾化器喷雾于干燥室内的热气流中，使水分迅速蒸发制备颗粒的方法。它包括喷雾和干燥两个过程。该法在数秒内即完成悬浮液的浓缩、干燥、造粒过程，原悬浮液含水率可达 50%～80%。经过湿粉碎的物料首先被喷洒成雾状微液滴，水分被热空气蒸发带走后，液滴内的固相物就聚集成了干燥的微粒。对于用微米和亚微米级的超细粉体制备平均粒径为几十微米至数百微米的细小微粒来说，喷雾干燥造粒几乎是唯一而且很有效的方法。

压力喷雾干燥机工作原理为：悬浮液在高压泵的作用下进入压力式雾化器后，在旋涡室内产生高速旋转，从雾化器孔旋转喷出后形成旋转液膜组成的空心锥体。当液膜达到一定长度时，受机械振动后破裂成液丝，液丝伸长后受空气的摩擦断裂，断裂后受液体表面张力的作用迅速收缩成球形雾滴。雾滴受热后表面水分迅速蒸发，形成湿度差后，内部水分不断向外迁移以补充表面水分，此时物料处于湿球温度下。当达到某一临界水分时，内部水分向外迁移的速率低于表面水分的蒸发速率，此时外表面迅速形成半干壳体，内部水分向外迁移受阻和终止。随着微粒升温，内部水分开始汽化，气体压力也不断提高，当达到一定压力极限时，气体从外壳的薄弱部位逸出，从而干燥后形成空心微粒。

4．喷雾干燥造粒的发展前景

喷雾干燥造粒技术历经了几十年的发展，已进行了大量的技术研究，但仍有一些问题待解决。如喷雾干燥的新型雾化器仍需进行研究开发；喷雾干燥的设计需根据以往的经验继续完善设计理论，提高设计的准确性；喷雾干燥的热效率较低，技术开发人员需研究开发如何提高热效率，促进节能，为环保做一些贡献。今后应该将计算机软件技术运用于喷雾干燥的数学模拟，提供更多目前实验无法检测到的数据和结果。无论是学术界或是企业界，对喷雾干燥的研究、开发和完善依然有很长的路要走。

（五）其他造粒方式及设备

水分散粒剂除了以上介绍的几种造粒方法外，还有团聚造粒法。常见的转盘造粒法就是团聚造粒法的一种，转盘造粒法一般分为两个工序，首先将原药、助剂、辅助剂等制成超细可湿性粉剂，然后向倾斜的旋转盘中边加可湿性粉剂，边喷带有黏结剂的水溶液进行造粒。该方法的成粒机理是：造粒过程中的粉料微粒在液桥和毛细管力的作用下团聚在一起形成微核，团聚的微核在容器低速转动所产生的摩擦和滚动冲击力作用下不断地在粉料层中回转，长大，最后成为一定大小的颗粒。一般颗粒形状为球形。该方法在生产过程不密闭，粉尘较多。

高速剪切混合造粒技术是由搅拌桨使物料有规律地立体运动，同时经高速旋转的剪切刀多次切割，从而形成细密、均匀、圆整的颗粒。高速剪切混合造粒中，主要的机制为成核和聚集。当粉末表面接触到液体黏结剂时成核开始，起始粒子间的液体连接桥形成。核在搅拌桨和剪切桨挤出下与湿物料聚合，粒子合并增大，增加颗粒间的融合需要颗粒块状物表面有多余的水分。该水分来自不断加入的液体黏结剂或通过积聚作用将液体挤出至粒子表面。该项技术近几年发展较快，具有混合效果好、生产效率高、含量稳定、耗能低、粉尘少等特点。

六、水分散粒剂研发中的主要问题

水分散粒剂的配方筛选和生产相对复杂，影响因素较多。配方的影响因素包括分散剂、润湿剂、黏结剂、崩解剂、填料的种类及用量，还有造粒时水的用量，这些均对颗粒的形状、大小、硬度、崩解性、分散性和悬浮率等有重要影响。除此以外，水分散粒剂的生产工艺和操作条件也显著影响着产品的质量。在如此复杂的影响因素交织的条件下，水分散粒剂在开发过程中会遇到很多问题，目前主要靠经验进行调整，给刚接触该剂型的研发人员往往造成较大的困扰。基于此，我们在开发经验的基础上，将水分散粒剂配方开发中的常见问题及解决方法进行整理，便于研发人员更快地发现和解决问题。具体见表 4-10。

表 4-10　水分散粒剂开发中的常见问题及解决方法

现象	原因	解决方法
硬度大	①挤出压力过大；②造粒加入水量过多；③黏结剂用量过多；④干燥温度过高；⑤颗粒太干	①减小挤出压力；②减少造粒用水量；③减少黏结剂用水量；④降低干燥温度
易碎	①造粒加水量过少；②颗粒太干；③填料搭配不当	①增加造粒加水量；②减少干燥时间；③调整填料
崩解性差	①润湿剂用量不当；②分散剂用量不当；③挤出压力过大；④造粒加入水量过大；⑤黏结剂用量过大；⑥干燥温度过高；⑦填料搭配不当	①调整润湿剂用量；②调整分散剂用量；③减小挤出压力；④减小造粒用水量；⑤减小黏结剂用量；⑥降低干燥温度；⑦调整填料比例
分散性差	①分散剂不合理；②分散剂用量少；③润湿剂不合理；④润湿剂用量少；⑤填料搭配不合理	①选择其他分散剂；②增加分散剂用量；③选择其他润湿剂；④增加润湿剂用量；⑤调整填料比例
润湿性差	①润湿剂不合理；②润湿剂用量少；③药剂粒径小；④填料搭配不合理	①选择其他润湿剂；②增加润湿剂用量；③调整填料比例
湿筛残留量大	①分散剂不合理；②分散剂用量少；③润湿剂不合理；④润湿剂用量少；⑤填料搭配不合理	①选择其他分散剂；②增加分散剂用量；③选择其他润湿剂；④增加润湿剂用量；⑤增加水溶性填料
悬浮率低	①药剂粒径太大；②药剂粒径范围分布太宽；③分散剂不合理；④分散剂用量少；⑤填料选择不合理；⑥水质硬度大；⑦水质的温度高	①减小药剂粒径；②缩小药剂粒径分布范围；③选择其他分散剂；④增加分散剂用量；⑤改用其他载体
分解率高	原药降解	①加入稳定剂；②调整助剂体系；③调整 pH 值
凝集	①分散剂不合理；②分散剂用量少；③润湿剂不合理；④润湿剂用量少；⑤填料搭配不合理	①选择其他分散剂；②增加分散剂用量；③选择其他润湿剂；④增加润湿剂用量；⑤调整填料比例

续表

现象	原因	解决方法
变色	①干燥温度太高；②干燥温度不均匀；③水溶性填料过多；④颗粒太干	①降低干燥温度；②调整干燥温度；③降低水溶性填料用量；④降低干燥温度
泡沫多	①润湿剂加入量过大；②润湿剂、分散剂种类问题	①减小润湿剂用量；②选择其他润湿剂；③加入消泡剂

七、水分散粒剂的性能指标及检测方法

（一）性能指标

水分散粒剂的质量控制指标主要有有效成分含量、水分、pH 值、润湿时间、崩解性、湿筛试验、悬浮率、粒度范围、分散性、持久起泡性和热贮稳定性等。其中，崩解性、悬浮率、热贮稳定性三项质量控制指标是控制水分散粒剂产品性能的关键技术指标。只有这三项技术指标合格后，才能在此基础上测定其他的技术指标。

（二）检测标准及方法

（1）崩解性　崩解性指标在国内外的标准编制中均没有规定，但该指标对水分散粒剂的实际使用性能具有重要意义。具体操作为：向盛有 90mL 蒸馏水的 100mL 具塞量筒（筒高 22.5cm，内径 28mm）中于 25℃下加入样品颗粒 0.5g，塞住筒口，夹住量筒中部，以 8r/min 速度沿中心匀速旋转，直到样品在水中完全崩解为止，记录时间。该时间即为崩解时间。

（2）悬浮率　参照 GB/T 14825—2023 中的方法进行测定。用标准硬水将待测试样配制成适当浓度的悬浮液。在规定的条件下，于量筒中静置一定时间，测定底部十分之一悬浮液中有效成分质量分数，计算其悬浮率。

试样悬浮率 S 按式（4-9）计算：

$$S=\frac{m_1-m_2}{m_1}\times\frac{10}{9}\times100 \tag{4-9}$$

式中　S——悬浮率，%；

m_1——配制悬浮液所取试样中有效成分质量，g；

m_2——留在量筒底部 25mL 悬浮液中有效成分质量，g。

（3）pH 值　按 GB/T 1601—2023 方法测定。

称取 1g 样品，转移至 100mL 的量筒中，加蒸馏水配至 100mL，强烈摇动 1min，使悬浮液静置 1min，然后测定上清液的 pH 值。

（4）水分　参照 GB/T 1600—2021 中的“共沸蒸馏法”测定（图 4-48）。试样中的水与甲苯经蒸馏形成共沸二元混合物被蒸馏出来，水与甲苯的密度不同，在接收器中分层，根据蒸出水的体积，计算水分含量，测定样品中不能含有与甲苯形成共沸的物质，若样品含有与甲苯形成共沸的物质，则应选择其他测试方法。

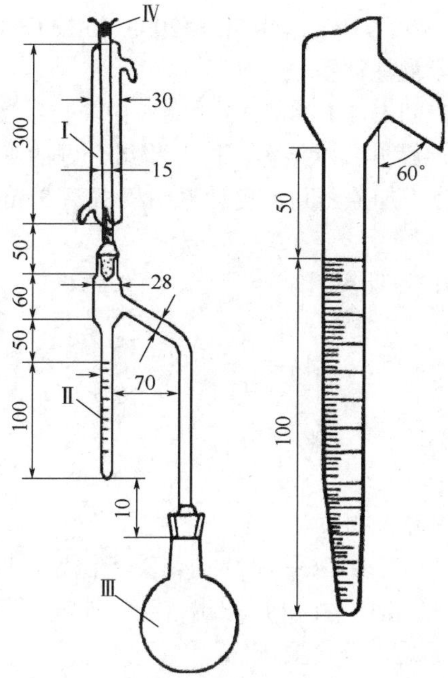

图 4-48　水分测定装置（单位：mm）

Ⅰ—直型冷凝管；Ⅱ—接收器：有效体积 2mL，每刻度为 0.05mL；Ⅲ—圆底烧瓶；Ⅳ—棉花团

试样中水分含量按式（4-10）计算：

$$w_1 = \frac{V \times \rho \times 100}{m} \tag{4-10}$$

式中　w_1——试样中水分含量，%；

V——接收器中水的体积，mL；

ρ——水的密度，g/mL；ρ=1.00g/mL；

m——试样的质量，g。

水的质量分数大于 1%时，两次平行测定之相对差应不大于 5%；水的质量分数在 0.1%～1%时，两次平行测定之相对差应不大于 10%，分别取其算术平均值为测定结果。

（5）分散性　参照 HG/T 2467.13—2003 中 4.13 方法测定。将一定量的水分散粒剂加入规定体积的水中，搅拌混合，制成悬浮液，静置一段时间后，取出顶部 9/10 的悬浮液，将底部 1/10 悬浮液和沉淀烘干，用重量法进行测定。

用式（4-11）计算水分散粒剂的分散率 P：

$$P = \frac{10}{9} \times \frac{m - w}{m} \times 100 \tag{4-11}$$

式中　P——分散率，%；

w——干燥后残余物的质量，g；

m——所取样品的质量，g。

（6）湿筛试验　参照 GB/T 16150—1995 中“湿筛法”测定。将称好的试样，置于烧杯中润湿、稀释，倒入润湿的试验筛中，用平缓的自来水流直接冲洗，再将试验筛置于盛水的盆中继续洗涤，将筛中残余物转移至烧杯中，干燥残余物，称重，计算。

（7）持久起泡性的测定　参照 HG/T 2467.5—2003 中 4.11 中方法测定。将规定量的试样与标准硬水混合，静置后记录泡沫体积。

（8）粒度范围的测定　参照 HG/T 2467.13—2003 中 4.12 方法测定。将标准筛上下叠装，大粒径筛置于小粒径筛上面，筛下装承接盘，同时将组合好的筛组固定在振筛机上，准确称取颗粒剂试样，置于上面筛上，加盖密封，启动振筛机振荡 5min，收集规定粒径范围内筛上称量，计算粒度范围。

试样的粒度 w_1 按式（4-12）计算：

$$w_1 = \frac{m_1}{m} \times 100\% \tag{4-12}$$

式中　w_1——试样的粒度，%；

m——试样的质量，g；

m_1——规定粒径范围内筛上物质量，g。

（9）热储稳定性　参照 GB/T 19136—2021 方法进行测定。将待测试样置于广口瓶中，塞紧盖子，置于 54℃±2℃的恒温箱中，14d 后取出，观察外观是否结块，并测定有效成分热贮分解率，同时测定以上各指标是否符合要求。

八、水分散粒剂的发展展望

随着当前助剂水平和制剂加工技术的不断提高，水分散粒剂的研究和生产也逐步向精细化发展。在水分散粒剂的分散性和悬浮率方面，Joseph 等研究了分散剂对水分散粒剂悬浮率的影响，在配方中各组分含量一定的情况下，改用分子量不同的分散剂，对有效成分分别为 2.5%和 5%的制剂研究结果表明：在一定范围内，随着分散剂分子量的增大，悬浮率逐渐提高。Doering 等探究木质素分散剂的分子量与磺化度对水分散粒剂悬浮率、分散性、抗损耗性及其挤压产出率和流变等物理化学性质的影响，并证明在合适的磺化度和分子量范围内有利于水分散粒剂的理化性质提高。在水分散粒剂崩解方面，程双园以 10%苯醚甲环唑水分散粒剂为研究对象，研究了在造粒和烘干过程中，水分散粒剂形成的孔径大小和分布对其崩解性能的影响，结果表明，真空干燥能使水分快速蒸发，采用真空加热烘干的样品，可产生 4～50μm 较大的孔，有利于水分散粒剂的崩解。另外，高分子分散剂的化学结构也影响着水分散粒剂的崩解性能，较强疏水性的聚羧酸盐分散剂制备的样品，干燥过程中水蒸发速率较快，从而得到水分散粒剂孔径 2～10μm 较大的孔，有利于水分散粒剂的润湿和崩解。Srikanth S. Kamath 等通过喷雾干燥分别制造添加和不添加阴离子分散剂的莠去津农药，结果表明，含有分散剂的喷雾干燥颗粒溶解速率明显比较高，通过喷雾干燥制造的 50%莠去津水分散粒剂表现出较好的流动性和分散性。

采用喷雾干燥法制备的水分散粒剂具有粒径小、悬浮性高、分散性好、崩解性优、流动性好和药效高等特点，越来越受到厂家的重视，成为水分散粒剂重要的发展方向。目前国内已有很多农药企业建成并采用喷雾干燥法生产水分散粒剂，生产的主要品种有 5.7%甲维盐水分散粒剂、20%和 50%噻虫嗪水分散粒剂、50%和 80%烯酰吗啉水分散粒剂、57%烯酰·氰霜唑水分散粒剂、60%吡唑·代森锌水分散粒剂、60%吡唑·代森联水分散粒剂、70%吡虫啉水分散粒剂、70%吡蚜酮·噻虫嗪水分散粒剂、72%吡唑·代森联水分散粒剂、80%甲基硫菌灵水分散粒剂、80%克菌丹水分散粒剂、80%烯啶·吡蚜酮水分散粒剂等。这些产品应用效果良好，得到了国内市场的认可，取得了很好的社会效益及经济效益。喷雾干燥法制备工艺相对复杂，投入和能耗相对较高，同时，因为喷雾干燥塔清洗困难，通常国内外喷雾干燥造粒塔生产都采用一塔一品种，生产 2～3 个同系物产品，因此对企业规模和产品生产量具有较高的选择性。随着农药行业集中度的不断提高，大型农化企业逐步整合资源，不断加大农药研究的科研和资金投入，有助于喷雾干燥法制备水分散粒剂工艺的发展。另外，随着高分子助剂的不断开发与革新，不断涌现出适合高温喷雾的助剂品种，扩大了配方可选择范围，提高了产品性能，推动了喷雾干燥法制备水分散粒剂产品的应用和推广。

环境友好和可持续发展是农药制剂发展的核心目标。纵观水分散粒剂农药几十年的发展史，之所以受到世界各国农药科研单位和企业的青睐，最终还是源于其优异的防效、最大的安全性、超好的稳定性、良好的商品性。水分散粒剂作为一种对生产工艺和加工设备高度依赖的制剂，随着我国制造水平的提高，水分散粒剂的研发生产能力得到了长足的进步和发展，登记产品种类与数量也有了较大增长。

第九节　可溶液剂

可溶液剂为均一的液体剂型，其对水稀释液也是透明的真溶液。可溶液剂加工技术成熟、工艺简单、设备要求低，而且制剂中有效成分含量高、化学活性稳定、易稀释、使用方便、渗透性强和药效好，但其中的大量极性溶剂对人具有一定毒性，使用过程中易造成作物、土壤、水源和大气等环境污染。现阶段，可溶液剂中使用的溶剂种类已经开始向低毒化、环境友好方向发展。在人们提高环保意识下，更重视以水为基质的“绿色制剂”，该剂型发展空间会更广阔。

一、可溶液剂概述

（一）定义

可溶液剂（soluble concentrate，剂型代码 SL）为用水稀释成透明或半透明含有效成分的液体制剂，可含有不溶于水的惰性成分。主要包括水剂和可溶液剂两种剂型，属于均相分散体系。

水剂（aqueous solution，AS）是有效成分或其盐的水溶液制剂，由以分子或离子状态分散在水中的有效成分和助剂组成。可溶液剂也称为水溶性液剂，指对水稀释后有效成分形成真溶液的均相液体制剂，由有效成分、极性有机溶剂和适当的助剂组成。其有效成分具有一定的水溶性或较强的极性，其对水稀释液在一定浓度范围内形成真溶液，若稀释浓度超出其溶解度范围，则很容易析出结晶。

两者既有相似之处，也有明显的差异。其共同特点都是真溶液，有效成分以分子或离子状态分散在介质中。两者的不同之处为水剂的介质是水，而可溶液剂的介质是极性有机溶剂。

2018 年以前，我国是将水剂和可溶液剂按照两种不同的剂型进行登记的。2017 年 11 月 1 日，国家质量监督检验检疫总局、国家标准化管理委员会在第 29 号公告中发布国家标准《农药剂型名称及代码》(GB/T 19378—2017)，并已于 2018 年 5 月 1 日起正式实施。GB/T 19378—2017 为与国际标准接轨，把水剂剂型合并到可溶液剂中。GB/T 19378—2017 实施以来，农业农村部迅速贯彻落实，逐渐停止水剂产品农药登记证的核发，其中 2019 年只核发 1 个，2020 年以来为零。另外，截至目前，已经有多个企业正在申请或已经将原水剂产品变更为可溶液剂。

（二）特点

（1）可溶液剂的剂型特点　可溶液剂以分子或离子状态存在，药剂分散度高、药效好，一直以来均受到各个国家的重视。特别是水剂，由于属于绿色环保剂型，将会不断发展壮大，占有重要的地位。可溶液剂由于使用极性有机溶剂，对环境影响大，近年来受到一些争议，但不可否认，由于药效较高，某些品种的可溶液剂还是有存在的必要。如 20%吡虫啉可溶液剂在国外属于万吨级的品种。

可溶液剂的特点主要有以下几点：

① 用水稀释后农药有效成分形成真溶液，即有效成分呈分子或离子状态，直径小于 0.001μm。

② 容易加工，不需要特别复杂的加工工艺和设备。

③ 尤其是以水为溶剂的产品，使用时药害低、毒性小、易稀释，使用安全方便。

④ 由于有效成分的分散度高，搭配合适的助剂，可溶液剂具有良好的生物活性。

（2）可溶液剂、微乳剂以及乳油的异同　可溶液剂、微乳剂和乳油是三种重要的农药液体制剂，合格的产品外观均为澄清透明的液体，仅从外观上难以区分。有必要将三种剂型的异同进行比较，便于配方的研发和使用。

① 配方组成。主要成分均包含有效成分、溶剂和表面活性剂，但乳油中是不能有水存在的，需严格控制水分含量，一般要求不超过 0.5%。可溶液剂中可以以水为溶剂进行配制。而微乳剂中必须含有水，使包含有效成分的油相以微乳液分散在水中。从组成上看，三种剂型有一定差异。

乳油和微乳剂中，对固体农药活性物只需用非极性溶剂或搭配少量极性溶剂即可配制成溶液。而在可溶液剂中，除用水作为溶剂的体系外，有机体系需要使用大量的极性溶剂以提高亲水性。

另外，几种剂型的活性物含量不同，同一农药制备乳油和可溶液剂能制成较高含量的制剂，而微乳剂不可能制成高含量制剂。

② 有效成分在制剂中的状态。三种剂型均为热力学稳定的、澄清透明的液体，在乳油和可溶液剂中的有效成分被有机溶剂或水完全溶解，以分子或离子状态分散在有机溶剂或水中，形成真溶液。而微乳剂则是溶解了有效成分的有机相在表面活性剂的作用下所稳定的、以微液滴的形态分散在水中的制剂，粒径在 0.001～0.1μm。

③ 稀释后的状态。乳油兑水稀释后呈乳状液分散，液滴粒径在 1～5μm。微乳剂兑水稀释后为透明到半透明的胶团溶液，液滴粒径在 0.005～0.08μm。可溶液剂兑水稀释后澄清透明，为真溶液，有效成分以分子或离子状态溶解在水中，粒径＜0.001μm。稀释微观状态见图 4-49。

④ 对环境的影响。由于乳油的剂型特点，需要使用大量的有机溶剂，使用时会对环境造成一定影响。微乳剂中使用部分水替代了有机溶剂，相对环保。以水为溶剂的可溶液剂对环

境友好，但如果使用大量极性溶剂配制的可溶液剂，则会对环境造成不良影响。

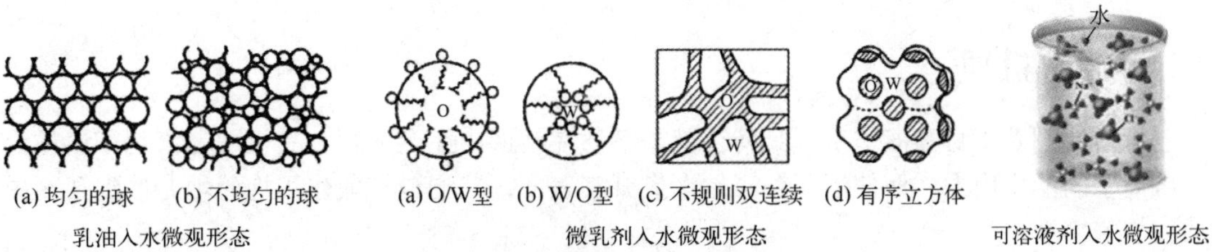

图 4-49　不同剂型入水微观状态

总结可溶液剂、微乳剂和乳油三种剂型的异同，具体可归纳为表 4-11。

表 4-11　可溶液剂、微乳剂和乳油三种剂型的异同

项目	可溶液剂	微乳剂	乳油
配方组成	有效成分、极性溶剂或水、乳化剂	有效成分、溶剂、乳化剂、助乳化剂、水	有效成分、溶剂、乳化剂
制剂外观 剂型粒径/μm	均相透明液体 ＜0.001	均相透明液体 0.001～0.1	均相透明液体 0.001～0.1
兑水稀释外观 稀释粒径/μm	透明真溶液 ＜0.001	透明或半透明胶团溶液 0.005～0.08	乳状液 1～5
物理性能	均一，热力学稳定	均一，热力学稳定	均一，热力学稳定
对环境的影响	以水为溶剂对环境安全 以极性溶剂为溶剂对环境影响大	较安全	影响大

（三）发展概况

1939 年，瑞士化学家保罗·米勒发现 DDT 具有杀虫性，宣告了合成有机农药的问世。在此之前，广泛应用的均是无机农药或者植物源农药，而且这些农药大多数均以水剂形式存在，所以说水剂是最古老的农药剂型之一。

新中国成立前，我国农药发展非常缓慢，仅有无机农药 15 种，植物性农药 8 种，有机合成农药 1 种，多数是粉剂、乳油，其他剂型产量很低。以水剂应用的仅有硫酸铜水剂、40%硫酸毒藜碱液水剂等。当时由于技术落后，对助剂的认识不足，对制剂的润湿性、黏着性、渗透性没有深入研究，所以应用效果一般。新中国成立后，随着科学技术的发展，农药工业也获得了长足进步。

可溶液剂是农药重要的基本剂型之一，可溶液剂的产品种类逐步增加，加工工艺简单，生产成本低，使用方便，用途广泛，推广使用吨位大。由于受有效成分水溶性的限制，只有少数有效成分可以配制成水剂，但由于大吨位的农药品种草甘膦、草铵膦、百草枯、2 甲 4 氯、2,4-滴、井冈霉素、杀虫双和乙烯利等的广泛应用，在发达国家的农药销售中占有较大比例。1992～1993 年间英国可溶液剂占整个农药市场的 17%，美国占 16%，法国占 13%。近几年来，农药可溶液剂在我国发展较快，尤其水剂的发展迅速，在我国已经发展成为一种最主要的可溶液剂。水剂虽然品种少，但所占的份额却不少，在我国水剂所占的市场份额为 5%～20%。

二、可溶液剂加工的理论基础

（一）溶解机理

可溶液剂属于真溶液体系，其特征就是溶质在溶液中完全溶解。其机理是溶剂和溶质分子或离子间的作用力，而使溶质分子逐渐离开其表面，并通过扩散作用均匀地分散到溶剂中成为均匀溶液。

（1）溶解过程　溶解是一种物质（溶质）均匀地分散在另一种物质（溶剂）中的过程。例如，碱、糖或食盐溶解于水成为均匀水溶液的过程。物质溶解于溶剂，通常经过两个过程：一种是溶质分子（或离子）的扩散过程，这种过程为物理过程，需要吸收热量；另一种是溶质分子（或离子）和溶剂分子作用，形成溶剂分子（或离子）的过程，这种过程是化学过程，放出热量。当放出的热量大于吸收的热量时，溶液温度就会升高，如浓硫酸、氢氧化钠溶于水等；当放出的热量小于吸收的热量时，溶液温度就会降低，如硝酸铵溶于水等；当放出的热量等于吸收的热量时，溶液温度不变，如盐、蔗糖溶于水中。

固体溶质进入溶液后，首先发生微粒（分子或离子）的扩散（吸热）过程，接着是形成水合离子或水合分子的水合过程（放热）。这里有化学键的破坏和形成，严格说都是物理-化学过程。其实对于强电解质来说，溶解和电离是难以截然分开的，因为离子的扩散就是电离。不过对于弱电解质来说，首先是扩散成分子（吸热），然后在水分子作用下，化学键被破坏而电离成为自由离子（水合的）（这里总体表现是吸热还是放热要看破坏化学键需要的能量多，还是水合释放能量多了）。假如是非电解质，那么溶解就是扩散与形成水合分子两个过程。一些溶质溶解后，会改变原有溶剂的性质，如氯化钠溶解在水中，电离为自由移动的钠离子与氯离子，故形成的溶液具有导电性（纯水不导电）；乙二醇溶解在水中，可降低水的凝固点。

溶解于溶剂中的物质称为溶质，溶质在溶液中以分子、离子或原子的状态存在。溶剂又称为溶媒，具有分散其他物质的能力。物质溶解于溶剂中即成为该物质的溶液。水是最常用的溶剂，此外，乙醇、丙酮、氯仿、乙醚、二甲苯、甲苯等有机溶剂均是常用的非水溶剂。溶液又称为溶体，是由两种或两种以上不同物质所组成的均匀体系。溶液有固态溶液，如Fe-Ni-Cr合金；液态溶液，如糖水、碘酒等；气态溶液，常称为气体混合物，如空气、N_2-H_2混合气等。根据溶液中溶质的含量小于、等于或大于在该温度和压力下溶解该溶质的最大量，可分为不饱和溶液、饱和溶液和过饱和溶液。

溶解过程是克服溶质分子和溶剂分子的内聚力，形成二者的均匀体系的过程。发生溶解过程的必要条件，是被溶解的溶质的分子间力小于溶剂分子和溶质分子间的吸引力。大量溶解实例表明，存在着“极性相似”的规律，即溶质和溶剂的化学组成、分子结构或分子极性等相似者比较容易相互溶解。例如，同属于碳氢化合物的汽油、煤油和柴油，极性都很小，可以无限互溶。极性很大的水与乙醇也可以无限互溶。非极性的高聚合物可溶解于非极性的汽油和煤油等溶剂中，但不溶解于极性很大的水和乙醇中，反之，极性高的聚合物，如聚酰胺可溶解于水、乙醇和苯酚等强极性的溶剂中。

（2）溶解性及溶解度　达到（化学）平衡的溶液便不能容纳更多的溶质（当然，其他溶质仍能溶解），称之为这种溶质的饱和溶液。在特殊条件下，溶液中溶解的溶质会比正常情况多，这时它便成为过饱和溶液。每份溶剂所能溶解的溶质的最大值就是“溶质在这种溶剂的溶解度”。溶解度是指在一定的温度下，某溶质在100g溶剂通常是水中达到饱和状态时所溶解的量（g 或 mL）。如果不指明溶剂，通常意味着溶剂为水，比如“氯化钠的溶解度”和“氯化钠在水中的溶解度”可以认为具有同样的意思。溶解度并不是一个恒定的值。一种溶质在溶剂中的溶解度由它们的分子间作用力、温度、溶解过程中所伴随的熵的变化以及其他物质的存在及多少所决定，有时还与气压或气体溶质的分压有关。因此，在表述一种物质的溶解度时，一定要说明温度和气压条件。如无指明，则温度及气压通常指的是标准状况（STP）。有的物质溶解时，会放出热量，使溶液温度升高；有的物质溶解时，会吸收热量，使溶液温度降低；也有许多物质溶解时，溶液的温度没有明显变化。

溶解度和溶解性是一种物质在另一种物质中的溶解能力，通常用易溶、可溶、微溶、难溶或不溶等粗略的概念来表示。通常把在室温下，溶解度在 10g/100g 水以上的物质称为易溶物质、溶解度在 1～10g/100g 水的物质称为可溶物质；溶解度在 0.01～1g/100g 水的物质称为微溶物质；溶解度小于 0.01g/100g 水的物质称为难溶物质。

（3）影响溶解过程的主要因素

① 溶质与溶剂的化学结构、分子链和极性的相似性。二者越相似，溶解倾向越大。极性大的农药有效成分，容易溶解于极性大的溶剂中，如吡虫啉、啶虫脒易溶解于 *N*-甲基吡咯烷酮、*N*,*N*-二甲基甲酰胺中；而非极性的有机磷杀虫剂，大多数容易溶解于非极性的芳烃溶剂中，如甲苯和二甲苯等。

② 溶质、溶剂分子间力。在溶质-溶剂体系中，同一种类分子之间的作用力越大，溶解过程越易于进行。不同种类分子之间的作用力越小，溶解过程越难以进行。

③ 溶剂分子间的缔合程度。分子缔合是同种分子间的相互结合，形成比较复杂分子的作用；是不引起化学性质改变的同种分子间可逆的结合过程。溶剂分子之间的缔合，例如水分子间的缔合是由氢键引起的，在常温下，水中除了简单的 H_2O 分子以外，还有$(H_2O)_2$、$(H_2O)_3$、$(H_2O)_x$ 等缔合分子存在。其他极性分子间偶极的相互作用也可能引起分子的缔合。缔合过程是一个放热过程。降低温度，有利于缔合；提高温度，分子间的缔合作用减弱甚至完全消失。例如加热有利于缔合水分子的解离；冷却有利于水分子的缔合，温度降到 0℃时，全部水分子缔合成上千个巨大的分子——冰。溶剂分子间的缔合作用越大，通常对其他物质表面的润湿性越差，溶解和分散溶质的能力越小。

④ 溶剂化作用。在物理溶解的同时，常常伴随着化学过程。由溶质的质点、分子或离子与溶剂分子形成松散的化合物统称为溶剂合物，这种作用即为溶剂化作用。溶剂的极性越大，溶剂化作用越强，极性化合物在该溶剂中的溶解越容易发生，越容易生成溶剂合物，所生成的溶剂合物越稳定。溶剂合物的组成是不固定的。一般溶剂化过程是放热的过程，若溶剂化过程所放出的热量大于溶质分散时所吸收的热量，则整个溶解过程是放热过程。

⑤ 温度和附加机械作用。溶解过程中所存在的物理过程，即溶质的分子或离子扩散到溶剂分子群中的过程。由于扩散过程是吸热过程，因此，当温度升高以及附加机械搅动时，有利于物理溶解。无机盐及碱在水中的溶解度受温度的影响比较复杂，有三种不同的规律：绝大多数无机盐及碱的溶解度随温度的升高而增大，某些无机盐及碱的溶解度与温度的关系不大，如氯化钠的溶解度；还有一些物质的溶解度随温度的升高反而降低，属于反常溶解度物质，如氢氧化钙的溶解度随温度的升高而减小。

⑥ 压力的作用。在溶解过程中，受到一定的压力作用，有助于增加物质溶解度。这是因为压力能够使溶液中分子间的间隔变得更小，从而增加了分子间相互作用的可能性。因此，在高压下，物质的溶解度通常会增加。这一特点可以应用于一些特殊情况下，比如油井中溶解气的情况，当向油井注入高压气体时，可以增加溶解度，加速气体的溶解。另外，还有一

些被称为高压萃取技术的方法，利用高压来提高物质的溶解度，以达到更好的提取效果。

⑦ 表面活性剂的作用。表面活性剂是一类能在溶液界面降低表面张力的物质。它们包括阳离子表面活性剂、阴离子表面活性剂和非离子表面活性剂等。表面活性剂的添加会影响溶解度，因为它们可以在溶液中形成胶束结构，从而改变溶剂分子之间的相互作用方式，进而影响溶质在溶液中的分布。根据惰性相关原理，某些表面活性剂可以显著提高或降低物质的溶解度。因此，在实际应用中，如药物制剂、化妆品、涂料等领域，通过添加不同类型的表面活性剂，可以有效地调节物质的溶解度、提高溶解速率或稳定溶液。

⑧ pH 值的影响。pH 值是一个表示溶液中酸碱度的指示参数。溶液的 pH 值对物质溶解度有很大的影响，特别是对于那些具有酸性或碱性的物质来说。物质的溶解度与溶液的 pH 值有密切关系，因为不同的 pH 值会导致物质的分子结构发生变化，从而影响分子间的相互作用。例如，某些具有酸性或碱性官能团的物质在极端 pH 值时，会形成原子团簇或溶剂分子结合的离子状态，从而影响其溶解度。因此，在实际生产和实验过程中，通过调节溶液的 pH 值，可以有效地改变物质的溶解度。

(4) 物质的极性及其对溶解性的影响　物质的极性大小可用介电常数与偶极矩来表征。

① 介电常数。介电常数又叫介质常数、介电系数或电容率，是表示物质绝缘能力特性的一个系数，以字母 ε 表示，单位为 F/m。它指在同一电容器中用同一物质为电介质和真空时的电容的比值($\varepsilon=C/C_0$)，表示电介质在电场中贮存静电能的相对能力。介电常数愈小，绝缘性愈好，介电常数随分子偶极距和可极化性的增大而增大。在化学中，介电常数是溶剂的一个重要性质，它表征溶剂对溶质分子溶剂化以及隔开离子的能力。介电常数越大的溶剂，隔开离子的能力越强，同时也具有较强的溶剂化能力。介电常数可用于表示分子的极性大小，介电常数越大，极性越强，反之极性越小。

② 偶极矩。在物理学中，把大小相等符号相反彼此相距为 l 的两个电荷 $\pm q$ 组成的体系称之为偶极子，其电量与距离之积（$g=ql$）就是偶极距。对分子中的正负电荷来说，可以假设它们分别集中于一点，叫作正电荷中心和负电荷中心，或者说叫分子的极（正极和负极），假性分子的偶极矩等于正负电荷中心间的距离乘以正电荷中心（或负电荷中心）的电量。偶极矩是一个矢量，既有数量又有方向，其方向是从正极到负极。偶极矩可用于表示一个分子中极性的大小。如果一个分子中的正电荷与负电荷排列不对称，就会引起电性不对称，因而分子的一部分具有较明显的阳性，另一部分则具有较明显的阴性，这些分子能互相吸引而成较大的分子。例如缔合分子的形成，大部分是氢键的作用，少部分为偶极矩的作用。$g=0$ 的分子为非极性分子。偶极矩的大小表示分子极化程度的大小，偶极矩越小，分子极性越弱；偶极矩越大，分子极性越强。根据极性相似的物质相互容易溶解的原则，在筛选溶剂时偶极矩是一个非常重要的参考因素。

物质按极性大小可分为极性或非极性物质，如四氯化碳为非极性分子，没有电性的不对称，偶极矩为 0，称为非极性物质；甲醇为极性分子，羟基显电负性，而甲基显电正性，分子中电性分布不对称，偶极矩不为 0，称为极性物质。偶极矩数值越大，极性越强。极性相似的物质相互间容易溶解，非极性溶质溶解于非极性或弱极性溶剂中，极性溶质溶于极性溶剂中，即“同类溶解同类”，这就是著名的“极性相似原则”。如水、甲醇、乙醇彼此之间可以任何比例互溶，二甲苯、乙醚之间也极易互溶，但水与二甲苯之间则完全不溶。易溶于水的物质，如各种金属盐、农药中的杀虫单、草甘膦的各种盐、百草枯等，一般不溶解于非极性的二甲苯等芳烃溶剂中；反之，非极性的物质如各种植物油、矿物油类，农药中的有机磷杀虫剂、拟除虫菊酯类等也难溶于水。但也有例外情况，如所谓的“万能”极性溶剂（如 *N*-

甲基吡咯烷酮、*N,N*-二甲基甲酰胺和二甲亚砜等)，既可以与水互溶，也可以溶解于非极性溶剂中。当作用于溶剂分子或溶质分子间的作用力相等时，最容易实现自由混溶，即当溶剂和溶质的溶解度参数相同时，溶质可以在溶剂中溶解。

(5) 溶剂的分类

① 按介电常数分类。化合物的极性取决于分子中所含的官能团及分子结构。各类化合物基团的极性按下列次序排列：$—CH_3$＜$—CH_2—$＜—CH═＜—C≡＜—O—R＜—S—R＜$—NO_2$＜$N(R^2)$＜—OCOR＜—CHO＜—COR＜$—NH_2$＜—OH＜—COOH＜$—SO_3H$。目前对于溶剂极性的判断还没有公认的标准，比较可靠的是根据溶剂介电常数 (ε) 做初步判断。溶剂的极性大小与其介电常数呈正相关。溶剂按介电常数大小分类可分为 3 类：非极性溶剂 ε=0～5，中极性溶剂 ε=5～30，极性溶剂 ε=30～80。

a. 非极性溶剂。常见的非极性溶剂有苯 (2.28)、甲苯 (2.29)、二甲苯 (2.38)、乙醚 (4.34)、植物油 (2.5～3.5)、矿物油 (2.1)、煤油 (2.8) 和汽油 (1.9) 等。非极性溶剂的介电常数很低，不能减弱电解质离子的引力，也不能与其他极性分子形成氢键，根据极性相似原则，一般非极性溶剂能溶解非极性溶质，其溶解的原理是通过非极性溶质和溶剂间的范德华力作用。溶剂分子内部产生的瞬时偶极克服了非极性溶质分子间的内聚力而溶解。溶剂与溶质分子之间的吸引力是很小的，远不如极性溶剂与离子型溶质之间的离子吸引力，也不如极性物质之间形成的氢键及其极性溶质本身的内聚力。所以非极性物质一般不能溶解在极性溶剂中 (“万能溶剂”除外)，如果为了提高非极性物质在极性溶剂中的溶解度，则需借助助溶剂或者增溶剂的增溶作用。

b. 中等极性溶剂。有些溶剂如乙醇 (24.5)、异丙醇 (19.9)、丙酮 (20.7)、环己酮 (18.3%) 和乙酸乙酯 (6.4) 等具有一定的极性，其极性介于典型的极性溶剂和典型的非极性溶剂之间，这类溶剂称为中极性溶剂，也称为半极性溶剂。这类溶剂由于对非极性溶质分子具有诱导作用，而使非极性溶质分子产生某种程度的极性，半极性溶剂本身具有一定程度的不重合正负电中心，但非极性溶质与它靠近时，在弱极性分子电场的诱导下，非极性溶质分子中原来重合的正负电中心被极化，这样溶剂分子和溶质分子保持着异极相邻状态，在它们之间由此产生了吸引作用，减弱了非极性溶质的内聚力使其溶解。关于诱导作用大小除了与距离有关外，还与极性溶剂的偶极矩和非极性溶质的极化率有关：极性溶剂的偶极矩愈大，被诱导而“两极分化”愈明显，产生的诱导作用愈强，如苯因为极化率大而能在醇中溶解。半极性溶剂可以作为中间溶剂，使极性溶剂与非极性溶剂混溶或增加非极性物质在极性溶剂中的溶解度，如丙酮能增加乙醚在水中的溶解度。溶剂的这些特点，对配制农药可溶液剂起着非常重要的作用。

c. 极性溶剂。常用的极性溶剂有水 (78.5)、甲酸 (58.5)、丙三醇 (56.2)、甲醇 (32.7)、二甲基亚砜 (48.9)、乙二醇 (37.7)、丙二醇 (32.8)、*N*-甲基吡咯烷酮 (32.0) 和 *N,N*-二甲基甲酰胺 (36.7) 等。水是最常用的强极性溶剂，目前在环境压力越来越大的状况下，水剂作为一种绿色农药制剂，越来越受到重视，能够配制水剂的有效成分，应尽量采用水剂剂型。水是极性很强、介电常数很大的溶剂，这是由水分子的结构决定的。水分子由两个氢原子和一个氧原子组成，其中两个氢与氧形成两个 O—H 键，两个键互成 104.5° 的夹角。氧的电负性相当高，共用电子强烈偏向氧的一边，使其带有负电荷，而氢原子显示出较强的正电性，使其带正电荷，形成了偶极分子。由于水的强极性，大大减弱了电解质中带有相反电荷离子间的吸引力。水的偶极分子对溶质的引力，远大于溶质分子本身离子间的结合力，使其溶质分子溶于水溶剂中，这就是水能够溶解各种盐及电解质的基本原理。除草剂 2 甲 4 氯和 2,4-

滴都是苯氧乙酸类，在水中的溶解度均较低，但是成盐以后，如 2 甲 4 氯钠盐和 2,4-滴钠盐，大大提高了在水中的溶解度，可以加工成不同规格的水剂。草甘膦是一种有机强氨基酸，在水中的溶解度不高（10.5g/L），但制备成铵盐（144g/L±19g/L）、异丙铵盐（1050g/L）、钠盐（335g/L±31.5g/L）后，可以加工成不同规格的水剂，成为国际上最大吨位的农药品种。水对其他极性溶质，如有机酸、糖类、低级酯类、醛类、酮类、胺类、酰胺类等的溶解，主要通过偶极作用，特别是氢键作用，使之溶解。水之所以能溶解上述物质，是通过溶质分子（非极性基团较小）的极性基团与水分子形成氢键缔合，即水合作用，形成水合离子而溶于水中。

但是，溶质分子中非极性部分对氢键形成具有阻碍作用，使水分子不易接近其极性基团，非极性基团部分越大，阻碍作用也越大，例如，含三个碳原子以下的烷醇和叔丁醇在 25℃下可以与水混溶，而正丁醇在水中的溶解度仅 8%左右，含 6 个碳原子以上的伯醇的溶解度在 1%以下，高级烷醇几乎完全不溶于水。

② 按氢键强弱分类。按氢键强弱可将溶剂分为质子溶剂与非质子溶剂。质子溶剂也称为氢键给予型溶剂，主要指醇类，常用的有甲醇、乙醇、异丙醇及乙酸等。非质子溶剂也称为氢键接受型溶剂，主要指酮类和酯类。酮类比酯类便宜，但后者气味芳香。常用的有丙酮、丁酮、环己酮、甲苯异丁酮、异佛尔酮、乙酸乙酯、乙酸丁酯、乙酸异丙酯。

③ 复合溶剂。复合溶剂是指两种或两种以上的溶剂混合形成的溶液，由于极性不同，混合后可提高溶解度。因此，混合溶剂能适应各种不同极性的溶质、弱电介质和非极性溶质的溶解。水与很多极性溶剂和半极性溶剂相溶，有的在水中可无限互溶。溶剂的这些性质，对于配制可溶液剂具有重要的参考价值。

（二）增溶机理

（1）增溶作用　又称作加溶作用、可溶化作用，指某些物质在表面活性剂的作用下，在溶剂中的溶解度显著增加的现象。具有增溶作用的物质称为增溶剂，可溶化的液体或固体的某些物质称为增溶物（被溶物）。在农药制剂加工中，增溶剂是助溶剂、表面活性剂及其复合物或其他能增加有效成分溶解度的物质，增溶物是农药的有效成分及其他助剂组分。主要有三种方式进行增溶，分别为溶剂助溶、胶束增溶和改变化学结构增溶。

（2）增溶机理

① 溶剂的增溶作用。是指在农药可溶液中添加少量助溶剂，提高农药可溶液剂中某些组分的溶解度和耐低温贮藏性。难溶性化合物与加入的第三种物质在溶剂中形成可溶性分子间的络合物、缔合物或复盐等，以增加化合物在溶剂中的溶解度。这第三种物质称为助溶剂，亦称为共溶剂，助溶剂可溶于水，多数为低分子化合物，形成的络合物多数为大分子。

在农药制剂加工中，大多数制剂只需要一种溶剂但也有一些制剂，只用一种溶剂（主溶剂）往往不能达到要求的有效成分浓度；有的制剂采用一种溶剂，虽然溶解度可以满足需要，但经冷贮后析出结晶，热贮后出现分层；个别农药制剂，由于有效成分原药质量较差，其中的杂质会影响制剂的稳定，例如出现絮状物质，这时需要考虑加入第二种溶剂。由于第二种溶剂的加入（一般添加量不大）增大了原药（溶质）的溶解度，提高了制剂的质量，特别是低温稳定性，这种作用为助溶作用。

在配制 40%乐果乳油中，采用苯/甲苯为溶剂，必须添加 3%左右的甲醇或 10%异丙醇作为助溶剂，才能配制稳定的制剂。意大利 Montecatini 公司配制 40%乐果乳油选择乙氧基乙醇乙酸酯和苯酚类作为助溶剂。在配制 20%吡虫啉可溶液剂时，也需要添加助溶剂以增加其溶解度。配制 36%敌稗乳油，如果没有筛选到理想的助溶剂，敌稗原药不能完全溶解于溶剂中。

助溶剂除了在制剂研制中得到应用外，还应用于表面活性剂的配制上，牛脂胺聚氧乙烯醚是一种传统草甘膦水剂助剂品种，其往往可以单独作为草甘膦异丙胺盐水剂的专用助剂。但是纯牛脂胺聚氧乙烯醚在草甘膦异丙胺盐水剂中的溶解速度很慢，且配制较高含量的草甘膦异丙胺盐水剂时，低温会发生草甘膦结晶等问题。在牛脂胺聚氧乙烯醚中适量添加乙二醇、丙二醇或丙三醇等极性溶剂，不仅可以解决助剂溶解速度和制剂低温稳定性，而且还能显著降低制剂的黏度，便于使用。目前市面上销售的牛脂胺聚氧乙烯醚为主的草甘膦助剂均含有一定量极性溶剂，其中以乙二醇和丙二醇为主，其在助剂中的比例为 10%～30%。

② 表面活性剂的增溶作用。表面活性剂是两亲分子，它是由亲油基的非极性基团、亲水基的极性基团两部分构成的，有些分子如甲酸、乙酸、丙酸、丁酸，虽然也是两亲分子，但由于碳链很短，只能降低表面张力，没有表面活性。只有分子中疏水基（“链尾”）足够大的两亲分子才能显示出表面活性剂的特性来。当溶液（指水溶液）中表面活性剂浓度达到胶束浓度后，分子在胶束中定向排列，分子中的亲水基伸入水中并与水缔合（溶剂化或水合）形成外层（极性区），疏水基有序聚集在一起指向内部形成内核（非极性微区）。离子型表面活性剂胶束的外层包括两部分：一部分是由表面活性离子的带电基团、电性结合的反离子及水化水组成的固定层；另一部分是由反离子在溶剂中扩散分布形成的扩散层。实际上，在胶束内核与极性基构成的外层之间，还存在一个由处于水环境中的亚甲基基团构成的栅栏层。

由于表面活性剂的胶束具有上述特殊结构，为增溶物提供了从非极性到极性全过渡的良好“溶解”环境，使其不同的增溶物栖身于胶束中的不同位置。当然，增溶的能力是有限度的。当增溶物超过胶束内部允许限量时，则会发生浑浊现象。通过 X 射线衍射谱等方面的研究，增溶方式有如下四种：

a．胶束内增溶。被增溶物增溶于胶束内部［图 4-50（a)］，其增溶量随表面活性剂的浓度增大而增大，主要适用于非极性有机物的增溶。

b．分子间增溶。被增溶物分子固定在胶束的“栅栏”之间，即非极性碳氢链插入胶束内芯，极性端处于表面活性剂分子（或离子）之间，通过氢键或偶极子相互作用联系起来。当极性有机物分子的烃链较长时，极性分子插入胶束内部的程度增大，甚至极性基也被拉入胶束内［图 4-50（b)］。主要适用于长链醇、胺、脂肪酸等极性的难溶的有机物。

c．胶束表面增溶，被增溶物分子吸附在胶束表面区域，或靠近胶束“栅栏”表面区域［图 4-50（c)］。这类增溶物既不溶于水，也不溶于非极性溶剂，如高分子物质、甘油、蔗糖及某些不溶于烃的染料的增溶属于这种方式。当表面活性剂的浓度大于临界胶束浓度时，这种方式的增溶量为一定值，较上述两种方式的增溶量少。

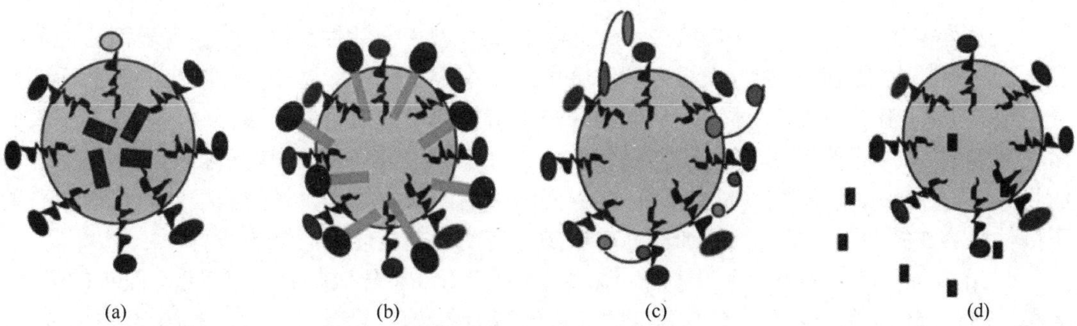

图 4-50　表面活性剂的增溶方式

d. 亲水基间增溶。具有聚氧乙烯链的非离子表面活性剂，被增溶物包藏在胶束外层的聚氧乙烯链内［图 4-50（d）］。多数非离子表面活性剂具有这种增溶形式。因为它的亲水基是聚氧乙烯链。随着聚乙烯个数的增多，链变得更长。因此，它的增溶量比起离子表面活性剂大得多，并且随着温度的上升，增溶量亦增加。

在以上四种增溶方式中的增溶量顺序为 d＞b＞a＞c。

增溶方式主要取决于增溶物和增溶剂的化学结构，同时也受其他因素影响。实际上，上述四种增溶理论没有十分明确的区分，某一种增溶物的增溶方式不一定是唯一的。所谓增溶物取决于某种增溶方式，是表明它在胶束中存在的优选位置，并不否定存在其他位置，也就是说，增溶物的增溶方式，以某种方式为主外，还存在其他方式，即复合方式。例如，苯可以首先增溶于非离子表面活性剂胶束的极性外层，然后又进入胶束的栏层及内核。

用于农药制剂中的表面活性剂是否具有增溶作用，受到各种因素的影响，主要取决于化学结构和浓度，以及增溶物的性质及环境条件。

从理论上讲，表面活性剂均具有增溶作用。但在目前的条件下，只有一部分表面活性剂对某些农药及其配方中的其他组分表现出增溶作用，并且增溶效果也不一样。表面活性剂的增溶作用取决于 HLB 值。研究结果证明，HLB 值在 15～18 范围内的表面活性剂具有增溶作用。且增溶作用有一个基本条件，即增溶剂的浓度必须高于临界胶束浓度（CMC）。其理由是表面活性剂的增溶作用是建立在它的胶束（胶团）结构形成的基础之上的。表面活性剂 CMC 都很低，0.001～0.002mol/L 是形成胶束的起点，其浓度高于 CMC 才可能形成各种形状的胶束，如球形、扁球形、棒状形、层状形。胶束形状取决于表面活性剂的形式。特别是亲水基和疏水基在溶液中各自横截面积的相对大小。

表面活性剂增溶作用的强弱除了与增溶剂和增溶物的化学结构有直接关系外，同时和整个溶液的组成及环境条件有关，具体影响因素如下：

a. 表面活性剂的结构。具有同样疏水基的不同类型表面活性剂的增溶能力，一般规律是非离子型＞阳离子型＞阴离子型。在同系列表面活性剂中，碳氢链（疏水链或烷基链）长度增加，导致临界胶束浓度降低和聚集数变大，使非极性增溶物的增溶量变大；而且相同的疏水链，直链比支链的增溶能力大。在非离子表面活性剂中，聚乙烯链（亲水链）随着长度的增加，非极性增溶物的增溶量降低。

b. 增溶物的结构。增溶物的结构、形状、大小、极性及碳链分支状况等都对增溶效果有显著影响。在确定的表面活性剂溶液中，最大的增溶量与增溶物的摩尔体积（分子大小）成反比；多极性物比非极性物易于增溶；具有不饱和结构的或带有苯环结构的比饱和的烷基结构的增溶物易增溶，但萘环却相反；支链的虽然比直链的增溶物易于增溶，但二者的差异不显著。

c. 无机电解质和有机添加物的影响。(a) 在离子型表面活性剂溶液中，若表面活性剂浓度接近临界胶束浓度时，加入无机电解质会增加胶束聚集数（缔合成一个胶束的表面活性剂分子或离子平均数）和胶束体积，从而使烃类增溶物的增溶量明显增加。(b) 在非离子表面活性剂溶液中加入无机电解质，同样会使胶束的分子聚集数增大，使增溶物的增溶量增大，而且随电解质的浓度增加而增加。(c) 在表面活性剂溶液中添加少量的非极性有机物，有助于极性增溶物的增溶；反之，添加极性有机物，有助于非极性增溶物的增溶。

d. 温度的影响。对于表面活性剂来说，温度的变化，将导致临界胶束浓度，胶束的形状、大小，甚至带电量的变化。此外，温度的变化使溶剂和溶质（增溶物）分子间相互作用改变，导致体系中表面活性剂和增溶物的溶解性质也将发生显著的变化。一般温度升高，在离子型表面活性剂溶液中，可提高极性和非极性增溶物的增溶量；在非离子型表面活性剂溶液中，可提高非极性增溶物的增溶量，对于极性增溶物，不仅可以提高增溶作用，而且在某一温度时增溶量可达到最大值。

有些表面活性剂的增溶作用十分明显。例如，甲酚在水中的溶解度仅为 2%，当以肥皂作为增溶剂时，甲酚的溶解度增加到 50%。增溶性越高，制剂的理化性能和贮存稳定性越好，而且助剂用量越低，所以表面活性剂的增溶作用，广泛应用于溶液剂、乳油、微乳剂、油悬剂、水悬剂等多种剂型中，在研究增溶作用时，要区分以下几个概念：

① 表面活性剂的增溶作用与溶质的溶解不同。溶解是溶质在溶液中以分子、离子或原子状态存在，属于真溶液，其粒径小于 1nm；增溶作用所形成的胶束属于胶体溶液，粒径一般为 10～100nm。溶质溶解后，溶剂的某些物理性质，如沸点、冰点、渗透压等将发生较大变化；而具有增溶作用的溶剂中，这些性质很少受到影响，但在小于可见光波长的光照射下，会发生光散射作用，出现浑浊发亮的光柱，即为丁达尔（Tyndall）现象。

② 增溶作用和乳化作用相似，但也有明显的不同。乳化作用形成的乳状液，从热力学观点来看是一个不稳定的分散体系，最终结果终究会出现聚结、凝聚、分层或破乳。但增溶作用不同，产生的胶体溶液是一个更加稳定的分散体系。增溶作用是一个可逆的平衡过程，无论用什么方法达到平衡后的增溶结果理论上是一样的，对于微乳剂来说，因为液体外观均透明，所以有可能微乳化作用和增溶作用同时存在。同理，可溶液剂也应该同时存在溶解形成的真溶液和部分靠增溶作用形成的胶束溶液的混合透明体系。

③ 改变化学结构增溶。是指通过添加助溶物质，使其与溶质形成络合物、复合物、缔合物及复分解反应形成可溶性盐，改变物料的化学结构，提高其在溶剂中的溶解度。而且这些物质不是稳定的结合，而是可逆的，所以不影响溶质原有的特性。例如，碘在水中的溶解度极微，可是在助溶剂碘化物的作用下，二者形成络合物而大大提高了碘在水中的溶解度。常用的助溶剂很多，一般可分为三类。

a．某些有机酸及其盐，如苯甲酸及其钠盐、水杨酸及其钠盐、对氨基苯甲酸及其钠盐、枸橼酸钠、氯化钠等。

b．酰胺或胺类化合物，如尿素、烟酰胺、吡嗪酰胺、乙酰胺、乙二胺、脂肪胺等。

c．其他化合物，包括无机盐、多聚物、酯类、多元醇等。

关于该类助溶剂的选择尚无明确的规律可循，一般只能根据有效成分的性质选用与其能形成水溶性的分子间络合物、复盐或缔合物的物质。

（三）水体系可溶液剂的增稠技术及原理

近年来，以水为介质的可溶液剂的增稠已成为重要发展趋势。随着具有黏度的草甘膦钾盐水剂的推广与使用，草甘膦水剂市场上也陆续出现增稠型的 41%草甘膦异丙胺盐可溶液剂和 30%草甘膦（铵盐或二铵盐）可溶液剂等以黏稠感为卖点的草甘膦可溶液剂产品。另外，250g/L 氟磺胺草醚可溶液剂等碱性农药也开始通过增稠技术提升产品品质，以迎合消费者的喜好。其增稠技术与原理分为以下几种：

（1）胶束增稠　高含量的表面活性剂在水溶液中主要是以胶束团形式存在的，这些胶束团在浓度较小的条件下，彼此各自分离，其水溶液呈清澈透明的水状液体，外观黏度较低。如果增加表面活性剂的浓度，随着表面活性剂胶束团浓度的不断增大，胶束团相互靠拢，中间夹杂着水分子，形成相对稳定的整体，便形成了黏稠状的均相透明液体。

在水溶液中表面活性剂的浓度直接影响着表面活性剂胶束的结构，胶束结构又直接决定了水溶液的黏度大小。一般情况下，在较小浓度的表面活性剂水溶液中，表面活性剂胶束呈球状结构［图 4-51（a）］时，该水溶液黏度较小；当表面活性剂浓度增大，胶束结构可由球状转化为棒状结构［图 4-51（b）］，此时的水溶液的黏度显著提高，呈黏稠状液体，如果进一步增大表面活性剂的浓度时，胶束结构又转变为六角束状结构［图 4-51（c）］，水溶液的黏度显著提高，并形成高黏稠状液体；当表面活性剂的浓度更大时，可形成板形或层状胶束结构［图 4-51（d）］，此时水溶液已经成为液态胶体。

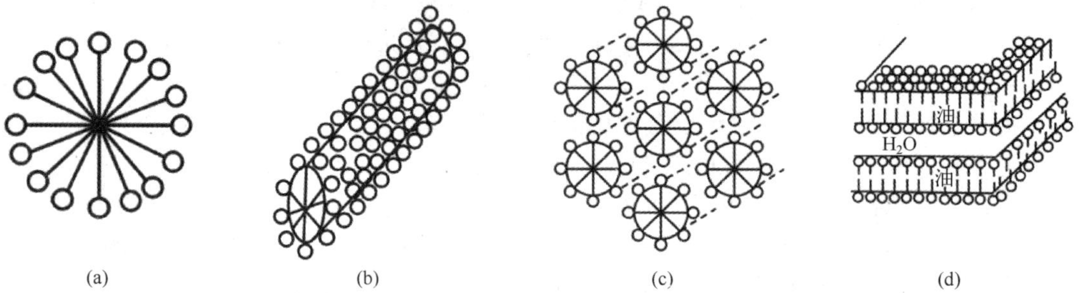

图 4-51　表面活性剂的胶束形态

胶束增稠技术主要应用于电解质溶液中，大多数以水为溶剂的农药可溶液剂属于电解质溶液，如草甘膦、草铵膦和敌草快等可溶液剂。在水溶液中，电解质可以对表面活性剂胶束产生作用，增加表面活性剂胶体溶液的抱水性，大量游离水分子被吸收进了胶束团，溶液看上去显得更加稠厚。

脂肪醇聚氧乙烯醚硫酸钠（AES）是最早应用于草铵膦可溶液剂的表面活性剂，其对草铵膦水溶液具有优异的增稠性，而且对草铵膦的增稠效果也较为突出。草铵膦本身是一种铵盐，在水溶液中以 1 个带二价负电荷的 2-氨基-4-[羟基(甲基)膦酰基]丁酸根和 2 个带正电的铵根等电解质形式存在，加入一定量的 AES 后，电解质可以使 AES 的球状胶束迅速转变为棒状胶束，进而实现对草铵膦水剂的增稠作用。

（2）无机盐增稠　无机盐的增稠作用主要是在离子型农药有效成分的基础上向水溶液中加入电解质，增加电解质的有效浓度，进而促进表面活性剂的胶束增稠作用。硫酸钠、硫酸铵、氯化钠、氯化铵和氯化钾等无机盐是目前应用较为广泛的增稠性无机盐类。

无机盐增稠原理是，表面活性剂水溶液体系中，表面活性剂达到临界胶束浓度后，便在水溶液中形成了胶束，无机盐溶解到水溶液中形成电解质，而一定浓度电解质会使表面活性剂胶束的缔合数增加，导致表面活性剂胶束由球状向棒状转变，使水溶液的运动阻力显著增大，进而提高了水溶液的运动黏度。随着电解质浓度的进一步增大，胶束结构转化程度越大，水溶液的黏度也越大。但当电解质过量时，会破坏表面活性剂胶束的结构，降低运动阻力，从而降低了水溶液的黏稠度，发生“盐析”现象。无机盐的增稠是建立在表面活性剂胶束增稠的基础上的，如果水溶液中没有适量的表面活性剂存在，无机盐的增稠作用无法实现。

（3）高分子聚合物增稠　是指使用少量水溶性高分子聚合物对农药水剂进行增稠的技术手段。这类聚合物主要包括聚乙烯醇、聚丙烯醇、聚丙烯酰胺以及褐藻酸钠、瓜儿豆胶和透明质酸等具有一定水溶性的高分子聚合物，随着聚合物的分子量增大，其增稠作用增大，一般在 0.1%～1%的用量下，就能够显著提高水溶液的黏稠度。

在探索以水为介质的可溶液剂的增稠方案或配方时，要综合考虑以下几个方面的问题：

① 制剂的黏度要适宜。如果黏度过高，其在低温下容易形成胶体，势必会影响制剂的流动性和兑水稀释的溶解性。如果制剂黏度过低，则其黏稠感不明显，卖点不突出。

② 注意温度条件对农药可溶液剂黏度的影响。一般情况下，黏稠性可溶液剂的黏度大小与温度呈反相关，即随着温度的降低，制剂的黏度会显著升高，但为了确保在低温条件下便于进行农药可溶液剂的加工与分装等生产工作，不影响生产效率，往往需要通过配方的合理优化，避免低温条件下农药可溶液剂的黏度大于1000mPa·s，尤其在10℃以下，要确保可溶液剂具有较低的黏度和较高的流动性。以水为介质的可溶液剂配方中多采用两性离子表面活性剂（如CAB或LAB等）与其他类型表面活性剂复配使用，在一定配比和用量下，可有效降低农药水剂的低温黏度，而且有利于提高水剂的高温（40℃以上）黏度。

③ 保持良好的贮藏稳定性。农药可溶液剂的贮藏稳定性主要包括常温和冷、热贮稳定性，这就要求所选用的表面活性剂具有坚强的耐盐性，尤其其形成的胶束对电解质的适应浓度要尽可能宽泛，不易发生盐析现象。例如，草甘膦钾盐水剂中离子浓度可高达50%以上，利用表面活性剂增稠后，制剂要在54℃以下均保持均相透明，不能有分层、结晶或沉淀等不良现象发生。

④ 确保农药可溶液剂在水中具有较快的自动溶解性，即兑水稀释后，经简单搅拌可迅速溶解形成真溶液，便于喷雾使用。一般情况下，胶束增稠和无机盐增稠的黏稠性可溶液剂具有较好的水溶性，而且不受温度的影响。但使用高分子增稠剂增稠的可溶液剂，如果用量过大，就会严重影响制剂的水溶速度，稀释液甚至会产生大量水不溶物，堵塞喷雾器的喷头，影响正常使用。

（4）表面活性剂的增效作用　表面活性剂在农药上的应用虽然很早，但对其增效机理的研究却起步较晚，大多处于探索过程之中，至今尚未形成系统、明确的理论用于解释增效的原因。对这方面的研究，目前国外进行得较多，进展也很快，研究已经深入细胞水平和分子水平。特别是对非离子型表面活性剂的研究比较热门。国内虽然对表面活性剂的应用和增效试验进行得很早，然而对作用机理的研究还处于前期阶段，但近年来已有很多研究者开始关注该领域。

（5）制剂物理性能的改善　表面活性剂的加入，大大降低了溶液的表面张力，减小了接触角，增强了在植物体表或害虫体表的润湿、展布以及附着能力，从而提高药效。表面张力下降的大小，是与表面活性剂的类型密切相关的一个量。由于表面活性剂分子中具有亲水和亲油两亲基团，当表面活性剂溶于水中时，其亲水基与水相引而溶于水，其亲油基与水相斥而离开水，导致表面活性剂分子或离子吸附在两相界面上，使两相间界面张力降低。表面活性剂分子或离子在界面上吸附得越多，界面张力降低就越大。该效应与溶液温度、压力、浓度等因素有关。试验证明，非离子型表面活性剂较其他类型的表面活性剂的效果要好得多，这是由于非离子型表面活性剂分子不像离子型离子之间有相互排斥作用，所以它可以在界面上更多地被吸附。表面活性剂的加入，使药剂的液滴表面形成一层强烈的保护膜，从而使制剂具有良好的分散性能，提高农药的溶解度、均匀度，减少用药量，增强制剂的稳定性，有助于药剂发挥更大的效果。

（6）对药剂吸附、渗透和传导作用的影响　表面活性剂能提高药剂的渗透作用和传导作用，这种现象人们早就注意到了。Rosalind D.Buick等研究了有机硅表面活性剂L-77对促进三氯吡啶叶面吸收作用的影响，试验用脱落酸预处理来关闭植物表皮气孔，与未用脱落酸预处理的进行对比，结果发现药剂通过气孔进入植物体是主要途径之一。加入助剂，在前3h促进作用较强，处理时间越长，促进效果越不显著，这说明L-77对药剂吸收的影响十分迅速。

① 表面活性剂亲水亲油平衡值的影响。Siyuan Tan 等在研究非离子型表面活性剂对 2,4-滴叶面吸附和渗透影响时发现，聚氧乙烯乙二醇（PEG）系列类表面活性剂能够极大地提高一些喷雾制剂农药对近轴苹果叶表皮的渗透效果，但对吸附影响不明显。试验还指出，PEG 类表面活性剂的亲水亲油平衡值（HLB）与叶表皮对表面活性剂的吸附和 2,4-滴的渗透呈负相关，加入了表面活性剂的处理显著地提高了 2,4-滴对角质层膜的渗透，且随表面活性剂 HLB 值的升高其渗透力下降，因此，表面活性剂的 HLB 值对 2,4-滴渗透力的改变是一个重要因素。Norris 研究发现，2,4-滴穿过梨树叶表皮的能力随 Span 20 和 Span 80 的加入而提高，且提高作用似乎与 Span 表面活性剂的 HLB 值呈负相关。他还发现，Triton N-101（HLB=13.4）和 Tween 20（HLB=16.7）这两种表面活性剂都有相对较高的 HLB 值，对梨树叶角质层的渗透无影响。Stevens 和 Bukovac 在研究辛基苯氧基类表面活性剂（Triton X 系列）对莠去津和滴滴涕在玉米叶上的吸收时也观察到两种农药的吸收与表面活性剂的 HLB 值呈负相关。不论是否受表面活性剂的影响，2,4-滴通过去蜡表皮膜的渗透力大约是通过蜡质表皮膜的渗透力的 2.5 倍，所以，表皮的蜡质层是阻碍 2,4-滴渗透的一个重要因素。叶表皮对 PEG 表面活性剂的吸附与其 HLB 值呈负相关，去蜡的表皮膜比蜡质的能吸附更多的 PEG 100-0。

也有报道说，十二烷基磺酸钠和 Tween-20 能降低梨树叶表皮对 2,4-滴的束缚，但表面活性剂不能改变 2,4-滴的渗透力。这些研究表明，这类表面活性剂能够改变叶表皮对 2,4-滴的吸附，但不能改变其渗透。表面活性剂对 2,4-滴的叶面吸附影响与叶面渗透间没有相互关系，而且表面活性剂可能改变 2,4-滴的叶面渗透而不改变其表皮吸附。用表面活性剂预处理所得到的 2,4-滴渗透的变化结果，可能应归因于表面活性剂调节 2,4-滴的分散度而不是吸附的变化。另外 Schonherr 和 Bauer 曾经指出，水溶液中当表面活性剂的浓度高于临界胶束浓度（CMC）时将降低亲脂性溶液在表皮上的浓度，这种影响必然降低溶液在表皮上的渗透率，但表面活性剂也可能提高溶液在表皮上的流动性而导致渗透率的提高。

李达潮在研究表面活性剂对草甘膦药效的影响时也发现，表面活性剂的化学结构类型、亲水亲油平衡值以及 pH 值对其增效作用有着重要影响。具较高亲水亲油平衡值的表面活性剂作草甘膦的增效剂更合适，因为亲水亲油平衡值较高的表面活性剂通常含有较多的氧化乙烯（EO）分子数，这类表面活性剂能够增加溶液胶束的亲水性，使草甘膦与表面活性剂的极性部分更好地相互作用，而草甘膦与表面活性剂的液滴接触植物叶面时，液滴蒸发，草甘膦与表面活性剂在溶液中达到平衡。此时草甘膦吸收了表面活性剂，并借助它来改进植物皮层的渗透、毛细管效应等，使表面活性剂与草甘膦组成的双分子层液体进入植物的根茎内部，并促进其移动。他还发现，当乙基化十八烷酰醚非离子型表面活性剂的 HLB=15.5 时，即使表面活性剂分子中的氧化乙烯的物质的量达到 20mol，它对草甘膦的增效作用仍展示最佳效果，但当它的氧化乙烯物质的量达到 100mol 时虽然其 HLB＞20，其效果却大为降低。这是因为这类表面活性剂当氧化乙烯物质的量大于 20mol 时，抑制了表面活性剂与草甘膦的增效液滴在植物叶表面的膜渗透作用，以致降低了防效。

② 化合物亲脂性和亲水性的影响。表皮是叶面施用化合物渗透的最初和最主要的障碍，是限制叶面渗透率的构成因素之一。如 Joel Coret 等即研究了几种非离子型表面活性剂对两种除草剂 ^{14}C 草甘膦（亲水性）和 ^{14}C 绿麦隆（亲脂性）在植物表皮溶解后对其的渗透和传导影响。结果发现，草甘膦在叶表皮的输导随着壬基酚系列表面活性剂的链的长度不同而变化。当 EO 数为 17 时试验得到最佳吸收值；EO 数为 10 时，表面活性剂的疏水部分极大地影响草甘膦通过叶表皮的传导。用一级脂族胺试验，可观察到最佳效果，而乙氧基脂族醇对草甘膦穿透表皮没有促进作用。绿麦隆的输导在低 EO 数（3～6）表面活性剂时可得到提高，

并随着 EO 数的升高而下降。当表面活性剂含 EO 数高于 10 时对其渗透没有促进影响。用 ^3H 标记的乙氧基辛基酚和乙氧基硬脂酸胺或醇试验得到的结果显示，表面活性剂很容易扩散进入叶表皮，这表明这些表面活性剂能够改变一些表皮的性质。几种非离子型表面活性剂对叶表皮吸附作用的试验结果表明，两种表面活性剂可能联合提高化合物在表皮的水合反应，从而提高草甘膦通过叶表皮的传导。当预先用壬基酚处理叶表皮时，发现表皮的蜡质开始在低温下熔化，这表明这些表面活性剂对亲脂成分的输导影响可能部分地与蜡质的熔化增高相关。这几种非离子型表面活性剂对两种除草剂分子渗透入植物表皮的影响显示，观察结果依赖于活性成分的亲水或亲脂特性以及这些表面活性剂 EO 链的长度和亲水部分的性质。

③ 表面活性剂与化合物之间相互作用的影响。David Stok 等用放射性标记的两种同质表面活性剂己二烯乙二醇直链十三烷基醚（$C_{13}E_6$）和己二烯乙二醇十二烷基醚（$C_{12}E_{16}$）进行试验，结果发现，在表面活性剂提高有机化合物的叶面吸收时期与化合物之间发生了相互作用。作用的强度随着化合物和表面活性剂的物理化学性能不同而变化，并受到表面活性剂的浓度和靶标植物种类的影响。相互作用导致了化合物的吸收量极大提高，$C_{13}E_6$ 和 $C_{12}E_{16}$ 这两种表面活性剂都有良好的固有渗透性能，含低 EO 数的化合物一般比高 EO 数的化合物具有更快的渗透率。在相互作用的过程中，化合物能以低于、高于或等于表面活性剂的渗透速率进行渗透，视不同表面活性剂各不同的化合物以及它们的不同浓度而异。一般在低浓度表面活性剂时有强烈相互作用的制剂在高浓度时相互作用弱得多，或根本没有相互作用。相互作用也可能导致化合物与表面活性剂二者同时增大吸收，或者增大化合物吸收而降低表面活性剂的吸收。

另外，表面活性剂可能具有疏通传导障碍方面的作用，阻碍化合物的分散、转移其被吸附的位点、改变化合物性能、降低其抗性，因此为化合物被吸收入植物体内创造了位置和通径条件。随着化合物生理生化性能的不同，改变在植物中的传导障碍，提高其渗透性的性能也随着变化。

④ 抑制作用。H. de Ruiter 和 M. A. M. Verbeek 却发现非离子型表面活性剂壬基酚聚氧乙烯醚对草甘膦的叶面渗透有抑制作用。当表面活性剂的浓度为 1%时，叶面沉积物会增加 5～6 倍，但有壬基酚聚氧乙烯醚存在时，限制了草甘膦进入植物体内。用加有聚氧乙烯-6-十三烷基醚表面活性剂的药剂喷施大麦，证实其对草甘膦的吸收有抑制效应。也有人认为，药剂吸收的减少可能是因膜的完整性受到破坏。

⑤ 增溶作用和保湿作用。在表面活性剂的规则胶束状态下，必定对化合物有一定的溶解，这不仅提高了叶面渗透的可能性，而且降低了化合物重结晶的可能性。如果化合物是水溶性的，也能提高其吸收率，表面活性剂具有保湿性能，使叶面沉积物在整个吸收过程中保持湿润，以利于吸收活动的进行。事实上有些表面活性剂的确可作为药剂有效成分的保湿剂，在水合物中保持它的溶解状态，从而有助于其吸收。如吐温-20 可能就是这种作用方式。含高 EO 数的表面活性剂暂时被保留在表皮上能够促进表皮的水合反应，因而也就有助于水溶性化合物的渗透，但也有人认为化合物的吸收可能与表面活性剂对它们的增溶作用无关。

表面活性剂的增溶作用主要与胶束的特性相关。被增溶物在胶束中的位置和状态取决于被增溶物和表面活性剂的类型，被增溶物均匀地分配于胶束内部，且在胶束内以多态存在，至少是两种状态，几种不同的状态之间可以相互转换。当被增溶物从胶束内芯向界面移动时，经受了不同作用力的连续变化。胶束内芯和界面对增溶所起的作用是不同的。

增溶量与增溶剂和被增溶物的分子结构及性质有关，也与溶液中胶束的量即表面活性剂的临界胶束浓度有关。不同类型表面活性剂的增溶量大小如下：非离子型＞阳离子型＞阴离子型，其中阳离子型和阴离子型的混合表面活性剂增溶量比这二者均大得多，其他类型的混合表面活性剂增溶量介于二者之间。被增溶的体系其化学势和蒸气压均显著低于乳状液，故增溶体系的稳定性比乳状液要高得多。

(7) 黏附作用　当固体表面自由能低于水的表面张力时，水滴在其表面不能完全润湿。在多数情况下，固体表面性质不易改变，因此只能通过改变液体性质来实现润湿黏附行为。因此，添加表面活性剂成为提高润湿黏附能力最重要的方式。对于低能表面，水的表面张力比固体表面自由能高而不能在固体表面铺展；对于高能表面，水的表面张力比固体表面自由能低而能在固体表面形成水膜。

表面活性剂分子在固体表面的吸附可以改变固体表面性质（组成和结构），影响了液滴在固体表面的润湿黏附性能。吸附作用包括物理吸附和化学吸附，主要是表面活性剂分子从体相中转移到固体表面并形成单分子层或双分子层，其吸附驱动力主要是静电相互作用、疏水相互作用、氢键作用、离子交换吸附、π 电子诱导极化吸附和色散力吸附等。对于高能表面，表面活性剂分子主要以亲水基团与固体表面进行相互作用，其疏水基团朝向体相，使固体表面疏水化，产生自憎现象；随着表面活性剂浓度增加，其在固体表面形成双分子层，此时亲水基团朝向体相，使固体表面亲水化，而润湿现象再次出现。对于中等疏水表面，表面活性剂分子的亲水基团与固体表面之间通过洛伦兹-范德华力进行相互作用，疏水基团与固体表面之间通过疏水相互作用进行相互作用，导致表面活性剂分子在固体表面吸附呈现一定角度，而非直立状态，固-液界面表面活性剂分子截面积较大，吸附量较小。对于低能表面，表面活性剂分子疏水基团吸附于固体表面，其驱动力主要是疏水相互作用，其亲水基团朝向体相，使固体表面亲水化，产生润湿黏附行为，直至固-液界面形成饱和单分子层。

表面活性剂分子在各类固体表面上所形成的吸附层结构及最外层基团不仅与固体表面性质有关，而且与表面活性剂分子结构、浓度、溶液酸碱度及周围环境因素息息相关。表面活性剂分子疏水基团中若存在支链结构，在高浓度下，吸附在固体表面上的表面活性剂分子间通过疏水相互作用形成胶束或半胶束，增加固-液界面吸附量，更大程度地降低了固-液界面张力，实现更优的润湿黏附性能。对于离子型表面活性剂来说，溶液酸碱度、无机盐和有机小分子的存在，与表面活性剂分子之间产生相互作用，使其表面活性发生变化，从而影响其在气-液、固-液、液-液界面形成分子膜的化学构成，进一步影响界面张力，对润湿黏附过程产生影响。

添加合适的助剂可以提高药液在叶面上的展着性和黏着性，增加药液在叶面上的覆盖率和附着量，减少药液液滴的滚落，增加制剂的抗雨水冲刷能力，防止液滴迅速干枯，延长吸收时间，更有利于草甘膦的吸收和渗入植物体内，充分发挥除草活性，节约用药量，降低防治成本。添加了增黏剂聚丙烯酰胺的 13.5%草铵膦水剂（与草甘膦同属膦酸酯类的除草剂），与对照药剂（拜耳公司生产的水剂）相比，其制剂的理化性能评价如下：

对照药剂和配制试样液滴的接触角均非常小，对照试样液滴在测定 10s 后接触角由 15° 降到 5.9°，而配制试样液滴的接触角从 17.5° 降至 7.1° 仅需 3s，相比之下，配制试样的接触角比对照试样要更小一些。对照试样药液的表面张力小于配制试样，但扩展半径配制试样略强于对照试样。总体评价，两种试剂的理化性能相当。

(8) 抗飘移作用　表面活性剂通过改善制剂药液喷雾雾滴的粒径分布，使喷雾中大粒径雾滴占比提高，减少雾滴飘移。制剂喷雾中最易飘移的是直径小于 150μm 的雾滴，通过添加抗飘移助剂显著提高喷雾中雾滴的直径，有效地减少飘移产生的药害，提高药剂的利用率，增加对靶标的防效。抗飘移作用在无人机飞防中应用较多，而植保无人机作业对药液喷雾要求更高，药液浓度较高，沉淀、结晶等问题较为严重，表面活性剂可显著提高药液的均一度和稳定性，有效地减少沉淀和结晶的产生，减少药液喷雾不均匀导致的药害发生。药液飘移受多种因素影响，包括喷雾装置、喷洒高度、除草剂和助剂、气象条件等因素，添加表面活性剂是最直接有效的选择。抗飘移剂本质上都是聚合物，一种是聚乙烯类，另一种是聚丙烯酰胺类，包括阴离子型和非离子型。后者与铵盐的混合物在实际中应用较多，如 1-1M9752、HM2004、HM2006 等。

三、可溶液剂的组成

很多农药在适宜的极性溶剂中具有足够的溶解度，能顺利地加工成一定含量的、稳定的、均一的真溶液。但有些农药品种，在相应的溶剂中，即使是饱和溶液也不能达到要求的浓度。有些为了绿色制剂要求，尚需选择其他溶剂满足所需的溶解度要求。另外，有很多制剂为了满足生产上的需要，达到提高药效、扩大防治谱、减少用量、延缓抗性、降低成本、使用方便等目的，要求研制复配制剂，这给选择溶剂增加了难度，若选择一种溶剂，可能满足其中一种药剂的溶解浓度，而满足不了另一种药剂的溶解浓度，因此，要选择助溶剂。如果几种溶剂都满足不了配制浓度的要求，那么选择增加溶解度的方法就显得尤为重要。

（一）有效成分

能够配制可溶液剂的有效成分必须是水溶性的，或是极性较大的，在水中具有一定的溶解度，或在使用浓度范围内有效成分溶于水中。对于某些有效成分，可以通过改变其部分化学结构，达到提高在水中或极性溶剂中的溶解度，适合加工成可溶液剂的目的。但无论如何改变化学结构，必须坚持一个原则，即不能降低原来有效成分的生物活性。

按照原药在水中的溶解情况，可分为两大类，一类为水溶性成分，一类为水中难溶成分，需使用溶剂进行溶解。

（1）农药本身具有较高的水溶性，且在水溶液中稳定性较好，可直接加工成以水为介质的可溶液剂。这类农药的代表产品有草铵膦、百草枯、敌草快、杀虫单、杀虫双和乙烯利等。

（2）农药本身在水中溶解度小，甚至无溶解性，但可与酸性或碱性物质反应生成稳定的水溶性盐类衍生物。

① 与碱性成分成盐。草甘膦是有机磷氨基酸类除草剂，草甘膦酸的水溶解度仅为 10.5g/L(20℃)，若配制 41%草甘膦水剂，显然是无法实现的。因此，必须与碱金属、氨水或有机胺中和成盐。草甘膦成盐后，大大提高了其溶解度，草甘膦异丙胺盐水中溶解度为 1050g/L（pH4.3），钠盐为 335g/L±31.5g/L（pH4.2），铵盐为 144g/L±19g/L（pH3.2），而钙盐仅 30g/L。成盐的物质有氢氧化钠、氢氧化钾、碳酸钠（碳酸氢钠）、碳酸铵、氨水（氢氧化铵）等无机碱，以及乙二胺、乙醇胺、异丙胺等有机碱。草甘膦水剂形式有钠盐、铵盐和异丙胺盐，其除草活性顺序为：钾盐＞异丙胺盐＞铵盐＞钠盐。农业部第 1744 号公告停止受理和批准草甘膦含量低于 30%的草甘膦混配水剂的田间试验、农药登记（包括临时登记正式登记和续展登记），淘汰了 10%草甘膦钠盐水剂，只允许登记 30%草甘膦（即 41%草甘膦异丙胺盐）以上规格的水剂。为了提高吲哚丁酸的溶解度，可以与碱中和成钠盐，但钠盐的药效不及酸的药效。所以，在没有明确改变结构后的药效之前，不能随意改变有效成分的化学结构。有些有效成分虽然没有羧酸基，但具有一定的电负性，也能制备成盐，如把烯禾啶制备成铵盐，苯

达松制备成钠盐，各自都能发挥药效。可是如果二者进行混配，则烯禾啶失去了药效，其原因就是NH_4^+与Na^+发生了离子交换，使烯禾啶转变为钠盐。由此表明，烯禾啶只能有选择性地制备成合适的盐类。

很多农药有效成分没有羧基，不能直接成盐，但由于结构上的特点，显示出酸性。如胺苯磺隆、苯磺隆等在水中和溶剂中的溶解度均很低，但由于化学结构中具有亚氨基，整个分子显示出弱酸性，因此它能够与无机碱或有机碱成盐，大大提高了其溶解度。这些特性对于配制可溶液剂，包括混剂是非常重要的。当然，在配制这类农药的液剂制剂时，控制制剂的pH值非常关键。

② 与酸性成分成盐。有些有效成分由于结构上的特点显示出弱碱性，能与酸性化合物成盐而提高溶解度。如杀菌剂多菌灵，其结构中含有咪唑氨基，显示出弱碱性，它能与无机酸或有机酸形成相应的盐，而提高在水中的溶解度。吡虫啉最多只能配制成20%可溶液剂，如果需要配制含量更高的制剂，则只有加入强酸，使之成盐才可以配制成30%甚至60%的制剂。

③ 农药本身具有一定水溶性，但溶解度有限，只能加工成低含量的以水为介质的可溶液剂。该类农药以生物类或生物衍生物类为代表，其中有苦参碱、烟碱、多抗霉素、印楝素、氨基寡糖素和香菇多糖等。

以有机溶剂为介质制备可溶液剂的有效成分，按照其溶解性和理化性质也可分为3类。

(1) 农药活性成分在水中溶解度较小，但在极性溶剂中有很大的溶解度，可加工成可溶液剂，而且用水稀释后同样能得到一种均匀透明溶液。这种类型加工成可溶液剂的农药品种很多，如吡虫啉、啶虫脒、灭多威等最具有代表性。

以吡虫啉为例，吡虫啉原药是一种晶状固体粉末，水溶性较低，仅为0.61g/L（20℃），在有机溶剂中的溶解度（g/L，20℃）也不大：二氯甲烷67，异丙醇2.3，甲苯0.69。但吡虫啉原药能够较好地溶解在*N*,*N*-二甲基甲酰胺（DMF）、二甲基亚砜（DMSO）和*N*-甲基吡咯烷酮（NMP）等极性溶剂中，而且稳定性较好，因此可制备成可溶液剂。

(2) 农药有效成分在水中虽有较大的溶解度，但不稳定，易分解，无法长期贮存和应用，可是其在极性溶剂中不仅有较大的溶解度，而且稳定，用水稀释后也能得到一种均匀透明的溶液，可加工成可溶液剂。新烟碱类杀虫剂烯啶虫胺是这类农药的典型代表。

烯啶虫胺原药是一种黄色晶体粉末，其在水（pH 7，20℃）中的溶解度极大，可达840g/L，但是烯啶虫胺在水溶液或含水的溶液中极易分解。研究发现，5%和10%烯啶虫胺水剂在中性体系中有效成分的分解率高达40%，在酸性条件下，分解率也在27%左右。为了提高制剂的稳定性，可利用极性溶剂将烯啶虫胺加工成各种浓度的可溶液剂，如10%烯啶虫胺可溶液剂。

(3) 农药有效成分本身不溶于水或溶解度小，但在亲水极性溶剂中却有很大溶解性，而且该有效成分可与酸性或碱性物质反应，形成溶解度较大的水溶性盐类。这类农药可直接加工成以极性溶剂为介质的可溶液剂，而其水溶性盐可加工成以水为介质的可溶液剂。

咪唑啉酮类除草剂是这一类农药的典型代表，该类除草剂有效成分在水中的溶解度很小，但在极性溶剂中溶解度很大。咪唑烟酸在DMF中的溶解度为473g/L，在DMSO中溶解度为665g/L。咪唑喹啉酸在DMF中的溶解度为68g/L，在DMSO中为159g/L。咪唑乙烟酸在DMSO中的溶解度为422g/L。这些有效成分均可加工成可溶液剂，但由于这类成分能够与氨水或异丙胺等碱性物质反应，可分别加工成200g/L异丙胺盐和240g/L铵盐等有效成分含量更高、生产成本更低、更安全环保的以水为介质的可溶液剂，故在实际生产中多以水为溶剂进行加工。

（二）溶剂

可溶液剂的溶剂，首选溶剂为水，具有安全、绿色环保、成本低等优势。但对于不溶于水的成分，其溶剂一般为中等或强极性亲水性有机溶剂，一般不采用非极性溶剂。极性溶剂是指含有羟基或羰基等极性基团的溶剂，即溶剂分子为极性分子的溶剂，由于其分子内正负电荷重心不重合而导致分子产生极性。用于表征分子极性大小的物理量为偶极矩或介电常数（ε），介电常数大表示其极性大。

化合物的极性取决于分子中所含的官能团及分子结构。各类化合物的极性按下列次序增加（R 为烷基基团）：$—CH_3$，$—CH_2—$，$—CH═$，$—C≡$，—O—R，—S—R，$—NO_2$，$—N(R)_2$，—OCOR，—CHO，—COR，$—NH_2$，—OH，—COOH，$—SO_3H$。

目前主要以介电常数（ε）初步判断溶剂的极性。水是最强的极性溶剂；甘油、甲醇、乙二醇、丙二醇、DMF、DMSO、NMP 等属于强极性溶剂；乙醇、异丙醇和环己酮等属于中等极性溶剂；甲苯、二甲苯、溶剂油和石油醚等属于非极性溶剂。常用溶剂的介电常数见表 4-12。

表 4-12　常用溶剂的介电常数

溶剂	介电常数（测定温度）	溶剂	介电常数（测定温度）
戊烷	1.844（20℃）	辛烷	1.984（25℃）
己烷	1.890（20℃）	环己烷	2.052（20℃）
庚烷	1.924（25℃）	二噁烷	2.209（25℃）
四氯化碳	2.238（20℃）	乙二醇-甲醚	16.930（25℃）
甲苯	2.240（20℃）	丁醇	17.100（25℃）
邻二甲苯	2.266（20℃）	液态二氧化硫	17.400（−19℃）
对二甲苯	2.270（20℃）	环己酮	18.300（20℃）
苯	2.283（20℃）	异丙醇	18.300（25℃）
间二甲苯	2.374（20℃）	丁酮	18.510（20℃）
二硫化碳	2.641（20℃）	乙酸酐	20.700（19℃）
苯酚	2.940（20℃）	丙酮	20.700（25℃）
三氯乙烯	3.409（20℃）	液氨	22.000（−34℃）
乙醚	4.197（26.9℃）	乙醇	23.800（25℃）
氯仿	4.900（20℃）	硝基乙烷	28.060（30℃）
乙酸丁酯	5.010（20℃）	六甲基磷酸三酰胺	29.600（20℃）
N,N-二甲苯胺	5.100（20℃）	乙二醇-乙醚	29.600（24℃）
二甲胺	5.260（25℃）	丙腈	29.700（20℃）
乙二醇二甲醚	5.500（25℃）	二甘醇	31.690（20℃）
氯苯	5.649（20℃）	1,2-丙二醇	32.000（20℃）
乙酸乙酯	6.020（20℃）	*N*-甲基吡咯烷酮	32.000（25℃）
乙酸	6.150（20℃）	甲醇	33.100（25℃）

续表

溶剂	介电常数（测定温度）	溶剂	介电常数（测定温度）
吗啉	7.420（25℃）	硝基苯	34.820（25℃）
1,1,1-三氯乙烷	7.530（20℃）	硝基甲烷	35.870（30℃）
四氢呋喃	7.580（25℃）	*N,N*-二甲基甲酰胺	36.710（25℃）
三氟乙酸	8.550（20℃）	乙腈	37.500（20℃）
喹啉	8.704（25℃）	*N,N*-二甲基乙酰胺	37.780（25℃）
二氯甲烷	9.100（20℃）	糠醛	38.000（25℃）
对甲酚	9.910（58℃）	乙二醇	38.660（20℃）
1,2-氯乙烷	10.450（20℃）	甘油	42.500（25℃）
1,1-二氯乙烷	10.450（20℃）	环丁砜	43.400（30℃）
甲胺	11.410（−10℃）	二甲基亚砜	48.900（20℃）
邻甲酚	11.500（25℃）	丁二腈	56.600（57.4℃）
间甲酚	11.800（25℃）	乙酰胺	59.000（83℃）
吡啶	12.300（25℃）	水	80.103（20℃）
乙二胺	12.900（20℃）	乙二醇碳酸脂	89.600（40℃）
苄醇	13.100（20℃）	甲酰胺	111.000（20℃）
4-甲基-2-戊酮	13.110（20℃）	*N*-甲基甲酰胺	182.400（25℃）
环己醇	15.000（25℃）		

常用的极性有机溶剂有：醇类，如甲醇、乙醇、异丙醇等；酮类，如丙酮、环己酮、*N*-甲基吡咯烷酮等；酰胺类，如DMF、癸酰胺等，以及DMSO等亲水性极性溶剂，它们通常与水是互溶的。反之，如乙酸乙酯、二氯甲烷、氯仿等也是极性溶剂，但属于亲油性极性溶剂，其用水稀释时不会形成透明的真溶液，因此一般不直接或单独作为可溶液剂中的溶剂使用。

（1）醇类溶剂。醇类溶剂在可溶液剂中用得较多的是低碳醇（C_1～C_6），包括甲醇、乙醇、乙二醇和丙二醇等常用一元或二元醇。受限于醇类的低沸点和强挥发性，醇类溶剂在农药制剂产品中多作为助溶剂和防冻剂使用。

（2）酮类溶剂。酮类溶剂在可溶液剂中应用非常广泛，其中较多的是环己酮和*N*-甲基吡咯烷酮。丙酮沸点低，挥发性强，一般在实验室中偶有使用，在工业化生产中很少使用。

环己酮属于中等毒性的中强极性溶剂，具有强烈的刺激性气味，在水中微溶，主要在乳油和微乳中做助溶剂。环己酮在配方中常作为调整油相极性的溶剂来使用，在保证有效成分溶解的情况下，入水稀释保持稳定，不析晶。

N-甲基吡咯烷酮（NMP）的闪点高（95℃），是一种可完全溶于水和大多数有机溶剂的极性溶剂。在国外常用作有毒溶剂（如DMF）的替代物。它是不易挥发、无腐蚀性和易回收的溶剂，有良好的稳定性、低毒性和可生物降解性。NMP易于贮存、运输，但吸湿性强，对皮肤渗透性强，属于安全、低毒的有机溶剂，在可溶液剂中经常使用，但成本较高。

（3）酰胺类溶剂。酰胺可看作是羧酸分子中羧基被氨基或烃氨基取代而成的化合物，也可以看作是氨或胺分子中氮原子上的氢被酰基取代而成的化合物。分子量较小的酰胺能溶于水，随分子量的增大，溶解度逐渐降低，甲酰胺和*N,N*-二甲基甲酰胺等小分子液态酰胺是有机物和无机物的优良溶剂。

N,N-二甲基甲酰胺（DMF）属于中等毒性的强极性溶剂。在水中有较大溶解度，并能与其他溶剂混溶。对某些农药有良好的溶解能力，故也称为万能溶剂。由于价格适中，在可溶液剂和微乳剂中使用较多，是最重要的酰胺类有机溶剂种类。DMF 对眼睛、皮肤和黏膜有强烈的刺激作用，有致癌作用，在农药中属于限制使用的溶剂。

N,N-二甲基乙酰胺（DMAC）是一种非质子高极性溶剂，微有氨气味，溶解力很强，可溶解的物质范围很广，能与水、酯、酮、醇、醚、苯和三氯甲烷等任意混溶，具有沸点高、闪点高、热稳定性高、化学稳定性高等特点，是一种应用广泛的极性溶剂。

（4）含硫溶剂。二甲基亚砜（DMSO）是一种常温下无色无臭的透明液体，具有吸湿性好、极性高、沸点高、非质子、与水混溶等特点。热稳定性好，能溶于乙醇、丙醇、苯和氯仿等大多数有机物。DMSO 微毒，对眼睛、皮肤、黏膜和上呼吸道有刺激作用，对皮肤有渗透性，可引起肺和皮肤的过敏反应。DMSO 在农药可溶液剂中的应用较为广泛，其与 DMF 和 NMP 是农药可溶液剂中的三大主要极性溶剂，在实际使用时主要与 DMF 和 NMP 混合使用，起到提高溶解度和降低制剂毒性的作用。

（5）新型环保型溶剂。诺力昂公司于 2012 年推出了新一代环境友好型溶剂——Armid 系列产品，可替代 DMF 和 NMP 等常规溶剂。其中 Armid FMPC 是吗啉衍生物和丙烯碳酸酯混合溶剂，为高水溶性极性溶剂，可适用于可溶液剂配方。其具有极性高、溶解度强、低毒、低挥发性、闪点高、渗透性好、易生物降解、对环境友好等特点。

索尔维公司推出的 Polarclean 新型环保溶剂是一种含 90% 5-二甲氨基-2-甲基-5-氧代戊酸甲酯的水溶性极性溶剂。其对农药活性物质具有优异的溶解能力，能够抑制农药活性成分的晶体产生，可进一步提高制剂的稳定性，可用于加工农药乳油、水乳剂、微乳剂和可溶液剂等制剂。该溶剂已经在欧盟率先被推广使用，作为农药制剂的溶剂和助溶剂使用，在制剂中建议使用量为 20%～60%。

此外，索尔维还开发出 *N,N*-二甲基辛酰胺和 *N,N*-二甲基癸酰胺两种中等极性酰胺类溶剂，其沸点高、不易燃、易生物降解，目前主要在农药乳油中作为替代甲苯等有害溶剂的环保型溶剂，进行试验推广。但该类溶剂水溶性较低，不可单独作为可溶液剂的溶剂使用，而且价格昂贵，利用其作为可溶液剂的溶剂还需进一步深化研究。

（三）表面活性剂

根据可溶液剂的性质，应用的表面活性剂应该具备以下特性：

① 具有亲水性，与极性有效成分相容；

② 改善制剂的喷雾性能，提高制剂的理化性能；

③ 提高在叶片表面上的附着率、沉积率；

④ 促进植物对有效成分的吸收；

⑤ 成本低廉和对环境友好。

在可溶液态制剂中常用的表面活性剂有如下种类：

（1）脂肪胺聚氧乙烯醚。属于阳离子型表面活性剂，其脂肪胺种类和 EO 聚合度均可改变其 HLB 值，按脂肪胺种类的不同，可分为以下几种：

① C 为椰子胺，主要是饱和 C_8、C_{12} 脂肪胺；

② O 为油胺，主要是不饱和 C_{18} 脂肪胺；

③ S 为硬脂胺，主要是 C_{16}、C_{18} 脂肪胺；

④ T 为牛脂胺，主要是饱和、不饱和 C_{16}、C_{18} 脂肪胺，如 TA15EO 是具有环氧乙烷（EO）平均聚合度为 15 的牛脂胺。

随着 EO 聚合度的增加，其在水中的溶解度增大，中等和较高 EO 聚合度在水中能溶解并形成透明溶液。TA20EO（Mo0818）一直是 41%农达水剂（由草甘膦异丙铵盐 480g/L 和 15%Mo0818 助剂配制而成）中的主要助剂，赋予制剂优良的理化性能和较高的除草活性。由于其原料成本较其他脂肪胺低，因而一直是草甘膦水剂的首选助剂，但由于对哺乳动物的刺激性大和对鱼类的毒性较高，逐渐被市场淘汰。

高 EO 含量的表面活性剂可以增强植物对草甘膦的吸收，而且表面活性剂浓度越高吸收效果越好。相同 EO 含量的表面活性剂对草甘膦的吸收效果不一定一致。同一种表面活性剂对不同植物上草甘膦的吸收产生不同的效果。另外，小麦叶片去蜡质层后对草甘膦吸收的试验结果表明，去掉蜡质层，加与不加表面活性剂叶片的吸收率基本一致；不去掉蜡质层，加入表面活性剂 0818 叶片的吸收率显著提高（约 3 倍）。

（2）烷基多糖。由天然或再生资源的原料如淀粉中的葡萄糖与脂肪醇反应得到非离子表面活性剂烷基多苷（APG），如 APG10 具有 10 个烷基链长和 1.4 的糖平均聚合度。它具有对人体刺激性小、生物降解快、性能优良、能与其他表面活性剂有协同效应等特点，成为新一代绿色表面活性剂。20 世纪 90 年代，德国 Henkel 公司首先将其应用于农药制剂中。目前，将商品助剂 Agrimal PG 用于草甘膦新制剂在美国等地也有报道，其活性与聚氧乙烯己糖醇酐、月桂酸酯两亲性阳离子脂肪胺表面活性剂近似，对非靶标生物的毒性极低，亦是代替烷基胺表面活性剂的优良助剂，从而提高了农药使用的可靠性，为南方多雨地区使用农药提供极大便利。它的另一特点是具有超级展扩能力，使药剂在叶面上达到最大的覆盖率和附着率，提高有效成分的沉积量。

（3）有机硅助剂。有机硅助剂对草甘膦的增效作用最成功的例子是在新西兰用于防除金雀花。草甘膦对金雀花有一定的控制作用，但使用剂量要高达 $25L/hm^2$、$30L/hm^2$ 才有抑制作用。在草甘膦中加入 Silwet L-77（聚氧乙烯三硅氧烷）后，成功地将草甘膦的用量降至 $8L/hm^2$，并取得非常优异的防除效果，有机硅表面活性剂比传统的表面活性剂使喷洒液的表面张力更迅速地降低，并诱导草甘膦迅速地被气孔吸收，Silwet L-77 的浓度提高，吸收率亦增加。

有机硅表面活性剂 Silwet L-77 使用浓度为 0.5%时，在蚕豆叶上诱导草甘膦的吸收达 85%以上，而且是瞬间吸收。这不仅减少了药剂的挥发和光解，而且避免了雨水的冲刷，给多雨地区和梅雨季节施药提供了极大的便利。Silwet L-77 不仅促进对草甘膦的吸收，还能有效阻止草甘膦与 Ca^{2+} 结合，使草甘膦的药效得以充分发挥。此外，有机硅表面活性剂还能促进杂草对灭草松水剂的吸收，使其用药量节省 50%，并能显著提高咪唑乙烟酸水剂以及烟嘧磺隆、氟嘧磺隆、喹禾灵、氯嘧磺隆等除草剂的活性。

有机硅表面活性剂在蚕豆叶上能提高诱导草甘膦的吸收率。但在小麦叶上作用不明显，说明植物的种类不同，对表面活性剂的要求亦不同。每种植物茎叶外表都是由角质层构成的，不同的表面活性剂，促进植物对草甘膦角质层的吸收程度也不同。

（4）环境友好型新助剂。*N*-酰基甘氨酸酯比常规草甘膦加工所选用的脂肪胺乙氧基化合物表面活性剂更加安全、有效和对环境友好，该助剂长期用于香波和牙膏中，实践证明了它的安全性。草甘膦制剂中加入 4%甘氨酸酯异丙胺盐后对绝大多数靶标具有最佳的防除效果，田间用 280g(a.i.)/hm^2 草甘膦，13d 后对帕麦尔苋的防效高达 91.7%，对黑雀麦的防效达 91%，对宝盖草的防效高达 89.13%，对苘麻的防效高达 93.13%。

四、可溶液剂的加工工艺

（一）配制技术及加工工艺

可溶液剂的配制技术主要取决于有效成分的性质。有效成分为水溶性的或极性较大，在水中具有一定的溶解度，可以直接配制成制剂，如 18%杀虫双可溶液剂、18.5%草铵膦可溶液剂、20%吡虫啉可溶液剂、20%啶虫脒可溶液剂等。有些有效成分本身难溶于水且极性较小，在极性有机溶剂中的溶解度也不大，可以通过物理和化学的方法提高其在溶剂中的溶解度，配制合适的可溶液剂。所谓的物理方法就是利用表面活性剂的增溶作用以及助溶剂的助溶作用，提高有效成分在溶剂中的溶解度。所谓的化学方法就是对化学结构进行改造，酸性的或显酸性的有效成分加入碱中和成盐，如草甘膦本身的水溶性不大，在水中的溶解度仅有 10g/L，而成盐后，可以配制 33%草甘膦铵盐可溶液剂、41%草甘膦异丙胺盐可溶液剂（均含 30%草甘膦），2 甲 4 氯成盐后可以配制成 13%的 2 甲 4 氯钠盐可溶液剂；碱性有效成分加入酸成盐后，可以配制成水剂，如烟碱加入硫酸酸化后可配制成 10%硫酸烟碱可溶液剂，吡虫啉加酸后可以配制成 30%的可溶液剂等。

农药可溶液剂的生产加工过程可简单分为两步：①将原药溶解到溶剂中，形成均相透明的真溶液；②添加助剂和相关辅助成分，混合均匀后成为可溶液剂成品，检测合格后分装。

可溶液剂的加工工艺还可分为物理法和化学法。

（1）物理法。主要应用于直接使用溶剂溶解有效成分的制备方法中。加工方法为：将农药原药与溶剂、助剂和其他辅助成分等所有原材料按照配方要求混合后，经简单搅拌形成均相透明的农药可溶液剂产品。适合用物理法加工的农药品种主要有：草铵膦、敌草快、乙烯利、杀虫单、杀虫双、吡虫啉、啶虫脒、烯啶虫胺。具体工艺见图 4-52。

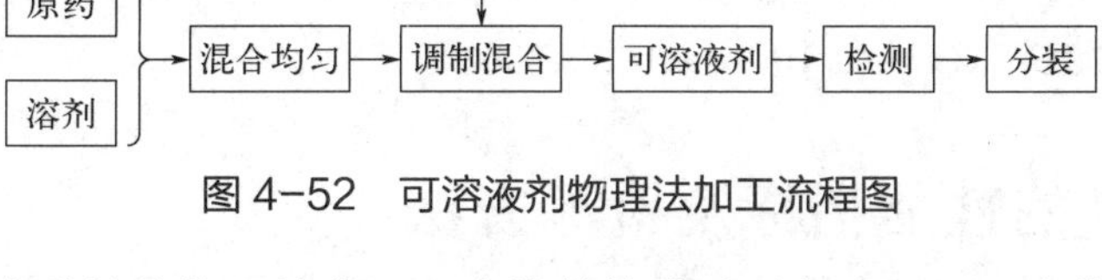

图 4-52　可溶液剂物理法加工流程图

（2）化学法。化学法比物理法多了一步简单的酸碱反应过程，即成盐过程，其应用于本身不溶于水或溶解度小，但可形成高水溶性盐类的有效成分。加工方法为：农药有效成分与碱性物质中和形成高浓度母液，再按照配方要求将农药母液与助剂、辅料和水混合搅拌成均匀透明的可溶液剂产品。适合用化学法加工的成分有：草甘膦、麦草畏、氟磺胺草醚、二氯吡啶酸、氨氯吡啶酸、咪草烟等。具体工艺见图 4-53。

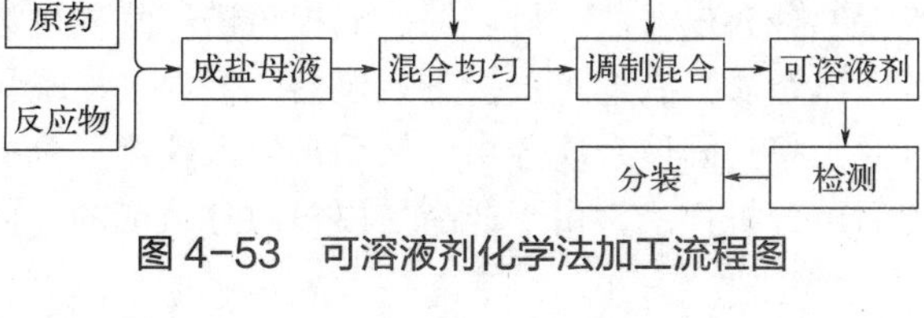

图 4-53　可溶液剂化学法加工流程图

（二）加工设备

可溶液剂加工设备主要包括以下几种：

（1）高位釜。主要用于装承液体物料，如液体原药、成盐剂和其他辅料。材质根据物料的性质进行选择，一般为不锈钢或玻璃钢等，数量不限。

（2）搪瓷混合釜。用于溶解原药和混合助剂等工序。釜上配备电机、变速器、搅拌器和计量器等。

（3）袋式过滤器。用于过滤半成品中的固体杂质，一般为 100～400 目。

（4）泵。用于提供动力，输送物料。主要有四氟离心泵、PP 离心泵和齿轮泵等种类。

（5）储罐。用于装载半成品物料，主要为不锈钢或玻璃钢储罐。

（6）分装系统。主要用于将检测合格的产品根据需求分装成合适的规格。主要有自动灌装机、旋盖机、贴标机和打包机等。

（三）加工过程中需要注意的事项

（1）原材料的质量控制。生产前，需要对即将使用的原材料进行质量检测，包括有效成分含量、成盐剂含量以及其他辅料的质量。提前在实验室进行小试试验，模拟大生产，按照配方配制小试样品，通过测定小试样品的质量稳定性，尤其是冷贮、热贮状态，评价原材料的适用性。

（2）生产前的安全检查。生产前，对所有加工设备进行检查，确保各种设备及其管道清洁，避免有其他种类产品的残留，并无漏液、漏气等问题。

（3）控制搅拌速率。可溶液剂在剧烈搅拌下容易产生大量泡沫，发生“涨釜”现象，不仅造成物料浪费，而且会污染车间的工作环境，部分农药如敌草快等还会腐蚀设备，因此加工可溶液剂时，不仅要严格控制加工釜中的装料系数，使其不超过 80%，而且要控制搅拌器的搅拌速率，保持匀速缓慢搅拌。

（4）过滤程序。在可溶液剂加工过程中，原材料中的不溶物、加工设备及管道脱落的机械杂质等是可溶液剂中常见的固体杂质。有的可溶液剂产品大量使用消泡剂，容易产生较多絮状漂浮物或油状物，需要进行过滤处理。可溶液剂加工一般采用袋式过滤器进行可溶液剂成品过滤处理，过滤袋的细度在 100～400 目之间。

五、可溶液剂的性能指标及检测方法

FAO《发展和使用 FAO 植保产品规格指南手册》湿制剂的规格指南中规定了可溶液剂的质量控制指标如下：

1．有效成分和有关杂质

分为定性鉴别试验和定量分析试验。

可溶液剂除有效成分外，还有其他溶剂和助剂存在，这些物质的存在，往往会干扰有效成分的分析，所以不能简单地套用原药分析方法，但可作重要的参考资料。目前，除少数品种用化学法分析外，绝大部分为仪器法，最多的是液相色谱和气相色谱。在分析制剂时，如没有沉淀物或絮状物等固体杂质，制剂可直接进入仪器，但为了准确和防止万一堵塞仪器，最好都要通过离心、过滤，将其固体杂质分出，然后再进入仪器。分析时首先用纯品鉴别有效成分的出峰时间，然后再分析样品，由于样品是由多组分组成的，估计会有多个峰出现。

当通过变更分析条件，将有效成分与其他成分分开后，便可确定分析方法。需要时，也可通过此方法，确定杂质的分析方法。

2．水分含量

当水介质多少对可溶液剂没有物理化学等质量影响时，产品可以不规定此项指标。如果有影响，则需明确规定水量的范围，水分测定方法按 GB/T 1600—2021。

3．稳定性

（1）0℃稳定性（在 0℃±2℃，7d 后），固体/液体的分离物＜0.3mL。

（2）快速贮存稳定性（54℃±2℃，14d 后），如需要还要测定杂质、碱度或 pH 值范围等项目，应符合要求。

（3）溶液稳定性。制剂（54℃±2℃，14d 后）用 CIPAC 标准 D 水（MT 18.1.4）在 30℃±2℃下稀释（不能高于推荐的最高使用浓度），静置 18h 后，过 45μm 筛，只能有痕量沉淀和可见固体颗粒（参见 CIPAC 标准 MT 41）。

4．与水互溶性

用移液管吸取 5mL 试样，置于 100mL 量筒中，用标准硬水稀释至刻度，搅拌均匀，将此稀释液置于 30℃±1℃水浴中，如稀释液均一，无析出物为合格。

5．黏度

目前多采用旋转黏度计测定液体的黏度。

6．pH 值

pH 值按 GB/T 1601—2023 测定。

7．持久起泡性

特定时间下，泡沫体积用 CIPAC 标准 MT 47 方法测定。

六、可溶液剂的发展展望

农药可溶液剂具有加工技术成熟、工艺简单、设备要求低、制剂中有效成分含量高、化学活性稳定、易稀释、使用方便、渗透性强和药效好等优点，但其中的大量极性溶剂对人具有一定毒性，使用过程中易造成作物、土壤、水源和大气等污染，可溶液剂对人和环境的危害风险不亚于乳油。因此，一定程度上限制了其开发、生产与使用。

在农药制剂中使用的溶剂种类已经开始向低毒化、环境友好方向发展。一些可溶液剂中主要使用的极性溶剂，因其自身存在的毒性和环境安全风险而被禁限用。现阶段，一些胺类、醚类溶剂的出现，因其具有无毒、高沸点和高闪点、腐蚀性和挥发性小、极性高、溶解性强和稳定性好等特点，将逐步取代先前使用的高毒极性溶剂，成为农药可溶液剂中主要的极性溶剂品种。随着环境友好型极性溶剂的开发及其在可溶液剂中的推广与应用，可溶液剂的环境安全问题将会得到进一步改变，势必会推动农药可溶液剂产品的开发与使用。

以水为溶剂的可溶液剂，环境兼容性好，生产成本低，加工技术成熟，工艺简单，生产、运输和使用安全，且具有较低的药害风险，是草甘膦、草铵膦、麦草畏、敌草快等大吨位农药产品的主要剂型，尽管可加工成可溶液剂的有效成分不多，但单品用量非常大。随着生物农药的发展，大量的植物源等生物农药投入市场，如苦参碱、小檗碱及其盐、大黄素甲醚、蛇床子素、辣根素、丁子香酚、桉油精、白藜芦醇、氨基寡糖素、几丁聚糖、香菇多糖等，这部分产品因其特性，多数可加工成可溶液剂，为农药高效低风险使用提供了解决方案。

第十节　可分散油悬浮剂

农药剂型的发展趋势为顺应环保理念，以水基化、粒状化等环保剂型替代乳油、可湿性粉剂，绿色环保剂型得到了迅猛的发展。然而，绿色环保农药剂型的药效一般情况下不及乳油，即使是公认药效高于乳油的微乳剂剂型在某些应用场景下的药效也不如乳油好，由此认为环保绿色剂型与药效不能同时兼顾。然而可分散油悬浮剂改变了农药剂型发展的现状。可分散油悬浮剂是水基化、颗粒化绿色制剂的补充，在工业生产上工艺要求简单、绿色环保、经济适用性高，在理化性质和药效发挥上具有界面性能好、附着渗透强、药效高的优点，同时非常适合特殊地形、地区施药，尤其将可分散油悬浮剂与无人机施药相结合，以克服水基化剂型在使用无人飞机施药时出现的易蒸发、飘移的缺点，使无人机施药更高效、便捷。

一、可分散油悬浮剂概述

（一）定义

油悬浮剂这一类制剂根据使用方式不同，主要分为两种：油悬浮剂（oil miscible flowable concentrate，剂型代码 OF）是有效成分以固体微粒分散在液体中呈稳定状态的悬浮液体制剂，一般用有机溶剂稀释使用；可分散油悬浮剂（oil-based suspension concentrate，oil dispersion，剂型代码 OD）是有效成分以固体微粒分散在非水介质中呈稳定状态的悬浮液体制剂，一般用水稀释使用。二者因使用方式不同，因此质控指标亦有所不同，除有效成分、贮存稳定性、pH 值等指标外，OF 要检测与烃油的兼容性，OD 要检测分散稳定性、湿筛试验、持久起泡性等指标。目前国内研究开发和实际使用的油悬浮剂大多数为兑水稀释使用，所以在本节中主要介绍兑水稀释后使用的油悬浮剂（OD），即可分散油悬浮剂。

可分散油悬浮剂一般由原药、分散剂、乳化剂、增稠剂及分散介质等组成，与目前市场占有率高的悬浮剂、乳油、水分散粒剂相比，既具备它们的优点，又避免了上所述剂型的缺点。其优点主要有如下几点：

（1）有较好的适应性，是水基型制剂和固体制剂的重要补充，可使许多对水敏感的农药原药制成该剂型产品，例如白僵菌、BT 等微生物农药。

（2）制剂具有良好的润湿、展布、黏附和渗透性，有助于药效的发挥，如烟嘧磺隆等磺酰脲类除草剂。

（3）以纯天然植物油或甲基化的植物油、矿物油等环保型溶剂作为主要介质，环境相容性好。

（4）可分散油悬浮剂产品粒径小，悬浮率高，分散性好，方便使用，且生产、使用过程中无粉尘，绿色环保。

可分散油悬浮剂也有一些不足，主要有两个方面：一是加工难度大、制剂稳定性差，二是成本相对较高。可分散油悬浮剂加工难度大、稳定性差的原因是多方面的，一是加工可选择的助剂种类少，体系各组分间匹配度要求高；二是油类载体品种多，组分复杂。通常情况下可分散油悬浮剂需要加入 15%～20%的乳化剂，有些还需要加入 1%～5%的分散剂，而相似剂型水悬浮剂润湿分散剂加入量一般在 5%左右即可满足加工要求。可分散油悬浮剂采用油类作为载体，相比水悬浮剂以水作为载体，水分散粒剂以高岭土、凹凸棒土等矿物载体或白炭黑、轻质碳酸钙、淀粉等载体而言成本增加显著。

（二）特点

可分散油悬浮剂一般用水稀释后供喷雾用，低含量的可分散油悬浮制剂也可不经稀释，作为超低容量液剂（UL）喷雾用。制剂的配方中除了有效成分外，还必须有适宜的溶剂、助溶剂、乳化剂、润湿剂、分散剂、悬浮稳定剂、消泡剂、黏度调节剂等。助剂中除了溶剂比较特殊外，其他可参照乳油、水悬浮剂选择。可分散油悬浮剂常用的溶剂有植物油（如大豆油、菜籽油、棉籽油、蓖麻仁油、棕榈油、玉米油、向日葵油等）及其衍生物（甲酯化植物油、环氧化植物油）、矿物油（石蜡系油的 Essobayol、Kawasol，甲基萘高级脂肪烃油等）及其混合溶剂。另外，有机溶剂中的邻苯二甲酸与醇、脂肪醇、脂环醇的液体酯类，如邻苯二甲酸二甲酯、邻苯二甲酸二丁酯、邻苯二甲酸二异丁酯、邻苯二甲酸二异辛酯、邻苯二甲酸二月桂醇酯、邻苯二甲酸二环己酯和邻苯二甲酸二环辛酯、苄基乙酸酯、乙酸乙酯、壬酸乙酯、苯甲酸甲酯或苯甲酸乙酯等适合做某些农药（如多菌灵、苯菌灵等内吸性杀菌剂）的可分散油悬浮剂溶剂。可分散油悬浮剂的加工工艺和产品质量检测也可参照水悬浮剂和乳油进行。

可分散油悬浮剂的特性如下：

（1）因为使用时兑水稀释使油基乳化为粒度合适的乳状液，加上可分散油悬浮剂中油基成分含量较高，所以以油为介质的可分散油悬浮剂需要更多的表面活性剂，尤其是乳化剂和合理的分散剂。

（2）制备可分散油悬浮剂的要点是立体空间胶体结构的形成，同时，可分散油悬剂中的很多问题和现象理论研究得还不够成熟，制备油基悬浮体系比制作水基悬浮体系更难。

（3）实践证明，有机膨润土是一个有效的结构稳定剂，如果原药性质允许，添加少量水将起到提高结构稳定剂的作用，这种情况只是个别配方中可以，多数油悬剂中加入水或极性溶剂，容易带来膏化，或者久置膏化、热贮后乳化分散性变差、结底等负面效应。

（4）油基的来源，油基可以是矿物油、植物油（例如大豆油、菜籽油）或者植物油酯化物（菜籽油甲基酯、棕榈甲酯油）、松基植物油等。

（5）外观一般为可以倾倒流动的油相液体，允许有少量分层，轻微摇动或搅动应是均匀的、用水稀释后可以较好地乳化分散。其粒径一般建议控制在 1～10μm，现阶段各个厂家的质量控制不统一，属于不稳定的体系，无论是借助加工工艺还是借助助剂分散作用都只是阶段性的稳定。

（6）因油脂不同和油脂本身的原因及原药等因素，长期放置容易轻微变色，易变稠结底，易乳化，分散性发生变化。理论上很多原药都较为稳定，但事实上因为很多原因造成很多原药的稳定性不好，出现分解现象。

（7）可分散油悬浮剂是一个相对较新的剂型，很多理论研究得还不够深入，存在的问题还不能完全找到对应的解决方法，其在增稠剂和分散剂的选择上还需要加大研发与验证，找到适合可分散油悬浮剂的乳化剂和分散剂，并明确它们对剂型稳定性带来的影响等。

（三）发展概况

油悬浮剂的研制始于20世纪70年代后期，到80年代才逐渐发展起来，而我国于2004年才有了相应的产品登记及生产，近15年产品登记数量逐年上升，但由于我国可分散油悬浮剂中的分散介质质量良莠不齐，且缺乏配套的乳化剂、分散剂和增稠剂（抗沉降剂），还有生产成本较高等原因，从而限制了可分散油悬浮剂的发展。中国农药信息网登记显示，截至2025年4月1日已有1997个可分散油悬浮剂产品登记。其中除草剂1877个，杀虫剂100个，杀菌剂9个，植物生长调节剂11个，其中除草剂的登记数量较多，且以烟嘧磺隆及其复配产品最多，高达505个，其次是莠去津、氰氟草酯和硝磺草酮，依次为377、99和44个。究其原因，可能有以下3点：①烟嘧磺隆为内吸性除草剂，制备成可分散油悬浮剂后，能提高药剂的渗透性，并最终使更多的有效成分到达靶标发挥作用。②烟嘧磺隆在油中物理稳定性较好，若制备为水基化剂型或可湿性粉剂等固体剂型，在施药后其随着水分的蒸发而逐渐聚集、析出，最终在叶片上的粒径、分布的均匀程度变差，不利于药剂发挥作用；制备为可分散油悬浮剂后，其有效成分在油滴中，油蒸发速度慢，效果较好。③可分散油悬浮剂中油类的使用提高了有效成分在叶片上的黏附、抗冲刷性能，延长了持效期。

此外，生物农药中的活体微生物农药也多加工成可分散油悬浮剂，并已成功防治多种类别的蚜虫。中国农药信息网数据显示，目前微生物农药主要剂型为可湿性粉剂，难以解决活体微生物农药保质期短、孢子耐受性差和田间持效期短等问题，而可分散油悬浮剂可以使微生物免受高温、干燥以及紫外线的影响，防治效果相较于可湿性粉剂有一定提升，是生物农药的潜力剂型。

关于农药可分散油悬浮剂专利，20世纪90年代为日本石原化工首家申请，21世纪初，巴斯夫、拜耳、禾大等相继申请了专利，目前先正达、杜邦、GAT等公司也申请了许多关于油悬浮剂的专利保护，国内也涌现了一批关于可分散油悬浮剂的专利申请。统计显示，我国可分散油悬浮剂专利申请数量、专利授权率不断上升。为了更清晰地了解可分散油悬浮剂目前的专利登记情况、常用助剂种类及用量，统计了可分散油悬浮剂目前国内外专利登记情况，共计146项，均为中国公司申请，2项为国际专利，其余144项均为中国专利，其中以除草剂共90项，杀虫剂31项、杀菌剂18项、杀线虫剂1项，其余6项为可分散油悬浮剂配方的筛选专利。

目前国内登记使用的多为除草剂，以烟嘧磺隆、硝磺草酮、莠去津等为有效成分的玉米田除草剂，例如日本石原的玉农乐（4%烟嘧磺隆可分散油悬浮剂）、江苏明德立达的立腕（22%氯吡·硝·烟嘧可分散油悬浮剂）等。除此之外，还有水稻田除草剂稻杰（25g/L五氟磺草胺可分散油悬浮剂，美国陶氏益农），拜耳作物科学（中国）有限公司的世玛（30g/L甲基二磺隆可分散油悬浮剂）。杀菌剂制备成油悬浮剂的有氟噻唑吡乙酮、异菌脲、代森锰锌、多菌灵等，杀虫剂有氯虫苯甲酰胺、溴氰虫酰胺、呋虫胺、吡蚜酮、噻虫啉、甲氨基阿维菌素苯甲酸盐等。

二、加工理论基础与稳定性控制

可分散油悬浮剂为固-液分散体系，属于热力学和动力学不稳定体系。可分散油悬浮剂不稳定主要表现为产品在贮存过程中分层、沉淀、絮凝、结块等现象，在此过程中涉及多种学科和理论基础。目前，有关农药可分散油悬浮剂的稳定性理论研究很少，但可分散油悬浮剂与悬浮剂同为固-液分散体系，有一定的相似性，结合悬浮剂的研究理论，以及其他行业，例如油墨、有机颜料等领域的研究成果，就可分散油悬浮剂的理论基础、稳定性的控制两个方面来做简单介绍。

（一）理论基础

（1）Stokes 定律　可分散油悬浮剂属于固液分散体系，有效成分粒子分散悬浮在有机介质中，粒子在重力作用下具有沉降作用，Stokes 定律阐述了粒子沉降速率与粒子的密度、粒子的直径、分散液的密度、分散液的黏度之间的关系，Stokes 公式见式（4-13）：

$$v=\frac{d^2\left(\rho_s-\rho\right)g}{18\eta} \tag{4-13}$$

式中　v——粒子的沉降速度，cm/s；

ρ_s——粒子的密度，g/cm^3；

ρ——分散液密度，g/cm^3；

d——粒子的直径，cm；

η——分散液的黏度，mPa·s；

g——重力加速度，cm/s^2。

由 Stokes 公式可以看出，粒子的沉降速率与粒子直径的平方、粒子密度与分散液密度差成正比，与分散液的黏度成反比。

可分散油悬浮剂的开发中，往往因体系缺少合适的分散剂，产品在贮存过程中，粒子在重力作用下的沉降作用非常明显，成为引起可分散油悬浮剂不稳定的主要因素之一。在可分散油悬浮剂开发时，应结合实际情况，尽量降低粒子的直径、减小粒子与分散液的密度差，增加体系的黏度，来延缓粒子的沉降，改善体系的稳定性。

（2）DLVO 理论　胶体质点之间存在着范德华吸引力，而质点在相互接近时又因双电层的重叠产生静电斥力，胶体的稳定性取决于质点间相互吸引力与静电斥力的相对大小。20 世纪 40 年代，Derjaguin、LANDU、Verwey、Overbeek 四人提出了关于胶体稳定性的 DLVO 理论，它是解释质点分散与絮凝的物理化学原理比较完善的理论。DLVO 理论是用胶体粒子间的吸引能和排斥能的相互作用，来解释胶体的分散稳定性和产生絮凝沉淀的原因。质点间存在范德华吸引能（V_A）和双电层的排斥能（V_R）。吸引能（V_A）与质点的半径成正比，粒径大的质点间吸引能也大。吸引能随着质点间的最短距离的减小而增大。排斥能（V_R）与吸附层和扩散层界面上的电势和质点半径成正比，随着质点间的距离增加而增加。当两个带电质点相互靠近时，体系的相互作用能（V_T）等于吸引能（V_A）和排斥能（V_R）之和。当质点间的距离很小或很大时，相互作用能（V_T）以吸引能为主，体系易形成絮凝体；当质点间的距离处于中等程度时，相互作用能以排斥能为主，质点处于分散稳定状态，不易形成絮凝体。

（3）空位稳定理论　在非离子型表面活性剂或高分子聚合物的溶液中，当两个质点相互靠近时，若能将高分子聚合物从两质点间的间隙挤出去，导致质点间隙区内只有溶剂分子而无高分子聚合物存在，致使质点表面形成空位，质点间的这种相互作用称为空位作用。不同条件下的空位作用可以导致质点的絮凝，也可以使质点更加稳定。当高分子聚合物与质点间的亲和力小于质点与溶剂间的亲和力时，会使高分子聚合物出现负吸附现象，这会导致质点间相互黏结从而产生絮凝，这被称为空位絮凝作用。若将质点间较多的聚合物分子推向体相溶液，将消耗较多的功，从而使两质点难以靠近，则体系处于分散稳定状态，称为空位稳定作用。

（4）空间稳定理论　目前，关于空间稳定理论有体积限制效应理论和混合效应理论。

① 体积限制效应理论。高分子化合物在质点表面上的吸附由于高分子长链有多重可能构型，当两个带有吸附层的质点接近时，彼此间的吸附层只是受挤压，体积有所缩小而不能相互穿透，由于空间限制使高分子链采取的可能构型数减少，构型熵减少，会使体系的自由能增加而产生排斥作用，使质点稳定。熵排斥能的大小主要取决于高分子化合物的链长，链越长，熵排斥能越高，质点越稳定。

② 混合效应理论。当两个带有高分子吸附层的质点相互接近时，其吸附层可互相穿透而发生交联，在交联区内，高分子化合物的浓度增加，会产生渗透压从而引起混合过程体系的熵变和焓变，导致体系自由能的变化，若自由能升高，质点间相互排斥而使体系趋于分散稳定状态，若自由能降低则产生絮凝作用，此时高分子吸附层则有促使质点聚结的作用。高分子化合物若处于良溶剂中，易起分散稳定作用，且随吸附力和吸附层厚度增加而稳定性增强。由于带有高分子吸附层的质点间存在空间稳定效应，因此质点间相互作用可用公式表示：

$$V_T=V_R+V_A+V_S$$

式中　V_T——体系的总势能；

V_R——双电层排斥能；

V_S——空间效应产生的排斥能；

V_A——范德华吸引能。

（二）稳定性控制

可分散油悬浮剂是一个复杂的固-液分散体系，体系的稳定是由多个因素决定的，在配方开发时，应针对出现的问题，结合体系中有效成分、分散介质等各组分的理化性质，借鉴以上理论基础，有针对性地添加合适的助剂，来解决相应的稳定性问题。可分散油悬浮剂的稳定性控制中几个主要的因素作简单介绍。

（1）粒径　根据 Stokes 定律，粒径越大，粒子的沉降速率越快。因此，将可分散油悬浮剂中粒子的直径控制在较小且分布较窄的范围内，能有效地延缓其沉降，对解决可分散油悬浮剂在重力作用下出现分层、沉淀等问题有很大的帮助。结合生产过程中的能耗、产能及物料的性质等，一般情况下，可分散油悬浮剂中粒子的直径（D_{90}）控制在 5μm 以下较好。影响粒径的因素主要有砂磨过程和分散剂。砂磨过程中，砂磨温度越低，物料越脆，越易被磨碎。另外，砂磨时间的长短，砂磨介质的粒径大小都会影响粒子的大小，应根据实际情况，适当延长砂磨时间，减少砂磨介质粒径，以得到较细的物料。分散剂对粒子大小的影响很大，若分散体系不合适，一旦停止粉碎，分散开来的粒子又快速地聚集到一起，粒子变大。若粒径有变大的趋势，应考虑该体系可能有絮凝、沉淀的趋势。

（2）黏度　根据 Stokes 定律，黏度与粒子的沉降速度成反比，即黏度越大，粒子的沉降速度越慢，越有利于可分散油悬浮剂的物理稳定性。目前开发的可用于可分散油悬浮剂的分散剂很少，不能有效地通过分散剂使粒子稳定悬浮在油相中，因此增加制剂黏度来延缓粒子的沉降作用在可分散油悬浮剂的开发中尤为重要。但黏度不能无限增大，因为黏度太大，会影响可分散油悬浮剂的流动性，造成生产、分装及使用的不便，而且会影响可分散油悬浮剂的分散性。黏度与分散性之间的关系可以由 Fick 第二定律式（4-14）来解释：

$$\frac{\mathrm{d}c}{\mathrm{d}t}=\frac{\mathrm{d}}{\mathrm{d}x}\left(D\cdot\frac{\mathrm{d}c}{\mathrm{d}x}\right) \tag{4-14}$$

式中 $\mathrm{d}c/\mathrm{d}t$——粒子的扩散速率；

$\mathrm{d}c/\mathrm{d}x$——浓度梯度；

D——扩散系数。

D 可用式（4-15）表示：

$$D=\frac{\mathrm{R}T}{\mathrm{L}}\cdot\frac{1}{6\pi\eta r} \tag{4-15}$$

式中 R——普适气体常数，值约为 8.314J/(mol·K)；

T——绝对温度，K，表征体系的热运动剧烈程度；

L——阿伏伽德罗常数，约为 6.022×10^{23}/mol。

η——黏度；

r——粒子半径。

根据式（4-14）、式（4-15）可知，粒子在水中的扩散速率与粒子的直径、悬浮液的黏度成反比。因此，若增加可分散油悬浮剂的黏度，会影响其分散性。

影响黏度的因素主要为有效成分及其含量、增稠剂种类及其含量。可以通过添加适量的增稠剂来增加可分散油悬浮剂的黏度。目前常用的增稠剂有四类：①有机膨润土类，主要是通过有机阳离子置换膨润土（蒙脱石）晶格间的钠离子生成的一类有机物修饰的无机材料，不但保留了原有的助稳定、增稠、助悬浮等特性，同时还因有机碳链的引入使其亲水性转变为亲油性，因而扩展了其应用范围。②改性的水滑石类层状化合物，水滑石、类水滑石和柱撑水滑石统称为水滑石类层状化合物（layered double hydroxide，LDH），将不同的有机阴离子引入 LDH 层间，即可得到不同结构、性质和功能的有机阴离子柱撑 LDH。③二氧化硅类产品，例如白炭黑等。④其他无机物增稠剂，例如硅藻土、硅酸镁铝等。

（3）分散相和粒子的密度差　根据 Stokes 定律，分散相和粒子的密度差越小，越有利于粒子的稳定。农药有效成分的相对密度大部分≥1，因此在有机相的选择时，可考虑添加一些密度比较大的溶剂来调整分散相密度，减小分散相与粒子密度的差值，从而延缓粒子的沉降，改善可分散油悬浮剂的物理稳定性。

（4）空间稳定作用　可分散油悬浮剂中因质子不电离，静电作用在保持可分散油悬浮剂稳定性中的作用较小。可分散油悬浮剂中粒子的分散主要是靠空间位阻产生熵斥力来实现的。可分散油悬浮剂开发中，应选用合适的高分子分散剂，分散剂一端（锚固段）的基团锚固农药有效成分，另一端（溶剂化段）置于分散介质中，形成溶剂化膜，因而产生空间排斥能来克服粒子间的范德华力，使粒子稳定分散于有机介质中。应根据有效成分的结构，选用具有合适锚固基团的分散剂，并且分散剂的溶剂化链应足够长，以产生足够的空间排斥能来改善体系的稳定性。锚固基团与颗粒表面能发生的较强的作用有氢键、共价键、酸碱作用等。若固体颗粒表面含有羟基、羧基、醚键等极性基团，则更易与锚固基团形成牢固的结合。在颗粒表面棱角凸凹部位，有较强的吸附强度。典型的锚固官能团有酰氨基、季铵盐、羧基、磺酸基、磷酸基、羟基、巯基等。分散介质在颗粒表面的竞争吸附对锚固基团在颗粒表面的吸附有一定影响，当分散介质为不良溶剂时，有利于锚固基团在颗粒表面的吸附。分散剂中，锚固段的锚固基团的大小和数目对其在颗粒表面的吸附有一定影响，锚固基团数目越多，体积越大，越有利于其在颗粒表面的吸附，但锚固段太长会影响溶剂化段的比例，不利于克服颗粒间的范德华吸引力。溶剂化段的作用是能形成足够厚度的溶剂化膜以克服颗粒间的范德华吸引力，对分散体系起到空间稳定作用。因此溶剂化段一方面与分散介质应有较好的相容性，另一方面，本身要有足够的分子量。在一定的分散介质中，对一定粒度的颗粒进行分散，溶剂化段长度存在最佳值。溶剂化段若太短，不足以发生空间位阻稳定作用；若太长，一方面会在粒子表面发生折叠（压缩空间位阻层），或引起颗粒间的缠结（架桥絮凝）。此外，溶剂化链的溶剂化作用不能太强，否则对锚固基团所产生的剥离力太大，引起锚固段的脱吸附，不利于分散体系的稳定。大多数高分子在给定溶剂中的溶解度是温度的函数，随温度而改变。在良溶剂中，高分子链会相对疏松，随机构象的线团伸展，给出最优的保护层厚度。当温度变化时，溶剂可能变为不良溶剂，高分子链将塌缩成更紧密的构象。综上所述，在可分散油悬浮剂的开发中，应结合有效成分、分散介质的理化性质，选择具有合适的锚固段和溶剂化段的分散剂，并且该分散剂应在所选分散介质中对温度有较强的适应性，使体系不会在高温或低温等条件下发生絮凝等现象。

（三）长期物理稳定性预测

通常可分散油悬浮剂的长期物理稳定性通过加速贮存试验（通常为54℃±2℃贮存14天）来评价。除观察热贮前后样品的宏观现象（例如析油率，是否沉淀、絮凝等），还通过精密的分析仪器测试热贮前后粒径大小，以及分布范围、晶体结构、流变学性质等影响因子的变化来进一步评估其长期贮存稳定性。

（1）粒径分布　粒径大小直接影响可分散油悬浮剂中粒子的沉降速率，进而影响其贮存稳定性。目前常采用的有两种方法，即在显微镜下观察粒子的大小及形状和通过激光粒度分布仪来直接测定粒剂。通常采用激光粒度分布仪来测定可分散油悬浮剂的粒径。但在测定粒径时应该注意，可分散油悬浮剂本身分散介质并不是水，因此在测定粒径时，若选用水作为分散介质，可分散油悬浮剂在水中存在一个乳化过程，形成水包油型乳状液。因此测到的粒径既包括可分散油悬浮剂中粒子的直径，也包括可分散油悬浮剂在水中乳化后形成乳液的粒径。作为评价可分散油悬浮剂稳定性的其中一个指标，在测定粒径时，应选择合适的分散介质，避免可分散油悬浮剂在测定粒径时有乳化现象产生，可以考虑用可分散油悬浮剂中的分散介质作为测定粒径时的分散介质，测定得到的结果更加真实可靠。或者，也可以配合着显微镜观察，通过显微镜直接观看粒子的大小和形状，是一个简单、直观，又不失真实性的一个方法。

（2）粒径长大的测定　分散介质对固体原药有微溶解现象，或者乳化剂对固体原药有一定的增溶作用，但大小晶体在连续相中的溶解度不一样，大晶体在连续相中的溶解度小，而小晶体的溶解度大，因此分散相在大晶体表面聚集的速度大于解离的速度，而在小晶体表面的解离速度大于聚集的速度，所以大晶体会越来越大，而小晶体会越来越小直至消失，这便是奥氏熟化现象。奥氏熟化的发生与原药在分散介质中的溶解度有关，溶解度越大，越易发生奥氏熟化。晶体生长可以加速颗粒的沉降，导致沉降时颗粒结块。在实际使用时，长大的晶体可能引起喷雾设备堵塞，也会影响生物活性。因此，在可分散油悬浮体系中，控制晶体增长速度是控制可分散油悬浮剂物理稳定性的一个主要因素。分散剂可以改变晶体颗粒从界面输出的“速度”从而影响溶解度，来改变晶体的增长速度。分散剂吸附在晶体表面，能强烈地改变晶体表面能，使溶质难以接近晶体表面，抑制晶体增长。因此，若体系中的分散剂选择合适，固体微粒的晶体速度就会变慢，利于可分散油悬浮剂的稳定。

测定晶体的增长，比较快速、简单的方法是通过光学显微镜或电子显微镜观察其晶体的形状及大小，也可以采用 Coulter 计数器测定，它能测出大于 0.6μm 的颗粒。另一种灵敏度较高的方法是使用光学盘型离心机，它可以获得小至 0.1μm 颗粒大小的分布。从以时间作为参数的平均颗粒大小分布图中可获得晶体的生长率，作为评估可分散油悬浮剂的物理稳定性的主要指标之一。

(3) 流变学的测定　流变学（rheology）是指从应力、应变、温度和时间等方面来研究物质变形或流动的物理学。在流变学研究的对象中流体流变学具有最广泛的应用，流体流变学的对象包括牛顿流体和非牛顿流体，农药可分散油悬浮剂属于非牛顿流体。非牛顿流体有明显的弹性效应和法向应力差效应，必须考虑其拉升黏度。非牛顿流体分成非时变性和时变性两类。非时变性非牛顿流体主要包括塑性流体、假塑性流体和胀塑型流体。一般采用流变仪来测定油悬浮剂的流变学性质，通过剪切率变化而获得相应完全的流动曲线，可实现对物料从初始屈服应力到松弛、恢复和蠕变的流变学行为评估。针对某个特定的可分散油悬浮剂产品，可以通过反复试验建立流变学行为指标，例如流体类型、屈服值、触变性等，以快速地评价该产品的稳定性。

三、可分散油悬浮剂的配方组成

目前，越来越多的企业倾向于将产品制备成可分散油悬浮剂，但稳定性问题一直是制约该剂型发展的主要原因，主要表现为有效成分分解、长期物理稳定性不稳定，出现析油、沉淀等现象。因此，在新型理论指导下，深化、细化、量化地进行可分散油悬浮剂的配方开发与研究，具有重要的意义。

（一）选择加工可分散油悬浮剂的原则

农药剂型选择首先需从原药的理化性质、所防治有害生物的特性、使用的技术要求等方面考虑，其次才是从加工成本及市场竞争性方面考虑。有效成分是否适合加工成可分散油悬浮剂可从以下几点考虑。

(1) 原药与油类混合使用具有显著增效作用。如多数除草剂和油类混用具有增效效果。

(2) 原药在水中稳定性差，难以加工成水基性制剂。如烟嘧磺隆遇水易分解，加工成水基性制剂不稳定，加工成油基性制剂稳定性好。

(3) 加工成其他剂型难度大或不利于药效发挥。如代森锰锌、福美双等含 C—S 和 S—S 键的原药，加工成水悬浮剂极易出现膏化分解等问题，可考虑加工成油悬浮剂等剂型；一些内吸性原药如多菌灵、甲基硫菌灵等加工成可分散油悬浮剂药效更好。

(4) 满足特殊的喷雾要求，如超低量喷雾或飞机喷雾等。其中除原药自身理化性质是否适合加工成可分散油悬浮剂外，增效应该是可分散油悬浮剂剂型选择最主要的考虑因素。油悬浮剂产品中比较成功的 2.5%五氟磺草胺可分散油悬浮剂（稻杰）便是充分考虑了油类载体能增加五氟磺草胺原药在植物叶片上的沉积，便于药液在叶片上黏着、润湿、展布和渗透，使内吸性的原药迅速进入植物体内发挥作用，明显增强五氟磺草胺的药效。

（二）开发思路

可分散油悬浮剂的开发应达到如下目的：

（1）保证产品满足相应的国家标准或企业标准。在配方开发前，应充分了解该可分散油悬浮剂相关的国家标准、行业标准或企业标准等，进而调整体系中助剂的种类及用量，使开发出来的产品符合相应的标准。

（2）提高产品的应用性能。应充分了解产品的市场定位，例如登记作物、防治对象、施用方式等，在配方开发中，除满足基本的标准之外，应结合实际使用情况，提高产品的应用性能，例如自动分散性、润湿性能、渗透性能、粒径等，以使有效成分最大程度地发挥药效。

（3）方便工业化生产。配方开发时应结合实际的生产条件，考虑生产上的可行性、便利性和放大效应。体系中功能性助剂的范围尽可能宽泛，体系对有效成分中的杂质等其他组分的适应性强，减少生产上粗放的操作对产品性能的影响。此外，还应考虑加料顺序、砂磨温度等对油悬浮剂体系的影响，摸清生产工艺中对产品性能有影响的关键因素，进一步指导工业化生产工艺的制定，降低工业化失败的风险。在不影响产品性能的前提下，应尽量简化工艺流程，方便生产操作，降低人工、能耗等生产成本。

（4）控制生产成本。配方开发在保证质量的前提下，应选择价格相对低廉、容易取得的助剂，合理控制原料成本。此外，应通过反复试验，筛选助剂的优选比例，进而确定较优惠配方。

（三）配方组成

可分散油悬浮剂一般由有效成分、乳化剂、分散剂、增稠剂和分散介质组成，根据配方需要，还可能含有其他助剂，例如稳定剂、pH 调节剂等。

（1）有效成分　原药是可分散油悬浮剂中有效成分的主体，它对可分散油悬浮剂的性能影响非常大。例如，硝磺草酮有两种晶型，一种晶型制备成可分散油悬浮剂比较稳定，而另一种晶型或无晶态粉末制备成油悬浮剂比较容易出现膏化等现象。辛酰溴苯腈在甲酯油中的溶解度较大，容易出现奥氏熟化现象。在筛选配方前，要全面了解原药的理化性质，例如熔点、溶解度、稳定性、酸碱度、晶型、化学结构、极性等，针对性地进行助剂及分散介质的筛选。另外，还应详细了解原药的燃点、毒性等相关数据，评估在生产、贮存、运输和使用过程中可能存在的风险。

（2）乳化剂　因可分散油悬浮剂最终需兑水使用，所以要求可分散油悬浮剂在水中能较好地乳化分散。而可分散油悬浮剂中的植物油或甲酯油为多链不饱和脂肪烃，表面能较大，乳化较为困难，用常规的表面活性剂很难达到理想的乳化效果，即使量再多，油相在水中仍不能有效乳化。因此，必须选用合适的乳化剂，要求所使用的乳化剂对油相分散介质能充分乳化，使有效成分的药效得以充分发挥，而且还能保证制剂在贮存期内的稳定性。常用的乳化剂有阴离子型和非离子型表面活化剂，尤其以非/阴复配最为普遍。乳化剂的选择也根据有效成分的不同而做相应的调整，例如醇类、水等均会导致烟嘧磺隆分解，因此，在开发含有烟嘧磺隆的可分散油悬浮剂时，应避免使用水分或醇类含量高的乳化剂。例如，代森系列原药在强酸性条件下易分解，在选择乳化剂时应避免使用酸性强的乳化剂。

（3）分散剂　可分散油悬浮剂的悬浮体系介于胶体分散体系和粗分散体系之间，属于一种热力学不稳定体系。在可分散油悬浮剂中，乳化剂主要是对油相载体进行乳化、分散，而活性物质在贮存过程中以及使用时经水稀释后分散、悬浮性能的好坏，取决于所选用的分散剂。为了使可分散油悬浮剂中已分散的粒子持续悬浮在体系中，保持其单独状态，消除聚集和凝聚，增加制剂的稳定性，通常须加入一定量的分散剂，其作用是在可分散油悬浮剂的农药颗粒周围形成保护层，阻碍磨细的农药颗粒相互靠近，从而使农药固体颗粒均匀地分散在悬浮液体系中，并在贮存过程中不发生凝聚和结底现象，即使有少量分层，轻轻摇动也可再分散成稳定的悬浮体系。此外，合适的分散剂应能使可分散油悬浮剂在低温或高温条件下均能保持良好的分散性和化学稳定性，即对温度有一定的适应性。可分散油悬浮剂中要求所加分散剂的量至少要达到足以覆盖农药在砂磨时暴露出来的表面积，这样才能使悬浮液体系稳定。

（4）增稠剂　可分散油悬浮剂中分散的粒子，在重力作用下发生沉降，根据 Stokes 定律，其沉降速度与粒子直径、黏度和密度差有直接关系，粒子直径越小，体系黏度越大，密度差越小，其沉降速度越慢，悬浮体系越稳定，反之，越不稳定。由此可见，增加可分散油悬浮剂的黏度，能有效地降低粒子的沉降速度，使体系更趋于稳定。但是，不能无限制地增加其黏度，否则制剂流动性不好，造成生产、分装、使用上的困难。另外，部分增稠剂还能形成有一定承受力的三维凝胶网络，将粒子有效地固定在相应的网络中，有助于固体微粒在可分散油悬浮剂中的稳定悬浮。

（5）分散介质　可分散油悬浮剂以油相为分散介质，包括植物油、矿物油、高级脂肪烃类、多元醇类、液体脂类等。以植物油，特别是甲酯化植物油为介质的可分散油悬浮剂对除草剂的增效作用较为明显。由于矿物油对作物有产生药害的风险，而植物油和甲酯化植物油来源于植物，在环境中的降解性较好，且不易产生药害，其用量在逐渐增加。目前，国外可分散油悬浮剂采用大豆油居多，国内以油酸甲酯居多，主要是考虑资源丰富、价格低廉且药效表现较好等因素。从发展的眼光来看，用植物油或甲酯油作分散介质的可分散油悬浮剂更具环保特色，在实际应用中也更具有推广和应用的价值。

（6）其他助剂　根据配方体系的需要，在配方中需要添加一些特殊助剂来使产品达到相关标准的要求，或使产品的应用性能更佳，例如 pH 调节剂、防冻剂、稳定剂等。例如，硝磺草酮对体系的 pH 值有较高的要求，因此，在配方开发时若体系的 pH 值较高，需考虑添加合适的 pH 调节剂调整体系的 pH 值，以抑制硝磺草酮的分解，使其相对分解率控制在 5%以内。

（四）配方设计思想

（1）原药的选择　根据可分散油悬浮剂的性能和应用要求，不是所有的农药都适合制备成可分散油悬浮剂。一般符合下列三个要求的原药较适合制备成可分散油悬浮剂：

① 原药熔点≥60℃，以避免农药活性成分在砂磨或贮存过程中保持固体颗粒状态，避免膏化、重结晶等现象出现；

② 在介质中的溶解度较小，若一部分能溶于介质中，或者溶解度随着温度高低变化较大，容易发生奥氏熟化或重结晶；

③ 制备成可分散油悬浮剂可明显增效或提高制剂的稳定性。

在制备可分散油悬浮剂时，应选择纯度较高的原药，杂质成分越少，越有利于制得性能优良、稳定性好的可分散油悬浮剂。另外，应重点关注原药的相关杂质，避免使用相关杂质超标的原药，因而导致制剂产品中相关杂质不符合相关标准。

（2）分散介质的选择　分散介质的选择使用对可分散油悬浮剂的性能有很大影响，表现在制剂的黏度、有效成分的热稳定性、对作物的安全性及药效等各方面。对分散介质的要求是被悬浮的活性成分至少在50℃以下是不溶的，同时要求分散介质闪点高、挥发性低、毒性低，对有效成分无不良影响，且来源丰富、取材方便等。可分散油悬浮剂常用的分散介质有：植物油（如大豆油、玉米油、菜籽油、棉籽油、蓖麻油、椰子油、棕榈油、松节油、浓缩蔬菜油、葵花籽油等），或甲酯化植物油（如菜籽油甲基酯、大豆油甲基酯、棕榈甲酯油等）、矿物油及其混合物。甲酯化植物油来源于植物，生物降解性好、毒性低、对作物药害小、黏度低，且具有增效作用，近几年成为可分散油悬浮剂分散介质选择的热点。矿物油原料受资源限制，污染环境，且对作物易产生药害。因此，应提倡来源于植物、对有益生物低毒、易降解、对作物没有药害的植物油类作为开发方向。

（3）乳化剂的选择　可分散油悬浮剂的乳化剂应根据有效成分及分散介质来选择，分散介质的结构不同，HLB 值不同，应选择合适类型和 HLB 值的乳化剂。目前国内常用的乳化剂一般从乳油中所用的乳化剂来选择，例如醚类非离子乳化剂、酯型非离子乳化剂、烷基苯磺酸钙盐、磷酸酯及亚磷酸酯阴离子乳化剂等。一般地，由于结构的相似性，蓖麻油环氧乙烷加成物对油酸甲酯有较好的乳化作用。

同时，也要注意，壬基酚聚氧乙烯醚作为一种性价比较高的乳化剂，在可分散油悬浮剂的配方中经常使用，但其作为一种环境激素已被多国或地区禁限用，因此亟需找到性价比相当的乳化剂进行替代。目前国内外很多厂家也在积极开发和验证相关产品，很多提出了使用脂肪醇聚氧乙烯醚类或异构醇聚氧乙烯醚类乳化剂进行替代，但效果不理想，且成本有升高趋势。国内济南金禾新材料有限公司开发出一类改性油酸聚氧乙烯酯乳化剂，对多种油类乳化效果较好，性价比高。

（4）分散剂的选择　目前适用于可分散油悬浮剂的分散剂太少，是目前制约该剂型发展的主要因素之一。在水性体系中的分散剂，由于极性太强而不能与分散介质很好地相容，而且其分散稳定作用远不及在水性介质中。用于有机介质中的分散剂主要有各种非离子表面活性剂，各种长碳链胺类，各类以聚氧乙烯为亲水基团的烷基胺类，吐温类，亲油性强的失水山梨醇脂肪酸酯类非离子表面活性剂。对于超低能表面的有机粒子在非水介质中采用经典的表面活性剂作分散剂，其分散性能远不及在水性介质中。其主要原因是以表面活性剂的极性基作为吸附基团在低能表面上的吸附强度差，往往出现脱吸附现象，导致分散体系粒子的聚集或沉淀；另外在非水介质中质点间几乎不存在电斥力，而主要能起作用的是被吸附的表面活性剂疏水链形成的溶剂化膜起分散稳定作用，而经典表面活性剂的疏水链不具备足够长的链，即不能形成足够厚的溶剂化膜产生足够高的空间排斥能来克服粒子间的范德华力，而使粒子分散稳定于有机介质中。

为了克服经典表面活性剂在非水介质中分散稳定作用的局限性，国外助剂公司开发了新一代聚合物型分散剂，由于其对非水体系独特的分散效果，又被称为超分散剂。超分散剂的分子量一般在 1000～10000 之间，分子结构中含有性能、功用完全不同的两个部分，一部分为锚固基团，可通过离子对、氢键、范德华力等作用以单点锚固或多点锚固的形式紧密地结合在颗粒表面上。另一部分为亲介质的溶剂化的聚合物链，它通过空间位阻效应（熵排斥）对颗粒的分散起稳定作用。

对于弱极性表面的有机粒子，为了增加与粒子表面的吸附强度，避免脱吸附发生，一般采用含多个锚固基团的超分散剂，这些锚固基团可以通过偶极力在粒子表面形成多点锚固的形式。分散体系的稳定性是颗粒、分散介质、分散剂等组分之间的各种相互作用共同决定的，在非水体系中，对稳定起决定作用的是空间位阻。在超分散剂作用体系中，其长度一般在 10～

15nm 之间，当两个吸附有超分散剂的颗粒相互接近时，由于伸展链的空间阻碍，因此不会引起絮凝，而维持稳定的分散状态。锚固段和溶剂化段往往存在着相互抵触的要求，单一的均聚物往往难以满足条件，而只有那些被官能化了的聚合物或共聚物才可能达到上述的功能。目前用于油悬浮剂的分散剂有 EO/PO 共聚醚、二胺嵌段共聚物、羧酸酯类高聚物等。

在选择可分散油悬浮剂中所用的分散剂时，应考虑以下几个方面：

① 对被分散的农药活性成分粒子外表面和多孔表面有良好的润湿和分散作用，吸附在农药颗粒表面，形成不易脱落的保护层，阻止已磨细的颗粒相互靠近，使颗粒均匀地分散在悬浮体系中，并能有效阻止在贮存过程中不发生凝聚；

② 有助于减小粒径，并对可分散油悬浮剂体系有明显的降黏作用，便于分散和加工；

③ 形成稳定的悬浮分散液，即使有少量的析油分层现象，经过轻轻晃动后，也可再分散成均匀的悬浮分散液。

此外，因可分散油悬浮剂需兑水使用，当兑水稀释后，为了使农药有效成分微粒更好地悬浮在体系中，可以在可分散油悬浮剂中添加少量适宜的悬浮剂中所用的分散剂。如此，能提高可分散油悬浮剂的分散稳定性，避免药剂兑水放置一段时间或喷雾过程中有效成分沉降在底部，降低药效。水相分散剂的选择需要注意，很多水相用分散剂含有部分水，使用在可分散油悬浮剂中需要关注其对制剂稳定性的影响，尽量选择固体分散剂。

（5）增稠剂的选择　增稠剂是可分散油悬浮剂必不可少的成分之一，符合要求的增稠剂必须具备以下三个条件：①用量少，增稠作用强；②对体系的兼容性强，在体系中有良好的分散性，并且不破坏体系的乳化性能、分散性能；③对温度的适应性强，在低温或高温状态下黏度变化不大。用于可分散油悬浮剂的增稠剂有白炭黑、凹凸棒土、黄原胶、膨润土、有机膨润土、硅酸镁铝、海藻酸钠、柱撑类水滑石等。目前，在实际配方开发中用得比较多的是有机膨润土和气相法白炭黑。

有机膨润土是通过季铵盐表面活性剂与膨润土晶片层间可交换阳离子之间的离子交换反应，使表面活性剂离子进入膨润土晶片层间而制得的。有机膨润土的增稠机理是有机膨润土被大量的有机介质润湿后，低分子量极性分散剂渗入层间，沿着硅氧四面体层嵌入层间的有机阳离子空间，同时把有机阳离子长链抬高，层间距增大，形成内膨胀，单位晶胞体积增大。在溶剂的溶剂化作用下层状集合体分离成更小的薄片，达到分散的效果。膨润土在分散介质中分散后，形成一种网络凝胶结构，将大量的油性介质分子包裹在网状空隙中，使体系黏度增大。但随着剪切速率的增大，结构被破坏，包裹的大量油性介质被重新释放出来，因而表现为剪切变稀的状态。加入有机膨润土后，由于有机膨润土的碳链之间相互交叠成网络结构，这种结构可以承托着农药颗粒并使其可以在分散体系中很好悬浮。而随着有机膨润土添加量的增加，体系的屈服值增大，有机膨润土的加入可以使体系的悬浮稳定性得到提高。

白炭黑，分为气相法和沉淀法，可分散油悬浮剂一般用气相法白炭黑来作为增稠剂。白炭黑在液体中形成可逆的三维网状结构，白炭黑表面的羟基相互作用，建立起一个松散的弹性网状结构，增加了黏度和静置下的屈服点。白炭黑的添加量不宜太大，否则容易导致体系凝固。

另外，目前溶剂型涂料中常用的一些增稠剂，除有机膨润土、气相法白炭黑之外，其他类别的增稠剂，例如聚酰胺蜡、氢化蓖麻油、凹凸棒土等也逐渐被应用到农药油悬浮剂中。聚酰胺蜡大多是将脂肪酸酰胺在天然石蜡中乳化产生极性，一般需要有机介质预先膨胀。它的膨润结构成网状，有非常高的强度和耐热性，有较好的防沉淀效果，并具有触变性。氢化蓖麻油是由蓖麻油加氢而制得的一种蜡状固体，是 12-羟基硬脂酸三甘油酯，在脂肪链上有羟基，因此显示出了某种程度的极性。氢化蓖麻油在非极性溶剂中具有良好的膨润性，经过处理后可用作增稠剂，但在醇类极性溶剂中有溶解的倾向。

四、增效机理

可分散油悬浮剂与悬浮剂、水分散粒剂、水乳剂等其他剂型相比，具有明显的增效作用，主要是可分散油悬浮剂所用介质多为矿物油、植物油或甲酯化植物油。这些油类介质在农药中的应用由来已久，早在20世纪初为了提高杀虫、杀菌活性加入油类助剂的报道。在除草剂中的应用可追溯到20世纪60年代，1963年就有矿物油在莠去津中应用的报道，随后又有植物油在莠去津和甜菜宁中应用的报道。可分散油悬浮剂中的介质和乳化剂等所组成的体系，良好地发挥了油类助剂优点，对有效成分的增效作用明显。另外，可分散油悬浮剂体系通常添加本身具有润湿、渗透等作用的乳化剂，既有乳化性能，又具有增效作用，例如脂肪醇聚氧乙烯醚等。

（一）油类介质的生物活性

矿物油是可分散油悬浮剂常用的介质之一。矿物油应用在作物保护上已有很久的历史，早在18世纪已被应用于休眠药上，而在19世纪初被用于防治果树上的介壳虫，20世纪90年代，高度精炼、轻重量和低杂质的矿物油出现，因而减少对植物的药害，扩大了矿物油在园艺病虫害防治上的应用，目前在澳大利亚和中国已广泛地应用在果园上。施用0.5%～1%矿物油能有效防治温室白粉虱，尤其是防治白粉虱卵及若虫。此外，对防治蚜虫、红蜘蛛、蓟马和介壳虫也有一定作用。矿物油也能防治多种番茄害虫，包括卷叶蛾、蓟马、白粉虱、蚜虫和红蜘蛛等。矿物油对防治粉蚧和潜叶蝇幼虫亦有效用。国外矿物油喷雾，能有效防治玫瑰和番茄白粉病。矿物油的杀虫机理主要有：①在作物上形成一层薄膜油，与病虫害分割，并改变害虫行为，达到物理防治的效果，主要表现为大幅减少产卵、取食、交配。通常，植食性昆虫和螨类只会在某些特定的植物上取食和产卵，它们用触角、口器、足或腹部的感觉器来探测寄主植物的化学物质，从而辨认植物。当油膜覆盖感觉器官和植物表面后，昆虫就无法辨识寄主植物，这样就减少了害虫在寄主植物上取食和产卵。②窒息作用：矿物油在虫体上形成油膜，并通过毛细作用进入卵的气孔及幼虫、蛹、成虫的气门和气管，通过阻碍害虫氧气的吸收，影响正常呼吸，引起窒息。③矿物油的成分或其转化物能直接杀灭害虫，矿物油能与害虫的脂肪酸相互作用和干扰新陈代谢。④矿物油作为杀卵剂，若卵被油墨持续封闭一段时间，会引起胚胎窒息。⑤矿物油对某些害虫（例如白粉虱）有驱虫作用。

另外，矿物油还具有杀菌作用，目前在国内外普遍被用于白粉病的防治，主要机理是：①矿物油在病原体（真菌孢子）和植物之间产生物理障碍，从而防止真菌生长；②矿物油可以干扰有翅蚜寻找寄主，从而预防病毒病的传播，此类病毒包括花叶病毒、马铃薯Y病毒等；③矿物油能破坏病菌的细胞壁，干扰真菌呼吸作用，从而抑制菌丝体的生长，并防止孢子的萌发和侵染。

棕榈酸甲酯也是甲酯油中含有的成分之一，其对朱砂叶螨雌成螨有触杀和忌避作用，对卵有触杀作用。棕榈酸甲酯是多种昆虫的生物信息物质，黄蜂喷出棕榈酸甲酯以防治蚂蚁的袭击，它能避免葡萄小卷蛾（*Lobesia botrana*）和苹果蠹蛾（*Cydia pomonella*）产卵时过度密集和重复产卵。

（二）改变药液的理化性质

农药从药液箱喷出到植物体内发挥作用，有三个过程影响药效的发挥：①药液经喷头雾化、空中飞行、靶标撞击等一系列过程，传递到作物或靶标表面，这一系列过程中会出现雾滴飘移和药剂蒸发现象，从而引起大部分农药难以达到预定靶标而发挥药效；②药剂在作物或靶标表面沉积分布过程；③药剂在作物或靶标体内的吸收和传导过程。可分散油悬浮剂能改变喷洒药液的物理性能，从而减少药剂在这三个过程中的流失，有利于药效的发挥。

（1）有利于雾滴的形成　可分散油悬浮剂同乳油一样，具有良好的乳化性能，因此在喷头雾化性能不佳时，能有利于雾滴的形成，并且能有效减少药剂在空中飞行过程中药剂蒸发现象。

（2）改善药液的铺展和持留量　可分散油悬浮剂中介质及乳化剂，能有效降低表面张力。因此，与悬浮剂、水分散粒剂等剂型相比，可分散油悬浮剂在实际使用稀释浓度下，表面张力和接触角大大降低。研究表明，药液与靶标的接触角越小，它们的黏附性越强，结合得越牢固。药液的表面张力与靶标的临界表面张力愈接近，药液在靶标上愈容易润湿铺展。表 4-13 为 14 种常见作物和杂草叶子的表面张力，由该表可以看出，大部分作物或杂草的临界表面张力比较低，在大容量施药条件下，绝大多数制剂产品推荐剂量药液的表面张力大于水稻、甘蓝等作物的临界表面张力，药液因难以润湿展布而流失。而可分散油悬浮剂配制成喷雾药液后，表面张力较低，更有利于在叶面上铺展润湿，有效提高疏水性植物叶片的持留量。

表 4-13　14 种作物的临界表面张力

作物	临界表面张力/（mN/m）	作物	临界表面张力/（mN/m）	作物	临界表面张力/（mN/m）
水稻	36.26～39.00	豇豆	36.26～39.00	小飞蓬	43.38～45.27
包菜	36.26～39.00	棉花	63.30～71.81	鸭跖草	36.26～39.00
小麦	36.26～39.00	茄子	43.38～45.27	水花生	36.26～39.00
丝瓜	39.00～43.38	辣椒	43.38～45.27	马齿苋	39.00～43.38
刺苋	39.00～43.38	裂叶牵牛	46.49～57.91		

Barrentnie W L 等将石蜡油乳剂和大豆油乳剂配成水溶液（12.5g/L），喷洒到植物叶片上，与只喷水相比，两者均能提高溶液在叶表面的扩展系数。Sehott J J 等将石蜡油、葡萄籽油、甲酯化葡萄籽油用同一种乳化剂乳化，加入禾草灵喷洒液中，喷到黑麦草上，发现油乳剂能增加药液在近叶脉表面（上面覆盖着晶体状蜡质层）上的扩展面积，由此可见，油悬浮剂常用的介质（例如石蜡油、植物油、甲酯化植物油等）等搭配乳化剂后，能有效提高药液在植物叶表面的扩展。

（3）有利于药液的渗透和吸收

① 改善叶片表面蜡质层的理化性质。药剂附着在杂草叶表面后，需要通过蜡质层和角质层渗透进入叶内组织，因此，药剂进入蜡质层是充分发挥药效的关键。可分散油悬浮剂常用介质，例如甲酯油、石蜡油等，均能改善叶片表面蜡质层的理化性质，因此有利于药液在植物叶片表面的渗透。

叶表面蜡质层中含有与酯化油类相似的化学物质，因酯化油是液体，它们易于润滑表皮的蜡质结构，而使组成蜡质的化合物相互分离或膨大，增加蜡质流动性，溶解部分蜡质，从而调节农药有效成分在雾滴和角质层间的分配，因此提高药液在叶面上的渗透率。例如，甘蓝叶片有一层蜡质层存在，组成气孔的保护细胞上也有少量蜡质黏着，使气孔处于半堵塞状态。可分散油悬浮剂中所含的甲酯油可以溶解甘蓝叶面部分蜡质层，所以可以提高农药在甘蓝叶面上的渗透率。

Ronmaarta G 等用未稀释的石蜡油处理石茅的叶片，发现叶片变得光滑，并且在基部出现裂缝。王金信通过电镜扫描观察在莠去津中加入有机乳剂对稗草叶片蜡质层的影响，结果表明，单用莠去津与对照之间差别不大，稗草叶片蜡质结构比较密，气孔和细胞明显，蜡质隆起，无溶解现象；而用机油乳剂和莠去津混合液处理的稗草叶片，气孔和细胞不明显，蜡质层有溶解现象。

② 增加药液的穿透量。已有大量研究结果证明油类助剂能够增加除草剂在植物上的穿透量，集中在防除单子叶的除草剂中，如 Mnathye F A 等研究发现油酸和油酸甲酯均能显著增加吡氟禾草灵和烯禾啶在橡树上的穿透量。Uvroy C 等发现油酸甲酯穿透玉米叶表面的能力高于三油酸甘油酯，且油酸甲酯能够显著增加禾草灵在玉米叶表面上的穿透量。Reckmann U 用两种方法测定了两种葡萄油乳剂、一种甲酯化葡萄油乳剂以及一种矿物油乳剂对苯嗪草酮叶面穿透量的影响，一种方法为监测叶片的叶绿素荧光猝灭参数，另一种方法是在处理 48～72h 后测定 ^{14}C 标记的苯嗪草酮的吸收量。两种测定方法得出相同的结论，待测的 4 种助剂中，均对苯嗪草酮的叶面穿透力有一定的促进作用，其中以甲酯化葡萄油乳剂的效果最好。

③ 有效抑制雾滴蒸发。甲酯油和乳化剂等配合使用，能改善雾滴干燥产生的农药结晶性状，因为甲酯油的沸点较高，在炎热的天气里，农药雾滴在靶标植物表面保持油状液体状态，防治雾滴蒸发。如果喷雾雾滴变干涸，农药便会析出晶体，易于被雨水冲刷掉，但农药如果溶于油状液体中，便易于向植物表皮内渗透，从而增加农药在叶面的沉积量和持效期。

(4) 促进药液在植物体内的传导　如果要取得好的防效，苗后处理的除草剂必须被吸收和转移到一定的部位才能发生作用。Fandrihc L 等研究发现甲酯油乳剂能够增加除草剂 BAYMKH6561 在具节山羊草（*Aegilops cylindrical*）和旱雀麦（*Bromus tectorum* L.）体内的吸收量。Young B G 等研究了矿物油乳剂和甲基化种子油乳剂对除草剂异噁唑草酮在大狗尾草（*Setaria faberi*）体内吸收和转移的影响，结果表明，处理 24h 后，未加助剂的处理中，被 ^{14}C 标记的异噁唑草酮的吸收量仅为施用量的 21%，而加入助剂的处理中，药剂吸收量高达 91%，最终导致药剂除草活性的增强。

五、可分散油悬浮剂的分散介质及助剂

（一）分散介质——甲酯油

目前国内可分散油悬浮剂所用分散介质有甲酯油、松脂基植物油、环氧大豆油、石蜡油、棕榈酸甲酯等，但主要以甲酯油为主，甲酯油的制备、质量控制、生产厂家等作简单介绍。

(1) 甲酯油的制备　方法分为物理法和化学法。物理法主要包括稀释法和微乳化法，化学法包括高温裂解法、酯交换法和超临界甲醇法。稀释法利用溶剂等（如甲醇）混合稀释，

易分层；微乳化过程采用乳化剂，使油脂成为比胶质更细的液滴，改善喷雾特性，虽然效果良好，但成本偏高；高温裂解法须经高温加热裂解，不仅繁琐而且成本高。目前较好的制备方法为酯交换法，酯交换反应主要是以酸、碱或酶等作为催化剂，用低碳醇（甲醇、乙醇等）与动植物油、酯化油、动植物油脚中的脂肪酸甘油酯发生反应，减少甘油三酸酯的含量，从而降低动植物油的黏度，酯交换的方程如下：

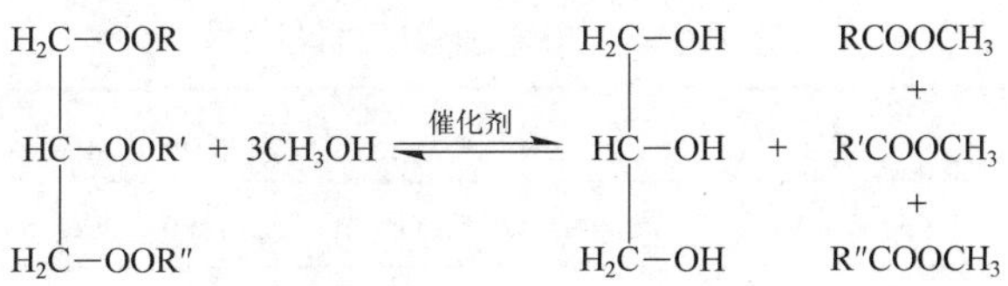

式中 R，R′，R″为烷基。

酯交换法的关键技术是反应所用的催化剂。催化剂的种类有酸性催化剂、碱性催化剂、酶催化剂和其他催化剂。目前大多数甲酯油以酸催化法生产。

（2）甲酯油的质量控制　甲酯油又称为油酸甲酯，目前市售甲酯油多为 C_{16}（棕榈酸）、C_{18}（油酸、硬脂酸）、C_{20} 脂肪酸甲酯的混合物，以 C_{18} 为主要成分，C_{16} 次之，C_{20} 含量较小。甲酯油的各组分中，除碳链数的不同之外，还有不饱和度的差别，一般用碘值来表示。

要控制可分散油悬浮剂的质量，先要严格控制原材料的质量，甲酯油作为可分散油悬浮剂的主要分散介质，其质量的好坏及批次之间的稳定性对可分散油悬浮剂配方开发及工业化生产均有很大的影响。因此，生产企业应根据具体产品的要求，建立相应的甲酯油的质量控制标准。表 4-14 为典型的甲酯油生产厂家的质量控制指标，供参考。

表 4-14　甲酯油的质量控制指标

项目	指标	项目	指标
外观	淡黄色透明油状液体	C_{16} 脂肪酸含量/%	≥80
酸值（以 KOH 计）/（mg/g）	≤7	C_{18} 脂肪酸含量/%	≥15
皂化值（以 KOH 计）/（mg/g）	180～195	熔点/℃	≤0
碘值/（g/100g）	72～84	密度/（g/cm^3）	0.87～0.89

目前，市售甲酯油质量良莠不齐，质量比较差的甲酯油主要表现为：气味难闻，熔点高，贮存一段时间后底部有絮状物等，究其主要原因有：

① 原材料来源不稳定。甲酯油的主要原料之一油酸来源为植物油、动物油、地沟油等，植物油中不饱和脂肪酸较多，而动物油、地沟油以饱和脂肪酸为主，并且杂质较多。若加入地沟油、动物油等作为油酸，生产出来的油酸甲酯质量不稳定。

② 无标准化的生产程序。油酸经过酯化后，需要后处理过程，一般为加入甲醇钠消耗多余的油酸，然后用水洗至中性，干燥并过滤后制备得到工业品。由于工艺没有标准化，所以甲酯油后处理过程不一致。不同厂家或同一厂家不同批次的甲酯油酸度相差较大，杂质含量浮动较大。

③ 甲酯油的生产厂家。目前生产油酸甲酯的企业较多，不同厂家生产的质量不一。

④ 其他分散介质。其他分散介质有松脂基植物油、石蜡油、大豆油、环氧大豆油、邻苯二甲酸二丁酯等。在油悬浮剂的开发中，可以根据实际情况，选择和油酸甲酯复配，效果更好。

（二）助剂

（1）分散剂和乳化剂　目前，国内的可分散油悬浮剂助剂多以乳化剂和分散剂复配混合物为主，也有助剂厂商将乳化剂和分散剂分开来，例如禾大的分散剂就未与乳化剂混合，目前市售的可分散油悬浮剂助剂（含分散剂和乳化剂）见表 4-15。

表 4-15　市售油悬浮剂助剂

序号	生产厂家	助剂名称
1	索尔维	Geronol VO 01、Geronol VO 05、Geronol ODessa 01、Geronol ODessa 05
2	禾大	Zephrym PD 7000、Atlox LP-1、Atlox 4912、Atlox 4914、Atlox 4916、Hypermer KD-1、Atplus 1086
3	亨斯迈	TERSPERSE 2510、TERMUL 3015
4	陶氏	TERGITOL™W-600、TERGITOL™15-S 系列、ECOSURF™EH 系列、DOWFAX™D-800、TRITON™GR-7M
5	拓纳	TANEMUL SPS29、TANEMUL SOD、TANEMUL 1736
6	赢创德固赛	BREAK-THRU DA 655、BREAK-THRU EM V 20、TEGO®SMO 80、TEGO®STO 80V、TEGO®SML 21、TEGO®SMS 60、TAGAT®TO V
7	OMNICHEM	Tensionfix NTM、Tensionfix 35300DL、Tensionfix IW60
8	诺力昂	AG530、1040W、AG540
9	竹本油脂	YUS-110、YUS-EP60P、YUS-CH1100
10	南京太化	7214 系列、7217 系列、7218 系列、7219 系列、7211 系列等
11	广源益农	GY-OF01、GY-ODE286、GY-EM05、GY-ED03c 等
12	擎宇化工	SP1160、SP1161 等
13	石家庄盛鹏	JP-OD504、JP-OD506 等
14	大千高新	N-300、N-400、N-600

（2）增稠剂　目前，可分散油悬浮剂增稠剂应用最广泛的仍为有机膨润土和气相法白炭黑。下面就有机膨润土和气相法白炭黑的制备、质量控制、生产厂家等作简单介绍。

① 有机膨润土

a. 有机膨润土的制备。有机膨润土是利用有机铵盐与膨润土进行交换反应后得到的一种有机-无机复合物。膨润土是由两层 SiO_2 四面体片中间一层 $Al(OH)_3$ 八面体所组成的层片状矿物，结构单元中的 Si^{4+} 可被 Al^{3+} 置换，八面体层内的 Al^{3+} 常被 Mg^{2+}、Fe^{2+}、Zn^{2+} 等多价离子置换，从而使晶格中电荷不平衡，产生剩余电荷使其具有吸附阳离子和交换阴离子的能力。不仅 K^+、Na^+、Ca^{2+}、Mg^{2+} 等可相互置换，而且 H^+、多核金属阳离子（如羟基铝十三聚体）、有机阳离子（如二甲基双十八烷基氯化铵）也可交换晶层间的阳离子。膨润土具有很大的表面积，巨大的表面积伴随产生巨大的表面能，使其具有较大的吸附能力。这些特征决定了蒙脱石具有较高的阳离子交换容量及良好的吸附性能，为膨润土及改性膨润土的应用奠定了基础。有机膨润土的制备工艺可分为干法、湿法和预凝胶。

（a）干法工艺。将含水量 20%～30%的钠基膨润土与有机覆盖剂直接混合，用专门的加热混合器混合均匀，再加以挤压，制成含有一定水分的有机膨润土，然后进一步干燥，粉碎成粉末状样品。

（b）湿法工艺。将提纯后的膨润土改性或活化，制成一定浓度的膨润土悬浮液，然后加入有机（插层）覆盖剂，充分反应，反应产物经过滤、干燥、粉碎即得有机膨润土。

（c）预凝胶法工艺。先将膨润土分散、改性提纯，然后进行有机（插层）覆盖。在有机（插层）覆盖过程中，加入疏水有机溶剂（如矿物油），把疏水的有机膨润土复合物萃取进入有机相，分离出水相，再蒸发除去残留水分，直接制成有机膨润土预凝胶。

上述三种方法，湿法工艺制备有机膨润土在溶液中进行，插层剂分散均匀，改性效果好，所得产物纯度较高，工艺过程也较简单。

b．有机膨润土的质量控制。目前，市售的有机膨润土质量良莠不齐，主要表现在外观、增稠性能和分散条件的不同，原因主要是膨润土的来源和制备工艺有差别。有机膨润土的质量直接影响油悬浮剂黏度及贮存稳定性，因此在原料采购时应严格控制有机膨润土的质量。可分散油悬浮剂生产企业根据实际情况，制订有机膨润土的质量控制指标，表 4-16 为典型的有机膨润土生产厂家的质控指标。

表 4-16　有机膨润土质控指标

项目	外观	水分/%	干粉粒度（通过 200 目筛）/%	表观黏度/（Pa·s）	烧失量/%
指标	类白色粉末	≤3.5	≥95	≥4.0	≥30

c．有机膨润土的使用方法。一般有机膨润土以干粉直接加入，需要足够强的剪切分散作用和剪切时间，或者砂磨后，才能在体系中充分分散，起到增稠作用。

② 气相法白炭黑。白炭黑又称为二氧化硅，按亲水性的特点分为亲水性白炭黑和疏水性白炭黑。白炭黑的生产工艺分为气相法和沉淀法两种，气相法白炭黑由高温气相反应制成，制造中由于四价硅小结构单元的氧化，粒子主要形成三元体型结构，分子的密集性高，结构较为紧密。气相法工艺生产的白炭黑粒子非常小，比表面积很大，化学性能和分散纯度高，对其他化学药品稳定，具有很强的稳定性、良好的增稠性和触变性。可分散油悬浮剂中常采用气相法白炭黑作为增稠剂。气相法白炭黑在油悬浮体系中形成可逆的三维网状结构，有效阻止固体微粒下降，改善油悬浮剂的物理稳定性。

a．气相法白炭黑的制备。气相法制备白炭黑的原理是硅烷卤化物在氢氧焰生成的水中发生高温水解反应，温度一般高达 1200～1600℃，然后骤冷，再经聚集、旋风分离、空气喷射脱酸、沸腾床筛选、真空压缩包装等后处理制得成品。目前，用于生产气相法白炭黑的硅烷卤化物原料主要有 $SiCl_4$ 和 CH_3SiCl_3 两种。1941 年，德国 Degussa 公司成功开发了气相法白炭黑的生产技术，使用的是卤化物 $SiCl_4$。CH_3SiCl_3 是有机硅甲基单体生产的副产物，将其作为气相法制备白炭黑的原料，为解决 CH_3SiCl_3 的堆积和促进有机硅甲基单体工业的良性发展提供了一条新的途径。

b．气相法白炭黑的使用方法。气相法白炭黑作为油基液体的稳定剂使用时，需要选择合适的分散条件。剪切强度太高会破坏二氧化硅建立空间网状立体体系的特性，太低会导致其在体系中不能很好地分散与充分润湿，从而不能有效发挥其增稠作用。一般气相法二氧化硅在加工过程中最后一步加入和分散，操作过程相对简单方便。

c．气相法白炭黑的生产厂家。气相法白炭黑的核心制备技术和市场主要由德国、美国和日本的几大公司控制，目前世界上规模较大的气相法白炭黑生产厂家为 Degussa 公司和 Cabot。

六、可分散油悬浮剂的加工工艺

（一）小试配方开发

（1）配方设计　结合可分散油悬浮剂的设计思想，在充分了解有效成分理化性质，助剂性能、价格的基础上，进行配方设计。可分散油悬浮剂的基本配方组成为：

有效成分：4%～50%；分散剂：2%～5%；乳化剂：15%～20%；增稠剂：0.1%～3%；油相介质：补足至100%。

（2）实验室配置　根据配方设计，结合配方中有效成分、分散剂、乳化剂、增稠剂、分散介质等各组分的性质，选择合适的工艺路线和加工设备，制备油悬浮剂。

① 加工工艺。可分散油悬浮剂常用的加工方法为湿法超微粉碎，将原药、分散剂、乳化剂、增稠剂、油相介质等混合后，经过预分散进入砂磨机砂磨至一定细度，过滤后经调配得到可分散油悬浮剂。砂磨过滤后的物料，需要经过调试，主要是其乳化分散性能，通过选择合适的乳化剂种类及其比例，使可分散油悬浮剂入水后能较好地乳化分散，乳化性能的调试方法可参照乳油中乳化性能的调试方法进行。可分散油悬浮剂的具体实验室操作流程图见图4-54。

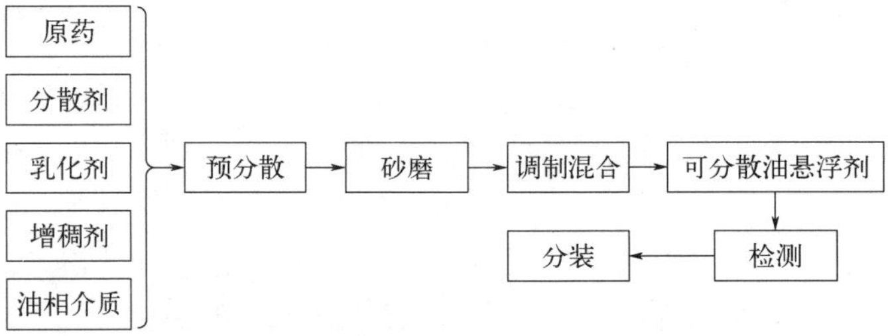

图4-54　可分散油悬浮剂加工流程图

② 加工设备。实验室常用的加工设备主要为立式砂磨机，以开放式砂磨机居多，因可分散油悬浮剂在砂磨过程中不易产生泡沫，且开放式砂磨机结构简单、使用方便、价格便宜。也可用小型卧式砂磨机进行加工，但清理较麻烦。

③ 加料顺序。实验室配方筛选时，应充分考虑工业化时的情况，一般先加部分油相介质、液体的乳化剂和分散剂，搅拌均匀后再加入原药和增稠剂。可分散油悬浮剂中，加料顺序不同，可能会导致同一个配方的稳定性不同。另外，结合配方中各组分的性质，调整加料顺序，使其在不影响可分散油悬浮剂稳定性的前提下，以工业化时方便操作为目的。例如，Croda的增稠剂 Atlox Rhestrux 200 就应在物料砂磨后再调制。

（二）工业化生产

可分散油悬浮剂生产工艺与悬浮剂的生产工艺相似，目前大部分可分散油悬浮剂均采用湿式超微粉碎，但又有不同的地方，例如生产过程中的注意事项、投料顺序等。

（1）可分散油悬浮剂的生产工艺　可分散油悬浮剂的生产加工工艺与小试试验有相似之处，基本分为六个工序：①配料；②混合、分散；③砂磨；④调制、混合；⑤质检；⑥产品包装。典型的可分散油悬浮剂生产工艺流程示意图见图4-55。

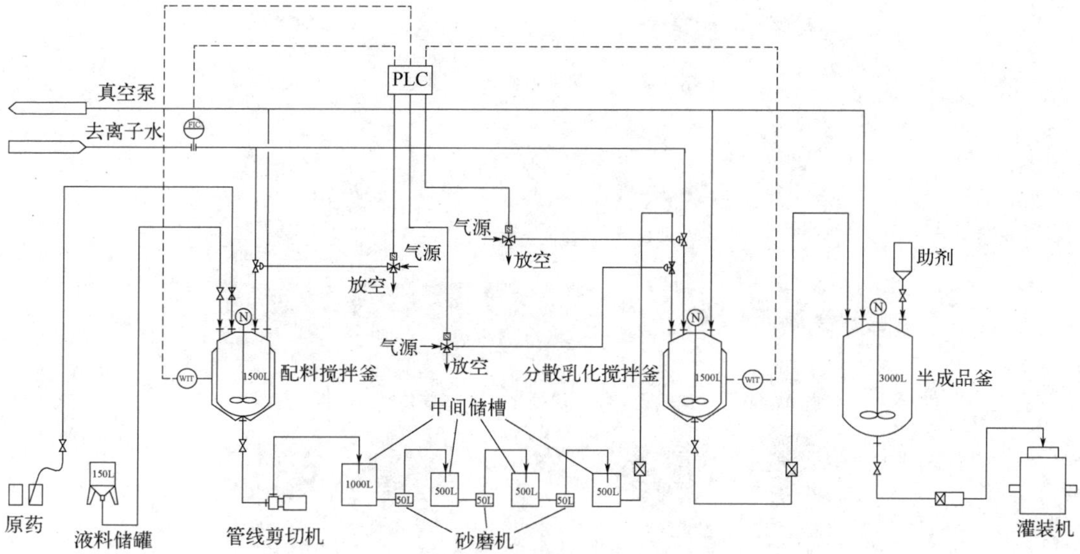

图 4-55　可分散油悬浮剂生产工艺流程图

在实际生产中，一般先泵入油性分散介质、乳化剂和分散剂等液体组分，然后加入有效成分，最后加入增稠剂、稳定剂等其他固体组分。可根据具体产品进行调整，例如，若砂磨低含量、低黏度的可分散油悬浮剂，可预留部分分散介质，在砂磨至规定细度后进行均质混合即可；若配方中的增稠剂不需要砂磨，也可在砂磨后进行添加后混合。根据小试配方及工艺研究，若物料加入的先后顺序对产品的性能有影响，应按照特定顺序逐个投料。应充分考虑人工、能耗、损耗等生产效率相关因素，结合产品中各组分的特性、生产设备的实际情况等，优化投料顺序和操作工艺。

(2) 可分散油悬浮剂的生产设备

① 搅拌和剪切设备。加工可分散油悬浮剂过程中，较为重要的加工工艺为混合、剪切分散和砂磨。其中，混合工艺为固液相的分散，即通过搅拌使固体颗粒在油相中均匀地悬浮起来，该步骤常用的设备为搅拌设备。按搅拌时产生的流型进行分类，可分为轴流型和径流型。轴流型就是搅拌时液体向平行于主轴的方向流动；径流型就是在搅拌时液体向径向流动。可分散油悬浮剂生产中多以锚式、锚式+桨叶式、马蹄式等为主。具体种类见图 4-56。

在可分散油悬浮剂砂磨前，由于原药固体颗粒普遍偏大，为了便于研磨和提高效率，通常需要进行预分散，该过程中使用的设备为剪切分散设备。其具有减小颗粒尺寸、分散物料等作用，在可分散油悬浮剂加工过程中非常重要。

搅拌设备和剪切分散设备的选择、搭配及其工作时间对可分散油悬浮剂的加工具有重要影响，与产品的均匀度、砂磨效率、产品质量等密切相关。合适的搅拌和剪切设备和工艺，可使固液分散体系更加均匀，避免了物料不匀导致的砂磨效率不均，造成粒径分布较宽、含量不匀等。同时，剪切分散能够对某些大颗粒起到预粉碎作用，从而提高后续砂磨的效率。另外可保证后端调制产品的均匀性，保证产品的稳定性。

具体选择有单用剪切设备，或是搅拌设备和剪切设备搭配使用，其中又包括剪切机的安装方式，如釜上、釜中和釜底。并根据实际情况考虑是否安装管道剪切乳化机协助分散。具体安装类型见图 4-57。

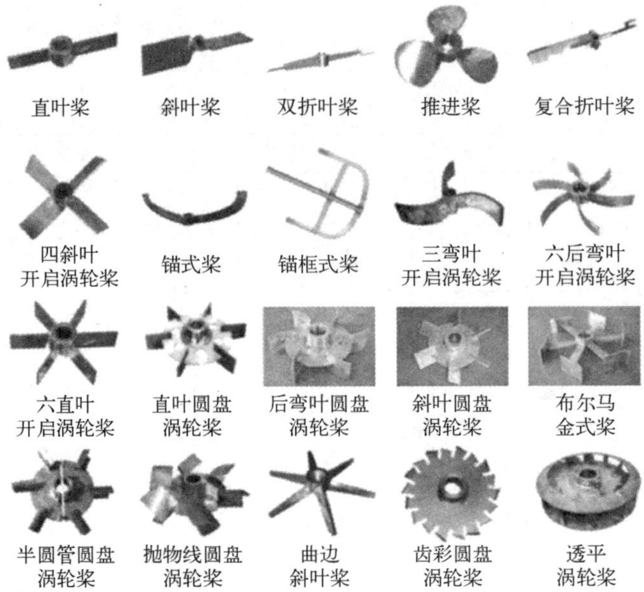

图 4-56　常见搅拌器种类

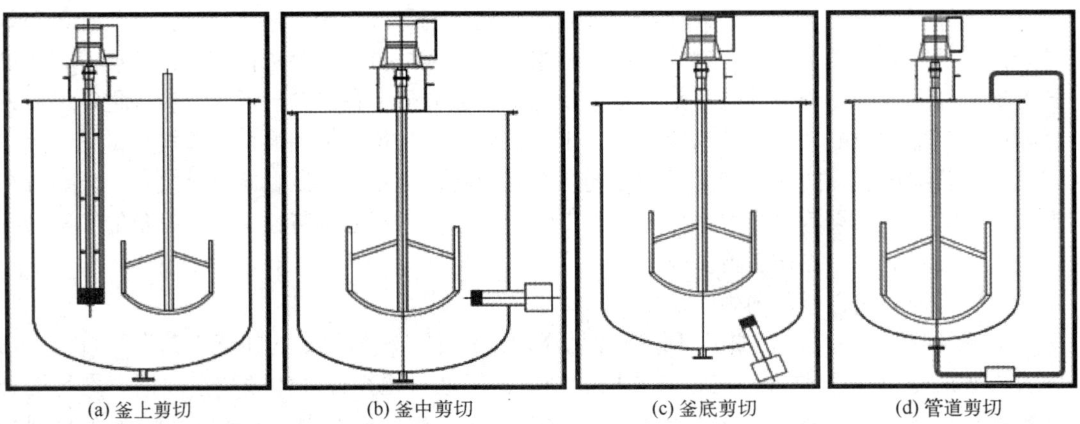

图 4-57　剪切机常见的几种安装方法

② 砂磨机及砂磨介质。

a．砂磨机。砂磨机是利用研磨介质之间的挤压力和剪切力来完成研磨过程的。早期使用的砂磨机多为立式开放式，生产、维修和操作方便，目前仍在使用，其缺点是粉碎效率低，原因在于高速分散的分散盘会将大量的空气分散到悬浮剂中，造成体积膨胀，需加大量的消泡剂加以解决。目前，我国使用的砂磨机主要有 3 种机型：立式开放式、立式密闭式和卧式砂磨机，以卧式砂磨机使用居多，卧式砂磨机特别适合分散研磨黏度高而粒度要求细的产品，材质分为碳钢和不锈钢。卧式砂磨机是利用料泵将经过预分散的固-液相混合物料输入筒体内，物料和筒体内的砂磨介质一起被高速旋转的分散器搅动，从而使物料中的固体微粒和研磨介质相互间产生更加强烈的碰撞、摩擦和剪切作用，达到加快磨细微粒和分散聚集体的目的。研磨分散后的物料经过动态分离器分离研磨介质，从出料管流出。介质分离系统是砂磨机的一个重要组成部分，它的功能是将已磨过的物料与砂磨介质分离开。常用的介质分离器分为静态和动态的分离器，静态分离器不能使用很小的砂磨介质，且容易磨损，物料容易堵塞。动态分离器，可以使用很小的介质，研磨效率高，磨损低，不容易堵塞。砂磨介质分离系统的进步与产品细度要求的提高密切相关。随着对产品细度要求的不断提高，使用研磨介质的尺寸越来越小。小尺寸研磨介质的分离是砂磨机研发中最难解决的难题之一。传统砂磨机使用的缝隙环及静态筛很难分离小尺寸介质，所以越来越多的砂磨机使用动态离心分离系统。分离转子带动介质旋转而产生的离心力使介质被甩向转子外周围，而转子中心主要是浆料，而将分离筛网布置在转子中心，浆料可以顺利地通过筛网缝隙而流出，不会发生堵塞及磨损。

砂磨粉碎效率与研磨介质，分散盘形状、数量，组合方式，分离系统有关。(a) 研磨介质是破碎过程中能量的中介体，所有介质研磨效率及产品品质都与介质的种类、尺寸、密度、填充率有关。(b) 分散盘结构。根据物料的性质，选择分散盘的形状、数量并确定排列组合。分散盘有多种形状，基本形状有圆盘状、藕片状、风车状三种，各有不同效用，须适当配合、及时调整，特别要与物料的黏度、浓度相适应。(c) 分离系统。研磨介质分离系统是砂磨机的重要组成部分，其作用是将研磨过的物料与研磨介质分开，目前常用的分离系统有静态分离系统和动态分离系统，静态分离系统在使用小研磨介质时容易出现堵塞，动态分离系统，可使用很小的介质，研磨效率高，砂磨机出口不堵塞。

b. 砂磨介质。目前常用的砂磨介质有玻璃珠和锆珠两种。锆珠常见的有硅酸锆珠、氧化锆珠。氧化锆珠具有高硬度、高强度、高韧性、极高的耐磨性和耐化学腐蚀性等优良的物理性能。使用稀土氧化钇作稳定剂，采用高白度、高细度的原材料确保不污染物料。氧化锆珠密度大，效率高，寿命长，一般使用 18 个月才需补充一次，已被大量的农药厂家使用。硅酸锆珠中等密度和硬度适合中低黏度浆料的研磨和分散，可匹配大部分的砂磨机，为通用型的研磨介质。玻璃珠密度小、研磨效率低、消耗量大，但仍为少数农药厂家使用。可分散油悬浮剂砂磨中，不宜采用玻璃珠，玻璃珠易引起可分散油悬浮剂砂磨后变色。因此，可分散油悬浮剂的生产建议采用锆珠。

在可分散油悬浮剂的生产中，采用氧化锆珠砂磨效率高，但对设备有一定要求，若砂磨机桶体材质硬度不够，易对砂磨机造成损伤，一些桶体材质硬度较好的砂磨机可以采用氧化锆珠。硅酸锆珠硬度适中，与氧化锆珠相比，砂磨效率要低一些，但对砂磨机桶体材质要求不高，对砂磨机磨损较小。

砂磨珠粒径的选择应根据砂磨机分离筛网孔径的大小和物料的细度来选择，一般为三级砂磨，采用不同大小的粒径，一级砂磨 1.0～1.2mm，二级砂磨 0.8～1.0mm，三级砂磨 0.6～0.8mm，可根据砂磨机的性能做适当调整。

综上所述，砂磨介质的选择应结合物料的性质、砂磨效率、设备的性能、对设备的磨损等方面综合考虑，选择适合的材质、合适粒径的砂磨介质。

③ 均质混合器。均质混合器是通过高速冲击、剪切和摩擦等作用以实现对物料破碎和匀化的设备，主要起预分散和预粉碎的作用，通常用于制备粗分散液。其基本原理是物料在高速流动时的剪切效应、高速喷射时的撞击作用、瞬间强大压力降时的空穴效应三重作用下，使物料达到超细粉碎，从而使互不相溶的固-液混悬液均质成固-液分散体系。均质混合器主要由柱塞泵以及与其组合的泵体和均质阀组成。柱塞泵的作用是以 0.25～0.5m/s 的低速将具有一定黏度的物料吸入泵体，通过与均质阀连接的调压装置对均质系统调压，并对物料加压，使物料粉碎和匀化。在现代农药水悬浮剂和可分散油悬浮剂加工中，均质混合器的使用越来越多。

(3) 砂磨机运行参数

① 砂磨机的流量。影响产品细度、产量以及粒度分布。

② 搅拌轴线速度。影响研磨效率、物料及磨损。线速度的大小影响砂磨介质施加给物料颗粒的动能强度，一般为8～15m/s。

③ 介质尺寸。影响研磨效率、产品细度。砂磨机使用的研磨介质多为圆球。直径越小，单位体积中装填的介质数目越多，砂磨珠之间接触点就越多，在研磨时间相同情况下产品细度提高。过小的砂磨介质往往引起砂磨机出口分离器的堵塞，所以，砂磨机分离器的结构及缝隙宽度决定介质尺寸大小。一般情况下，砂磨介质直径为砂磨机分离器缝隙宽度的2～4倍。

④ 介质填充率。影响研磨效率、产品细度。研磨介质填充率对砂磨机的研磨效率有着直接的影响，研磨介质填充率越大，研磨介质接触频率就越大，分散研磨能力也越大，在相同研磨时间内产品粒径就越小。卧式砂磨机的装填率一般在80%～85%最为理想。当充填率超过85%时，会产生“珠磨珠”的现象，磨室内的温度迅速上升，磨损急剧增加。砂磨介质装填率过低，研磨效率低，磨损加剧，研磨时间长。

⑤ 介质相对密度。影响研磨效率、产品细度。

⑥ 冷却水。冷却水温度是对砂磨机的研磨效率起重要作用的因素之一。研磨介质在剧烈运动情况下，彼此之间以及与机器内壁在冲击力、摩擦力的作用下，机械能转化为热能，产生大量的热量，随着温度的升高，物料会发生凝集，成品粒子的质量会下降。因此，冷却水温度直接影响研磨室内的工作温度，从而影响研磨效率。有研究指出，在其他条件相同的情况下，使用15℃冷冻水的研磨效率比使用22℃循环水处理高34%，因此，在条件允许的情况下，应尽量降低冷却水的温度。

⑦ 物料黏度。建议在允许情况下尽量提高物料黏度，以降低磨耗。

（三）可分散油悬浮剂生产中的注意事项

可分散油悬浮剂的生产与悬浮剂的生产有相似之处，加工过程和所需设备基本一致。可分散油悬浮剂的生产中，也应关注安全生产，包括充分了解各组分的MSDS数据；注重生产装置的清洁，避免交叉污染；建立规范的操作规程，明确生产过程中的注意事项；严格管理生产中的废弃物，应按照环保要求处理等。可分散油悬浮剂的生产中，还应对以下三个方面进行重点关注。

（1）水分的控制　若可分散油悬浮剂的企标中制订了水分这一指标，或者可分散油悬浮剂中的有效成分对水敏感，可分散油悬浮剂在生产过程中应严格控制水分，包括原材料水分的控制、生产设备水分的控制等。

（2）投料顺序　工业化生产时应考虑投料顺序对产品性能有无影响，是否方便操作等问题。例如，增稠剂的添加顺序，若增稠剂经过剪切后即可在体系中分散开来，在不影响产品性能的前提下，可考虑在加入原药前添加，可有效防止原药粒子快速沉降到投料釜底部，造成生产上的不便。有机膨润土等需要砂磨后才能在体系中完全分散开，起到增稠作用；也有部分产品只需要剪切便可以充分分散在体系中，起到增稠作用。

（3）关注放大效应　可分散油悬浮剂的加工过程中伴随着质量、热量及动量的传递过程，这些过程与生产规模有关，也就是说从实验室的小试配方到工业化生产，可能会出现不同的现象，比较容易出现的现象有产品质量与小试样品差别较大，例如黏度增大、乳化分散性变差等。在砂磨过程中易出现的问题有体系温度过高、物料输出不顺畅、砂磨机电流过载等情况。因此，在工业化生产前，若条件允许，应进行小规模放大试验，考察在不同规模条件下各种工艺参数的范围，提前发现并解决放大效应带来的问题，降低工业化失败的概率。有效的放大需要对原材料特性和工艺路线进行完整的描述，并对影响工艺可测量的所有实验室和生产数据进行估算。工艺放大试验，不仅是可分散油悬浮剂生产中一个重要组成部分，还是衡量检验工艺路线可行性的关键步骤。关于可分散油悬浮剂生产中的放大效应，每个产品可能出现的情况不一致，只能通过反复的试验和经验积累来预估可能出现的问题并在工艺设计时尽量避免。

七、可分散油悬浮剂的性能指标及检测方法

FAO 关于兑水使用的可分散油悬浮剂 OD（oil-based suspension concentrate）规定的质量控制指标有：有效成分及含量、相关杂质、酸碱度或 pH 值范围、倾倒性、分散稳定性、湿筛试验、持久起泡性、粒度、黏度、贮存稳定性（低温和热贮）。结合目前国内农药可分散油悬浮剂的产品质量、使用情况等，应重点关注可分散油悬浮剂的以下性能。

1．pH 值

有效成分不同，对体系 pH 值范围的要求不同，例如硝磺草酮在酸性条件下较稳定，所以硝磺草酮的 pH 值应在 3 左右为好。体系的 pH 值除满足企标等标准的规定外，应利于保持有效成分的稳定。

按照 GB/T 1601—2023 方法测定：称取 1g 样品，转移至 100mL 的量筒中，加蒸馏水至 100mL，强烈摇动 1min，使悬浮液静置 1min，然后测定上清液的 pH 值。

2．水分

在企业标准制定和实际配方开发中，应充分考虑水分对体系的影响。若有效成分对水敏感，例如烟嘧磺隆遇水易分解，应将水分作为质控指标，严格控制。一般要求水分含量不超过 0.5%，按照 GB/T 1600—2021 方法测定。

3．悬浮率

按照 GB/T 14825—2023 中 4.3 进行。称取一定量的试样（精确至 0.0001g），将剩余 1/10 悬浮液及沉淀物转移至 100mL 容量瓶中，用流动相分 3 次将 25mL 剩余物全部洗入 100mL 容量瓶中，在超声波下振荡 5min，恢复至室温，定容，摇匀，过滤后测定有效成分含量，计算其悬浮率。

4．湿筛试验

按 GB/T 16150—1995 中的“湿筛法”进行测定。

5．持久起泡性

参照 HG/T 2467.5—2003 中 4.11 中方法测定。在量筒中加入 180mL 标准硬水，在量筒中称入试样 1.0g（精确至 0.1g），加标准硬水至距离量筒塞底部 9cm 的刻度线处，盖上塞子，以量筒底部为中心，上下颠倒 30 次（每次 2s），放在试验台上静置 1min，记录泡沫体积。

6．分散稳定性

可分散油悬浮剂需兑水使用，在水中需要有良好的乳化、分散及悬浮性能，才能保证药效发挥。其分散稳定性与体系中助剂的选择有很大的关系，应选择高性能的乳化剂、分散剂等，以达到良好的分散稳定性。另外，应特别关注水质、水温对其分散稳定性的影响，目前我国农药实际使用时，大部分采用井水或河水，每个地区的水质、水温不同。水中离子含量高、水温低均不利于可分散油悬浮剂的分散、乳化及悬浮性能。

在室温下，分别向两个 250mL 刻度量筒中加标准硬水至 240mL 刻度线，用移液管向每个量筒中滴加试样 5g（或其他规定数量），滴加时移液管尖端尽量贴近水面，但不要在水面之下。最后加标准硬水至刻度。佩戴布手套，以量筒中部为轴心，上下颠倒 30 次，确保量筒中液体温和地流动，不发生反冲，每次颠倒需 2s（用秒表观察所用时间），用其中一个量筒做沉淀和乳膏试验，另一个量筒做再分散试验。

（1）最初分散性　观察分散液，记录沉淀、乳膏或浮油情况。

（2）放置一定时间后分散性

① 沉淀体积的测定。分散液制备好后，立即将 100mL 分散液转移至乳化管中，盖上塞子，在室温下（23℃±2℃）直立 30min，用灯照亮乳化沉淀体积（精确至±0.05mL）。

② 顶部乳膏（或浮油）体积的测定。分散液制备好后，立即将其倒入乳化管中，至离管顶端 1mm，戴好保护手套，塞上带有排气管的橡胶塞，排除乳化管中所有空气，去掉溢出的分散液，将乳化管倒置，在室温下保持 30min，没有液体从乳化管排出就不必密封玻璃管的开口端，记录已形成的乳膏或浮油的体积。测定乳化管总体积，并以式（4-16）校正测量出的乳膏或浮油的体积。

$$F = \frac{100}{V_0} \tag{4-16}$$

测量乳膏或浮油的体积时的校正因子，按式（4-17）计算：

$$V_3 = F \times V_2 \tag{4-17}$$

式中　F——乳化管总体积的校正因子；

V_0——乳化管总体积；

V_2——测量的沉淀体积和乳膏或浮油的体积；

V_3——测定沉淀体积和乳膏或浮油的体积。

（3）重新分散性测定　分散液制备好后，将第二只量筒在室温下静置 24h，按前述方法颠倒量筒 30 次，将分散液加到另外的乳化管中，静置 30min 后，按前述方法测定沉淀体积和乳膏或浮油的体积。

最初分散性　　分散完全；

一定时间后分散性（30min 后）　　沉淀≤5mL

乳膏或浮油≤3mL；

重新分散性（24h 后）　　沉淀≤1mL

乳膏或浮油≤2mL。

测定结果符合上述要求为合格。

7．倾倒性的测定

按 GB/T 31737—2015 方法测定。混合好足量试样，及时将其中的一部分置于已经称量的量筒中（包括塞子）（精确至 0.01g），装到量筒的 8/10 处，塞紧磨口塞，放置确定的时间（24h）。打开塞子，将量筒由直立位置旋转 135° 倾倒 60s，再倒置 60s，重新称量量筒和塞子（精确至 0.01g）。

将相当于 80%量筒体积的水（20℃）倒入量筒中，塞紧磨口塞，将量筒颠倒 10 次后，按上述操作倾倒内容物，第三次称量量筒和塞子（精确至 0.01g）。按式（4-18）、式（4-19）进行计算。

$$w_1 = \frac{m_2 - m_0}{m_1 - m_0} \times 100\% \tag{4-18}$$

$$w_2 = \frac{m_3 - m_0}{m_1 - m_0} \times 100\% \tag{4-19}$$

式中 w_1——试样倾倒后的残余物的质量分数， %；

w_2——洗涤后的残余物的质量分数，%；

m_2——倾倒后，量筒、磨口塞和残余物的质量，g；

m_0——量筒、磨口塞恒重后的质量，g；

m_1——量筒、磨口塞和试样的质量，g；

m_3——洗涤后，量筒、磨口塞和残余物的质量，g。

8．贮存稳定性

贮存稳定性是农药制剂产品的一项重要指标，它直接影响产品的货架寿命。可分散油悬浮剂在贮存一段时间后，易出现分层、凝固、沉淀等现象，影响使用，应选择适宜的助剂来保证体系的物理稳定性，延长其货架寿命。此外，有效成分在贮存过程中，易分解从而导致药效下降，应通过调整 pH 值或添加稳定剂等，抑制有效成分的分解。

（1）低温稳定性。按 GB/T 19137—2003 中“悬浮制剂”进行，湿筛试验仍符合标准要求为合格。

（2）热储稳定性。按 GB/T 19136—2021 中“液体制剂”进行，热贮后（54℃±2℃）14d 有效成分质量分数不低于贮前的 95%，悬浮率仍应符合标准要求为合格。

除此之外，流动性是可分散油悬浮剂的重要质量指标之一，它对加工、分装、使用均有很大的影响。若流动性不好，则容易造成砂磨过程不顺畅，分装困难，使用时难以倒出等问题。影响可分散油悬浮剂流动性的因素主要是有效成分及其含量以及制剂的黏度，有效成分含量越高，则体系中的固含量越高，黏度越大，流动性越差。另外，增稠剂对体系的流动性和分散乳化性能影响很大，应避免添加过多的增稠剂，以避免引起可分散油悬浮剂的黏度太大，流动性及分散乳化性能变差。另外，温度对可分散油悬浮剂的流动性也有较大的影响，通常在低温条件下，体系黏度会变大，流动性变差。若体系的稳定性较差，在高温条件下，黏度也有增大的可能，严重时可能引起固化。

八、可分散油悬浮剂开发实例

（1）试验材料　五氟磺草胺原药（95%），油酸甲酯，气相法白炭黑，有机膨润土 ODGel-05，乳化剂 OD21（无水钙盐 500#、壬基酚聚氧乙烯醚复配混合物），乳化剂分散剂 OE08（聚羧酸酯、醇醚、琥珀酸酯复配混合物），乳化分散剂 3462、3473（阴非复配混合物），乳化分散剂 GY-ODE286（阴非复配混合物），乳化分散剂 HDB 68T（改性阳离子铵盐、嵌段聚醚复配混合物），乳化分散剂 8353（阴非复配混合物），乳化分散剂 OME，乳化分散剂 D600（环氧乙烷加成物、阴离子混合物）、分散剂 550LN（聚丙烯酸酯），乳化分散剂 500LQ，分散剂 560EP（琥珀酸盐阴离子分散剂），分散剂 BREAK-THRU DA655（有机改性聚合物），分散剂 G-201（纳米聚合物），分散剂 PD7000（改性阳离子分散剂），分散剂 1269（特殊聚甲基丙烯酸酯骨架结合 EOPO 聚醚）、GS-1（多元聚羧酸盐），分散剂 SOLSPERSE 20000（氨基酸酯共聚物），分散剂 Soprophor FD，分散剂 TERSPERSE 2510，pH 调节剂。

（2）试验仪器　BGD 750 砂磨机，分析天平 BT25S 型，均质机 T-25，溶剂型激光粒度仪 BT800N，显微镜 SJ-U500，高效液相色谱仪 Agilentl 100Series，流变仪 Discovery HR-2。

（3）性能测试方法

① 有效成分含量测定。采用 HPLC 法测定五氟磺草胺的有效成分含量。

② pH 值的测定。按 GB/T 1601—2023 方法测定。

③ 悬浮率。按 GB/T 14825—2023 方法测定。

④ 倾倒性的测定。按 CIPAC MT 148.1 方法测定。

⑤ 分散稳定性的测定。按 GB/T 28155—2011 方法测定。

⑥ 湿筛试验测定。按 GB/T 16150—1995 中“湿筛法”测定。

⑦ 持久起泡性的测定。按 GB/T 28137—2011 方法测定。

⑧ 粒径分布。用溶剂型激光粒度仪 BT800N 进行测试，要求 D_{90} 小于 5μm。

⑨ 低温稳定性测定。按 GB/T 19137—2003 方法测定。

⑩ 热储稳定性测定。按 GB/T 19136—2021 方法测定。

⑪ 流动曲线测定。流动曲线测定仪器为 Discovery HR-2，设定剪切速率为 0～1600/s，测试温度为 25℃，循环扫描时间为 180s。相关拟合由 Origin 2017 32 Bit 处理。

（4）乳化剂种类的筛选　乳化剂在乳油、微乳剂、悬浮剂等剂型中均普遍存在，在油性制剂中乳化剂绝大部分是复配使用，单一的乳化剂单体难以达到好的乳化效果，一般阴离子单体、非离子单体复配使用，乳化剂复配的筛选原则应遵循 HLB 规则，同时要注意乳化剂与油相、水相的相容性。复配乳化剂的选择不仅要考虑对于甲酯油的乳化效果，还要考虑乳化剂对于体系原药颗粒的分散能力。通过离心，观察热贮样品的差异性、悬浮率差异性，筛选合适的乳化剂。将乳化剂、原药、甲酯油按照比例称量，混合均匀砂磨，过筛，装瓶放入（54±1）℃烘箱中，放置 24h 后取出常温放置 36h，观察乳液稳定性、结底情况、析油情况，结果见表 4-17。

表 4-17　乳化剂种类的筛选

序号	乳化剂	乳化性能	（54±1）℃贮存 24h，常温贮存 36h 析油比例/%	结底情况
1	OD21	蓝光效应明显，粒子较细	17.02	无结底
2	OE08	蓝光效应明显，粒子较细	51.06	无结底
3	3462	蓝光效应明显，粒子较细	15.20	存在明显结底
4	3473	蓝光效应明显，粒子较细	24.44	无结底
5	1100	蓝光效应明显，粒子较细	13.04	无结底
6	GYODE-286	蓝光效应明显，粒子较细	15.20	无结底
7	D600	蓝光效应明显，粒子较细	23.91	无结底
8	专乳 A	蓝光效应明显，粒子较细	59.09	无结底
9	专乳 B	蓝光效应明显，粒子较细	13.04	存在明显结底
10	HDB-68T	蓝光效应明显，粒子较细	15.30	无结底
11	OME	蓝光效应明显，粒子较细	44.44	无结底
12	1010	蓝光效应明显，粒子较细	63.40	无结底

由析油与结底情况可以看出乳化剂 OD21、1100、GYODE-286、HDB-68T 有较好的初步

分散效果，与体系具有较好的相容性。通过测定4个体系的悬浮率：OD21体系悬浮率为98.6%，乳化剂1100体系悬浮率为96.32%，乳化剂GYODE-286体系悬浮率为95.4%，乳化剂HDB-68T悬浮率为 91.93%，发现乳化剂 OD21 对于五氟磺草胺具有较好的悬浮作用，特选择乳化剂OD21 作为五氟磺草胺体系的乳化剂。

（5）乳化剂用量的筛选　以 OD21 的使用量为单一变量，测定体系的悬浮率、热贮情况、乳化稳定性、黏度等性能指标，结果见表 4-18 和图 4-58。

表 4-18　乳化剂 OD21 用量的筛选

序号	乳化剂用量/%	悬浮率/%	热贮情况[（54±1）℃，14d]	乳化稳定性
1	9	>99.0	明显结底	有浮油
2	10	97.31	明显结底	有浮油
3	11	>99.0	明显结底	有浮油
4	12	98.09	明显结底	乳化正常
5	13	97.27	明显结底	乳化正常
6	14	>99.0	未见结底	乳化正常
7	15	98.77	未见结底	乳化正常
8	16	>99.0	未见结底	乳化正常
9	17	99.37	未见结底	乳化正常
10	18	97.46	未见结底	乳化正常
11	19	98.66	未见结底	乳化正常
12	20	>99.0	未见结底	乳化正常
13	21	98.37	未见结底	乳化正常
14	22	>99.0	未见结底	乳化正常
15	23	95.42	未见结底	乳化正常
16	24	98.83	未见结底	乳化正常

由图 4-58 可以看出，乳化剂 OD21 用量为 14%时具有较低黏度和较好的流动性，随着乳化剂用量超过 14%黏度开始大幅度增加，这是由于继续增加乳化剂的用量，体系溶剂减少，乳化剂比例相对增加，体系黏度开始增大，所以选择 14%作为乳化剂的用量黏度较低且热贮未见结底，析油较少，相应成本较低。

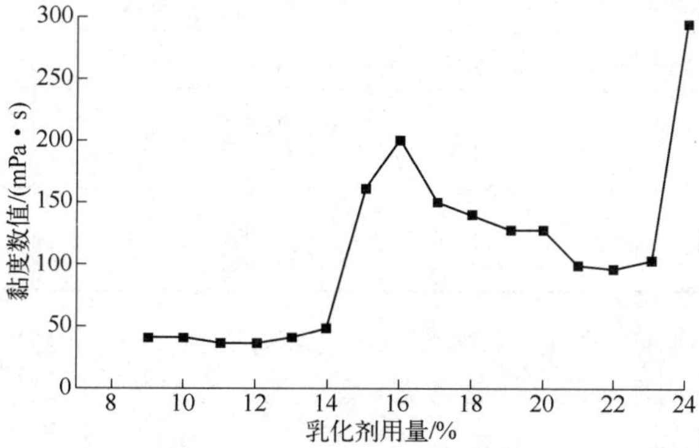

图 4-58　乳化剂 OD21 用量黏度曲线图

（6）增稠剂的筛选　可分散油悬浮剂在贮存过程中易析油，考虑在体系中添加合适的增稠剂，来有效改善析油现象，试验采用悬浮率较高的有机膨润土 ODGel 05 和气相法白炭黑作为体系的增稠剂，由于气相法白炭黑的特殊结构，其用量最佳不超过 1%，试验固定气相法白炭黑的用量为 1%，通过改变有机膨润土的用量，具体见表 4-19。

表 4-19　增稠剂种类的筛选

序号	ODGel 05 用量/%	气相法白炭黑用量/%	析油率/%	黏度/（mPa·s）	热贮结底情况	悬浮率/%
1	2.8	1.0	9.5	47.00	无结底	98.84
2	3.2	1.0	4.5	70.10	无结底	96.68
3	3.6	1.0	3.9	100.00	有结底	94.51
4	4.0	1.0	5.0	128.00	有结底	94.28

随着有机膨润土 ODGel 05 的增加，相应的悬浮率降低，用量为 2.8%时悬浮率最高，但是体系析油较多。结合热贮析油比例、结底情况、黏度、悬浮率等指标，得出该体系有机膨润土 ODGel 05 用量为 3.2%时，综合性能最佳。

（7）分散剂种类的筛选　可分散油悬浮剂在贮存过程中易产生沉淀，需要筛选出合适的分散剂，以改善其物理贮存稳定性。另外为了提高五氟磺草胺实际使用时的有效悬浮率，应在体系中添加合适的用于水体系的分散剂。采用 9 种不同的分散剂，通过比较体系的热贮情况、黏度、离心情况、悬浮率得到较为合适的分散剂，结果见表 4-20。

表 4-20　分散剂种类的筛选

分散剂	主要成分	用量/%	热贮情况	黏度/（mPa·s）	离心情况	悬浮率/%
—	—	—	轻微结底	189	结底严重	97.16
560EP	琥珀酸阴离子	2.0	轻微结底	52	结底严重	>99.00
SOLSPERSE 2000	氨基酸酯共聚物	2.0	轻微结底	62.3	结底严重	≥99.00
D600	环氧乙烷加成物阴离子混合物	2.0	轻微结底	68.4	结底严重	96.22
550LN	聚丙烯酸酯	2.0	轻微结底	156	结底严重	96.30
DA655	非离子改性聚醚	2.0	轻微结底	38.4	结底严重	94.84
G-201	纳米级高分子分散剂	2.0	轻微结底	51.6	结底严重	95.78
PD7000	改性阳离子	2.0	轻微结底	55.4	结底严重	96.91
1269	多烷基结构分散剂	2.0	无结底，析油严重	171	分层严重，轻微结底，流动性好	95.47
GS-1	多元聚羧酸盐	2.0	无结底，流动性差	176	无结底，轻微分层，流动性差	96.24

由表 4-20 可以看出，分散剂 1269 体系具有较好的流动性，但分层严重，分散剂 GS-1 体系稳定性较好，但流动性较差，综合考虑黏度、离心稳定性、热贮结底情况，选择分散剂 1269 与分散剂 GS-1 复配。

（8）分散剂比例的筛选　基于以上试验，对分散剂的比例进行筛选，具体见表 4-21。

表 4-21　分散剂比例的筛选

分散剂比例（1269:GS-1）	黏度/（mPa·s）	流动性	贮存稳定性	粒子是否聚集	热贮后 D_{90}/μm	乳液稳定性
1∶1	44.4	好	明显结底，上层流动性较好	粒子未见聚集、交联	11.2	稳定
1∶2	37.6	好	结底，流动性较差	粒子未见聚集、交联	14.7	稳定
1∶3	172	差	无结底、流动性差，析油率低于 5%	粒子未见聚集、交联	9.8	稳定
2∶1	112	好	无结底、析油较少，流动性好	粒子未见聚集、交联	4.0	稳定
3∶1	50.6	好	结底，且析油较多	粒子长大	20.9	稳定
1269 2%	188	差	析油较多、轻微结底	粒子长大	24.5	有浮油
GS-1 2%	252	差	流动性较差，几乎不流动	粒子未见聚集、交联	19.3	有浮油

由表 4-21 可知：分散剂 1269 与分散剂 GS-1 比例为 2∶1，即用量为 1269 1.33%，GS-1 0.67% 体系流动性较好，无结底，且析油较少，粒径较小，热贮后粒子未见聚结。

（9）配方的确定　通过试验，最终确定 5%五氟磺草胺可分散油悬浮剂的较优配方为：

五氟磺草胺（折百）　5%
ODGel 05　3.2%
气相法白炭黑　1%
OD21　14%
1269　1.33%
GS-1　0.67%
油酸甲酯　补足至 100%

其典型性能见表 4-22。

表 4-22　5%五氟磺草胺可分散油悬浮剂指标测定结果

项目	指标	测定结果			平均值
		1	2	3	
含量/%	5.0±0.25	5.08	5.04	5.05	5.06
pH 值	5.0～8.0	6.52	6.49	6.47	6.50
悬浮率/%	≥90	94.90	95.37	95.86	95.38
湿筛试验/%	≥98	99.5	98.9	99.2	99.2
持久起泡性/mL	≤25	2.5	2.7	2.6	2.6
D_{90}/μm	≤5	4.0	3.8	3.7	3.8
分散稳定性	合格	合格	合格	合格	合格
冷贮稳定性（0℃±2℃，7d）	合格	合格	合格	合格	合格
热贮稳定性（54℃±2℃，14d）	合格	合格	合格	合格	合格

九、可分散油悬浮剂的发展展望

（一）存在问题

近年来，国内登记产品中涌现了一批可分散油悬浮剂产品，随着可分散油悬浮剂的广泛应用，其问题也逐渐凸显出来，主要表现在以下四个方面：

（1）理论研究很少。关于可分散油悬浮剂的文献报道较少，且大部分着重于药效表现，对可分散油悬浮剂开发相关理论基础研究很少报道。关于以水为介质的悬浮剂体系中分散稳定的作用机理研究较多，目前可分散油悬浮剂研究中只能借鉴悬浮剂的相关理论，然而由于以水或有机相为介质的体系相差甚远，可分散油悬浮剂的研究开发中并不能直接套用悬浮剂中的作用机理。

（2）可分散油悬浮剂可供选择的助剂太少。目前大部分的分散剂都是基于水为分散介质而开发的，适用于悬浮剂的分散剂极性太强而不能与可分散油悬浮剂中的分散介质很好地相配伍。近几年，随着可分散油悬浮剂的广泛应用，越来越多的助剂公司才开始关注可分散油悬浮剂相关助剂，但通用性不强。可分散油悬浮剂不仅要将有效成分微粒有效地悬浮在分散介质中，而且要求在实际使用时在水里能很好地乳化分散，并且粒子能悬浮在水溶液体系中。因此不仅要保证粒子在有机分散介质中的悬浮性能，还要保证粒子在水中的悬浮性能和乳化性能。可分散油悬浮剂的分散介质例如植物油、甲基化植物油、矿物油等表面能比较大，很难乳化，现有的乳化剂需要加入较大的量才能达到乳化要求。而可分散油悬浮剂中的分散剂种类稀少，且通用性不强，选择面窄。

（3）现阶段可分散油悬浮剂研制过程中技术要点还不明确，技术人员往往套用水悬浮剂中的理论，使得农药可分散油悬浮剂的研发工作很难有较大的突破。

（4）分散介质质量参差不齐。目前，甲酯化植物油为国内常用的分散介质，国产甲酯化植物油的质量良莠不齐，因部分原料来源于地沟油等回收物，且在生产过程中尚不具备高效的分离、纯化能力，没有标准化的作业流程，导致批次之间差异较大，因而加大了可分散油悬浮剂配方开发和生产的难度。

基于以上原因，当前可分散油悬浮剂的研究进展缓慢，并且开发出来的可分散油悬浮剂也存在贮存稳定性差、易分层、结块及在水中的分散性能差等悬浮稳定性问题。极大制约了可分散油悬浮剂的发展速度。

（二）发展前景

当今农药剂型发展的主题是化学农药制剂的绿色化，可分散油悬浮剂用植物油或矿物油等环保溶剂作为分散介质，且生产使用过程与悬浮剂类似，无粉尘污染，已成为当今农药剂型的重要发展方向，主要有以下五个原因：

（1）对于一些在水中易分解的有效成分，例如磺酰脲类除草剂、二硫代氨基甲酸酯和盐类杀菌剂，只能制备成水分散粒剂或可湿性粉剂，然而这两种剂型在生产过程中有大量粉尘产生，且粒径较大，影响药效发挥。将此类有效成分制备成可分散油悬浮剂既能有效解决其化学稳定性问题，又能和悬浮剂一样，粒子直径变小，利于药效发挥，且避免生产和使用过程中的粉尘污染。

（2）两种有效成分复配时，一种是液体，另一种是固体，尤其固体有效成分在原药中的溶解性较差时，选择一个相对易于开发且环保的剂型难度较大。可分散油悬浮剂有很好的兼容性，可实现液体有效成分和固体有效成分复配。

（3）对于一些亲脂性很强的农药有效成分，例如多菌灵、苯菌灵、甲基硫菌灵等，很难渗透表皮进入作物内部组织，因而难以发挥它们固有的内吸作用。制备成可分散油悬浮剂能显著地提高其渗透性和内吸性，有利于药效发挥。

（4）可分散油悬浮剂中的介质，例如油酸甲酯等，搭配乳化剂即可用作增效剂，若单独包装，生产、包装、运输、贮存过程都会增加成本，直接将有效成分制备成可分散油悬浮剂，无需添加其他增效剂，更加经济。

（5）可分散油悬浮剂是水基化、颗粒化绿色制剂的补充，生产工艺相对简单，基本与悬浮剂相同；而且不需加入其他增效剂，绿色环保，经济适用，可分散油悬浮剂具有界面性能好、附着渗透强、药效高的优点，同时非常适合无人机超低容量喷雾，具有良好的发展前景。

第十一节　种子处理剂

古往今来，粮食安全都是国家发展的“定海神针”。后疫情时代，世界粮食发展与安全格局发生新变化。稳定发展粮食生产，持续解决好吃饭问题，是治国理政的头等大事。作为农业的“芯片”，种子重要性不言而喻——没有它们，很多生命都无法存在。“种子是我国粮食安全的关键”，而粮食是关系国计民生和国家经济安全的重要战略物资，也是人民群众最基本的生活资料，因此确保种子安全符合国家的战略要求。

种子作为农业生产的重要资料，由于其幼嫩且抵抗力较低，有700多种病虫害可通过种子传播，造成田间严重危害和外来生物入侵，出现种子纯度、贮藏、发芽和出苗问题，引起产中病害，产量损失可达10%～30%，重则绝收。种子健康对作物生产和粮食安全具有极其重要的意义，“种子预防保健、作物安全生产”已成为全球作物生产遵循的理念。1993年国际种子检测协会（International Seed Testing Association，ISTA）提出：“种子健康是指种子上的病原生物，如真菌、细菌、病毒，以及线虫、昆虫等有害动物的存在程度很低；同时，种子不缺乏微量元素，生理状况良好。”种子处理是在作物播种前利用物理、化学或生物等因素，对播种材料进行消毒，给予某种刺激或补充某些营养物质等措施的总称。如晒种、浸种、药剂处理、菌肥拌种、种子肥育、微波或辐射处理、层积处理等，因而种子处理是获得健康优质种子、提高播种质量及出苗率等的重要种子保健措施。种子处理剂产品具有杀灭地下和苗期害虫，防治苗期病害和系统性病害，提高种子发芽率，促进种苗健康生长，减少种子用量的功效，最终达到防病治虫、保苗壮苗、提高产量的目的，是一种高效率和经济的产品。

一、种子处理剂概述

（一）定义

种子处理剂（seed treatment formulations），是在种子加工过程中或临近播种前，采用包衣、拌种、浸种或闷种等施药方法对种子进行处理的药剂。种子处理剂又分为种子处理固体制剂和种子处理液体制剂。种子处理固体制剂有两种类型，一种是种子处理干粉剂（powder for dry seed treatment，剂型代码 DS），直接用于种子处理含有有效成分的干粉制剂；另一种是种子处理可分散粉剂（water dispersible powder for slurry seed treatment，剂型代码 WS），用水分散成高浓度浆状含有效成分的种子处理粉状制剂。种子处理液体制剂有三种类型，第一种是种子处理液剂（solution for seed treatment，剂型代码 LS），直接或稀释用于种子处理含有效成分、透明或半透明的液体制剂，可能含有不溶水的惰性成分；第二种是种子处理乳剂（emulsion for seed treatment，剂型代码 ES），直接或稀释用于种子处理含有效成分、稳定的乳液制剂；第三种是种子处理悬浮剂[suspension concentrate for seed treatment（flowable concentrate for seed treatment），剂型代码 FS]，直接或稀释用于种子处理含有效成分、稳定的悬浮液体制剂。通常根据作物种类和各地有害生物（病、虫、鼠等）发生危害的情况选择药剂和处理方法。

在国际上有许多类型和品种的种子处理剂，这主要取决于种子的类型及各国病虫及土壤状况。据文献报道种子处理剂品种有几百种，对于分类标准尚无一致的说法。

（1）按其组成可分为四大类型：①物理型（又称泥浆型）。主要用于小粒种子丸粒化，播种后种子表面药剂崩解速度快，有控制释放作用。其中包括方便播种的种衣剂、抗流失种衣剂、帮助作物移植生长的种衣剂。②化学型（即农药、肥、激素型）。功能上其中包括杀虫杀菌种衣剂、常量元素肥料和微肥种衣剂、除草剂种衣剂（除草剂在种衣剂的应用还处于试验阶段）、复合型种衣剂。③生物型。利用有益微生物为有效成分制成种衣剂处理种子，可防止污染，保护环境。④特异型。用于特定或特殊目的的种衣剂。其中包括蓄水抗旱种衣剂、抗寒种衣剂、逸氧种衣剂、抑制除草剂残效种衣剂。

（2）按功能可分为三大类型：①植保型。即以防治芽期和苗期的主要病虫害为目标而拟定的活性物质配方，形成膜衣包裹在种子表面。②包衣型。一般来说，在某些特殊情况下（如特种作物、特定气候条件或特殊地区）为了保证种子的发芽，而不受周边环境的影响，在种子外表包裹了一层保护层，犹如给种子提供了一个小“宾馆”，为种子发芽初期提供了便利条件，例如：包括防病菌虫害侵入组分、供氧剂、保水剂、养分等。③整形型。主要是针对蔬菜、花卉等价值较高的作物种子进行整形处理，俗称丸粒化，它是种子高度商品化的一种形式。

（3）按使用环境可分为两种类型：①旱田种子处理剂；②水田种子处理剂。

（4）按种子处理剂物理形态分为三种类型：①丸粒化型，固形物含量较高（惰性填料和农药原药含量在 50%以上），用于小粒种子和不规则种子的丸粒化；②悬浮型，固形物含量较低（一般在 1%～50%），外观为均匀流动的悬浮液，用于种子包衣；③干粉型，产品为粉状，使用时须加水稀释，可用于丸粒化和包衣。

（5）按包衣层数分为单层包衣与多层包衣两种。多层包衣主要是指以上所述单一型种衣剂的衣膜按功能多层包衣，另外一种是指丸粒化的制作过程。

（6）按农药加工剂型分：①水悬浮型；②水乳型；③悬乳型；④干胶悬型；⑤微胶囊型；⑥水分散粒剂型等。

（二）特点

农作物良种播种之前，根据可能会发生的芽期、苗期虫害及种传、土传病害，选择药剂品种，对种子进行药剂处理。一层薄薄的药膜保护了种子，犹如穿上了一种外衣。一般处理后的种子在芽期和苗期的近 45d 内不需再施农药，微囊型种子处理剂的缓释作用可持效更久。种子处理剂的使用不仅有效减少了施药次数、节约了劳动力，而且减少了施药的总量。从整体意义上看，可以说推广种子处理技术是植保领域中使用农药方式的一次革命，由于种子处理所耗用农药大幅度减少，防治和增产效果明显，因此属世界公认的要积极推广的环境友好使用方式。推广种子处理技术是我国由传统农业向现代高科技农业过渡的桥梁之一。国际种子处理界的科学家们普遍认为种子处理技术是充分挖掘作物遗传基因潜力的一个重要措施，种子处理既可以为当前的传统作物栽培服务，也是将来以基因工程为基础的现代农业不可缺少的技术措施之一，有着广阔的发展前景。

种子处理剂之所以备受重视，主要是因为与其他施药方式相比具有高效、经济、安全、持效期长和多功能等诸多优点。

（1）高效。指种子处理从农作物的生长发育的起点出发，着重保护种子本身以及作物娇嫩的幼芽期，是体现预防为主的一种施药方式，因而最能充分发挥药剂的效果。

（2）经济。指种子处理的高度目标性，因为药力集中、利用率高，较之叶面喷施、土壤处理、毒土、毒饵等方法省药、省工、省时和省种。与沟施相比，种子处理用药量不及其 15%；与叶面喷施相比，种子处理用药量不及它的 1%。

（3）安全。指种子处理可在小范围内进行，便于实现产业化；药剂隐蔽使用，对大气环境、土壤少污染或无污染；不伤天敌，有利于综合防治，且使作物地上部分的残留量大为减少，因而有助于高毒农药实现低毒化。

（4）持效期长。指种子处理后，药剂一般不易迅速向周围土壤扩散，而是缓慢释放。加之不与土壤广泛接触，又不受日晒雨淋和高温等影响，因而有效成分对病虫害的防治持效期相对延长。

（5）多功能。指种子处理以种子为载体包覆多种有效成分，可以包覆杀虫剂、杀菌剂、生长调节剂、肥料等，实现从多方面促进作物生长，最终起到增产作用。

（三）发展概况

种苗期病虫害发生较重，几乎所有通过种子种植的作物均可使用种子处理剂进行提前处理，如棉花、大豆、花生、小麦、玉米、水稻、谷子、高粱、马铃薯、蔬菜（黄瓜、番茄、芹菜、茄子等）、甜菜、油菜、向日葵、芝麻、西瓜、当归、西洋参、麻类、烟草、牧草、苗木和观赏植物等。

我国劳动生产者在长期的生产实践中积累了丰富的种子保健经验，早在秦汉时期（公元前 221 年～公元 220 年），就有居当时世界领先地位的种子处理技术——溲种法，通过对粟谷种子进行药粪丸粒化包衣，实现抗虫、抗旱和促进丰收。而在当下，商品化的种子作为重要的农业生产资料，大规模的地区间调运频繁出现，对有害生物尤其是检疫性物种的控制对种子处理提出了更高的要求，加之全球对农化产品使用的管制不断加剧，以及消费者对食品农药残留问题的逐渐重视，都对种子处理市场的快速增长起到了推动作用。

20 世纪 80 年代，国外种衣剂已经广泛地应用于种子加工厂。世界各大农用化学品公司也积极开发适用于农户的产品，研制出了一批新型高效的种衣剂产品。国内种子处理剂的真正发展是从 20 世纪 90 年代才开始的。在过去的 20 年里，开发了适宜在不同地区、不同作物防治不同病虫害的一系列品种，并基本形成了具中国特色的种衣剂研究、开发、生产和推广体系。种衣剂的发展，一直保持着较快的发展势头。

目前发展数量较多的为化学型种子处理剂，在美国、日本及欧盟等发达地区被广泛地使用；物理型种子处理剂主要用于种子丸粒化或不规则种子标准化，便于机播和减少播种量，在欧洲的甜菜、烟草、番茄、花卉等农作物生产中物理型种子处理剂发挥了重要作用；生物型种子处理剂目前正在开发中，在美国有些品种已投产应用；用于水稻的逸氧型种衣剂及干旱地区作物种子包衣所用的高分子吸水剂为组分的特异型种子处理剂，也是现今研制开发的热点之一。为了适应不同国家或地区的不同良种处理之需要，种子处理剂的类型和品种将不断扩大和增多。

全球种子处理市场2012年的市值为22.9亿美元，而到2022年，这一数据达到61亿美元，年复合增长率达到10.3%。预计到2027年，种子处理市场将增长到92亿美元。在国内，近年也出现了种子处理剂市场不断升温的现象。传统的种子处理剂企业不断登记新品种，优化制剂的助剂体系并提高质量控制标准，推进产品的更新换代；而另一支力量——大型农化企业和种子公司相继加入种子处理剂产品的开发和生产，为国内种子处理剂市场繁荣和质量提升做出了贡献。

随着社会需求和农药制剂和助剂的不断发展，2010年以来，种子处理剂开始迅速发展，近十年的登记数量总体呈持续增长趋势。截至2022年6月种子处理剂全部登记数量为1055个，而在2019年底，我国登记种子处理剂只有843个，在不到3年时间种子处理剂登记数量增加了200余个。在全部的登记品种中杀菌剂占比最多为448个，杀虫剂次之为337个，杀虫剂/杀菌剂为260个，植物生长调节剂6个，杀虫剂/杀螨剂2个，杀线虫剂/杀菌剂1个，杀线虫剂1个。在2021年登记年度中，种子处理剂登记数量达到151个，杀虫剂/杀菌剂复配品种为61个，占比超过40%，说明以复配为主的“杀虫剂/杀菌剂”逐渐成为主流。

在2021年登记热门品种中，前15名分别是咯菌腈、噻虫胺、噻虫嗪、精甲霜灵、苯醚甲环唑、噻呋酰胺、嘧菌酯、戊唑醇、吡唑醚菌酯、吡虫啉、呋虫胺、咪鲜胺、福美双、灭菌唑、种菌唑。主要登记作物为花生、玉米、小麦、水稻、大豆、棉花、马铃薯等，防治对象主要是根腐病、蚜虫、蛴螬、茎基腐病、恶苗病。

在1055个登记的种子处理剂品种中，悬浮种衣剂640个，种子处理悬浮剂267个，2018年5月1日实施的GB/T 19378—2017《农药剂型名称及代码》取消了“悬浮种衣剂”剂型，要求申请者在不改变产品组成的情况下，可将这2种产品的剂型统一为“种子处理悬浮剂”进行登记。据此，2个剂型合并登记数量为907个，占比85.9%，种子处理悬浮剂因其使用方便、环保、药物附着度高、易于操作越来越受市场欢迎，成为登记中主流剂型。

二、类型

根据我国2017年颁布的新国标《农药剂型名称及代码》(GB/T 19378—2017)，种子处理剂分为种子处理固体制剂和种子处理液体制剂两大类。其中种子处理固体制剂又分为种子处理干粉剂和种子处理可分散粉剂，与原国标（GB/T 19378—2003）相比去除了种子处理可溶粉剂这一剂型。种子处理液体制剂分为种子处理液剂、种子处理乳剂和种子处理悬浮剂，与原国标（GB/T 19378—2003）相比，将悬浮种衣剂和种子处理微囊悬浮剂都并入种子处理悬浮剂。不同于过去版本的国标（GB/T 19378—2003)，新国标分类方法是按照制剂的应用方式进行的，包含的范围更加广泛。新国标分类见表4-23。

表 4-23 新国标《农药剂型名称及代码》(GB/T 19378—2017)中种子处理剂剂型名称及说明

类别	剂型名称	剂型英文名称	代码	说明
种子处理固体制剂	种子处理干粉剂	powder for dry seed treatment	DS	直接用于种子处理含有效成分的干粉制剂
	种子处理可分散粉剂	water dispersible powder for slurry seed treatment	WS	用水分散成高浓度浆状含有效成分的种子处理粉状制剂
种子处理液体制剂	种子处理液剂	solution for seed treatment	LS	直接或稀释用于种子处理含有效成分、透明或半透明的液体制剂，可能含有不溶水的惰性成分
	种子处理乳剂	emulsion for seed treatment	ES	直接或稀释用于种子处理含有效成分、稳定的乳液制剂
	种子处理悬浮剂	suspension concentrate for seed treatment (flowable concentrate for seed treatment)	FS	直接或稀释用于种子处理含有效成分、稳定的悬浮液体制剂

（一）种子处理固体制剂

(1) 种子处理干粉剂指直接用于种子处理的干粉制剂。与农药粉剂类似，不同之处就是不直接喷粉使用，而是直接用于拌种处理，将含药制剂黏附在种子表面形成保护层。如富美实的好年冬®（35%丁硫克百威种子处理干粉剂）即为该类产品，但由于粉剂的安全和环保等方面的问题，目前该类产品较少。

(2) 种子处理可分散粉剂，指用水分散成高浓度浆状的种子处理粉状制剂。与农药可湿性粉剂类似，不同之处就是兑水稀释后不直接喷雾，而是配制成高浓度浆料用于种子处理，将含药制剂黏附在种子表面，起到保护作用。种子处理可分散粉剂是种子处理剂的剂型之一，是农业生产实际中广泛应用的一种具有独特功效的种子处理技术，与种子处理悬浮剂相比，其优势特点主要是有效成分含量高，体积小，节省材料，节约成本，与此同时，由于水悬浮类种子处理剂或悬浮乳剂大部分介质为水，在东北高寒地区容易冻结，不仅影响了制剂本身的物理化学性质，而且对制剂的包装材料要求也更加严格，无形中增加了成本。目前种子处理可分散粉剂其市场销量已经占到了种子处理剂产品总量的 4.4%。该类制剂市场产品有 70%吡虫啉种子处理可分散粉剂等。

（二）种子处理液体制剂

种子处理液体制剂一般包括以下三种类型：水悬浮型、水乳型以及水溶液型。其中，种子处理悬浮剂所占比例最大，一般包括水悬浮型种子处理剂、悬乳型种子处理剂、微胶囊型种子处理剂。

(1) 种子处理悬浮剂，是由有效成分（杀虫剂、杀菌剂、植物生长调节剂、微量元素等）、成膜剂、润湿剂、分散剂、增稠剂、警戒色、填料和水经湿法粉碎而制成的一种可流动的稳定的均匀悬浮液体。种子处理悬浮剂和悬浮剂的主要区别在于种子处理悬浮剂组成中可能含有成膜剂及警戒色，同时，种子处理悬浮剂的配方组分对种子的安全性要优于普通悬浮剂，目前国内的种子处理产品绝大多数都是种子处理悬浮剂。

① 水悬浮型种子处理剂。是目前我国推广种子处理技术使用最广泛、使用量最大的种子处理剂，它是把固体的农药和其他辅助成分超微粉碎成一定细度范围而做成的一种特殊功能的农药水悬浮剂。该类制剂市场产品较多，如 30%吡·萎·福美双种子处理悬浮剂、41%种菌唑种子处理悬浮剂、24.1%肟菌·异噻胺种子处理悬浮剂等。

② 悬乳型种子处理剂是水悬浮型种子处理剂和水乳型种子处理剂的复配剂型。由于部分有效成分的特性所限，如精甲霜灵、咪鲜胺等，只能加工成乳剂与其他成分的悬浮剂相混。该类市场产品有 18%噻灵·咯·精甲种子处理悬浮剂、63g/L 精甲霜灵·咯菌腈种子处理悬浮剂和 27%精·咪·噻虫胺种子处理悬浮剂等。

③ 微胶囊型种子处理剂。是把农药的活性成分包裹在 2～5μm 或者更小直径的高分子小球内，形成微型胶囊，然后再按种子处理剂的要求加工成水悬浮型的或干胶悬型的制剂，具有控制释放的功能，从而可以延长药效，更可靠地确保种子的安全。到目前为止，部分跨国农化公司已成功开发了相关微囊种子处理剂的产品，而我国的农药企业也研发了相关产品并取得良好的市场反馈。该类市场产品有 16%阿维·毒死蜱种子处理微囊悬浮剂、4%咯菌·嘧菌酯种子处理微囊悬浮剂、10%噻虫嗪种子处理微囊悬浮剂等。

(2) 种子处理乳剂，是直接或稀释用于种子处理含有效成分、稳定的乳液制剂。它是把农药以微米级液滴均匀悬浮在种衣剂中，同时配以特殊的成膜材料和渗透剂。它的特点是活性物质的渗透性极强，能迅速穿过质地较为坚硬的种皮而被种子吸收，同时，特殊材料制成的衣膜保证了活性物质的单向渗透，具有特殊的效果。该类市场产品有 47%丁硫克百威种子处理乳剂、350g/L 精甲霜灵种子处理乳剂、39%氟氯·毒死蜱种子处理乳剂等。

(3) 种子处理液剂，是直接或稀释后，含有效成分用于种子处理的透明或半透明的液体制剂，可能含有不溶于水的惰性成分。该类市场产品相对较少，主要有 32%精甲·噁霉灵种子处理液剂、1%谷维菌素种子处理液剂、1%吲丁·萘乙酸种子处理液剂等。

种子处理剂研发涉及农药化学、农药制剂学、物理化学、化工机械等多个学科，研究和制造技术比较复杂。从种子保健的角度来讲，杀虫活性和杀菌活性是种子处理剂的两项最基本的功能，而从制剂加工角度，现在我国种子处理液体制剂 90%以上是种子处理悬浮剂，许多理论可以借鉴一般的农药悬浮剂。后面将重点介绍与种子处理悬浮剂的研发和应用相关的理论和技术。

三、种子处理悬浮剂配方开发的理论基础

(一) 农药有效成分的作用

(1) 作用特点　种子处理悬浮剂的有效成分对种子和幼苗的保护具有如下三个特点：种子的保护屏障、内吸传导作用、活性组分的控制释放作用。

① 种子的保护层。使用药剂处理种子后播入土壤，种子表面的药剂对带菌的种子有消毒作用，对种子外部土壤中的病原侵染和害虫危害也起着阻隔和屏障的作用。

② 内吸传导作用。具有内吸传导活性的药剂可通过种皮吸收向种内传导，当种子萌发后，随着植物蒸腾液流向顶传导，在植物体内再分配至病原物的侵染位点附近，阻止病原菌的侵染和扩展，或者到达害虫的危害部位，通过害虫取食植物进入虫体发挥作用。

③ 活性组分的控制释放作用。种子处理悬浮剂内含成膜剂和交联剂，活性组分被固定在聚合网格上。药膜在土中遇水只能吸胀而几乎不被溶解，在地下形成一个持续供药的微环境，

有效成分可缓慢释放，然后被植物吸收传导到各部位起作用，一般持效期为45～60天。

（2）防治对象　种子处理剂中杀菌活性成分的主要防治对象是种传病害和土传病害，如黑穗病、根腐病、茎基腐病、立枯病、猝倒病、恶苗病、纹枯病、全蚀病等。杀虫剂主要的防治对象是地下害虫和苗期发生的地上害虫或吸汁害虫，包括蛴螬、金针虫、地老虎、蝼蛄、蚜虫和蓟马等。

（3）药剂的选择　需要根据防控的靶标选择合适的药剂，主要分为杀菌剂和杀虫剂两大类。

① 杀菌剂的选择。根据药剂的杀菌谱以及病害的发生特点，可选择具有保护作用和治疗作用的杀菌剂。保护性杀菌剂如福美双、代森锰锌和具有一定渗透能力的咯菌腈是种衣剂产品中最常见的杀菌成分，它们具有广谱杀菌活性，对带菌种子具有很好的消毒作用，同时可以有效阻断土传病原菌的侵染。而具有内吸活性的杀菌剂如戊唑醇、苯醚甲环唑、多菌灵、萎锈灵、甲霜灵等，一方面对种子内部带菌具有很好的抑制活性，具有种子消毒作用，另一方面对苗期病害侵染和发生具有重要的预防和治疗作用。此外，20世纪90年代末以来在杀菌剂市场上唱主角的甲氧基丙烯酸酯类药剂中的嘧菌酯和吡唑醚菌酯，以及最近几年在市场上非常活跃的琥珀酸脱氢酶抑制剂类中的氟唑环菌胺也被应用于种衣剂产品。

② 杀虫剂的选择。根据药剂的防治谱以及虫害的发生特点，选择具有胃毒和内吸作用的药剂。如防治地下害虫，氟虫腈、克百威、氯氰菊酯、氯虫苯甲酰胺、高效氯氟氰菊酯、丁硫克百威和丙硫克百威等为种子处理剂中的常用药剂。而对于苗期地上部害虫的防治，则要求杀虫活性成分具有较强的内吸活性，在氨基甲酸酯和有机磷类高毒品种被禁限用后，吡虫啉、噻虫嗪和噻虫胺等农药品种逐渐成为种子处理剂的重要候选杀虫成分。

（二）理论知识

（1）种子处理悬浮剂加工的理论基础　种子处理悬浮剂是介于液态和固态之间的一种剂型，属于多组分非均相粗分散体系。易受重力作用沉降分层，另外分散相颗粒比表面积大，具有较大界面能，有自动聚结的趋势，属于动力学和热力学不稳定体系。因此，悬浮剂在存放过程中易发生分层、絮凝、沉淀、晶体长大等现象，悬浮剂的稳定性，尤其是长期物理稳定性，一直以来都是一个相当棘手的问题。如何保持悬浮剂在贮存期间的稳定性，以及如何预测和评价农药悬浮体系的物理稳定性，是农药悬浮剂配方研究与加工中一个极为重要的问题，它既涉及基础研究，又涉及助剂的开发、加工工艺和设备的改进，以及检测技术和方法的建立、完善等。

由于种子处理悬浮剂具有较多的组分，其稳定性变得复杂和不易控制，其稳定性的好坏直接影响到制剂质量的高低。种子处理悬浮剂物理不稳定性主要涉及以下4个方面：①粒子间因存在相互作用而引起的絮凝和聚集现象；②奥氏熟化（Ostwald ripening），即粒子在制剂中出现的晶体长大现象；③因重力作用导致的分层和粒子沉积现象；④由于内部结构形成导致了触变性。

Stokes公式描述了无限稀释的流体中，表面未被溶剂化的球形粒子的沉降速度与黏度呈负相关，与粒子直径的平方及分散介质与粒子的密度差呈正相关。颗粒间的聚集是影响悬浮体系稳定性的另一关键因素，Tadros将悬浮颗粒间的相互作用归结为范德华作用、硬球作用、双电层作用和位阻作用，颗粒最终能否聚集正是这些作用的结果，颗粒聚集无疑会使小粒的分散相变大，增加下沉的机会。晶体的奥氏熟化现象则解释了为何粒度谱较宽的悬浮体系贮存期内晶体生长会造成颗粒沉降。

近年来，使用激光粒度仪对粒子粒度的进一步研究发现粒度分布范围对体系稳定性也有很大影响。使用流动电位仪对粒子带电性质研究表明粒子表面双电层及体系pH值对粒子沉降速度影响也十分显著。通过添加在连续相介质水中能够发生电离作用的表面活性剂或电解质可以改善粒子的带电性能，从而影响分散相粒子表面的界面能及静电排斥作用，防止粒子凝聚从而使制剂保持稳定。

（2）表面活性剂在种子处理悬浮剂中的应用与筛选　大量的研究表明表面活性剂是降低体系表面能、阻止粒子相互靠近或凝聚成大粒子的有效手段。对种子处理悬浮剂而言，表面活性剂主要是指湿润剂和分散剂。它们的作用是通过改变固体（水不溶）原药的表面性能，使固体原药能够分散到水中，在粒子周围形成与范德华力相抗衡的斥力场，形成稳定的分散体系。润湿分散剂的主要作用机理是“静电排斥”作用与“空间位阻”作用：所谓“静电排斥”理论指离子型分散剂吸附于粒子表面的负电荷互相排斥，以阻止粒子与粒子之间的吸附/聚集而最后形成大颗粒而分层/沉降；所谓“空间位阻”作用其稳定机理一般认为是大分子表面活性剂在分散相粒子界面上吸附并形成一个致密的吸附层，这种分散相粒子界面的致密吸附层会对粒子间的进一步靠近产生空间位阻作用，从而保持悬浮种衣剂的分散稳定性。在实际研制中需要针对不同原药的性质进行选择。目前能够准确验证表面活性剂与原药相互作用性质的理论基础十分薄弱，大多数商品制剂都是凭经验开发的。

（3）种子处理悬浮剂中成膜剂性能与筛选　成膜剂是种子处理悬浮剂较为关键的成分。常用的包括聚乙烯醇、聚乙二醇、聚乙烯醋酸酯、聚乙烯吡咯烷酮、松香、聚苯乙烯、苯丙乳液、丙烯酸树脂聚合物、羧甲基纤维素、明胶、阿拉伯胶、黄原胶、海藻酸钠、琼脂、多糖类高分子化合物、纤维素衍生物等具有黏结性和成膜性的高分子聚合物，经水解制成具有一定黏度的液体。高分子聚合物本身的特性决定了黏结性能较高的品种成膜强度一般较低，产品流动性差，成膜不均匀（即流平性能差），膜的耐磨性能差，容易成粉状脱落；反之成膜强度高的品种黏结性差，膜与种子亲和力差，容易成片脱落。近年来，为了兼顾黏度与强度的要求，往往采用两种以上不同性能的聚合物进行水解后的再聚合、缩合、共混、共聚等反应，得到理想的成膜剂。采用旋转黏度计考察样品黏度，采用测定膜的耐折性考察成膜强度，最终以测定包衣种子脱落率的方法来综合考察成膜剂的性能。

复合成膜剂的制备主要基于两种聚合理论。一是共聚理论，认为不同性能的聚合物在水解状态下重新聚合或缩合成接枝共聚产物，能够表现出原成分的黏性和强度；二是嵌合理论，认为不同性能的聚合物在水解状态下共混形成相互嵌合的产物，也能表现出双重特性。近年来基于上述理论研制开发的种衣剂品种可以达到兼顾黏性和强度的要求，脱落率、黏度和流动性有明显改善。

（4）粒度分布与研磨的关系　颗粒细度和粒度分布是影响悬浮体系物理稳定性的主要因素，所以也是种子处理悬浮剂研究中的关键问题。在多数品种的标准中，一般要求悬浮体系的粒子平均粒径 D_{50} 在 2μm 左右，显然这一指标没有考虑到粒度分布和大颗粒占总质量的比例，所以在实践中执行相同标准的不同产品质量相差较大。比较精确的方法是用激光粒度仪测定粒径分布，并通过计算吸收能谱得到各级颗粒的质量分布，粒径分布越窄，体系的稳定性越好。

除表面活性剂的作用外，解决细度问题的主要手段是提高加工过程的研磨效率。湿法研磨的砂磨机主要有立式和卧式之分，卧式砂磨机比立式砂磨机能力可提高近 2 倍，起动功率低，消耗能量小，得到广大用户青睐。目前国内现在已有许多设备生产厂家能提供密闭卧式砂磨机，价格较低，性能稳定，选择合适类型和品质优良的密闭卧式砂磨机，完全可满足国内悬浮剂生产。瑞士 WAB 华宝公司已经设计出配备特殊加速器 ECM 的新一代戴诺磨和纳米级砂磨机，技术革新不仅带来研磨效率的提高，同时使得制备高含量的悬浮剂更为简单便捷，但价格更昂贵，维修和保养成本更高。

（三）种子处理悬浮剂的配方组成

种子处理悬浮剂一般由以下几部分组成：活性物质、润湿分散剂、增稠剂、防冻剂、消泡剂、成膜剂、防腐剂、警戒色等。除此之外，根据实际需要，可能配方中还包括渗透剂、流变添加剂、填料、微肥、植物生长调节剂、保水剂、供氧剂等。

(1) 活性物质　活性物质是种衣剂配方中对病虫害防治起主要作用的部分，它包括杀菌剂、杀虫剂、杀线虫剂、植物生长调节剂以及相应的保护剂，微量元素等。但种衣剂配方对所选用的农药活性物质有着特殊的要求，如：①不能影响种子的活性；②在土壤中必须稳定；③原药的酸碱度必须保持基本是中性；④对环境和土壤不产生严重的污染；⑤持效期适中；⑥适合加工成种子处理悬浮剂等。

(2) 润湿分散剂　润湿剂通常指能使固体物料更易被水浸湿的物质，通过降低其表面张力或界面张力，使水能展开在固体物料的表面上，或者导入其表面，把固体物料润湿，一般用量在 1%～3%的范围比较合适。而分散剂可以阻止粒子之间相互凝集而形成稳定的悬浮体系，主要机理为空间位阻、静电排斥等，一般用量在 1%～8%的范围比较合适。

润湿分散剂的选择对加工合格的种子处理悬浮剂至关重要，需要根据活性成分的实际性状进行选择，合适的润湿分散剂可以降低黏度、减小触变性、保持粒径大小，从而提供稳定的悬浮种衣剂。优良分散剂应具备的条件：①分散剂应强力吸附于颗粒表面，锚固基团对于颗粒表面要有高亲和性而对介质要具有低亲和性；②分散剂应充分覆盖颗粒表面，任何裸露部位都可能导致凝聚，或通过范德华力吸引或通过桥接；③稳定的长链应具有足够的长度以提供有效的阻碍作用；④任何存储温度下分散剂长链应保持较理想的溶解状态。

(3) 增稠剂　增稠剂是指能溶解于水中，并在一定条件下充分水化形成黏稠、滑腻溶液的大分子物质，一般用量 0.2%～5%。适宜的黏度是保证悬浮剂质量和施用效果十分重要的因素。根据 Stokes 定律，固液分散体系中粒子的沉降速度与三个因素有关：粒子直径、粒子密度与悬浮液密度之差、悬浮液的黏度。在加工悬浮剂产品中，通常加入增稠剂来提高分散体系的黏度，因其在水中能形成一定的立体结构，甚至可形成触变性稳定体系。增稠剂加入量过少，可能会出现析水、分层等现象；而增稠剂加入量太多，则会使分散体系的黏度变得过大，从而影响种子处理悬浮剂产品的倾倒性。因此，合适的增稠剂用量，可使悬浮剂黏度适中，这样既能获得良好的贮存稳定性，又能得到悬浮率高的悬浮剂产品。

(4) 防冻剂　防冻剂是指一种能在低温下防止悬浮剂中水分结冰的物质，一般用量 5%～10%。以水为介质的悬浮剂若在低温地区生产和使用，要考虑防冻问题，否则制剂会因冻结使物性破坏而难以复原，影响防效。好的防冻剂应具备防冻性能好、挥发性低、对有效成分的溶解度小等特性。

(5) 防腐剂　防腐剂是指用于加入制剂以延迟微生物生长或化学变化引起的腐败的天然或合成的化学物质。悬浮剂中由于添加了黄原胶等多糖类的增稠剂，为了防止其霉变，影响制剂稳定性和降低药效，需要添加防腐剂，用量一般为 0.05%～0.5%。

(6) 警戒色　警戒色一般由各种染料或颜料构成，色系选择国际通用的警戒色——红色系，也可根据需要选择其他色系，但应注意选择的警戒色物质不能对被包衣种子和种衣剂的其他组分有不良的影响。包衣后的种子一般都带有农药等有毒物质，如果不加警戒色不易区分包衣前后的种子，引起人畜及鸟类的误食，就可能酿成中毒事故。为便于与一般种子进行区别，同时起到对种子或产品的分类作用，在种衣剂配方中必须添加警戒色。

常用的有偶氮类的染料如碱性玫瑰精，染料染色上染率高、染色迅速、不易脱色，但染料在水中的溶解度低，染料上色顽固，不易清洗施药药具，同时也容易污染土壤和水质不易降解，目前国际上更多开始使用有机颜料来替代染料。通常使用的是有色粉和色浆，各有优势。色粉成本低，使用方便、加入量少，但是生产过程中会产生粉尘。色浆优点是生产过程没有粉尘，无需进行研磨可以后混加入，其缺点是加入量大，成本高。为了提高包衣后表面光亮度，配方中还需要加入适当的珠光粉和荧光粉等。

（7）成膜剂　成膜剂是悬浮种衣剂中关键助剂之一，是种子包衣加工和应用的关键功能性成分。因为成膜剂的引入使得种衣剂能够在种子表面成膜。成膜物质的主要作用是将有效成分黏附在种子表面并形成均匀光滑的药膜。首先要求成膜物具有较强的耐水性，在水分较高的土壤中，尤其是水田中不能被水溶毁；其次须允许种子萌发所需的水分通过；最后成膜物应具有一定的吸水溶胀能力，在干旱条件下可以在一定程度上吸收周围土壤中的水分以供种子萌发之用。多数高分子聚合物都是在上述某一方面具有突出的特性，如透水性与耐水性是相互矛盾的性质，很少在一种物质中同时体现。性能优异的成膜剂，可以保证种衣剂具有一定的黏度、良好的成膜性、适宜的衣膜牢度和均匀度以及保证衣膜内活性成分缓释。

（8）消泡剂　种子处理悬浮剂的生产工艺中需加入分散剂和润湿剂等表面活性剂，且需要搅拌均匀，搅拌过程中极易把大量空气带入并分散成极微小的气泡，使悬浮液体积膨胀。这些微小气泡不仅会影响黏度、计量和包装，而且将显著地降低生产效率。如果不能消泡，还可能使塑流型变成涨流型流体。所以，在制剂中需要加入一定量的消泡剂，并要求消泡剂与制剂的各组分有很好的相容性。常用的消泡剂有有机硅酮类、$C_{8\sim10}$的脂肪醇、$C_{10\sim20}$饱和脂肪酸类及酯醚类等。有时亦可通过调整加料顺序或设备选型，或真空机械脱泡，避免泡沫产生，此时可不加消泡剂。

若种子处理悬浮剂为微囊型产品，有效成分需要进行微囊化，则需要对壁材进行筛选。常见的微胶囊壁材分为天然高分子材料和合成高分子材料，合成高分子材料又可细分为半合成高分子材料和全合成高分子材料，种类很多，在选择时在很大程度上取决于原药的理化性质和制备方法。油溶性囊芯物一般选用水溶性囊壁材料，水溶性囊芯物则多选用油溶性囊壁材料。对壁材的一般要求是：性质稳定，不应与囊芯物反应，不与囊芯物混溶；有适宜的释药速率；有适宜的渗透性、溶解性、可聚合性、黏度、电性能和成膜性等。①天然高分子材料：用于制备微胶囊囊壁材料的天然高分子材料主要是蛋白类和植物胶类，主要包括明胶、阿拉伯胶、琼脂、环糊精、淀粉及淀粉衍生物、海藻酸钠、壳聚糖、卡拉胶等。这些天然高分子材料具有无毒、成膜性好等特点。②半合成高分子材料：作为微胶囊囊壁材料的半合成高分子材料多为纤维素衍生物，其特点是毒性小，黏度大，成盐后溶解度增大，不宜高温处理。例如羧甲基纤维素钠、邻苯二甲酸醋酸纤维素、甲基纤维素、乙基纤维素、羟丙基甲基纤维素等。③全合成高分子材料：按照材料能否被生物降解，可分为生物降解的和不可生物降解的两类。主要包括聚脲、聚氨酯、聚酰胺、脲醛树脂、三聚氰胺甲醛树脂、聚醋酸乙烯、聚乙烯醚、聚酯、聚氨酯-聚脲、聚酰胺-聚脲等。可生物降解材料由于对环境友好，受到普遍重视，但由于受成本限制，目前农药领域应用较少，如聚碳酸酯、聚乳酸（PLA）、聚丙烯酸树脂、聚甲基丙烯酸甲酯、聚乳酸-聚乙二醇嵌段共聚物（PLA-PEG）、聚合酸酐及羧甲基葡聚糖等。

总之，种子处理悬浮剂的配方筛选原则主要有 3 条：①配方稳定性方面，包括化学稳定性和物理稳定性。首先，需要确保配方体系对活性成分的稳定性，才能在根本上保证产品的质量。其次，需要借助各助剂性能，保证体系有良好的分散性，控制晶体长大，避免絮凝，减少沉淀、分层、结块，降低强触变性，防止低温结冻，从而影响产品的使用性能及安全性。②应用性能方面，选择的助剂体系能够提供产品优良的性能，使其在稀释浓度下较好地分散且保持稳定，同时能够均匀地附着在种子表面，不易脱落。③安全和环保方面，需要确保配方成分对种子不产生药害，用量少，且环境相容性好，不增加原药对哺乳动物的毒性，尤其对土壤有益生物不造成严重伤害。

四、种子处理悬浮剂的加工工艺及设备

（一）加工工艺

（1）常规种子处理悬浮剂的加工工艺　加工工艺如图 4-59 所示。种子处理悬浮剂的加工主体工艺与悬浮剂加工一致，主要采用湿磨法进行。将原药、助剂、水混合后，经预分散再进入砂磨机砂磨分散，目前多数厂家采取三级研磨方式，将粒径研磨至 0.5～5μm，再根据需要加入成膜剂、色浆、pH 调节剂等助剂，再经过混合，最终得到种子处理悬浮剂成品。

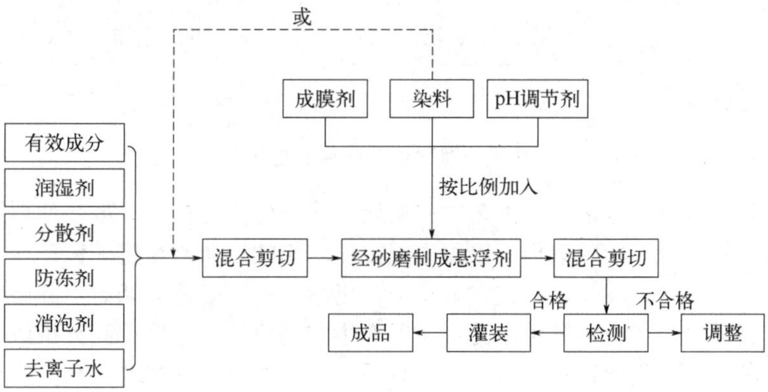

图 4-59　常规种子处理悬浮剂的加工工艺流程图

根据工艺要求，加料顺序可以适当调整，例如成膜剂和 pH 调节剂等可以在搅拌、砂磨前加入；警戒色若是使用色粉则需在研磨前加入，色浆则可在研磨后加入；增稠剂根据需要也可在调配时加入，或是在研磨前和调配时分批次加入。具体加料顺序及工艺需要在小试阶段摸索和验证。种子处理悬浮剂加工工艺和设备非常重要，常常影响到产品的质量。两者相辅相成，不可割裂。

（2）种子处理微囊悬浮剂的加工工艺　微囊型种子处理悬浮剂的加工工艺如图 4-60 所示。相比常规的种子处理悬浮剂，种子处理微囊悬浮剂的工艺更复杂，包含了将有效成分微囊化的步骤，微囊化后延长了产品的持效期。以微囊化步骤代替了湿法研磨过程，直接将有效成分加工成粒径为 1～5μm 的微囊，再调配入分散润湿剂、pH 调节剂、防冻剂、增稠剂、成膜剂和染料等成分，混合均匀得到成品。加工过程中，后一步的调配避免使用剪切等设备，防止微囊的破裂。

（二）加工设备

超微粉碎法的主要加工设备有三种：一是预粉碎设备，包括分散混合机、高剪切乳化机、球磨机、胶体磨；二是超微粉碎设备，主要是砂磨机，以卧式砂磨机最常用；三是高速混合机（1000～15000r/min）和均质器（＞8000r/min），主要起均匀和调制作用。

（1）搅拌和剪切　加工种子处理悬浮剂过程中，较为重要的加工工艺为混合、剪切分散和砂磨。其中，混合工艺为固液相的分散，即通过搅拌使固体颗粒在水中均匀地悬浮起来，该步骤常用的设备为搅拌设备。按搅拌时产生的流型进行分类，可分为轴流型和径流型。轴

流型就是搅拌时液体向平行于主轴的方向流动；径流型就是在搅拌时液体向径向流动。悬浮剂生产中多以锚式、锚式+桨叶式、马蹄式等为主。

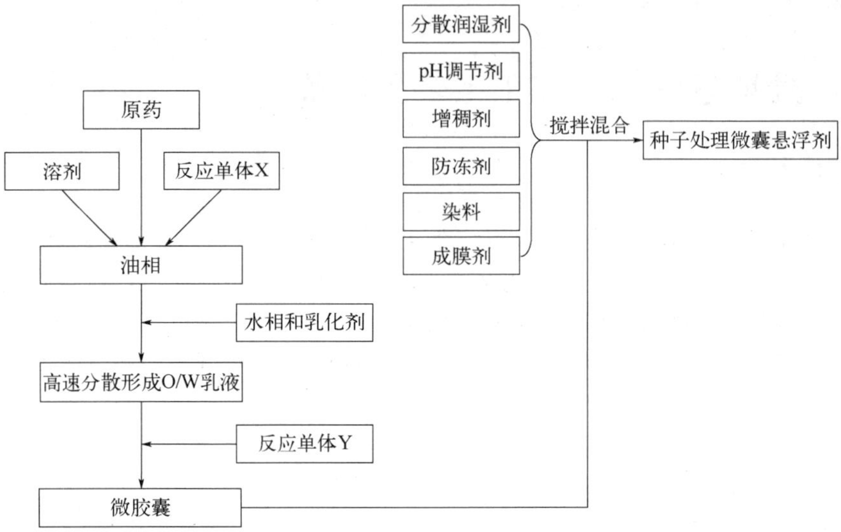

图 4-60　种子处理微囊悬浮剂的加工工艺流程图

高速剪切乳化机在悬浮剂制备工艺中主要让固体原药快速润湿分散在助剂的水溶液中，同时有低强度的固体粒子粉碎效果，以便形成浓度均匀的预研磨料浆。设备本身具有高速混合、分散、细化、溶解、均质、乳化六大特征。机械和液压高速剪切力是高剪切乳化机工作的关键，高速旋转的转子与定子精密配合，所产生的高剪切线速度和高频机械效应带来的机械剪切及液压剪切力，确保物料在每分钟内承受几万次的剪切，物料在高剪切乳化机的定转子精密间隙中受到强烈的离心挤压、剪切、喷射、液层摩擦、碰撞、撕裂细化及湍流、紊流、涡流等复杂液流综合作用，使不相容的液相、液气相、液固相在相应成熟工艺条件的共同作用下，瞬间均匀细化地混合、分散、均质、乳化，如此循环往复，最终获得高品质的产品。

值得注意的是均质混合器是通过高速冲击、剪切、摩擦等作用来达到对介质破碎和匀化的设备，在农药悬浮剂加工中，对该设备的使用会逐渐增多。

（2）研磨机械

① 砂磨机。砂磨机是农药悬浮剂加工的关键设备。种子处理悬浮剂的加工过程中，最重要的工艺为砂磨，也就是所谓的“湿法粉碎”，借助砂磨机对物料进行粉碎。砂磨机的粉碎过程可以认为是悬浮液与研磨介质之间各种力相互作用的结果。一般砂磨功能实际上包括三个阶段：a．湿润，即将固态粒子表面所吸附的气体被液体所取代。b．研磨，将凝集的颗粒利用机械力碎裂成原始粒子。c．分散，将已湿润过的原始粒子移入液体介质而产生持久的粒子分离。早期的砂磨机为立式开放式和密闭式两种，现在主要为能克服介质偏析、研磨不匀、不易启动等缺点的卧式砂磨机所代替。卧式砂磨机研磨后的物料细而均匀，研磨介质为玻璃珠、天然砂、氧化锆珠、陶瓷珠等，直径为 0.5～5mm，根据砂磨机的规格和产品粒度选定。

种子处理悬浮剂经常采用多级串联连续化生产工艺流程，每台的研磨介质粒径不相同。通常采用三台砂磨机串联，细珠和粗珠（玻璃珠或氧化锆）及两种珠混合使用。第一台砂磨机全部装粗珠，第二台砂磨机 1/2 装粗珠，1/2 装细珠，第三台砂磨机全部装细珠。因为砂磨的初级阶段（第一台砂磨机）粉碎效率高，而均匀度差。砂磨的中级阶段（第二台砂磨机）粉碎，细度达到要求，只是均匀度还不够。终级阶段（第三台砂磨机）粉碎，种子处理悬浮剂中粒子更加均匀化。这将有助于提高悬浮剂的悬浮率和贮存稳定性。

研磨过程中，砂磨机有60%的能量转化为热量损失掉，在产生大量热量的同时也提高了浆料温度。浆料温度升高加剧了粒子的布朗运动，造成已被粉碎粒子再凝聚。所以必须有冷却机组控制温度，提高砂磨效率，保证产品质量。

② 胶体磨。我国生产胶体磨的厂家较多，其规格型号各异，选择的余地很大。胶体磨体积小、生产能力大、产品粒度细。胶体磨主要起预粉碎作用，为砂磨机制备细粉料浆。

③ 球磨机。我国生产球磨机的厂家很多，一般为碳钢或不锈钢，衬里为花岗岩石。球磨机作为农药悬浮剂加工的第一道工序，进行配料、混合、预粉碎使用。

（3）包衣机械设备　全球种子处理加工设备制造企业按区域特点可划分为三个板块：以德国皮特库斯（PETKUS）公司、丹麦堪勃利亚（CIMBRIA）公司和奥地利海德（HEID）公司为代表的欧洲板块；以美国奥利文（OLIVER）公司、美国卡特迪（CARTER DAY）公司和 LMC 公司等为代表的美洲板块；以中国农业机械化科学研究院、农业部南京农业机械化研究所、日本三本、金子、佐竹等为代表的亚洲板块。

① 国外的包衣设备。以丹麦 CIMBRIA CC 系列型旋转式种子包衣机为例，CC 系列是由丹麦 CIMBRIA 公司生产的一种连续分批式种子包衣机，与传统的包衣机相比较，其最大的优点就是它不仅保留了原有的药液雾化装置(药液甩盘)，而且种子也单独配备一个大甩盘(种子甩盘)。由于该机采用了可编程序控制器控制，在机器运行期间，每批次物料的供应、药液计量泵的供药以及气动元件的动作等均自动、协调地进行，减少了人为操作等因素带来的误差，不会产生供药和供料之间的脱节或不协调。

该机的中心是种子和所需药剂的圆筒混合室，主要包括药剂甩盘、种子甩盘以及混合室圆筒侧壁。待加工物料经过计量秤称重之后，温和地从混合室上方流到种子甩盘上，在种子甩盘的旋转作用下，物料向甩盘边缘运动，同时由于种子甩盘边缘的上翘结构使种子以一定角度向上碰撞混合室圆筒侧壁，并在种子甩盘周边向上气流的作用下，以类似抛物线的轨迹被向上抛回混合室；而药剂则经计量泵通过塑料输药管向药剂甩盘供应（计量泵由可编程序控制器控制），在药液甩盘的高速旋转下，药液被雾化后向四周正在抛洒着的种子温和而均匀地喷洒，这样就使种子得到非常均匀的成膜效果。本机型不仅适用于液体药剂，也可应用于粉末等其他类型药剂。

主要技术参数：外形尺寸（长×宽×高）：1115mm×690mm×1940mm；机器净质量：550kg；每批次加工物料量：25kg（小麦）；标称生产能力：180 批次/h；配套总动力：4.0kW；计量泵动力：0.55kW；喂料器动力：0.15kW；气流量：300m^3/h。

② 国内的包衣设备。农业部南京农业机械化研究所在比较、借鉴以德国 PRTKUS 公司等为代表的当今国际先进的种子包衣技术及控制技术的基础上，自主研究开发了 5BY-5 型新一代种子包衣设备及其基于 PLC 的自动化控制系统，该设备可用于小麦、大麦、玉米、甜菜等多种农作物种子的包衣加工处理。

5BY-5 型种子包衣机由种子定量供给装置、种衣剂定量供给系统、种子与种衣剂混配系统、回转清淤机构、搅拌推送系统、电气控制系统等组成，其结构见图 4-61。

5BY-5 型种子包衣设备采用了自动控制与系统相结合的一体化设计，并适合于多品种作业，从根本上扭转了传统包衣机电气控制系统粗放简单、机械结构设计不合理、工作协调性差、包衣质量不高的局面，达到了精确包衣和有效提高包衣质量的目的。

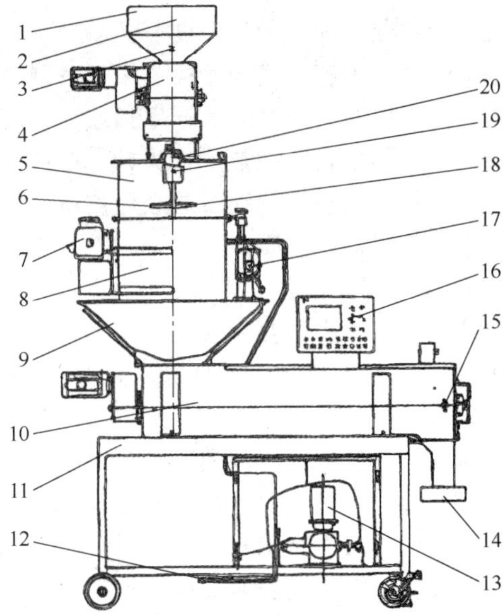

图 4-61　5BY-5 型种子包衣机结构简图

1—暂存仓；2—上料位传感器；3—下料位传感器；4—叶斗吸料器；5—种药混配室；6—流向混配室；7—甩盘电机；8—检修门；9—回转清淤室；10—搅龙推送装置；11—底座；12—贮液桶管道；13—计量泵；14—出料口；15—堵塞传感器；16—操作屏；17—清理电机；18—校液口；19—液压监测器；20—稳压罐

常见的包衣机械设备有转筒式、斜皿旋转式、流化床式等，如图 4-62。

图 4-62　国内常见的包衣机械设备

（三）智能化加工趋势

智能化生产是工业自动化和现代通信技术的有机结合，智能化车间的要素包括先进的设备、先进的工艺、合理的车间布局，并结合自动化生产技术和先进的通讯技术，将整个生产环节有机地结合起来。智能化悬浮剂加工车间是利用计算机技术、自动化技术和信息化集成技术，通过液体投料自动化、粉尘除尘自动化、VOC 处理自动化、悬浮剂生产的连续化和生产工艺精细化，以实现智能化生产。

图 4-63 为种子处理悬浮剂加工车间设计，智能化悬浮剂加工工艺采用二级或三级砂磨串联实现连续化生产。液体物料采用隔膜泵自动进料和自动称量，粉体物料利用螺杆进料装置进入前剪切釜中，通过高剪切和锚式搅拌达到均质目的，混悬液通过中控系统的控制进入在线剪切、前缓冲釜、一级砂磨、二级砂磨、三级砂磨、成品调配剪切等工艺，在每个工艺过程中增加温度监测、数据传感装置、设备稳定性监控和报警系统，成品剪切工艺阶段加入增稠剂、色浆、成膜剂等组分，完成后进行中控指标检测。

图 4-63　种子处理悬浮剂加工车间设计

根据现有种子处理悬浮剂的加工工艺，进行车间相关的整体布局，采用分层式布局，使投料、预分散、研磨、调配和分装等环节分布于不同层级，便于工作的开展。投料釜置于第三层，投料后开展预分散工序；研磨和调配釜置于第二层，经过砂磨机研磨后进入调配釜进行调配混合；分装工序置于第一层，从成品釜中直接进入包装机进行分装工序。

先进的设备是种子处理悬浮剂加工智能化的重要元素，没有先进的设备就无法形成自动化，更谈不上智能化。整个加工过程的工业化设备包括先进的可控温投料釜和调配釜、自动进料和自动称重模块、高精度砂磨设备及成套的全自动分装线。

种子处理悬浮剂加工车间的智能化，需引入智能化装置，如配备自加料系统，精确添加各种原料，并通过自动称量装置确保加入量的准确。引导种子处理悬浮剂投料环节由过去的人工式、粗放式的情况向自动化、智能化和精细化发展。种子处理悬浮剂加工的智能化，就是对剂型加工过程中的重要环节加以细化，并逐一进行控制，使整个加工过程智能化。

种子处理悬浮剂加工过程中，主要有几大关键环节，针对每一个关键环节，引入相应的智能化模块。①投料与搅拌、剪切中，引入电机开启、搅拌频率识别、称重模块、超重报警等，提供自动加料、可控的搅拌和剪切、自动化可视化称重模块。②研磨环节，根据不同产品的实际需要，对砂磨机的控制实现智能化，包括进料速度调节、物料流量调节等，各调节参数需根据前期试验摸索确定。③pH 调节环节，加装在线 pH 实时监控，并安装计量泵开关、pH 反馈调节等模块，精确调节体系的 pH 值。④升温、保温和降温系统，升温和保温系统主要针对种子处理微囊悬浮剂，目前常用的界面聚合法和原位聚合法均需要经过升温和保温阶段，而针对种子处理悬浮剂，则需在砂磨过程中降温，保证颗粒的研磨效率。基于此，温度控制系统加装热水泵开关，热水进、回阀门，冷水进、回阀门，冷凝器进水阀门等模块，针对实际需要，可有效调节加工过程中的温度，保证加工的质量。⑤混合环节，主要负责将物料进行混合和调配。

关注到种子处理悬浮剂的各个环节，并加装相应的控制模块，再联合当前先进的通信技术，远程操作和监控生产过程，组成一套系统的、有机的智能化加工系统。实现了生产自动化、生产可视化、生产数字化、远程操作化。解放了人力，提升了生产安全指数，提高了生产效率，提升了产品质量的稳定性。

五、种子处理悬浮剂加工中易出现的问题及解决方案

（一）种子处理悬浮剂存在的稳定性问题

种子处理悬浮剂指固体原药以一定分散度粒径（0.5～5μm）分散在介质（以水为介质）中形成的多相分散体系，易于受重力作用而沉降分层，并因其表面积大，具有较大的界面，有自动聚集的趋势，属于动力学和热力学不稳定体系。种子处理悬浮剂存在问题的原因是其分散相粒径介于胶体分散体系（分散相粒径为 0.001～1μm）与粗分散体系（分散相粒径为1μm）之间，分散相粒子很小，分散相与分散介质间存在巨大的相界面和界面能，属热力学不稳定体系。根据胶体化学原理，这种高度分散的多相体系总是自发地趋向于粒子合并聚结，总界面积减少，界面能降低，最终导致悬浮体系被破坏，成为种子处理悬浮剂在存放过程中不稳定的根本原因。在以往有关的文献数据中，论述有关系统解决种子处理悬浮剂悬浮稳定性的研究资料很少。研究者通过多年的种子处理悬浮剂生产实践和剂型研发，总结出一系列方法来解决悬浮稳定性差的问题。解决种子处理悬浮剂的稳定性差问题有两种途径：其一就是通过机械物理的角度来改善和解决制剂悬浮稳定性问题；其二就是筛选合适的助剂能减缓原药粒子的沉降速率，阻止絮凝和保持介质粒子分散悬浮在水中，从而提高种子处理悬浮剂的悬浮稳定性。这两种途径有机地结合，能使种子处理悬浮剂达到分散均匀、粒子沉降速率减缓、附着能力增强等理想效果。

1．解决悬浮稳定性的机械物理途径

在国内生产种子处理悬浮剂普遍使用的机械设备是分散混合机和砂磨机的组合（目前分散混合机和高剪切乳化机应用较为广泛）。砂磨机在生产中起重要作用，它是可连续生产的研磨分散机械，用于研磨固体液相悬浮体系，湿法粉碎精细研磨设备也是悬浮种衣剂生产的必要设备。砂磨机的使用有两个阶段：立式砂磨机阶段和卧式砂磨机阶段。前者是悬浮种衣剂生产的初期阶段，后者为现在普遍应用的阶段。

卧式砂磨机在农药加工领域不断地扩展并广泛使用，说明砂磨机是解决农药细度问题（颗粒细度和粒度分布）必不可少的手段。随着砂磨机不断改进，出现了新型砂磨机，可以使粒径接近纳米级，分布范围更窄，能够更好地满足农药生产加工中不同的需要，在提高农药活性、分散性和悬浮率等物理稳定性方面成效显著。种子处理悬浮剂中的各种混合物料通过砂磨机的研磨达到一定的细度和黏度，粒度小，重量轻，悬浮性能就好，种子处理悬浮剂浓度达到规定的标准，从而对农作物起到杀虫灭菌的作用。通过砂磨机的重复研磨也可达到降低种子处理悬浮剂中各种物料粒径的目的。

种子处理悬浮剂的研磨过程是加工的核心，其中有众多因素对其有影响，包括农药参数、助剂参数、砂磨机参数、研磨介质参数等。选择合适的参数对加工合格的种子处理悬浮剂具有重要意义。

（1）农药参数方面。①农药含固率。物料的含固量过低，单位体积料液中固体颗粒少，介质研磨到农药粒子的机会就少，磨效反而降低。如果含固率过高，农药之间的内摩擦加剧，耗能也会增加。一般情况下，在具有一定流动性的情况下，含固率尽可能高一些。②农药初始粒径。砂磨机主要是以研磨介质对农药进行摩擦、剪切等形式完成粉碎。悬浮液往往是由农药、助剂、填料和水组成，这就难免有一些原药的团块或大颗粒。粒子所受的力与农药粒子的粒径成反比。由于砂磨机结构的限制，对小粒子的粉碎效率较高，所以在进入砂磨机前悬浮液应进行预分散。预分散能有效提高砂磨机的生产能力。当进入砂磨机的农药粒径小于50μm 时粉碎效率明显提高，经验证明，进入砂磨机的粒子粒径在 50μm 以下比较合适。用砂磨机粉碎时研磨介质的直径应为原始物料粒径的 10～20 倍。

（2）助剂参数方面。①助剂的起泡性。助剂多为表面活性剂，易起泡是表面活性剂的性质之一，但加入农药悬浮液中的助剂起泡剂，使空气进入悬浮液中，泡沫对研磨介质的撞击起到一定的缓冲作用，降低了撞击力，因此降低了研磨效率。②分散剂种类和加入量对研磨效率的影响。分散剂在农药颗粒的表面有一层保护层，防止粉碎后再凝聚。当分散剂不能全部包围颗粒表面时，已经被磨碎的颗粒就有重新凝聚的趋势。当这个可逆过程向负方向移动时，粉碎效率下降。但如果加入较多的分散剂，就会在颗粒表面形成较厚的吸附层，一些未被吸附的分散剂不能溶解而形成团块，输入的能量大部分都消耗在粉碎分散剂的团块上。另外，介质在较厚分散剂的表面上滑动不能有效研磨农药粒子，所以研磨效率反而不高。分散剂的加入量应该控制在一个合适的范围。

（3）砂磨机参数方面。①砂磨机几何关系。砂磨机的动力是由主轴带动分散盘传递给砂磨介质，研磨介质受分散盘的离心力作用向磨室壁运动，使介质沿径向有一定的密度变化。能量主要集中在分散盘和磨室筒壁处。从理论上讲，分散盘到磨室的距离越小越好，这个距离越小能量密度越高，粉碎效率高。但是，这个距离越小越加剧研磨介质的磨损，工业用砂磨机都把这个间隙控制在一定范围内。各砂磨机制造企业都有自己的企业标准。②分散盘式。国内外砂磨机的分散盘已经有多种形式，如开口圆盘形、沟槽圆盘形、风车形、偏心盘形、棒状形、布孔圆盘形、环形、螺旋形等。为了更好地进行能量传递，需要研磨介质获得更大的径向力，减少轴向流动。实践证明，研磨操作出现轴向流动会降低剪切力，削弱能量传递，加宽粒度分布。分散盘的结构形式有的复杂有的简单，结构过于复杂除不便加工外，还会加快分散盘的磨损。在各种分散盘中，圆盘形能够有效降低轴向流动，避免介质和物料出现“短路”现象，目前使用较多的是圆盘形分散盘。③磨室容积。通常认为，砂磨机的生产能力随磨室容积的增加而增加。按理论计算，砂磨机的生产能力与磨室容积成正比。试验结果表明，砂磨机磨室容积在 2～30L，生产能力与容积基本成正比。60L 以上的砂磨机情况略有不同，实际生产情况与理论值差距较大，生产效率随磨室容积的增大而降低。所以选择砂磨机时应从生产能力和研磨效率的角度综合考虑。

（4）研磨介质参数方面。①介质直径对研磨效率的影响。如果加入相同体积的研磨介质，小直径要比大直径研磨效率高，因为小直径介质相比大直径介质活化区增大。但是使用的研磨介质不能太小，介质太小摩擦产生的热量多，会使料液升温。农药是热敏性物质，当料液达到一定温度时，农药的热运动加剧造成重新凝聚，研磨效率反而降低。②砂磨介质的均匀度。实践证明，在具有一定的抗磨、抗冲击性能的前提下，介质采取混装效果颇佳。主要原因是在研磨的初始阶段，料液中有较大的固体团块，需要较大的撞击力才能将其分散，大研磨介质能够提供足够的能量。当进入超微粉碎阶段，需要利用介质的研磨特性，小介质可以起到这个作用。不同粒径的介质在不同阶段发挥各自的优势，能够达到预期目的。③研磨介质的相对密度。相对密度大的介质容易沉积到磨室的底部，介质之间的接触点减少。从这个角度分析，追求介质的相对密度也不一定有更好的研磨效果。一般认为，研磨介质的相对密度应与料液的黏度和砂磨机的型式相适应。高黏度的液料选择相对密度大的介质，低黏度选择相对密度小的介质。④介质的球形度。介质在磨室中既有随分散盘的公转也有本身的自转。显然，自转速度越高，产生的附加动能也就越大。如果球形度不好，自转运动受阻，附加动能也就减小，在一定程度上影响了研磨效率，因此球形度越高越好。⑤介质填充率。介质的填充率对研磨效率的影响最显著。介质填充率不能过大，否则会产生大量的热量，造成已经被粉碎的粒子重新凝聚。一般填充率为 70%～80%。⑥介质表面光滑度。在介质研磨粉碎物料的同时，本身也有一定的磨损。被研磨下来的介质材料就混入料液中，用通常的方法很难分离，对产品造成污染，这是生产者所不希望的。相同材料的研磨介质，磨耗率与表面光滑程度有关，表面光滑的介质耐磨性较好。所以选择介质时一定认真观察，表面有气泡或有凹凸不平表面的介质避免使用。⑦介质的机械强度。介质的机械强度主要是指在正常工作情况下介质抗压、抗冲击能力，影响研磨效率和介质的使用寿命。

（5）砂磨过程参数对磨效的影响方面。砂磨过程中各研磨参数对研磨影响较大，主要有四方面。

① 砂磨机的线速度。在其他几何参数不变的情况下，分散盘应具有一定的线速度。实践证明，试验用半工业砂磨机的线速度为 3～6m/s，工业用砂磨机的线速度为 10～16m/s。

② 料液温度。砂磨机有 60%的能量转化为热能损失掉，在产生大量热量的同时也提高了料液温度。料液温度升高加剧了粒子的布朗运动，造成已被粉碎的粒子再凝聚，所以应控制料液温度，注意冷却效果。一般料液温度在 35～50℃研磨效率较高。

③ 研磨时间。随着研磨时间的延长，农药粒子逐渐变小，当达到一定粒度时，再延长研磨时间已无实际意义，所以一定要恰当把握研磨终点时间，否则事倍功半。

④ 砂磨机的流程设置。砂磨机是连续砂磨设备，农药通过一遍砂磨不能达到要求的粒度，这就要求多次通过砂磨机。通常采用的方法有两个，一个方法是多台串联，另一种方法是一台循环。目前采用多台串联的形式，尤其是三台串联。三机串联流程中的第一台砂磨机介质直径为 2～2.5mm；第二台为 1.2～1.8mm；第三台为 0.8～1.0mm。如果第一台转速为 v_1，第二台为 1.15v_1，第三台为 1.25v_1，料液通过三台砂磨机总停留时间为 5～12min，颗粒直径可以达到 1.0～5μm。

2．有效助剂对种子处理悬浮剂稳定性的作用

种子处理悬浮剂的活性成分的熔点一般比较高（大于 60℃），在水中稳定且溶解度极小，溶解度不随温度变化而变化。在加工过程中，根据活性成分的物化性质如极性、水中溶解度大小等，选择合适的润湿、分散、增稠、渗透等有效助剂，可以加工成稳定的种子处理悬浮剂，且无任何结晶产生，所以选取有效助剂是种子处理悬浮剂悬浮稳定性的关键。种子处理悬浮剂采用的有效助剂主要有润湿剂、分散剂。它们的主要作用是改变固体（水不溶）原药的表面性能使得固体原药能够分散到水中，形成稳定的分散体系。

有效助剂在种子处理悬浮剂中的功能：使种子处理悬浮剂原药中固-液两相间的界面张力降低，使得固体完全被液相所润湿，从而被磨细，并不与液相发生分离；能阻止粒子自动重新聚集来降低表面自由能而趋于形成热力学稳定体系；调节黏度，能降低农药粒子在重力作用下发生自由沉降的速率，增加体系的稳定性。

润湿剂是种子处理悬浮剂中普遍采用的助剂。它是一种增强药液在植物表面铺展和附着作用的助剂，针对指定作物和农药有效地选择一种良好的润湿剂是十分重要的。植物表层多

数是由含蜡的角质膜所组成的，这些角质膜构成了低能表面，而多数农药常以水溶液形式施加。由于水的表面张力比这种低能面的临界表面张力高，所以通常情况下，药液与植物直接接触是不易铺展的。为了改善这一体系的润湿性，常在药液中加入一些表面活性剂，即润湿剂。润湿效果可以用植物叶面上发生铺展时所需活性剂的最低浓度来衡量，其实是降低药液的表面张力。因此，能显著降低水的表面张力的活性剂，对水溶性药液也将具有良好的润湿作用。润湿作用对农药而言，不仅能增加药液与作物的接触面积，还有保持农药的有效浓度、增强植物的吸收、提高药效的重要作用。

润湿剂通常使用的有丁基萘磺酸钠盐（拉开粉 BX）、十二烷基硫酸钠（K12）、十二烷基苯磺酸钠（LAS）、脂肪醇与环氧乙烷的缩合物（渗透剂 JFC）、渗透剂 T、NP-10（壬基酚聚氧乙烯醚）、烷基萘磺酸盐和阴离子润湿剂的混合物、YUS-LXC、YUS-SXC、TERWET 1004、GY-W04 等。有机硅类润湿增效剂、氮酮也有应用，但更多适合于现混现用。

种子处理悬浮剂分散体系介于胶体分散体系和粗分散体系之间，属于一种不稳定的分散体系，体系中大多数粒子直径大于胶体粒子直径。粒子表面积大，其表面自由能也大，如果不加入分散剂，粒子在范德华力作用下，很容易互相“合并”发生凝聚而加速下沉，随着下沉的凝集物增多，会破坏体系并导致沉淀现象发生。通过加入分散剂，可以阻止粒子之间相互凝集而形成稳定的悬浮体系。

分散剂有：①阴离子表面活性剂，如二丁基磺酸钠、油酸甲基氨基乙基磺酸钠等；②非离子表面活性剂，如脂肪醇聚氧乙烯醚；③大分子助剂，如木质素磺酸盐、萘磺酸盐、聚羧酸盐等。目前市场上常见的分散剂有：YUS-FS3000、YUS-FS1、TERSPERSE 4894、TERSPERSE 2500、TERSPERSE 2700、SOPROPHOR FD、SOPROPHOR SC、GEROPON T/36、Morwet D-425、GY-D06、GY-DS02 等。分散助剂用量一般在 3%～5%的范围内较为合适。

（二）种子处理悬浮剂生产过程中的清洗

种子处理悬浮剂生产过程中废水的产生主要来自品种切换和生产清洁卫生。其废水特点是带有颜色、悬浮固体的杀菌剂和杀虫剂及化学助剂，其化学需氧量（COD）比较大，最关键的是废水中含有杀菌剂而不能用直接生化处理的方式进行处理，同时生化处理方式对颜色无效。

目前主要措施是尽量减少废水量和分开回用。如不能回用，也有专业的处理措施和简便的处理方法。同时，对种子处理悬浮剂的加工使用专线进行，减少清洗次数并避免交叉污染。

（三）种子处理悬浮剂生产过程中常见问题的解决方案

表 4-24 列出了种子处理悬浮种衣剂加工过程中的常见问题，并附上了相应的可能原因和解决方案。这些问题有配方上的，也有工艺上的，需要根据实际情况加以优化和调整。

表 4-24　种子处理悬浮种衣剂加工过程中的常见问题及解决办法

问题	可能原因	解决方案
沉降	①原药颗粒聚并；②原药颗粒大；③原药密度大；④悬浮液黏度小	①选择合适的润湿分散剂；②减小粒径；③调节增稠剂用量，改变体系黏度

续表

问题	可能原因	解决方案
晶体长大	①原药的溶解度较大；②原药的熔点低；③润湿分散剂选择不好	①选择合适的润湿分散剂；②加入高分子量物质；③加入具乳化性能助剂
悬浮率低	①分散剂选择不当或用量较少；②原药粒径偏大	①选择合适的润湿分散剂或加大用量；②减小粒径
粒径较大	①颗粒聚并絮凝；②研磨时间不够或介质不合适	①选择合适的润湿分散剂或加大用量；②延长研磨时间；③改换研磨介质，使用硬介质；④更换粒径小的介质
触变或凝胶	①分散润湿剂选择不当；②研磨时黏度增大；③温度升高；④原药熔化或软化	①选择合适的润湿分散剂；②降低料液含固率；③调节增稠剂种类和用量；④调节研磨温度
温度升高	①由絮凝造成；②由浆料的热熔化造成	①加强砂磨机冷却；②选择合适的润湿分散剂；③改变砂磨介质
分解率高	原药降解	①加入稳定剂；②调整助剂体系；③调整体系 pH 值
结冻	环境温度低	可加入尿素、乙二醇、丙二醇和丙三醇
分散性差	①分散剂不匹配或量小；②黏度太大	①选择合适的润湿分散剂；②提高分散剂用量；③降低增稠剂用量
泡沫多	①润湿分散剂种类和用量不适宜；②体系黏度大	①选择低泡助剂或降低用量；②适当减少增稠剂用量
包衣均匀度差	成膜剂性能影响	改换成膜剂种类或改变用量

六、种子处理悬浮剂的性能指标及检测方法

（一）常规种子处理悬浮剂

目前我国尚未出台农药种子处理悬浮剂产品的通用行业指导标准，只有个别产品的行标或团体标准，如 NY/T 3588—2020《咯菌腈种子处理悬浮剂》、HG/T 5443—2018《噻虫嗪种子处理悬浮剂》、T/CCPIA 006—2019《600g/L 吡虫啉种子处理悬浮剂》等。农业农村部农药检定所对种子处理剂产品指标要求及具体的检测方法进行了充分的讨论，将我国的实际国情与国际有关组织对该产品的一些标准要求相结合，认为种子处理悬浮剂产品应符合的质控指标包括：外观、有效成分含量、pH 值范围、悬浮率、湿筛试验（45μm 试验筛）、持久起泡性、倾倒性、附着性、低温稳定性、热贮稳定性。除附着性外，其他指标与悬浮剂要求一致。

（1）外观　红色（或其他警戒色）可流动的均匀悬浮液，长期存放可能出现少量沉淀或分层，但在室温下经摇动后能恢复原状，不应有结块。

（2）有效成分含量　有效成分含量是种子处理悬浮剂的重要质量指标，要求有效成分的含量不小于标明值。检测方法要求准确可靠，例如用高效液相色谱法、气相色谱法等。

（3）有害杂质含量　判断产品是否存在有害杂质需要根据具体产品而定，要控制有害杂质的最高值，以避免引起药害。

（4）pH 值　pH 值主要影响种子发芽率，也影响种子处理悬浮剂的稳定性，一般要求种衣剂产品的 pH 保持在 4.5～7.0。过酸或过碱会对种子的发芽产生不良的影响，值得注意的是贮存期较长（一般两年）的种子处理悬浮剂 pH 的变化较大，不宜再使用。

按照 GB/T 1601—2023 方法测定。

（5）悬浮率　种子处理悬浮剂的一项重要性能，悬浮稳定的种子处理产品在使用过程中可以提供种子以均匀的包衣效果，而悬浮不稳定的产品由于药剂在包装瓶或桶内分布不均匀，如果使用前又没有充分摇匀，很有可能对种子包覆不均，造成苗期药害或保护不足。悬浮稳定性可通过悬浮率和贮存后分层率或析水体积等指标来衡量。由于理论上悬浮体系属于热力学不稳定体系，实际生产中只能通过黏度、粒径等指标的调整使产品在货架期内处于相对稳定的状态。

按照 GB/T 14825—2023 中 4.3 进行。

（6）湿筛试验　湿筛试验是控制产品中较大颗粒比例的有效方法。如果种子处理悬浮剂产品中存在较多较大的颗粒，该种子处理悬浮剂的种子处理效果必然不佳，甚至会由于杂质过多而引起药害，因而必须进行湿筛试验。

按 GB/T 16150—1995 中的“湿筛法”进行测定。

（7）持久起泡性　持久起泡性主要是种子处理悬浮剂兑水使用时，由于表面活性剂的存在，会产生泡沫，泡沫过多会造成种子处理过程中包覆不均匀等问题。

参照 HG/T 2467.5—2003 中 4.11 中方法测定。

（8）倾倒性　倾倒性反映了制剂从瓶中倒出的难易程度，目的是保证产品能够均匀、平稳地从容器中倒出。按 GB/T 31737—2015 方法测定。

（9）附着性　反映种子处理悬浮剂附着情况的一项标准指标。附着性直接反映产品包衣效果以及包衣后的种子在使用时的安全性，附着性高则产品包裹效果好。附着性装置图见图 4-64。

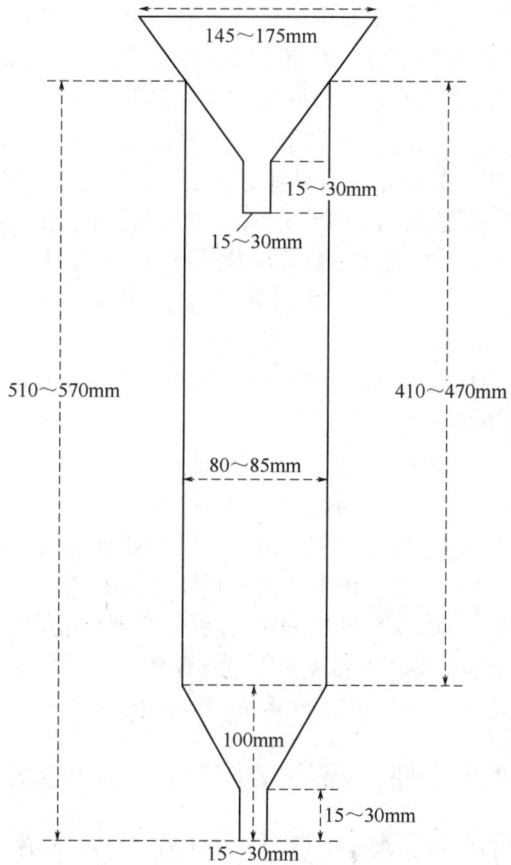

图 4-64　附着性装置图

（10）低温稳定性试验　按 GB/T 19137—2003 中 2.2 的规定进行，湿筛试验仍符合标准要求为合格。

（11）热储稳定性试验　按 GB/T 19136—2021 中的规定进行，热储后（54℃±2℃）14d 有效成分质量分数不低于储前的 95%，pH 范围、悬浮率、倾倒性、湿筛试验、附着性仍应符合标准要求为合格。

（二）种子处理微囊悬浮剂

若产品为微囊型种子处理悬浮剂，则其质量控制指标除上述介绍的相关指标外，还包括有效成分的游离率、释放速率、自发分散性及冻结-融化循环稳定性等指标。

（1）有效成分的游离率　不同于其他制剂，种子处理微囊悬浮剂需要对游离的有效成分含量进行测定，以保证其包封率，使其发挥较长时间的药效。

具体方法为：称取试样于离心管中，加入少量纯净水稀释样品，摇匀后在一定转速下离心 30min，取出离心管，将上层清液转移至容量瓶中（注意：不要搅起沉淀物）。用溶剂溶解、定容，超声使有效成分完全溶解，摇匀，冷却至室温，过滤后进行含量测定，分析方法参照相关有效成分的检测方法。

（2）有效成分的释放速率　有效成分的释放速率是评价微囊化后的有效成分在一定介质中释放快慢的指标。微囊产品需要具备一定的释放速率才能起到好的防控效果，否则会因为包覆太严密无法释放而不能发挥效果。

方法主要为称取一定试样于容量瓶中，用特定溶液定容，摇匀后在规定条件下用磁力搅拌机不停地搅动，一定时间后测定溶液中有效成分的质量，计算其释放速率。

（3）自发分散性　自发分散性是指微胶囊粒子悬浮于水中保持分散成微细个体粒子的能力。分散性与悬浮性有密切关系。分散性好，一般悬浮性就好。反之，悬浮性就差。悬浮剂要求悬浮粒子有足够的细度，粒子越大，越易受地心引力作用加速沉降，破坏分散性；反之，粒子过小，粒子表面的自由能就越大，越易受范德华力的作用，相互吸引发生团聚现象而加速沉降，因而也降低了悬浮性。要提高微细粒子在悬浮液中的分散性，除了要保证足够的细度外，重要的是克服团聚现象，主要办法是加入分散剂。因此，影响分散性的主要因素是原药和分散剂的种类和用量。选择适当，不仅可以阻止粒子的团聚，而且还可以获得较好的分散性。

种子处理微囊悬浮剂的自发分散性按 CIPAC 方法中的 MT 160 测定。将一定量的试剂加入规定体积的水中，上下翻转一次量筒进行混合，制成悬浮液，静置一段时间后，取出顶部 9/10 的悬浮液，对余下 1/10 悬浮液和沉淀中有效成分进行测定计算。

（4）冻结-融化循环稳定性　种子处理微囊悬浮剂的冻融过程，可能导致无法预料的、不可逆的反应，包括无法控制的有效成分结晶所引起的胶囊的失效。因此该制剂是否具有抵御反复的结冻和融化过程的能力，是应该考虑的一项重要的性质。

种子处理微囊悬浮剂的冻融稳定性按 FAO 微囊悬浮剂标准方法测定。试样经结冻-融化 4 个循环，并使之均匀后，pH 值范围、自发分散性、倾倒性、湿筛试验等项目仍符合标准为合格。结冻主融化 1 个循环指在（−10±2）℃结冻 18h，在（20±2）℃融化 6h。

（三）典型种子处理悬浮剂产品质量控制指标及参数

一般的种子处理悬浮剂产品质量控制要求是：pH 值 5～7，悬浮率≥90%，筛析（过 45μm 筛）≥98%，黏度（25℃）范围 200～600mPa·s，附着性≥90.0%，低温稳定性合格，热贮稳定性合格。以下是三个典型种子处理悬浮剂产品质量控制指标及参数，分别见表4-25、表4-26和表4-27。

表 4-25　25g/L 咯菌腈种子处理悬浮剂控制项目指标

检测项目		指标
咯菌腈质量分数/%		2.4±0.3
或咯菌腈质量浓度/（g/L）		25±3
pH		5.0～8.0
悬浮率/%		≥90
湿筛试验（过 45μm 试验筛）/%		≥99
持久起泡性（1min 后泡沫量）/mL		≤25
倾倒性/%	倾倒后残余物	≤5.0
	洗涤后残余物	≤0.5
附着性[a]/%		≥95
低温稳定性[a]		合格
热贮稳定性[a]		合格

注：[a]在正常生产时，每 3 个月至少进行一次试验。

表 4-26　30%噻虫嗪种子处理悬浮剂控制项目指标

检测项目		指标
噻虫嗪质量分数/%		30±1.5
pH		4.0～8.0
悬浮率/%		≥80
湿筛试验（过 45μm 试验筛）/%		≥98
持久起泡性（1min 后泡沫量）/mL		≤25
黏度范围/（mPa·s）（20℃）		100～1500
倾倒性/%	倾倒后残余物	≤5.0
	洗涤后残余物	≤0.5
附着性[a]/%		≥95
低温稳定性[a]		合格
热贮稳定性[a]		合格

注：[a]在正常生产时，每 3 个月至少进行一次试验。

表 4-27　10%噻虫胺种子处理微囊悬浮剂控制项目指标

检测项目	指标
噻虫胺质量分数/%	10±1.0
游离噻虫胺质量分数/%	≤0.5
pH	5.0～8.0
悬浮率/%	≥90
湿筛试验（过 75μm 试验筛）/%	≥98

续表

检测项目		指标
持久起泡性（1min后泡沫量）/mL		≤25
倾倒性/%	倾倒后残余物	≤5.0
	洗涤后残余物	≤0.5
附着性[a]/%		≥90
自发分散性/%		≥90
冻融稳定性[a]		合格
热贮稳定性[a]		合格

注：[a]在正常生产时，每3个月至少进行一次试验。

七、种子处理悬浮剂开发实例

（一）种子处理悬浮剂开发实例——40%福美双·萎锈灵种子处理悬浮剂

（1）试验材料　福美双原药：95.8%。萎锈灵原药：98%。分散剂 Morwet D-425（烷基萘磺酸盐缩聚物的钠盐）、木质素磺酸钠，润湿剂 Morwet EFW（烷基萘磺酸盐与阴离子润湿剂混合物）、Morwet IP（异丙基萘磺酸钠）。防冻剂：乙二醇。增稠剂：5%硅酸铝镁水溶液、黄原胶。其他助剂：成膜剂 A、成膜剂 B、玫瑰精、消泡剂 SAG630；水、去离子水、自来水、342mg/L 标准硬水、500mg/L 硬水、1000mg/L 硬水；95%乙醇。

（2）试验设备　200mL 立式砂磨机；精密 pH 计；实验室高剪切分散乳化机；电热恒温干燥箱；黏度计；紫外可见分光光度计；往复式振荡仪。

（3）加工方法　种子处理悬浮剂的制备。按拟定配方称取原药、助剂及水等共计 100g 用高剪切混合乳化机预分散后，将其倒入砂磨机，接通冷凝水后开启砂磨机。研磨 2h 过滤制得 40%福美双·萎锈灵种子处理悬浮剂（FS）。

（4）性能测试方法　按“六、种子处理悬浮剂的性能指标及检测方法”中所述检测方法进行。

（5）润湿分散剂筛选　对于理想的分散体系而言，用于制备分散体系的粉末必须完全被润湿。因此，在种子处理悬浮剂中，润湿剂种类及用量的选择是至关重要的。种子处理悬浮剂属于一种热力学不稳定的分散体系，其粒径一般只有几微米。为了增加悬浮剂的稳定性，通常需要加入一定量合适的分散剂，使其在贮存过程中不发生凝聚和结底现象。由表 4-28 可知，润湿剂 2%Morwet IP 与分散剂 3%Morwet D-425 联合使用，产品分散性能优、析水量少，无絮凝现象。

表 4-28　不同润湿分散剂对产品性能的影响

序号	Morwet EFW/%	Morwet IP/%	Morwet D-425/%	木质素磺酸钠/%	黄原胶/%	5%硅酸镁铝/%	析水率/%	絮凝现象	分散性	倾倒性
1	2	—	4	—	0.2	5	20	有	良	良
2	—	2	4	—	0.2	5	8	无	好	良
3	—	1	4	—	0.2	5	12	无	良	良

续表

序号	Morwet EFW/%	Morwet IP/%	Morwet D-425/%	木质素磺酸钠/%	黄原胶/%	5%硅酸镁铝/%	析水率/%	絮凝现象	分散性	倾倒性
4	—	2	—	4	0.2	5	0	凝固	差	差
5	—	2	3	—	0.2	5	10	无	良	良
6	—	2	2	2	0.2	5	15	无	差	差
7	—	2	5	5	0.2	5	15	无	好	好

(6) 成膜剂的筛选　种子处理悬浮剂通过成膜剂使其包覆在种子上，种子在贮存休眠中，通过种皮进行微弱呼吸。种皮能调节水分、空气透过量的急剧变化。在种皮外再覆盖其他物质，必须要在保持原有生存特性和栽培条件下弥补和增添新的性能，因此，选择合适的成膜剂是很重要的一步。优良的成膜剂不仅透水、透气、遇水吸胀，而且包衣均匀，不易脱落。该试验对成膜剂种类及用量进行了筛选。各种配方制剂分别与水以 1∶20 的比例配成悬浮液，用该悬浮液以 1∶50 的比例进行种子包衣，测定 2 种成膜剂对制剂稳定性的影响及其成膜时间和脱落率。由表 4-29 可知，成膜剂对 FS 的物理稳定性影响很大，加入成膜剂量越多，析水量越大。综上所述，当添加 10%成膜剂 B 时，产品质量最好。

表 4-29　成膜剂的选择

序号	成膜剂 A/%	成膜剂 B/%	热贮稳定性	析水率/%	倾倒性	脱落率/%
1	3	—	差	5	良	17.0
2	5	—	差	8	差	12.0
3	10	—	差	20	差	10.0
4	—	10	好	4	良	3.0
5	—	13	良	8	良	2.1

(7) 防冻剂的筛选　农药种子处理悬浮剂中有相当数量的水存在，可能引起贮藏和运输过程中受冷凝固而有破坏其性能的危险。为防止破坏和提高制剂承受冻融能力，通常在配方中加入防冻剂。防冻剂的用量一般不超过 10%，常用量为 5%左右。该试验采用常用的乙二醇作为防冻剂，当其用量为 5%时有较好的防冻效果，并且对制剂的其他质量指标无影响。

(8) 增稠剂的筛选　黏度是悬浮种衣剂稳定的重要因素之一，合适的黏度可使制剂具有好的稳定性和较高的悬浮率。黏度过低，会影响悬浮种衣剂的稳定性，而黏度过高则制剂流动性差，外观和使用受到影响，给加工过程也带来不必要的工序，分散性差，甚至不能自行分散。合适的增稠剂能调节悬浮剂的黏度，能有效阻止粒子聚集，提高制剂的悬浮稳定性和分散性。选择黄原胶和硅酸铝镁为增稠剂，当加入 0.2%的黄原胶以及 0.3%硅酸铝镁时，悬浮剂黏度适中，热贮析水率低，分散性、倾倒性良好。

(9) 消泡剂的筛选　农药悬浮剂在加工过程中不可避免地会产生大量气泡，这些气泡会给制剂加工、计量、包装和使用带来严重影响。选择合适的消泡剂能有效消除气泡。选用有机硅消泡剂 SAG-630，当添加量为 0.1%时，消泡效果良好。

（10）染色剂添加　该研究选择玫瑰精作为染色剂，添加量为 0.4%时，色泽均匀，具有警戒作用。

（11）配方的确定　通过对配方的筛选，最终得出最佳配方为 20%福美双、20%萎锈灵、2%Morwet IP、3%Morwet D-425、0.2%黄原胶、0.3%硅酸铝镁、5%乙二醇、10%成膜剂 B、0.4%玫瑰精，水补足至 100%；研磨时间为 2.5h。按最佳配方配制样品，检测其各项质量控制指标。检测结果表明种子处理悬浮剂的质量指标均符合要求（表 4-30）。

表 4-30　40%福美双·萎锈灵 FS 各项技术指标测定结果

项目	pH 值	悬浮率/%	持久泡沫量/mL	分散性	热贮稳定性	倾倒性	附着率/%
常贮	6.5	＞99	＜25	好	合格	良	＞95
热贮	7.0	＞98	＜25	良	合格	良	95
低温	6.5	＞98	＜25	良	合格	良	95

（二）种子处理悬浮剂开发实例——15%毒氟磷·毒死蜱种子处理悬浮剂

（1）试验材料

① 毒氟磷原药：95%。

② 毒死蜱原药：97%。

③ 表面活性剂：NNO（萘磺酸盐甲醛缩合物），Morwet D-425（萘磺酸盐甲醛缩合物），500LQ（EO-PO 嵌段共聚物），601P（苯乙基酚聚氧乙烯醚磷酸酯，农乳 500#（十二烷基苯磺酸钙），BY-125（蓖麻油聚氧乙烯醚），农乳 602#（苯乙基酚聚氧乙烯醚），分散剂 SP-SC3060、SP-21R，农乳 700#（烷基酚甲醛树脂聚氧乙烯醚），萘磺酸钠 BX，聚羧酸盐阴离子高分子分散剂 6500，木质素磺酸钠，K12（十二烷基硫酸钠），聚羧酸盐分散剂 T-36，AEO-5（脂肪醇聚氧乙烯醚），润湿剂 T-60。

④ 黏度调节剂：黄原胶、硅酸镁铝、膨润土。

⑤ 抗冻剂：丙三醇、乙二醇。

⑥ 消泡剂：LS-2P，有机硅消泡剂 SAG622。

⑦ 防腐剂：苯甲酸钠、甲醛。

⑧ 成膜剂：1#壳聚糖、2#聚乙烯醇 1788#、3#羧甲基纤维素。

⑨ 去离子水。

（2）试验设备　气流式超微粉碎机，立式砂磨机（500～2000mL），激光粒度分析仪，超声波清洗仪，旋转黏度计，pH 测定仪，恒温磁力搅拌器。

（3）加工方法　毒氟磷原药和毒死蜱原药经气流粉碎机预粉碎（1min）后，加入溶有润湿分散剂、黏度调节剂等助剂的水溶液中剪切匀化，加入消泡剂和防冻剂水溶液等物料一起混合均匀，砂磨珠（0.5～0.7μm）按和产品 1∶1 比例加入砂磨机中，然后一起进行湿法研磨。研磨过程中每 30min 测定一次粒径，直到整个悬浮体系平均粒径≤3μm 停止砂磨。过滤掉砂磨珠后即得到水悬浮剂产品。

（4）性能测试方法　按“六、种子处理悬浮剂的性能指标及检测方法”中检测方法进行。

（5）粒径与研磨时间关系的确定　润湿分散剂的量为 5%，转速 2000r/min，其他情况不变，研磨 150min，每半个小时测定一次粒径分布情况，在研磨 120min 时，粒径 90%都小于 3.2μm，粒径 98%都小于 4.6μm，已经完全符合悬浮剂的要求。提高到 150min 时，粒径不再发生明显的变化。对于悬浮剂来说，粒径越小，在水中的分散性越好，能更好地附着在作物的表面，同时颗粒的沉降性能降低，体系更趋于稳定。综合各方面考虑，本研究控制研磨时间为 120min。

(6) 润湿分散剂筛选　对选用的润湿分散剂做流点测试，测试结果表明，SP-3060、T-60、601P、6500、500LQ 等 5 种润湿分散剂针对毒氟磷和毒死蜱原药的流点较低，因此选用此 5 种润湿分散剂进入下一轮试验。初始选择的润湿分散剂流点测试结果见表 4-31。

表 4-31　润湿分散剂的流点测试结果

润湿分散剂种类	流点/（mL/g）	润湿分散剂种类	流点/（mL/g）
SP-3060	0.44	AEO-5	1.44
T-60	0.34	NP-10	1.44
D-425	0.52	K12	0.5
NNO	0.63	602	0.48
T-36	0.53	BX	0.69
500LQ	0.46	木质素磺酸钠	0.66
6500	0.42	601P	0.64
BY-125	0.89	700#	0.58
601P	0.44	21R	0.68

根据流点测试结果，结合制剂加工过程中的起泡性，选定 500LQ、6500 和 601P 三种润湿分散剂为备选品种。通过黏度曲线法确定各助剂的最优用量分别为：1.0%、3.0%和 1.5%。

通过对不同助剂配比进行析水率、粒径、悬浮率、分散性等多方面评价，最终选择最优分润湿分散剂组合为 1.5%601P+3.0%6500+1.0%500LQ。

(7) 防冻剂及防腐剂的筛选　利用上文选择出原药和各种助剂配比出小样进行试验，加入防冻剂和防腐剂，测定实验结果，以配方在−10℃冷藏 1～3d 无结冰，常温 60d 无发霉现象来判断，发现选择乙二醇来作为防冻剂，苯甲酸钠作防腐剂效果较好。

(8) 防成膜剂的筛选　成膜剂对种子包衣质量的影响很大，不同成膜剂的成膜效果差别很大。对市售各供试的成膜剂做成膜性能实验，得到 3 种成膜剂成膜效果对比（结果见表 4-32）。实验表明，2#（聚乙烯醇 1788#，市售）成膜剂成膜效果较好，因此选用 2#作为成膜剂。

表 4-32　3 种成膜剂效果对比

成膜剂	成膜时间/min	成膜率/%	种衣脱落率/%	包衣外观
1#	34	98.4	0.8	粗糙
2#	16	99.8	0.3	光滑明亮
3#	21	98.7	0.5	光滑

(9) 其他助剂的筛选　消泡剂、警戒色等助剂的选择，与种子处理悬浮剂的稳定性、包装及市场需求有关，本实验选取有机硅消泡剂（0.1%），警戒色选择柠檬黄（0.1%）。另外为了配方的稳定性，加入 0.2%黄原胶作为增稠剂。

（10）配方的确定　本实验采用流点法和黏度曲线法进行初筛，大大节省了实验时间，实验结果表明，聚羧酸盐及聚醚类磷酸酯混合使用时，对该产品有很好的润湿分散效果。并通过对其他助剂的系统筛选及指标测试，最终确定了 15%毒氟磷·毒死蜱种子处理悬浮剂最佳配方组成：10%毒氟磷，5%毒死蜱，3%6500，1.5%601P，1%500LQ，0.2%黄原胶，4%乙二醇，0.1%有机硅消泡剂，0.1%柠檬黄，0.1%苯甲酸钠，0.5%成膜剂 1788#，水补足至 100%。

由此配方制备的 15%毒氟磷·毒死蜱种子处理悬浮剂质量控制指标符合要求，具体见表 4-33。

表 4-33　15%毒氟磷·毒死蜱种子处理悬浮剂质量控制指标及检测结果

项目		指标	测定结果
毒氟磷质量分数/%		10±0.1	10.6
毒死蜱质量分数/%		5±0.5	5.3
黏度（25℃）/（mPa·s）		160～600	320
悬浮率/%	毒氟磷	≥90	98
	毒死蜱	≥90	99.6
pH 值		5.0～8.0	5.8
湿筛试验（过 45μm 试验筛）/%		≥98	99.6
成膜时间/min		≤20	15
附着率/%		≥90	94
低温稳定性		合格	合格
热贮稳定性		合格	合格

八、种子处理剂的发展展望

随着我国农业在宏观层面上和制剂技术层面上的不断发展，种子处理剂也迎来了前所未有的机遇：

（1）随着人民对美好生活的向往越来越强烈，生产中对化肥和农药的过度依赖和不合理使用，正引起全社会的高度关注，“双减”专项应运而生。种子处理剂之所以备受重视，主要是因为它与其他施药方式相比具有高效、经济、安全、持效期长和多功能等诸多优点，符合“双减”理念。

（2）随着城镇化以及工业化的发展，农业人口转移，从事农业工作的人口减少，农业劳动力成本上升。土地逐渐集中进行规模化种植，重茬连作极易导致土传病害发生严重，种子处理剂可极大减少相关损失。

（3）制剂技术的不断发展，新型高功效助剂不断开发，加工工艺的持续提升，为生产合格的种子处理悬浮剂提供了技术保证，极大缓解了过去种子处理悬浮剂由于质量问题而造成的不良影响。

（4）企业、研发者和使用者对种子处理剂的认识愈发深入，从产品登记、配方研发、生产和使用效果方面均愿意投入资源开展工作。

发展方向主要是安全性和功能性。安全性主要是保护种子的发芽；功能性指在病虫害防治的同时实现种子、苗期作物的健康生长，以及早期抗逆。

与此同时，我们也应该看到，种子处理剂也面临着诸多挑战，主要原因为：①种子处理剂尤其是种子处理悬浮剂的产品质量问题仍然制约着该剂型的发展。由于种子处理悬浮剂属于固液分散体系，为热力学不稳定体系，在贮存过程中极易发生沉淀、结块等现象，同时导致有效成分分布不均，易导致药害的发生。因此如何开发和生产稳定、安全的种子处理悬浮剂是推动其发展的基础。②种子处理剂的安全性评价更加细致，需要结合实际生产环境因素进行大量试验验证，如戊唑醇在玉米上低温药害问题，毒死蜱在花生上高湿抑苗问题等，需要在开发中考虑极端情况的破坏性试验。③产品相对集中，一方面是功能方面，主要集中在杀虫剂和杀菌剂上，植物生长调节剂仅有 2 个登记产品，另一方面是有效成分的趋同性，如杀菌剂的戊唑醇、咯菌腈、精甲霜灵、福美双、萎锈灵等，杀虫剂的噻虫嗪、吡虫啉、毒死蜱、丁硫克百威等。能否通过试验筛选更多安全高效的种子处理剂需要关注。④市场发育不完全成熟，甚至出现“正规军”打不过“杂牌军”的怪现象，随着《农药管理条例》（2022 年修订版）的颁布，企业和产品均向正规化迈进。

种子处理剂未来发展主要有以下几个方面：

（1）高残留、高毒、高抗性种子处理剂逐渐淘汰。种子处理剂直接接触土壤，传统的有机磷、氨基甲酸类毒性较大，如花生生产上用于防治地下害虫常用的毒死蜱、辛硫磷、克百威等传统药剂逐渐被禁用或者限制使用，具有低毒、低残留的环保型药剂成为替代品。

（2）病虫兼治的多元复配品种将成为登记热点。多元复配种子处理剂比单剂更加有优势，可以针对多个靶标做到一次用药，如用于防治地下害虫、苗期害虫、卵菌纲真菌的多种成分进行复配，不仅省时省力，而且降低了加工成本。从国内登记情况可以看出：在 2021 年登记的 151 个种子处理品种中，复配制剂占比接近 70%。

（3）免疫诱抗剂在种子处理剂中逐步应用。种子处理剂应用过程中保证安全、健康，成为行业最为关注的焦点，播种后的种子中会遭遇各种非生物胁迫，如三唑类杀菌剂戊唑醇在低温时会产生药害，也会遭遇干旱、盐渍等逆境，这些都不利于种子的健康生长。植物免疫诱抗剂也叫“植物疫苗”，在长期的协同进化过程中，植物形成了具有识别真菌、细菌、病毒、线虫等病原微生物以及低温、干旱、盐渍、药害等非生物胁迫的能力，能够激活自身免疫系统，起到自身保护的作用。植物免疫诱抗剂一般分为蛋白多肽类、寡糖类、有机酸类和无机化合物类等，广义的还包括植物免疫诱导菌（木霉菌、芽孢杆菌等），当前植物免疫诱抗剂已逐渐成为肥料、农药推广过程中“提质增产”的热点产品，成为保障植物健康的关键因子之一。

（4）长效缓释型的新型种子处理剂将发挥更大潜能。缓释种子处理剂最大优势是可以保持药效持久。此外，缓释型种子处理剂还有其他功能，如制备成微胶囊种子处理悬浮剂可以降低原药毒性、降低三唑类杀菌剂的低温抑制作用等。随着更多新材料应用于缓释型种子处理剂，未来可挖掘的潜力会越来越大。

（5）新型成膜剂的开发，推动种子处理剂向更加安全和环保的方向发展。随着从化石聚合物中提取的聚合物基合成涂层在种子上的广泛使用，环境受到的影响越来越大，这引起了种子改良公司的注意，它们开始寻找新的方案。因此，预计可生物降解的种子处理剂将在未来几年占据主要市场份额，这是因为消费者对健康食品消费意识的提高以及不可生物降解的种子处理会对环境产生不利影响。此外，可生物降解种子包衣剂的工业应用，如农业、食品饮料和医药，增加了市场对可生物降解种子包衣剂的需求。微塑料颗粒的使用对环境和人类健康构成严重威胁。因此，欧洲化学品管理局（ECHA）已限制使用添加到消费品或商业产品中的含氧塑料或微塑料颗粒。为了减轻环境污染，市场对可生物降解种子处理解决方案会有很大的需求。

第十二节　农药质量控制与检测标准

农药的质量控制是确保产品性能和安全性的核心环节。要使农药产品满足市场需求并具有竞争力，需达到两类关键标准：

① 市场准入标准。这是农药制剂必须达到的基本标准，符合这些标准的产品才能合法进入市场销售。各国及相关国际组织针对不同的农药制剂制定了相应的法规和标准，确保其在生产、使用中的安全性和有效性。

② 市场竞争标准。为了提升产品性能并增强市场竞争力，许多农药产品不仅要达到市场准入标准，还需满足更高的竞争性标准。这些标准往往是企业提升其产品差异化优势的重要手段，是推动其技术进步和市场扩展的基石。通过不断提高产品质量、创新技术，企业能够在激烈的市场环境中站稳脚跟并保持可持续发展。

因此，农药制剂的研发工作不仅要严格遵守市场准入标准，还需不断追求创新与突破，推动产品质量向更高水平迈进，增强市场竞争力，从而确保产品在市场中更具竞争力。

一、农药制剂理化性质国际标准

农药制剂产品货架寿命的长短以及施用后能否达到预期效果，与产品理化性能的好坏有着密切关系，对于同一种农药产品，由于生产厂家不同，其生产（加工）方式、所用原药、助剂和包装材料等不同，产品性能和使用效果存在很大差异。因此，在一定范围内提出相对统一的检验标准和质量指标，将有利于农药制剂产品朝着高效、安全的方向发展。

目前，世界各国和相关国际组织均制订了相应产品标准，即依据统一的检测方法和判断原则，产品的化学和物理性质必须在规定的范围内。为了加强农药产品质量管理，联合国粮农组织（FAO）和世界卫生组织（WHO）负责制订农药产品的标准，2002 年联合成立了“FAO/WHO 农药标准联席会议（JMPS）”，共同制订农药产品标准。由于 FAO/WHO 制订的农药标准不包含分析方法，因此，通常采用国际农药分析协作委员会（Collaborative International Pesticides Analytical Council，CIPAC）制订的相关方法，简称为“CIPAC 方法”。

此外，经济合作与发展组织（Organization for Economic Cooperation and Development，OECD）为了测定和评价化学品，确定其潜在危害性，降低其风险性，制订了良好实验室规范（good laboratory practice，GLP）准则。GLP 是包括试验设计、实施、查验、记录、归档保存和报告等组织过程和条件的一种质量体系，用于获得登记、许可及满足管理法规需要为目的的非临床人类健康和环境安全试验，包括医药、农药、兽药、工业化学品、化妆品、食品/饲料添加剂等的实验室、温室和田间试验。GLP 目的是确保试验数据的正确性、真实性和可靠性，促进试验数据质量的提高；保证试验数据的可比性，实现数据相互认可，避免重复试验，消除贸易技术壁垒，缩短进入市场的时间，更好地保护人类健康和环境安全。

我国首先从医药行业开始GLP认定活动。1993年12月国家科学技术委员会颁布了《药品非临床研究质量管理规定（试行）》。国家环境保护总局等部委也先后制定了本行业的GLP标准。我国农药行业GLP工作始于2002年，农业部农药检定所和沈阳化工研究院共同承担了“十五”国家重大科技攻关项目“新农药创制研究及产业化关键技术开发”中的子项目——“农药安全评价GLP/SOP体制的建立与完善”，通过项目的实施，制定了《农药毒理学安全性评价良好实验室规范》。目前，我国已被OECD接收为正式观察员。

与国际先进水平相比，我国农药产品质量的状况仍有一些差距，许多产品质量差，性能指标不合格，不仅影响农药的使用效果，而且会削弱国内外市场的竞争力。为了进一步提高国内农药制剂产品的质量，使我国农药制剂产业尽快与国际接轨，真正分享国际化的市场，这里简要介绍了FAO关于农药制剂产品理化性质的相关标准和国内标准，便于国内农药制剂从业者参考。

（一）国际上FAO制订农药标准新要求

1．FAO农药标准制订发展过程

按照FAO农业用农药专家委员会第二次会议签署的《FAO农业用农药会议的建议书》，1963年，FAO设立了农药官方管理工作组，制订与WHO为公共卫生用农药制订的标准相类似的农用农药的标准。1975年，工作组更名为FAO农药标准、登记要求和使用标准专家组，在1977、1979、1981、1992、1997和1998年分别召开了正式会议，并结合国际农药分析协作委员会（CIPAC）年会多次召开非正式技术会议。

1971年，FAO农业发展文件第93号发布了《FAO农药标准手册》第一版，随后发布了第二版（1979年）、第三版（1987年）和第四版（1995年）。1996年，由FAO标准工作组制订的草案改变了标准制订和采用的程序。1999年，新的程序在手册第五版上发布（联合国粮农组织植物生产和保护文件第149号）。

2．WHO农药标准制订过程

WHO农药评估系统（WHOPES）自1960年成立以来，目的是推进和协调公共卫生用农药试验和评估的国际项目，农药和施用器械标准以及国际贸易和质量控制标准的制订。

3．FAO（和WHO）农药标准制订新要求

FAO和WHO作为农药标准联席的第一次正式会议于2002年6月在罗马举行，组织编制了《FAO/WHO农药标准制订和使用手册》。

FAO/WHO标准的制订程序主要包括：①标准种类及标准状态；②申请和资料的提交；③标准制订的时间表和原则；④标准的发布；⑤标准复审；⑥制订标准所需资料的总体要求；⑦分析和物理测定方法的确认。

（二）FAO/WHO农药制剂标准制订程序和资料要求

1．制订农药制剂基准（首次）标准所需最低资料要求

（1）先确定制剂是用于公共卫生还是农业，或者同时用于两者。

（2）对于卫生杀虫剂，必须确认该制剂及其生产过程与WHOPES对产品的药效评审拥有的资料相同。

（3）列出可以应用的主要剂型，并确定要制订标准的剂型。

（4）列出这些剂型的主要登记和销售的国家，如果国家多的话，给出在每个地区或区域的国家数。

（5）列出在《FAO/WHO 农药制剂标准制订程序和资料要求》所要求的物理性质。假如必要的话，简要解释建议所删除条款，新增加条款，或者需采用低于本标准准则所规定限量的理由。

2．FAO/WHO 农药制剂化学性质标准

有效成分含量　鉴于测定值与真值之间存在着差异的事实，有效成分含量采用极限值来表示。

适用范围　所有标准。

方法　必须优选采用 CIPAC 或 AOAC（临时的或作为小范围协同试验的）已公布的分析方法。假如还没有这样的方法，申请者应向联合国粮农组织和（或）世界卫生组织提交完整、详细的分析方法。

3．FAO/WHO 农药制剂物理性质标准

农药制剂产品的物理性质对于延长产品货架寿命和提高产品使用性能都十分重要，因此，FAO/WHO 对农药制剂物理性质制订了相关标准，测定方法主要采用 CIPAC 方法中的“MT”系列，包括以下几个方面的测试：

（1）密度性质；

（2）表面性质；

（3）挥发性质；

（4）细粒、碎片和附着物性质；

（5）分散性质；

（6）流动性质；

（7）溶解和分解性质；

（8）贮存稳定性。

二、我国农药理化性质标准及国内外差异

我国作为全球重要的农药生产国，伴随着农药行业的快速发展和农药使用水平的不断提升，农药管理和登记制度也在逐步健全和完善。为了适应我国农业行业的特殊需求，同时与国际接轨，我国农业部门根据国内外相关标准，制定并不断修订了一系列农药登记的规范和标准。这些标准不仅是确保农药产品质量、安全性和有效性的基础，也是农药产品进入市场和应用的前提条件。通过系统阐述我国农药登记制度的发展历程、具体规范要求及其与国际标准的对比，旨在帮助读者深入理解我国农药管理体系的核心要素，以及在实际操作中如何确保产品符合相关标准，这对从事农药研发、生产和注册的人员具有重要的参考价值。

参考文献

[1] 刘广文. 农药水分散粒剂. 北京：化学工业出版社, 2009.

[2] 陈福良. 农药新剂型加工与应用. 北京：化学工业出版社, 2015.

[3] 吴学民, 冯建国, 马超. 农药制剂加工实验. 2 版 北京: 化学工业出版社, 2014.
[4] 刘广文. 农药干悬浮剂. 北京: 化学工业出版社, 2015.
[5] 任俊, 沈健, 卢寿慈. 颗粒分散科学与技术. 北京: 化学工业出版社, 2005.
[6] 肖进新, 赵振国. 表面活性剂应用技术. 北京: 化学工业出版社, 2018.
[7] 李范珠. 药物制粒技术. 北京: 化学工业出版社, 2007.
[8] 吴日辉. 农药水分散粒剂造粒工艺中助剂的作用研究. 广东: 华南理工大学, 2016.
[9] 华乃震. 干悬浮剂-水分散粒剂的顶级产品. 世界农药, 2018, 40(4):1-8.
[10] 陈叶青, 白杰, 郭崇友, 等. 基于湿法研磨工艺的水分散粒剂开发与应用. 世界农药, 2019, 41(5): 40-43.
[11] 刘刚, 张雪冰, 程琳琳, 等. 我国农药水分散粒剂产品登记现状与改进建议. 植物医生, 2022, 1(3): 119-124.
[12] 姜成义, 王铁威, 易强海, 等. 浅谈水分散粒剂加工工艺及一步制粒设计. 农药科学与管理, 2012, 33(4): 26-29.
[13] Vimala Devi P S, Duraimurugan P, Chandrika K S V P, et al. Development of a water dispersible granule(WDG) formulation of *Bacillus thuringiensis* for the management of *Spodoptera litura* (Fab.). Biocontrol Science and Technology, 2021, 31(8): 850-864.
[14] Wu H Q, Sun L L, Liu F, et al. Preparation of dry flowable formulations of *Clonostachys rosea* by spray drying and application for *Sclerotinia sclerotiorum* control. Journal of Integrative Agriculture, 2018, 17(3): 613-620.
[15] Cheng S Y, Liu Z Q, Zhang Q. Studies of factors influencing the disintegration performance of pesticide water dispersible granules. Journal of Pesticide Science, 2015, 40(4): 191-199.
[16] Kazuyuki Y, Takanori M, Toshiro O, et al. Effect of binder composition on physicochemical properties of water dispersible granules obtained through direct granulation of agrochemical suspension using fluidized bed. Journal of Pesticide Science, 2017, 42(3): 112-115.
[17] 刘广文. 现代农药剂型加工技术. 北京: 化学工业出版社, 2013.
[18] 任天瑞, 戴权, 张雷. 农药制剂与加工. 北京: 化学工业出版社, 2019.
[19] 王早骧. 农药助剂. 北京: 化学工业出版社, 1994.
[20] 邵维忠. 农药剂型加工丛书: 农药助剂. 3 版. 北京: 化学工业出版社, 2003.
[21] 赵继华. 胶体与界面化学. 北京: 化学工业出版社, 2020.
[22] 程能林. 溶剂手册. 5 版. 北京: 化学工业出版社, 2015.
[23] 张晨辉. 表面活性剂对液滴在靶标表面润湿黏附行为的影响机制及调控. 北京: 中国农业大学, 2017.
[24] 王小艺, 黄炳球. 表面活性剂在农药中的应用及其农药增效机理. 农药译丛, 1997, 19(4): 52-57.
[25] Wang R G, Xu X X, Shi X D, et al. Promoting efficacy and environmental safety of pesticide synergists via non-ionic gemini surfactants with short fluorocarbon chains. Molecules, 2022, 27: 6753.
[26] Dobrat W, Martijn A. CIPAC Handbook: Volume F. The Collaborative International Pesticides Analytical Council Limited (CIPAC), 1995.
[27] Manual on development and use of FAO and WHO specifications for pesticides. Second Revision of the First Edition. World Health Organization (WHO) and Food and Agriculture Organization of the United Nations (FAO). Prepared by the FAO/WHO Joint Meeting on Pesticide Specifications (JMPS), 2010.
[28] Hua N Z. Advance and trend of pesticide formulation development. Agrochemicals, 2008(3): 004.
[29] Quality control of pesticide products: Guidelines for national laboratories. The Collaborative International Pesticide Analytical Council (CIPAC), the Food and Agriculture Organization of the United Nations (FAO) and the World Health Organization (WHO), 2005.
[30] Tomlin C D S. The Pesticide Manual. 13th ed. Brighton: British Crop Protection Counil (BCPC), 2003.
[31] [阿根廷]德鲁.迈尔斯 (Drew Myers) 著. 表面、界面和胶体——原理及应用. 吴大诚, 朱谱新, 王罗新, 等, 译. 北京: 化学工业出版社, 2005.

[32] 郭武棣. 农药剂型加工丛书. 3 版. 北京: 化学工业出版社, 2004.
[33] 刘步林. 农药剂型加工技术. 2 版. 北京: 化学工业出版社, 2001.
[34] 刘广文. 农药水分散粒剂. 北京: 化学工业出版社, 2009.
[35] 赵国玺, 朱步瑶. 表面活性剂作用原理. 北京: 中国轻工业出版社, 2003.
[36] 赵欣昕, 侯宇凯. 农药规格质量标准汇编. 北京: 化学工业出版社, 2002.
[37] 中化化工标准化研究所, 中国标准出版社第二编辑室. 农药标准汇编: 通用方法卷. 北京: 中国标准出版社, 2006.
[38] 中华人民共和国国家质量监督检验检疫总局. 农药剂型名称及代码(GB/T 19378—2003). 北京: 中国标准出版社, 2004.
[39] 冯建国, 张小军, 何羽薇, 等. 多重光散射技术及其在农药制剂稳定性研究中的应用. 农药科学与管理, 2014, 35(12): 56-59.
[40] 周召路. 农药助剂调控雾滴在典型作物上的蒸发、沉积及弹跳行为研究. 北京: 中国农业科学院, 2018.
[41] 宋玉莹, 曹冲, 徐博, 等. 农药雾滴在植物叶面的弹跳行为及调控技术研究进展. 农药学学报, 2019, 21(5): 895-907.
[42] 张晨辉, 马悦, 杜凤沛, 等. 表面活性剂调控农药药液对靶润湿沉积研究进展. 农药学学报, 2019, 21(5): 883-894.
[43] 范添乐, 宋玥颐, 陈小军, 等. 农药内吸性的研究现状与改善策略. 农药学学报, 2020, 22(4): 579-585.
[44] 李晶, 郭亮, 崔海信, 等. 纳米农药在植物中的吸收转运研究进展. 植物学报, 2020, 55(4): 513-528.
[45] 康峰, 吴潇逸, 王亚雄, 等. 农药雾滴沉积特性研究进展与展望. 农业工程学报, 2021, 37(20): 1-14.

第五章
农药制剂与施药技术创新

第一节　农药微囊包覆技术

现今农药制剂的创新正处于瓶颈期，新型农药制剂的研发越来越困难。控制释放技术是精准控制农药有效成分对靶标生物释放的技术，一直是未来农药制剂研究的重点方向之一。

农药微胶囊是指通过物理、化学或者物理化学方法，利用天然高分子材料、合成高分子材料将农药有效成分包覆，形成一种具有缓释功能的核壳型结构的微球体制剂。对微胶囊技术的研究最早始于 20 世纪 30 年代，由 Wurster 和 Green 等首次提出将活性物质包封于膜内的概念。

由于农药微胶囊在制备前需要将有效成分在介质或者溶剂中高度分散，以形成几百微米甚至几微米的颗粒或液滴，然后再加入壁材进行包封，因此微胶囊的粒径通常在 1～1000μm 的范围。自 20 世纪 90 年代以来，伴随着纳米技术的兴起和蓬勃发展，微胶囊的粒径也不断减小，开始出现尺度为纳米级的微胶囊。纳米微胶囊的粒径一般在 1μm 以下，而粒径在 1000μm 以上的微胶囊则被称为大胶囊。

一、微胶囊剂概述

（一）定义

微囊悬浮剂（capsule suspension，CS）是指包封有效成分的微胶囊分散在液体中形成的稳定的悬浮液体制剂。微囊化技术一般指利用物理、化学以及物理化学或生物学的方法将化学物质或生物材料包裹在囊壁材料中，使其分散成几微米到几百微米的微粒，通过半透膜性能的囊壁缓慢释放或控制释放囊芯物质。微胶囊剂一般由芯材(有效成分及溶剂)和囊壁组成。囊壁是微胶囊剂的活性组分，通常是单一或混合的液体、固体及各种分散体系。囊壁是影响微胶囊剂性能的关键，是各种高分子化合物或低聚物材料，例如聚酰胺、聚脲、聚酯、纤维素和胶。囊壁材料的基本要求：不与芯材发生化学反应；成囊后具有坚韧性、渗透性和稳定性。另外，还要考虑产品的强度及芯材的释放速度等因素。

微胶囊剂主要通过渗透扩散和囊壁破裂两种机理释放活性组分，对杀菌剂、除草剂微胶囊剂释放以前者为主，杀虫剂微胶囊剂释放以后者为主。

微胶囊剂的药效很大程度上取决于微胶囊剂囊壁的强度，微胶囊剂的粒径(D)和壁厚(T)

影响农药的持效作用。一般来说，D 太大或 T 太小，微胶囊剂在短时间内大量破裂，将造成活性组分的浪费，并缩短持效期；反之，则持效期延长。参数 D/T 越大，微胶囊剂越易被踏破，其持效期越短；D/T 太小，则活性组分释放量太少，难以达到有效防治浓度。

（二）特点

农药微囊化的主要优点在于：①微囊化可以保护化学稳定性差的有效成分。pH 值、温度、光照、水分和微生物是影响农药稳定性的主要因素，微囊化则可以在有效成分与环境因子之间构建隔离屏障，减少外界环境因子对有效成分化学稳定性的影响。例如，高分子聚合物包覆可以显著降低辛硫磷、阿维菌素等对光敏感农药的光解速率。②微囊化可以延缓芯材的释放，不仅可以延长有效成分的持效期，而且能够减轻或避免农药对作物的药害。例如：二甲戊灵、乙草胺等除草剂品种，广泛应用于棉花、大蒜田等防除一年生禾本科杂草和部分阔叶杂草。但是，这些除草剂对小粒种子蔬菜存在药害风险，限制了其进一步推广和应用。将二甲戊灵、乙草胺等除草剂微囊化后，其对作物种子的淋溶药害风险显著降低。③微囊化在降低农药对非靶标生物的急性毒性方面也发挥了重要功能。例如：毒死蜱微囊悬浮剂（以脲醛树脂为囊壁）对斑马鱼的毒性仅为乳油的 1/70，该药剂对日本鹌鹑的毒性也仅为乳油的 1/8。④微囊化可以有效降低溶剂用量。乳油因有害溶剂限量面临巨大的剂型改造压力，微囊悬浮剂具有水基化剂型特点，制备过程中不使用或仅需少量溶剂，可以减小环境压力，是替代传统乳油剂型的选择之一。⑤微囊化可以掩蔽某些农药有效成分/杂质的不良气味（如有机磷杀虫剂），或者降低有效成分的致敏性（如拟除虫菊酯类杀虫剂）。

农药微胶囊化的意义包括以下几点：

① 改善农药的物理性质　液态农药微胶囊化后可以得到细粉状物质，称为拟固体（pseudo solid），尽管拥有固体特征，但其内部仍然是液体。这样可以增加液态农药的适用范围，降低水质对药物使用效果的影响，并可以使不相溶的两种成分进行复配。由于水质不同，相同农药在我国南北方的使用效果相差明显。南方水质偏酸，pH 值为 5.8～6.5，而北方水质偏碱，pH 值为 7.3～8.3。农药大多数呈弱酸性，在南方弱酸性水质条件下，使用量少、效果好，但同样的制剂，在北方碱性水质地区的药效降低，使用量增加 1～3 倍。微囊化后，水质对农药稳定性的影响降低。微囊化制备过程中可以包入空气或空芯微胶囊，从而使制剂的相对密度降低，甚至可以变成漂浮在水面上的产品。

② 保护有效成分　一些化学性质不稳定的原药，如有机磷类和拟除虫菊酯类农药容易分解，制成微胶囊后，由于有效成分被薄膜包埋，因此不易光解、水解、氧化、挥发，可以延长持效期。生物农药性质不稳定，存在价格贵、持效期短等问题，目前在我国发展缓慢，而微胶囊技术的应用将改变这一现状，改善生物农药稳定性，延长持效期，提高防治效果，降低生产和使用成本，利于生物农药的推广。

③ 控制释放　微胶囊中活性组分的释放方式包括立即释放、延时定时释放或长效释放等。农药微胶囊的释放速率受多种因素的影响，因此，制备微胶囊时可以根据制备方法、有效成分的理化性质和壁材性质等因素来调控农药的释放速率，从而有效控制释放剂量、释放时间，以满足不同防治对象的需要。

④ 降低毒性，安全环保　农药微胶囊化后，毒性可降低 90%～95%，部分可降低更多。特别是一些剧毒农药，经微胶囊化后可以显著提高对人畜的安全性。同时，由于未使用苯、甲苯等有机溶剂，施药次数减少，大大降低了农药对环境的危害。

⑤ 提高药效 微胶囊中有效成分浓度一般达到 5%～15%，甚至更高，相对于乳油等传统剂型其有效成分集中。高浓度的杀虫剂微胶囊一旦触及虫体，就会比其他剂型更易使害虫中毒，击倒速度提高。微囊化通常使杀虫效果提高 15%～30%，原药使用量最低可减少 50%，持效期延长 2～8 倍。据报道，通过对 1994～1997 年在北美洲 16 种作物上的 146 个田间试验的统计分析发现，先正达农化公司的三氟氯菊酯微囊悬浮剂的药效在某些情况下优于乳油。南美洲和亚洲的试验也表明微囊悬浮剂的药效与乳油的药效相似或更优，且具有更好的持效性。另据报道，由于微胶囊产品不易被土壤吸附或挥发，因此，进入表土层后具有更大的渗透能力，因此，在未耕作和保护耕作系统下甲草胺微胶囊比甲草胺乳油具有更好的效果。

（三）控释的类型

缓控释制剂中有效成分的释放原理包括：溶出原理、扩散原理、溶蚀与扩散相结合的原理、渗透压原理和离子交换作用。

① 溶出 通过减小有效成分的溶解度，增大有效成分的粒径，从而降低有效成分的溶出速度，达到长效作用。

② 扩散 有效成分以扩散作用释放的过程包括三个方面：a.通过水不溶性膜扩散；b.通过含水性孔道的膜扩散；c.通过聚合物骨架扩散。利用扩散原理达到缓控释作用的方法包括：包衣、制成微囊、制成不溶性骨架片、制成乳剂等。

③ 溶蚀与扩散相结合 生物降解材料可因 pH 变化或体内酶的作用而降解发生溶蚀。在这类系统中，有效成分不仅可从骨架中扩散出来，而且骨架本身不断溶蚀使有效成分扩散的路径及路径长度发生改变，从而加速扩散进行。

④ 渗透压和离子交换作用 通过树脂进行交换。常用的树脂由水不溶性交联聚合物组成，聚合物链的重复单元上含有成盐基团，有效成分可结合在树脂上。当带有适当电荷的离子与离子交换团接触时，通过交换将有效成分游离释放出来。

二、微胶囊的发展历史

微胶囊剂是当前农药剂型中技术要求较高的一种，其制剂具有延长农药持效期、提高农药稳定性、降低农药经皮毒性和挥发性等优点。20 世纪 80 年代，我国研制并投产的第一个微囊化产品是 25%对硫磷微胶囊剂，用于防治桃小食心虫，药效比乳油高一倍多，但售价比乳油增加一倍，推广难度较大。进入 21 世纪以来，由于胶囊化技术的提高，微胶囊剂成本有所降低，且人们的环保意识进一步增强，微胶囊剂的市场逐渐扩大，现已有 100 多个微胶囊剂产品在国内登记使用，国外也有几家公司在我国登记了微胶囊剂产品。然而，微胶囊剂想要成为大宗产品，必须降低制剂成本，开发价格昂贵原药的微胶囊剂以及在特殊领域(如卫生、畜牧、高产值作物等)应用的微胶囊剂。

微胶囊最开始并不是出现在农药领域，包囊（encapsulation）工艺在许多工业领域已经有了应用。机械包囊技术的历史可以追溯到 19 世纪，制药工业是这个领域的先驱。制药工业开发了明胶胶囊，以作为药物的一种特殊剂型。微胶囊的制备技术起源于 20 世纪 50 年代，在 70 年代中期得到迅猛发展，在此时期出现了许多微胶囊化的产品和工艺。50 年代在医药、兽药、肥料、化妆品等领域就出现了微胶囊制备方法和应用的相关专利。50 年代初期，美国 National Cash Register 公司最先使微胶囊技术工业化。60 年代中期，华盛顿大学林学院化学工程系的研究者提出了控制释放的概念和理论。进入 70 年代后，人们对降低农药毒性、减少农药污染、保护生态环境的呼声越来越高，化学农药的使用和研究受到了越来越多的质疑。同时，延长残效、克服抗药性也成为农药旧品种所面临的重要问题。因此，物理型缓释剂的发展在 1971～1976 年间得到积极推动。直到 1974 年，美国 Pennwalt 公司的 Penncap-M 微囊剂研制成功，其成为缓释剂的代表，并且使缓释剂走向实用化和商品化，该产品不仅显著降低了高毒短效的甲基对硫磷的毒性，还延长了持效期。

国内对农药缓释剂的研究和应用起步较晚，1978 年起，沈阳化工研究院开始对微胶囊剂型进行研制，1982 年 25%对硫磷微胶囊剂研发成功，成为国内首个微胶囊产品。近年来，微囊缓释剂取得突破性进展，截至 2025 年 4 月，登记产品共 358 个，其中微囊悬浮剂占比最高，有 275 个，其次为微囊悬浮-悬浮剂有 70 个，微囊粉剂和微囊粒剂相对较少。杀虫剂的主要品种有毒死蜱、辛硫磷、阿维菌素、除虫菊素、吡虫啉、噻虫啉、氟氯氰菊酯、氯虫苯甲酰胺、联苯菊酯、氯氰菊酯、高效氯氟氰菊酯等；除草剂的主要品种有 2 甲 4 氯异辛酯、异噁草松、乙草胺、甲草胺、丁草胺和二甲戊灵等；杀菌剂的主要品种有氟环唑、咪鲜胺、嘧菌酯、吡唑醚菌酯等；以及 1-甲基环丙烯等植物生长调节剂。

三、微胶囊的壳材料组成及制备方法

（一）壁材

在农药微胶囊剂生产中，高分子化合物发挥了举足轻重的作用。农药微胶囊剂使用的高分子化合物，包括天然的、半合成的和全合成的，其中天然水溶性高分子化合物、吸水性高分子化合物应用较多。高分子化合物本身及分解产物对环境无不良影响；加工成型容易，价格低廉。由于天然高分子化合物具有易降解、无残毒等优点，因而倍加受到重视。

常用于制备农药微胶囊剂的高分子化合物包括：

（1）天然高分子化合物　如甲基纤维素、乙基纤维素、羟甲基纤维素、羟丙基纤维素淀粉及淀粉衍生物、木质素磺酸盐、阿拉伯胶、明胶、虫胶、蛋白质、天然橡胶等。

（2）合成高分子化合物　如聚乙烯醇、聚乙烯吡咯烷酮、聚乙烯、聚丙烯、聚氯乙烯、聚氯偏乙烯、聚苯乙烯、聚丙烯腈、聚丙烯酸及其衍生物、氯化聚乙烯、丙烯系聚酯、聚醚、聚酯、聚氨基甲酸酯、聚脲、聚醋酸乙烯、聚羟乙基乙二醇、乙烯-醋酸乙烯共聚物、聚丁二烯、聚异戊间二烯、氯丁橡胶、二氯丁二烯、聚硅醚、苯乙烯-丁二烯橡胶、硅橡胶、丁基橡胶、乙烯丙二烯聚合物、聚乳酸、乳酸-乙二醇酸共聚物等。

（二）制备方法

（1）原位聚合法（in situ polymerization）　原理是在弱碱条件下将可溶性单体预聚，之后经酸催化，预聚物分子间不断交联，最终沉积于芯材表面，形成不溶的聚合物囊壳。原位聚合法使用的单体价廉，生产设备也比较简单，但制备工艺较复杂且工业化生产专业要求高。常用的囊壁材料主要有 3 种：①尿素和甲醛反应生成脲醛树脂；②苯酚和甲醛反应生成酚醛树脂；③三聚氰胺和甲醛反应生成密胺树脂。由于苯酚有较强的腐蚀性和刺激性气味，因此酚醛树脂微胶囊相对少见。原位聚合也是农药微囊化最常用的方法之一，多以脲醛树脂为囊壁材料。该方法的关键在于预聚物的沉积，同时控制反应体系 pH 值在微胶囊制备中也十分重要。

（2）界面聚合法（interfacial polymerizationtion） 是将 2 种含有双（多）官能团的单体分别溶于不相混溶的两相液体中，使用乳化剂将油相（水相）乳化至一定粒度后，添加扩链剂，使之在两相界面上发生缩聚反应，生成具有一定硬度的囊壳，将油相（水相）包封于囊中。界面聚合法是农药微囊工业化生产中最常用的方法之一。该法制备工艺简单，反应速率快，适宜连续化生产，且对生产设备、反应单体纯度以及原材料配比的要求不高。但是其要求反应单体具有较高的活性，能进行缩聚反应。利用这种方法既可包封亲油性芯材，也可包封亲水性芯材。

（3）乳液聚合法（emulsion polymerization） 是指将活性成分作为分散相，借助乳化剂在水相中形成稳定的乳液体系。通过引发剂引发壁材单体发生聚合反应，使高分子聚合物在农药颗粒表面逐渐形成囊壁，从而将农药包裹在微胶囊内部。这种技术能够精确控制微胶囊的粒径和壁厚，进而调节释放速率，提高农药的稳定性，减少挥发、分解和流失，降低毒性和刺激性，增强使用安全性。

（4）溶剂蒸发法（solvent evaporation） 是先将芯材和壁材分散到有机相中，之后将有机相转移至与壁材不相溶的溶液中，加热使溶剂蒸发，进而壁材析出成囊。其常用的囊壁材料包括丙烯酸甲酯、壳聚糖、聚己内酯和聚乳酸等。采用溶剂蒸发法制备微胶囊时，由于其溶剂挥发比喷雾干燥法慢，因此包封率相对较高。但由于溶剂挥发不均匀，微胶囊形状一般不规则，且粒径也不均匀。此外，二氯甲烷是最常用的溶剂，若将芯材完全溶解，其用量一般为芯材的几倍到几十倍，因而溶剂回收也是需要考虑的问题。

（5）喷雾干燥法（spray drying） 是先将芯材分散于含囊壁材料的溶液中，形成悬浮液或乳浊液，之后将物料雾化成小液滴，在干燥器中液滴所含溶剂迅速蒸发，壁材随之析出成囊。

喷雾干燥法制备成本低，操作简单，适宜连续生产，但在喷雾干燥过程中水分和溶剂的挥发速率过快，囊壁上容易产生缝隙，导致微胶囊的包封率普遍偏低，因而制约了该方法在农药领域的应用。多层包覆或选择包覆性能更好的囊壁材料可能是解决该问题最有效的方法。

（6）相分离法（phase separation） 主要包括复凝聚法和单凝聚法。复凝聚法是将 2 种或多种等电点差异较大的高分子材料与芯材混合形成溶液，调节溶液 pH 值，进而使带异种电荷的高分子间相互交联形成聚电解质复合物，并沉积于芯材表面而制得微囊。复凝聚法主要受 pH 值和壁材浓度 2 个因素的影响，且当壁材高分子所带的异种电荷相等时，微胶囊产率最高。

（7）自组装（self-assembly） 一般指利用分子间的静电、氢键或共价键等相互作用，使 2 种或多种物质沉积于芯材表面，以达到包封的目的。利用该方法可制备多层复合膜，具有操作简便、囊壁厚度可控等优点。经典的自组装技术是以静电作用为驱动力，将带有正、负电荷的物质交替沉积于芯材表面。

自组装多采用价廉的囊壁材料，制备工艺也比较简便，但该方法目前在农药领域研究应用较少。由于自组装方法最常用的单体壁材是海藻酸盐、壳聚糖和改性的壳聚糖等，这些物质多微溶于水，易溶于酸，因此很难得到含量较高的微胶囊悬浮剂。未来可考虑通过抽滤、浓缩或喷雾干燥等手段制备微囊粉剂或微囊粒剂。

（8）配位法（coordination） 以 Fe^{2+}、Cu^{2+}等金属离子为中心原子，使其与含孤对电子的配体通过配位键合得到配位化合物，当配体为分子较大的有机物时，可得到配位聚合物，其沉积于芯材颗粒表面即可形成微胶囊。但只有当配位化合物在水中的溶解度很小时，才能采用该方法制备微胶囊。

近年来，农药微囊化市场中也涌现出一些新技术，如微流控技术。微流控技术(microfluidic

technique)是利用微流体装置制备大小均一微胶囊的有效方法，其粒径可由微流体装置的孔径来调节。Lee 等通过玻璃毛细管微流体装置制备了 W/O/W 双重乳液，溶剂为甲苯和氯仿，壁材为丙交酯和乙交酯的混合物，溶剂挥发后形成全吞没型微胶囊（芯材被完全包封于囊内）。结果表明，当不考虑溶剂的影响时，丙交酯含量越高，微胶囊的包封率越高。英国剑桥大学 Oren A. Scherman 课题组利用微流控技术，一步制备了高度单分散性的超分子多孔微胶囊，其微液滴前体脱水后立即形成稳定的单个微胶囊，且随油相流动速率与水相流动速率比值的增大，初始液滴和微胶囊的粒径减小。该法优点是微胶囊大小均一可控，缺点是很难实现批量化生产，在农药领域可能只适用于价格特别昂贵的原药的微囊化。

四、微胶囊的释放机制

（一）释放方式

农药微胶囊中使用的壁材多为非生物降解材料，有效成分的释放主要是基于扩散释放原理。近年来，壁材使用逐渐呈现多样性和环保性，溶蚀性机制也成为农药微胶囊释放的重要方式。农药从微胶囊中释放到环境中，主要通过以下几种方式实现：①有效成分从非生物降解性材料中扩散释放。通过选择合适的壁材、加工方法和释放介质，使有效成分在释放介质中依靠浓度差进行扩散渗透，以达到控制释放的效果。②囊膜的破裂突释。某些微胶囊壁材强度较弱，害虫咀嚼或践踏很容易造成部分囊膜破裂，从而使有效成分释放到靶标部位。③聚合物溶蚀产生的有效成分释放。某些对环境敏感的壁材，当外界环境(如温度和 pH)变化时，容易被溶蚀破坏，从而释放芯材。此外，通过定量的理论研究可以获得相关物理参数，通过调整这些参数可以达到更好地控制囊芯释放速率的目的。扩散作用在聚合物制备的微胶囊释放过程中始终存在。例如，对于生物降解十分缓慢的聚合物材料，农药释放主要受控于扩散作用和基质溶胀；而对于生物降解相对较快的聚合物材料，有效成分释放则受到溶蚀和扩散的共同作用，当溶蚀作用减弱时，扩散作用则占主导。

（二）影响释放的主要因素

微胶囊中农药有效成分的释放，既可以通过物理因素(例如被虫子压碎或咬破)使微胶囊壁破裂，也可通过化学因素(如水解、热、光和 pH 值改变等)扩散释放。许多因素会影响农药有效成分的释放过程和释放速率，主要包括微胶囊的表面积、囊壁厚度、农药的扩散系数、分配系数、渗透率和被包埋浓度等。

（三）微胶囊控制释放的模型

针对农药控制释放系统，了解其释放规律和释放特点，可以为农药的科学合理施用提供理论依据和指导方案，从而充分发挥药效、提高农药利用率、减少劳动力。微胶囊中农药的释放规律可以通过以下几种数学模型进行拟合分析：零级动力学模型、一级动力学模型、Higuchi 模型和 Ritger-Peppas 模型、Gallagher-Corrigan 模型等。线性回归系数 R^2 可以判断有效成分的主要释放机制。

零级动力学模型（zero-order release kinetics model）是指有效成分的释放速率恒定，与时间和有效成分浓度无关，零级动力学模型的公式如下：

$$\frac{M_t}{M_\infty} = k \times t$$

式中，M_t/M_∞是有效成分在 t 时刻的累计释放率；k 为零级释放模型的速率常数。绘制零级释放模型关系图时，以时间 t 为横坐标，以有效成分的累计释放率（%）为纵坐标，通过线性回归系数 R^2 判断有效成分释放规律与零级动力学模型的吻合程度以及释放机制。

一级动力学模型（first-order release model）是指有效成分的释放速率与微胶囊中有效成分成正比。一级动力学模型的公式如下：

$$\frac{M_t}{M_\infty} = 1 - e^{-kt}$$

式中，M_t/M_∞为有效成分在 t 时刻的释放率；k 为一级动力学模型的速率常数，时间$^{-1}$；t 为释放时间。该方程还可以以对数形式表示：

$$\ln\left(1 - \frac{M_t}{M_\infty}\right) = -kt$$

绘制一级动力学模型关系图时，以时间 t 为横坐标，以 $\ln(1-M_t/M_\infty)$为纵坐标，通过线性回归系数 R^2 来判断有效成分释放规律与一级动力学模型的吻合程度以及释放机制。

1983 年，Korsmeyer 等提出了 Korsmeyer-Peppas 模型，适用于有效成分从亲水聚合物中释放；Ritger 等对此模型进一步优化，1987 年提出了 Ritger-Peppas 模型。这两个模型适用于有效成分从聚合物中释放，表达方式相同，适合囊芯累计释放量在 60%以内的释放数据的拟合，其表达公式如下：

$$\frac{M_t}{M_\infty} = kt^n$$

式中，M_t/M_∞为有效成分在 t 时刻的释放率；k 为释放模型的速率常数，时间$^{-1}$；n 为扩散指数。该模型的释放机制可以通过 n 来判断，两个模型中 n 值范围的定义不同：在 Korsmeyer-Peppas 模型中，当 $n = 0.5$ 时，释放以菲克扩散为主；当 $0.5 < n < 1$ 时，释放机制以非菲克扩散为主；当 $n = 1$ 时，释放符合零级动力学模型，与时间无关，释放机制为 Case Ⅱ 释放；当 $n > 1$ 时，释放以 Supper Case Ⅱ 溶蚀机制为主。在 Ritger-Peppas 模型中，不同载药体系中的 n 值界定也不一样，如表 5-1 所示。

表 5-1　不同类型控制释放体系的扩散指数及扩散机理

控制释放体系类型	扩散指数(n)			释放机制
	薄膜	圆柱体	球形	
可溶胀型体系	0.5	0.45	0.43	菲克扩散
	$0.5 < n < 1.0$	$0.45 < n < 0.89$	$0.43 < n < 0.85$	异常扩散
	1.0	0.89	0.85	Case Ⅱ 释放
不可溶胀型体系	0.5	0.45	0.43	菲克扩散
	$0.5 < n < 1.0$	$0.45 < n < 1.0$	$0.43 < n < 1.0$	异常扩散
	1.0	1.0	1.0	一级释放机制

绘制 Peppas 模型关系图时，以 M_t/M_∞ 为纵坐标，以时间 t 为横坐标。通过线性回归系数 R^2 来判断有效成分释放规律与 Peppas 模型的吻合程度以及释放机制，通过 n 值判定释放系统中有效成分的释放类型。

Higuchi 模型中，有效成分释放量与时间的平方根成正比，可用以下公式表示：

$$\frac{M_t}{M_\infty} = kt^{1/2}$$

式中，M_t/M_∞ 为有效成分在 t 时刻的释放率；k 为释放模型的速率常数，时间$^{-1}$；t 为释放时间。绘制 Higuchi 模型关系图时，以时间 t 为横坐标，以 M_t/M_∞ 为纵坐标，通过线性回归系数 R^2 来判断有效成分释放规律与 Higuchi 模型的吻合程度以及释放机制。

与其他释放模型不同，Gallagher-Corrigan 模型中有效成分的释放以一种双相的方式发生，从最初的快速释放阶段到较慢的控制释放阶段。该模型适合可溶胀的聚合物载药体系，由于聚合物表面吸附的有效成分的溶解，在初始阶段呈爆发释放趋势，随着聚合物的降解，有效成分缓慢释放。载药体系的粒径和负载量对释放具有很大影响。Gallagher-Corrigan 模型的公式如下：

$$\frac{M_t}{M_\infty} = \left(\frac{M_t}{M_\infty}\right)_{\mathrm{B}} \left[1-\exp\left(-k_t \times t\right)\right] + \left[1-\left(\frac{M_t}{M_\infty}\right)_{\mathrm{B}}\right]\left[\frac{\exp\left(k_2 \times t - k_2 \times t_{2\max}\right)}{1+\exp\left(k_2 \times t - k_2 \times t_{2\max}\right)}\right]$$

式中，M_t/M_∞ 为有效成分在 t 时刻释放率；k_1 和 k_2 分别是 Ⅰ 和 Ⅱ 阶段的动力学常数；$(M_t/M_\infty)_B$ 表示在 Ⅰ 阶段（第一个释放）有效成分的释放分数；$t_{2\max}$ 表示在 Ⅱ 阶段达到有效成分最大释放速率的时间。

绘制 Gallagher-Corrigan 模型关系图时，以 M_t/M_∞ 为纵坐标，以时间 t 为横坐标。通过线性回归系数 R^2 来判断有效成分释放规律与 Gallagher-Corrigan 模型的吻合程度以及释放机制。

五、微胶囊的主要性能指标

（1）外观形貌　外观是最基本、最直接的性能指标，主要包括微胶囊的外观形态和大小。囊芯物状态不同，制备的微胶囊外形也存在差别。合格的微胶囊能够均匀分散，不出现粘连或者破囊现象。

（2）粒径大小及分布　粒径对微胶囊性能的影响较大，粒径越大，相应的比表面积越小，释放速率也会明显减小。使用激光粒度分析仪可以测定微胶囊的粒径大小及分布。

（3）包封率　包封率（包覆率）是微胶囊性能的重要指标之一，指被包覆的有效成分质量占原始有效成分质量的百分率。包封率常用的计算公式如下：

$$包封率 = \frac{投入原药质量 - 囊外原药质量}{投入原药质量} \times 100\%$$

（4）壁材热稳定性　微胶囊壁材在一定程度上影响着微胶囊粒子的渗透性、溶解性、缓释效果等性能。壁材的热稳定性对芯材的保护和释放效果具有显著影响。

（5）释放速率　微胶囊囊芯的释放速率受到多种因素影响，可以分为内部因素和外部因素。内部因素包括：①微胶囊粒径。当壁材和囊壁厚度相同的条件下，微胶囊的粒径越小，比表面积越大，囊芯的释放速率越大。②囊壁厚度。当使用壁材相同时，囊壁越厚，囊芯物向外扩散的路径越长，释放速率越小。③囊芯的特性。囊芯的分子量和极性会影响其在囊壁中的扩散系数，进而影响释放速率。④囊壁的理化性质。不同囊壁材料具有不同的理化性质。例如，脲醛树脂制备的微胶囊囊壁有许多孔洞，药物的释放速率较快。界面聚合法制备的囊壁是一层均匀致密的薄膜，空隙较小，释放速率较小。

除了微胶囊自身的因素外，缓释条件对释放速率也有一定的影响。①缓释介质中溶剂的比例。通常使用溶剂和水混合物作为缓释介质，溶剂的比例越大，原药溶解度越大，微胶囊内外的浓度梯度差越大，导致微胶囊的释放速率明显提高。②释放环境的温度。升高温度可以显著提高原药穿透囊壁的速率，主要原因是囊壁材料以及原药活性成分的分子运动都会随着温度的升高而加剧，且囊壁孔隙变大，同时升高温度也会增加缓释介质对原药的溶解度。③缓释介质中盐离子浓度。施药过程中土壤的盐离子能够阻碍微胶囊中活性成分的释放。一方面，当缓释介质中盐离子浓度过高时，囊壁会收缩变得更加牢固，囊壁上孔隙变小，而且比表面积减小，导致原药渗透速率减缓，不利于释放。另一方面，随着盐离子浓度增加，缓释介质的渗透压增加，也有可能导致原药的释放速率降低。④缓释介质的 pH 值。土壤的酸碱性可能会影响微胶囊的缓释性能，强酸性土壤的 pH 值约为 5，强碱性土壤的 pH 值约为 9。当缓释介质的 pH 值发生改变后，微胶囊的囊壁受到了破坏，不同 pH 值的缓释介质对原药溶解性存在差异。

六、微胶囊剂发展现状及展望

微囊化技术在医药传送体系、化学材料、生物材料、农用化学品、食品工业、印染工业等领域迅速发展，尤其是特异性化学修饰型微囊负载体系受到广泛关注。近年来，微囊化技术在植物化学保护，特别是农药制剂学领域发展势头迅猛，主要得益于其在提高农药利用率和安全性方面的优势。此外，农村劳动力的转移也极大地推进了省力化剂型的快速发展，微囊作为省力化剂型的代表品种之一，在我国已逐渐受到研究者和企业的重视。

目前，关于农药微胶囊制备方法和应用性能的报道很多并已逐步完善，大多数农药有效成分在理论上均有可能找到合适的微囊化方法，但由于工业生产条件的局限及农药使用环境的复杂性，农药有效成分是否有必要包封或者采用何种材料包封是农药微胶囊剂开发的难点。尽管辛硫磷、毒死蜱、高效氯氰菊酯和阿维菌素等微胶囊已经商品化，但多数农药企业的微胶囊生产加工技术还不能满足各种施药场合以及不同防治对象使用的要求。因此，农药微囊化研究应该考虑的问题不仅仅是制备技术，还应该包括药效、食品和环境安全等方面。

我国在农药微囊化技术研究与应用方面取得了长足进展，但是仍存在很多问题亟待解决：①如何克服/利用农药微胶囊速效性与持效性的矛盾？如果纯粹追求持效性，可能导致前期释放过慢或者释放量不够，从而影响防治效果；如果前期释放过快，又不能达到持效目标。因此，为了兼顾速效性和持效性，微胶囊的包封率不能太高，或者考虑与其他药剂或剂型复配使用。②亟待开发以可降解材料为囊壁，长期稳定且田间防效好的农药微胶囊。聚脲、聚氨酯等壁材均为高分子材料，本身比较稳定、降解慢，将这些高分子材料释放到环境中，可能会造成二次污染。聚乳酸、聚己内酯等可降解材料制备微胶囊已受到越来越多研究人员的青睐，但载药量低一直是可降解壁材微胶囊发展的障碍。③农药微胶囊的环境风险值得关注。

芯材被包覆后，由于缓慢释放而延长了其持效期，但同时也可能会造成更长时间的农药残留，所以微囊化的农药在土壤、水体以及作物上的残留风险也是必须重点关注的问题。④智能响应控释微胶囊技术作为当今科研的前沿领域，展现出巨大的应用潜力和价值。然而，其生产成本相对较高，制造工艺复杂，这增加了工业化生产和大规模推广应用的难度。因此，该领域仍需进一步深入研究，探索降低成本、简化工艺的有效途径，以期在未来能够更好地发挥其在农业领域中的独特优势。

第二节　纳米农药

纳米技术在物理学、生物学、医学、化学和工程学等学科已得到广泛应用。近年来，纳米技术的迅猛发展为现代农业科学提供了新的方法，不断推动传统农业在众多交叉领域中实现新的重大突破。2019 年，国际纯粹与应用化学联合会（IUPAC）将纳米农药列为了十大化学新兴技术之首，纳米农药已成为农药剂型研发的前沿领域。近年来，面对食品安全、环境污染、粮食短缺等多方面的压力，各国政府都希望在粮食增产的同时，投入更少的农药，提高环境和食品的安全性。在新化合物研发和投产难度不断增大的形势下，基于纳米技术开发具有一系列特点的纳米农药在农业领域受到极大关注。

一、纳米农药概述

（一）定义

纳米农药是通过物理、化学或物理化学等手段，将具有杀虫、杀菌、除草作用的活性成分以纳米尺度置于制剂中。纳米农药的制剂形态主要包括 4 大类：纳米乳液、纳米悬浮剂、纳米微囊和纳米颗粒。载体是决定纳米农药性能的主要因素，通常有“软”纳米载体，如聚合物、固体脂质体，也有“硬”纳米载体，如二氧化硅纳米颗粒、碳纳米管、石墨烯等。与常规农药相比，施用纳米农药后，其扩展分布的范围更广，提高了农药与有害生物接触的概率，通过纳米载体的包埋和吸附可实现活性成分的缓释或控释，减小环境因子对药物的降解，延长持效期，有助于提高农药利用率。

（二）特点

纳米化剂型具有与常规农药剂型相似或更高的活性。可作为纳米杀虫剂活性成分的物质包括：有机农药（如吡虫啉、氯虫苯甲酰胺等），植物源农药（印楝素、香茅醇）及核酸农药，此外，纳米金属和金属氧化物（金、银、铜）也具有杀虫活性。可作为纳米杀菌剂和除草剂活性成分的物质很多，一般具有一定油溶性的原药均可做成纳米剂型。

目前，纳米农药剂型被发掘的优势主要包括：

① 纳米农药颗粒小、比表面积大，提高了生物利用度。农药的覆盖程度对药效影响非常

大，因为有害生物的定位或定植位置存在不确定性，因此，尽可能扩大农药在受保护植物上的覆盖面积，可提高有害生物接触药剂的概率。

② 纳米载体的负载提高了有效成分的稳定性，防止其快速降解。例如，阿维菌素和高效氯氟氰菊酯等光不稳定的活性成分。

③ 可提供响应型控释系统，活性成分可受 pH 值、氧化还原反应、酶、光、温度等因素触控释放。选择的触控因素应存在于农药应用环境中，且控释行为利于提高药效，目前应用较多为 pH 控释功能，例如，利用鳞翅目害虫中肠的碱性环境进行控制释放；利用作物根部或叶面微酸性环境进行控制释放；此外，氧化还原反应和酶控制释放的功能也受到了广泛关注。

④ 纳米载体的尺度优势和表面结构多样性促进了植物对活性成分的吸收和转运而提高利用率。例如，利用糖基或氨基酸修饰的纳米载体可运载有机农药、植物源农药和核酸农药进入植物体。

⑤ 纳米技术可提高农药在植物叶片上的持效期，纳米尺度的颗粒很容易沉积并黏附在叶片的沟槽内，可以提高农药的抗雨水冲刷能力；同时，载体材料的遮光作用也可提高活性成分的抗光解能力。

纳米农药不仅可以直接作用于害虫，还可以被植物吸收传导而提高农药利用率，促进有效成分分布，大大增加了害虫接触药剂的概率。纳米技术还为核酸农药提供了优秀的载体，通过调控寄主植物特定基因的表达，达到保护植物的目的。纳米传感器由于其超灵敏的特点，正在被用于组建害虫预警系统，实现精准施药，显著降低农药用量。同时，农药被纳米载体负载后，其环境安全性和环境归趋也发生改变。可见，纳米农药在农业系统中可与多个维度的靶标互作而发挥自身优势。

近年来，国内外学者在利用纳米农药进行有害生物防治方面进行了大量研究，主要是关于害虫的防治，其次是植物病害的防治；研究集中于室内生物活性的测定，验证田间药效的研究相对较少。同时，纳米农药潜在的环境风险、产业化面临的问题成为了研究突破的关注点。

二、纳米农药的制备方法和主要类型

（一）制备方法

（1）自上而下　自上而下法是从大块材料开始，通过物理或机械的方法将其逐渐细化，最终制备出纳米级的颗粒。该方法的核心是通过外力将材料逐渐破碎或削减到纳米尺度。

常见的自上而下法包括：

① 球磨法（ball milling）：通过高能球磨机对原材料进行机械研磨，将大颗粒材料逐渐研磨成纳米级的颗粒。

② 高压均质法（high-pressure homogenization）：通过施加高压使溶液高速通过微小的孔道，利用强烈的剪切力和碰撞力将颗粒细化。

③ 超声破碎法（ultrasonic homogenization）：利用超声波的机械振动对材料进行破碎，得到纳米级颗粒。

（2）自下而上　自下而上法是通过化学或物理方法从分子或原子级别逐渐组装生成纳米颗粒。这种方法涉及物质从原子或分子逐渐形成纳米结构。

常见的自下而上法包括：

① 溶剂沉淀法（solvent precipitation）：通过调控溶液条件，使农药分子在溶剂中沉淀，生成纳米颗粒。

② 化学气相沉积法（chemical vapor deposition, CVD）：通过化学反应将气态前驱物转化为固态纳米材料。

③ 自组装技术（self-assembly）：利用分子之间的相互作用力，使其在纳米尺度上自动排列形成结构。

（二）主要类型

纳米农药通常可分为两类：①以具有杀虫抗菌功能的无机纳米粒子为主的纳米农药，例如纳米银抗菌剂、纳米二氧化硅杀虫剂；②借助纳米制备技术和纳米载体得到的纳米农药。利用纳米加工技术可将原药粒径缩小至纳米级，包括微乳剂（microemulsion）、纳米乳液（nanoemulsion）、纳米分散体（nanodipersion）等。纳米农药载体则是通过黏附、偶联、包囊和镶嵌等方式装载有效成分，形成纳米载药体系，实现靶向递药的目的，常用的纳米载体材料包括二氧化硅、无机碳材料、高分子聚合物等，可制备纳米囊（nanocapsule）、纳米微球（nanosphere）、纳米胶束（nanomicelle）、纳米凝胶（nanogel）以及静电纺丝纳米纤维（electrospun nanofiber）等农药剂型。

常见的无机纳米颗粒如下文介绍：

① 纳米银颗粒　纳米银（silver nanoparticles，AgNPs）因其杀菌活性强、持效期长、不易产生抗药性等特点，在防控植物病害方面起到重要作用。AgNPs 对革兰氏阴性菌和革兰氏阳性菌杀菌效果显著，在植物细菌病害防治方面应用前景良好。AgNPs 的杀菌机理主要表现在两方面：a.在静电作用下，AgNPs 与病原菌细胞壁蛋白结合，导致病原菌细胞膜和细胞壁受损，AgNPs 进入细胞后损害蛋白质和 DNA 等生物分子结构，导致病原菌死亡；b. AgNPs 引起活性氧(ROS)积累，积聚的 ROS 会破坏病原菌的细胞壁、蛋白质、脂质和 DNA，最后致使病原菌死亡。

② 纳米铜颗粒　铜元素作为杀菌剂的历史悠久，最早可追溯到公元前 8000～公元前 5000 年前。目前，关于纳米铜杀菌方面的探索已经较为详尽。以铜为主要元素的纳米农药包括纳米铜颗粒（CuNPs）、纳米氧化铜颗粒（CuO-NPs）和纳米硫化铜颗粒（CuS-NPs）。CuNPs 已经被证明具有广谱的抗菌性能，对茄链格孢菌、禾谷镰刀菌和尖孢镰刀菌等病原真菌，以及黄单胞菌、假单胞菌等病原细菌，均有显著抑制活性。CuO-NPs 同样在真菌性病害和细菌性病害防治中发挥着重要作用，目前报道的防治对象有尖孢镰刀菌、串珠镰孢菌、水稻黄单胞菌、假单胞菌等。而 CuS-NPs 的杀菌作用主要依靠其近红外诱导产生的光热转化，与杀菌剂协同使用，起到减量增效的作用。

③ 纳米二氧化钛颗粒　纳米二氧化钛颗粒（TiO_2NPs）具有量子尺寸效应，表现出比表面积大和表面能高的优势，结合优异的光催化性和亲水性使其在病虫害防治、环境净化等领域应用广泛。

（三）纳米制剂及纳米载体

（1）纳米制剂

① 微乳剂　微乳剂的主要组成为农药、溶剂、表面活性剂、水等，属于热力学经时稳定分散体系。微乳剂外观近似于透明或微透明液体，以水为介质，有机溶剂用量少，更具环保

性；不易燃易爆的特性对于生产、运输和贮存更为安全。微乳剂分散度极高，粒径为10～100nm；对靶标附着力更好，穿透性更强。

② 纳米乳液　纳米乳液是在表面活性剂作用下，油相以微小液滴分散在水中，形成热力学稳定、各向同性、均匀的溶液，能够显著提升不溶或微溶于水的农药的可溶性。纳米乳液液滴粒径的界定尚未统一，一般被认定在20～200nm之间，也有观点认为其粒径在20～500nm之间。虽然纳米乳液与微乳剂在粒径尺寸上存在交集，但在药剂颗粒结构与热力学稳定性方面具有明显区别。纳米乳液具有独特的理化性质，较低的表面张力和较好的润湿性可以提升农药的附着性。此外，高穿透性和渗透性能够促进植物对药剂的吸收和转运，改善生物利用率。

③ 纳米囊　纳米囊是核壳结构，由聚合物形成的囊壳将囊芯物封装在核心，囊芯物由活性成分或活性成分与溶剂的混合物组成。常用的制备方法包括溶剂蒸发法、层层组装法、乳液聚合法、界面聚合法。其中，界面聚合法是目前最具有工业化潜力的方法。

④ 纳米凝胶　纳米凝胶是由物理或化学方式交联制备的纳米级聚合物水凝胶颗粒，具有高负载能力、高稳定性以及对离子强度、pH值和温度等环境因素响应的特性。纳米凝胶作为药物输送载体在医药领域已展示出巨大潜力，其制备方法包括：a．交互式聚合物（interactive polymers）的物理组装；b．单体在均相环境、微米或纳米尺度的非均相环境中的聚合；c．预制聚合物的交联；d．模板辅助制备纳米凝胶颗粒。以交互式聚合物在水介质中通过自组装聚集形成纳米凝胶，需要对水溶性或亲水性聚合物进行疏水性改性，使其能够以静电作用和/或氢键发生聚合，聚合过程中活性化合物与聚合物之间通过静电、范德华力和/或疏水相互作用自发装载在纳米颗粒中。

⑤ 纳米分散体　纳米分散体是将难溶于水的有效成分通过加工技术制成纳米级别的颗粒，粒径通常在50～200nm，能够在水中分散形成混悬剂。纳米分散体的粒径小且比表面积大，不含有机溶剂，能最大程度避免对环境的破坏，同时克服液体制剂的不稳定性。纳米分散体根据分散状态可分为纳米水分散体和纳米固态分散体。

⑥ 纳米脂质体　纳米脂质体（nanoliposomes）是纳米尺度的脂质体，可提供比脂质体更大的表面积，增加活性成分的溶解性，提高生物利用度。一般来讲，纳米脂质体是由双层脂质组成的具有水性内核的囊泡，最常见的是磷脂质利用自身的两亲性在水溶液中形成载体。磷脂质溶于水时可形成聚集复合物，保护疏水部分（酰基链）不受水分子的影响，而亲水部分与水分子紧密结合。聚集磷脂质在足够的能量输入下重新排列形成双层囊泡或纳米脂质体结构。甾醇对纳米脂质体的形成非常关键，它不影响双层结构的形成，但可存在于磷脂膜中，调节脂质双层的流动性以增加脂质体的稳定性。通过冻干法、冷冻干燥、喷雾干燥和超临界流体（SCF）技术稳定纳米脂质体，其中冻干法是最稳定的方法。

固体脂质纳米颗粒（solid lipid nanoparticles, SLN）是一种由表面活性剂稳定的半结晶或结晶的球形纳米结构的胶体载体材料。合成SLN需要脂类、表面活性剂/乳化剂和水，其中脂类是在室温和生理温度下为固体的物质，包括甘油三酯、部分甘油酯、脂肪酸、类固醇。

固体脂质纳米颗粒的常用制备方法包括高压均质法、微乳液法和纳米沉淀法。其中，高压均质法是大规模生产SLN的常用技术，主要工艺为热均化或冷均化。两种技术的初始方法相同，将活性化合物分散或溶解后增溶于熔融脂质中。在热均化方法中，通过将负载活性化合物的熔融脂质分散到表面活性剂水溶液中，获得热O/W乳液。通常，将脂质在高于其熔点5～10℃的温度下熔化，在溶解和分散活性成分后通过高压均质制备乳液。该乳液冷却后形成SLN，在脂质重结晶的冷却过程将活性化合物封装在固体脂质中。

（2）纳米载体

① 无机纳米载体　无机纳米农药载体主要包括介孔二氧化硅（MSNs）、氧化石墨烯（GO）和黏土矿物等。

介孔二氧化硅（MSNs）毒性低，化学稳定性和热稳定性好，并且具有多功能性和尺寸可调性等独特优势，能够提升药效和生物安全性，属于理想的缓释剂载体，已广泛应用于药物负载领域。

氧化石墨烯（graphene oxide, GO）是一种二维纳米无机碳材料，由单层碳原子构成，不溶于水，具有很大的比表面积、导热性，表面含有丰富的含氧官能团，在各个领域被广泛应用和报道。GO 还具有通过 π-π 堆积、疏水作用、氢键作用负载苯环类似结构药物的能力，GO 在农业领域的发展空间很大。GO 尖锐的片层结构，对亚洲玉米螟的防治具有增效作用。GO 也可对昆虫体壁造成物理损伤达到协同增效目的。对 GO 改性修饰可以增强农药对有害靶点的黏附性。

黏土矿物是一类含水硅酸盐或铝硅酸盐的矿物，主要包括高岭石、蒙脱石、凹凸棒石、硅藻土、水滑石等，大部分黏土矿物是晶质矿物。黏土矿物具有较大的比表面积，还可以通过无机或有机阳离子进行表面改性，这些改性衍生物是许多有机化合物的优良吸附剂，可以通过吸附活性成分控制其在环境中的释放。

类水滑石（LDHs），别名层状双金属氢氧化物，属于阴离子型黏土材料，具有碱性、离子交换性等特点。类水滑石表面带有正电荷，可以提高药物的溶解度，增强药物的靶向性，可用作农药缓释剂的载体材料。类水滑石与农药形成的纳米杂化物的缓释性能受环境 pH 影响，类水滑石的晶体层间通道高度、客体堆积密度和排列方式等因素也会影响有效成分的缓释性能。

凹凸棒石（attapulgite, ATP）是一种具有独特纤维形态的水化镁铝硅酸盐，具有成本低、存储量大、环保等优点。凹凸棒石主要通过吸附作为农药的缓释载体。

蒙脱土（montmorillonite, MMT）是一种亲水性水滑石矿物土，具有膨胀性、阳离子交换性、分散性等优异特性，因其比表面积大，有利于有机化合物的吸附。将蒙脱石引入水凝胶中，可以调节水凝胶的性质，使其更加适用于吸附和缓释。

膨润土（bentonite）具有优良的阳离子交换性能和膨胀性，是共混改性常用的多孔性材料。例如，膨润土可以提高改性矿物土复合凝胶载药微球的粒径与球形度以及对啶虫脒的载药率和包封率，也可以改善海藻酸钠凝胶中有效成分的突释现象，释放以非菲克扩散为主。

硅藻土（diatomite）主要由无定形的二氧化硅组成，具有的多孔结构可以吸附和储存有效成分，形成的缓释剂型可以持续释放有效成分，满足作物不同生长阶段病虫草害的防治需求。

② 有机纳米载体

a．天然高分子类。纤维素（cellulose）是自然界中含量最丰富的天然高分子，内部和分子间存在大量的氢键作用，导致其具有较高的结晶度，使其不熔融且不溶于一般溶剂，受其溶解性的限制，因此，以未经改性处理的纤维素作为农药载药体系的报道较少。羧甲基纤维素（CMC）是一种具有水溶性的阴离子型纤维素衍生物，分子链上含有大量的羧基，具有良好的生物相容性和生物可降解性而被广泛用作载药体系。

果胶（pectin）是一种从植物细胞壁中提取的线状天然多糖，具有无毒、抗氧化性强、分子量高、柔韧性和生物相容性良好等特性。根据甲氧基化度（DM），果胶可分为高甲氧基果胶（HMP，DM 值＞50%）和低甲氧基果胶（LMP，DM 值＜50%）。近年来，果胶作为一类新型天然壁材，在药物控释领域的应用越来越受到重视。

壳聚糖（chitosan，CS）是一种天然高分子化合物，由几丁质经过脱乙酰得到，具有良好的生物相容性和可降解性。壳聚糖含有大量的—NH_2 和—OH 官能团，使其应用范围更加广泛。壳聚糖自身具有的抑菌功能可以防控病害的发生，还可促进植物激素合成，增强抗逆酶类活性，从而提高植物抗逆性。壳聚糖与戊二醛、香兰素、京尼平等能够发生反应制备纳米囊或纳米凝胶，也可以作为活性位点负载农药制备缓释剂。

海藻酸盐（alginate，ALG）是一种带有阴离子的天然高分子多糖，可与多价金属阳离子发生离子交联。对海藻酸钠（sodium alginate，SA）表面大量氨基和羧基进行修饰改性，可制备具有不同理化性能的药物载体。

此外，β-环糊精、淀粉、瓜尔胶、明胶等也常用作农药缓释剂的载体。

b．有机合成类。聚羟基脂肪酸酯是一类高分子聚合物的统称，广泛存在于细胞中，分子量为 5×10^4～2×10^7，具有良好的生物相容性和生物可降解性，非常适用于农药的负载和控制释放。

c．复合载体。金属有机骨架（metal-organic frameworks, MOFs）是以金属离子/簇为中心原子，与一种或多种有机配体采用配位方式构建成的晶体多孔材料，具有周期性无线网络框架结构。由于其具有表面积大、孔径可调和结构多样化等独特优势，在许多领域广泛应用。近年来，金属有机骨架作为农药控释载体逐渐成为研究热点。MOFs 多孔结构可有效吸附农药，也可以提供多种不同强度的活性位点传递农药分子，对农药具有很好的控释作用，且 MOFs 中的金属离子可作为营养元素，有利于植物生长。

三、纳米农药作用原理

剂型优化可以提升农药的稳定性，减少施药次数，延长农药持效期，对农药的减量增效具有重要的推进作用。纳米农药技术在近年来得到了广泛研究，温度敏感、酸碱敏感、酶敏感、湿度敏感等环境响应型控释体系不断涌起，为纳米农药控释制剂的研发提供了研究思路和方向。基于靶标作物拓扑结构和有害生物为害特点构建缓释体系，可以提高农药的有效沉积率和利用率。开发智慧型绿色缓控释载体材料，创制天然/植物源生物活性增效载体，使缓释体系中实现“药+材料”的双重作用，使载药体系的作用在应用中充分发挥，对农药的减施增效具有重要意义。研发功能型载药体系，创新农药负载手段，也将为农药制剂研发和应用提供新的研究方向和思路。

纳米农药控释制剂可以通过多种作用方式和途径防控农业有害生物。

（一）纳米控释材料可对有害生物造成直接伤害

尺度效应和表面电荷效应增加了纳米颗粒在虫体表面的黏附性能。黏附在虫体表面的纳米颗粒会损害昆虫体壁，相关报道最多的是二氧化硅纳米颗粒，尽管它在自然界中是惰性的，被美国食品和药物管理局认为是生物相容的材料，但功能修饰后的二氧化硅纳米颗粒会对昆虫角质层水屏障造成损害，导致昆虫表皮被破坏而失水干瘪死亡。此外，二氧化硅纳米颗粒可增加食物对害虫的口器和肠道的磨损，降低昆虫的消化效率，该过程虽未导致害虫死亡，但会降低害虫的取食率和取食速度，从而降低危害。除物理损伤外，二氧化硅纳米颗粒在中肠道中还会由于硅氧键断裂而裂解成自由基粒子如 Si、SiO、Si^+或 SiO^-，破坏昆虫的组织器官。此外，可用来构建纳米载体的金属氧化物，如氧化锌、氧化铜和氧化钙等纳米颗粒进入虫体后，会引发生物体的应激反应，影响氨基酸、糖类、脂质、酚氧化酶等生理代谢，甚至破坏昆虫的肠道表皮细胞和角质层而导致害虫死亡。

可见，纳米载体本身可通过物理或化学作用影响昆虫的生理和代谢活性，因此有助于提高纳米农药的生物活性。此外，利用纳米颗粒的物理作用达到杀灭有害生物的效果，可避免抗药性的产生，减少化学农药的使用。

（二）通过刺激响应释放提高纳米农药利用率

（1）pH 响应型控制释放系统　pH 响应型控制释放系统是当前研究最为广泛的环境因子智能释放体系，其相应性能依赖于 pH 响应载体材料。通常在此类载体材料的结构上含有可离子化的酸性或碱性基团（羧基、氨基、磺酸基等）或者基于 pH 响应的动态共价键。农业中靶标作物以及不同的土壤基质具有不同的 pH 值，病原菌危害作物后也会引起生理环境的酸碱性发生变化，因此，pH 响应型控制释放系统对于防控病虫害具有十分重要的意义。

（2）温度响应型控制释放系统　温度响应型控制释放系统通过响应环境的温度刺激进而控释药物。受外界环境的影响，载体材料会发生物理结构或者化学性质的变化，使载药体系的结构或体积发生变化，最终发生溶胀和收缩等行为，导致药物释放。具有温度响应的农药载体材料主要有：羟丙基甲基丙烯酸甲酯、*N*-异丙基丙烯酰胺类聚合物、羟丙基甲基纤维素等。

（3）光响应型控制释放系统　在控制释放系统中引入对光敏感的基团（遇光分解的光敏分子、感光化合物），或者使用感光基团对载体材料进行修饰，可以得到光响应型控制释放系统。光响应型控制释放系统主要利用紫外线、可见光和近红外线等光源。特定波长的光照射会导致载体发生物理和化学变化，包括化学键的产生或破坏、同分异构体的相互转化（如顺反改变）、电荷改变和结构重排。光响应载体通常包含香豆素、邻硝基苄基、螺吡喃、偶氮苯、肉桂酰或其衍生物等单元。光响应型控制释放系统应用时可以在大范围内利用充足的阳光，还可以在温室中使用紫外线或模拟阳光。

（4）酶响应型控制释放系统　昆虫、植物和土壤中酶的变化是环境变化的重要组成部分，是设计酶响应型控制释放系统的触发因素。酶响应材料可以通过酶的相互作用控制材料的特性，酶的作用可以引起材料的重排和表面膨胀/收缩，同时功能基团也会发生变化。

（5）氧化还原型控制释放系统　在氧化还原型控制释放系统中，生物体中的内在因素如抗氧化分子、谷胱甘肽活性化合物等是刺激药物释放的因素。氧化还原反应系统首先出现在医学领域，用于释放化疗药物，释放机制是基于二硫键在还原剂存在下的裂解。使用巯基对载体材料进行修饰，可得到氧化还原型控制释放载药体系。巯基十一烷酸修饰的羧甲基壳聚糖在水溶液中可以进行自组装，超声处理后可生成二硫键，得到具有氧化还原响应型纳米粒子。负载敌草隆的纳米粒子在植物组织中还原型谷胱甘肽作用下可触发释放活性成分，对稗草具有较好的除草活性。

（三）通过改善与植物叶面的亲和性提高纳米农药利用率

粒径是影响农药生物活性的重要参数之一，粒径减小有利于提高农药在植物上的分布面积，增加有害生物接触农药的概率，提高其在植物表面和菌/草/虫体上的黏附性能。农药粒子越小，覆盖面积越大，若将纳米颗粒近似成球体，直径由 1μm 缩小为 100nm 时，颗粒数量增加了 1000 倍，表面积扩大了 100 倍。因此，纳米化可显著增加有害生物接触药剂的概率，提高药效。沉积在植物表面的药剂因雨水和光照等不利因素导致损耗或分解，因此，提升药剂在叶面上的抗雨水冲刷和抗光解性能也有利于农药利用率的提高。药剂持留性能的提升对叶部有害生物的防治具有重要意义。

纳米技术提高农药在叶片上的黏附性能主要通过以下途径：①纳米粒径的有效成分容易沉积在叶片表面的沟槽内；②纳米颗粒所带电荷促进其被植物体吸附；③具有黏附作用的材料修饰增加纳米颗粒在靶标上的黏附性。

（四）通过改善植物吸收性能提高纳米农药利用率

农药被植物吸收，不仅可以扩大农药的分布范围，还可以防治隐藏在植物组织内部以及刺吸式口器等取食植物汁液的害虫。传统制剂中农药被植物吸收主要依赖于其自身的分子特性，而纳米技术则可以增强植物对农药分子的吸收和输导。纳米颗粒可以通过叶片或根系进入植物，借助蒸腾作用携带农药实现转移。纳米颗粒主要通过气孔和毛状体的基部进入叶内，然后转移到各植物组织，由于细胞壁带负电荷，所以带负电荷的纳米颗粒容易在叶肉中渗透移动；根系会释放黏液和带有电荷的氨基酸或有机酸，纳米颗粒通过表面性能与根系之间产生黏附、静电吸附和亲和作用，导致纳米颗粒容易吸附在根系表面。根系吸收纳米颗粒通过皮层和中柱鞘到达木质部，该过程受到细胞壁孔径、纳米颗粒大小和表面性能的影响。纳米颗粒在植物体内传导的研究主要是关于金属纳米粒子、碳纳米粒子（粒径＜100nm），关于以聚合物为载体的纳米杀虫剂在植物中传导的研究相对较少，可能是由于此类纳米颗粒的粒径较大（一般为 100～800nm），不易在植物体内传导。

充分利用植物对纳米杀虫剂的传导作用，促进其在植株体内均匀分布，对防治蓟马、跳甲、粉虱等隐蔽性和移动性较强的害虫，这方面的应用潜力大，但是研究还有待加强。同时，作为外源物质的纳米颗粒进入植物体内可能促进或抑制植物的生长，这种影响与两者均有关系，例如，甘氨酸-甲酯聚丁二酰亚胺纳米颗粒可促进水稻植株的生长，而氧化铜纳米颗粒会减弱水稻的根长、长势和光合作用，毒性依赖于植物的种类、生长条件、暴露时间以及粒子的大小和浓度；氧化铜纳米颗粒抑制转 Bt 基因作物生长而促进抗虫蛋白的表达。因此，选择载体时应综合考虑应用效果以及对作物的安全性。

（五）通过提升天敌功能提高对有害生物的控制效果

利用天敌进行生物防治是一种理想的防治措施，而纳米杀虫剂可促进天敌的捕食作用，例如，低剂量（13mg/L）的金纳米颗粒和银纳米颗粒负载的植物源杀虫剂会促进鱼类、蜻蜓和桡足类等天敌对蚊（按蚊亚属 *Anopheles*、伊蚊亚属 *Aedes* 和库蚊亚属 *Culex*）幼虫的捕食。与常规植物源杀虫剂相比，香茅醇-金纳米粒子、印楝素-银纳米粒子不仅对埃及伊蚊（*Aedes aegypti*）幼虫的毒力提高了 10～30 倍，还提高了天敌［翘足类（*Mesocyclops aspericornis*）］对蚊幼虫的捕食率，约 20%。

纳米杀虫剂与天敌配合使用的应用较少，但需要注意纳米杀虫剂处理过的害虫对天敌生物的副作用。农药对非靶标生物的影响是评价甚至决定其是否能继续使用的重要标准。意大利比萨大学 Giovanni Benelli 课题组发现碳纳米颗粒浓度大于 25mg/L 就可能对鱼的红细胞造成损伤；印楝素银纳米颗粒也会影响鱼的红细胞。然而，药剂粒径减小并不完全意味着毒性的增强，例如，高效氯氟氰菊酯壳聚糖纳米胶囊与微米胶囊对斑马鱼的毒性并没有差异。提高杀虫剂对有害生物防效的同时，不降低其对环境生物的安全性是剂型优化和精准用药的目标。因此，在自然环境中评价纳米颗粒对天敌昆虫及其他非靶标生物的安全性是必要的，目前这方面的研究还十分缺乏。

（六）通过调控基因表达提高对有害生物的控制效果

近年来，利用纳米技术递送生物分子来控制害虫成为研究热点。RNA 干扰技术因其高度的序列依赖性而被认为是一种新的、安全的害虫防治策略。利用纳米载体运送 DNA 有望部分替代转基因作物的功能。碳纳米管负载的 DNA 可穿透植物的细胞壁和细胞膜，并获得蛋白瞬时表达。多聚赖氨酸淀粉纳米粒子、硫化锌和二氧化硅纳米载体也可实现类似的功能。纳米技术和生物技术结合在防治农业有害生物方面的应用潜力巨大。

四、纳米农药发展趋势

（一）纳米农药在植物体内的传导性能应被合理利用

纳米农药可被植物的根、叶吸收，并在体内累积和传导，这一特点有利于提高农药的利用率，特别是有利于农药进入植株体内，有效控制刺吸式害虫和植物病害。根系吸收是纳米颗粒进入植物体的主要途径，被吸收的纳米颗粒可能会借助蒸腾作用向上传导到地上部分，这一途径可以改变某些农药的使用方式，即通过地下施药防治地上害虫。关于叶片吸收纳米农药的研究较少，纳米农药可通过叶片上的气孔和毛状体的基部进入，这些颗粒可在胞间连丝中移动也可能进入叶肉细胞，主要由颗粒粒径决定，一般来说，小于 20nm 的纳米颗粒才能穿过细胞壁进入植物细胞。这一特点是否会导致纳米杀虫剂的残留甚至在植物中遗传应引起足够重视。因此，在掌握纳米载体性能的基础上，选择适合的载体类型与作物和应用场所匹配非常关键。

（二）评价纳米农药的环境风险非常必要

纳米制剂可缓慢释放移动性太强或不稳定的有效成分，通常释放速度会减慢 75%左右，也有特殊情况，例如，聚乙二醇类聚合物负载吡虫啉的纳米体系在水中的释放速度减慢远超75%。对于具有控释功能的纳米农药，需要在较长的期限内评价其性能。但室内的释放试验一般是在有机溶剂或有机溶剂与水的混合物中进行，此条件无法替代田间的释放。由于田间条件的复杂性和不可重复性，评价药物在自然环境下的释放特性非常困难，只能通过光解作用、生物活性变化和土壤降解等试验间接研究纳米制剂的释放规律。

载体的环境安全性也应受到重视。纳米杀虫剂常用载体如纳米二氧化硅、纳米碳以及金属纳米颗粒在自然环境中的降解、转移和富集等行为，都可能对环境生物的生存造成威胁。已有研究表明，碳纳米管、纳米银、纳米氧化锌都会对鱼类产生急性毒性或富集在鱼体的内脏，甚至影响鱼类的生殖，对藻类、大型溞等水生生物也存在负面影响。金属纳米颗粒可能降低细胞膜的通透性，导致细胞功能丧失和细胞死亡；部分学者认为纳米银可能与细胞内蛋白质中的硫或 DNA 中的磷结合，导致细胞器和酶的快速变性；也有学者认为可能是银离子影响了细胞膜上的多糖和蛋白质的功能。因此，在选择纳米载体时应考虑载体的生态安全性及环境归趋。值得注意的是，上述纳米粒子对生物的毒性影响都存在剂量-效应关系，而且纳米材料与实际环境中的其他物质相互作用表现出来的环境效应才是更应受到关注的问题。

与常规尺度杀虫剂不同，纳米杀虫剂的性能（如毒性、吸收、生物利用度）取决于包括化学成分在内的许多变量，如载体材料、粒径分布、纳米颗粒浓度、电位电势等。纳米杀虫剂可能由于减少农药用量而降低对环境的危害，另外，纳米杀虫剂在田间大量应用，也可能导致新的水体和土壤污染，目前综合评估纳米杀虫剂的环境行为的研究相对较少。考虑到纳米杀虫剂的环境行为和致毒过程可能不同于传统杀虫剂，有必要对纳米杀虫剂开展新的或更精细的风险评估。

（三）纳米农药控释产品需要更多的应用验证

目前，农药纳米控制释放系统在农业中的研究已取得进展，但其应用仍然有限。首先，受农业本身所具有的价值和经济属性影响，农药剂型加工必须考虑成本因素，选择的载体材料必须经济易得、环境友好、制备工艺简单、易规模化生产。而当前的载体材料成本相对较高，制备工艺复杂，不具备实际应用的可行性，仅能为控制释放系统提供理论和方法指导。其次，在载药手段上主要以吸附或者包裹为主，不仅活性成分的载药量和包封率有限，部分控释体系的载药手段也相对复杂，进一步增加了控释体系的成本。

控制释放系统的研制已经初步实现了以生物相容、可降解材料为载体制备缓控释制剂体系，但其经济性仍然有待进一步研究开发和改进。来源广泛、价格低廉的黏土类材料具有良好的产业化前景，值得深入研究。天然高分子材料具有来源丰富、生物相容和生物可降解等优点，而且不存在“白色污染”问题。部分天然多糖化合物不仅价格低廉，还具有供给植物营养、免疫诱抗、抑制真菌等其他功能，如壳聚糖、海藻多糖、氨基寡糖和木质素等，非常适合用作功能载体材料制备农药控制释放体系并进行产业化应用。多糖类物质所含的氨基和羧基对环境中的酸碱度具有敏感性，是环境响应型控制释放体系的理想材料。配合物环境友好，且具有 pH 敏感性，也是一类值得关注的材料。

在纳米农药的配方开发研究中，将纳米农药与相同有效成分的传统剂型进行药效比较，对评价新制剂的应用性能和推广价值至关重要。对于具有控制有效成分释放性能的产品，则需在更长的期限内对药剂进行评估。目前，纳米农药的研究主要集中在配方筛选、实验室制备及室内测试，进行田间试验应用的较少。因此，迫切需要在农田环境中评价纳米制剂的性能及其对环境生态的影响。

（四）纳米农药控释产品的产业化亟待推进

纳米杀虫剂的应用难度主要体现在以下几方面：

（1）工业化生产难度大。目前研究和利用最多的是纳米二氧化硅载体，尽管在合成、修饰、活性研究等方面取得了重大进展，但大多数制备过程非常精细，导致很难实现大规模的工业化生产，其他制备纳米农药的工艺也存在同样的问题。因此，亟需开发适合工业化的生产工艺。近年来，病毒颗粒作为纳米农药的载体表现出一定的应用潜力。研究者利用植物病毒红三叶草坏死花叶病毒（red clover necrotic mosaic virus, RCNMV）、烟草轻型绿花叶病毒（tobacco mild green mosaic virus, TMGMV）、豇豆花叶病毒（cowpea mosaic virus, CPMV）和酸浆花叶病毒（physalis mosaic virus, PhMV）负载了阿维菌素、结晶紫和荧光染料 Cyanine 5，以此来提高有机物在土壤中的移动能力。其中，TMGMV 已获得美国国家环境保护局批准并由 BioProdex 工业化生产，在佛罗里达州作为一种除草剂商品（Solvinix）使用，在 311 个物种的 435 种植物上进行了安全性测试，其中只有 8%的植物死亡。可见，植物病毒存在危害农作物的危险，但同时也发现该病毒载体可用于更多的植物，通过验证病毒和宿主之间的选择性，证明了病毒颗粒作为载体在农业上应用的可行性。

(2) 企业推广纳米农药的动力小。目前，纳米农药在设备投入、生产成本及药效方面和常规剂型综合比较，优势不明显。

(3) 获得正式登记还存在困难。例如，缺少正式的剂型名称以及专门的环境评价准则等。

(4) 相关标准还不健全。纳米材料是指在三维空间中至少有一个维度上小于 100nm 的颗粒，而欧盟定义纳米农药制剂中 50%的颗粒必须小于 100nm，才属于纳米农药范畴。2021 年，农业农村部农药检定所、中国农业科学院植物保护研究所等机构共同负责《农药纳米制剂产品质量标准制订规范》，开展纳米农药定义、质量规格、技术指标、评价方法等标准制订工作，现已发布了《纳米农药产品质量标准编写规范》。

纳米技术在农业害虫防治领域表现出巨大的应用潜力，其在提高杀虫剂活性和利用率方面优势明显，特别是纳米杀虫剂在作物表面的持留行为和易被植物吸收的性能有助于提高其对农业害虫的防治效果；近年来，与生物技术相结合的纳米农药递送系统在防治农业害虫中的表现令人瞩目。纳米技术在农业上的应用仍处于起步阶段，大部分研究仅在实验室阶段，由于生产成本、工艺、设备等因素的限制，距大规模应用还有一定距离。评价纳米材料的环境安全性非常重要，材料种类、粒径大小和应用环境差异均会影响其性能。因此，选择无毒、生物相容性好、易降解的材料作为纳米农药的载体非常必要。纳米技术有潜力降低农药对环境和人类健康的影响，为粮食安全作出贡献，使未来农业更具可持续性。

第三节　省力化制剂

随着人口老龄化程度增加和城镇化进程的加快，农村劳动力逐渐减少，用工难、成本高成为制约农业发展的突出问题，人们迫切需要从繁重的有害生物防治劳动中解放出来，使农业生产劳动变得更加省力，因此，省力化制剂的研究开发成为未来农药制剂发展的方向之一。

我国是以农业为主的国家之一，基础耕地面积约 19.14 亿亩，据全国农作物病虫害测报网监测和分析，仅 2023 年小麦、水稻、玉米等粮食作物病虫害发生面积就可达 31.5 亿亩次。有害生物防控效果直接影响我国的农业生产效率。传统喷施方式主要依靠手工操作，不仅喷施效果差、费用高，而且容易引起人员中毒，亟需采取规模化、高效性的省力化制剂技术来实现作物保护。

省力化制剂研发的目的是做到使用最省时、最省力的方式将农药有效成分快速准确施用到农作物目标区域内，同时兼顾环保和高效。目前，研究较多的省力化剂型主要包括药肥颗粒剂、水面漂浮颗粒剂、展膜油剂、水面扩散剂、泡腾剂、大粒剂等，主要应用于根施、水田中撒施等场景，属于植保作业方式的创新。省力化制剂作为我国近年来发展起来的农药制剂，对节约劳动力、降低劳动强度、提高生产效率、减少农药使用量、实现农药利用高效化起着重要的作用。

一、省力化制剂概述

（一）定义

省力化是指施药人员借助各种手段和措施，以最节约劳动力、最省力的方式把农药快速准确施用到农作物目标区域，从而节约农药施用作业的工时和劳动。省力化既可以通过改善施药机具的途径，也可以通过研制省力化农药剂型的途径，或者通过将施药机具和农药剂型结合起来来实现。

（二）特点

农药使用过程是指农药制剂分散并传递到防治靶标区域的过程，因此，农药制剂在使用过程中存在“二次分散”的过程，即农药细小颗粒在分散介质中的均匀分散。省力化制剂在有效成分分散方面存在快速、均匀、省力的特点：

① 分散迅速，药剂能够很好地在分散介质中进行“二次分散”；
② 使用便捷，无须负重作业，甚至可以徒手操作；
③ 省时高效，几分钟内就可以完成大面积施药；
④ 药剂投放量小，贮运方便；
⑤ 高效低毒，防治效果好；
⑥ 持效期长，显著减少施药次数；
⑦ 飘移风险小，对环境安全。

（三）国内外发展概况

日本是世界上人口老龄化程度最高的国家，也是省力化制剂研究最早的国家，早在 20 世纪 90 年代，颗粒剂、高含量颗粒剂和大粒剂等省力化剂型在日本开始推广，省力化制剂改变了田间植保作业方式，不仅使田间施药作业变得轻松，省时省力，还避免了雾滴、粉尘飘移造成的环境污染，对施用者和邻近作物安全，受到了农户的欢迎。

我国在 20 世纪 50 年代研究开发了硫黄烟剂用于小麦锈病防治，工作效率显著高于常规喷雾法；20 世纪 60 年代甲基对硫磷、乙基对硫磷和六六六的混合制剂（“甲六粉”“乙六粉”）得到研究推广，与甲基对硫磷和乙基对硫磷乳油相比，可减少对人体皮肤的接触和渗透风险，避免引起中毒事故，作业效率由每亩 2～3h 喷雾时间，缩小到每亩仅需 10min 的喷粉时间，对农业害虫防治发挥了重大作用。20 世纪 80 年代后，六六六被禁用，且大田喷粉的环境污染问题被关注，大田喷粉逐渐被淘汰，但针对温室大棚保护地专用烟剂、粉尘剂等省力化剂型，替代了常规大容量喷雾技术，省时、省工，被农户称为“懒人技术”。此外，烟剂、粉剂等仍属于广受农户欢迎的省力化制剂。

由于实际生产需求，省力化制剂在我国得到快速发展，目前已开发出多种针对水稻田的省力化制剂，颗粒剂、粉剂等已在其他章节介绍，本节将对水稻田省力化制剂进行重点介绍。

二、农药泡腾剂

泡腾剂是一种含有泡腾崩解剂的制剂，即适宜的酸和碱遇水起反应释放出二氧化碳而快速崩解的剂型。农药泡腾剂是投入水中能迅速产生气泡并崩解分散的固体制剂，可直接投入水中使用或用常规喷雾器械喷施。

按照药物剂型传统分类，泡腾剂属于各类传统剂型的特殊形式。例如，泡腾片剂属于片剂中的特殊剂型；泡腾粒剂属于颗粒剂中的特殊剂型；泡腾胶囊属于胶囊剂中的特殊剂型。然而，从制剂工艺中必须添加泡腾崩解剂的共性来讲，又可以把泡腾片剂、泡腾粒剂、泡腾胶囊等统归为泡腾剂。2018 年，新的农药剂型名称和代码（GB/T 19378—2017）实施后，泡腾片剂、泡腾粒剂在我国的剂型分类中被取消，分别并入水分散片剂和水分散粒剂。

国际上首次上市的泡腾剂是 1944 年罗氏公司生产的维生素 C 泡腾片。20 世纪 70 年代初，日本首先将泡腾片剂应用于制备除草剂剂型。泡腾片不仅具备片剂计量准确、性能稳定、贮运方便、使用安全等特点，而且遇水后迅速崩解、分散。日本、法国、德国、丹麦、美国等国家先后开发了有效成分为杀虫剂、除草剂、杀菌剂、植物生长调节剂的泡腾片，可供稻田喷雾使用。

20 世纪 80 年代中期，丹麦 Bradbury 以生物农药 Bt 和除草剂为有效成分研制了防治水生害虫和水葫芦的泡腾剂。80 年代后期，Giba-Geigy 公司的 Somlo 等人将磺酰脲类除草剂、分散剂、崩解剂、填充剂、黏合剂制成泡腾剂。在制备工艺中，将乳糖水溶液与有效成分混合，再加入其他助剂后压片，有效克服了一般粉末压片易产生顶裂、裂片、分层等问题。该剂型使用前加入水中，搅拌均匀，可供喷雾使用。

20 世纪 90 年代，瑞士的 Jean-Michel Zellweger 将固体有机酸、碳酸盐和不溶性农药制成泡腾片，该片剂直径在 60～70mm，遇水 2～3min 崩解，形成悬浮液，供喷雾用。法国的 Meinard 研制了一种膏式（paste）农药泡腾剂，即将泡腾剂、微孔发生器、润湿剂、矿物质填充剂等制成膏状物，制粒或水泡式包装后，装入水溶性小塑料袋中，使用前用水稀释。

20 世纪 90 年代后期，我国开始了农药泡腾剂的研究及应用，除草剂、杀虫剂和杀菌剂等均有一些产品开发成功。例如，苄·二氯、吡嘧·苯噻酰、异丙甲·苄、硝磺草酮、二氯喹啉酸、苯·苄·甲草胺等除草剂的泡腾粒剂；苯噻·氯·硝磺、吡嘧·丙草胺等除草剂的泡腾片剂；烯酰吗啉、硫酸链霉素等杀菌剂的泡腾片剂；甲氨基阿维菌素苯甲酸盐、啶虫脒、吡虫啉、吡蚜酮等杀虫剂的泡腾片。在日本已商品化的产品 9%灭藻醌泡腾片剂，每片重 50g，施用于水田中发泡并释放有效成分，由于扩散剂的作用，有效成分在水田中均匀一致，达到杀灭靶标的目的。

泡腾剂在医药上使用较早，而农业上使用的泡腾剂已日渐受到人们的重视，主要原因是泡腾剂具有如下优点：①遇水后产生大量气泡，依靠片剂内部产生气体的推动力，使片剂迅速崩解，有效成分扩散距离远且均匀，能充分发挥药效。②可站在田埂上将药片直接投入或抛入田中，也可将药片放入喷雾器中喷洒。使用方便，省时省工，无粉尘飞扬，环境污染小，使用安全。③计量方便，一般以片/亩或片/hm^2 使用；包装容器无粉粒黏附，易于处理。④包装方便，贮存运输安全，成分质量稳定。⑤系干燥固体剂型，不受光线、空气、水分等因素影响，质量稳定性较高。凡在水中化学性质不稳定的农药可考虑制成泡腾剂。

尽管泡腾剂具有突出的优点，但是泡腾剂极易吸潮变质，故在生产过程中要求严格控制温湿度，压片后应及时进行封装，因此，泡腾剂的包装材料要求不吸潮，否则，因吸潮而发生反应，使片剂潮解乃至破裂，使用时不能扩散而导致有效成分分布不均匀，造成防效差，甚至产生药害。直接投入水田使用的泡腾剂对施药技术要求严格，施药时需要保持 3～5cm

深水层，保持 7 天，在此期间只能补灌，不进行排水；田块尽量平整，以利于药剂的均匀扩散，避免产生死角。

（一）组成和配制

（1）泡腾剂的组成　泡腾剂主要由原药、润湿分散剂、黏结剂、崩解剂、助崩解剂、润滑剂、填料（稀释剂）等组成。

① 原药　农药有效成分既可以是除草剂，也可以是杀虫剂、杀菌剂和植物生长调节剂等，内吸性和安全性高的农药更合适，直接投入水田使用的泡腾剂以除草剂居多。

② 崩解剂　泡腾剂投放水中产生大量气泡，关键是崩解剂发挥作用，主要是由固体酸和固体碱组成，且在固体状态下不发生反应。此外，添加无机盐作为崩解剂，使用时固体表面溶解形成很多气泡，进而产生漂浮性能。常用的崩解剂包括：柠檬酸、酒石酸、丁二酸、己二酸、磷酸、碳酸氢钠、碳酸钠等。

③ 助崩解剂　助崩解剂可使片剂形成空隙，入水后迅速破裂成小粒而释放药物。常用的助崩解剂包括：尿素、硫酸铵、无水硫酸钠、氯化钙、聚丙烯酸乙酯、黏土、改性膨润土、淀粉及其衍生物、海藻酸及其盐、聚乙二醇、表面活性剂等。

④ 黏结剂　对没有黏性或黏性较差的农药，需要添加黏结剂才能造粒压片，常用的黏结剂包括：淀粉、糊精、乳糖、阿拉伯胶、黄原胶、甲基纤维素、羧甲基纤维素、羧甲基纤维素钠、木质素磺酸盐、低取代羟丙基纤维素、聚乙烯醇、聚乙烯吡咯烷酮等。调整黏结剂和助崩解剂的使用量可以控制泡腾剂的崩解速度。

⑤ 填料　主要用于调节片剂中有效成分的含量，包括凹凸棒土、陶土、膨润土、高岭土、轻质碳酸钙、无水硫酸钠、乳糖、滑石粉、锯末、硬脂酸盐等。据报道，采用滑石粉和硬脂酸镁调节泡腾剂的密度比较理想。

⑥ 稳定剂　用磷酸氢二钠、丁二酸、己二酸、草酸、硼砂等来调节片剂的 pH 值，可以保证贮存期有效成分的稳定。

（2）泡腾剂的配制　泡腾剂的加工方法是先将物料混合，经过粉碎、造粒，再用压片机制成片状后干燥而成。通常以水溶性包装材料如聚乙烯醇水溶性薄膜、水溶性纤维素或水溶性糊精包装成袋。

（二）崩解机制

泡腾剂的崩解机制主要表现在三个方面：

① 产气作用　泡腾剂入水后，酸碱系统反应产生二氧化碳并逸出，泡腾剂形成无数孔洞，使水不断进入颗粒内部，引起泡腾剂胀裂崩解，以达到活性成分释放的目的；

② 溶胀作用　凡不溶或难溶于水以及制成泡腾剂难以崩解的活性成分，除了酸碱泡腾系统外还应加入其他亲水性的助崩解剂，以促进泡腾剂本身的溶胀；

③ 润湿和毛细管作用　干燥淀粉等部分崩解剂入水后的膨胀作用不是主要的，在加压下可形成无数孔隙和毛细管，此孔隙和毛细管具有强烈的吸水性，使水迅速进入泡腾剂中，使之全部润湿而崩解。

因此，孔隙和毛细管作用是泡腾剂崩解的主要机制之一。泡腾剂润湿的难易与水分进入颗粒内的速度有密切关系。尤其难溶性活性成分不易被水润湿，需加入适量的表面活性剂，以加速水分的渗透，缩短崩解时间。

（三）加工工艺

常见的泡腾片剂制备方法包括湿法制粒压片和干法压片两大类。湿法制粒压片通过混合、制粒、干燥、整粒与再混合等步骤制得一定粒径的颗粒后压片即可。此方法能较好地解决片剂生产过程中粉末流动性和可压性差的问题，制备的片剂片重差异小、强度大。而干法压片适用于对湿、热敏感的物质，其方法主要有直压法和干法制粒压片两种，前者是将有效成分的粉末和晶体直接压片；后者是将有效成分的粉末压成大片，并经粉碎、整粒后压制成片剂。

泡腾片剂的加工工艺是先将物料混合，之后粉碎、造粒，再用压片机制成一定形状后干燥。泡腾片剂的生产包括以下两条工艺路线：

(1) 将原药（如原药为液体，先用吸附剂吸附成固态粉末）、助剂和填料混合，经气流粉碎至数微米，再经混合机混合，同时加入黏结剂浆液混匀后，再加入流动调节剂混匀，压片，包装。

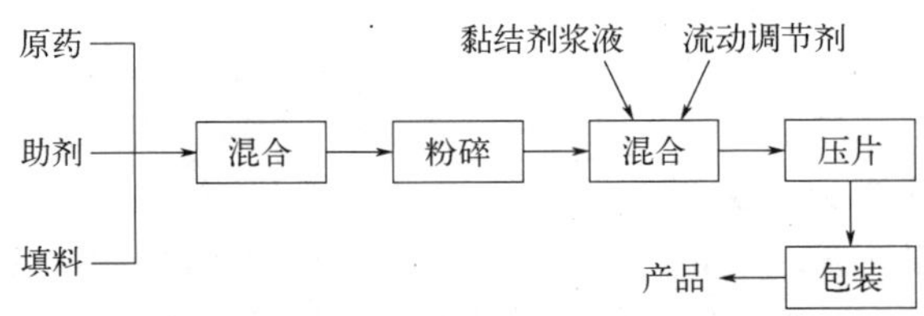

(2) 将原药、助剂、填料混合粉碎后加入黏结剂和流动调节剂，混合造粒，干燥后进行筛分，过细的颗粒重新造粒，过粗的颗粒重新粉碎，符合标准的颗粒压片后包装。

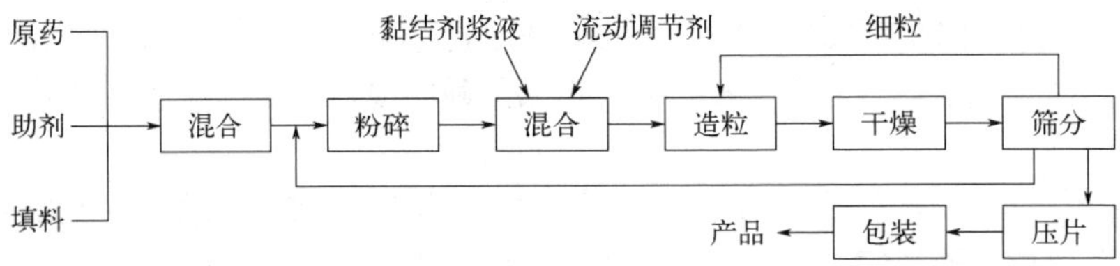

近年来，为解决泡腾片剂存在的缺陷，提升产品性能，出现了新的加工工艺，并应用到实际生产中：

① 酸碱泡腾组分分开造粒　将原药、稀释剂、润湿剂、分散剂准确计量后，送入气流粉碎机，粉碎到500～1000目细粉，按酸、碱泡腾剂比例分成两份，分别加入酸、碱泡腾剂，分别造粒得到酸粒和碱粒，分别在50～80℃条件下干燥，加入润湿剂混合均匀后压片，得到泡腾片剂。该生产工艺制得的产品均匀度高，悬浮性好，分散均匀，使用方便，提高了有效成分生物利用度。

② 超细粉碎技术　将计量好的原药、润湿分散剂和载体混合均匀，先用气流粉碎机粉碎，再置于超微粉碎机中粉碎至纳米级，取样分析合格后，加入泡腾剂、崩解剂和黏结剂，再充分混合均匀；然后，根据产品大小需要调节冲头直径、填充深度、压片厚度，采用花篮式压片机直接干粉压片。

除此之外，为了改善和提升泡腾剂的性能，近年来领域内还出现了一些新的研究，如多层泡腾片、缓控释泡腾片和可溶性微乳泡腾片等。

（四）质量控制指标

根据GB/T 19378—2017的要求，泡腾片剂、泡腾粒剂剂型已取消，分别并入水分散片剂和水分散粒剂，相应标准可参考水分散片剂和水分散粒剂，以水分散片剂的控制指标为例。水分散片剂产品质量规格应包括：

外观、有效成分含量、相关杂质含量、其他限制性组分含量、水分、酸/碱度(以 H_2SO_4 或 NaOH 计)或 pH 范围、崩解时间（仅适用于泡腾片）、悬浮率、湿筛试验、持久起泡性、片完整性、磨损率、热储稳定性(以上各指标应符合产品质量规格要求)。

（五）发展趋势

农药泡腾片未来的发展将聚焦于技术创新、环保升级和智能化应用，逐步实现高效、安全、绿色的农业病虫害防控方案。在技术层面，泡腾片的研发将进一步提升活性成分的释放效率，通过纳米化或靶向释放技术实现精准施药，减少浪费和环境影响。同时，绿色配方设计是趋势，例如采用生物基辅料和低毒活性成分，开发更加环保的产品，满足可持续农业发展的需求。此外，针对不同的应用环境，泡腾片将通过改进抗湿防潮的配方与包装技术，提升耐储存性，并开发具备杀菌、杀虫及营养补充等多功能的复合型产品，以更好适应复杂多样的农田条件。智能农业的兴起也为农药泡腾片提供了新的发展方向，其未来有望与无人机喷洒、智能设备精准施药等技术相结合，实现作物健康管理的精细化。同时，个性化定制的泡腾片配方将根据土壤、气候和作物类型的不同，为区域化、专用化的农业需求提供解决方案。国际化的市场拓展也是重要趋势，产品需满足各国严格的环保法规，开发可追溯的包装和登记方案以提升竞争力。在市场推广中，通过示范基地展示和农民教育，进一步普及泡腾片的使用优势，促进其在果树、蔬菜、花卉等高附加值作物上的应用。此外，产学研合作将成为技术进步的重要推动力，通过研发新材料和工艺，不断突破技术瓶颈，助力泡腾片成为现代农业的重要组成部分。总之，农药泡腾片将以高效、安全和环保为核心，融入智能农业，推动全球农业向绿色、可持续方向发展。

三、展膜油剂

展膜油剂（spreading oil，剂型代码 SO)，指含有效成分且在水面自动扩散成油膜的油剂。使用时无需兑水稀释和依靠任何药械，仅需直接将药液滴入稻田里，药液在水面迅速扩散并快速在水面和水中均匀分布，形成药膜而发挥药效，对水稻田杂草和茎基部病虫害具有较好的防治效果。

（一）特点

（1）节工省时，降低防治费用　施药时操作简便，不加水不拌土，不使用植保器械，每亩水田只需在若干个点滴入药液即可，在扩展助剂作用下，药液可在水面快速铺展，最终形成一层药膜覆盖水面。每亩费时不足 10min，节省人工成本 85%以上。

（2）防治方式全面，效果显著　药液滴入水中，由于助剂的作用，迅速扩散形成药膜层，对杂草具有良好的封控作用。同时，药液沿作物茎基部向上爬升到达病虫害靶标处，产生“爬杆现象”，对茎基部的纹枯病、稻飞虱等病虫害，防治效果突出。

（3）受气候和环境影响小，安全环保　水田保持 5～7cm 水层，无大量漂浮物，就可以施用，刮风和降雨对药效影响较小。施药方式安全，无药液飘移风险，避免对周围作物产生药害。

（二）组成

（1）溶剂　溶剂在展膜油剂中起着至关重要的作用，使原药溶解，且便于在水面铺展。溶剂的选择需要结合有效成分的性质综合考虑，重点考察溶剂的溶解能力、挥发速度、安全性、成本、来源、贮存稳定性等，溶剂类型可参考乳油加工中使用的溶剂。

（2）表面活性剂　表面活性剂选择可参考乳油中常用的乳化剂品种，初步筛选可参照乳液稳定性测定方法的要求，同时结合水面铺展性、成膜性，对乳化剂的种类、比例和用量进行进一步筛选。

（三）扩展机理

添加合适的表面活性剂可调节界面的物化性质，降低表（界）面张力。因此，展膜油剂的铺展功能是通过添加表面活性剂来实现的，在表面活性剂作用下，展膜油剂滴加在水面后，表面活性剂分子会快速迁移至两相界面，导致滴加位置油相和水相界面的表面张力迅速降低，而周围表面活性剂未覆盖的区域表面张力较高，这种表面张力差使得液面产生马兰戈尼效应，液膜逐渐向外扩展到达靶标。

1871 年，意大利物理学家卡洛·马兰戈尼（Carlo Marangoni）将一块浸油的海绵扔进池塘后，观察到油相和水相之间表面张力差异引起的表面运动，并测量了波的传播速度。这种表面张力梯度驱动的液体流动，称为马兰戈尼效应，已广泛用于处理海面的油污、芯片制造、DNA 分析等领域。

表面活性剂溶液在液体表面上的扩散主要由液-气界面上的表面张力梯度（浓度梯度的结果）驱动，这可以通过扩散系数热力学确定：

$$S = \gamma_{aw} - (\gamma_{ow} + \gamma_{ao})$$

式中，S 是扩散系数；γ_{aw} 是空气-水界面表面张力；γ_{ow} 和 γ_{ao} 分别是油-水界面和空气-油界面的界面张力。如果 $S<0$，则溶液将在水面不润湿，无法在水面扩散，而如果 $S>0$，则溶液可以在水面润湿并扩散铺展。

如图 5-1 所示，当油滴或表面活性剂溶液沉积在液体表面如水面上时，来自油或表面活性剂的分子将迁移至空气-水界面并在子相表面上移动，从而产生表面张力梯度，这导致了从低表面张力区域流向高表面张力区域的马兰戈尼流。同时，油中表面活性剂的种类和含量会影响油在水面的润湿转变。有学者研究了基于马兰戈尼效应的固体颗粒在水面的运输和自推进现象。在表面活性剂向外流动的前部，子相（水）的表面变形，由于切向应力条件的突然变化而产生了马兰戈尼脊。根据理论和公式推导可预测马兰戈尼脊的运动遵循幂律，且指数为 0.75，已在实验中使用表面活性剂水溶液证实了这一预测。假设马兰戈尼驱动的非易失性不混溶薄膜从恒定浓度的源开始扩散，初始半径为零，并在气液界面处的深层水相上径向扩展，并且在该膜下仅形成了一个薄的流体动力边界层，则马兰戈尼脊的运动符合以下方程式：

$$R(t) = At^{0.75}$$

$$A = k\sqrt{\frac{\gamma_{aw} - \gamma_{\infty}}{\rho\sqrt{\upsilon}}}$$

式中，$R(t)$是马兰戈尼脊的运动距离；A 是一个未知常数；ρ 和 υ 分别是水相的密度和运动黏度；γ_{aw} 是水的表面张力；γ_{∞}是水面被表面活性剂覆盖后的表面张力；k 是无量纲常数。马兰戈尼效应可用于将含表面活性剂的溶液中的染料转移至液滴沉积区域。研究表明，表面活性剂的扩散前沿和马兰戈尼脊的边界重合。

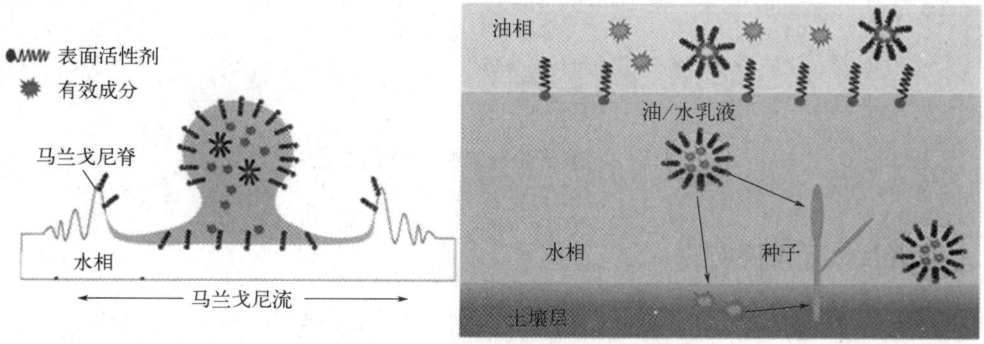

图 5-1 展膜油剂扩展机理示意图

马兰戈尼效应是由表面张力梯度产生的，由低表面张力向高表面张力存在推动力，当水面漂浮物的两侧存在表面张力梯度时会受到沿表面张力梯度方向的力，且马兰戈尼效应会导致与空气接触的表层水沿马兰戈尼脊运动方向的流动，因此马兰戈尼脊可以推动水面漂浮物运动。表面张力差产生的对水面漂浮物（PP 小球）的推动力 F 符合以下公式:

$$F = nD(\gamma_0 - \gamma)$$

式中，D 是 PP 小球的直径；γ_0 是在表面活性剂溶液沉积前水相的表面张力；γ 是表面活性剂沉积后 PP 小球靠近沉积点一侧的水相表面张力；$(\gamma_0-\gamma)$即小球两侧的表面张力差；n 是无量纲常数；nD 表示小球在水面的接触线长度，在密度和小球润湿不变的情况下，n 不发生变化。

将展膜油剂滴加在水面后，油滴可以在马兰戈尼效应的作用下快速在水面扩散铺展，油滴中的有效成分扩散至全水面，最终传递至靶标。漂浮颗粒剂在水面崩解后，释放出的固体药物微粒漂浮在水面并在马兰戈尼效应作用下向四周扩散，最终被传递至靶标。

（四）铺展性能测试方法

（1）指示剂法或荧光法　在展膜油剂中加入一定量的指示剂或荧光物质，通过测量指示剂在水面的扩散距离获得药剂在水面的铺展速度和铺展面积，该方法操作简便，但是也存在一定缺陷：①所需指示剂用量大；②随着药液的扩散，浓度逐渐降低，指示剂颜色变浅，不易观察甚至无法用肉眼观察；③每次加入一定量的指示剂导致试验繁琐；④测定时，需要根据溶剂极性选择水溶性或脂溶性两种指示剂。

（2）浮标法　该方法以一定规格的小塑料片或聚丙烯塑料小球作为漂浮目标物，置于水面中心处，待静止后，在距离浮子 0.5cm 处滴加待测溶液 50μL，溶液将推动浮标向四周移动。在溶液入水瞬间开始计时，当浮标物不移动或基本不移动时停止计时，最后测定展膜油剂在水面的铺展速度和面积。

（五）加工方法

展膜油剂的加工方法比较简单，如图 5-2 所示，在搅拌釜内先投入大部分溶剂，然后在搅拌状态下，投入原药后搅拌均匀形成透明溶液，再加入乳化剂搅拌均匀至透明，最后加入填充体并搅拌均匀即可得到展膜油剂产品。

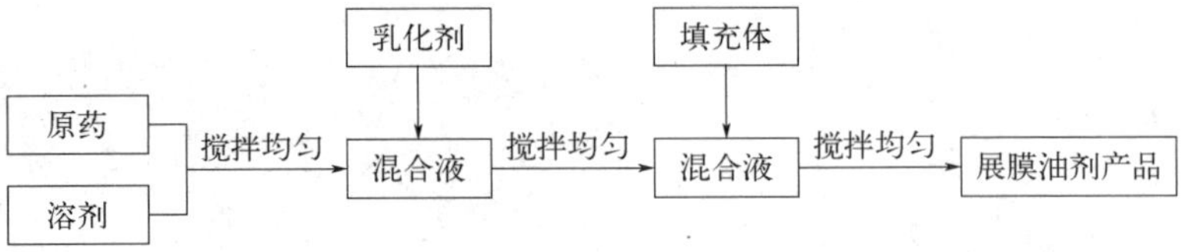

图 5-2　展膜油剂的加工方法流程图

四、水面漂浮颗粒剂

水面漂浮颗粒剂（floating granule）属于特殊的颗粒剂产品，由原药、填料或载体、润湿剂、分散剂、扩展剂、黏结剂、崩解剂、pH 调节剂等组成，经气流粉碎后，采用挤压造粒等方法进行造粒，得到具有快速崩解、扩散性能的颗粒状制剂。

水面漂浮颗粒剂最早起源于日本，日本作为全球老龄化程度最高的国家，劳动力结构和成本成为影响农业生产的主要因素，尤其是水稻田病虫草害的防治，因此，省力化农药剂型在日本快速发展。1960 年，颗粒剂产品在日本开始普及和使用，因药效高、持效期长、对环境影响小而迅速推广。20 世纪 70 年代，高含量颗粒剂、具有崩解扩展功能的大粒剂、水面漂浮泡腾粒剂和水面漂浮颗粒剂不断被开发。

最早开发的农药漂浮性剂型主要包括：水面展开油剂、水面漂浮粉剂、水面漂浮泡腾粒剂和水面漂浮颗粒剂，均由日本公司开发。由于漂浮粉剂存在易漂移、易污染的缺点，后来又开发出水面漂浮颗粒剂。20 世纪 90 年代，日本在水面漂浮剂型基础上，继而开发出水面漂浮泡腾粒剂。该剂型是一种能够在水中泡腾自发分散，并漂浮于水面的颗粒状农药新剂型。使用时直接将颗粒投入水田中，颗粒中的酸与碱成分在水中迅速反应产生二氧化碳气体，通过崩解剂和扩散剂作用，有效成分向周围均匀扩散，充分接触靶标，发挥药效。但这种剂型产品极易吸潮，不易保存，而逐渐被淘汰。

近年来，新型水面漂浮粒剂被开发，其特点是通过手抛散布于稻田，散布后可以自行在水面上扩散均匀分布于稻田发挥效果。例如，一种是直接漂浮于水面的漂浮颗粒剂：制剂中加入粒径为数十至数百微米的丙烯腈单体共聚物颗粒或空心玻璃漂珠作为漂浮载体，这种颗粒重量轻，浮力大，少量颗粒聚集在一起就能获得足够的浮力，当产品撒入水稻田后，能够在水面上自动跳动，均匀分散到田间。另一种是先沉后浮型水面漂浮颗粒剂：当产品撒入水稻田，先沉入水中，随着可溶性载体的溶解颗粒密度逐渐变小，5～10min 后自动浮起，然后自动跳动并均匀地分散到田间，漂浮颗粒剂作用机理示意图见图 5-3。

漂浮颗粒剂的施药方式主要包括：①手掷施药，施药者在田垄上通过手掷抛洒的方式施药，抛洒距离为 3～10m；②长勺施药，使用长柄勺抛洒施药，抛洒距离可达 15m；③包装袋直接施药，施药者在田垄上打开包装袋，通过摇晃包装袋进行施药；④喷粉机施药，使用喷粉机进行颗粒抛洒，施药距离可达到 25m；⑤无人机施药，采用植保无人机进行颗粒抛洒，将省力化药剂与省力化施药方式相结合，进一步提升施药效率；⑥进水口施药，在稻田的灌水口进行施药，使颗粒随水流扩散；⑦投掷施药，将药剂用水溶性材料进行包装，再采用手掷的方式抛洒（示意图见图 5-4）。

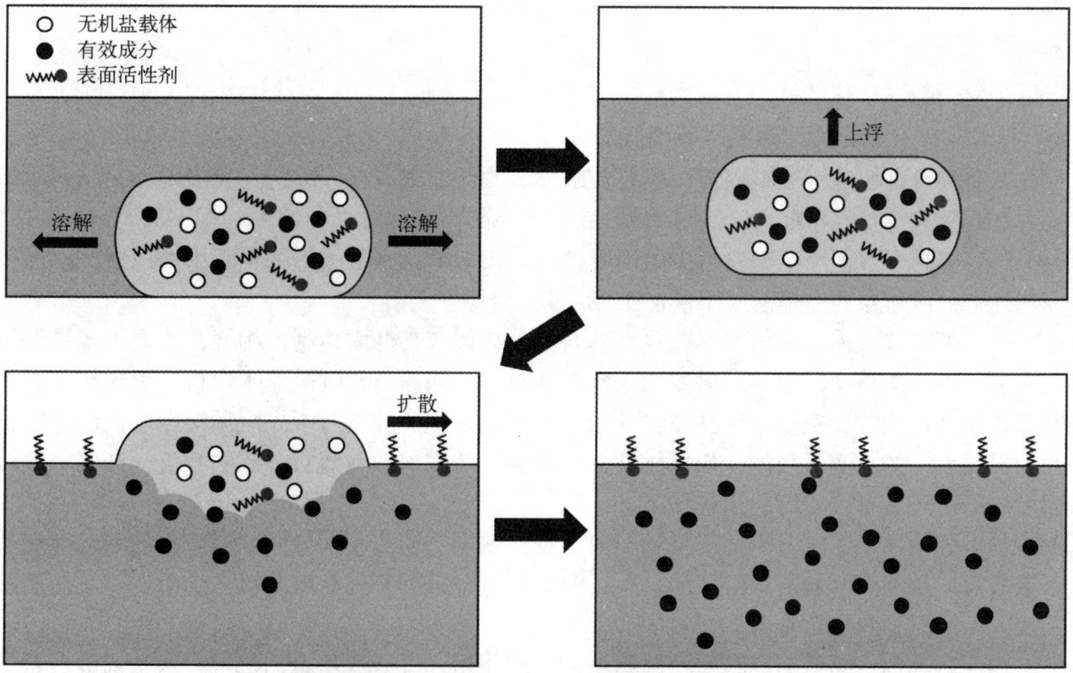

图 5-3　漂浮颗粒剂作用机理示意图

图 5-4　省力化制剂的施药方式

（a）手掷施药；（b）长勺施药；（c）包装袋直接施药；（d）喷粉机施药；（e）无人机施药；（f）进水口施药

（一）特点

水面漂浮颗粒剂的特点包括：①分散和扩散性能优越，25g 粒剂 10min 即可扩散到 $100m^2$；②加工方便，使用省工省时，施用效率 3～5min/亩；③保证准确的施药时间和剂量，受天气影响小，不产生飘移；④贮运方便，不用清洗和处理药械，避免施药器械混用造成的交叉污染，安全环保。

（二）组成

水面漂浮颗粒剂一般由原药、填料或载体、漂浮性载体、分散剂、扩展剂、黏结剂等组成，然后经气流粉碎再混合，经过造粒、烘干、筛分后得到。

（1）原药　水面漂浮颗粒剂主要用于防治水田杂草、水稻根部和茎基部病虫害，以固体原药为主，液体原药需提前吸附或加工成展膜油剂。

（2）填料或载体　水面漂浮颗粒剂的填料或载体与其他固体制剂相同，主要以矿物源材料为主，不同的是漂浮颗粒剂需要加入漂浮性载体，如浮石、硼酸、木炭粉、锯末粉、丙烯腈单体共聚物颗粒、空心玻璃漂珠、气相二氧化硅等；此外，对于先沉后浮型水面漂浮颗粒剂，需加入一些水溶性载体，如氯化钠、氯化钾、硫酸钠、硫酸铵、硫酸钾等，在调节颗粒密度的同时还具有一定的助崩解作用。

（3）分散剂　通常为阴离子型和非离子型分散剂。阴离子型分散剂有烷基硫酸盐、烷基萘磺酸盐、烷基苯磺酸盐、聚羧酸盐等；非离子型分散剂有烷基酚聚氧乙烯醚、甘油脂肪酸酯聚氧乙烯醚、EO/PO 嵌段共聚物等。

（4）黏结剂　黏结剂具有造粒时黏结颗粒的作用，主要选用聚乙二醇、聚乙烯醇、聚丙烯酸钠、糊精、黄原胶、明胶、水溶性淀粉、膨润土、聚乙烯吡咯烷酮等物质。

（5）扩展剂　扩展剂多为 HLB 较低的非离子型表面活性剂，例如竹本油脂株式会社的水面扩散剂产品：YUS-CH8000、YUS-CH8100、YUS-EP60P 等。筛选扩展剂还需要考虑与其他表面活性剂的配伍。

除此之外，为了提高施用效率，水面漂浮颗粒剂可以使用聚乙烯醇、羧甲基纤维素、糊精、淀粉、羟乙基纤维素等水溶性包装材料进行包装，加工成每袋 10～20g 或 25～60g 等不同重量的产品。

（三）扩展机理

水面漂浮颗粒剂的扩展机理与展膜油剂相同，其扩散驱动力也是来源于表面活性剂浓度差所产生的马兰戈尼效应，具体见展膜油剂部分。

（四）加工方法

水面漂浮颗粒剂的加工方法与水分散粒剂的加工方法基本相同，常采用挤压造粒、圆盘造粒或流化床造粒等方法，可参考水分散粒剂章节。漂浮颗粒剂加工工艺流程见图 5-5。

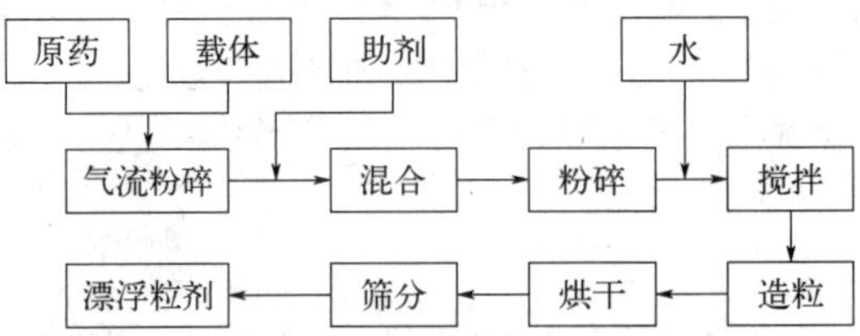

图 5-5　水面漂浮颗粒剂加工工艺流程图

（五）铺展性能测试

水面漂浮颗粒剂的控制指标主要包括：有效成分含量、其他限制性组分含量、酸碱度或pH、堆密度和松密度、粒度范围、粉尘、耐磨性、漂浮率、扩散时间、扩散距离、热贮稳定性等。

五、省力化制剂发展方向

随着农村劳动力结构的改变和劳动力成本的增加，省力化制剂逐渐受到重视，这对降低劳动强度、提高生产效率、节约劳动力、减少农药使用量及实现农药利用高效化均具有重要意义。未来我国省力化制剂应加强以下几方面研究：

（1）加强省力化制剂的理论研究，尤其是省力化制剂在水田的铺展性能研究，建立不同条件下的铺展及分布预测模型，为新品种的研究开发奠定理论基础。

（2）针对新型省力化制剂开发专用的助剂，尤其是环保型高扩展和高渗透性能的助剂，提高有效成分分布的均匀度，增强有效成分在靶标上的渗透、吸收及传导性能，提高防治效果。

（3）针对特殊的劳动场景，开发新型的省力化制剂，并与相应的施药技术、施药器械相结合，如使用无人机进行颗粒剂的撒施等，真正实现植保作业的省力化、高效化。

（4）建立新型省力化制剂的评价体系和评价标准，提高产品质量和性能。

第四节　无人机飞防植保

中国作为世界上的农业大国之一，拥有18亿亩基本农田，因此，病虫草害防治效率的高低，将直接决定我国粮食生产效率水平的高低。传统的施药方式是由人力操控地面的施药设施，不仅存在效率低、人工成本高等问题，而且极易出现作业人员中毒的现象。而使用无人机进行植保作业，在一定程度上弥补了传统施药技术的不足，以其效率高、省时省工等优势，为高效、安全植保作业提供了有效途径。

随着种植模式和经济结构的转型，农村剩余劳动力向城市转移，劳动成本逐渐增加，因此，植保无人机得到了广泛关注。本节对我国植保无人机专用药剂、剂型和助剂、租赁使用以及专业技术人员等进行了综述，系统描述了我国植保领域飞防技术的发展现状及存在的问题，最后对飞防技术未来发展提出了建议，以期为我国航空植保的发展提供参考。

一、我国植保无人机的发展历程

1951年，广州市第一次使用C-46型飞机开展蚊蝇防治，我国农业航空发展的序幕就此拉开。1958年，问世于南昌飞机制造厂的运-5型飞机，被广泛应用于农林播种、施肥和农药喷洒等，极大推动了我国农业航空的进步发展。1963年，飞防植保作业开始在小麦病虫草害防治上应用。20 世纪 90 年代，轻型农药喷洒飞机在小麦、棉花等农作物的病虫防治和化学除草上得到广泛应用，同时也在草原灭蝗和森林害虫防治中发挥巨大作用。农业农村部公开信息显示，2014 年我国植保无人机保有量仅为 695 架，到 2019 年时，我国植保无人机市场保有量已超过 5 万架，跻身为全球植保无人机保有量最多的国家，植保作业面积也已超过 5 亿亩。2020 年，我国植保无人机作业面积首次突破 10 亿亩，标志着我国航空植保发展步入全新时代。到了 2021 年，我国植保无人机保有量达到 9.8 万架，同比增长 39.22%。此外，5G 技术也早已开始在植保飞防行业中应用，2020 年，首架 5G 网联植保无人机于重庆市农业科学院科研基地成功试飞，为 30 亩试验农田提供集无人机植保、农业大数据和遥感大数据为一体的精准农业服务。2022 年我国植保无人机保有量已经突破 12.1 万架，2023 年其保有量达到约 20 万架，仍呈现增长态势。

二、植保无人机概述

植保无人机，又可称为无人飞行器，主要由飞行平台（直升机、固定翼、多轴飞行器）、导航飞控和喷洒系统等 3 部分组成（见图 5-6），通过人为在地面遥控或导航飞控来实现喷洒作业。其中，导航飞控与喷洒系统是植保无人机的核心部分。

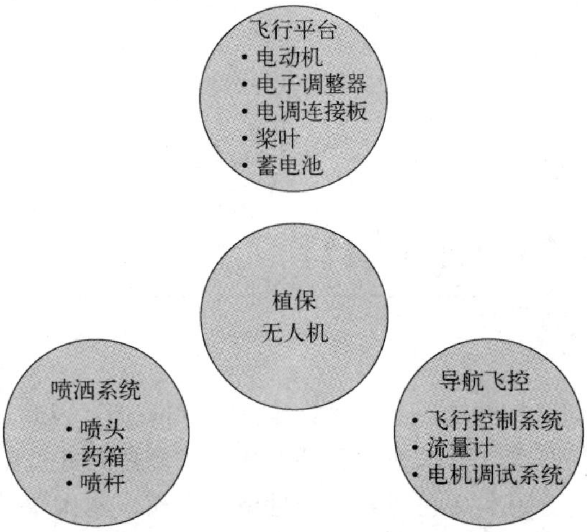

图 5-6　植保无人机的基本构成

（一）飞行平台

植保无人机按照飞行平台构架类型可分为单旋翼、多旋翼和固定翼植保无人机 3 种类型（表 5-2）；按飞行动力则可分为电动和油动植保无人机 2 种类型（表 5-3）。

表 5-2　植保无人机按构架类型分类

项目	单旋翼植保无人机	多旋翼植保无人机	固定翼植保无人机
风场特点	旋翼大，风场覆盖范围大，抗风性能好，飞行稳定	旋翼小，旋转方向两两相反，风场覆盖范围小，抗风性能差	通过空气流过机翼而产生升力，具有滑翔能力
雾化效果	雾化效果好，下旋风力大，穿透力强，药液容易到达作物根部	雾化效果差，下旋风力小，穿透力弱，药液不易到达作物根部	雾化效果差，无下旋风，穿透力弱，药液不易到达作物根部

续表

项目	单旋翼植保无人机	多旋翼植保无人机	固定翼植保无人机
地形要求	适合各种地形地势	适合各种地形地势	对地形地势要求较高，多用于连片开阔的大田植保作业
生产成本	造价相对较高	造价相对较低	造价相对较低
操作难度	技术门槛高，操作难度大；作业难度大，摔机风险大	技术门槛低，更容易操作	技术门槛低，更容易操作，允许在空中出现驾驶与技术错误

表 5-3　植保无人机按飞行动力分类

项目	电动植保无人机	燃油驱动无人机
市场价格	5 万起	18 万起
驱动方式	电池带动电机驱动	进口汽油发动机驱动
载药能力	5～15kg	15～80kg
续航能力	＜10min	≥30min
喷幅宽度	3～5m	5～8m
作业能力	300～500 亩/天	500～800 亩/天
抗风能力	3 级以上风力不建议飞行	6 级以下风力，可以正常飞行

（二）导航飞控

导航飞控系统相当于普通飞机的驾驶员，是植保无人机的控制核心，由无人机植保综合管理模块、高度控制子模块、航路导航控制子模块和喷雾控制子模块组成。无人机植保综合管理模块作为无人机控制的核心，具有管理不同模块间的信息交换、实现作业参数设定等人机交互功能。高度控制子模块可以精确测量无人机距离作物冠层的距离，并且实时调整铅垂方向升力使无人机稳定在所需求的作业高度上。航路导航控制子模块可以使无人机沿预先设定的作业航路飞行，随时调整飞行过程中可能出现的航线误差，从而实现精确导航。喷雾控制子模块则依据植保无人机的作业位置实时控制药剂喷洒作业开关，有效避免农药的漏喷和重喷。通过以上模块的协同作用不仅可以提升飞行平台的飞行质量，而且能够保障飞行安全和出色完成任务。

（三）喷洒系统

喷杆、输液软管、药箱和喷头组成了喷洒系统。喷杆的材质一般都为碳纤维，而液管作为输送药液的通道，则可以将药箱、水泵、流量计和喷头等结构串联起来，材质多采用透明硅胶软管。药箱是储存药液的工具，需要具备快速插拔、自动联通喷嘴、防止药液滴漏的功能。喷头是喷洒系统的核心部件，其性能直接影响关键性喷雾质量指标，如喷施作业中的施药量、雾滴大小和均匀度等。目前，国内市场上植保无人飞机喷头按雾化原理可分为液力式和离心式两类。液力式喷头喷洒，是通过液泵将药液“压出”到喷头中，经过小孔后以较大的初速度喷射出去，受到液体表面张力、空气阻力和重力等综合作用，逐渐失速形成液膜、液丝直至雾滴完成雾化过程，并形成一定的压力在喷嘴的喷孔处进行雾化。离心式喷头喷洒是将水“吸出”到离心雾化盘上，然后通过雾化盘的高速旋转将液体甩离，在离心力和空气阻力综合作用下完成雾化。

三、植保无人机的优势

早期，农作物病虫草害防治主要是通过背负式手动（电动）喷雾器，喷雾喷粉机，便携式、担架式和车载式机动喷雾器等传统植保机械进行作业。然而，从精准农业和环境保护角度出发，传统植保作业方式存在明显弊端：①作业效率低，难以实现规模化作业；②雾化质量不高，防治效果有待提高；③农药浪费严重，存在环境污染风险。

与传统植保机械相比，航空植保以其突出的优势获得了飞速发展且日趋成熟。

（1）用途广泛　植保无人机用途广泛，不仅可以进行农药喷洒，还可以进行农田信息监测、航空施肥、病虫草害发生的预测预报和监测以及育苗授粉等作业。

（2）高效、安全和环保　植保无人机喷洒速度可以达到人工喷洒速度的百倍以上，当有害生物发生面积大，短时期内爆发成灾时，植保无人机的优势特别明显。植保无人机利用远距离遥控操作进行喷洒相关作业，避免操作人员与农药直接接触，保障了喷洒作业时的安全。从生态环境方面来讲，植保无人机减少了农药和水的使用。

（3）省水、省工和省时　植保无人机喷施农药，一般亩用水量为 500～1000mL，而传统施药方法亩用水量为 15～30L。植保无人机作业可以省药 50%，省水 90%。每亩地的服务价格仅需十几元，可减少一半以上的人工费用，用时短，只需要几分钟，与传统喷药技术相比，既节约了成本，又节省了人力和时间。

四、植保无人机的应用

（一）在大田作物中的应用

大田作物是我国粮食生产和粮食安全的重要基础，由于种植面积广，通过传统植保机械进行施药，存在效率低、成本高等突出问题。近年来，由于农村劳动力的严重短缺，使用无人机进行大田作物植保作业面积不断扩大，其中，作业面积前 5 名的作物依次是玉米、麦类、棉花、大豆和水稻。

（1）在玉米中的应用　玉米作为重要的粮食和工业原料以及畜禽业饲料，产区遍布全国；其中，经黄淮海向西南延伸地区以及东北三省是玉米种植的优势区域。病虫草害防治贯穿玉米的整个生长季，一是苗期需要进行多次化学除草以及喷施植物生长调节剂防倒伏。二是在玉米生长的中后期，黏虫、玉米螟和草地贪夜蛾危害加重，但是由于玉米植株高，枝叶繁茂，人工喷雾时行走困难，且高温作业容易中毒。因此，使用植保无人机对玉米生长期病虫草害监测和防治具有重要作用。

（2）在小麦中的应用　小麦也是我国的主要粮食作物之一，其稳产增产对我国粮食安全起到重要作用。近年来，植保无人机已广泛应用于小麦生产中，自 2015 年开始，新疆阿克苏地区在每个县（市）都建立了无人机麦田草害飞防示范区，平均示范区面积 $20hm^2$，部分县市达到 $60hm^2$。此外，陈银凤等探究了利用多旋翼无人机对麦类重要病害的防治效果，发现无人机能够显著提高喷雾效率，且对于防治麦类植株中下部病害的防效要明显优于传统施药设备。

（3）在棉花中的应用　棉花是国内仅次于粮食作物的重要作物之一，种植面积广（占全国农作物总面积的 3%)，其产值约占全国农作物产值的 10%。然而，棉花生长过程中会受到立枯病、棉叶螨和棉蚜等病虫为害，在新疆南部和东部等棉区，植保无人机以其灵活、高效、安全等独特优势，为棉田植保工作提供了有力保障。近年来，阿克苏地区使用植保无人机在防治棉蓟马和蚜虫等方面均取得了满意效果。

(4) 在大豆中的应用　大豆可以提供优质的植物油和植物蛋白，成为粮食、食用油和饲料兼用的重要作物之一，但是近年来大豆生产出现了单产提升难、害虫发生严重等产业发展瓶颈问题。植保无人机的推广应用则为大豆增产保质提供了有力保障。

(5) 在水稻中的应用　水稻在中国粮食生产和消费中历来处于主导地位，其种植主要集中于长江流域、珠江流域和东北地区等稻区，每年种植面积约 3000 万 hm^2，占整个粮食作物种植面积的 25%左右。在水稻种植栽培过程中，病虫草害发生较多，传统喷洒方式，需要作业人员在田间行走，效率低，劳动强度大，且药液有时难以喷施到水稻下部，植保无人机的出现在一定程度上解放了劳动力，提高了防治效率。

(二) 在蔬菜上的应用

基于我国人口基数大的现状，国内对蔬菜产量和品质均有极大需求。然而，传统露天蔬菜病虫害发生量大，施药次数多，且部分蔬菜受地形影响难以进行化学防治。例如，西兰花、白菜等十字花科蔬菜，作为日常生活中不可缺少的一类蔬菜，其病虫害种类多、发生情况复杂、农药用量大，当病虫严重发生时常常因无法得到及时防治，菜农遭受严重损失，而植保无人机的出现大大弥补了这一缺陷。

(三) 在果树林木上的应用

果树业作为我国林业的重要组成部分，对我国经济发展具有重要促进作用。但是由于受地形、果树形状的影响，传统施药技术难以获得理想的防治效果。植保无人机的出现较大程度上克服了地形限制，在果树病虫害防治以及杂草防除等方面发挥了重要作用。

五、植保无人机飞防药剂、剂型及助剂

(一) 植保无人机飞防药剂及剂型

(1) 飞防药剂品种　目前，通过植保无人机喷洒进行病虫草害防治的农药品种繁多，涵盖了杀虫杀螨剂、杀菌剂、除草剂以及植物生长调节剂等各类产品（表 5-4）。

表 5-4　植保无人机应用的农药品种

类型	产品种类
杀虫杀螨剂	氯虫苯甲酰胺、溴氰虫酰胺、氟虫双酰胺、溴虫腈、氟啶虫胺腈、螺虫乙酯、吡虫啉、吡蚜酮、啶虫脒、虫酰肼、阿维菌素、多杀菌素、螺螨酯、苦参碱、印楝素、白僵菌、绿僵菌、蝗虫微孢子虫、浏阳霉素
杀菌剂	井冈霉素、吡唑醚菌酯
除草剂	氰氟草酯、五氟磺草胺
植物生长调节剂	芸苔素内酯

（2）飞防剂型种类　植保无人机具有单次作业面积大、作业高度（3～5m）高、速度快，同时受气象因素影响大的特点，所以，喷洒时大多采用超低量喷雾，要求药液浓度高、喷洒雾滴细，此外，药液不仅需要具备抗挥发和抗飘失性能，而且需要具备较好的沉积和扩展性能，可以保证药液在靶标上润湿、展布和吸收，提高药液利用率。植保无人机施药时用水量较少，一般作物每亩药液用量仅为500～1000mL，药液浓度高，如果制剂分散性差，粒子粒径大，不仅容易堵塞喷头，而且容易对作物产生药害。最初，使用最多的超低容量液剂（UL）为油剂，在我国已取得“三证”的超低容量液剂的产品达17个，登记证持有人以广西田园生化股份有限公司为主，且产品以白僵菌、绿僵菌等生物药剂为多，主要用于水稻螟虫、飞虱、纹枯病和小麦蚜虫等，但也并未明确表示专用于飞防。

目前，飞防作业主要选择水乳剂和微乳剂等粒径相对较小的制剂。另外，油悬浮剂、可分散油悬浮剂等剂型由于高效、安全和抗蒸发的优点也引起广泛关注，但此类产品的稳定性问题仍亟待解决；悬浮剂、微囊悬浮剂、可溶液剂、水分散粒剂等也可以用于飞防，但不同产品的稀释稳定性以及与相关喷雾助剂的配伍性和有效性则需要通过大量试验来进行验证，从而防止因其物理稳定性或分散稳定性而影响喷洒效果。与此同时，随着现代农业的快速发展，纳米制剂已经成为飞防专用药剂研究的重点。张子勇曾在2016年世界精准农业航空大会上指出水性化纳米农药是解决航空植保适用性、提高药效和降低污染的最佳路径。南京善思生态科技有限公司作为航空植保专用药剂行业的领跑者，其研制的高效、缓控释、水基化纳米飞防药剂引起了广泛关注。

（二）飞防助剂

植保无人机进行药液喷洒时容易受飞行高度、风速和温度等因素干扰而出现雾滴飘移和水分快速蒸发的现象，严重影响飞防效果，甚至对作物产生药害。因此，添加一定量合适的喷雾助剂对雾滴特性进行调控，既可以提高药效，又可以减轻药害。

（1）助剂种类　目前，市面上的飞防助剂仍来源于传统的桶混喷雾助剂，主要包括表面活性剂类、高分子聚合物类和植物油类等。

① 表面活性剂类　表面活性剂类飞防助剂以有机硅类化合物为主，能够显著降低药液表面张力，有利于雾滴在靶标表面的润湿铺展，在减少雾滴反弹的同时，达到提高雾滴沉积量的效果。此外，添加该类助剂后药液的渗透性较好，有利于药液穿过叶片气孔直接进入植物体内，从而使靶标体在较短时间里吸收更多药液。然而，有机硅类飞防助剂的抗飘移、抗挥发作用较差，不适宜直接作为飞防专用助剂，应经常与其他助剂混合使用。

② 高分子聚合物类　高分子聚合物类飞防助剂是以瓜尔胶、聚丙烯酰胺等天然或人工合成的物质为原料而制成的，共同特点是均能够显著提高药液体系的黏度，从而增大药液雾化时雾滴的粒径，最终减少雾滴飘移，增加其在靶标表面的附着力，减少反弹和滑落，从而提高药液在单位面积内的沉积量。该类飞防助剂也具有降低表面张力的作用，但与表面活性剂类助剂相比降低并不明显。

③ 植物油类　植物油类飞防助剂通常以从油菜、大豆等油料作物中提取的植物油或酯化后的植物油制备而成。植物油中含有大量的油酸，对疏水性靶标植物叶片表面具有更高的亲和力，可以使雾滴在靶标表面牢固附着并快速铺展。此外，植物油中含有大量的脂肪酸，在雾滴表面形成具有一定强度的分子膜，从而阻止雾滴中水分的挥发。值得关注的是，植物油在一定程度上可以溶解或疏松植物叶表面蜡质层，有利于药液渗透吸收。

（2）飞防助剂主要生产企业及产品　针对植保无人机喷雾作业的技术要求，国内外农药助剂公司研究开发了一系列飞防专用助剂产品，并在推广使用过程中获得了相对满意的效果。

（三）飞防效果评价与测试

在控制飞行高度和速度等飞行参数不变的情况下，药剂的理化性质与雾化性能是影响飞防效果的直接因素，与此同时，助剂也可以通过影响药液润湿面积和雾滴覆盖率，影响飞防药效。在实际筛选过程中，通过药液表面张力、接触角以及雾滴覆盖率等进行评价和测试，为植保无人机规范作业以及飞防专用药剂的选择与实际应用提供科学依据。

雾滴测试卡是一种用来检测农药喷雾中雾滴分布、雾滴密度和覆盖度以及雾滴大小的测试卡，其显色灵敏、应用便捷，是检测植保无人机喷雾质量的重要手段之一。刘迎等利用雾滴测试卡测定使用植保无人机喷施 75%肟菌·戊唑醇水分散粒剂和 20%噻菌铜悬浮剂时的雾滴特性，结果表明添加飞防助剂——“迈飞”能够增加药液润湿面积和雾滴覆盖率，提高飞防药效。陈晓等利用雾滴测试卡和滤纸检测 22%氟啶虫胺腈悬浮剂在飞防作业时添加 3 种助剂（倍达通、G2801、ND-800）后的雾滴特性。结果表明，添加飞防助剂后，棉花冠层上、中、下部叶片正面的雾滴密度均有显著的提高。

六、无人机飞防植保存在的问题

与物流、测绘和勘探等行业的无人机不同，植保无人机在设计与使用过程中，必须满足植保作业的特殊要求。尽管当前国内航空植保发展较快，但是植保无人机自身和飞防法律法规等方面存在诸多问题，在一定程度上限制了我国航空植保的应用与发展。

（一）植保无人机存在的问题

① 无人机价格偏高，造成农业生产普及率低。以大疆 T60 为例，裸机价格为 6 万多元，对于普通农户来说，成本投资较大。

② 植保无人机电池可持续作业时间短，续航能力差，目前，大多数电动植保无人机续航时间仅为 5～10min，频繁更换电池不仅成本高，而且耽误作业时间。

③ 植保无人机载重小，一般仅为 10～50kg，大面积作业时需要频繁地更换药箱，直接影响作业效率，从而影响防治成本。

（二）飞防药剂及助剂存在的问题

① 国内市场现有剂型难以满足飞防实际需求。目前，国内用于植保无人机施药的农药制剂、助剂相对较少。植保无人机需要采用沉降性好、安全性高的专用药剂，但目前这一类超低容量制剂仍较少，选择性也差，成为提升作业效益的瓶颈。

② 国内飞防助剂市场亟待系统化和规范化。目前，我国对农药助剂管理还未正式提出明确的规定和要求，市面上的产品性能差异显著。

（三）技术人员存在的问题

专业植保无人机技术人员是集无人机操作、维修养护于一身的复合型人才，需要熟悉植保无人机作业过程所涉及的作业计划、施药技术、地面组织与安全保障等环节。但目前专业队伍人才匮乏，国内高校飞行专业和培训机构屈指可数，且只对无人机操作熟悉，植保知识不足，容易造成药害。

七、无人机飞防植保的发展展望

近年来，“飞防”已然成为植保行业内备受关注的热点话题。随着这一技术的不断成熟与应用，其不仅推动了自身的发展，也带动了相关配套产业的迅猛增长。越来越多的农户和种植户开始依赖飞防设备来进行病虫草害的防治，市场需求因此呈现出井喷式的发展态势。科技的飞速进步正在悄然改变传统的农耕方式，农业的现代化、规模化、专业化和标准化生产逐渐成为行业发展的主旋律。在此背景下，植保无人机作为一项革新性的技术，推广速度显著加快。展望未来，随着植保无人机在监管、研发、推广以及财政补贴等方面的进一步加强，我国植保无人机产业有望迎来一个快速发展的黄金期。这一变革性的技术将为农业生产带来前所未有的深刻变革，大幅提升生产效率和农业管理水平，为我国农业的现代化发展注入强劲动力。

第五节　制剂清洁生产和智能制造

在农药制剂的生产过程中，传统制造方式通常伴随着高能耗、高污染以及资源浪费等问题，严重影响了生态环境和生产效率。随着环保法规日益严格以及农业现代化进程的加快，农药制剂的清洁生产和智能制造逐渐成为行业发展的关键方向。清洁生产旨在通过优化生产工艺和采用绿色化学技术，减少有害物质的产生和排放，提升资源利用率；而智能制造则借助自动化、数字化和智能化技术，实现生产过程的智能控制和优化，提高生产效率和产品质量。这种结合不仅有助于实现可持续发展目标，还能够有效应对市场对高效、低毒、环保型农药制剂的需求。

一、制剂清洁生产和智能制造的概述

（一）定义

农药制剂清洁生产指在农药制剂的生产过程中，通过采用先进的技术和管理措施，减少或消除有害物质的使用和排放，优化资源和能源的利用效率，最大限度地降低对环境的影响。清洁生产不仅仅是污染治理的终端控制，而是强调生产过程的源头减排和过程控制，力求实现原料的绿色化、工艺的优化和产品的低毒环保。其核心目标是通过系统化的技术和管理手段，减少对环境和人体健康的危害，同时提升经济效益和资源利用率。

农药制剂智能制造是指利用先进的信息技术、自动化技术和智能化设备，在农药制剂的

生产过程中实现智能化控制和优化。智能制造包括生产过程的数字化管理、自动化生产设备的应用、数据驱动的决策支持，以及基于人工智能的工艺优化和质量监控。通过这些技术的集成与应用，智能制造能够实现对生产全过程的实时监控、预测性维护、工艺参数的智能调整以及资源的高效配置，最终提升生产效率、减少成本和降低环境影响。智能制造的目标是构建一个柔性、高效、环保的生产系统，以应对市场需求的快速变化和多样化。

（二）特点

（1）制剂清洁生产的特点

① 源头减排　清洁生产强调从生产过程的源头减少污染物的产生。通过改进原材料选择、优化生产工艺和设备技术，降低有害物质的使用和废物的生成量。

② 工艺优化　通过优化生产工艺和采用绿色化学技术，提升资源和能源的利用效率。例如，改进混合、制备和包装等环节，以减少浪费和能耗。

③ 污染防治　重点关注减少废气、废水和固体废物的排放，采用环保措施和设备，减少对环境的污染。这包括过程控制技术的应用，如废气回收、废水处理和固体废弃物管理。

④ 产品低毒环保化　致力于研发和生产低毒、低残留、对环境友好的农药制剂，减少对生态系统和人类健康的负面影响。

⑤ 全生命周期管理　清洁生产的理念贯穿农药制剂的整个生命周期，包括原材料采购、生产过程、使用及废弃物处理，确保各环节环保和高效。

（2）制剂智能制造的特点

① 自动化与智能化　智能制造依赖于自动化生产设备和智能化控制系统，实现生产过程的高度自动化。通过传感器、机器人和自动化生产线，减少人力参与，提高生产效率和精度。

② 数字化管理　利用信息技术和大数据分析，实现生产全过程的数字化监控和管理。包括原材料采购、生产调度、质量控制和物流管理等环节，确保生产流程的透明化和可追溯性。

③ 实时监控与优化　通过实时数据采集和分析，智能制造能够动态监控生产过程中的各项参数，实时调整生产条件，以确保产品质量的稳定性和一致性。

④ 柔性生产　能够快速响应市场需求的变化，灵活调整生产计划和工艺参数，适应不同类型农药制剂的生产要求。这种柔性化的生产能力有助于提升市场竞争力。

⑤ 可预测性维护　利用智能传感器和数据分析技术，预测设备故障和生产异常，实现预防性维护，减少设备停机时间和生产损失。

⑥ 人机协同　在智能制造过程中，人工智能和自动化技术与人类操作员协同工作，提升生产效率和安全性。同时，智能系统提供辅助决策支持，帮助操作员优化生产过程。

清洁生产和智能制造的结合，可以大大提升农药制剂行业的生产效率、产品质量和环保水平，推动行业向着绿色、智能和可持续发展的方向迈进。

（三）发展概况

农药制剂清洁生产和智能制造的发展近年来取得了显著进展，主要受到全球环境保护要求日益严格和技术进步的推动。以下是这两个领域的发展概况：

（1）制剂清洁生产发展概况

① 政策推动与监管加强　许多国家和地区相继出台了严格的环保法规和政策，鼓励和强制企业采用清洁生产技术。例如，欧盟的《化学品注册、评估、授权和限制法规》（REACH

法规）和中国的《中华人民共和国清洁生产促进法》都对农药制剂行业提出了明确的环保要求。这些政策驱动企业从源头减少污染物的产生，提升资源和能源的利用效率。

② 绿色化学技术的应用　清洁生产强调绿色化学技术的应用，如减少有毒有害原料的使用，采用可生物降解的溶剂和辅助剂，以及开发低毒、低残留的农药制剂。近年来，纳米技术、生物技术等新兴技术的融合，进一步推动了绿色农药的开发与应用。

③ 工艺优化与技术革新　通过优化生产工艺和设备改造，农药制剂行业逐步实现了对污染物的源头控制和过程控制。例如，采用密闭生产系统、废气回收装置和废水处理技术，有效减少了有害物质的排放。此外，过程控制技术的发展，如在线监测与控制系统的引入，提高了生产的清洁度和安全性。

④ 全生命周期管理理念的深化　越来越多的企业开始关注产品全生命周期的环保影响，包括从原材料采购、生产过程到产品使用和废弃物处理的各个环节。这种全生命周期的管理理念推动企业在整个生产链条上实施清洁生产措施，以实现资源利用最大化和环境影响最小化。

（2）制剂智能制造发展概况

① 自动化与数字化转型加速　随着工业 4.0 和物联网技术的发展，农药制剂行业的自动化和数字化进程加快。生产设备自动化程度的提升，以及工厂管理系统的数字化转型，使得生产效率显著提高，同时也降低了生产成本和人力需求。

② 智能化设备和系统的普及　先进传感器、智能机器人、自动化控制系统等智能设备在农药制剂生产中逐渐普及。通过这些智能化设备，企业能够实现精准的工艺控制和优化，提高生产过程的可靠性和产品质量的一致性。

③ 数据与人工智能的应用　大数据分析和人工智能技术被广泛应用于农药制剂的智能制造中。例如，生产数据的实时采集和分析能够帮助企业进行精准的工艺优化和故障预测维护，提升设备的运作效率和生产线的稳定性。同时，基于人工智能的决策支持系统也为生产管理提供了更为科学的依据。

④ 智能制造与清洁生产的融合　随着技术的进步，智能制造与清洁生产之间的界限变得越来越模糊。智能制造的实时监控和数据分析能力可以帮助企业更好地实施清洁生产措施，减少浪费和污染物的产生。两者的结合不仅提高了生产效率和产品质量，还有效减少了环境影响，推动了农药制剂行业的可持续发展。

⑤ 柔性生产与定制化需求的满足　智能制造使得农药制剂生产线能够更加灵活地响应市场需求的变化，快速调整生产计划和工艺参数，满足不同类型和规格产品的定制化生产要求。这种柔性生产能力增强了企业在市场上的竞争力。

总体来看，农药制剂清洁生产和智能制造的发展已成为行业转型升级的重要驱动力。随着技术的不断进步和政策的不断完善，这两个领域的融合发展将进一步推动农药制剂行业向绿色、智能和高效的方向迈进。

二、关键技术

2005 年前，以作坊式生产为主，剂型以 EC、WP 等为主。2005 年以来，逐步发展成以流程型生产为主导。伴随着 EW、SC、WG 等环境友好农药新剂型的推广和普及，制剂清洁生产和智能制造的技术快速发展。2010 年以来，制剂产业化水平的提升进入高潮期，至今方兴未艾。在世界农药制剂领域，当今一系列具有国际领先水平的产业化成果都是通过将数字技术融入开发而得。我国要打造制剂加工强国，需要对准一系列关键技术，融入智能，加速开发。这些关键技术包括：

① 针对制剂产出，设立进行个性化设计、加工的喷雾造粒制 WG 的装备和生产控制软件。

② 智能化喷雾干燥-沸腾床造粒连续化制 WG 无人现场操作系统的国产化生产装置。

③ 连续化界面聚合制微囊悬浮剂生产流程和智能控制系统。

④ 连续化界面聚合制微囊悬浮剂-喷雾造粒制 WG 生产流程和智能控制系统。

⑤ 连续化喷雾造粒生产乳粒剂及智能控制。

⑥ 种子处理技术及种子丸粒化生产的智能控制系统。

⑦ 构筑种子发芽与种衣剂配方、工艺条件智能筛选平台。

⑧ 高通量筛选平台的建设和在制剂配方以及制备工艺研究方面的应用。

⑨ 实现物料及产品的精准含量分析，以及状态分析，包括粒径、有效成分含量等重要参数。

三、创新成果

① EC、SL、EW、ME 等制剂生产线　革除了磅秤、高位槽等陈旧的进料系统，取消了劳动密集型的手工灌装，简化生产流程，使用计量模块、积分式流量计等直接投料，生产线纵向布局并连接到自动或半自动包装线。

② SC、FS、OD 等悬浮液制剂生产线　淘汰了球磨机、砂磨锅等粗犷的湿磨装备，设计和推广了低温连续化砂磨制剂生产线，匹配了相应的自动或半自动包装线，普及了 L 形的生产线布局。

③ WP 等粉体制剂生产线　革除了雷蒙机等粉碎系统和原始的手工包装，普及了气流粉碎制粉体制剂的连续化生产流程和除尘系统，配套了粉体自动包装线或手动包装机械。

④ WG 制剂生产线　开发和新建了多套挤压法连续化 WG 生产线。针对农药类别单一、产量较大的 WG 生产，开发投产了一批从粉碎-制粒-干燥-包装，跨多个工段的全流程连续化生产线。

⑤ 新制剂、新工艺制剂生产线　界面聚合或原位聚合制 CS 生产线、喷雾干燥制 WG 生产线、WG（泡腾制剂）生产线、GR（飘浮大粒剂）制粒-包装连续化生产线、喷雾干燥-沸腾床造粒全流程智能操作制 WG（或 SG）生产线（国外引进并合作开发）。

以安全和清洁生产为主线科学设计制剂工厂和车间布局的观点，农药制剂生产需要在工程技术水平上大幅度提升的观点，生产管理中重视交叉污染防范的观点等，已在多家制剂企业中得到体现。

四、展望

农药制剂清洁生产和智能制造的未来充满了机遇和挑战，随着科技的进步、环境保护意识的提升以及全球农业现代化的推进，这两个领域的发展前景可期。

（一）制剂清洁生产的展望

① 技术创新与绿色化学的深化应用　未来，绿色化学技术将继续在农药制剂清洁生产中

发挥关键作用。新型绿色溶剂、可降解助剂以及低毒高效的活性成分将进一步推广应用。此外，先进的合成技术和纳米技术有望开发出更加环保和高效的农药制剂产品，降低对环境的负面影响。

② 循环经济模式的推广　清洁生产的理念将进一步与循环经济模式相结合，推动农药制剂生产的资源循环利用。通过废弃物资源化技术的发展，如废水再利用、废气回收和固体废物的无害化处理，农药制剂行业将实现“零废物”生产，最大限度地减少对环境的影响。

③ 严格的环保法规和全球标准化　随着全球环境保护法规日益严格，农药制剂清洁生产将迎来更高的标准和要求。各国可能会进一步制订统一的全球环保标准，推动行业向更加规范化和绿色化的方向发展。企业将需要持续改进生产工艺和管理措施，以满足更高的环保要求。

④ 智能技术的集成应用　未来，更多智能技术将被引入清洁生产过程。例如，人工智能和机器学习可以用于优化生产工艺参数，减少能源和原材料的浪费；物联网设备可以实时监控生产过程中的排放水平，确保符合环保标准。这些技术将帮助企业实现更高效和更环保的生产。

（二）制剂智能制造的展望

① 全面数字化转型与智能工厂的建设　农药制剂行业将进一步推进数字化转型，构建更加智能化的生产体系。未来的智能工厂将集成物联网、云计算、人工智能等多种技术，实现生产过程的全方位数字化和自动化，提升生产效率、产品质量以及安全性。

② 精准农业的支持与发展　智能制造将与精准农业紧密结合，通过提供高效、精准的农药制剂产品，满足现代农业对高效、精准用药的需求。未来的智能制造系统将能根据农田的具体情况，灵活调整生产配方和剂型，提供更符合实际需要的农药制剂。

③ 人工智能与大数据的深度融合　随着人工智能和大数据技术的不断进步，未来的智能制造系统将更加智能化和自主化。企业将能够通过大数据分析和人工智能算法，预测市场需求变化，优化生产计划，提升供应链的灵活性和响应速度。同时，智能设备的自我学习和优化能力将进一步提升，实现更高效的自动化生产。

④ 柔性制造与个性化定制　智能制造技术的发展将推动农药制剂行业向柔性制造和个性化定制方向发展。企业将能够根据不同地区、不同作物和不同病虫害的具体需求，快速调整生产线和配方，实现个性化生产。这种生产模式将提高农药制剂的应用效果，降低用药成本和环境风险。

⑤ 可持续发展目标的实现　智能制造与清洁生产的结合将帮助农药制剂行业更好地实现可持续发展目标。通过减少污染物排放、提升资源利用效率、优化生产流程，行业将进一步减少对环境的影响，同时提升经济效益和社会效益。

总体来看，农药制剂清洁生产和智能制造在未来将更加紧密结合，推动行业向着高效、绿色、智能和可持续发展的方向不断迈进。企业需要积极采用新技术，优化生产管理，以适应快速变化的市场环境和日益严格的环保要求。

参考文献

[1] 倪洪涛，张文彬，丁广洲. 纳米材料对植物基因表达的影响及遗传毒性. 中国农学通报，2019,

35(12): 137-143.

[2] 王治文，高翔，马德君，等. 核酸农药——极具潜力的新型植物保护产品. 农药学学报，2019, 21(5-6): 681-691.

[3] 张大侠，潘寿贺，白海秀，等. 纳米杀虫剂及其在农业害虫防治中的应用. 昆虫学报，2020, 63(10): 1276-1286.

[4] Adak T, Kumar J, Shakil N A, et al. Development of controlled release formulations of imidacloprid employing novel nano-ranged amphiphilic polymers. Journal of Environmental Science and Health Part B-Pesticides Food Contaminants and Agricultural Wastes, 2012, 47(3): 217-225.

[5] Anjali C H, Khan S S, Margulis-Goshen K, et al. Formulation of water-dispersible nanopermethrin for larvicidal applications. Ecotoxicology and Environmental Safety, 2010, 73(8): 1932-1936.

[6] Ao M M, Zhu Y C, He S, et al. Preparation and characterization of 1-naphthylacetic acid-silica conjugated nanospheres for enhancement of controlled-release performance. Nanotechnology, 2013, 24(3): 35601.

[7] Ayoub H A, Khairy M, Elsaid S, et al. Pesticidal activity of nanostructured metal oxides for generation of alternative pesticide formulations. Journal of Agricultural and Food Chemistry, 2018, 66(22): 5491-5498.

[8] Ayoub H A, Khairy M, Rashwan F A, et al. Synthesis and characterization of silica nanostructures for cotton leaf worm control. Journal of Nanostructure in Chemistry, 2017, 7(2): 91-100.

[9] Baker S, Volova T, Prudnikova S V, et al. Nanoagroparticles emerging trends and future prospect in modern agriculture system. Environmental Toxicology and Pharmacology, 2017(53): 10-17.

[10] Barik T K, Sahu B, Swain V. Nanosilica—from medicine to pest control. Parasitology Research, 2008, 103(2): e253.

[11] Benelli G, Lo Iacono A L, Canale A, et al. Mosquito vectors and the spread of cancer: an overlooked connection? Parasitology Research, 2016, 115(6): 2131-2137.

[12] Bombo A B, Pereira A E S, Lusa M G, et al. A mechanistic view of interactions of a nanoherbicide with target organism. Journal of Agricultural and Food Chemistry, 2019, 67(16): 4453-4462.

[13] Cao J, Guenther R H, Sit T L, et al. Development of abamectin loaded plant virus nanoparticles for efficacious plant parasitic nematode control. ACS Applied Materials & Interfaces, 2015, 7(18): 9546-9553.

[14] Chariou P L, Dogan A B, Welsh A G, et al. Soil mobility of synthetic and virus-based model nanopesticides. Nature Nanotechnology, 2019, 14(7): 712-718.

[15] Chariou P L, Steinmetz N F. Delivery of pesticides to plant parasitic nematodes using tobacco mild green mosaic virus as a nanocarrier. ACS Nano, 2017, 11(5): 4719-4730.

[16] Chen H, Yada R. Nanotechnologies in agriculture: New tools for sustainable development. Trends in Food Science & Technology, 2011, 22(11): 585-594.

[17] de Oliveira J L, Campos E V R, da Silva C M G, et al. Solid lipid nanoparticles co-loaded with simazine and atrazine: preparation, characterization, and evaluation of herbicidal activity. Journal of Agricultural and Food Chemistry, 2015, 63(2): 422-432.

[18] Demirer G S, Zhang H, Matos J L, et al. High aspect ratio nanomaterials enable delivery of functional genetic material without DNA integration in mature plants. Nature Nanotechnology, 2019, 14(5): 456-464.

[19] Du W, Tan W, Peralta-Videa J R, et al. Interaction of metal oxide nanoparticles with higher terrestrial plants: Physiological and biochemical aspects. Plant Physiology and Biochemistry, 2017(110): 210-225.

[20] Eichert T, Kurtz A, Steiner U, et al. Size exclusion limits and lateral heterogeneity of the stomatal foliar uptake pathway for aqueous solutes and water-suspended nanoparticles. Physiologia Plantarum, 2008, 134(1): 151-160.

[21] Fan C, Guo M, Liang Y, et al. Pectin-conjugated silica microcapsules as dual-responsive carriers for increasing the stability and antimicrobial efficacy of kasugamycin. Carbohydrate Polymers, 2017(172):

322-331.

[22] Forim M R, Costa E S, da Silva Maria Fátima das G F, et al. Development of a new method to prepare nano-/microparticles loaded with extracts of *Azadirachta indica*, their characterization and use in controlling *Plutella xylostella*. Journal of Agricultural and Food Chemistry, 2013, 61(38): 9131-9139.

[23] Forkpah C, Dixon L R, Fahrbach S E, et al. Xenobiotic effects on intestinal stem cell proliferation in adult honey bee (*Apis mellifera* L.) workers. PLoS One, 2014, 9(3): e91180.

[24] Gao Y H, Zhang Y H, He S, et al. Fabrication of a hollow mesoporous silica hybrid to improve the targeting of a pesticide. Chemical Engineering Journal, 2019(364): 361-369.

[25] Ghormade V, Deshpande M V, Paknikar K M. Perspectives for nano-biotechnology enabled protection and nutrition of plants. Biotechnology Advances, 2011, 29(6): 792-803.

[26] Grillo R, Pereira A E S, Nishisaka C S, et al. Chitosan/tripolyphosphate nanoparticles loaded with paraquat herbicide: an environmentally safer alternative for weed control. Journal of Hazardous Material, 2014(278): 163-171.

[27] Hill M R, Mackrell E J, Forsthoefel C P, et al. Biodegradable and pH-responsive nanoparticles designed for site-specific delivery in agriculture. Biomacromolecules, 2015, 16(4): 1276-1282.

[28] Huang X, Wang A, Luo J, et al. Lambda-cyhalothrin-loaded nanocapsules pose an unacceptable acute toxicological risk to zebrafish (*Danio rerio*) at the adult and larval stages but present an acceptable risk to embryos. Journal of Hazardous Materials, 2022(422): 126853.

[29] Hunt J W, Dean A P, Webster R E, et al. A novel mechanism by which silica defends grasses against herbivory. Ann Bot-London, 2008, 102(4): 653-656.

[30] 王军，吴修文，吴乃刚，等. 农业植保无人机的发展现状与问题思考. 农业开发与装备，2019 (02): 84-85.

[31] 周志艳，臧英，罗锡文，等. 中国农业航空植保产业技术创新发展战略. 农业工程学报，2013, 29(24): 1-10.

[32] 亓文哲，王菲菲，孟臻，等. 我国植保无人机应用现状. 农药, 2018, 57 (4): 247-254.

[33] 王健生，陈卫宇，李明苗，等. 南京市植保无人机应用现状与思考. 农业开发与装备, 2020(03): 35, 45.

[34] 重庆：首个5G网联植保无人机试飞成功. 农村百事通, 2020 (11): 29.

[35] 周志艳，明锐，臧禹，等. 中国农业航空发展现状及对策建议. 农业工程学报, 2017, 33(20): 1-13.

[36] 徐峰. 2021—2023年全国农机购置补贴政策新亮点. 农业机械, 2021(05): 56-58.

[37] Filippo S, Shawn C K, Victor R D, et al. Using unmanned aerial vehicle-based multispectral, RGB and thermal imagery for phenotyping of forest genetic trials: A case study in *Pinus halepensis*. Annals of Applied Biology, 2019, 174(2):DOI:10.1111/aab.12484.

[38] 翟恩昱. 扇形雾喷头磨损规律和失效预测研究. 南京：南京林业大学, 2012.

[39] Rone D O, Ulisses R A, Alisson M, et al. Potential of adjuvants to reduce drift in agricultural spraying. Engenharia Agricola, 2013, 34(5): 986-992.

[40] 张宏军，武鹏，吴进龙，等. 农用飞防专用制剂的现状与发展. 农药科学与管理，2018, 39(05): 13-17.

[41] 卢勇涛，李亚雄，刘洋，等. 玉米施药机械现状及发展趋势探讨. 农业机械, 2011(13): 92-94.

[42] 李广. 基于无人机遥感技术的玉米种植分布信息提取方法研究. 杨凌：西北农林科技大学, 2016.

[43] 张梅，李天娇，罗伍周，等. 植保无人机作业质量及其对玉米螟防效评价. 中国植保导刊，2021, 41(06): 66-69,108.

[44] 林正平，肖迪，刘鹤，等. 数字化智能化的施药利器——植保无人机. 农业开发与装备，2019(01): 105-106.

[45] 孙涛，薛新宇，张宋超，等. 单旋翼植保无人飞机小麦返青期施药作业参数优选. 农机化研究，2020, 42(11): 133-138.

[46] 贾丹，陈鹏飞. 低空无人机影像分辨率对冬小麦氮浓度反演的影响. 农业机械学报, 51(7):164-169.

[47] 何雄奎. 我国植保无人机喷雾系统与施药技术. 农业工程技术, 2018, 38(09): 33-38.

[48] 赵铖, 何雄奎, 曾爱军, 等. 离心雾化低容量喷杆喷雾常量喷雾对比研究. 农药学学报, 2020, 22(05): 884-891.
[49] 庄玲红, 李国权, 秦维彩. 我国植保机械发展现状. 农业工程, 2021, 11(09): 9-13.
[50] 何雄奎. 中国植保机械与施药技术研究进展. 农药学学报, 2019, 21(Z1): 921-930.
[51] 罗锡文, 廖娟, 胡炼, 等. 提高农业机械化水平促进农业可持续发展. 农业工程学报, 2016, 32(01): 1-11.
[52] 张俊, 廉勇, 杨志刚, 等. 植保无人机发展历程、优缺点分析及应用前景. 现代农业, 2020(04): 4-7.
[53] 富艳荣. 无人机飞防技术在阿克苏地区粮棉生产中的推广应用. 新疆农业科技, 2020(02): 44-46.
[54] 陈银凤, 康晓霞, 耿跃, 等. 多旋翼飞行器在麦类重要病害防治上的应用. 浙江农业科学, 2016, 57(06): 883-885.
[55] 马小艳, 王志国, 姜伟丽, 等. 无人机飞防技术现状及在我国棉田应用前景分析. 中国棉花, 2016, 43(06): 7-11.
[56] 周瑞岭, 范辉. 农用无人机在水稻病虫害防治中的应用. 农业开发与装备, 2019(12): 63,65.
[57] 颜贞龙, 张勇, 周正春, 等. 植保无人机施药防治水稻二化螟和纹枯病试验. 浙江农业科学, 2018, 59(06): 983-984,987.
[58] 袁伟方, 陈川峰, 李祖莅, 等. 植保无人机防治冬春季豇豆蓟马试验初报. 中国热带农业, 2017 (05): 60-61,76.
[59] 田志伟, 薛新宇, 李林, 等. 植保无人机施药技术研究现状与展望. 中国农机化学报, 2019, 40(01): 37-45.
[60] 王茜, 陈香玲, 廖惠红, 等. 柑桔夏梢期病虫害防治采用植保无人机施药的效果和效益. 中国南方果树, 2020, 49(04): 16-19.
[61] 闫晓静, 褚世海, 杨代斌, 等. 给农业插上科技的翅膀: 植保无人机低容量喷雾技术助力农药减施增效. 植物保护学报, 2021, 48(03): 469-476.
[62] 阳湘林. 中国植保无人机产业发展探析. 中国植保导刊, 2020, 40(05): 67-71,78.
[63] 张宗俭, 卢忠利, 姚登峰, 等. 飞防及其专用药剂与助剂的发展现状与趋势. 农药科学与管理, 2016, 37(11): 19-23.
[64] 刘迎, 潘波, 姜蕾, 等. 添加飞防助剂对无人机防治水稻病害的影响. 农药, 2018, 57(04): 299-301.
[65] 宋睿, 沈国清, 张永涛, 等. 植保无人机飞防助剂的筛选及其性能评价. 江苏农业学报, 2021, 37(02): 333-339.
[66] 曾爱军, 王昌陵, 宋坚利, 等. 风洞环境下喷头及助剂对植保无人飞机喷雾飘移性的影响. 农药学学报, 2020, 22(02): 315-323.
[67] 华登科, 郑晓斌, 张友军, 等. 六种杀虫剂在保护地黄瓜冠层的沉积分布及其对蚜虫防治效果的影响. 农药学学报, 2020, 22(02): 353-361.
[68] 陈晓, 刘德江, 王果, 等. 喷雾参数及助剂类型对植保无人飞机在棉花中期喷雾雾滴沉积分布的影响. 农药学学报, 2020, 22(02): 347-352.
[69] 王术波, 陈建, 彭兵忠. 我国农用无人机产业链分析. 中国农业大学学报, 2018, 23(03): 131-139.
[70] 陈仕洲. 解析植保无人机发展现状及未来展望. 农业开发与装备, 2019(10): 36,40.
[71] 何龙, 甄世婵, 张成. 植保无人机发展现状. 农业工程, 2020, 10(09): 12-16.
[72] 宋修鹏, 宋奇琦, 张小秋, 等. 植保无人机的发展历程及应用现状. 广西糖业, 2019(03): 48-52.
[73] 兰玉彬, 陈盛德, 邓继忠, 等. 中国植保无人机发展形势及问题分析. 华南农业大学学报, 2019, 40(05): 217-225.
[74] 张波, 巫莉莉, 何斌斌, 等. 植保无人机发展现状及未来展望. 农业展望, 2018, 14(05): 72-75,101.
[75] 宋承琦, 熊珺, 李万里. 植保无人机应用的发展现状与建议. 湖北农机化, 2017(06): 8-9.

附录 1
常用乳化剂的 HLB 值

商品名	化学名	类型	HLB 值
Span 85	失水山梨醇三油酸酯	N	1.8
Arlacel 85	失水山梨醇三油酸酯	N	1.8
Atlas G-1706	聚氧乙烯山梨醇醚蜂蜡衍生物	N	2.0
Span 65	失水山梨醇三硬脂酸酯	N	2.1
Atlacel 65	失水山梨醇三硬脂酸酯	N	2.1
Atlas G-1050	聚氧乙烯山梨醚醇六硬脂酸酯	N	2.6
Emcol Eo-50	聚乙二醇脂肪酸酯	N	2.7
Emcol Es-50	聚乙二醇脂肪酸酯	N	2.7
Atlas G-1704	聚氧乙烯山梨醇醚蜂蜡衍生物	N	3.0
Emcol Po-50	聚乙二醇脂肪酸酯	N	3.4
Atlas G-922	聚乙二醇单硬脂酸酯	N	3.4
Pure	聚乙二醇单硬脂酸酯	N	3.4
Atlas G-2158	聚乙二醇单硬脂酸酯	N	3.4
Emcol PS-50	聚乙二醇单硬脂酸酯	N	3.4
Emcol EL-50	聚乙二醇单硬脂酸酯	N	3.6
Emcol PP-50	聚乙二醇单硬脂酸酯	N	3.7
Arlacel C	失水山梨醇倍半油酸酯	N	3.7
Arlacel 83	失水山梨醇倍半油酸酯	N	3.7
Atlas G-2859	聚氧乙烯山梨醇醚 4.5 油酸酯	N	3.7
Atmul 67	甘油单硬脂酸酯	N	3.8
Atmul 84	甘油单硬脂酸酯	N	3.8
Tegin 515	甘油单硬脂酸酯	N	3.8
Aldo 33	甘油单硬脂酸酯	N	3.8
Pure	甘油单硬脂酸酯	N	3.8
Atlas G-1727	聚氧乙烯山梨醇醚蜂蜡衍生物	N	4.0
Emcol PM-50	聚乙二醇脂肪酸酯	N	4.1

续表

商品名	化学名	类型	HLB值
Span 80	失水山梨醇单油酸酯	N	4.3
Arlacel 80	失水山梨醇单油酸酯	N	4.3
Atlas G-917	聚乙二醇单月桂酸酯	N	4.5
Atlas G-3851	聚乙二醇单月桂酸酯	N	4.5
Emco PL-50	聚乙二醇脂肪酸酯	N	4.5
Span 60	失水山梨醇单硬脂酸酯	N	4.7
Arlacel 60	失水山梨醇单硬脂酸酯	N	4.7
Atlas G-2139	二乙二醇单油酸酯	N	4.7
Emco DO 50	二乙二醇脂肪酸酯	N	4.7
Atlas G-2146	二乙二醇单硬脂酸酯	N	4.7
Emco DS-50	二乙二醇脂肪酸酯	N	4.7
Atlas G-1702	聚氧乙烯山梨醇醚蜂蜡衍生物	N	5.0
Emco DP-50	二乙二醇脂肪酸酯	N	5.1
Aldo 28	甘油单硬脂酸酯(半乳化)	A	5.5
Tegin	甘油单硬脂酸酯(半乳化)	A	5.5
Emco DM-50	二乙二醇脂肪酸酯	N	5.6
Atlas G-1725	聚氧乙烯山梨醇醚蜂蜡衍生物	N	6.0
Atlas G-2124	二乙二醇单月桂酸酯	N	6.1
Emco DL-50	二乙二醇脂肪酸酯	N	6.1
Glaurin	二乙二单月桂酸酯	N	6.5
Span 40	失水山梨醇单棕榈酸酯	N	6.7
Atlacel 40	失水山梨醇单棕榈酸酯	N	6.7
Atlas G-2242	聚氧乙烯二油酸酯	N	7.5
Atlas G-2147	四乙二醇单硬脂酸酯	N	7.7
Atlas G-2140	四乙二醇单油酸酯	N	7.7
Atlas G-2800	聚氧丙烯甘露糖醇醚二油酸酯	N	8.0
Atlas G-14793	聚氧乙烯山梨醇醚油酸酯羊毛脂衍生物	N	8.0
Atlas G-1425	聚氧乙烯山梨醇醚羊毛脂衍生物	N	8.0
Atlas G-3008	聚氧乙烯硬脂酸酯	N	8.0
Span 20	失水山梨醇单月桂酸酯	N	8.6
Arlacel 20	失水山梨醇单月桂酸酯	N	8.6
Emulphor VN-430	聚氧乙烯脂肪酸酯	N	9.0

续表

商品名	化学名	类型	HLB 值
Atlas G-1734	聚氧乙烯山梨醇醚蜂蜡衍生物	N	9.0
Atlas G-2111	聚氧乙烯氧化丙烯油酸酯		9.0
Atlas G-2125	四乙二醇单月桂酸酯		9.4
Brij 30	聚氧乙烯月桂醇醚		9.5
Tween 61	聚氧乙烯失水山梨醇醚单硬脂酸酯		9.6
Atlas G-2154	六乙二醇单硬脂酸酯		9.6
Tween 81	聚氧乙烯失水山梨醇醚单油酸酯		10.0
Tween 65	聚氧乙烯失水山梨醇三硬脂酸酯		10.5
Atlas G-3705	聚氧乙烯月桂醇醚		10.8
Atlas G-2116	聚氧乙烯氧丙烯油酸酯		11.0
Tween 85	聚氧乙烯山梨醇三油酸酯		11.0
Atlas G-1709	聚氧乙烯羊毛脂衍生物		11.0
Atlas G-2142	聚氧乙烯单油酸酯		11.1
Myrj 45	聚氧乙烯单硬脂酸酯		11.1
Atlas G-2141	聚氧乙烯单油酸酯		11.4
BEG 400 monooleate	聚氧乙烯单油酸酯		11.4
Atlas G-2076	聚氧乙烯单棕榈酸酯		11.6
S-541	聚氧乙烯单硬脂酸酯		11.6
Atlas G-3300	烷基酚磺酸三乙醇胺		11.7
油酸三乙醇胺	油酸三乙醇胺		12.0
Atlas G-2127	聚氧乙烯单月桂酸酯		12.8
Igepal GA-630	烷基酚聚氧乙烯醚		12.8
Atlas G-1431	聚氧乙烯山梨醇羊毛脂衍生物		13.0
Atlas G-1690	烷基酚聚氧乙烯醚		13.0
S-307	聚氧乙烯单月桂酸酯		13.1
PEG 400 monooleate	聚氧乙烯单月桂酸酯		13.1
Atlas G-2133	聚氧乙烯月桂醇醚		13.1
Atlas G-1794	聚氧乙烯蓖麻油酸酯		13.3
Emulphor EL-719	聚氧乙烯植物油酸酯		13.3
Tween 21	聚氧乙烯失水山梨醇单月桂酸酯		13.3
Renex 20	肉桂酸和脂肪酸混合物的聚氧乙烯酯		13.5
Atlas G-1441	聚氧乙烯失水山梨醇羊毛脂衍生物		14.0

续表

商品名	化学名	类型	HLB 值
Atlas G-7500J	聚氧乙烯失水山梨醇单月桂酸酯		14.9
Tween 60	聚氧乙烯失水山梨醇单硬脂酸酯		14.9
Tween 80	聚氧乙烯失水山梨醇醚单油酸酯		15.0
Myrj 49	聚氧乙烯单硬脂酸酯		15.0
Atlas G-2144	聚氧乙烯单油酸酯		15.1
Atlas G-3915	聚氧乙烯油醇醚		15.3
Atlas G-3720	聚氧乙烯硬脂醇醚		15.3
Atlas G-3920	聚氧乙烯油醇醚		15.4
Emulphor ON-870	脂肪醇乙氧基化物		15.4
Atlas G-2079	聚氧乙烯甘油醚棕榈酸酯		15.5
Tween 40	聚氧乙烯失水山梨醇单棕榈酸酯		15.6
Atlas G-3820	聚氧乙烯油醇醚		15.7
Atlas G-2162	聚氧乙烯聚氧丙烯硬脂酸酯		15.7
Atlas G-1471	聚氧乙烯山梨醇羊毛脂衍生物		16.0
Myrj 51	聚氧乙烯单硬脂酸酯		16.0
Atlas G-75969	聚氧乙烯失水山梨醇醚单月桂酸酯		16.3
Atlas G-2129	聚氧乙烯单月桂酸酯		16.3
Atlas G-3930	聚氧乙烯单油醇醚		16.6
Tween 20	聚氧乙烯失水山梨醇醚单月桂酸酯		16.9
Brij 35	聚氧乙烯月桂醇醚		16.9
Myrj 52	聚氧乙烯单硬脂酸酯		16.9
Myrj 53	油酸钠		18.0
Atlas G-2159	聚氧乙烯单硬脂酸酯		18.8
油酸钾	油酸钾		20.0
Atlas G-263	*N*-十六烷基 *N*-乙基吗啉乙醇基硫酸铵		25～30
月桂基硫酸钠	月桂基硫酸钠		约 40

附录 2
常用溶剂的物理常数

溶剂	沸点(103.3kPa)/℃	分子量	相对密度(20℃)	介电常数	溶解度/(g/100g H_2O)	和水的共沸混合物		闪点/℃
						沸点/℃	H_2O/%	
乙醚	35	74	0.71	4.3	6.0	34	1	−45
戊烷	36	72	0.63	1.8	不溶	35	1	−40
二氯甲烷	40	85	1.33	8.9	1.30	39	2	无
二硫化碳	46	76	1.26	2.6	0.29(20)	44	2	−30
丙酮	56	58	0.79	20.7	∞		—	−18
氯仿	61	119	1.49	4.8	0.82(20℃)	56	3	无
甲醇	65	32	0.79	32.7	∞		—	12
甲氢呋喃	66	72	0.89	7.6	∞	64	5	−14
己烷	69	86	0.66	1.9	不溶	62	6	−26
三氟醋酸	72	114	1.49	39.5	∞	105	21	无
四氯化碳	77	154	1.59	2.2	0.08	66	4	无
醋酸乙酯	77	88	0.90	6.0	8.1	71	8	−4
乙醇	78	46	0.79	24.6	∞	78	4	13
环己烷	81	84	0.78	2.0	0.01	70	8	−17
苯	80	78	0.88	2.3	0.18	69	9	−11
甲基乙基甲酮	80	72	0.80	18.5	24.0(20℃)	73	11	−1
乙腈	82	41	0.78	37.5	∞	77	16	6
异丙醇	82	60	0.79	19.9	∞	80	12	12
叔丁醇	82	74	0.78(30℃)	12.5	∞	80	12	11
乙二醇二甲醚	83	90	0.86	7.2	∞	77	10	1
三乙胺	90	101	0.73	2.4	∞	75	10	−7
丙醇	97	60	0.80	20.3	∞	88	28	25
甲基环己烷	101	98	0.77	2.0	0.01	80	24.1	−6
甲酸	101	46	1.22	58.5	∞	107	26	—
硝基甲烷	101	61	1.14	35.9	11.1	84	24	−41

续表

溶剂	沸点(103.3kPa)/℃	分子量	相对密度(20℃)	介电常数	溶解度/(g/100g H_2O)	和水的共沸混合物		闪点/℃
						沸点/℃	H_2O/%	
1,4-二氧六环	101	88	1.03	2.2	∞	88	18	12
甲苯	111	92	0.87	2.4	0.05	85	20	4
吡啶	115	79	0.98	12.4	∞	94	42	23
正丁醇	118	74	0.81	17.5	7.45	93	43	29
醋酸	118	60	1.05	6.2	∞	无	—	40
乙二醇单甲醚	125	76	0.96	16.9	∞	100	85	42
吗啉	129	87	1.00	7.4	∞	无	—	38
氯苯	132	113	1.11	5.6	0.05(30℃)	90	28	29
醋酐	140	102	1.08	20.7	反应	—	—	53
二甲苯(混合体)	138～142	106	0.86	2	0.02	93	33	17
二丁醚	142	130	0.77	3.1	0.03(20℃)	93	33	38
均四氯乙烷	146	168	1.59	8.2	0.29(20℃)	94	34	无
苯甲醚	154	108	0.99	4.3	1.04	96	41	—
N-N 二甲基甲酰胺	153	73	0.95	36.7	∞	无	—	67
二甘醇二甲醚	160	134	0.94	—	∞	100	78	63
1,3,5-三甲基苯	165	120	0.87	2.3	0.03(20℃)	97	—	—
二甲基亚砜	189	78	1.10	46.7	25.3	无	—	95
二甘醇单甲醚	194	120	1.02	—	∞	无	—	93
乙二醇	197	62	1.11	37.7	∞	无	—	116
N-甲基-2-吡咯烷酮	202	99	1.03	32.0	∞	—	—	96
硝基苯	211	123	1.20	34.8	0.19(20℃)	99	88	88
甲酰胺	210	45	1.13	111	∞	—	—	154
六甲基磷酰三胺	233	179	1.03	30	∞	—	—	—
喹啉	237	129	1.09	9.0	0.6(20℃)	—	97	—
二甘醇	245	106	1.11	31.7	∞	无	—	143
二苯醚	258	170	1.07	3.7(＞27℃)	0.39	100	96	205
三甘醇	288	150	1.12	23.7	∞	无	—	166
环丁砜	287	120	1.26(30℃)	43	∞(30℃)	无	—	177

续表

溶剂	沸点(103.3kPa)/℃	分子量	相对密度(20℃)	介电常数	溶解度/(g/100g H_2O)	和水的共沸混合物		闪点/℃
						沸点/℃	H_2O/%	
甘油	290	92	1.26	42.5	∞	无	—	177
三乙醇胺	335	149	1.12	29.4	∞	—	—	179
邻苯二甲酸二丁酯	340	278	1.05	6.4	不溶	无	—	171

注：除非另作注明，皆为25℃的溶解度。溶解度＜0.01g/100g H_2O 即为不溶解。

附录 3
有机化合物的表面张力

化合物	温度/℃	表面张力/(mN/m)	化合物	温度/℃	表面张力/(mN/m)
乙酰丙酮	17	30.2	3-辛醇	20	25.1
乙酰苯胺	120	35.2	4-辛醇	20	25.4
乙醛缩二甲醇	20	21.6	辛烷	20	21.8
乙腈	20	29.1	辛酸	20	28.3
苯乙酮	20	39.8	辛酸乙酯	20	26.9
丙酮	20	23.3	辛胺	20	27.7
丙酮	30	22.0	辛烯	20	21.8
偶氮苯	76.9	35.5	油酸	90	27.0
苯甲醚	20	35.2	氨基甲酸乙酯	60	31.5
苯胺	26.2	42.5	甲酸	20	37.6
烯丙醇	20	25.7	甲酸乙酯	17	23.3
苯甲酸乙酯	25	34.6	甲酸甲酯	20	24.6
苯甲酸甲酯	20	37.6	邻二甲苯	20	30.0
α-紫罗酮	17.5	32.4	间二甲苯	20	28.6
β-紫罗酮	11.0	34.4	对二甲苯	20	28.3
异戊酸	25	24.9	戊酸	19.2	27.3
异喹啉	26.8	46.3	戊酸乙酯	41.5	23.0
异丁胺	19.7	22.3	喹啉	26.0	44.6
异丁醇	20	22.8	异丙苯	20	28.2
异戊烷	20	15.0	邻甲酚	14	40.3
异丁酸	20	25.2	间甲酚	14	39.6
茚	28.5	37.4	对甲酚	14	39.2
十一烷	20	24.7	氯代辛烷	17.9	28.0
十一酸	25	30.6	氯代乙酸	80.2	33.3
十一酸乙酯	16.8	28.6	氯代乙酸乙酯	20	31.7
乙醇	20	22.3	氯代癸烷	21.8	28.7

续表

化合物	温度/℃	表面张力/(mN/m)	化合物	温度/℃	表面张力/(mN/m)
乙醇	30	21.4	邻氯甲苯	20	33.4
乙醇	40	20.2	对氯甲苯	25	32.1
乙醇	80	18.0	氯代己烷	20	26.2
乙胺	25	19.2	氯苯	20	32.3
乙基环己烷	20	25.7	氯代戊烷	20	25.1
乙苯	20	29.0	芥酸	90	28.6
丁酮	20	24.6	烯丙基氯	23.8	23.2
环氧乙烷	−5	28.4	氯乙烷	10	20.6
乙二胺	21.3	41.8	乙酸	20	27.6
3-氯-1,2-环氧丙烷	12.5	38.1	乙酸	50	24.7
反油酸	90	26.6	乙酸异丁酯	16.9	23.9
氯丁烷	20	23.7	乙酸异丙酯	21	22.1
氯丙烷	20	21.8	乙酸乙酯	20	23.8
苄基氯	20.6	37.5	乙酸乙烯	20	24.0
丁子香酚	20	37.2	乙酸丁酯	20.9	25.2
辛醇	20	26.7	乙酸丙酯	10	24.8
2-辛醇	20	25.8	乙酸乙酯	20.2	25.6
乙酸戊酯	20	25.7	十二烷	30	24.5
乙酸甲酯	21	25.2	三乙胺	20	20.0
水杨酸甲酯	25	39.1	三氯代乙酸	80.2	27.8
二乙胺	25	19.3	三氯代乙酸乙酯	20	30.9
乙醚	20	17.1	三氟三氯乙烷	20	17.8
乙醚	30	16.0	甘油三硬脂酸酯	80	28.1
3-戊酮	21.0	25.2	十三烷	21.3	25.9
邻二乙基苯	20	30.3	三丁胺	20	24.6
间二乙基苯	20	28.2	三丙胺	20	23.0
对二乙基苯	20	29.0	甘油十四(烷)酸酯	60	28.7
二噁烷	20	33.6	邻甲苯胺	50	37.5
环辛烷	13.5	29.9	间甲苯胺	25	37.7
环辛烯	13.5	29.9	对甲苯胺	50	34.6
1,1-二氯乙烷	20	24.8	甲苯	20	28.5
二氯代乙酸	25.7	35.4	萘	80.8	32.0

续表

化合物	温度/℃	表面张力/(mN/m)	化合物	温度/℃	表面张力/(mN/m)
二氯代乙酸乙酯	20	31.3	烟碱	31.2	36.5
环己醇	20	34.5	邻硝基苯甲醚	25	45.9
环己酮	20.7	35.2	硝基乙烷	20	32.2
环己烷	20	25.0	甘油三硝酸酯	16.5	51.1
环己烷	30	23.8	邻硝基甲苯	20	41.5
环己烯	13.5	27.7	间硝基甲苯	20	41.0
环庚酮	20	35.4	对硝基甲苯	54	37.2
环庚烷	13.5	27.8	邻硝基酚	50	42.3
环庚烯	13.5	28.3	硝基苯	20	43.4
环戊醇	21	32.1	硝基甲烷	20	37.0
环戊酮	23	33.0	壬醇	20	26.4
环戊烷	13.5	23.3	3-壬酮	20	27.4
环戊烯	13.5	23.6	壬烷	20	22.9
二苯胺	60	39.2	软脂酸	65.2	28.6
二丁胺	20	24.5	二环己基	20	32.5
丁醚	20	22.9	α-蒎烯	33	26.1
二丙胺	20	22.3	哌啶	20	30.2
丙醚	20	20.5	吡啶	20	38.0
二溴代甲烷	20	26.5	吡咯	29.0	28.8
戊醚	20	24.8	二甲胺	5	17.7
氯仿	20	27.3	二甲亚砜	20	43.5
丁二酸二乙酯	19.3	31.8	溴乙烷	20	24.2
硬脂酸	90	27.0	溴丁烷	20	26.3
癸二酸二乙酯	20	33.2	溴丙烷	20	25.9
苯硫酚	25.5	37.7	草酸二乙酯	20	32.2
噻吩	20	33.1	硝酸乙酯	20	28.7
癸醇	20	27.3	氟丁烷	20	17.7
癸烷	20	23.9	氟苯	20	27.7
癸酸	31.9	27.7	丙醇	20	23.7
癸酸乙酯	16.1	28.5	2-丙醇	20	21.4
十四烷	21.5	26.5	丙酸	20	26.7
十二醇	20	26.1	丙酸乙酯	20	24.3

续表

化合物	温度/℃	表面张力/(mN/m)	化合物	温度/℃	表面张力/(mN/m)
丙胺	20	22.0	丁苯	20	29.2
丙苯	20	29.0	二苯甲酮	19.0	44.2
溴代己烷	20	28.0	十四烷	22.6	27.0
溴苯	20	36.3	戊醇	20	25.6
溴代戊烷	20	27.3	戊烷	20	16.0
溴仿	20	41.9	戊胺	20.1	25.2
十一烷	21.1	27.5	戊苯	20	29.7
己醇	20	24.5	甲酰苯胺	60	39.0
2-己醇	25	24.3	甲醛缩二甲醇	20	21.1
3-己醇	25	24.0	丙二酸二乙酯	20	31.7
六甲基二硅氧烷	20	15.7	十四(烷)酸	76.2	27.0
己烷	20	18.4	十四(烷)酸乙酯	35	28.3
己酸	25	27.5	乙酐	20	32.7
己酸乙酯	18.4	26.0	乙酐	30	31.2
己烯	20	18.4	邻苯二甲酸酐	130	39.5
十五烷酸	66.9	27.9	1,3,5-三甲苯	20	28.8
庚醇	20	24.4	甲醇	20	22.6
庚烷	20	20.3	甲胺	25	19.2
庚酸	25	28.0	甲基环己烷	20	23.7
庚酸乙酯	20	26.4	3-甲基-1-丁醇	20	24.3
庚烯	20	20.2	L-薄荷酮	30	28.4
全氟辛烷	35	12.4	吗啉	20	37.5
全氟癸烷	60	12.0	碘乙烷	20	28.8
全氟十二烷	90	10.8	碘丁烷	20	29.2
全氟壬烷	35	14.7	碘丙烷	20	29.3
苄胺	20	39.1	碘甲烷	20	30.1
苄醇	20	39.0	碘代辛烷	21.0	30.7
苯	20	28.9	碘代己烷	20	29.9
苯甲醛	20	38.6	碘苯	18.4	39.4
苄腈	120	36.3	十二(烷)酸乙酯	17.1	28.6
菲	20	45.6	丁酸	25	26.2
苯肼	20	40.9	丁酸酐	20	28.9

续表

化合物	温度/℃	表面张力/(mN/m)	化合物	温度/℃	表面张力/(mN/m)
苯酚	20	24.6	丁酸乙酯	20	24.5
丁醇	20	23.5	丁酸甲酯	27.3	24.2
2-丁醇	20	23.8	二乙硫	17.5	25.0
丁胺	20	26.3	二苯硫	16.4	42.5
二甲硫	17.3	24.6	二丁硫	18.3	27.4
硫酸二乙酯	14.9	34.0	硫酸二甲酯	15.1	39.5

附录 4
农药剂型名称及代码

剂型名称	剂型英文名称	代码	说明
原药和母药 technical materials and technical concentrates			
原药	technical material	TC	在制造过程中得到有效成分及有关杂质组成的产品，必要时可加入少量的添加剂(稳定剂)
母药	technical concentrate	TK	在制造过程中得到有效成分及有关杂质组成的产品，可能含有少量必需的添加剂(如稳定剂)和适当的稀释剂
固体制剂 solid formulations			
直接使用固体制剂 solid formulations for direct use			
粉剂	dustable powder	DP	适用喷粉或撒布含有效成分的自由流动粉状制剂
颗粒剂	granule	GR	具有一定粒径范围可自由流动含有效成分的粒状制剂
球剂	pellet	PT*	含有效成分的球状制剂(一般直径大于 6mm)
片剂	tablet	TB	具有一定形状和大小含有效成分的片状制剂(通常具有两平面或凸面，两面间距离小于直径)
条剂	plant rodlet	PR	含有效成分的条状或棒状制剂(一般长为几厘米，宽度/直径几毫米，即长度大于直径/宽度)
可分散固体制剂 solid formulations for dispersion			
可湿性粉剂	wettable powder	WP	有效成分在水中分散成悬浮液的粉状制剂
油分散粉剂	oil dispersible powder	OP	有效成分在有机溶剂中分散成悬浮液的粉状制剂
乳粉剂	emulsifiable powder	EP	有效成分被有机溶剂溶解、包裹在可溶或不溶的惰性成分中，在水中分散形成水包油乳液的粉状制剂
水分散粒剂	water dispersible granule	WG	在水中崩解、有效成分分散成悬浮液的粒状制剂
乳粒剂	emulsifiable granule	EG	有效成分被有机溶剂溶解、包裹在可溶或不溶的惰性成分中，在水中分散形成水包油乳液的粒状制剂
水分散片剂	water dispersible tablet	WT	在水中崩解、有效成分分散成悬浮液的片状制剂
可溶固体制剂 solid formulations for dissolution			
可溶粉剂	water soluble powder	SP	有效成分在水中形成真溶液的粉状制剂，可含有不溶于水的惰性成分
可溶粒剂	water soluble granule	SG	有效成分在水中形成真溶液的粒状制剂，可含不溶于水的惰性成分

续表

剂型名称	剂型英文名称	代码	说明
可溶片剂	water soluble tablet	ST	有效成分在水中形成真溶液的片状制剂，可含不溶于水的惰性成分
液体制剂 liquid formulations			
溶液制剂 simple solution formulations			
可溶液剂	soluble concentrate	SL	用水稀释成透明或半透明含有效成分的液体制剂，可含有不溶于水的惰性成分
可溶胶剂	water soluble gel	GW	用水稀释成真溶液含有效成分的胶状制剂
油剂	oil miscible liquid	OL	用有机溶剂稀释（或不稀释）成均相、含有效成分的液体制剂
展膜油剂	spreading oil	SO	在水面自动扩散成油膜含有效成分的油剂
分散液体制剂 solution formulations for dispersion			
乳油	emulsifiable concentrate	EC	用水稀释分散成乳状液含有效成分的均相液体制剂
乳胶	emulsifiable gel	GL	用水稀释分散成乳状液含有效成分的乳胶制剂
可分散液剂	disperisible concentrate	DC	用水稀释分散成悬浮含有效成分的均相液体制剂
膏剂	paste	PA	含有效成分可成膜的水基膏状制剂，一般直接使用
乳液制剂 emulsion formulations			
水乳剂	emulsion,oil in water	EW	有效成分（或其有机溶液）在水中形成乳状液体制剂
油乳剂	emulsion,water in oil	EO	有效成分（或其水溶液）在油中形成乳状液体制剂
微乳剂	micro-emulsion	ME	有效成分在水中成透明或半透明状的微乳状液体制剂，直接用水稀释后使用
脂剂	grease	GS	含有效成分的油或脂肪基黏稠制剂，一般直接使用
悬浮制剂 suspension formulations			
悬浮剂	suspension concentrate	SC	有效成分以固体微粒分散在水中成稳定的悬浮液体制剂，一般用水稀释后使用
微囊悬浮剂	capsule suspension	CS	含有效成分的微囊分散在液体中形成稳定的悬浮液体制剂
油悬浮剂	oil miscible flowable concentrate	OF	有效成分以固体微粒分散在液体中成稳定的悬浮液体制剂，一般用有机溶剂稀释使用
可分散油悬浮剂	oil-based suspension concentrate (oil dispersion)	OD	有效成分以固体微粒分散在非水介质中成稳定的悬浮液体制剂，一般用水稀释使用
多相制剂 multi-character liquid formulations			
悬乳剂	suspo-emulsion	SE	有效成分以固体微粒和水不溶的微小液滴形态稳定分散在连续的水相中成非均相液体制剂
微囊悬浮-悬浮剂	mixed formulations of CS and SC	ZC	有效成分以微囊及固体微粒分散在水中成稳定的悬浮液体制剂
微囊悬浮-水乳剂	mixed formulations of CS and EW	ZW	有效成分以微囊、微小液滴形态稳定分散在连续的水相中成非均相液体制剂

续表

剂型名称	剂型英文名称	代码	说明
微囊悬浮-悬乳剂	mixed formulations of CS and SE	ZE	有效成分以微囊、固体颗粒和微小液滴形态稳定分散在连续的水相中成非均相液体制剂
种子处理制剂 seed treatment formulations			
种子处理固体制剂 seed treatment solid formulations			
种子处理干粉剂	powder for dry seed treatment	DS	直接用于种子处理含有效成分的干粉制剂
种子处理可分散粉剂	water dispersible powder for slurry seed treatment	WS	用水分散成高浓度浆状含有效成分的种子处理粉状制剂
种子处理液体制剂 seed treatment liquid formulations			
种子处理液剂	solution for seed treatment	LS	直接或稀释用于种子处理含有效成分、透明或半透明的液体制剂，可能含有不溶水的惰性成分
种子处理乳剂	emulsion for seed treatment	ES	直接或稀释用于种子处理含有效成分、稳定的乳液制剂
种子处理悬浮剂	suspension concentrate for seed treatment(flowable concentrate for seed treatment)	FS	直接或稀释用于种子处理含有效成分、稳定的悬浮液体制剂
其他制剂 other formulations			
带有应用器具的制剂 formulations prepared as devices			
气雾剂	aerosol dispenser	AE	按动阀门在抛射剂作用下，喷出含有效成分药液的微小液珠或雾滴的密封罐装制剂
电热蚊香片	vaporizing mat	MV	以纸片或其他为载体，配套加热器加热，使有效成分挥发的片状制剂
电热蚊香液	liquid vaporizer	LV	在盛药液瓶与配套加热器配合下，通过加热芯棒使有效成分挥发的均相液体制剂
防蚊片	proof mat	PM*	以合成树脂或其他为载体，在配套风扇等的风力作用下，使有效成分挥发的片状或粒状制剂
挥散制剂 volatile formulations			
气体制剂	gas	GA	有效成分在耐压容器内压缩的气体制剂
发气剂	gas generating product	GE	以化学反应产生有效成分的气体制剂
挥散芯	dispensor	DR*	利用载体释放有效成分，用于调控昆虫行为的制剂
烟类制剂 smoke formulations			
烟剂	smoke generator	FU	通过点燃发烟(或经化学反应产生的热能)释放有效成分的固体制剂
蚊香	mosquito coil	MC	点燃(熏烧)后不会产生明火，通过烟将有效成分释放到空间的螺旋形盘状制剂
诱饵制剂 bait formulations			
饵剂	bait(ready for use)	RB	为引诱靶标有害生物取食直接使用、含有效成分的制剂
浓饵剂	bait concentrate	CB	稀释后使用、含有效成分的固体或液体饵剂

续表

剂型名称	剂型英文名称	代码	说明
空间驱避制剂 spatial repellent formulations			
防蚊网	insect-proof net	PN*	以合成树脂或其他为载体，释放有效成分的网状制剂
防虫罩	insect-proof cover	PC*	以无纺布或其他为载体，释放有效成分的网状制剂
长效防蚊帐	long-lasting insecticidal net	LN	以合成纤维或其他为载体，释放有效成分，以物理和化学屏障防治害虫的蚊帐制剂
涂抹制剂 paint formulations			
驱蚊乳	repellent milk	RK*	直接涂抹皮肤，具有驱避作用、含有效成分的乳液制剂
驱蚊液	repellent liquid	RQ*	直接涂抹皮肤，具有驱避作用、含有效成分或可有黏度的清澈液体制剂
驱蚊花露水	repellent floral water	RW*	直接涂抹皮肤，具有驱避作用、含有效成分的清澈花露水液体制剂
驱蚊巾	repellent wipe	RP*	直接擦抹皮肤，具有驱避作用、含有效成分药液的湿无纺布或其他载体制剂
使用方式制剂 use formulations			
超低容量液剂	ultra low volume liquid	UL	直接或稀释后在超低容量设备上使用的均相液体制剂
热雾剂	hot fogging concentrate	HN	直接或稀释后在热雾设备上使用的制剂

注：*我国制定的农药剂型英文名称及代码。